학부 대수학 강의 II

대수학

李仁碩

서울대학교 수학과

서울대학교출판문화원

머리말

다시 '이야기'를 시작하기 前에

지금 이 머리말을 읽는 독자들은 代數學을 二年째 배우게 된다. 또 독자들의 대부분은 以後에도 대수학을 더 공부하게 될 것으로 예상한다.

이제 독자들에게 — 대수학을 二年째 배우는 독자들에게만 — 告白할 것이 하나 있다. 대수학을 一年만 배울 독자는 사실 [학부 대수학 강의 I; 선형대수와 군]의 내용 중 (조금 과장하면) 半만 알아도 충분했다는 것이다. 나머지 半은 이 책을 위한 준비였기 때문이다…….[1]

이 책의 副題目은 — "현대 대수학"이나 "抽象 대수학"이 아닌 — 그냥 "대수학"으로 정하였다. 우선 "현대 대수학"은 "Modern Algebra"를 번역한 것으로 보이나, "近代 대수학"이 더 정확한 번역으로 생각된다. 한편 "Abstract Algebra"라는 이름은 20世紀 중엽에 한때 유행하였으나, 이 명칭은 독자들에게 抽象化 자체가 목적이라는 잘못된 orientation을 심어 줄 우려가 있다. 추상화 자체가 목적이 아니며, 추상화는 구체적인 example을 이해하기 위한 수단일 뿐이다.

추상화 자체가 목적이 아님을 독자들은 항상 유념하기 바란다. 다른 한편, 독자들도 이미 짐작하고 있었겠지만, 추상적인 언어의 공부가 一二年에 끝나지 않을 것이라는 점도 기억해야 한다. 이 책은 우리가 공부하는 (추상적인) 言語가 구체적인 문제들을 해결할 수 있는 강력한 tool임을 보여 줄 것이다.[2]

[1] 이제야 이렇게 고백하는 사정을 헤아려 너무 소문 내지 않기 바란다. 아, 그렇지만, 대수학을 二年만 배울 독자들도 이 책의 내용을 99% 이해해야 한다!

[2] 이 책은 語學 책임을 기억하라. [학부 대수학 강의 I; 선형대수와 군] 머리말 참조.

대수학 교재의 時代的 변화

모든 教材는 자연히 '시대 정신 (유행?)'에 따라 변화할 수밖에 없다. 그러니, 지난 삼사십년 간의 대수학 교재의 변화를 살펴보는 것은 매우 흥미로운 일이 될 것이다.

학부 수준의 대수학 교재로는 Jacobson [5] 와 Fraleigh [7] 이 먼저 생각난다.[3] 이 두 책은 지난 삼십여년 (!) 간 교재로 사용되어 왔다.

Jacobson [5] 는 자신의 Lectures in Abstract Algebra (3 volumes, 1951–1964) 를 'modernize'한 책이다. Jacobson 에 의하면, 'modernization'이 필요했던 것은 "1950 년대 category theory 와 homological algebra (그리고 model theory) 의 substantial progress 때문"이었다. Jacobson 의 저서들은, [9] 를 포함하여, 20 세기를 대표하는 대수학 교재들이었다고 말할 수 있다. [5] 의 初版은 1974 년 출판되었고, second edition (1985) 도 내용에 거의 변화가 없었다. 특히 [5] 의 제 5–8 장은 다른 교재에서는 찾아보기 힘든 귀한 내용을 담고 있다. 그러다 보니, 결과적으로, 두 학기에 [5] 의 내용을 모두 강의하는 것도 힘들어 보인다.

Fraleigh [7] 은 1967–2003 사이에 seventh edition 까지 출판되었다. Third edition (1982) 에서는 homological algebra 와 algebraic topology 부분이 빠지고, 대신 Sylow theory 와 free group 에 관한 내용이 강화되었다. Fifth edition 부터는 (binary) coding, automata 등의 application 이 추가되었다. 그리고 seventh edition 에서는 coding 과 automata 가 빠지고, homology group 에 관한 내용이 다시 등장하였으며, Gröbner basis 가 추가되었다. 다만 [7] 에는 module 에 관한 내용이 한번도 등장하지 않았다.

Jacobson [5] 와 Fraleigh [7] (그리고 당시 대부분의 교재들) 의 문제점은 첫 학기에는 거의 group 에 대해서만 배운다는 것이었다.[4] 사실 (추상) 대수학을 처음 배우는 학생들에게 Sylow theory, free (abelian) group, group presentation, finitely generated abelian group 의 분류, Jordan-Hölder's Theorem 등을 모두 첫 학기에 가르치는 것은 무리였고, 그래서 몇몇 증명을 생략하기도 하였다.

---

[3] Herstein 의 Topics in Algebra, Birkhoff-MacLane 의 A Survey of Modern Algebra 등 물론 수많은 책이 있지만.

[4] Group 의 강조는 1970 년대 finite simple group 의 분류 문제가 대수학의 중요 issue 중 하나였음을 想起하면 이해가 가기도 한다.

결국 실제 강의실에서는 — 특히 單학기 대수학 강좌에서는 — 작도 불능 문제를 첫 학기의 목표로 진도표를 재구성하는 일이 많이 있었다. Fraleigh [7] 도 seventh edition (2003) 부터는 'advanced' group theory 를 책의 후반부로 옮기게 되었다.

커다란 변화는 1991 년 M. Artin [4] 로부터 시작되었다. M. Artin 은 첫 章을 행렬로 시작하여 항상 motivation 과 example 을 重視하였다. 그는 특히 (algebraic) geometry, (algebraic) number theory, representation theory, linear group 등의 concrete example 들을 강조하였고, "if you don't want to discuss such topics, then this is not the book for you" 라고 斷言하였다. [4] 의 머리말 첫 단락에는 "to shift the emphasis in group theory from permutation groups to matrix groups" 라는 표현도 보인다. 다만, [4] 는 학부 교재로는 수준도 높고 분량도 많아 보인다.[5] 어쨌든, '교과서 style'이 아닌 '강의록 style'은 신선한 충격이었다.

Free Object 들의 존재 증명

감히 말하자면 Lang [8] 은 오랫동안 대수학 교재 (대학원 수준) 의 'bible'로 여겨져 왔다. Lang [8] 의 third edition (906 쪽, 1993) 은 first edition (526 쪽, 1965) 보다 많은 내용을 담고 있다. 反面에 first (and second) edition (Ch. V, § 1–§ 2) 에서 10 여 쪽을 차지했던 polynomial algebra 의 정의가 third edition 에서는 '당연하다'는 한마디로 바뀌었다.

Lang [8] 에게 polynomial 의 정의에 10 여 쪽이 필요했던 이유는 polynomial algebra 를 free commutative algebra 로 설명하기 위해서였다. 그래서 먼저 free algebra 의 존재부터 증명하고······. 그러나, third edition 에는 아예 free algebra 라는 단어가 보이지조차 않는 듯하다.

사실 — 대학원 수업에서도 — free group 과 free algebra 의 엄밀한 존재 증명은 그리 쉬운 일이 아니다. 그리고 이제 '시대 정신'은 free object 들의 엄밀한 존재 증명을 (학생들에게) 강조하지 않는 방향으로 변화한 것으로 믿어진다.

[5] M. Artin 자신도 머리말에 [4] 를 두 학기에 모두 cover 할 수 없음을 언급하였다. (그 자신도 두 학기用 진도표를 제시하였으나, 이 진도표에는 Sylow theory 와 Galois theory 가 포함되어 있지 않다.) 우리 학생들에게 [4] 는 적어도 네 학기는 필요해 보인다······.

이 책에서도 polynomial algebra의 정의는 '당연하다' 한마디로 처리할 예정이었다. 그러나 §2.1에서 quaternion algebra와 group algebra를 다루다 보니 결국 한 쪽(정의 2.2.4와 참고 9.2.15) 정도를 polynomial algebra의 정의에 할애하게 되었다. (물론 이 책에서는 polynomial algebra의 universal property의 엄밀한 증명과 free group의 존재 증명은 어물쩍 넘겼다.[6])

이 책의 내용

우선, 첫째 학기에 작도 불능 문제와 finite field를 공부하는 것으로 계획하였다. 그리고 §1.1에 우리가 다룰 algebraic structure들(group, ring, module, algebra)을 모두 소개하였다. 특히 algebraic structure □□, □□-isomorphism, sub-□□ 등의 표현을 사용함으로써, 훗날 배우게 될 category theory를 對備하였다.

또 "모든 것을 숨김없이 밝힌다"는 [I]에서부터의 정신을 유지하였다.[7] 그래서, 예를 들어, free object의 universal property도 적당히 넘어가지 않고 오히려 (제1장에서부터) 강조하였다. Free group의 universal property 없이는 group presentation을 만족스럽게 다룰 수 없기 때문이다.[8]

M. Artin [4]는 — 大家답게 — 자신의 강의는 (타과목의) "service course"가 아니라고 선언하였다. 그러나 서비스 강좌도 필요한 것이 현실이다. 교과목들은 유기적인 상호 보완의 관계에 있기 때문이다.[9] 그래서, infinite product와 infinite direct sum을 소개하는 서비스를 하였다. 사실 infinite direct sum의 개념이 이 책의 주요 결과들에 꼭 필요한 것은 아니지만, 어차피 언젠가는 학생들이 이를 배울 것이므로…….

이 책에서 tensor product를 다루지 못한 것은 아쉬움으로 남는다. 제대로 homological algebra를 소개하지 않으면서, tensor product만을 공부하는 것은 별 의미가 없다고 생각되었다. 결국, 현재의 교과과정으로는, 학생들이 미분기하학 강좌에서 tensor product를 처음 배울 수밖에 없을 것이다.

---

[6] §10.1–§10.3 참조.

[7] 이 책에서 [I]은 항상 [학부 대수학 강의 I; 선형대수와 군]을 의미하기로 한다. 그리고, 예를 들어, [I, 정리 1.2.3]의 표기법도 사용한다.

[8] Field의 algebraic closure 존재 증명(Zorn's Lemma)에 필요한 cardinal number에 관한 논의는 생략하였고, 이를 '숨김없이' 밝혔다.

[9] M. Artin [4]도 Zorn's Lemma를 누군가로부터 서비스 받았다.

진도표

첫째 학기에 — §2.3과 §5.9를 생략하고 — 제8장까지 공부하는 것으로 계획하였다. 문제는, 대부분의 경우 [I]의 후반부를 배우지 않은 수강생들이 있을 것이므로, group의 초보적 성질부터(적어도 [I, §11.1–§11.2]의 복습부터) 시작하여야 한다는 점이다. 결국 실제 강의실에서는 제8장의 첫 두 節만을 (§4.3의 Fermat's Little Theorem과 Euler's Generalization 직후에) 다루고, §8.3–§8.6의 내용은 방학숙제로 남기게 될 것이다.

單학기 강좌의 경우에는 — 대부분의 수강생들이 수학을 전공하지 않는 학생들일 것이므로 — 어쩌면 제8장의 응용 대수(암호와 부호)를 강조할 필요도 있을 것이다. 이 경우에는 §1.7, §2.1–§2.3, §5.9를 생략하고, §4.4–§4.6은 가볍게 다루면 된다.[10]

둘째 학기에는, 경험에 의하면, §14.2–§14.3과 제15장을 강의하면서 제6장의 내용을 복습할 필요가 있을 것이다. 따라서, 현실적으로, 제11–12장 내용(과 증명)의 일부를 생략할 수밖에 없을지도 모른다. 아마도 §15.3은 생략하게 될 것이다.

감사의 말씀

다시 한번 여러 恩師님들께 진심으로 감사 드린다.[11] 또 책의 내용과 범위에 관해 많은 이야기를 나눈 선배 동료 교수들께도 감사 드린다. 그리고 草稿의 수많았던 오류와 誤字를 바로잡아 준 수강생들에게 진 큰 빚을 잊지 않을 것이다.[12]

學問의 길로 이끌어 주신 父母님과 사랑하는 家族에게 이 책을 바친다.

2008년 2월

李 仁 碩

[10] 그렇지만, §4.5–§4.6은 Kronecker's Theorem의 motivation이 되므로, 완전히 생략할 수는 없을 것이다.

[11] [I, 머리말] 참조.

[12] 이 책의 (추가 사항과) 정오표는 http://www.math.snu.ac.kr/~islee/errata.html 참조.

차 례

제 1 장 대수적 구조 I

수학 과목의 첫 강의에는 언제나 序論이 없다. 그저 묵묵히 첫 쪽부터 훈련을 시작할 뿐이다.

1.1. Algebraic Structure

'기하'나 '함수'가 영어의 중국어 音借인 것과는 달리 '代數'는 중국과 우리의 古典에 연유하고 있다. 고전에서 '대수'의 뜻은 '대입하는 수' 혹은 '숫자 대신 쓰이는 기호' 정도로 생각되지만 확실하지는 않다. "代數學 (algebra)"을 정확하게 정의하는 것은 쉬운 일이 아니겠지만, "대수학"은 **algebraic structure** (**대수적 구조**) 들을 공부하는 學問이라고 말할 수 있다.[1]

이 節에서는 우리가 공부할 다양한 algebraic structure 들을 정의한다. 우리는 이미 [I] 에서 F-vector space 와 group 이라는 algebraic structure 를 배웠다.[2] 즉, 대수적 구조란 어떤 집합에 몇 개의 연산 구조가 주어진 것을 뜻한다.

Group 은 가장 간단한 구조를 갖는 algebraic structure 이다. 즉, group 은 단 하나의 binary operation ([I, 정의 11.1.1]) 을 갖는다. 그리고, [I] 에서와 마찬가지로 우리는 **associative** binary operation 만을 생각한다. 이는, 물론, 집합 X-위의 binary operation $*$ 가 다음 조건

$$(x * y) * z = x * (y * z), \qquad (x, y, z \in X)$$

을 만족한다는 뜻이다.

---

[1] 대수학은 代數 (댓수)와 行列 (항렬)을 공부하므로 족보학의 일부라는 주장도 있다…….

[2] 이 책에서 [I]은 항상 [학부 대수학 강의 I; 선형대수와 군]을 의미하기로 한다. 그리고, 예를 들어, [I, 정리 1.2.3]의 표기법도 사용한다.

또한, 독자들은 [I] 에서 associativity 를 원소들이 '연산을 서로 먼저 하겠다고 다투지 않는다' (혹은 '서로 친하다', 혹은 'compatible 하다') 는 뜻으로 해석했었음을 기억할 것이다. 이 'compatible'이라는 단어가 바로 algebraic structure 를 정의하는 **keyword** 이다.

우리의 '이야기'는 group 으로부터 시작된다. (다만, [I] 에서 벡터공간을 먼저 다룬 이유는 벡터공간이 우리의 익숙한 '고향'일 뿐 아니라 가장 마음이 便安하기 — 즉, 가장 다루기 쉽기 — 때문이다.)

그러면, group 의 정의부터 다시 기억해 보자. (이제는, 아무 말 없어도, **모든 binary operation 은 associative 라고 가정**한다.)

정의 1.1.1. Binary operation $*$ 를 갖는 집합 G 가 다음 조건들

(G1) [모든 $g \in G$ 에 대하여 $g * e = e * g = g$] 인 원소 $e \in G$ 가 존재.

(G2) 각 $g \in G$ 에 대하여 [$g * \widetilde{g} = \widetilde{g} * g = e$ 인 원소 $\widetilde{g} \in G$ 가 존재].

을 만족하면, G 를 — 정확히는 $(G, *)$ 를 — **group (群)** 이라고 부른다.

위 정의를 분석해 보면, group 이란

(i) 주어진 binary operation 이 (自己 自身과) '서로 친하고' (associativity)

(ii) 두 개의 **추가 조건** (항등원과 역원의 존재) 을 만족하는

것이 된다.

보기 1.1.2. 어떤 추가 조건 (들) 이 주어져 있는가에 따라 algebraic structure 의 이름이 달라진다. 즉, 위 group 의 정의에서 binary operation 을 갖는 집합 G 가

(가) 아무런 추가 조건도 갖지 않으면, G 를 **semigroup** 이라고 부른다.

(나) 추가 조건 (G1) 만을 만족하면, G 를 **monoid** 라고 부른다.

(다) 예를 들어, group G 가 추가 조건 [$|G| < \infty$] 도 만족하면, G 를 **finite group** 이라고 부른다.

(라) 또 예를 들어, group G 가 추가 조건 [$g * h = h * g$ for all $g, h \in G$] 도 만족하면, G 를 **commutative group** (또는, **abelian group**) 이라고 부른다.

연습문제 1.1.3. Monoid 이지만, group 은 아닌 보기를 찾아 보라.[3]

[3]그러나, semigroup 과 monoid 는, 지금은, 우리의 관심사가 아니다.

그런데, group 은 하나의 binary operation 만을 갖지만, 벡터공간은 덧셈이라는 binary operation 과 더불어 상수곱이라는 '연산'도 갖고 있다. 이제 상수곱의 의미를 분명히 하자.

정의 1.1.4. R과 X가 집합일 때, 함수 $R \times X \to X$를 X-위의 R-**상수곱** (**scalar multiplication**, 혹은 간단히 상수곱) 이라고 부른다. 물론, $a \in R$과 $x \in X$의 상수곱은 $a \cdot x = ax$로 표기한다.[4] (또, R의 원소는 **scalar** 라고 부른다.)

앞의 論議에서 motivation 을 얻어, 우선, algebraic structure 를 'natural language'를 사용하여 정의한다.

임시 정의 1.1.5. 집합 X가 몇 개의 binary operation (과 R-상수곱) 을 갖고 있을 때 (대개는 R도 몇 개의 binary operation 을 갖고 있다),

(i) X (와 R)의 binary operation 들 (과 R-상수곱) 이 모두 **'서로 잘 어울리고'** (**'compatible 하고'**, **'연산을 먼저 하겠다고 경쟁하지 않고'**),

(ii) 몇 개의 **추가 조건**을 만족하면,

X를 **algebraic structure** □□ 라고 부른다.

위 임시 정의에서 □□ 에는 앞으로 ring, field, R-module, R-algebra 등의 이름들이 채워질 것이다.

한편, 위의 '연산을 먼저 하겠다고 싸우지 않는다' 등은, 물론, 매우 非수학적인 표현들이다. 위 임시 정의는 단지 독자들이 다양한 algebraic structure 의 정의를 쉽게 기억할 수 있도록 돕기 위한 것일 뿐이다.[5]

이제, 구체적인 '正式' 정의들을 소개한다. 먼저, 분명히 약속해 둘 것이 하나 있다.

관습 1.1.6. 우리는 언제나 곱셈 (상수곱) 을 $a \cdot b = ab$로 표기하여 왔고, 앞으로도 그럴 것이다. 또, 우리는 초등학교 時節부터 $((a+b)c)$와 $(a+bc)$가 서로 다르다는 것도 잘 알고 있다. 다시 말해, 덧셈과 곱셈 (상수곱) 이라는 이름의 '연산'이 同時에 주어졌을 때에는, **항상 곱셈 (상수곱) 이 덧셈에 우선**하는 것이 우리의 관습이다.

---

[4] 이 상수곱은 왼쪽 상수곱이다. 독자들은 오른쪽 상수곱도 정의할 수 있을 것이다.

[5] 임시 정의 1.1.5 에 목숨을 걸 필요는 없다는 뜻. ㅎㅎ. (ㅎㅎ은 **강조語法**임을 기억하라. 著者는 지금 무엇을 강조하고 있을까?)

정의 1.1.7. (Ring 의 정의) 집합 R이 **덧셈**$(+)$과 **곱셈**이라는 이름의 두 개의 binary operation을 갖고 있을 때, 덧셈과 곱셈이 '서로 잘 어울린다'는 말은 다음 조건

(R 1) $(a+b)c = ac+bc, \quad a(b+c) = ab+ac, \qquad (a,b,c \in R)$

즉, 익숙한 **분배법칙 (distributive law)** 을 의미한다. 다시 말해, 먼저 더한 후에 곱한 것 ($(a+b)c$) 이나, 먼저 곱한 후에 더한 것 ($ac+bc$) 이나 같으니, 덧셈과 곱셈이 '연산을 먼저 하겠다고 싸우지 않는다'는 뜻이다. (덧셈과 곱셈은 모두 associative 이므로 자기 자신과는 항상 'compatible'하다.) 이때, R이 위의 조건 (R 1) 과 더불어 다음 추가 조건

(R 2) $(R,+)$는 abelian group

을 만족하면, R을 — 정확히는 $(R,+,\text{곱})$을 — **ring (環)** 이라고 부른다.[6] [7]

Algebraic structure를 기억할 때에는 항상 그의 **typical example 들과 함께 기억**하여야 한다.

연습문제 1.1.8. (Ring 의 typical examples) 다음 ring의 보기들을 확인하라.

(가) $(\mathbb{Z},+,\text{곱})$; the **ring of integers**.

(나) $(\mathbb{R},+,\text{곱})$.

(다) $(\mathfrak{M}_{n,n}(\mathbb{R}),+,\text{곱})$; the **ring of** $(n\times n)$**-matrices** over $\mathbb{R}$.

(라) $(\mathbb{R}[t],+,\text{곱})$; the **ring of polynomials** over $\mathbb{R}$.[8]

위의 (가) 항의 중요성이야 말할 필요도 없을 것이고, (나)–(라) 항은 우리의 '고향' — 벡터공간 — 의 主人公들이었다. 그리고, 독자들은 [I, 제 7–8 장] 에서 위 (라) 항의 **polynomial ring** 이 은근슬쩍 "선형대수학"의 주인공 행세를 했었음을 기억할 것이다.

위의 보기들을 확인하면서, 독자들은 다음 조금 과장된 명제 (주장?) 가 다시 생각났을 것이다: **"우리가 아는 것은 행렬뿐이다. 어떤 수학적 object를 만나더라도 우리는 행렬 (벡터공간) 부터 생각한다."** 이 말이 **전혀** 농담이 아니었음은 앞으로 점점 더 확실해질 것이다.

---

[6] $(R,+,\text{곱})$ 에서 '곱'은 곱셈을 의미한다. 곱셈은 흔히 가운데 점$(\cdot)$으로 표기하지만, 상수곱과 구분하기 위하여 '곱'으로 표기하였다. 따라서, 상수곱은 이제 '상'으로 표기하면 된다.

[7] Ring 의 정의에는 곱셈에 관한 추가 조건이 전혀 없음에 유의하라.

[8] Polynomial 의 정의는 [I, 보기 2.3.11] 참조.

임시 정의는 임시 정의일 뿐이다. 왜냐하면:

주의 1.1.9. 앞의 임시 정의 1.1.5는, 아니나 다를까, 약간의 '속임수'를 內包하고 있었다. 즉, 우리는 ring R의 덧셈과 곱셈의 'compatibility'를 — 위 정의 1.1.7의 조건 (R 1) 에서 덧셈과 곱셈의 역할을 서로 바꾸어 — $ab + c = (a+c)\cdot(b+c)$로 해석하지는 않는다. 이는 항상 곱셈이 덧셈보다 먼저라는 초등학교 때부터의 우리의 관습 1.1.6 때문이라고 이해하면 그럴듯할 것이다. 그러니, 관습 1.1.6은 'compatibility'에 우선하는 大관습인 셈이다. (항상 typical example들을 생각하라!)

다음은 R-module을 소개할 차례이다. 독자들은 R-module의 정의와 벡터 공간의 정의를 비교해 보기 바란다.

정의 1.1.10. (R-module의 정의) $R = (R, +, \text{곱})$이 ring이고, 집합 M이 binary operation **덧셈** $(+)$과 R-**상수곱**을 갖고 있다고 하자. (물론, [R의 덧셈과 M의 덧셈]을 분명히 구별해야 한다.) 이때, [M의 덧셈과 R-상수곱]이 '서로 잘 어울린다'는 말은 다시 분배법칙

(M 1) $r(x + y) = rx + ry, \qquad (r \in R,\ x, y \in M)$

을 의미한다. 즉, 먼저 더한 후에 상수곱한 것 $(r(x + y))$이나, 먼저 상수곱한 후에 더한 것 $(rx + ry)$이나 같으니, [M의 덧셈과 R-상수곱]이 '연산을 먼저 하겠다고 싸우지 않는다'는 뜻이다. 마찬가지로, [R의 덧셈과 R-상수곱]이 '서로 compatible하다'는 말도 분배법칙

(M 2) $(r + s)x = rx + sx, \qquad (r, s \in R,\ x \in M)$

을 뜻한다. 또, [R의 곱셈과 R-상수곱]의 'compatibility'는 다음 조건

(M 3) $r(sx) = (rs)x, \qquad (r, s \in R,\ x \in M)$

으로 해석할 수 있다. 한편, R은 ring이므로, [R의 덧셈과 R의 곱셈]은 이미 '잘 어울리고' 있다. 마지막으로, [R의 덧셈과 M의 덧셈]이나 [R의 곱셈과 M의 덧셈]은 ······, ······, 서로 '싸울' 기회가 없다! 이번에도 M이 다음 추가 조건

(M 4) $(M, +)$는 abelian group

도 만족하면, M을 — 정확히는 $(M, +, \text{상})$을 — R-**module** (R-**加群**)이라고 부른다.[9]

---

[9] 엄밀하게는 left R-module.

Algebraic structure를 임시 정의 1.1.5의 입장에서 정의할 때에는 대개 약간의 '속임수'가 숨어 있다. (위 R-module의 정의는 어떤지 생각해 보라.) 따라서, 항상 typical example들을 함께 기억하여야 한다.

연습문제 1.1.11. (Module의 typical examples) 다음을 확인하라.

(가) Ring $(\mathbb{R}, +, \text{곱})$에 관하여, $(\mathbb{R}^n, +, \text{상})$은 $\mathbb{R}$-module.

(나) Ring $(\mathbb{C}, +, \text{곱})$에 관하여, $\mathbb{C}$-vector space $(V, +, \text{상})$은 $\mathbb{C}$-module.

연습문제 1.1.12. 위 R-module의 정의와 [I, 정의 2.1.2]의 $\mathbb{R}$-vector space의 정의의 차이점은?

다음은, 마지막으로, R-algebra이다.

정의 1.1.13. (R-algebra의 정의) 다시, $R = (R, +, \text{곱})$이 ring이고, 집합 $\mathcal{A}$가 binary operation **덧셈**$(+)$과 **곱셈**, 그리고, R-**상수곱**을 갖고 있다고 하자.[10] (물론, [R의 덧셈과 $\mathcal{A}$의 덧셈], 또 [R의 곱셈과 $\mathcal{A}$의 곱셈]을 분명히 구별해야 한다.) 이때, 다음 두 조건

(A 1) $(\mathcal{A}, +, \text{곱})$은 ring

(A 2) $(\mathcal{A}, +, \text{상})$은 R-module

이 만족된다면, [$\mathcal{A}$의 곱셈 對 R-상수곱], [$\mathcal{A}$의 곱셈 對 R의 덧셈], 그리고 [$\mathcal{A}$의 곱셈 對 R의 곱셈]의 '다툼'만이 문제로 남는다(확인해 보라). 이제, [$\mathcal{A}$의 곱셈과 R-상수곱]의 'compatibility'는 다음 조건

(A 3) $(ra)b = r(ab) = a(rb), \qquad (r \in R,\ a, b \in \mathcal{A})$

으로 해석할 수 있다. 한편, [$\mathcal{A}$의 곱셈과 R의 덧셈], 그리고, [$\mathcal{A}$의 곱셈과 R의 곱셈]은 서로 '싸울' 기회가 없다. (물론, $(\mathcal{A}, +)$가 abelian group이라는 추가 조건은 이미 조건 (A 1)이나 (A 2)에 포함되어 있다.) 우리는 $\mathcal{A}$가 조건 (A 1)–(A 3)를 만족하면, $\mathcal{A}$를 — 정확히는 $(\mathcal{A}, +, \text{곱}, \text{상})$을 — R-**algebra** (R-**代數**) 라고 부른다.

표기법 1.1.14. 이제부터는, 우리가 이미 잘 알고 있는 연산들은 설명을 하지 않기로 한다. 예를 들어, [ring $(\mathbb{R}, +, \text{곱})$은 간단히 $\mathbb{R}$로], 그리고 [$\mathbb{R}$-algebra $(\mathbb{R}[t], +, \text{곱}, \text{상})$은 간단히 $\mathbb{R}[t]$로] 표기하기로 한다.

[10] 평범한 font A는 abelian group이나, 혹은, [I]에서처럼 행렬을 의미하기로 한다.

연습문제 1.1.15. (Algebra 의 typical examples) 다음을 확인하라.

(가) $\mathbb{R}[t]$ 는 $\mathbb{R}$-algebra (the $\mathbb{R}$-**algebra of polynomials**, the **polynomial algebra** over $\mathbb{R}$).

(나) $\mathfrak{M}_{n,n}(\mathbb{R})$ 은 $\mathbb{R}$-algebra (the $\mathbb{R}$-**algebra of** $(n \times n)$-**matrices**, the **matrix algebra** over $\mathbb{R}$).

그런데, R-algebra 는 동시에 R-module 이면서 ring 이지만, 우리는 앞으로 R-algebra 를 'compatible'한 R-상수곱을 갖는 **ring 의 一種**으로 다루게 된다. 따라서, 예를 들어, polynomial algebra 와 polynomial ring 두 用語 모두 사용한다.[11] [12]

위에서 우리는 임시 정의 1.1.5 의 관점에서 ring, R-module, R-algebra 를 정의하다 보니 자연 군더더기가 많이 붙을 수밖에 없었다. 이제, 다시 산뜻하게 정리해 보자.

정의 (복습) 1.1.16. (가) $R = (R, +, \text{곱})$ 이 다음 조건들

(R 2) $(R, +)$ 는 abelian group

(R 1) $(a + b)c = ac + bc, \quad a(b + c) = ab + ac, \qquad (a, b, c \in R)$

을 만족하면, R 을 **ring (環)** 이라고 부른다.

(나) R 이 ring 일 때, $M = (M, +, \text{상})$ 이 다음 조건들

(M 4) $(M, +)$ 는 abelian group

(M 1) $r(x + y) = rx + ry, \qquad (r \in R,\ x, y \in M)$

(M 2) $(r + s)x = rx + sx, \qquad (r, s \in R,\ x \in M)$

(M 3) $r(sx) = (rs)x, \qquad (r, s \in R,\ x \in M)$

을 만족하면, M 을 R-**module** (R-**加群**) 이라고 부른다.

(다) R 이 ring 일 때, $\mathcal{A} = (\mathcal{A}, +, \text{곱}, \text{상})$ 이 다음 조건들

(A 1) $(\mathcal{A}, +, \text{곱})$ 은 ring

(A 2) $(\mathcal{A}, +, \text{상})$ 은 R-module

(A 3) $(ra)b = r(ab) = a(rb), \qquad (r \in R,\ a, b \in \mathcal{A})$

을 만족하면, $\mathcal{A}$ 를 R-**algebra** (R-**代數**) 라고 부른다.

[11] 사실은, Hilbert 를 포함한 大家들 사이에는 (고의로?) algebra 와 ring 을 혼동하는 관습이 있어 왔다. 따라서, algebra 와 ring 을 혼동하는 것은 스스로 Hilbert 수준의 수학자임을 告白하는 꼴이니 조심할 것. 보기 5.5.5(나)항의 註 참조.

[12] 한편, 뒤 연습문제 1.4.12 에 의하면, ring 은 특수한 algebra 라고 말해도 된다.

이 책의 副題目 "대수학"은 흔히 **"抽象 대수학(Abstract Algebra)"**으로도 불리운다. "Abstract Algebra"는 추상적인 algebraic structure들의 假想世界를 공부하는 學問이다. 독자들은 이미 [I]에서의 훈련을 통하여 왜 추상化가 필요한지 잘 이해하고 있을 것으로 믿는다.

한 가지 반드시 유의해야 할 점은 추상화의 배경에는 항상 **concrete**(구체적인) **typical example**들이 있다는 사실이다.[13] 혹, 독자들 中에는, 예를 들어, 아홉 개의 연산을 갖는 algebraic structure의 創始者가 되는 꿈을 꾸는 이들도 있을지 모른다. 그러나, 구체적인 example 없이는 空虛한 知的 遊戲에 불과할 뿐이다.

지금까지의 typical example들은 사실 너무 (자명하고) 익숙한 것들뿐이었다. 이미 다음 보기들을 독자들도 충분히 예상하고 있을 것으로 생각되므로 더 뒤로 미룰 필요는 없다.

연습문제 1.1.17. Abelian group $(A,+)$에 곱셈을

$$ab = 0, \qquad (a, b \in A)$$

로 정의하면, A는 당연히 ring이 됨을 보여라. (그러나, 이런 곱셈은 있으나마나. 이런 ring을 다시 다룰 일은 (절대로) 없을 것이다.)

이 책의 **연습문제는 本文의 一部**이다([I, 머리말] 참조). 다음 연습문제는 앞으로 수백 번도 더 사용될 것이다.

연습문제 1.1.18. R이 ring일 때, [R-위의 R-상수곱]이 [R의 곱셈]과 같다고 정의하자.[14]

(가) R 自身 R-module임을 보여라.[15]

(나) R 自身 R-algebra인가?

연습문제 1.1.19. V가 $\mathbb{R}$-vector space일 때, $\mathfrak{L}(V,V)$의 곱셈을 **함수의 합성**으로 정의하면, $\mathfrak{L}(V,V)$는 $\mathbb{R}$-algebra가 되는 것을 보여라. 우리는 $\mathfrak{L}(V,V)$를 **endomorphism algebra** on V라고 부른다.[16] [17]

---

[13] 'Concrete'는 'abstract'의 반대말이다.

[14] 이 부분을 식으로 나타내는 것은 좀 우스꽝스럽다. $ra = ra$ ······. [r 상 $a = r$ 곱 a]도 어색하기는 매한가지.

[15] 약속 1.4.1 부터는 $1 \in R$을 가정해야 한다.

[16] $\mathfrak{L}(V,V)$의 표기법과 endomorphism의 정의는 [I, 정의 5.1.1] 및 [I, 정의 4.1.3] 참조.

[17] 해석학에서는 — 특히 V가 무한 차원일 때 — operator algebra라고 부르기도 한다.

연습문제 1.1.20. (가) $\mathbb{R}^n$-위에 $\mathfrak{M}_{n,n}(\mathbb{R})$-상수곱을

$$A \cdot X = L_A(X), \qquad (A \in \mathfrak{M}_{n,n}(\mathbb{R}),\ X \in \mathbb{R}^n)$$

으로 정의하면,[18] $\mathbb{R}^n$ 은 $\mathfrak{M}_{n,n}(\mathbb{R})$-module 이 됨을 보여라.[19]

(나) V 가 $\mathbb{R}$-vector space 일 때, V-위에 $\mathfrak{L}(V,V)$-상수곱을

$$L \cdot v = L(v), \qquad (L \in \mathfrak{L}(V,V),\ v \in V)$$

로 정의하면, V 는 $\mathfrak{L}(V,V)$-module 이 됨을 보여라. 이때, 우리는 [V is an $\mathfrak{L}(V,V)$-module with respect to the **natural action** of $\mathfrak{L}(V,V)$], 혹은 간단히 [$\mathfrak{L}(V,V)$ **acts naturally** on V] 라고 말한다.

우리의 마음은 항상 '고향'을 向해 있다. 앞으로 [I, 제 7–8 장] 을 다시 읽을 때에는 다음 연습문제를 곰곰 생각하며 읽기 바란다. 다음 연습문제는 앞으로 여러 번 다시 언급될 것이다.

연습문제 1.1.21. $T \in \mathfrak{L}\mathfrak{M}$ 일 때,[20] V-위에 $F[t]$-상수곱을

$$f(t) \cdot v = f(T)\,(v), \qquad (f(t) \in F[t],\ v \in V)$$

로 정의하면,[21] V 는 $F[t]$-module 이 됨을 보여라.

위 연습문제를 풀면서, 독자들은 [I, §8.6] 에서 "$T \in \mathfrak{L}\mathfrak{M}$ 이 주어진 벡터 공간 V 를 $F[t]$-module 로 보지 않고서는 cyclic decomposition 을 부드럽게 다루기 힘들다"고 했던 일이 기억났을 것이다.

참고로, 다음 보기 (연습문제) 와의 차이점도 분명히 해 둘 필요가 있다.

연습문제 1.1.22. $\mathbb{R}$-위에 $\mathbb{R}[t]$-상수곱을

$$f(t) \cdot \alpha = f(\alpha), \qquad (f(t) \in \mathbb{R}[t],\ \alpha \in \mathbb{R})$$

로 정의하면, $\mathbb{R}$ 은 $\mathbb{R}[t]$-module 이 되는가?

---

[18] 선형사상 L_A 의 정의는 [I, 정의 4.2.10] 참조.

[19] $\mathcal{A}$ 가 R-algebra 일 때, $\mathcal{A}$-module 을 생각하자는 말은 — $\mathcal{A}$ 의 R-상수곱은 **잊어버리고** — $\mathcal{A}$ 를 단순히 ring 으로만 보겠다는 뜻이다.

[20] $T \in \mathfrak{L}\mathfrak{M}$ 의 의미는 [I, 표기법 7.1.2] 참조.

[21] 이 식의 우변은 정확히는 $(f(T))(v)$ 로 써야 하겠지만…….

1.2. Ring의 초보적 성질

우리는 이미 [I, § 11.2] 에서 group의 초보적 성질을 공부했으므로, 이 책에서는 ring과 module만을 다룬다.

그런데, ring과 module은 모두 덧셈에 관해서 abelian group이므로, 먼저 abelian group에서의 표기법 ([I, 표기법 11.2.1 (나)]) 을 복습할 필요가 있다.

표기법 1.2.1. Abelian group $(A,+)$ 의 **identity element (항등원)** 는 0 으로 표기하고, 이때 $a \in A$ 의 **inverse element (역원)** 는 $(-a)$ 로 표기하는 것이 관습이다.[22] 따라서,

$$\cdots, \quad (-2)a = (-a)+(-a), \quad (-1)a = -a, \quad 0a = 0, \quad 1a = a, \quad 2a = a+a, \quad \cdots$$

의 표기법이 자연스럽다. 이때, 좌변의 $[\ldots,-2,-1,0,1,2,\ldots]$ 는 물론 整數 (integer) 들이다.[23] 그리고, $a, b \in A$ 일 때,

$$a - b = a + (-b)$$

의 표기법을 사용한다.

다음 두 연습문제는 독자들의 편의를 위하여 [I] 에서 복사하였다.

연습문제 1.2.2. $(A,+)$ 가 abelian group이라고 하자. $a, b \in A$ 이고 $n \in \mathbb{Z}$ 일 때, 다음을 보여라.

(가) $-(a+b) = -a-b$.

(나) $-(-a) = a$.

(다) $-(na) = (-n)a$. 따라서, $(-na)$ 의 표기가 가능.

(라) $2a = 0$ 이면, $a = 0$ 인가? $3a = 0$ 이면?

연습문제 1.2.3. (Additive Exponential Law) $(A,+)$ 가 abelian group이고, $a, b \in A$, $m, n \in \mathbb{Z}$ 일 때, 다음을 보여라.

(가) $ma + na = (m+n)a$.

(나) $na + nb = n(a+b)$.

(다) $m(na) = (mn)a$.[24]

---

[22] 항등원과 역원의 uniqueness는 생략하자.

[23] 정말 종이와 잉크를 낭비하는 듯한 이 말이 왜 필요한지는 차차 알게 된다.

[24] Additive Exponential Law (가)-(다)항과 module의 조건 (M 1)-(M 3)를 비교해 보라.

이제, ring의 공부를 시작한다. 이제부터는 $R = (R, +, 곱)$은 항상 ring을 뜻한다.

관찰 1.2.4. $a, b \in R$이면,

(가) $0a = 0 = a0$. (단, $0 \in R$.)

(나) $(-a)b = -(ab) = a(-b)$. 따라서, $(-ab)$의 표기가 가능.

(다) $(-a) \cdot (-b) = ab$.

증명 : 너무나 익숙하다.[25] (가) 항은 무슨 이유에서인지,

$$0a = (0 + 0)a = 0a + 0a$$

라고 써 보고 싶다. 이제, abelian group $(R, +)$에서 **Cancellation Law**를 적용하여,[26] 양변에서 $0a$를 cancel하면 된다. (나) 항은 예를 들어,

$$(-a)b + ab = \big((-a) + a\big)b = 0b = 0$$

이므로 $(-a)b = -(ab)$. (다) 항은 독자들에게 맡긴다. □

어째, 다시 中학교에 입학한 기분이다.

연습문제 1.2.5. $a, b, a_i, b_j \in R$일 때, 다음을 보여라.

(가) $n \in \mathbb{Z}$이면, $(na)b = n(ab) = a(nb)$.[27]

(나) m, n이 자연수이면,[28] $\left(\sum_{i=1}^{m} a_i\right) \cdot \left(\sum_{j=1}^{n} b_j\right) = \sum_{1 \le i \le m,\ 1 \le j \le n} a_i b_j$.

다음 정의들은 독자들 모두 예상하고 있었을 것이다.

정의 1.2.6. Ring R이 다음 (추가) 조건

$$ab = ba, \qquad (a, b \in R)$$

을 만족하면, R을 **commutative ring**이라고 부른다. 그리고, 같은 방법으로 **commutative R-algebra**도 정의한다.

예를 들어, $\mathbb{Z}$는 물론 commutative이고, $\mathfrak{M}_{n,n}(\mathbb{R})$은 **non-commutative ring**임을 잘 알고 있다(단, $n > 1$).

[25] 서당개 2년째 ······. 왜 이렇게 증명할 수밖에 없는지 등을 論하는 것은 이젠 좀 지루하다.
[26] Group에서의 Cancellation Law는 [I, 관찰 11.2.9] 참조.
[27] R-algebra의 조건 (A 3)와 비교해 보라.
[28] $\sum$의 용법은 설명할 필요 없을 것이다.

우리 '이야기'의 다음 순서는 곱셈의 항등원이다.

정의 1.2.7. R 이 **multiplicative identity** 1 을 가지면,[29] [30] 즉, 다음 조건

$$a1 = a = 1a, \quad \text{for all} \quad a \in R$$

을 만족하는 원소 $1 = 1_R \in R$ 이 존재하면, R 을 ring with the multiplicative identity 1, 또는 간단히 [**ring with** 1] 이라고 부른다. 그리고, 더 간단히 $1 \in R$ 로도 나타낸다.

[I] 에서 이미 여러 번 강조하였듯이, 지금 場面에서는 다음 연습문제가 필수적이다.[31]

연습문제 1.2.8. 정의 1.2.7 에서 ring 의 multiplicative identity 1 은 — 만약 존재한다면 — unique 함을 보여라.

보기 1.2.9. $1 < n \in \mathbb{Z}$ 일 때, $(\mathbb{Z}, +)$ 의 subgroup

$$n\mathbb{Z} = \{na \mid a \in \mathbb{Z}\}$$

는 (보통의) 덧셈과 곱셈에 관해 commutative ring 이 되는 것은 자명하다. 그러나, $n\mathbb{Z}$ 는 multiplicative identity 를 갖지 않는다.

일부 참고도서에서는 다음 약속이 분명치 않다.

관습 1.2.10. R 이 [ring with 1] 이라고 할 때, $1 = 0$ 일 수도 있을까? 만약에 $1 = 0$ 이라면, 모든 $a \in R$ 에 대해

$$a = a1 = a0 = 0$$

이어야 하므로, $R = \{0\}$ 이라는 뜻이 된다. $\{0\}$ 은 당연히 ring 이지만, 우리는 R 이 [ring with 1] 이면, $R \neq \{0\}$ 이라고 가정한다. 다시 말해, [ring with 1] 에서는 **항상**

$$1 \neq 0$$

이라고 **약속**한다.

[29] 0 의 이름은 이제 additive identity 가 된다.

[30] 이 책에는 수많은 0 뿐만 아니라 수많은 1 도 나온다. **우리는 그때마다 어디에 사는 1 인지 구분할 수 있어야 한다.**

[31] 이 연습문제 없이는 multiplicative identity 를 단순히 1 로 표기할 수 없었을 것이다.

또 한 가지 반드시 확인해 둘 것이 있다.

연습문제 1.2.11. $1 = 1_R \in R$ 이라고 하자. n 은 자연수이고 $a \in R$ 일 때, 다음을 보여라.[32]

(가) $na = (1_R + \cdots + 1_R)a$.

(나) $(-1_R)a = -a = a(-1_R)$.

(다) $(-1_R - \cdots - 1_R)a = (-n)a = a(-1_R - \cdots - 1_R)$.

위 연습문제는 다음 표기법을 자연스럽게 만들어 준다.

표기법 1.2.12. 이 책에서 우리는 주로 [ring with 1]을 다루게 된다. 그런데, $1 = 1_R \in R$ 일 때, 위 연습문제 1.2.11 은, 예를 들어,

$$3 = 3_R = 1_R + 1_R + 1_R, \qquad -2 = -2_R = -1_R - 1_R$$

로 표기하여도 별로 혼동이 없음을 보여 주고 있다. 따라서, **앞으로 그렇게 표기하기로** 한다. 한 가지 **조심**할 것은 $3 \in \mathbb{Z}$ 는 그 어떤 경우에도 zero 일 수 없지만, $3 \in R$ 은 zero 일 수도 있고, $-1 = 5 = 8 \in R$ 일 수도 있다는 점이다. (연습문제 1.3.11 (다) 항 참조.)

다음 정의도 (역행렬을 생각하면) 매우 익숙하다. 사실 비슷한 'story'가 계속 반복되는 느낌이다.

정의 1.2.13. R 이 [ring with 1] 이고, $a \in R$ 일 때,

$$ab = 1 = ba \text{ 인 } b \in R \text{ 이 존재}$$

하면, a 를 an **invertible element** 또는 a **unit** 이라고 부른다.[33] 이때, 언제나 처럼, $b = a^{-1}$ 로 표기한다. 그리고,

$$R^\times = \{a \in R \mid a \text{ is a unit}\}$$

으로 표기하고, $R^\times$ 를 [the **unit group** in R] 이라고 부른다.[34]

앞 정의를 읽으며, **독자들 스스로** 다음 연습문제들을 생각하고 **이미 해결**했을 것으로 기대한다.

---

[32] 심하게 무시당하는 기분이지만, 평생에 한번은 ······.

[33] 가끔 the unit(혹은, the unity)는 [multiplicative identity 1] 의 의미로 사용되므로 주의하여야 한다.

[34] [I, 표기법 11.9.7] 과 비교. $R^\times$ 는 "R cross"로 읽는다.

연습문제 1.2.14. 정의 1.2.13 에서 a 의 **multiplicative inverse** (a^{-1}) 는 — 만약 존재한다면 — unique 함을 보여라.

연습문제 1.2.15. 정의 1.2.13 의 the unit group $R^\times$ 는 — 그 이름이 示唆하는 바와 같이 — 실제로, (multiplicative) group 임을 보여라. (**Multiplicative group** 이란 binary operation 의 이름이 곱셈인 group 을 의미한다.)

다음 연습문제는 대부분의 독자들의 연습장에 이미 쓰여져 있을 것이다.

연습문제 1.2.16. $1 \in R$ 일 때, 다음을 보여라.

(가) $1 \in R^\times$.
(나) $a, b \in R^\times$ 이면, $ab \in R^\times$ 이고, $(ab)^{-1} = b^{-1} \cdot a^{-1}$.
(다) $a \in R^\times$ 이면, $a^{-1} \in R^\times$ 이고, $(a^{-1})^{-1} = a$.
(나)′ $a_1, \ldots, a_n \in R^\times$ 이면, $a_1 \cdots a_n \in R^\times$ 이고, $(a_1 \cdots a_n)^{-1} = a_n^{-1} \cdots a_1^{-1}$.

마치 매일 다니던 곳에 관광 온 기분이다.

보기 1.2.17. (가) $\mathbb{Z}^\times = \{\pm 1\}$.
(나) $\mathbb{Q}^\times = \mathbb{Q} - \{0\}$, $\mathbb{R}^\times = \mathbb{R} - \{0\}$, $\mathbb{C}^\times = \mathbb{C} - \{0\}$.
(다) $\mathfrak{M}_{n,n}(\mathbb{R})^\times = \mathbf{GL}_n(\mathbb{R})$.[35]
(라) $\mathbb{C}[t]^\times = \mathbb{C}^\times$.

그럼, 이제 슬슬 발동을 걸어 보자. 우리가 관심이 있는 구체적인 세계의 밑바닥에는 항상 **'방정식'**이 자리잡고 있다. 독자들은 다음 질문에 포함되어 있는 '방정식'들을 풀어 보기 바란다.

질문 1.2.18. (가) The **ring of Gaussian integers** 를

$$\mathbb{Z}[\mathbf{i}] = \{m + n\,\mathbf{i} \in \mathbb{C} \mid m, n \in \mathbb{Z}\}$$

로 정의하면, $\mathbb{Z}[\mathbf{i}]$ 는 당연히 ring 이 된다 (확인해 보라). 이때, $\mathbb{Z}[\mathbf{i}]^\times$ 는?
(나) 또, 앞 (가) 항을 일반화하여, $d \in \mathbb{Z}$ 일 때 (물론 $\sqrt{d} \notin \mathbb{Z}$),

$$\mathbb{Z}[\sqrt{d}] = \{m + n\sqrt{d} \in \mathbb{C} \mid m, n \in \mathbb{Z}\}$$

로 정의하면, $\mathbb{Z}[\sqrt{d}]$ 도 당연히 ring 이 된다 (앞 (가) 항은 $d = -1$ 인 경우). 이때, $\mathbb{Z}[\sqrt{d}]^\times$ 는?

[35] General linear group $\mathbf{GL}_n(\mathbb{R})$ 은 [I, 보기 11.9.1] 참조.

지금이 이항전개를 소개할 적당한 기회이다. 이항전개는 中학교에서 안 배우던가……? Pascal의 삼각형은 배운 것 같은데…….

연습문제 1.2.19. (Pascal의 삼각형) $0 \le i \le n \in \mathbb{Z}$일 때, **binomial coefficient**를 $\binom{n}{i} = \dfrac{n!}{i! \cdot (n-i)!}$로 정의하면 ($0! = 1$로 정의),[36]

$$\binom{n}{i} + \binom{n}{i+1} = \binom{n+1}{i+1}, \qquad (0 \le i < n)$$

이 성립함을 보이고,[37] 따라서 binomial coefficient는 자연수임을 설명하라.

연습문제 1.2.20. (Binomial Theorem) R이 **commutative** ring이고, n이 자연수일 때, $a, b \in R$이면

$$(a+b)^n = \sum_{i=0}^{n} \binom{n}{i} a^i b^{n-i}$$

가 성립함을 보여라.

大部分의 독자들에게는 위 연습문제의 표기법을 설명할 필요가 없겠지만, ……, 언제나처럼

$$a^0 = 1, \quad a^1 = a, \quad a^2 = aa, \quad a^3 = aaa, \quad \ldots$$

으로 표기했다.[38] 이 경우의 (Multiplicative) Exponential Law는 정말 생략하자.

다음 연습문제는 여백이 남아 추가하였다.

연습문제 1.2.21. 중학교에서 배운 commutative ring R에서의 인수분해 '공식'들, 예를 들이, $a, b \in R$일 때,

$$a^2 - b^2 = (a+b)(a-b)$$
$$a^3 - b^3 = (a-b)(a^2 + ab + b^2)$$

등을 모두 확인해 보라.

---

[36] $\binom{n}{i}$는 "n choose i"로 읽는다.

[37] 왜 이 명제를 Pascal의 '삼각형'이라고 부를까?

[38] $a^0 = 1$로 이해하자는 뜻이다. Binomial Theorem은 $1 \notin R$이어도 성립한다.

1.3. Field 와 Integral Domain

이 節에서는 특수한 ring 인 field 와 integral domain 을 공부한다. 다음 정의는 1年 前부터 豫告되어 온 것이다.

정의 1.3.1. F 가 **commutative** [ring with 1] 일 때, F 가 다음 조건

(F 1) $F^\times = F - \{0\}$

을 만족하면, F 를 **field** (**體**) 라고 부른다.[39] 위 조건은 물론 다음 조건

(F 1)′ F 의 모든 **non-zero** element 는 invertible

과 동치이다.

연습문제 1.3.2. Ring F 가 다음 추가 조건들

(f 1) $1 \in F$

(f 2) $(F - \{0\}$, 곱$)$ 은 commutative group

을 만족하면, F 를 field 라고 부른다고 정의할 수도 있음을 보여라.

따라서, field 는 우리가 초등학교부터 배워 온 **사칙연산** (加減乘除) 이 가능한 대수적 구조를 뜻한다. 새로운 algebraic structure 를 만나면, 항상 그의 typical example 들과 함께 기억해야 한다.

연습문제 1.3.3. **(Field 의 typical examples)** 다음 field 의 보기들을 확인하라.

(가) $\mathbb{Q}$; the **field of rational numbers**.

(나) $\mathbb{R}$; the **field of real numbers**.

(다) $\mathbb{C}$; the **field of complex numbers**.

(라) $\mathbb{Q}(\sqrt{2}) = \{a + b\sqrt{2} \in \mathbb{R} \mid a, b \in \mathbb{Q}\}$. (아, **분모의 유리화**!)

(마) 집합 $\mathbb{F}_2 = \{0, 1\}$ 에 덧셈과 곱셈을 다음과 같이

$$0+0 = 1+1 = 0, \quad 0+1 = 1+0 = 1, \quad 0 \cdot 0 = 0 \cdot 1 = 1 \cdot 0 = 0, \quad 1 \cdot 1 = 1$$

정의하면 $\mathbb{F}_2$ 는 field 가 된다. $\mathbb{F}_2$ 를 [the **finite field** of order 2] 라고 부른다.

연습문제 1.3.4. 0 은 additive identity 이고 1 은 multiplicative identity 라고 하면, 집합 $\mathbb{F}_2 = \{0, 1\}$ 을 field (ring) 로 만드는 방법은 유일함을 보여라.[40]

---

[39] 물론, 관습 1.2.10 의 약속 $1 \neq 0$ 을 잊으면 안 된다.

[40] 이 연습문제는 앞 연습문제 (마)항의 정관사 'the'의 의미를 설명해 주고 있다.

수학에서 vector field, magnetic field 등의 경우에는 field를 場(운동장)으로 번역한다. 지금 field를 體(몸)로 번역한 것은 정의 1.3.1의 field를 독일어로는 **Körper**(몸), 불어로는 **corps**(몸)로 부르기 때문이다.[41] 어쨌든 — 우리의 몸이건 우리가 노는 운동장이건 — field의 역할이 매우 중요하다는 것만은 분명하다.

드디어 **기다리고 기다리던**(?) **순간**이 왔다.

연습문제 1.3.5. [학부 대수학 강의 I; 선형대수와 군] 제1쪽의 F를 임의의 field라고 하고 [I]을 (全部) **다시 읽기 시작하라.**[42] 최초로 修正해야 할 곳은 어디인가?[43]

다음 정의와 보기를 이 책에서 깊이 공부할 기회는 없겠지만 — 수학 全體에서 차지하는 중요성을 감안할 때 — 결코 생략할 수 없다.[44]

정의 1.3.6. Field F의 정의에서 F의 commutativity 조건을 제외하면 — 즉, F가 [ring with 1]이고, $F^\times = F - \{0\}$이면 — F를 **division ring**이라고 부른다.[45] 그리고, non-commutative division ring은 **skew-field**라고 부른다. (따라서, field와 commutative division ring은 같은 말이 된다.)

보기 1.3.7. (Skew-field의 typical example) Quaternion algebra $\mathbb{H}$.[46] 자세한 것은 §2.1에서 다룬다.

우리는 지금 "대수학"이라는 새로운 言語를 학습하고 있음을 — 이 책은 語學 책임을 — 잊으면 안 된다. 단어 공부를 계속하자. 이제 시작에 불과하다!

다시 R은 ring이라고 하자.

정의 1.3.8. $a, b \neq 0$이 ring R의 원소일 때, 만약 $ab = 0$이면, a와 b를 **zero divisor**라고 부른다.[47] [48]

---

[41] 왜 영어에서만 field(운동장)라는 단어를 사용하게 되었을지 생각해 보라.
[42] 다시 읽게 되어 있다고 여러 번 강조하였었다. 사실은, 여러 번 다시 읽게 되어 있다.
[43] 예를 들어, [I, 연습문제 1.1.19(나)]와 같은 numerical example들은 제외하고.
[44] §2.3.C 참조.
[45] 나눗셈이 가능한 ring이라는 뜻일 게다.
[46] 사실, $\mathbb{H}$ 以外의 또 다른 example을 擧論하기는 좀 괴롭다.
[47] 원래는 left zero divisor와 right zero divisor를 구분하지만……, 대충 넘어가자.
[48] 0을 zero divisor로 인정하는 책과 그렇지 않은 책의 비율은 대략 半半쯤 된다.

우리는 ring $\mathfrak{M}_{n,n}(\mathbb{R})$ 이 많은 zero divisor 들을 갖고 있음을 잘 알고 있다. 다음 연습문제도 익숙하다.

연습문제 1.3.9. (가) $a \in R$ 일 때, [$a^n = 0$ 인 자연수 n 이 존재] 하면, a 를 **nilpotent element** 라고 부른다. Non-zero nilpotent element 는 zero divisor 임을 보여라.

(나) $1 \in R$ 일 때, $a \in R^{\times}$ 이면, a 는 zero divisor 가 아님을 보여라.

연습문제 1.3.10. (가) $0 \neq A \in \mathfrak{M}_{n,n}(\mathbb{R})$ 일 때, $A \in \mathfrak{M}_{n,n}(\mathbb{R})^{\times}$ 일 필요충분조건은 A 가 zero divisor 가 아닌 것임을 보여라.

(나) $1 \in R$ 일 때, zero divisor 도 아니고 unit 도 아닌 non-zero element 가 존재할 수 있는가?

다음에 소개하는 finite ring $\mathbb{Z}_n$ 은 사실은 이 책의 주인공 中 하나이다.[49]

연습문제 1.3.11. Additive cyclic group $\mathbb{Z}_4 = \{\,\overline{0}, \overline{1}, \overline{2}, \overline{3}\}$ 를 생각하자. 그리고, $\mathbb{Z}_4$ 에 다음의 연산표

$+$	$\overline{0}$	$\overline{1}$	$\overline{2}$	$\overline{3}$
$\overline{0}$	$\overline{0}$	$\overline{1}$	$\overline{2}$	$\overline{3}$
$\overline{1}$	$\overline{1}$	$\overline{2}$	$\overline{3}$	$\overline{0}$
$\overline{2}$	$\overline{2}$	$\overline{3}$	$\overline{0}$	$\overline{1}$
$\overline{3}$	$\overline{3}$	$\overline{0}$	$\overline{1}$	$\overline{2}$

곱	$\overline{0}$	$\overline{1}$	$\overline{2}$	$\overline{3}$
$\overline{0}$	$\overline{0}$	$\overline{0}$	$\overline{0}$	$\overline{0}$
$\overline{1}$	$\overline{0}$	$\overline{1}$	$\overline{2}$	$\overline{3}$
$\overline{2}$	$\overline{0}$	$\overline{2}$	$\overline{0}$	$\overline{2}$
$\overline{3}$	$\overline{0}$	$\overline{3}$	$\overline{2}$	$\overline{1}$

로 곱셈을 정의하자 (참고로 덧셈의 연산표도 덧붙였다).

(가) $\mathbb{Z}_4$ 는 commutative finite [ring with 1] 이 됨을 보여라.[50]

(나) $\overline{2}$ 는 $\mathbb{Z}_4$ 의 zero divisor 임을 보여라.

(다) $0 = 4 \in \mathbb{Z}_4$ 임을 보여라. (표기법 1.2.12 참조.)

(라) Additive cyclic group $\mathbb{Z}_n$ 의 곱셈의 정의도 추측해 보라.

아마도 많은 독자들이 다음 질문의 답을 이미 짐작하고 있을 것이다.

질문 1.3.12. 연습문제 1.3.11 에서와 비슷한 방법으로 additive cyclic group $\mathbb{Z}_n$ 에 ring structure 를 정의할 수 있을까?

---

[49] $\mathbb{Z}_n$ 의 정의는 [I, 표기법 12.3.16] 및 [I, 관찰 12.3.17] 참조.

[50] 곱셈의 결합법칙······? 분배법칙? 지금은 著者를 믿고 슬쩍 넘어가는 편이 현명하다.

사실, 위 연습문제 (다) 항은 우리가 은근히 기다려 온 것이다. 그리고, 지금이 ring 의 characteristic 을 소개할 적당한 기회이다. 위 연습문제 (다) 항을 읽으면서, 다음 정의를 스스로 생각한 독자들도 있을 것이다.

정의 1.3.13. $1 \in R$ 일 때, $0 = n = n \cdot 1_R \in R$ 인 최소의 자연수 $n > 1$ 을 ring R 의 **characteristic** 이라고 부르고, $\text{char}(R) = n$ 으로 표기한다.[51] 만약, $0 = n \in R$ 인 자연수 n 이 아예 존재하지 않으면, R 은 **characteristic zero** 라고 말하고, $\text{char}(R) = 0$ 으로 표기한다.

위 정의는 어쩐지 매우 익숙하다. 지금 group 의 원소의 **order** ([I, 관찰 11.7.4] 와 [I, 再정의 11.7.5]) 가 생각나는 독자들은 칭찬 받을 만하다.

再정의 1.3.14. $1 \in R$ 일 때, additive group $(R, +)$ 에서의 1_R 의 order $|1_R|$ 이 finite 이면, $\text{char}(R) = |1_R|$ 로 정의한다. 다른 한편, 만약 $|1_R| = \infty$ 이면, $\text{char}(R) = 0$ 으로 정의한다.

Ring 의 characteristic 이 갖는 중요성은 다음 연습문제로부터 충분히 짐작할 수 있다.

연습문제 1.3.15. $1 = 1_R \in R$ 이고, n 이 자연수일 때, 다음 두 조건

(1) $n = n \cdot 1_R = 0$

(2) $na = 0$ for all $a \in R$

은 동치임을 증명하라.

Characteristic two 의 別世界는 항상 매우 조심스럽게 다루어야 한다. 사실 characteristic two 의 세계는 좀 별나다.

연습문제 1.3.16. $1 = 1_R \in R$ 일 때, 다음 조건

(1) $\text{char}(R) = 2$

(2) $1_R + 1_R = 2 = 0 \in R$

(3) $a + a = 0$ (즉, $a = -a$) for all $a \in R$

(4) $1_R = -1_R$

은 동치임을 보여라.

---

[51] 왜 $n > 1$ 이라고 했을까?

연습문제 1.3.17. 다음을 확인하라.

(가) $\mathrm{char}(\mathbb{Z}) = \mathrm{char}(\mathbb{Q}) = \mathrm{char}(\mathbb{R}) = \mathrm{char}(\mathbb{C}) = 0$.

(나) F 가 field 일 때, $\mathrm{char}(F[t]) = \mathrm{char}(\mathfrak{M}_{n,n}(F)) = \mathrm{char}(F)$.

(다) $\mathrm{char}(\mathbb{F}_2) = 2$. (연습문제 1.3.3 (마) 항 참조.)

(라) $\mathrm{char}(\mathbb{Z}_4) = 4$. (연습문제 1.3.11 참조.)

다음에 정의할 integral domain 의 'integral'이 'integer'의 형용사形인지 또는 'entire (whole)'의 뜻인지는 분명치 않다.[52]

정의 1.3.18. 만약 **commutative** [ring with 1] D 가 zero divisor 를 갖지 않으면, D 를 **integral domain** (혹은, 간단히 **domain**) 이라고 부른다.

연습문제 1.3.19. (Integral domain 의 typical examples) 다음 integral domain 의 보기들을 확인하라.

(가) The ring of integers $\mathbb{Z}$.

(나) The ring of Gaussian integers $\mathbb{Z}[\mathbf{i}] = \{m + n\,\mathbf{i} \in \mathbb{C} \mid m, n \in \mathbb{Z}\}$.

(다) Field F.

(라) The polynomial ring $D[t]$ over an integral domain D.

다시 중학교로 돌아가자.

연습문제 1.3.20. D 를 integral domain 이라고 하자.

(가) $a, b \in D$ 일 때, 만약 $ab = 0$ 이면 $[a = 0$ or $b = 0]$ 이어야 함을 보여라.

(나) D-위의 **방정식** $x^2 = 1$, 즉 $x^2 - 1 = 0$ 을 풀어라.[53] (이 방정식은 몇 개의 root 을 갖는가?)

(다) D-위의 **polynomial equation** $x^2 - 3x + 2 = 0$ 을 풀어라. (독자들의 답은 $\mathrm{char}(D) = 2$ 이거나 $\mathrm{char}(D) = 3$ 인 경우에도 유효한가?!)

연습문제 1.3.21. $\mathrm{char}(D) = 6$ 인 integral domain D 는 존재하는가? (Hint; $6 \cdot 1_D = (2 \cdot 1_D) \cdot (3 \cdot 1_D)$.)

---

[52] Lang [8, pp. 91–92] 은 integral domain 이라는 이름에 반대하고, entire ring 이라는 용어를 사용한다. 그 이유는 *integral ring* (정확한 文法은 R 과 S 가 ring 일 때, 'R is integral over S'. 정의 15.3.1 및 [8, Ch. VII] 참조)은 사실은 다른 뜻으로 사용되기 때문이다.

[53] 방정식이나 root 의 뜻은 설명할 필요 없을 것이다. 정의 1.7.13 참조.

위 연습문제 1.3.21은 물론 중요한 의미를 내포하고 있다. 독자들은 이미 이 연습문제를 일반화한 명제를 생각하고 있을 것이다.

Integral domain이 우리 '이야기'의 **주인공** 中 하나인 첫번째 (근본적인) 이유는 다음 Cancellation Law 때문이다.

관찰 1.3.22. (Cancellation Law in Integral Domain) D가 integral domain이고, $a, b, c \in D$라고 하자. 이때, 만약 [$a \neq 0$이고 $ab = ac$]이면, $b = c$이다. (지금 焦點은 $a \in D^{\times}$ 일 필요가 없다는 — 즉, 나눗셈이 없어도 좋다는 — 것이다.)

증명 : $ab = ac$는 $a(b - c) = 0$과 동치이고, 따라서, integral domain의 정의 (혹은, 앞 연습문제 1.3.20의 (가) 항)에 의해 $b - c = 0$. □

한편, 위 관찰의 역도 성립한다. 즉, R이 commutative [ring with 1]이고 Cancellation Law가 성립한다면, R은 integral domain이 된다. 왜냐하면, $ab = 0$이고 (단, $a, b \in R$) $a \neq 0$이면, $ab = 0 = a0$의 양변에서 a를 cancel하여 $b = 0$을 얻기 때문이다. 이를 달리 표현하면,

[integral domain] = [Cancellation Law가 성립하는 commutative ring with 1]

이라는 뜻이다.

다음은 위 관찰의 응용이다.[54]

관찰 1.3.23. Finite integral domain은 field.

증명 : $D = \{a_1, \ldots, a_n\}$이 finite integral domain이고, $0 \neq b \in D$일 때, $b \in D^{\times}$ 임을 보이면 된다. (지금 우리는 D가 유한집합이라는 사실을 — 혹은 비둘기 집의 원리를 — 사용할 기회만을 엿보고 있다.[55]) 그런데, Cancellation Law에 의해, [$ba_i \neq ba_j$ for all $i \neq j$]이고, D는 유한집합이므로,

$$\{ba_1, \ldots, ba_n\} = D$$

가 된다. 따라서, $ba_i = 1$ for some i. □

[54] 매우 중요한 결과이긴 하지만, 우리 이야기책의 주인공은 아니다. 따름명제 4.3.10에서 한번 쯤 더 언급될 것이다.

[55] 비둘기 집의 원리는 [I, 정리 4.3.4] 참조.

이 책에서 일반적인 (commutative) ring 을 다룰 기회는 거의 없을 것이다. 이 책에서는 主로 integral domain (제 5 장, § 15.3) 과 field (제 6 장, 제 14–16 장) 를 다룰 것이다.

이제 그만 마무리하고 어서 R-module 로 넘어가자. 독자들 중에는 다음 연습문제를 초조하게 기다린 이들도 적지 않을 것이다.

연습문제 1.3.24. R 과 S 를 ring 이라고 하자.

(가) R 과 S 의 **Cartesian product** $R \times S$ 에 자연스러운 ring 의 구조를 정의하라. (지금 **componentwise** 라는 단어가 생각나야만 한다.[56])

(나) R 과 S 가 각각 commutative 이면, $R \times S$ 도 commutative 인가?

(다) R 과 S 가 각각 [ring with 1] 이면, $R \times S$ 도 [ring with 1] 인가?

(라) R 과 S 가 각각 integral domain 이면, $R \times S$ 도 integral domain 인가?

(마) R 과 S 가 각각 field 이면, $R \times S$ 도 field 인가?

다음 보기는 사실 뒤 제 3 장의 최대 **'골칫거리'** 이다.[57]

보기 1.3.25. Product ring 들

$$\mathbb{Z} \times \{0\} \subset \mathbb{Z} \times 2\mathbb{Z} \subset \mathbb{Z} \times \mathbb{Z}$$

를 생각하자. Ring $\mathbb{Z} \times \mathbb{Z}$ 는 물론 multiplicative identity $(1, 1)$ 을 갖는다. 그리고 ring $\mathbb{Z} \times \{0\}$ 도 multiplicative identity $(1, 0)$ 을 갖는 것을 쉽게 확인할 수 있다. 포함관계에 있는 이 두 ring 이 서로 다른 multiplicative identity 를 갖는 것이 흥미롭다. 한편, 가운데 낀 ring $\mathbb{Z} \times 2\mathbb{Z}$ 는 multiplicative identity 를 갖지 않는다.

다음 질문은 § 2.3 에서 다룬다.

질문 1.3.26. [학부 대수학 강의 I; 선형대수와 군] 제 1 쪽의 F 를 임의의 skew-field 라고 하면 어떻게 될까? 아예 F 를 임의의 ring 이라고 하면 어떻게 되는가? 또, F 를 임의의 commutative [ring with 1], 혹은 임의의 integral domain 이라고 하면 어떻게 될까?

---

[56] 벡터공간과 group 의 product 는 [I, 보기 2.3.7] 과 [I, 보기 11.8.10] 참조. Product 는 § 9.1 에서 다시 다룬다.

[57] 주의 3.1.6 참조.

1.4. Module의 초보적 성질

이제 R-module의 차례이다. 하지만, 이미 독자들이 눈치 채고 있듯이, R-module은 우리의 '고향' F-vector space를 일반화한 것이므로 어쩐지 마음이 편안하다.

약속 1.4.1. 이 책에서 R-module을 말할 때에는 **항상** $1 \in R$이라고 가정한다. 뿐만 아니라, R-module M은 다음 조건

(M 5) $x \in M$이면, $1x = x$

도 만족한다고 약속하자.[58]

위 약속으로부터 우리는 R-module의 경우에는 — 예를 들어, 연습문제 1.1.17의 'trivial' ring structure와 유사한 — 'trivial' R-module structure는 없음을 알 수 있다.

이제, [I, 정의 2.1.2]의 F-vector space의 정의를 다시 써 보자. 한 줄이면 충분하다.

再정의 1.4.2. F가 **division ring**이면, F-module을 F-**vector space**라고 부른다.[59]

R-module은 물론 additive abelian group이므로, § 1.2의 시작 부분에서 언급한 abelian group의 성질을 모두 만족한다. 다음 연습문제는 솔직히 종이가 아깝다.

연습문제 1.4.3. ([I, 관찰 2.1.7] 참조.) M이 R-module일 때, $x \in M$이고 $r \in R$이면, 다음이 성립함을 보여라.

(가) $0x = 0$.

(나) $r0 = 0 \in M$.

(다) $-x = (-1_R)x$.

(라) $-(rx) = (-r)x$. (따라서, $(-rx)$의 표기법을 사용.)

(마) $-(rx) = r(-x)$.

[58] 조건 (M 5)를 만족하는 R-module을 보통 unitary R-module이라고 부른다.

[59] F가 field일 때뿐만 아니라, F가 division ring일 때에도 F-module을 F-vector space라고 부르는 것에 유의하라.

우리는 **낯선 곳에서는 우선 '고향'과 비교**해 보는 버릇이 있다.

V 가 F-vector space 일 때에는, $0 \neq r \in F$ 이고 $0 \neq v \in V$ 이면, $rv \neq 0$ 일 수밖에 없다. 이는 물론 r 의 multiplicative inverse (r^{-1}) 가 존재하기 때문이다 (확인해 보라). 그러나, 이 성질은 일반적인 R-module 에서는 더 이상 성립하지 않는다.

보기 1.4.4. (가) 연습문제 1.1.20 (가) 항의 $\mathfrak{M}_{n,n}(\mathbb{R})$-module $\mathbb{R}^n$ 을 생각하자. (즉, $\mathfrak{M}_{n,n}(\mathbb{R})$ acts naturally on $\mathbb{R}^n$.) 이때, 만약 $0 \neq A \in \mathfrak{M}_{n,n}(\mathbb{R})$ 이 가역행렬이 아니라면 $A \cdot X = 0$ 인 $0 \neq X \in \mathbb{R}^n$ 이 존재할 것이다 (왜 그런가?).
(나) $T \in \mathfrak{LM}$ 일 때, $\phi_T(t)$ 를 T 의 characteristic polynomial 이라고 하자. 이제 V 를 $F[t]$-module 로 생각하면 (연습문제 1.1.21), $[\phi_T(t) \cdot v = 0$ for all $v \in V]$ 가 된다 (왜 그런가?).

따라서, 이러한 狀況을 묘사할 새로운 용어들이 필요하다.

정의 1.4.5. M 을 R-module 이라고 하자.

(가) $x \in M$ 일 때, 만약 $[rx = 0$ 인 $0 \neq r \in R$ 이 존재$]$ 하면, x 를 r-**torsion element** 라고 — 혹은, 간단히 torsion element 라고 — 부른다. 이때, "r **kills** x" 또는 "r **annihilates** x" 등의 (섬뜩한) 표현을 사용한다. 또, M 의 torsion element 전체의 집합

$$M_{\text{tor}} = \{x \in M \mid r_x \cdot x = 0 \text{ for some non-zero } r_x \in R\}$$

은 **torsion part** of M 이라고 부른다.
(나) 만약 $M_{\text{tor}} = M$ 이면, M 을 **torsion** R-**module** 이라고 부른다. 거꾸로, 만약 $M_{\text{tor}} = \{0\}$ 이면, M 을 **torsion-free** R-**module** 이라고 부른다.[60]
(다) 그리고, $N \subseteq M$ 이면,

$$\text{ann}\,(N) = \text{ann}_R(N) = \{r \in R \mid rx = 0 \text{ for all } x \in N\}$$

으로 표기하고, $\text{ann}\,(N)$ 을 N 의 **annihilator ideal** 이라고 부른다.[61] 또 $S \subseteq R$ 이면,

$$\text{Ann}\,(S) = \text{Ann}_M(S) = \{x \in M \mid rx = 0 \text{ for all } r \in S\}$$

로 표기하자.

[60] 'Torsion-free'는 'torsion **으로부터** 자유롭다'라는 뜻이다.
[61] Ideal 의 의미는 정의 4.1.1 에서 설명한다. 'Killer'라는 표현은 사용하지 않는 것 같다.

연습문제 1.4.6. 다음을 보여라.

(가) M 이 R-module 일 때, $r \in R^{\times}$ 이면, $\mathrm{Ann}_M(r) = \{0\}$.[62]

(나) Vector space 는 torsion-free.

(다) 위 보기 1.4.4 에서, $\mathrm{Ann}_{\mathbb{R}^n}(A) = \ker L_A$.

다시 우리의 '마음의 고향'으로 돌아간다.

연습문제 1.4.7. $T \in \mathfrak{L}\mathfrak{M}$ 일 때, 연습문제 1.1.21 에서처럼 V 를 $F[t]$-module 로 생각하자. 그러면, [I, 정의 7.3.2]의 $\mathcal{I}_T$ 와 [I, 정의 8.5.9 와 연습문제 8.5.10]의 $\mathcal{I}_w$ 는 다름아닌 annihilator ideal 임을 보여라. 즉,

(가) $\mathrm{ann}_{F[t]}(V) = \{f(t) \in F[t] \mid f(T) = 0\} = \mathcal{I}_T$.

(나) $\mathrm{ann}_{F[t]}(w) = \{f(t) \in F[t] \mid f(T)(w) = 0\} = \mathcal{I}_w$. (단, $w \in V$).

(다) V 는 torsion $F[t]$-module. (물론, V 는 유한 차원.)

다음 관찰은 앞에서 여러 번 暗示가 있었으므로, 독자들도 이미 짐작하고 있을 것이다.

관찰 1.4.8. [Abelian group] = [$\mathbb{Z}$-module].[63] [64]

증명 : Abelian group A 의 $\mathbb{Z}$-상수곱을 표기법 1.2.1 에서와 같이 정의하면, **Additive Exponential Law** (연습문제 1.2.3) 는 A 가 $\mathbb{Z}$-module 이 됨을 말해 준다. 역으로, $\mathbb{Z}$-module 은 — $\mathbb{Z}$-상수곱을 잊어버리면 — 애당초 abelian group 이다. 그런데, 엄밀하게 분석해 보면, 우리의 결론을 위해서는 (말장난 같은) 다음 두 명제

(가) Abelian group A 를 (Additive Exponential Law 를 이용하여) $\mathbb{Z}$-module 로 본 후, 다시 $\mathbb{Z}$-상수곱을 잊어버리고 abelian group 으로 보면, 원래의 A 와 같다.

(나) $\mathbb{Z}$-module M 을 $\mathbb{Z}$-상수곱을 잊어버리고 abelian group 으로 본 후, 다시 (Additive Exponential Law 를 이용하여) $\mathbb{Z}$-module structure 를 주면, 원래의 M 과 같다.

---

[62] 원래는 $\mathrm{Ann}(\{r\})$ 로 써야 하겠지만 $\cdots\cdots$.

[63] Abelian group 의 연산은 항상 덧셈이라고 가정한다. [I, 표기법 11.2.1(나)] 참조.

[64] 이때, equality '='의 엄밀한 수학적 정의는 훗날 "Category Theory"를 배우고 나면 설명할 수 있다.

를 확인해야 한다. 위 (가) 항은 자명하지만, (나) 항은 무언가 설명이 필요하다는 생각도 든다. 즉, 예를 들어, $x \in M$ 일 때,

$$\begin{aligned}&[\text{원래 } \mathbb{Z}\text{-module } M \text{ 에서의 } 3x]\\ &= (1+1+1)x = x+x+x\\ &= [\text{abelian group 에서 정의한 } 3x]\end{aligned}$$

라는 (역시 자명한) 설명이 필요하다. □

따라서, 앞으로 있을 R-module 에 관한 모든 논의는 abelian group 에 관한 논의를 포함하게 된다.

연습문제 1.4.9. 다음을 보여라.

(가) Finite abelian group 은 torsion $\mathbb{Z}$-module.

(나) $\mathbb{Z}$ 는 torsion-free $\mathbb{Z}$-module.

(다) $n > 1$ 일 때, $(\mathbb{Z} \times \mathbb{Z}_n)_{\text{tor}} = \{0\} \times \mathbb{Z}_n$.[65]

다음은 이제 routine.

연습문제 1.4.10. (가) 유한 개 R-module 의 Cartesian product 에 자연스러운 R-module structure 를 정의하라.

(나) 유한 개 R-algebra 의 Cartesian product 에 자연스러운 R-algebra structure 를 정의하라.

R-algebra 에 관해 언급해 둘 것이 하나 있다. R-algebra $\mathcal{A}$ 의 다음 조건

(A 3) $(ra)b = r(ab) = a(rb), \qquad (r \in R,\ a, b \in \mathcal{A})$

은 사실 **매우 强한 조건**이었다. 왜냐하면,

$$(ra)(sb) = r\big(a(sb)\big) = r\big(s(ab)\big) = (rs)(ab), \qquad (r, s \in R,\ a, b \in \mathcal{A})$$

이고, 동시에

$$(ra)(sb) = s\big((ra)b\big) = s\big(r(ab)\big) = (sr)(ab), \qquad (r, s \in R,\ a, b \in \mathcal{A})$$

이므로, (rs) 와 (sr) 이 같은 역할 (적어도 scalar 로서는) 을 하고 있음을 알 수 있다. 그러므로 — 괜히 무리하지 말고 (사서 고생하지 말고) — 그냥 R 은 commutative ring 이라고 가정하자.

[65] 이때, $\mathbb{Z} \times \mathbb{Z}_n$ 은 abelian group 의 product. [I, 보기 11.8.10] 참조.

약속 1.4.11. 이 책에서 $\mathcal{A}$가 R-algebra라고 말할 때에는, 우리는 **항상** R이 **commutative** [ring with 1_R]이라고 가정한다.[66]

약속 1.4.11과 약속 1.4.1의 目的은 지나친(필요 이상의) 추상化를 排除하는 데에 있다. 다시 강조하거니와, **추상化 自體가 목적이 되어서는 안 된다**. 우리의 목적은 concrete example들을 이해하는 것이며, 추상化는 이에 도움이 되는 手段일 뿐이다!

연습문제 1.4.12. 앞의 논의를 흉내 내어

$$[\,\mathbf{ring}\,] = [\,\mathbb{Z}\text{-}\mathbf{algebra}\,]$$

임을 설명하라. (연습문제 1.2.5 (가) 항 참조.)

그러므로, 앞으로 있을 R-algebra에 관한 모든 논의는 ring에 관한 논의를 포함하게 된다.

연습문제 1.4.13. 약속 1.4.11을 기억하면서, 연습문제 1.1.18을 다시 풀어라. 즉, R이 commutative [ring with 1]이면, R 자신 R-algebra로 볼 수 있음을 보여라.[67]

다음 보기들은 너무 뒤늦은 感이 있다. 사실 다음 보기들은 §1.1에서도 다룰 수 있었다. 더 이상 뒤로 미루면 독자들을 무시하는 것이 된다.

보기 1.4.14. R이 ring일 때, R-위의 행렬의 뜻은 설명할 필요가 없을 것이다. 물론, R-위의 $(n \times n)$-행렬 전체의 집합은 $\mathfrak{M}_{n,n}(R)$로 표기한다. 그리고, $\mathfrak{M}_{n,n}(R)$의 덧셈, R-상수곱과 곱셈은 [I, §1.1]에서와 똑같이 정의한다(사실은 — 특히 곱셈의 경우에는 — 한 글자만 달라도 안 된다). 이제, $\mathfrak{M}_{n,n}(R)$이 ring이 되는 것은 자명(!)하다. 또, R이 commutative [ring with 1]이면, $\mathfrak{M}_{n,n}(R)$은 R-algebra가 된다($n = 1$인 경우가 연습문제 1.4.13이다). 이때, $\mathfrak{M}_{n,n}(R)$의 multiplicative identity는 항등행렬 I_n이다. 당연히, $\mathfrak{M}_{n,n}(R)$을 [**matrix algebra** over R]이라고 부른다.

우리는 이미 [I, §7.3]의 Cayley-Hamilton Theorem의 세번째 증명(adjoint matrix를 이용한 증명)에서 $\mathfrak{M}_{n,n}(F[t])$를 경험했었다. (지금 이 증명을 다시 읽어 보라.)

---

[66]물론, $\mathcal{A}$ 자신은 non-commutative R-algebra일 수 있다.
[67]따라서, 약속 1.4.11은 제법 一理가 있다.

보기 1.4.15. R이 ring일 때, R-위의 polynomial의 뜻도 설명할 필요가 없을 것이다. 물론, R-위의 polynomial 전체의 집합은 $R[t]$로 표기한다. $R[t]$의 덧셈, R-상수곱과 곱셈을 [I, 보기 2.3.11]에서와 똑같이 정의하면, $R[t]$가 ring이 되는 것도 자명하다. 그리고, 이번에도 R이 commutative [ring with 1]이면, $R[t]$는 R-algebra가 된다. 이때 $R[t]$를 [**polynomial algebra** over R]이라고 부르는 것은 물론이다.

연습문제 1.4.16. (가) R이 integral domain이면, $R[t]$도 integral domain임을 보여라.
(나) R이 [ring with 1]이면, 항상 $R[t]^\times = R^\times$ 인가?
(다) R이 integral domain이면, $R[t]^\times = R^\times$ 임을 보여라.

다음 연습문제는 좀 현학적이지만, 뒤 연습문제 4.6.3에서 필요로 한다.

연습문제 1.4.17. R이 commutative [ring with 1]이고, $\mathcal{A}$는 R-algebra라고 하자. 또 $R[t]$와 $\mathcal{A}[t]$를 각각 polynomial algebra라고 할 때, $\mathcal{A}[t]$에 자연스러운 $R[t]$-algebra의 구조를 정의하라.[68]

하나만 더. R이 commutative [ring with 1]이면, R-위의 $(n \times n)$-행렬의 determinant를 정의하는 데에도 아무런 문제가 없을 것이다([I, 정리 6.3.2]에서처럼 정의하면 된다. §2.3.D 참조). 그리고, 다음 중요한 등식

$$\det(AB) = \det(A) \cdot \det(B), \qquad (A, B \in \mathfrak{M}_{n,n}(R))$$

도 여전히 유효할 것이다.

연습문제 1.4.18. $\mathfrak{M}_{2,2}(\mathbb{Z})^\times = \{A \in \mathfrak{M}_{2,2}(\mathbb{Z}) \mid \det(A) = \pm 1\}$ 임을 증명하라.

다음 자연스러운 질문에의 답은 뒤 §2.3.D에서 공부한다.

질문 1.4.19. R이 commutative [ring with 1]일 때,

$$\mathfrak{M}_{n,n}(R)^\times = \{A \in \mathfrak{M}_{n,n}(R) \mid \det(A) \in R^\times\}$$

일까?

---

[68] 연습문제 2.1.16 참조.

1.5. Isomorphism

우리 'story'의 다음 순서는 isomorphism 이다. 대부분의 전통적인 대수학 교재에서는 homomorphism (다음 節 참조) 을 먼저 정의한 다음 isomorphism 을 정의한다. 이는 아마도 紙面을 절약하기 위한 것으로 생각되지만, 이 책에서는 과감히 지면을 할애하여 isomorphism 을 먼저 소개한다.[69]

Isomorphism 의 정확한 理解는 수학 전체에서 매우 중요하다. 뿐만 아니라, isomorphism 은 homomorphism 을 이해하는 첫걸음 (motivation) 이 된다.

우리는 이미 [I] 에서 F-vector space isomorphism 과 group isomorphism 을 공부하였다. (독자들은 **지금** [I, § 2.3, § 2.4, § 3.6, § 11.5, § 10.5] 를 **복습**하기 바란다.) Isomorphism 의 이해는 항상 [**이름만 다를 뿐 사실상 같은 □□**] 의 개념에서 시작된다.[70]

즉, □□ X 와 X' 이 [사실상 같은 □□] 라는 말은 — 비록 X, X' 과 그 원소들이 이름은 다를 수 있지만 — □□ 로서는 (즉, □□ 에 주어진 연산구조에 관해서는) 사실상 같다는 뜻이다. 이를 수학적인 언어를 사용하여 다시 써 보면, X 와 X' 의 원소들 사이에는 **이름 바꾸기**라는 대응관계 (**bijection** $\varphi : X \to X'$) 가 존재하여, (각각의 연산에 관하여)

$$[\text{연산해서 이름 바꾼 것}] = [\text{이름 바꿔서 연산한 것}]$$

이라는 뜻이 된다.

우리는 위 단락의 내용을 다음 두 사각형으로 요약한다 (만약 □□ 가 R-상수곱을 갖지 않으면, 왼쪽 사각형 하나로 충분). 즉, □□ X 와 X' 이 [사실상 같은 □□] 라는 말은 다음 사각형 (들)

$$\begin{array}{ccc} X \times X & \xrightarrow{\;*\;} & X \\ {\scriptstyle \varphi\times\varphi}\downarrow\wr & \circlearrowright & \wr\downarrow{\scriptstyle \varphi} \\ X' \times X' & \xrightarrow[\;*\;]{} & X' \end{array} \qquad \begin{array}{ccc} R \times X & \xrightarrow{\;\text{상}\;} & X \\ {\scriptstyle id\times\varphi}\downarrow\wr & \circlearrowright & \wr\downarrow{\scriptstyle \varphi} \\ R \times X' & \xrightarrow[\;\text{상}\;]{} & X' \end{array}$$

을 commutative diagram 으로 만들어 주는 bijection $\varphi : X \to X'$ 이 존재한다는 말과 동치가 된다 (단, $*$ 는 이항연산이고, '상'은 R-상수곱).

[69] 우리와 'story'의 순서가 같은 책은 M. Artin [4] 이다.

[70] □□ 의 의미는 임시 정의 1.1.5 참조.

물론, 위 commutative diagram 에서 함수

$$\varphi \times \varphi : X \times X \to X' \times X', \qquad id \times \varphi : R \times X \to R \times X'$$

은 각각

$$(\varphi{\times}\varphi)\,(x,y) = \big(\varphi(x),\, \varphi(y)\big), \quad (id{\times}\varphi)\,(r,x) = \big(r,\, \varphi(x)\big), \qquad (x,y \in X,\ r \in R)$$

로 정의되어 있다.[71] 그리고, 세로 화살표들은 이름바꾸기를 의미하고, 가로 화살표들은 연산을 의미한다. 독자들은 이런 commutative diagram 은 — 2층에 X 를 놓고, 1층에 X' 을 놓은 후 — 이를 3층에서 내려다본다는 것을 기억하고 있을 것이다. 이때 2층과 1층은 **완전히 겹쳐 보일 것**이다.[72]

위 commutative diagram 을 원소들 수준에서 생각해 보면, 이번에는 다음 사각형(들)을 그릴 수 있을 것이다(단, $x, y \in X,\ r \in R$).[73]

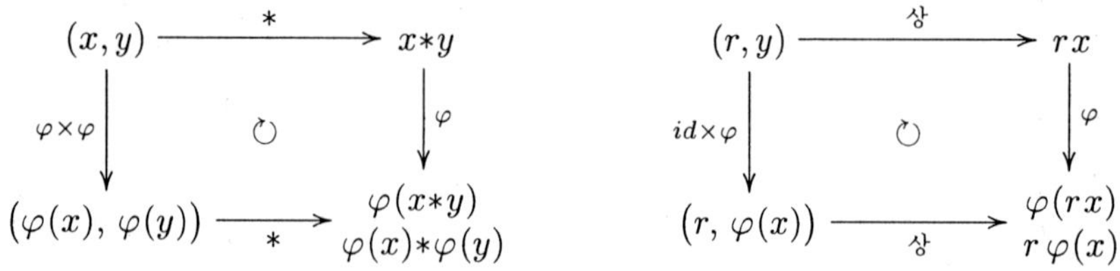

이때, 예를 들어, 왼쪽 사각형에서 $\varphi(x{*}y)$ 는 [연산해서 이름 바꾼 것] 이고, $\varphi(x){*}\varphi(y)$ 는 [이름 바꿔서 연산한 것] 이다.

사설이 너무 길었다.

정의 1.5.1. X 와 X' 이 □□ 일 때, **각각의 연산에 관하여** 다음 조건

[연산해서 이름 바꾼 것] = [이름 바꿔서 연산한 것]

을 만족하는 **이름바꾸기 bijection** $\varphi : X \to X'$ 이 존재하면, 우리는 X 와 X' 이 □□로서 **isomorphic** 하다고 말하고, $X \approx X'$ 혹은

$$X \xrightarrow[\approx]{\varphi} X', \qquad X \xrightarrow[\square\square\text{-isom}]{\varphi} X'$$

으로 표기한다. 이때, φ 를 □□-**isomorphism** (from X onto X') 이라고 부른다.

---

[71] $X \times X$ 와 $R \times X$ 는 그냥 집합으로 생각한다. 따라서, 위 각각의 commutative diagram 에서 왼쪽의 '≀'은 단순히 집합 間의 bijection 으로 보면 된다.

[72] X 와 X' 의 연산표를 겹쳐 놓은 그림을 그릴 수도 있을 것이다.

[73] [I] 에서는 정말 '무식'한 그림에서 시작했었다. 예를 들어, [I, 정의 2.4.1 다음의 그림] 참조.

다음은 위 정의로 만족하지 못하는 (소수의) 독자들만을 위한 것이다.

보기 1.5.2. 위 정의 1.5.1의 조건

$$[\text{연산해서 이름 바꾼 것}] = [\text{이름 바꿔서 연산한 것}]$$

을 풀어서 설명하면 다음과 같다.

(가) [□□ = group] 일 때,[74] multiplicative notation을 사용하면, 위 조건은

$$\varphi(gh) = \varphi(g)\,\varphi(h), \qquad (g, h \in X)$$

가 된다.

(나) [□□ = ring] 일 때에는,[75] ring은 두 개의 이항연산 덧셈과 곱셈을 가지므로, 위 조건은

$$\varphi(a+b) = \varphi(a) + \varphi(b), \quad \varphi(ab) = \varphi(a)\,\varphi(b), \qquad (a, b \in X)$$

로 쓸 수 있다.

(다) [□□ = R-module] 일 때 (이때, ring R은 고정되어 있다), R-module은 덧셈과 R-상수곱을 가지므로, 위 조건은

$$\varphi(x+y) = \varphi(x) + \varphi(y), \quad \varphi(rx) = r\,\varphi(x), \qquad (x, y \in X,\ r \in R)$$

로 쓸 수 있다.

(라) [□□ = R-algebra] 일 때에는 (이때도 ring R은 고정되어 있다), φ가 ring isomorphism이면서 동시에 R-module isomorphism이면, φ를 R-algebra isomorphism이라고 부른다.

우리의 철학은 언제나 유효하다. ([I, §3.6] 참조.)

우리의 철학. 같은 것은 똑같다.

즉, 우리의 철학은 [이름만 다르고 사실상 같은 □□]는 이름만 제외하면 **같은 성질을 갖는다**는 것이다. 여기에서 '성질'은 물론 □□로서의 성질, 즉 □□의 연산구조에 의해 묘사되는 성질을 말한다. 더 자세히 말하자면, ∀, ∃, 'and', 'or', ⇒ 등의 논리 기호와 ∪, ∩, 함수 등의 집합 기호, 그리고 이항연산 (및 상수곱) 으로 묘사된 성질은 isomorphic한 □□들이 共有한다는 뜻이다.

---

[74] [□□ = semigroup] 이거나, [□□ = monoid] 일 때에도 마찬가지.

[75] [□□ = commutative ring], [□□ = field] 등등일 때에도 마찬가지. 그러므로, 예를 들어, field F, F'이 field로서 isomorphic하다는 말과 ring으로서 isomorphic하다는 말은 동치이다.

보기 1.5.3. $\varphi : R \to S$ 가 ring isomorphism 이면,

(가) R 이 commutative 이면, S 도 commutative.

(나) $1 \in R$ 이면, ($1 \in S$ 이고,) $\varphi(1) = 1$.[76]

(다) $1 \in R$ 이면, ($1 \in S$ 이고,) $\varphi(R^{\times}) = S^{\times}$.

(라) R 이 integral domain 이면, S 도 integral domain.

(마) $a^2 = 2 = 1 + 1$ 인 원소 $a \in R$ 이 존재하면,[77] $\varphi(a)^2 = 2$.

위에서 예로 든 ring 의 성질들 (commutativity, multiplicative identity 의 有無, zero divisor 의 有無 등) 을 우리는 ring isomorphism 에 의해 **invariant** (**不變**) 인 성질이라고 부른다. 이를 뒤집어서 이야기하면,

[□□의 공부] = [□□-isomorphism 에 의해 불변인 성질들의 공부]

라고 말할 수 있다.

독자들은 만약 이름만 다르다면 (강제로) 이름을 고쳐서 이름도 같게 만들면 된다는 **identification 의 철학**도 기억날 것이다.

그리고, '사실상 같다'라는 relation 이 적어도 equivalence relation 이어야하는 것은 너무나 당연하고 익숙하다. 같은 것은 같기 때문이다.

관찰 1.5.4. 위 정의 1.5.1 의 isomorphic relation $\approx$ 은 equivalence relation.

증명 : 아래 연습문제 참조. □

연습문제 1.5.5. X, Y, Z 가 □□ 일 때, 다음을 보여라.

(가) **Identity map** (항등사상) $id = id_X : X \to X$ 를

$$id(x) = x, \qquad (x \in X)$$

로 정의하면, id 는 □□-isomorphism.

(나) □□-isomorphism $\varphi : X \to Y$ 의 **inverse map** (역사상) $\varphi^{-1} : Y \to X$ 도 □□-isomorphism.

(다) 두 개의 □□-isomorphism $\varphi : X \to Y$ 와 $\psi : Y \to Z$ 의 **composition** (합성사상) $\psi \circ \varphi : X \to Z$ 도 □□-isomorphism.

[76] R 과 S 는 사실상 같은 연산표를 가지므로 자명하다. 정 의심스럽다면, 이미 우리가 폐기처분한 [I, 관찰 2.4.2] 의 증명 참조.

[77] 표기법 1.2.12 참조.

앞의 사각형의 입장에서 위 연습문제 1.5.5를 생각해 보면, (나) 항은 3층에서 내려다보던 것을 지하실에서 올려다보아도 여전히 1층과 2층은 겹쳐 보인다는 뜻이 된다. (다) 항을 생각하려면 4층까지 올라가야 할 것이다.

지금까지의 이야기는 너무 많이 들어 온 것들이라 조금 지루했을 것이다. 새로운 보기들을 생각해 보자.

보기 1.5.6. 우리는 앞 節에서 abelian group과 $\mathbb{Z}$-module이 같은 말임을 배웠다. 따라서, A, B가 abelian group으로서 isomorphic 하면, A, B를 $\mathbb{Z}$-module로 보더라도 isomorphic 할 것이다. **같은 것에서 같은 방법으로 만들어진 것은 같기 때문이다!**

보기 1.5.7. $n > 1$ 일 때, 함수 $\varphi : \mathbb{Z} \to n\mathbb{Z}$를

$$\varphi(a) = na, \qquad (a \in \mathbb{Z})$$

로 정의하면, 우리는 φ가 (abelian) group isomorphism 임을 잘 알고 있다(한 번 더 확인해 보라). 그러므로, $\mathbb{Z}$와 $n\mathbb{Z}$는 abelian group으로서 — 그리고, $\mathbb{Z}$-module로서 — isomorphic 하다. 그러나, $\mathbb{Z}$와 $n\mathbb{Z}$를 ring으로 보면, $n\mathbb{Z}$는 multiplicative identity를 갖지 않으므로, $\mathbb{Z}$와 $n\mathbb{Z}$는 ring으로서는 isomorphic 할 수 없다.

보기 1.5.8. 집합 자체도 (아무런 연산 구조도 없는) 대수적 구조로 볼 수 있다. 그러므로, 집합 間의 isomorphism은 아무런 조건이 없는 이름바꾸기 — 즉, bijection — 이다.[78] 두 집합이 서로 isomorphic 하면, "**equipotent** 하다" 또는 "**cardinality**가 같다"고 말한다.

보기 1.5.9. (가) Field $\mathbb{Q}$와 $\mathbb{R}$은 field로서 isomorphic 하지 않다. 그 이유는 $\mathbb{Q}$와 $\mathbb{R}$은 cardinality가 다르기 때문이라고 말해도 되고, $\mathbb{Q}$에는 제곱해서 2가 되는 원소가 없기 때문이라고 말해도 된다(보기 1.5.3 (마) 항 참조).
(나) Field $\mathbb{R}$과 $\mathbb{C}$가 ring으로서 isomorphic 하지 않은 이유는 이제 독자들도 답할 수 있을 것이다.

[78] [I, 연습문제 11.8.9] 참조.

1.6. Homomorphism

우리 '이야기'의 다음 순서는 homomorphism 이다. Homomorphism 을 한마디로 *'bijection 이 아닐 수도 있는 isomorphism'* — 즉, *'혼동이 있을 수도 있는 이름바꾸기'* — 라고 정의하면, 종이를 제법 절약할 수 있을 것이다. 그러나, 오해의 가능성을 최소화하기 위하여 종이를 좀 낭비하기로 한다.[79]

독자들은 지금 [I, 제 4 장, § 11.6, § 11.8] 을 복습하기 바란다.

정의 1.6.1. (가) A 와 B 가 group 일 때 (additive notation 을 사용하자), 함수 $\varphi : A \to B$ 가 다음 조건

$$\varphi(x+y) = \varphi(x) + \varphi(y), \qquad (x, y \in A)$$

을 만족하면, φ 를 **group homomorphism** 이라고 부른다.[80]

(나) R, S 가 ring 일 때, 함수 $\varphi : R \to S$ 가 다음 조건

$$\varphi(a+b) = \varphi(a) + \varphi(b), \quad \varphi(ab) = \varphi(a)\,\varphi(b), \qquad (a, b \in R)$$

을 만족하면, φ 를 **ring homomorphism** 이라고 부른다.[81]

(다) M, N 이 R-module 일 때, 함수 $\varphi : M \to N$ 이 다음 조건

$$\varphi(x+y) = \varphi(x) + \varphi(y), \quad \varphi(rx) = r\,\varphi(x), \qquad (x, y \in M,\ r \in R)$$

을 만족하면, φ 를 **R-module homomorphism** — 혹은, **R-linear map** — 이라고 부른다.

(라) $\mathcal{A}, \mathcal{B}$ 가 R-algebra 일 때, $\varphi : \mathcal{A} \to \mathcal{B}$ 가 ring homomorphism 이면서 동시에 R-module homomorphism 이면, φ 를 **R-algebra homomorphism** 이라고 부른다.

어쨌든, homomorphism 은 [**연산구조를 '保存'하는 함수**] 라고 할 수 있다. 그럼, 먼저, [I] 에서 공부한 abelian group homomorphism 부터 복습해 보자. 왜냐하면, ring homomorphism 과 R-module homomorphism, 그리고 R-algebra homomorphism 도 덧셈에 관해서는 abelian group homomorphism 이기 때문이다.

---

[79] 사실, isomorphism 을 먼저 소개할 때부터 각오했던 바이다.

[80] Abelian group homomorphism 도 마찬가지.

[81] Field homomorphism 과 integral domain homomorphism 도 마찬가지.

연습문제 1.6.2. A, B 가 abelian group 이고, $\varphi : A \to B$ 가 group homomorphism 일 때, 다음을 보여라.

(가) $\varphi(0) = 0$.
(나) $x \in A$ 이면, $\varphi(-x) = -\varphi(x)$.

Kernel 과 image 에는 새로운 내용이 없다.

정의 1.6.3. Kernel 과 image 는 (abelian) group homomorphism 의 경우에만 정의하면 된다(왜 그런가?). 즉, $\varphi : A \to B$ 가 abelian group homomorphism 일 때,

$$\ker \varphi = \varphi^{-1}(0), \qquad \operatorname{im} \varphi = \varphi(A)$$

로 정의한다.

연습문제 1.6.4. $\varphi : A \to B$ 가 abelian group homomorphism 일 때, 다음 조건

(1) φ 는 monomorphism (즉, injective).
(2) $x, y \in A$ 일 때, $[\varphi(x) = \varphi(y)$ 이면, $x = y]$.
(3) $x \in A$ 일 때, $[\varphi(x) = \varphi(0) = 0$ 이면, $x = 0]$.
(4) $\ker \varphi = \{0\}$.

은 동치임을 보여라.[82]

물론 , 연습문제 1.6.2와 연습문제 1.6.4 의 결과는 ring, R-module, 그리고 R-algebra 의 경우에도 자동적으로 성립한다.

보기 1.6.5. Abelian group 은 $\mathbb{Z}$-module 과 같으므로 — 우리의 철학에 의하면 — abelian group homomorphism 은 $\mathbb{Z}$-module homomorphism 과 같을 수밖에 없을 것이다. 그러나, 무언가 확인해 보고 싶은 생각도 든다(약간 微妙하다). 즉, A, B 가 abelian group 이고, $\varphi : A \to B$ 가 group homomorphism 일 때, 예를 들어,

$$\varphi(2x) = \varphi(x + x) = \varphi(x) + \varphi(x) = 2\,\varphi(x), \qquad (x \in A)$$

가 성립하는 것을 확인하면 된다. 따라서, 이제부터는 R-module homomorphism 에 관한 모든 명제는 abelian group homomorphism 을 포함하게 된다.[83]

---

[82] 조건 (4)가 조건 (1)의 특수한 경우라는 점을 강조하기 위하여 조건 (2), (3)을 첨가하였다.

[83] [Ring with 1] 사이의 ring homomorphism 이 $\mathbb{Z}$-algebra homomorphism 이 되는 것도 마찬가지. 연습문제 1.4.12 참조.

다음 vocabulary 는 너무나 익숙하다.

정의 1.6.6. $\varphi : X \to Y$ 가 □□-homomorphism 일 때,

(가) φ 가 injective 이면, φ 를 □□-**monomorphism** 이라고 부른다.
(나) φ 가 surjective 이면, φ 를 □□-**epimorphism** 이라고 부른다.
(다) φ 가 bijective 이면, φ 를 □□-isomorphism 이라고 부른다.
(라) $X = Y$ 이면, φ 를 □□-**endomorphism** 이라고 부른다.
(마) Bijective endomorphism 은 □□-**automorphism** 이라고 부른다.

우리 '이야기'의 다음 순서는 homomorphism 의 합성과 identity homomorphism 이다.

연습문제 1.6.7. X, Y, Z 가 □□ 일 때, 다음을 보여라.

(가) Identity map $id_X : X \to X$ 는 물론 □□-homomorphism.
(나) $\varphi : X \to Y,\ \psi : Y \to Z$ 가 각각 □□-homomorphism 이면, composition $\psi \circ \varphi : X \to Z$ 도 □□-homomorphism.

다음 연습문제가 생략되면 어딘가 허전하다.[84]

연습문제 1.6.8. $\varphi : X \to Y$ 가 □□-homomorphism 일 때, 다음 조건

(1) φ 는 □□-isomorphism.
(2) $[\psi \circ \varphi = id_X$ 이고 $\varphi \circ \psi = id_Y]$ 인 □□-homomorphism $\psi : Y \to X$ 존재.

은 동치임을 증명하라.

다음은 독자들도 예상하고 있었을 것이다.[85]

연습문제 1.6.9. X 가 □□ 일 때,

$$\mathrm{Aut}(X) = \{\varphi : X \to X \mid \varphi \text{ 는 □□-automorphism}\}$$

으로 표기하고, $\mathrm{Aut}(X)$ 를 **automorphism group** of X 라고 부른다. $\mathrm{Aut}(X)$ 는 함수의 합성을 이항연산으로 갖는 group 임을 보여라.

[84] 왜 이런 순서로 생각하는지, 왜 허전한지 등은 훗날 "Category Theory"를 배우면 알게 된다. 참고 10.2.7(라)항도 참조.
[85] [I, 연습문제 11.8.7] 참조.

자명한 보기 하나.

보기 1.6.10. Zero map $0 : X \to Y$ 를

$$0(x) = 0, \qquad (x \in X)$$

으로 정의하면, zero map 이 X, Y 가 ring 일 때에는 ring homomorphism 이고, X, Y 가 R-module 일 때에는 R-module homomorphism 인 것은 자명하다.

그런데, ⋯⋯, 사실은 약간의 고민이 있다. 위 보기의 zero map 과 뒤 연습문제 4.3.4 는 [ring with 1] 間의 ring homomorphism 이 반드시 1을 1로 보낼 필요가 없음을 보여 주고 있다. 또 보기 1.3.25 ('골칫거리') 의 canonical embedding $\imath : \mathbb{Z} \times \{0\} \to \mathbb{Z} \times \mathbb{Z}$ 도 1을 1로 보내지 않는다.[86]

연습문제 1.6.11. $\varphi : R \to S$ 가 ring homomorphism 이고 $1 \in R$ 일 때, 다음을 보여라.

(가) $\varphi(1) = 0$ 이면, $\varphi = 0$.
(나) S 가 integral domain 이면, $[\varphi(1) = 0 \text{ or } \varphi(1) = 1]$.
(다) S 가 integral domain 일 때, $\varphi(1) = 1$ 일 필요충분조건은 $\varphi \neq 0$.

다시 '이야기'를 계속하자. 위 연습문제로부터 다음 관찰의 $\varphi(1) = 1$ 이라는 조건은 '제법' 자연스럽다.

관찰 1.6.12. $1 \in R$, $1 \in S$ 일 때, $\varphi : R \to S$ 를 $\varphi(1) = 1$ 인 ring homomorphism 이라고 하자. 만약 $a \in R^\times$ 이면, $\varphi(a) \in S^\times$ 이고 (물론, $\varphi(a) \neq 0$),

$$\varphi(a)^{-1} = \varphi(a^{-1})$$

이다. 따라서, (φa^{-1}) 로 표기해도 좋다.

증명 : '본능적'으로,

$$a \cdot a^{-1} = 1$$

의 양변에 φ 를 취하면,

$$\varphi(a) \cdot \varphi(a^{-1}) = \varphi(a \cdot a^{-1}) = \varphi(1) = 1$$

이므로 ⋯⋯. (Point 는 $\varphi(1) = 1 \neq 0$ 이라는 가정과 약속.) □

[86] Canonical embedding 은 정의 3.2.1 참조.

다음 관찰은 매우 **중요**하지만, 놓치기도 쉽다.

관찰 1.6.13. F, K는 field이고, $\sigma : F \to K$가 $\sigma(1) = 1$인 field homomorphism이면, σ는 monomorphism이다. (이런 이유에서 1을 1로 보내는 field homomorphism을 (**field**) **embedding**이라고 부른다.)

증명 : $\ker \sigma = \{0\}$임을 보이면 된다(연습문제 1.6.4). 그런데 $0 \neq \alpha \in F$이면, $\alpha \in F^{\times}$이므로, 위 관찰에 의해 $\sigma(\alpha) \neq 0$. □

이 책에서 우리는 물론 [ring with 1]들과 1을 1로 보내는 ring homomorphism들을 주로 다루게 된다. 그리고, 이 책에서는 — 책이기 때문에 — '1을 1로 보내는'이라는 조건을 생략하는 경우는 없을 것이다. 그러나, 이는 사실 매우 귀찮은 일이다. 그래서 "Field Theory"에서는 field embedding (또는 그냥 embedding)이라는 용어를 사용한다.[87] Zero map은 embedding (injection)일 수 없기 때문이다.

연습문제 1.6.14. (가) Non-zero field homomorphism $\sigma : \mathbb{Q} \to \mathbb{F}_2$는 존재하는가?

(나) Field embedding $\sigma : \mathbb{R} \to \mathbb{Q}$는 존재하는가?

(다) Embedding $\sigma : \mathbb{C} \to \mathbb{R}$은 존재하는가?[88]

[87] 앞으로 field homomorphism이라는 용어를 사용할 일은 없을 것이다.
[88] 지금쯤은 독자들이 모두 $|\mathbb{Q}| \neq |\mathbb{R}| = |\mathbb{C}|$ 정도는 잘 알고 있을 것이다.

1.7. Universal Property I

이 節에서는 universal property에 대해 배운다. 이 내용은 앞 節에 포함시킬 수도 있었으나, 매우 중요하기도 하고 독자들에게는 생소한 개념 (단어) 일 것이므로 독립된 節로 다룬다.[89]

정의 1.7.1. 다음 構文

[For every ······, there exists a unique homomorphism such that ······.]

으로 묘사되는 성질을 **universal property**라고 부른다.[90] (이 문장에서 '構文'의 의미는 이 節의 여러 보기들을 공부하고 나면 점점 더 분명해질 것이다. 그런데, ······, 'universal'의 의미는 무엇일까?[91])

먼저 universal property의 보기들을 생각해 보자. 물론, 첫번째 보기는 the ring of integers $\mathbb{Z}$ 이다. 즉, $\mathbb{Z}$는 'universal'한 성질을 갖는 ring이다.

명제 1.7.2. For every ring R with 1, there exists a unique ring homomorphism $\mu : \mathbb{Z} \to R$ such that $\mu(1) = 1$.

증명 : 이 책에서 처음으로 [연습장]이 필요한 장면이다. [**연습장:** 만약에 $\mu(1) = 1_R$ 인 ring homomorphism $\mu : \mathbb{Z} \to R$ 이 존재한다면, 예를 들어,

$$\mu(3) = \mu(1+1+1) = 3\,\mu(1) = 3 \cdot 1_R$$

이어야만 한다. 그리고, $\mu(-1) = -\mu(1) = -1$ 이므로,[92] 또 예를 들어,

$$\mu(-2) = \mu\big((-1)+(-1)\big) = 2\,\mu(-1) = 2(-1_R) = -2 \cdot 1_R$$

이어야만 한다.] 이제 [연습장]은 감추고, 마치 아무 일도 없었던 듯이, 함수 $\mu : \mathbb{Z} \to R$을

$$\mu(n) = n \cdot 1_R, \qquad (n \in \mathbb{Z})$$

로 정의하면 된다. 이때, μ가 ring homomorphism인 이유는 Additive Exponential Law (연습문제 1.2.3) 와 연습문제 1.2.5 (가) 항 때문이다. 그리고, 위 [연습장]의 '이어야만'이라는 단어가 μ의 uniqueness를 말해 주고 있음은 이젠 익숙하다. □

---

[89] 왜 이런 걸 공부해야 하는지 알려면 §10.2까지 기다려야 한다. 머리말 참조.

[90] 이 정의는 물론 엄밀한 정의는 아니다. 진짜 정의는 훗날 "Category Theory"를 배우면 만나게 된다.

[91] 'Universal' = '汎우주적으로 인기 있다'? ㅎㅎ. 참고 10.2.8(나)항 참조.

[92] 연습문제 1.6.2(나)항 참조.

사실은, $(\mathbb{Z},+)$는 (abelian) group 으로서도 'universal'하다.

명제 1.7.3. For every group G and for every element $g \in G$, there exists a unique group homomorphism $\gamma_g : \mathbb{Z} \to G$ such that $\gamma_g(1) = g$.

증명 : 이번에도 [연습장]을 사용하면, 함수 $\gamma_g : \mathbb{Z} \to G$를

$$\gamma_g(n) = g^n, \qquad (n \in \mathbb{Z})$$

로 정의해야만 하는 것을 알 수 있다. 이때, γ_g가 group homomorphism 인 이유는 Multiplicative Exponential Law ([I, 연습문제 11.2.7]) 때문이다. 그리고, γ_g의 uniqueness 는 자명하다.[93] □

다음 두 연습문제 (와 연습문제 1.6.14) 는 universal property 가 갖는 의미를 분명하게 보여 준다. 무엇보다도, homomorphism 은 아무 때나 존재하는 것이 아니다. 게다가 어떤 조건을 만족하는 homomorphism 은 물론 아무 때나 존재하는 것이 아니다.

연습문제 1.7.4. (가) Group epimorphism $\varphi : S_3 \to \mathbb{Z}_3$ 는 존재하는가?[94]
(나) Field embedding $\varphi : \mathbb{F}_2 \to \mathbb{Q}$는 존재하는가?
(다) Non-zero ring homomorphism $\varphi : \mathbb{F}_2 \to \mathbb{Z}_4$ 는 존재하는가?
(라) Non-zero ring homomorphism $\varphi : \mathbb{Z}_4 \to \mathbb{Z}$ 는 존재하는가?
(마) Non-zero abelian group homomorphism $\varphi : \mathbb{Z}_2 \to \mathbb{Z}_3$ 는 존재하는가?
(바) Non-zero $\mathbb{Z}$-module homomorphism $\varphi : \mathbb{Z}_5 \to \mathbb{Z}$ 는 존재하는가?
(사) Non-zero $\mathbb{Z}$-linear map $\varphi : \mathbb{Z}_4 \to \mathbb{Z}_2$ 는 존재하는가?
(아) Surjective $\mathbb{R}$-linear map $\varphi : \mathbb{R}^2 \to \mathbb{R}^4$ 는 존재하는가? Injective $\mathbb{R}$-linear map $\psi : \mathbb{R}^4 \to \mathbb{R}^2$ 는?

그리고, homomorphism 이 존재하더라도, 꼭 하나만 있을 이유는 없다.

연습문제 1.7.5. (가) (연습문제 1.3.19 (나) 항 참조.) 함수 $\varphi : \mathbb{Z}[\mathbf{i}] \to \mathbb{Z}[\mathbf{i}]$를

$$\varphi(m + n\,\mathbf{i}) = m - n\,\mathbf{i} = \overline{m + n\,\mathbf{i}}, \qquad (m, n \in \mathbb{Z})$$

로 정의하면, φ는 ring automorphism 임을 보여라.

[93] γ_g 는 이미 [I, 再정의 11.7.5 와 보기 12.5.9] 에서 만났었다.
[94] S_3 는 symmetric group. 이 질문은 이미 [I, 연습문제 12.5.4] 에서 만났었다. 지금 group 의 First Isomorphism Theorem 을 복습하라는 뜻이다.

(나) (연습문제 1.3.3 (라) 항 참조.) 함수 $\tau : \mathbb{Q}(\sqrt{2}) \to \mathbb{Q}(\sqrt{2})$ 를

$$\tau(a + b\sqrt{2}) = a - b\sqrt{2}, \qquad (a, b \in \mathbb{Q})$$

로 정의하면, τ 는 field automorphism 임을 보여라.
(다) (나) 항에서, $\mathbb{Q}(\sqrt{2})$ 는 $\mathbb{Q}$-vector space (따라서, $\mathbb{Q}$-algebra) 로도 볼 수 있음을 설명하라. 이때, $\mathbb{Q}(\sqrt{2})$ 의 $\mathbb{Q}$-basis 와 $\dim_{\mathbb{Q}} \mathbb{Q}(\sqrt{2})$ 를 구하라. 또, (나) 항에서, τ 는 $\mathbb{Q}$-algebra automorphism 임을 보여라.

다음 연습문제도 §6.5 를 비롯한 여러 중요한 장면의 motivation 을 제공해 준다.

연습문제 1.7.6. (가) 연습문제 1.7.5 (가) 항에서 $\mathbb{Z}[\mathbf{i}]$ 에서 $\mathbb{Z}[\mathbf{i}]$ 로 가는 non-zero ring homomorphism 은 id 와 φ 뿐임을 보여라.
(나) 연습문제 1.7.5 (나) 항에서 $\mathbb{Q}(\sqrt{2})$ 의 non-zero ring endomorphism 은 id 와 τ 뿐임을 보여라.

다음 보기 (와 연습문제) 는 $\mathbb{Q}$ 도 universal property 를 갖는 것을 보여 준다.

보기 1.7.7. 이번에는 $\mathbb{Q}$ 에서 $\mathbb{Q}$ 로 가는 field embedding 은 identity map 뿐임을 보인다. $\varphi : \mathbb{Q} \to \mathbb{Q}$ 를 field embedding 이라고 하고, 앞 명제 1.7.2 의 [연습장] 을 다시 살펴보면,

$$\varphi|_{\mathbb{Z}} = id_{\mathbb{Z}}$$

이어야만 하는 것을 확인할 수 있다. 따라서, 관찰 1.6.12 에 의해

$$\varphi\Big(\frac{n}{m}\Big) = \varphi(n \cdot m^{-1}) = \varphi(n) \cdot \varphi(m)^{-1} = n \cdot m^{-1} = \frac{n}{m}, \qquad (m, n \in \mathbb{Z},\ m \neq 0)$$

이 된다.

다음 연습문제는 §2.5 에서 다시 만나게 된다.

연습문제 1.7.8. F 가 $\mathbb{Z}$ 를 부분집합으로 갖는 field 이면 (단, F 의 덧셈과 곱셈은 $\mathbb{Z}$ 의 (보통의) 덧셈과 곱셈을 확장한 것들),[95] field embedding $\varphi : \mathbb{Q} \to F$ 는 존재하고 하나뿐임을 보여라.

[95] 제3장부터는 [$\mathbb{Z}$ 를 subring 으로 갖는] field F 라고 말하면 된다.

그러고 보니, 많은 typical example 들이 universal property 를 만족하고 있음을 알 수 있다. 그렇다면, 우리의 '고향' 벡터공간은 ······? 독자들은 이미 **Linear Extension Theorem** 이 바로 **벡터공간의 universal property** 임을 눈치 챘을 것이다. ([I, §4.5] 참조.)

정리 1.7.9. (Linear Extension Theorem) Let V be an F-vector space with an F-basis $\mathfrak{B} = \{v_i \mid i \in I\}$. Then for every F-vector space W and for every subset $\{w_i \mid i \in I\}$ of W, there exists a unique F-linear map $\varphi : V \to W$ such that $\varphi(v_i) = w_i$ for all $i \in I$.[96] [97]

지금 독자들의 머리 속에는 Linear Extension Theorem 의 증명이 마치 영화의 한 장면처럼 스쳐 갔을 것으로 믿는다. (증명도 우리 '이야기'의 一部分이므로······.) 동시에 다음 (왼쪽) 삼각형도 생각났을 것이다(함수 $f : \mathfrak{B} \to W$ 는

$$f(v_i) = w_i, \qquad (i \in I)$$

로 정의). 이 삼각형은 함수 $f : \mathfrak{B} \to W$ 를 linear map $\varphi : V \to W$ 로 **확장**했다는 의미이다.[98] (단, $\imath$ 는 inclusion map.)

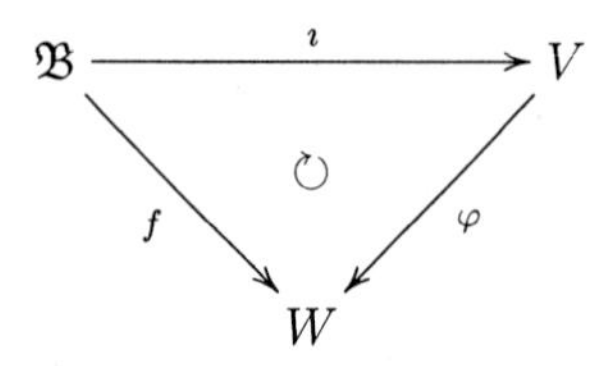

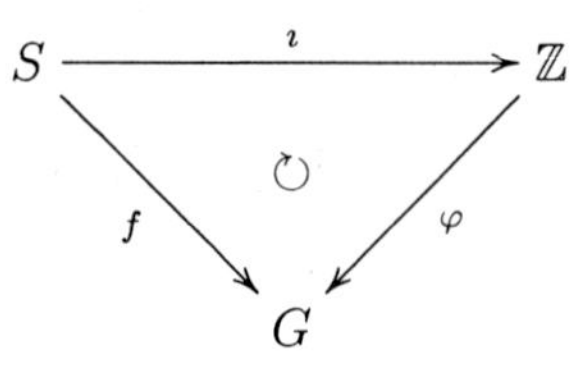

위의 논의를 흉내 내어 명제 1.7.3 을 재해석하면, 위 오른쪽 삼각형을 얻는다. (다음 명제를 확인해 보라.)

명제 1.7.10. (명제 1.7.3 의 再해석) Put $S = \{1\} \subset \mathbb{Z}$. Then for every group G and for every function $f : S \to G$, there exists a unique group homomorphism $\varphi : \mathbb{Z} \to G$ such that $\varphi \circ \imath = f$.

실제로 대수학의 많은 부분이 universal property 를 갖는 'object'들의 공부로 이루어져 있다.[99] Polynomial algebra 도 universal property 를 갖는다.

[96] 물론, w_i 들이 모두 다른 원소일 필요는 없다.

[97] Linear Extension Theorem 은 무한 차원인 경우에도 성립하는가? 그리고, F 가 skew-field 일 때에도 성립하는가?

[98] 삼각형을 보기 위해 3층까지 올라갈 필요는 없다.

[99] Universal property 를 갖는 'object'는 물론 universal object 라고 불리운다.

연습문제 1.7.11. For every R-algebra $\mathcal{A}$ with $1_{\mathcal{A}}$, and for every $\alpha \in \mathcal{A}$, show that there exists a unique R-algebra homomorphism $\mathcal{E}_\alpha : R[t] \to \mathcal{A}$ such that $\mathcal{E}_\alpha(t) = \alpha$ and $\mathcal{E}_\alpha(1) = 1$.[100]

다음 연습문제는 이미 모든 독자들의 연습장에 쓰여져 있을 것이다.

연습문제 1.7.12. 앞 연습문제 1.7.11 에서, $f(t) \in R[t]$ 가

$$f(t) = b_n t^n + \cdots + b_1 t + b_0$$

일 때,

$$f(\alpha) = b_n \alpha^n + \cdots + b_1 \alpha + b_0 1_{\mathcal{A}} \in \mathcal{A}$$

로 표기하는 것은 너무나 익숙하다. (이때, $f(\alpha)$ 를 [**evaluation** of $f(t)$ at α] 라고 부른다.) $f(t), g(t) \in R[t]$, $c \in R$ 일 때, 다음을 보여라.

(가) $(f+g)(\alpha) = f(\alpha) + g(\alpha)$.[101]
(나) $(cf)(\alpha) = c\,f(\alpha)$.
(다) $(fg)(\alpha) = f(\alpha)\,g(\alpha)$.

독자들은 [I, 연습문제 2.3.13 과 연습문제 5.1.4] 에 이어 **똑같은 작업을 세 번째 반복**하는 것이 답답하게 느껴졌을 것이다. 다음 정의를 스스로 생각한 독자들은 칭찬 받을 만하다. (**모든 것을 함수의 言語로 이해**$\cdots\cdots$.)

정의 1.7.13. (가) $\mathcal{A}$ 는 R-algebra (with 1) 이고, $\alpha \in \mathcal{A}$ 일 때, $\mathcal{E}_\alpha : R[t] \to \mathcal{A}$ 를

$$\mathcal{E}_\alpha\big(f(t)\big) = f(\alpha), \qquad (f(t) \in R[t])$$

로 정의하면, $\mathcal{E}_\alpha$ 는 R-algebra homomorphism 이다. 이때, $\mathcal{E}_\alpha$ 를 [**evaluation homomorphism** at α] 라고 부른다.
(나) $f(t) \in R[t]$ 일 때, $\alpha \in R$ 이

$$\mathcal{E}_\alpha\big(f(t)\big) = f(\alpha) = 0$$

을 만족하면, α 를 $f(t)$ 의 **root** (또는 **zero**) 라고 부른다. 단, $\mathcal{E}_\alpha : R[t] \to R$ 은 evaluation homomorphism 이다. 이때 R 자신을 R-algebra 로 본다.

---

[100] 이번에도 삼각형을 그려 보라. 만약 $\mathcal{E}_\alpha(1) = 1$ 이라는 조건이 없다면?
[101] 즉, 다항식을 더한 후 α 에서 evaluate 한 것이나, α 에서 evaluate 한 후에 더한 것이나 같다.

다음은 사실 매우 익숙한(고등학교에서 배운) 내용이다.

연습문제 1.7.14. (Division Algorithm in $R[t]$) R이 commutative ring (with 1) 일 때, $f(t), g(t) \in R[t]$라고 하자. 만약에 $g(t)$의 **leading coefficient**가 **unit**이면,[102]

$$f(t) = g(t)\,q(t) + r(t), \qquad \deg(r) < \deg(g)$$

를 만족하는 몫 $q(t) \in R[t]$와 나머지 $r(t) \in R[t]$가 유일하게 존재함을 보여라.[103]

보기 1.7.15. (가) **(나머지 정리)** R은 commutative ring (with 1)이라고 하자. 만약 $\alpha \in R$, $f(t) \in R[t]$이면, 앞 연습문제에 의해

$$f(t) = (t - \alpha)\,q(t) + r$$

을 만족하는 몫 $q(t) \in R[t]$와 나머지 $r \in R$이 (유일하게) 존재한다. 이제 이 식의 양변에 evaluation homomorphism $\mathcal{E}_\alpha : R[t] \to R$을 적용하면,

$$f(\alpha) = \mathcal{E}_\alpha\big((t-\alpha)\,q(t) + r\big) = \mathcal{E}_\alpha(t-\alpha)\cdot\mathcal{E}_\alpha\big(q(t)\big) + \mathcal{E}_\alpha(r) = (\alpha-\alpha)\,q(\alpha) + r = r$$

이 된다.

(나) **(인수 정리)** 위 (가)항에서, 특별히, $f(\alpha) = 0$이었다면 — 즉, α가 $f(t)$의 root이었다면 — $(t-\alpha)$는 $f(t)$의 因數(약수)가 된다. 다시 말해,

$$f(t) = (t - \alpha)\,q(t)$$

라는 뜻이다.

독자들은 지금 '본능적'으로 "따라서 n-차 non-zero 다항식은 n-개 이하의 root을 갖는다"고 말하고 싶겠지만, 조심해야 한다. 임의의 commutative ring 위에서는 이 명제가 true가 아니기 때문이다.[104]

'Universal'이란 단어의 의미가 무엇일지 궁금하긴 하지만, 지금은 그냥 넘어가자.[105]

---

[102] 다항식의 leading coefficient는 최고차항의 계수.

[103] Zero polynomial의 degree는 흔히 $(-\infty)$로 정의한다.

[104] '본능적'이 무슨 뜻이었더라? 연습문제 4.3.3, 연습문제 5.4.5 참조. 연습문제 2.1.11도 참조.

[105] § 10.2의 제목이 다시 Universal Property이다.

제 2 장 대수적 구조 II

이 章에서는 우선 (약간 고급스러운) 대수적 구조의 보기들을 공부한다. 이 보기들은 수학 전체에서 매우 중요한 위치를 차지하고 있다.

한편, 앞 章의 보기 1.4.14 와 보기 1.4.15 로 因하여 우리의 '고향'이 상당히 확장되었다. 이제, '고향'을 다시 조심스럽게 살펴보고, '고향'을 떠날 준비를 하자.

2.1. Quaternion Algebra $\mathbb{H}$

먼저 앞의 보기 1.3.7 에서 언급한 quaternion algebra $\mathbb{H}$ 부터 시작하자.

정의 2.1.1. (Quaternion algebra $\mathbb{H}$) 네 개의 formal symbol 들로 이루어진 집합 $\{1, \mathbf{i}, \mathbf{j}, \mathbf{k}\}$ 를 $\mathbb{R}$-basis 로 갖는 4-dimensional $\mathbb{R}$-vector space

$$\mathbb{H} = \{a1 + b\,\mathbf{i} + c\,\mathbf{j} + d\,\mathbf{k} \mid a, b, c, d \in \mathbb{R}\}$$

을 생각하자.[1] (쉬운 말로 하면, $\mathbb{R}^4$ 의 vector $(a, b, c, d)^{\mathbf{t}}$ 를 $(a1 + b\,\mathbf{i} + c\,\mathbf{j} + d\,\mathbf{k})$ 로 표기하자는 뜻이다.) 그리고, complex field $\mathbb{C}$ 에서의 관습처럼, 예를 들어,

$$3 \cdot 1 + (-1)\,\mathbf{i} + 0\,\mathbf{j} + 2\,\mathbf{k} = 3 - \mathbf{i} + 2\,\mathbf{k}$$

$$0 \cdot 1 + 0\,\mathbf{i} + 0\,\mathbf{j} + 0\,\mathbf{k} = 0$$

등으로 간단히 표기하기로 한다(0 은 덧셈의 항등원). 이제 $\mathbb{H}$ 의 곱셈을

$$\begin{aligned}&(a + b\,\mathbf{i} + c\,\mathbf{j} + d\,\mathbf{k}) \cdot (x + y\,\mathbf{i} + z\,\mathbf{j} + w\,\mathbf{k}) \\ &= (ax - by - cz - dw) + (ay + bx + cw - dz)\,\mathbf{i} \\ &\quad + (az - bw + cx + dy)\,\mathbf{j} + (aw + bz - cy + dx)\,\mathbf{k}\end{aligned}$$

로 정의하자(단, $a, b, \ldots, w \in \mathbb{R}$). $\mathbb{H}$ 는 **quaternion algebra** 라고 불리운다.

---

[1] $\mathbb{H}$ 는 W. R. Hamilton(1805–1865)의 첫 글자. Quaternion algebra $\mathbb{H}$(혹은, 그의 원소들)를 가끔 Hamiltonian 이라고 부르기도 한다.

이제 눈치를 보니 방금 정의한 $\mathbb{H}$가 $\mathbb{R}$-algebra가 되는 모양인데……. 무엇보다도 **곱셈의 associativity**를 확인할 일이 생각만 해도 끔찍하다. 맨손으로는 안 되겠다(어림도 없다).

표기법 2.1.2. V가 field F-위의 F-vector space일 때, $\mathfrak{B} = \{v_i \mid i \in I\}$를 V의 F-basis라고 하자(꼭 유한 차원일 필요는 없다). 그러면, V의 임의의 vector $v \in V$는

$$v = \sum_{i \in I} a_i v_i, \qquad (\text{단, } a_i \in F)$$

의 꼴로 유일하게 나타낼 수 있다. 이때, 유한 개의 $i \in I$를 제외하면 a_i는 모두 0이다. 즉, 위의 식에서 Σ는 **finite sum**이라는 뜻이다.

정의 2.1.3. (Abstract Construction of an F-algebra) F를 field라고 하고, $\mathfrak{B} = \{v_i \mid i \in I\}$를 F-vector space V의 F-basis라고 하자. 이제, V-위의 곱셈을 basis vector들 間의 곱셈부터

$$v_i \cdot v_j = \sum_{\ell \in I} s_{ij\ell} v_\ell, \qquad (i, j \in I)$$

로 정의한 後(단, $s_{ij\ell} \in F$이고, 주어진 i, j에 관해 유한 개의 ℓ을 제외하면 $s_{ij\ell}$은 모두 0이다. $s_{ij\ell}$은 **structure constant**라고 부른다), 이를 V 전체로 **linearly extend**하자. 이는, 다시 말해, V-위의 곱셈을

$$\left(\sum_{i \in I} a_i v_i\right) \cdot \left(\sum_{j \in I} b_j v_j\right) = \sum_{\ell \in I} \left(\sum_{i,j \in I} a_i b_j s_{ij\ell}\right) v_\ell, \qquad (a_i, b_j \in F)$$

로 정의하자는 뜻이다(이때에도, 유한 개의 a_i만이 non-zero이고, 또 유한 개의 b_j만이 non-zero이므로, 유한 개의 $a_i b_j s_{ij\ell}$만이 non-zero임에 유의하라).

이제 우리의 주장은:

명제 2.1.4. 앞의 정의 2.1.3에서, basis vector들 間 곱셈의 결합법칙, 즉

$$v_i \cdot (v_j \cdot v_k) = (v_i \cdot v_j) \cdot v_k, \qquad (i, j, k \in I)$$

가 성립하면 — 다시 말해, 그렇게 되도록 structure constant $s_{ij\ell}$들이 잘 선택되어 있다면 — V는 F-algebra가 된다.

증명 : 이렇게 **linear extension** 의 방법으로 V 의 곱셈을 정의하면, 우선 분배법칙은 저절로 성립한다. 예를 들어, $a_i, b_j, c_j \in F$ 일 때,

$$\begin{aligned}
&\Big(\sum_{i\in I} a_i\, v_i\Big)\cdot\Big(\sum_{j\in I} b_j\, v_j + \sum_{j\in I} c_j\, v_j\Big)\\
=&\Big(\sum_{i\in I} a_i\, v_i\Big)\cdot\Big(\sum_{j\in I} (b_j + c_j)\, v_j\Big)\\
=&\sum_{\ell\in I}\Big(\sum_{i,j\in I} a_i\,(b_j + c_j)\, s_{ij\ell}\Big)\, v_\ell\\
=&\sum_{\ell\in I}\Big(\sum_{i,j\in I} a_i\, b_j\, s_{ij\ell}\Big)\, v_\ell + \sum_{\ell\in I}\Big(\sum_{i,j\in I} a_i\, c_j\, s_{ij\ell}\Big)\, v_\ell\\
=&\Big(\sum_{i\in I} a_i\, v_i\Big)\cdot\Big(\sum_{j\in I} b_j\, v_j\Big) + \Big(\sum_{i\in I} a_i\, v_i\Big)\cdot\Big(\sum_{j\in I} c_j\, v_j\Big)
\end{aligned}$$

이기 때문이다. 그리고, F-algebra 의 조건 (A 3) 도 금방 확인할 수 있다(독자들에게 맡긴다). 이제 분배법칙과 조건 (A 3) 를 이용하면, 결합법칙도 쉽게 얻을 수 있다. 예를 들어, $a_i, b_j, c_k \in F$ 일 때,

$$\begin{aligned}
&\Big(\sum_{i\in I} a_i\, v_i\Big)\cdot\Big(\Big(\sum_{j\in I} b_j\, v_j\Big)\cdot\Big(\sum_{k\in I} c_k\, v_k\Big)\Big)\\
=&\Big(\sum_{i\in I} a_i\, v_i\Big)\cdot\Big(\sum_{j,k\in I} b_j\, c_k\,(v_j\cdot v_k)\Big)\\
=&\sum_{i,j,k\in I} a_i\, b_j\, c_k\big(v_i\cdot(v_j\cdot v_k)\big)
\end{aligned}$$

이기 때문이다.[2] □

아하. 이젠 $\mathbb{H}$ 가 $\mathbb{R}$-algebra 가 되는 것을 증명할 수 있다.

연습문제 2.1.5. 정의 2.1.1 에서,

(가) $1 = 1 + 0\,\mathbf{i} + 0\,\mathbf{j} + 0\,\mathbf{k}$ 가 $\mathbb{H}$ 의 곱셈의 항등원임을 보여라.

(나) 다음 $\mathbb{H}$ 의 basis vector 들의 곱셈

$$\mathbf{i}^2 = \mathbf{j}^2 = \mathbf{k}^2 = -1,$$

$$\mathbf{i}\,\mathbf{j} = \mathbf{k} = -(\mathbf{j}\,\mathbf{i}), \qquad \mathbf{j}\,\mathbf{k} = \mathbf{i} = -(\mathbf{k}\,\mathbf{j}), \qquad \mathbf{k}\,\mathbf{i} = \mathbf{j} = -(\mathbf{i}\,\mathbf{k})$$

을 확인하라.[3]

---

[2] 분배법칙이 어디에 어떻게 사용되었는가?

[3] $\mathbf{i} \to \mathbf{j} \to \mathbf{k} \to \mathbf{i}$ 의 cyclic order. $\mathbb{R}^3$-공간의 **cross product** 와 비교해 보라.

(다) $\mathbb{H}$의 곱셈은 basis vector들의 곱셈으로부터 — 정의 2.1.3에서와 같이 — linear extension의 방법으로 정의되어 있음을 보여라.
(라) $\mathbb{H}$는 $\mathbb{R}$-algebra가 되는 것을 증명하라.[4]

이제 $\mathbb{R}$-algebra $\mathbb{H}$의 성질을 간단히 공부한다.

연습문제 2.1.6. 자명한 함수 $\imath : \mathbb{C} \to \mathbb{H}$를

$$\imath(a + b\mathbf{i}) = a + b\mathbf{i}, \qquad (a, b \in \mathbb{R})$$

로 정의하면, $\imath$는 $\mathbb{R}$-algebra monomorphism이 되는 것을 보여라. 따라서,

$$\mathbb{R} \subset \mathbb{C} \subset \mathbb{H}$$

로 **identify**할 수 있다.[5]

다음에는 complex field $\mathbb{C}$에서 하던 일을 흉내 내어 본다.

정의 2.1.7. $\mathbb{C}$의 **conjugation**과 **absolute value** (norm)의 개념을 $\mathbb{H}$로 확장하여, $a, b, c, d \in \mathbb{R}$일 때, 다음과 같이 정의한다.

(가) $\overline{a + b\mathbf{i} + c\mathbf{j} + d\mathbf{k}} = a - b\mathbf{i} - c\mathbf{j} - d\mathbf{k}$.
(나) $\left|a + b\mathbf{i} + c\mathbf{j} + d\mathbf{k}\right| = \sqrt{a^2 + b^2 + c^2 + d^2}$.

연습문제 2.1.8. $\alpha, \beta \in \mathbb{H}$일 때, 다음을 보여라.

(가) $\overline{\overline{\alpha}} = \alpha$.
(나) $\overline{\alpha + \beta} = \overline{\alpha} + \overline{\beta}$.
(다) $\overline{\alpha\beta} = \overline{\beta} \cdot \overline{\alpha}$.[6]
(라) $\alpha\,\overline{\alpha} = |\alpha|^2 = \overline{\alpha}\,\alpha$.
(마) $|\alpha\beta| = |\alpha| \cdot |\beta|$.

다음 명제는 이 節의 목표 중 하나였다.

명제 2.1.9. $\mathbb{R}$-algebra $\mathbb{H}$는 skew-field이다.[7]

증명 : 앞 연습문제 (라)항에 의해, $0 \neq \alpha \in \mathbb{H}$이면, $\alpha^{-1} = \dfrac{1}{|\alpha|^2}\,\overline{\alpha}$. □

---

[4] 이 정도는 노동도 아니다.
[5] 함수를 사용하지 않는 유치한 언어로 말하면, $\mathbb{H}$의 덧셈과 곱셈은 $\mathbb{C}$의 그것을 확장한 것이라는 뜻이다.
[6] 무식한 방법만 생각하지 말고, 항상 요령을 찾아보라.
[7] 이런 의미에서 $\mathbb{H}$를 division algebra라고 부르기도 한다.

다음 연습문제들도 빠뜨릴 수는 없다.

연습문제 2.1.10. $Q_8 = \{\pm 1, \pm\mathbf{i}, \pm\mathbf{j}, \pm\mathbf{k}\} \subset \mathbb{H}$로 놓으면, $(Q_8, \text{곱})$은 non-commutative group of order 8 임을 보여라. Q_8의 이름은 **quaternion group**.

연습문제 2.1.11. $\mathbb{H}$-위의 다항식 (t^2+1)은 무한히 많은 root (in $\mathbb{H}$)을 가짐을 보여라.

지금이 R-algebra의 center를 소개할 적당한 기회이다. 다음 정의는 어쩐지 익숙하다. ([I, 정의 12.3.20] 참조.)

정의 2.1.12. $\mathcal{A}$가 R-algebra일 때,

$$Z(\mathcal{A}) = \{x \in \mathcal{A} \mid xy = yx \text{ for all } y \in \mathcal{A}\}$$

로 표기하고, $Z(\mathcal{A})$를 $\mathcal{A}$의 **center**라고 부른다.[8]

연습문제 2.1.13. Field F-위의 F-algebra $\mathcal{A}$는 물론 F-vector space로 볼 수 있다. $\mathfrak{B}$를 $\mathcal{A}$의 F-basis라고 놓을 때,[9] 다음을 보여라.

(가) $z \in Z(\mathcal{A})$일 필요충분조건은 $[\, xz = zx \text{ for all } x \in \mathfrak{B}\,]$.

(나) $\mathcal{A}$가 commutative일 필요충분조건은 $[\, xy = yx \text{ for all } x, y \in \mathfrak{B}\,]$.

연습문제 2.1.14. 다음을 보여라.

(가) $\mathcal{A}$가 R-algebra이면, $\{r \cdot 1_{\mathcal{A}} \mid r \in R\} \subseteq Z(\mathcal{A})$.

(나) $Z(\mathbb{H}) = \mathbb{R}$ 임을 보여라.

Center를 소개한 김에 잠깐 **'달리기 훈련'**.

연습문제 2.1.15. R은 commutative ring (with 1) 이고, $\mathcal{A}$는 ring (with 1) 일 때, 다음 조건

(1) $\mathcal{A}$는 R-algebra.

(2) $\operatorname{im}\alpha \subseteq Z(\mathcal{A})$, $\alpha(1) = 1$인 ring homomorphism $\alpha : R \to \mathcal{A}$ 존재.

은 동치임을 보여라. 이때, α는 저절로 R-linear이고, 따라서 $r \in R$이면 $\alpha(r) = r \cdot 1_{\mathcal{A}}$ 임을 보여라.

---

[8] 따라서, ring R의 center $Z(R)$도 저절로 정의된다. 왜 그런가?

[9] F-vector space는 언제나 F-basis를 갖는다(Zorn's Lemma). [I, §3.4] 참조.

연습문제 2.1.16. (앞 연습문제 2.1.15 를 이용하여, $1_{\mathcal{A}} \in \mathcal{A}$ 일 때) 연습문제 1.4.17 을 다시 풀어라.

'달리기 훈련' 계속.[10] 다음 연습문제는 모든 것을 '함수의 언어'로 번역한다는 우리의 정신과도 잘 어울린다.

연습문제 2.1.17. R 이 commutative ring (with 1) 일 때, 연습문제 2.1.15 에 의하면, R-algebra $\mathcal{A}, \mathcal{B}$ 는 각각 ring homomorphism $\alpha : R \to \mathcal{A}$, $\beta : R \to \mathcal{B}$ 로 이해할 수 있다 (물론 $\operatorname{im}\alpha \subseteq Z(\mathcal{A})$, $\operatorname{im}\beta \subseteq Z(\mathcal{B})$, $\alpha(1) = 1_{\mathcal{A}}$, $\beta(1) = 1_{\mathcal{B}}$).

(가) 아래 그림을 참조하여 (3 층에 올라가) R-algebra isomorphism $\varphi : \mathcal{A} \to \mathcal{B}$ 를 α 와 β 로 묘사하라.[11]

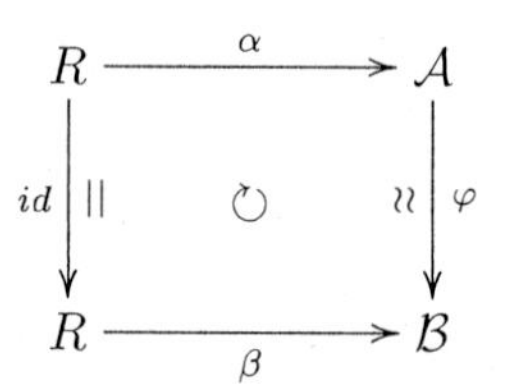

(나) R-algebra homomorphism $\psi : \mathcal{A} \to \mathcal{B}$ 를 α 와 β 로 묘사하라.[12]

갈 길이 멀다. 길을 재촉하자.[13]

[10] '달리기 훈련' 중에는 왜 달리기만 하냐고 묻지 않는다.

[11] 삼각형을 그리는 것이 더 산뜻하겠지만, 3층에서 내려다보는 것을 강조하기 위하여 사각형을 그렸다.

[12] 항상 isomorphism 을 먼저 생각한다.

[13] Hamilton 의 quaternion algebra 의 발견에 얽힌 재미있는 뒷이야기 (우여곡절) 가 많이 있다. 관심이 있다면, octonion algebra 도 만나게 될 것이다. Jacobson [5, §7.6–§7.7] 참조.

2.2. Polynomial Algebra 와 Group Algebra

이 節에서는 R은 **항상 commutative** [ring with 1]을 의미하기로 하자.

우리는 이미 polynomial algebra $R[t]$를 잘 알고 있다(보기 1.4.15 참조). 그리고, n-개의 indeterminate를 갖는 polynomial algebra $R[t_1, \ldots, t_n]$의 의미도 충분히 짐작할 수 있다. 또, 무한 개의 indeterminate를 갖는 polynomial algebra도 ……. 그러나, 이런 식으로는 "당연한 것은 당연하다"는 말 이외에는 할 말이 없다. 좀 더 확신을 주는 설명은 없을까?[14]

이제, 정의 2.1.3의 abstract construction을 (field F-위가 아닌) R-위로 확장하자.

표기법 2.2.1. S가 (non-empty) set 일 때, 집합 $\mathcal{F}_R(S)$를 formal symbol들

$$\sum_{x \in S} r_x\, x, \quad (\text{단, } r_x \in R \text{ 이고, 유한 개의 } x \in S \text{ 에 대해서만 } r_x \text{ 는 non-zero})$$

전체의 집합이라고 하자. 물론, $r_x, s_x \in R$일 때,

$$\sum_{x \in S} r_x\, x = \sum_{x \in S} s_x\, x \quad \text{if and only if} \quad [\, r_x = s_x \text{ for all } x \in S\,]$$

로 정의한다.[15]

눈치 빠른 독자들은 벌써 우리가 무슨 작업을 하고 있는지 파악했을 것이다.

연습문제 2.2.2. (가) $\mathcal{F}_R(S)$에 R-module structure를 정의하라.
(나) S를 $\mathcal{F}_R(S)$의 subset으로 identify할 수 있음을 보여라.
(다) R-**linear combination**, R-**linear independence**, 그리고 R-**basis**를 벡터공간에서와 같은 방법으로 정의하면, R-module $\mathcal{F}_R(S)$는 S를 R-basis로 가지는 것을 보여라.

명제 2.2.3. 앞 節의 정의 2.1.3과 명제 2.1.4에서, F 대신 R로, V 대신 $\mathcal{F}_R(S)$로, 그리고 $\mathfrak{B}$ 대신 S로 대체하여도, 명제 2.1.4는 여전히 유효하다.

증명 : 한 줄 한 줄 다시 읽기만 하면 된다. (명제 2.1.4의 증명에는 F의 역원소가 사용되지 않았다.) □

---

[14] 머리말 참조.

[15] $\mathcal{F}_R(S)$의 $\mathcal{F}$는 'field'의 첫글자가 아니고, 'free R-module'의 첫글자이다. $\mathcal{F}_R(S)$를 [free R-module with R-basis S]라고 부른다. 무엇이(무엇으로부터) '자유롭다'는 뜻일까? 제10장 참조.

이제 여러 개의 indeterminate 를 갖는 polynomial algebra 를 정의해 보자.

정의 2.2.4. (가) Non-empty set T 를 set of **indeterminates** 로 놓자. 이때, monic **monomial** 은 다음 formal symbol

$\prod_{t\in T} t^{n_t}$, (단, $0 \le n_t \in \mathbb{Z}$ 이고, 유한 개의 $t \in T$ 에 대해서만 n_t 는 non-zero)

로 표기하면 그럴듯할 것이다.[16] 그리고, 물론, $0 \le n_t, m_t \in \mathbb{Z}$ 일 때,

$$\prod_{t\in T} t^{n_t} = \prod_{t\in T} t^{m_t} \quad \text{if and only if} \quad [\,n_t = m_t \text{ for all } t \in T\,]$$

로 정의한다.

(나) M_T 를 [T 의 원소들을 indeterminate 로 갖는 monic monomial 전체의 집합] 이라고 하자. 이때, $\mathcal{F}_R(M_T)$ 를 [**polynomial algebra** over R (in T)] 이라고 부르고, $R[T]$ 로 표기한다.

다음에는 명제 2.2.3 을 적용하기 위하여, monic monomial 들의 '자명한' 곱셈과 그의 associativity 를 설명해야 한다. 물론, 곱셈은 $0 \le n_t, m_t \in \mathbb{Z}$ 일 때,

$$\left(\prod_{t\in T} t^{n_t}\right) \cdot \left(\prod_{t\in T} t^{m_t}\right) = \prod_{t\in T} t^{n_t+m_t}$$

로 정의하면 된다 (유한 개의 $(n_t + m_t)$ 만이 non-zero 인 이유는?). 이때 monic monomial 들의 곱셈의 associativity 는 자명하다 (왜 자명한가?).

연습문제 2.2.5. 다음을 설명하라.[17]

(가) $R[s,t] = \big(R[s]\big)[t] = \big(R[t]\big)[s]$.

(나) $R[s_1, \dots, s_m, t_1, \dots, t_n] = \big(R[s_1, \dots, s_m]\big)[t_1, \dots, t_n]$.

연습문제 2.2.6. 무한 개의 indeterminate 를 갖는 R-위의 **non-commutative polynomial algebra** 를 정의 (설명?) 해 보라…….

명제 2.2.3 을 소개한 것은 무한 개의 indeterminate 를 갖는 polynomial algebra 를 정의하기 위해서라기보다는, 사실은, 다음 소개할 group algebra 를 정의하기 위해서였다. Group algebra 의 경우에는 모든 것이 (더욱) 明白하다.

[16] 참고 9.2.15 에서 다시 논의한다…….

[17] 다항식의 indeterminate 는 주로 t 와 s 를 사용하기로 한다.

정의 2.2.7. G 가 group 일 때, $R[G] = \mathcal{F}_R(G)$ 를 [**group algebra** of G over R] 이라고 부른다. $R[G]$ 의 R-basis element 들 — 즉, G 의 원소들 — 사이의 곱셈은 원래 G 의 binary operation 으로 정의한다. 그리고, 이를 정의 2.1.3 에서처럼 $R[G]$ 전체의 곱셈으로 linearly extend 한다. 이제, G 의 binary operation 은 항상 **associativity 를 만족**하므로, 명제 2.2.3 에 의해 $R[G]$ 는 R-algebra 가 된다. ($R[G]$ 의 multiplicative identity 는 무엇인가?)

모든 것이 明白하지만, 독자들에게는 구체적인 보기와 보조 설명이 필요할 것이다.

보기 2.2.8. Additive group $\mathbb{Z}_2 = \{\overline{0}, \overline{1}\}$ 와 [group algebra of $\mathbb{Z}_2$ over R] 을 — 즉, $R[\mathbb{Z}_2]$ 를 — 생각하자. 그런데, group $\mathbb{Z}_2$ 의 binary operation 덧셈이 group algebra $R[\mathbb{Z}_2]$ 에서는 곱셈이 될 것이므로, 표기법이 혼란스럽다. 따라서, 임시로 (익숙해지기 전에는) additive group $\mathbb{Z}_2$ 의 binary operation 을 $*$ 로 표기하자. 우선, $R[\mathbb{Z}_2]$ 의 모든 원소들은

$$a\,\overline{0} + b\,\overline{1}, \qquad (a, b \in R)$$

의 꼴로 유일하게 쓸 수 있을 것이다. 이제, $R[\mathbb{Z}_2]$ 의 덧셈과 R-상수곱은 각각, $a, b, c, d, r \in R$ 일 때,

$$(a\,\overline{0} + b\,\overline{1}) + (c\,\overline{0} + d\,\overline{1}) = (a+c)\,\overline{0} + (b+d)\,\overline{1},$$
$$r \cdot (a\,\overline{0} + b\,\overline{1}) = ra\,\overline{0} + rb\,\overline{1}$$

가 된다. 따라서, $[0\,\overline{0} + 0\,\overline{1}]$ 가 덧셈의 항등원이 된다. 이번에는 곱셈을 묘사해 보자. 분배법칙과 R-algebra 의 조건 (A 3) 를 계속 적용하면,

$$\begin{aligned}(a\,\overline{0} + b\,\overline{1}) \cdot (c\,\overline{0} + d\,\overline{1}) &= (a\,\overline{0}) \cdot (c\,\overline{0} + d\,\overline{1}) + (b\,\overline{1}) \cdot (c\,\overline{0} + d\,\overline{1}) \\ &= \big(ac\,(\overline{0} * \overline{0}) + ad\,(\overline{0} * \overline{1})\big) + \big(bc\,(\overline{1} * \overline{0}) + bd\,(\overline{1} * \overline{1})\big) \\ &= ac\,\overline{0} + ad\,\overline{1} + bc\,\overline{1} + bd\,\overline{0} \\ &= (ac + bd)\,\overline{0} + (ad + bc)\,\overline{1}\end{aligned}$$

가 되는 것을 알 수 있다. 이제, $(1\,\overline{0} + 0\,\overline{1})$ 가 곱셈의 항등원이 되는 것도 자명하다.

보기를 하나만 더 들어 보자.

보기 2.2.9. Multiplicative cyclic group $\mu_3 = \{1, \zeta, \zeta^2\} \subset \mathbb{C}$를 생각하자(단, $\zeta^3 = 1$).[18] 그러면, group algebra $\mathbb{Z}[\mu_3]$의 원소들은

$$a1 + b\zeta + c\zeta^2, \qquad (a, b, c \in \mathbb{Z})$$

의 꼴로 유일하게 쓸 수 있다. 이때, 언제나 그랬듯이, 예를 들어

$$3 \cdot 1 + 0\,\zeta + (-1)\,\zeta^2 = 3 - \zeta^2,$$
$$1 \cdot 1 + 0\,\zeta + 0\,\zeta^2 = 1$$

의 간략한 표기법을 사용하는 것이 우리의 관습이다. $\mathbb{Z}[\mu_3]$의 덧셈과 $\mathbb{Z}$-상수곱의 예를 들어 보면, 다음과 같다.

$$(3 - \zeta^2) + (1 + 2\,\zeta + \zeta^2) = 4 + 2\,\zeta,$$
$$2 \cdot (1 - 2\,\zeta + \zeta^2) = 2 - 4\,\zeta + 2\,\zeta^2.$$

이번에는 우리의 관심사인 곱셈의 예를 들어 보면,

$$\begin{aligned}(3 + 2\,\zeta - \zeta^2) \cdot (1 + 2\,\zeta^2) &= 3 + 6\,\zeta^2 + 2\,\zeta + 4\,\zeta^3 - \zeta^2 - 2\,\zeta^4 \\ &= 3 + 6\,\zeta^2 + 2\,\zeta + 4 - \zeta^2 - 2\,\zeta \\ &= 7 + 5\,\zeta^2\end{aligned}$$

이 된다. 또,

$$(1 - \zeta) \cdot (1 + \zeta + \zeta^2) = 1 + \zeta + \zeta^2 - \zeta - \zeta^2 - \zeta^3 = 1 - \zeta^3 = 0$$

이다. 방금 계산한 결과는 $\mathbb{Z}[\mu_3]$에는 (많은) zero divisor들이 있음을 보여 주고 있다. 이제, $1 = 1 \cdot 1 + 0\,\zeta + 0\,\zeta^2$이 곱셈의 항등원이 되는 것은 자명하다.

연습문제 2.2.10. 다음을 보여라.

(가) G가 commutative group이면, $R[G]$도 commutative R-algebra.

(나) $\overline{0} - \overline{1} \in R[\mathbb{Z}_2]$는 zero divisor.

(다) G를 $R[G]$의 subset $\{1_R \cdot g \mid g \in G\}$와 identify할 수 있고, $G \subseteq R[G]^\times$.

Group algebra는 우리가 배운 algebraic structure 중 가장 복잡한(어려운) 구조를 갖는다. 그리고, group algebra는 수학에서 매우 중요한 역할을 한다. 그 이유는 group algebra와 **group representation**과의 연관성 때문이다.

[18] Cyclic group μ_n의 정의는 [I, 보기 11.7.2] 참조.

정의 2.2.11. G는 group, F는 field라고 하자. 이때, group homomorphism

$$\varphi : G \longrightarrow \mathbf{GL}_n(F)$$

를 [**linear representation** (또는, **matrix representation**) of G over F]라고 부른다. 그런데, 우리의 철학에 의하면, V가 n-dimensional F-vector space일 때, $\mathbf{GL}_n(F)$와 $\mathbf{GL}(V)$는 같은 것이다.[19] 따라서, group homomorphism

$$\varphi : G \longrightarrow \mathbf{GL}(V)$$

도 n-**dimensional** [(**linear**) **representation** of G over F]라고 부른다. (이때, V는 **representation space**라고 부른다.)

우리가 group의 linear representation에 관심을 갖는 이유는 — 당연히 — "우리가 아는 것은 행렬뿐"이기 때문이다. 다시 말해, group의 원소를 우리가 잘 아는 행렬 (linear operator)로 (이름을) 바꾸어 **표현** (represent)하자는 뜻이다. 특히, $\varphi : G \to \mathbf{GL}_n(F)$가 monomorphism이면, G와 $\mathrm{im}\,\varphi$는 group으로서 isomorphic하므로, G 자신을 matrix group으로 볼 수 있을 것이다.[20]

참고 2.2.12. 우리는 symmetric group S_n도 어느 정도 알고 있다. 따라서, G가 (finite) group일 때, group homomorphism $\varphi : G \to S_n$을 [**permutation representation** of G]라고 부른다.[21] 다시 말해, group의 원소를 우리가 좀 아는 permutation으로 바꾸어 생각하자는 뜻이다. (Permutation representation은 제 13 장의 group action과 밀접한 관련이 있다.[22])

지금 독자들은 **Cayley's Theorem** ([I, 정리 11.8.8과 따름정리 11.9.21])이 생각날 것이다. [I, 제 11 장]의 첫번째 그럴듯한 정리인 Cayley's Theorem이 바로 linear (permutation) representation의 보기였던 셈이다.

주의 2.2.13. Group representation과 뒤 §10.5에서 공부할 **group presentation을 혼동하면 절대로 안 된다!** (Group presentation은 무언가 맘에 들지 않아 이를 *re-present*하는 것이 group representation이라고 기억하면 잊지 않을 것이다.)

---

[19] [I, 보기 11.9.3] 참조.

[20] 이런 뜻에서, injective group representation을 faithful representation이라고 부른다.

[21] Infinite symmetric group을 생각하면, G가 꼭 finite group일 필요는 없다. [I, 再정의 11.8.6] 참조.

[22] 명제 13.1.10 참조.

이미 우리는 많은 linear representation 의 보기들을 알고 있다. 간략히 기억을 되살려 보자.[23]

보기 2.2.14. (가) F 가 field 일 때, General linear group $\mathbf{GL}_n(F)$ 는 **natural** representation $id : \mathbf{GL}_n(F) \to \mathbf{GL}_n(F)$ 를 갖는다. 마찬가지로, special linear group $\mathbf{SL}_n(F)$ 도 natural representation $\imath : \mathbf{SL}_n(F) \to \mathbf{GL}_n(F)$ 를 갖는다 (단, $\imath$ 는 canonical embedding, 정의 3.2.1 참조).
(나) Abelian group $\mathbb{Z}_n$ 은 1-dimensional representation

$$\varphi : \mathbb{Z}_n \longrightarrow \mu_n < \mathbb{C}^\times = \mathbf{GL}_1(\mathbb{C})$$

를 갖는다. ([I, 관찰 12.3.17] 참조.)
(다) Symmetric group S_n 은 1-dimensional sign (signum) representation

$$\mathrm{sgn} : S_n \longrightarrow \{\pm 1\} < \mathbf{GL}_1(\mathbb{Q})$$

를 갖는다. ([I, 연습문제 6.2.12] 참조.)
(라) F 가 field 일 때, abelian group $(F, +)$ 는 2-dimensional representation

$$\varphi : F \longrightarrow \mathbf{V}_2(F) < \mathbf{GL}_2(F)$$

를 갖는다. ([I, 연습문제 11.9.12] 참조.)
(마) Symmetric group S_3 는 2-dimensional representation

$$\varphi : S_3 \longrightarrow \mathbf{O}(2) < \mathbf{GL}_2(\mathbb{R})$$

을 갖는다. ([I, 보기 11.9.22] 와 보기 2.2.22 참조.)
(바) Projective special linear group $\mathbf{PSL}_2(F)$ 는 3-dimensional representation

$$\psi : \mathbf{PSL}_2(F) \longrightarrow \mathbf{SL}_3(F) \leq \mathbf{GL}_3(F)$$

를 갖는다. ([I, 연습문제 12.5.10] 참조.)

우리는 물론 지금 "Group Representation Theory" 를 시작하려는 것은 아니다. 우리는 다양한 algebraic structure 의 보기들을 공부 (훈련) 하는 중이다. 이 節의 다음 論議는 조금 (제법) 수준이 높다. 다음 내용을 이해할 수 있는 독자들은 algebraic structure 를 이해했다고 **自負해도 좋다**.

[23] [I, 보기 13.2.7] 의 character 도 기억하는 독자들은 칭찬 받을 만하다.

이제, G 는 group, F 는 field 라고 하자. 우리는 $F[G]$-module 과 [G 의 representation over F] 가 사실은 같은 개념임을 설명하려고 한다.

먼저, V 가 F-vector space 일 때, G 의 representation $\varphi : G \to \mathbf{GL}(V)$ 가 주어졌다고 하자. 우리는 V 를 $F[G]$-module 로 만들려고 한다. 그래서 우선

$$g \cdot v = \varphi(g)\,(v), \qquad (g \in G,\ v \in V)$$

로 정의하자. 즉, 우리는 방금 group algebra $F[G]$ 의 F-basis vector 들의 — 다른 말로, G 의 원소들의 — V-위의 상수곱을 정의한 것이다. 다음에는 이를 $F[G]$-상수곱으로 **linearly extend** 한다. 이를 굳이 식으로 쓰면,

$$\left(\sum_{g\in G} a_g\, g\right) \cdot v = \sum_{g\in G} a_g\,(g \cdot v), \qquad (v \in V,\ a_g \in F)$$

로 정의하자는 뜻이다.

연습문제 2.2.15. 위와 같이 정의하면, V 는 $F[G]$-module 이 됨을 확인하라.

다음에는, 역으로, 임의의 $F[G]$-module W 가 주어졌다고 하자.[24] (우선, F 는 $F[G]$ 의 subset 으로 identify 할 수 있으므로 (왜 그런가?), W 를 F-vector space 로 볼 수 있을 것이다.[25]) 이제, W 를 representation space 로 갖는 G 의 representation 을 construct 해 보자. 먼저 $g \in G$ 일 때, 함수 $\psi(g) : W \to W$ 를

$$\psi(g)\,(w) = g \cdot w, \qquad (w \in W)$$

로 정의하자 (이 식 우변의 $(g \cdot w)$ 는 $g = (1_F) \cdot g \in F[G]$ 와 $w \in W$ 의 $F[G]$-상수곱이다). 따라서, 함수 $\psi : G \to \mathfrak{L}(W, W)$ 가 얻어진다.

연습문제 2.2.16. 위와 같이 정의하면,

(가) $g \in G$ 이면, $\psi(g) : W \to W$ 는 F-linear map 이고,

$$\psi(g) \circ \psi(g^{-1}) = id_W = \psi(g^{-1}) \circ \psi(g)$$

임을 보여라. 또 $\psi(g) \in \mathbf{GL}(W)$ 임을 보여라.

(나) $\psi : G \to \mathbf{GL}(W)$ 는 group homomorphism 임을 보여라.

[24] W 와 위 단락의 V 는 무한 차원이어도 좋다.

[25] 연습문제 3.2.12 참조.

위 두 개의 연습문제는 독자들이 **every detail** 을 확인하기 바란다. 그리고, abelian group 이 $\mathbb{Z}$-module 과 같다는 명제 (관찰 1.4.8) 의 증명을 기억하는 독자들은 다음 (말장난 같은) 연습문제도 예상하고 있었을 것이다.

연습문제 2.2.17. 다음을 확인하라.

(가) V 가 F-vector space 일 때, G 의 representation $\varphi : G \to \mathbf{GL}(V)$ 로부터 V 를 $F[G]$-module 로 만든 후, $F[G]$-module V 로부터 G 의 representation $\psi : G \to \mathbf{GL}(V)$ 를 만들면, $\varphi = \psi$ 이다.

(나) $F[G]$-module W 로부터 G 의 representation $\psi : G \to \mathbf{GL}(W)$ 를 만든 후, 다시 이로부터 W 에 $F[G]$-module structure 를 주면, 이는 원래 W 가 갖고 있던 $F[G]$-module structure 와 일치한다.

이제 다음 결론을 state 할 수 있다.

명제 2.2.18. G 는 group 이고 F 는 field 이면,

$$[\,F[G]\text{-module}\,] = [\,\text{representation of } G \text{ over } F\,]$$

이다.

위 명제 2.2.18 을 소개한 이유는 이 결과에 이르는 과정에 거의 모든 종류의 algebraic structure 들이 함께 어우러져 있었기 때문이다. 독자들에게 좋은 **'달리기 훈련'** 이 되었을 것으로 믿는다.[26]

이왕 여기까지 온 김에 한 걸음 더 나가 보자. 이번 '달리기 훈련'에서는 '이름만 다르고 사실상 같은' G 의 representation (over F) 을 생각한다.[27] 다시 G 는 group, F 는 field, V 와 W 는 F-vector space 라고 하자. 이때 두 개의 [representation of G over F] $\varphi : G \to \mathbf{GL}(V)$ 와 $\psi : G \to \mathbf{GL}(W)$ 가 '사실상 같다'는 개념을 어떻게 정의해야 할까? 독자들은 아래 그림

$$\begin{array}{ccc} V & \xrightarrow{\ \varphi(g)\ } & V \\ \eta \downarrow \wr & \circlearrowright & \wr \downarrow \eta \\ W & \xrightarrow[\ \psi(g)\ ]{} & W \end{array}$$

을 3 층에서 내려다보며 스스로 생각해 보기 바란다.

[26] 혹 조금 어렵게 느껴졌다고 하더라도 실망할 필요는 없다. 모든 것은 'mathematical maturity'가 해결해 줄 것이다.

[27] 이 훈련은 훗날 더 복잡한 대수적 구조를 만날 때를 위한 준비이다. 연습문제 13.1.5 도 참조.

정의 2.2.19. Group G와 field F를 고정하고, V, W는 F-vector space라고 하자. $\varphi : G \to \mathbf{GL}(V)$와 $\psi : G \to \mathbf{GL}(W)$가 G의 representation 일 때,

$$\eta \circ \varphi(g) = \psi(g) \circ \eta, \qquad (g \in G)$$

인 F-vector space isomorphism $\eta : V \to W$가 존재하면, φ와 ψ는 서로 **isomorphic** (equivalent) 하다고 정의해야 할 것이다.[28] 이때 $\varphi \approx \psi$로 표기.

선형사상과 행렬은 같은 것이므로…….

연습문제 2.2.20. 정의 2.2.19에서, $V = W = F^n$일 때, $A = L_A$로 identify 하면(단, $A \in \mathfrak{M}_{n,n}(F)$), G의 (matrix) representation $\varphi : G \to \mathbf{GL}_n(F)$와 $\psi : G \to \mathbf{GL}_n(F)$가 isomorphic 할 필요충분조건은

$$U\varphi(g) = \psi(g)U, \quad \text{즉, } U\varphi(g)U^{-1} = \psi(g), \qquad (g \in G)$$

인 $U \in \mathbf{GL}_n(F)$가 존재하는 것임을 보여라.

다음 당연한(!) 결과를 볼 때면 왠지 늘 흐뭇하다.

연습문제 2.2.21. 정의 2.2.19에서, V, W를 $F[G]$-module로 생각할 때(명제 2.2.18), 다음 조건

(1) $\varphi \approx \psi$.
(2) $V \approx W$ as $F[G]$-modules.

은 동치임을 보여라.

다음 보기는 독자들의 편의를 위하여 [I, 보기 11.8.3]과 [I, 보기 11.9.22]를 요약하였다.[29] "연산표를 完全히 묘사"해 준다는 말의 참뜻과 아래 (나) 항의 φ와 연습문제 2.2.23 (가) 항의 ψ가 왜 당연히 group homomorphism 인지 등은 이 책의 主題 중 하나이다.

보기 2.2.22. (가) Symmetric group $S_3 = \{1, \tau, \tau^2, \sigma, \sigma\tau, \sigma\tau^2\}$을 기억하자(단, $\sigma = (1,2)$, $\tau = (1,2,3)$). 우리는 [I, 보기 11.8.3]에서 다음 조건

$$\sigma^2 = 1, \qquad \tau^3 = 1, \qquad \tau\sigma = \sigma\tau^2$$

이 S_3의 "연산표를 완전히 묘사"해 주는 것을 살펴보았었다.

---

[28] 3층에서 내려다보면, isomorphism을 정의하는 방법은 하나뿐이다!
[29] 복습 10.5.1과 복습 10.5.8도 참조.

(나) 한편

$$\varphi(\tau) = R = R_{2\pi/3} = \begin{pmatrix} \cos(2\pi/3) & -\sin(2\pi/3) \\ \sin(2\pi/3) & \cos(2\pi/3) \end{pmatrix}, \qquad \varphi(\sigma) = S = \begin{pmatrix} -1 & 0 \\ 0 & 1 \end{pmatrix}$$

로 놓으면,

$$S^2 = I = R^3, \qquad RS = SR^2$$

이므로, S_3 의 2-dimensional representation $\varphi : S_3 \to \mathbf{GL}_2(\mathbb{C})$ 가 유일하게 결정된다는 것이 [I, 보기 11.9.22] 의 결론이었었다.[30]

연습문제 2.2.23. (가) 이번에는

$$\psi(\tau) = B = \begin{pmatrix} \zeta & 0 \\ 0 & \zeta^2 \end{pmatrix}, \qquad \psi(\sigma) = A = \begin{pmatrix} 0 & 1 \\ 1 & 0 \end{pmatrix}$$

으로 놓아 보자(단, $1 \neq \zeta \in \mathbb{C}$, $\zeta^3 = 1$.). 그러면, 이 경우 역시

$$A^2 = I = B^3, \qquad BA = AB^2$$

이 성립하고, 따라서, S_3 의 2-dimensional representation $\psi : S_3 \to \mathbf{GL}_2(\mathbb{C})$ 가 유일하게 정의됨을 보여라.
(나) 보기 2.2.22 (나) 항의 $\varphi : S_3 \to \mathbf{GL}_2(\mathbb{C})$ 와 앞 $\psi : S_3 \to \mathbf{GL}_2(\mathbb{C})$ 는 S_3 의 isomorphic 한 representation 임을 보여라.

이제 '달리기 훈련'을 마치고 우리의 '이야기'로 돌아가자.

---

[30] 아직 φ 가 정말 group homomorphism 인지는 약간의 의문이 남아 있다. 이 의문은 보기 10.5.9 에서 해결한다.

2.3. 선형대수; Reloaded

우리는 항상 '고향'에서부터 '이야기'를 시작한다. 그런데, 우리는 앞 章에서 선형대수의 범위를 확장할 필요가 있음을 알게 되었다. 차근차근 시작하자.

(A) Linear Algebra over a Field

[학부 대수학 강의 I; 선형대수와 군] 제1쪽의 F를 임의의 field 라고 하고 [I]을 다시 읽기 시작하자. 그러면, 독자들은 [I]**의 내용 대부분이 임의의 field 위에서도 성립**하는 것을 알 수 있을 것이다. 최초로 修正해야 할 곳은 어디일까?

다만, 우리는 [I, 연습문제 1.1.19(나)]와 같은 numerical example 들은 제외해야 할 것이다. 왜냐하면,

보기 2.3.1. $\text{char}(F) = 2$ 이면, $2 = 0 \in F$ 이므로(표기법 1.2.12 참조),

$$\begin{pmatrix} 1 & 1 \\ -1 & 3 \end{pmatrix} = \begin{pmatrix} 1 & 1 \\ 1 & 1 \end{pmatrix}$$

이 된다. 그러므로, 이 행렬은 가역행렬이 아니다.

그런데, 사실은, 최초로 문제가 되는 곳은 [I, 연습문제 1.1.19(나)]보다도 더 앞에 있었다. 다음 보기는 독자들을 처음으로 **positive characteristic** 의 — 특히, characteristic two 의 — 別世界로 안내한다.

보기 2.3.2. $\text{char}(F) = 2$ 일 때,

$$\begin{pmatrix} 0 & 1 \\ 0 & 0 \end{pmatrix}\begin{pmatrix} 0 & 0 \\ 1 & 0 \end{pmatrix} - \begin{pmatrix} 0 & 0 \\ 1 & 0 \end{pmatrix}\begin{pmatrix} 0 & 1 \\ 0 & 0 \end{pmatrix} = \begin{pmatrix} 1 & 0 \\ 0 & -1 \end{pmatrix} = I_2$$

이므로, 이 경우에는 [I, 연습문제 1.1.11]의 답은 "Yes"이다!

위 보기를 찾아낸 독자들이 얼마나 있었는지 매우 궁금하다. 적어도, 만약 $\text{char}(F) = p > 0$ 이면, $\text{tr}(I_p) = p = 0$ 이라는 사실만이라도 눈치 챈 세심한 독자들은 얼마나 있었을까? 게다가, [I, 찾아보기]에 비스듬한 글자體의 '*characteristic*'이라는 暗號 같은 項目이 숨겨져 있는 것을 발견한 독자는 거의 없었을 것이다.

다음 보기까지 읽고 나면 positive characteristic 의 세계에서의 우리의 行步는 극히 조심스러워질 수밖에 없다.

보기 2.3.3. $F = \mathbb{F}_2$ 이면,

$$\alpha^2 = \alpha \quad \text{for all} \quad \alpha \in \mathbb{F}_2$$

이므로 (확인해 보라), 이 경우에는 [I, 연습문제 2.2.8 (가)] 의 답도 "예" 이다.

다음에는 [**선형대수학의 기본정리**] 의 특수한 경우 — $V = W$ 인 경우 — 를 새로 배운 language 를 사용하여 다시 써 보자.

정리 2.3.4. [I, 정리 5.3.5] 에서, 함수 $\Phi_{\mathfrak{C}}^{\mathfrak{B}} : \mathfrak{M}_{n,n}(F) \to \mathfrak{L}(V, V)$ 와 그의 역함수 $\Psi_{\mathfrak{C}}^{\mathfrak{B}} : \mathfrak{L}(V, V) \to \mathfrak{M}_{n,n}(F)$ 는 F-algebra isomorphism 이다.

이제 symmetric group 의 signum function sgn : $S_n \to \{\pm 1\}$ 에서 $\{\pm 1\}$ 은 $\mathbb{Z}$ 의 부분집합으로 보면 된다는 정도를 제외하곤 [I, 정리 7.1.18] 까지는 아무런 comment 도 필요하지 않다.

정의 2.3.5. F-위의 모든 (non-constant) polynomial 이 F 에서 root 을 가지면,[31] F 를 **algebraically closed field** 라고 부른다.

따라서, [I, 정리 7.1.18] 은 $\mathbb{C}$ 가 algebraically closed field 임을 말하고 있다.[32] 이제 독자들은 [I, §8.6] 의 **Jordan canonical form** 과 [I, 정리 13.1.6] 의 **triangularization** 은 F 가 algebraically closed field 일 때에는 항상 유효함을 확인할 수 있을 것이다. (지금 확인해 보라!)

우리에게 가장 궁금한 점은 임의의 field 의 경우에 [I, 명제 8.1.5] 를 어떻게 증명하는가일 것이다. 뒤 §6.4 로 미룬다.

이제 [I, §8.2–§8.6] 을 읽을 때에는, $T \in \mathfrak{L}\mathfrak{M}$ 일 때, V 를 $F[t]$-module 로 생각하며 읽기 바란다 (연습문제 1.1.21 과 연습문제 1.4.7 참조). 이 작업은 물론 [I] 에서 생략한 Cyclic Decomposition Theorem 의 증명 (제 12 장) 까지 계속될 것이다.

---

[31] Root 의 정의는 정의 1.7.13 참조.

[32] $\mathbb{C}$ 가 algebraically closed field 임을 대수적으로 증명하기 위해서는 이 책의 내용이 거의 다 필요하다. §16.4.D 참조.

한편, [I, 제 9 장, 제 10 장, 제 16 장, 제 17 장] 은 inner product 의 positive definiteness 가 필수적이므로,[33] 이 부분은 애당초 임의의 field 로 확장될 수 없다. ([I, § 10.3] 의 **Rank Theorem** 의 증명은 어차피 **dual space** 를 이용한 증명 ([I, § 14.8]) 으로 대체될 것이다.)

그러니, 아직 [I] 에서 수정해야 할 곳은 없었던 셈이다.[34] 최초로 수정할 곳은 [I, 연습문제 11.1.13] 이다. 만약 F 가 finite field 이면 F^3 도 finite set 이기 때문이다.

세심한 독자들은 — 예를 들어 [I, § 11.9] 에서 — $\mathbf{SL}_n(F) \leq \mathbf{GL}_n(F)$ 로 표기한 것에 대해 의문 (불만) 을 갖고 있었을 것이다. 그러나, $F = \mathbb{F}_2$ 일 때에는

$$\mathbf{SL}_n(\mathbb{F}_2) = \mathbf{GL}_n(\mathbb{F}_2)$$

이므로 (왜 그런가?), 이는 전혀 잘못된 것이 아니다.[35]

이제, [I, 제 14 장] 을 다시 읽다 보면, 이곳 저곳 문제점들이 발견될 것이다. 우선 [I, 연습문제 14.1.12] 의 명제는 — 사실은 — true 가 아니다. 그리고, [I, 연습문제 14.1.13] 의 alternating matrix 와 skew-symmetric matrix 는 서로 다른 개념이다.

연습문제 2.3.6. $\text{char}(F) = 2$ 인 경우에, [I, 연습문제 14.1.12] 의 주장에 대한 counter-example 을 찾아 보라.

주의 2.3.7. 대부분의 한 학기用 선형대수학 교재에서는 alternating bilinear form $B : V \times V \to F$ 를 다음 조건

$$B(v, w) = -B(w, v), \qquad (v, w \in V)$$

을 만족하는 bilinear form 이라고 정의한다. 왜냐하면, 이 조건이 바로 'alternating' 이라는 단어의 뜻과 一致하기 때문이다. 그러나, $\text{char}(F) = 2$ 일 때에는, 위 조건은 B 가 symmetric 이라는 엉뚱한 결과를 낳을 뿐이다. 그래서, 'serious' 한 책에서는 언제나 alternating bilinear form 을 다음 조건

$$B(v, v) = 0, \qquad (v \in V)$$

을 만족하는 bilinear form 이라고 정의하게 된다.

---

[33] 뿐만 아니라, 이 부분에는 $\mathbb{R}^n$-공간과 $\mathbb{C}^n$-공간을 보는 우리의 'intuition' 도 필요하다.
[34] 아차, 誤字는 제외하고 ······.
[35] 수학에서는 줄 하나도 점 하나도 함부로 사용하지 않는다.

정의 2.3.8. (가) $A \in \mathfrak{M}_{n,n}(F)$ 일 때, $A^{\mathsf{t}} = -A$ 이면, A 를 **skew-symmetric matrix** 라고 부른다.
(나) $A = (a_{ij}) \in \mathfrak{M}_{n,n}(F)$ 일 때, 만약 $[a_{ii} = 0 \text{ for all } i = 1, \ldots, n]$ 이고, $A^{\mathsf{t}} = -A$ 이면, A 를 **alternating matrix** 라고 부른다.

연습문제 2.3.9. (가) $\mathrm{char}(F) \neq 2$ 라고 가정하면, skew-symmetric matrix 와 alternating matrix 는 같은 개념임을 보여라.
(나) 임의의 field F 에 대하여, bilinear form $B : V \times V \to F$ 가 alternating bilinear form 일 필요충분조건은 V 의 F-basis $\mathfrak{B}$ 에 관한 B 의 행렬 $[B]_{\mathfrak{B}}$ 가 alternating matrix 인 것임을 증명하라.

지금까지는 그래도 — $\mathrm{char}(F) = 2$ 인 경우에도 — [I]의 내용을 그럭저럭 modify 할 수 있었다. 그러나, '제법 品位 있었던' [I, 연습문제 14.1.14(다)] 부터는 상황이 좀 달라진다.

연습문제 2.3.10. $\mathrm{char}(F) = 2$ 이면, [I, 연습문제 14.1.14(다)] 는 false 임을 보여라. (그러므로, [I, 연습문제 14.1.14(다)] 에는 이제 $\mathrm{char}(F) \neq 2$ 라는 가정이 필수적이다.)

계속 [I]을 읽어 나가자. 그러나, [I, §14.2] 에 이르면, 2 라는 숫자가 너무 많이 눈에 뜨인다. 이곳은 적당히 넘어가자…….

약속 2.3.11. Quadratic form 이라는 말이 나오면 ([I, §14.2]), 아예 처음부터 $\mathrm{char}(F) \neq 2$ 라고 가정하는 편이 賢明(행복) 하다.[36]

[I, 정의 14.5.16] 에도 $\mathrm{char}(F) \neq 2$ 라는 가정이 필요한 것은 말할 필요도 없다.

연습문제 2.3.12. $F = \mathbb{F}_2$ 일 때, bilinear form $B : F^2 \times F^2 \to F$ 를

$$B\left(\begin{pmatrix} a \\ b \end{pmatrix}, \begin{pmatrix} c \\ d \end{pmatrix}\right) = (a, b)\begin{pmatrix} 0 & 1 \\ 1 & 0 \end{pmatrix}\begin{pmatrix} c \\ d \end{pmatrix}, \qquad (a, b, c, d \in F)$$

로 정의하고, [I, 관찰 14.5.13]과 그 결과인 [I, 정리 14.5.15] (quadratic space 에서의 orthogonal basis 의 존재 정리) 에는 $\mathrm{char}(F) \neq 2$ 라는 가정이 필요함을 설명하라.

[36] 그렇지만, $\mathrm{char}(F) = 2$ 인 경우의 quadratic form 을 전공하는 수학자들도 있다.

이제 [I]을 거의 다 읽었다.[37] 그리고, **dual space**와 관련된 [I, §14.6–§14.9]의 내용이 모두 field F의 선택과는 무관함을 확인하는 **기쁨**도 느낄 수 있었을 것이다. (사실 dual space와 관련된 [I, §14.6–§14.9]의 내용은 — 수학 전체에서 — 매우 根本的인 내용이다. 이렇게 근본적인 부분에 field에 관한 조건이 필요할 수는 없다.)

마지막으로, [I, 제15장]의 Hermitian form에는 $\mathbb{C}$의 complex conjugation이 필요하므로, 지금은, 일반적인 field 위에서는 의미가 없어 보인다. 그러나, 우리는 뒤 정의 2.3.14와 연습문제 16.4.23에서 더 일반적인(다른 상황에서의) Hermitian form과 unitary group의 개념을 배우게 될 것이다.

(B) Linear Algebra over a Non-Commutative Ring

이제, [I]을 **다시** 읽기 시작한다. 이번에는 [I, 제1쪽]의 $F = R$은 임의의 ring (with 1)이다.[38]

[I, 연습문제 1.1.7(라)와 연습문제 1.1.10(라)]는 포기하고, elementary row operation도 포기하고, ······. F-vector space를 R-module로 바꾸어 쓰면, R-basis의 존재는 ······? Dimension은 ······?

Non-commutative ring 위에서의 선형대수에는 무엇보다도 다음의 두 가지 본질적이고 심각한 문제가 있다.

우선 첫째, 선형대수의 주인공 中 주인공인 선형사상 L_A부터 문제를 안고 있다. 왜냐하면, $A \in \mathfrak{M}_{m,n}(R)$, $X \in R^n$, $r \in R$일 때, 일반적으로

$$L_A(rX) = A(rX) \neq r(AX) = r \cdot L_A(X)$$

이므로, L_A**는 일반적으로** R**-linear map이 아니기 때문**이다. 주인공 中 주인공도 없이 우리의 '이야기'를 전개할 수는 없다.

그렇다고 L_A를 포기하면 안 된다. 독자들은 이런 경우를 처음 만나겠지만, 이럴 때에는 '한번 비틀어 주면' 된다는 것을 몇 번 경험해 보면 알게 된다. 그러면, 손해 보는 셈 치고, 왼손잡이들의 **right notation**을 사용해 보자.

---

[37] [I]에서는 가능하면 참고 문헌을 소개하지 않았었다. [I, 참고 14.5.2]의 생략된 증명은 Jacobson [5, Theorem 6.2]에서 찾을 수 있을 것이다.

[38] 약속 1.4.1도 있고, 적어도 항등행렬은 있었으면 좋겠고, ······. $1 \in R$을 가정하고 보자.

즉, 함수를 오른쪽에 써 보자는 뜻이다. 그리고, **왼손잡이들에게는 R^n 의 모든 vector 는 row vector 를 의미**한다는 것도 기억하자. 이제 $A \in \mathfrak{M}_{n,m}(R)$ 일 때,[39] 함수 $L_A : R^n \to R^m$ 을

$$(X)L_A = XA, \qquad (X \in R^n)$$

으로 정의해야 할 것이다.[40] 이번에는 L_A 가 R-linear 일까?

$$(rX)L_A = (rX)A = r(XA) = r \cdot (X)L_A, \qquad (r \in R,\ X \in R^n)$$

이므로 ⋯⋯, 과연 L_A 는 R-linear map 이 된다!

앞 단락의 내용은 우리에게 生前 처음(!)으로 right notation 이 left notation 보다 더 有用함을 보여 주고 있다. (물론 R^n-위의 R-상수곱마저 오른쪽 상수곱으로 바꿀 수 있었다면 완벽했겠지만, '두번 비틀면' 원래 제자리로 돌아오므로 실패한다.) 참고 또 참아 온 왼손잡이들의 '혁명'이 불가피해 보이지만, ⋯⋯. 그렇다고 해서, 이제 와서 [I]을 제1쪽부터 모든 표기법을 right notation 으로 고치는 것은 불가능에 가까운 일이다.[41] 그래서 — 結論은 — 이제 우리 모두 양손잡이가 되는 훈련을 시작할 수밖에 없다.

두번째 (더욱) 심각한 문제는 — 독자들도 충분히 예상하고 있었겠지만 — determinant 를 어떻게 정의하는가 하는 것이다.

독자들은 determinant 가 선형대수의 '무대장치'를 完成시켜 주는 tool 이었음을 기억하고 있을 것이다. 그리고, determinant 의 (가장 중요한) 역할은 — 그 이름이 말해 주듯이 — square matrix A 의 invertibility 를 'determine'하는 것이었다. 또, 이를 위해서는 다음 등식

$$\det(AB) = \det(A) \cdot \det(B), \qquad (A, B \in \mathfrak{M}_{n,n}(R))$$

이 결정적인 역할을 해 왔다. 이 문제 — 위 등식을 만족하는 determinant function 을 어떻게 정의하는가 하는 문제 — 는 결코 간단하지 않다. (다음 식

$$\begin{pmatrix} a & c \\ b & d \end{pmatrix} \begin{pmatrix} d & -c \\ -b & a \end{pmatrix} = \begin{pmatrix} ad - cb & -ac + ca \\ bd - db & -bc + da \end{pmatrix}$$

만 생각해 보아도 문제의 심각성을 이해할 수 있을 것이다.)

[39] n 과 m 의 역할이 바뀐 것에 유의하라.

[40] 왼손잡이들에게는 모든 것이 오른쪽에서 act(operate)한다.

[41] 著者는 오른손잡이이므로⋯⋯. ㅋㅋ.

물론, 임의의 [ring with 1] 위에서의 determinant 는 지금은 우리의 관심사가 아니다.[42] 게다가 위에서 언급한 두 가지 심각한 문제를 모두 해결하더라도, R-module 의 R-basis 와 dimension 의 문제가 다시 앞을 가로막는다.[43] 준비가 더 필요하다.

이 정도에서 임의의 ring (with 1) 위에서의 선형대수는 (깨끗이) **포기**하기로 한다.

(C) Linear Algebra over a Skew-Field

우리는 再정의 1.4.2 에서 F 가 division ring 이면, F-module 을 F-vector space 로 부르기로 하였다. 이는 수학의 오랜 傳統이며, 동시에 skew-field 위에서도 많은 것을 할 수 있음을 暗示하고 있다.

특히, quaternion algebra $\mathbb{H}$-위에서의 선형대수학은 수학에서 매우 중요한 위치를 차지한다. (우리야 뭐 알고 있는 skew-field 가 $\mathbb{H}$ 뿐이니 아예 다른 생각은 할 수도 없다.) $\mathbb{H}$-위에서의 선형대수는 기하학 — 一種의 **unitary geometry** ([I, 제 15 장] 및 연습문제 16.4.23 참조) — 을 중심으로 'story'가 전개된다.

$\mathbb{H}$-위의 unitary geometry 는 다음 기가 막히게 絶妙한 $\mathfrak{M}_{n,n}(\mathbb{H})$ 의 성질로부터 시작된다.

연습문제 2.3.13. $A, B \in \mathfrak{M}_{n,n}(\mathbb{H})$ 일 때 ($A = (a_{ij})$ 이면, 물론 $\overline{A} = (\overline{a_{ij}})$ 로 정의한다. 정의 2.1.7 및 [I, 표기법 8.1.10] 참조),

(가) 일반적으로, $\overline{AB} \neq \overline{B}\,\overline{A}$ 임을 설명하라.
(나) 일반적으로, $(AB)^{\mathbf{t}} \neq B^{\mathbf{t}} \cdot A^{\mathbf{t}}$ 임을 설명하라.
(다) 그럼에도 불구하고, 항상 $\overline{AB}^{\mathbf{t}} = \overline{B}^{\mathbf{t}} \cdot \overline{A}^{\mathbf{t}}$ 가 성립함을 보여라.[44]

그리고, $\mathbb{H}$-위에서의 determinant 는 — $A \in \mathfrak{M}_{n,n}(\mathbb{H})$ 일 때, A 에 대응하는 $A' \in \mathfrak{M}_{2n,2n}(\mathbb{C})$ 를 생각하고, $\det(A) = \det(A')$ 으로 정의하여 — 그다지 어렵지 않게 해결할 수 있다.[45] 한편, 앞 subsection 에서 밝힌 바와 같이 $\mathbb{H}$-위에서는 선형사상 L_A 는 **오른쪽에서 act**하여야 한다.

---

[42] 예를 들어, E. Artin [15] 를 보면 된다는 정도만 알아도 …….
[43] 물론, 모든 R-module 이 R-basis 를 갖는 것은 아니다. § 10.3 의 free R-module 참조.
[44] [I, 정의 10.6.9] 의 adjoint matrix 참조.
[45] 예를 들어, [12] 참조.

정의 2.3.14. 물론

$$\mathbf{GL}_n(\mathbb{H}) = \{A \in \mathfrak{M}_{n,n}(\mathbb{H}) \mid A \text{ is invertible}\}$$

로 정의한다. 그리고,

$$\mathbf{Sp}(n) = \{A \in \mathbf{GL}_n(\mathbb{H}) \mid \overline{A}^{\mathbf{t}} \cdot A = I\}$$

로 정의하고, $\mathbf{Sp}(n)$ 은 **symplectic group** 이라고 부른다. (어? 이상하다. 당연히 unitary group 이라고 불러야 하는거 아닌가?[46])

물론 지금도 독자들이 $\mathbb{H}$-위의 unitary geometry 를 받아들일 만큼 성숙해 있다고 믿지만, 이 내용은 이 책의 主題가 아니므로 훗날로 미룬다. 갈 길이 정말 멀다.

약속 2.3.15. 앞으로 (이 책에서) 우리가 F-vector space 라고 말하면, F 는 언제나 field 를 의미하는 것으로 약속하자.

(D) Linear Algebra over a Commutative Ring

이제는 R을 임의의 commutative ring (with 1) 이라고 하자. 이 경우의 선형대수는 그 내용이 매우 풍부하다. 특별히, $R = \mathbb{Z}$ 인 경우에는 Gaussian Elimination '비슷'한 것도 가능하다 (§ 11.3 참조). 뿐만 아니라, integral domain D-위에서는 D 의 field of quotients (D 를 포함하는 가장 작은 field. § 2.5 참조) 에서 생각하면 된다.

이 subsection 에서는, 우선, determinant 에 관해서만 생각해 보기로 한다.[47] 즉, [I, 제 6 장] 을 한 글자 한 글자 다시 읽자는 뜻이다. 우리의 목표는 질문 1.4.19 에 답하는 것이다.

독자들은 R-위에서도, [I, 정리 6.3.2] 가 성립하는 것을 확인할 수 있을 것이다. 즉, 지금도 $\det : \mathfrak{M}_{n,n}(R) \to R$ 은 여전히 [$\det(I_n) = 1$ 인 유일한 n-linear alternating form] 이라는 뜻이다.[48]

---

[46] 나름대로 다 이유가 있다. 우선, 이번에도 $\mathbf{U}(n)$ 이라고 표기할 수도 없고...... 몇 년 후에 다룰 기회가 있을 것이다. $\mathbb{H}$-위의 unitary geometry 는 "기하대수" 강좌에서 다루어져 왔다.

[47] 제 11 장에서 계속한다.

[48] [I, 연습문제 6.3.3] 에 관해서도 하고 싶은 말이 많지만, 지금은 그냥 넘어가자.

[I, 따름정리 6.4.2]는 [$A \in \mathfrak{M}_{n,n}(R)$이 invertible이면, $\det(A) \in R^{\times}$]라고 이해하면 된다. 최초로 수정이 필요한 곳은 [I, 관찰 6.4.5]이다(증명에서, $a_1 \neq 0$이라고 해서 $a_1 \in R^{\times}$일 필요는 없다). 실제로, [I, 관찰 6.4.5]는 일반적으로는 true가 아니다. 따라서, 아직은 [I, 따름정리 6.4.6]을 증명할 수 없다.

연습문제 2.3.16. $R = \mathbb{Z}_4$일 때, $A = \begin{pmatrix} \overline{2} & \overline{1} \\ \overline{2} & \overline{2} \end{pmatrix}$로 놓으면, $\det(A) \neq \overline{0}$이지만,

$$\overline{2}\begin{pmatrix} \overline{2} \\ \overline{2} \end{pmatrix} + \overline{0}\begin{pmatrix} \overline{1} \\ \overline{2} \end{pmatrix} = \begin{pmatrix} \overline{0} \\ \overline{0} \end{pmatrix}$$

이므로, A의 두 column은 $\mathbb{Z}_4$-linearly dependent 임을 보여라. A는 invertible인가?

이제 [I, §6.6]은 잠시 제쳐놓고, [I, §6.7]을 먼저 읽다 보면, 독자들은 [I, 따름정리 6.4.6의 두번째 증명]을 발견하게 될 것이다.

명제 2.3.17. R이 commutative ring (with 1)이면,

$$\mathfrak{M}_{n,n}(R)^{\times} = \{A \in \mathfrak{M}_{n,n}(R) \mid \det(A) \in R^{\times}\}$$

이다.

증명 : [I, 정리 6.7.2]는 여전히 유효하다(확인해 보라!). 따라서,

$$A \cdot \operatorname{adj}(A) = \det(A) \cdot I_n = \operatorname{adj}(A) \cdot A$$

이므로, $\det(A) \in R^{\times}$이면, $A^{-1} = (\det(A))^{-1} \cdot \operatorname{adj}(A)$. □

독자들은 이제 field F-위에서는 "파리를 잡는데 탱크를 동원한다"는 비판까지 감수했던 [I, 따름정리 6.4.6의 두번째 증명]의 의미를 알게 되었을 것이다. 그리고, **classical adjoint**의 'classical'이란 단어의 의미도 짐작할 수 있을 것이다. [I, 정리 6.7.2]야말로 **古典 中의 古典**이라고 할 수 있다.

표기법 2.3.18. R이 commutative ring (with 1) 일 때,

$$\mathbf{GL}_n(R) = \mathfrak{M}_{n,n}(R)^{\times} = \{A \in \mathfrak{M}_{n,n}(R) \mid \det(A) \in R^{\times}\}$$

로 표기하지 않으면 오히려 이상하다. $\mathbf{GL}_n(R)$이 group이 되는 것은 당연.

아직 [I, §6.6]이 숙제로 남아 있다. [I, §6.6]을 읽기 위해서는 다음 따름정리가 먼저 필요하다. ([I]과는 'story'의 순서가 많이 바뀌었다.)

따름정리 2.3.19. R이 commutative ring (with 1)이고, $A, B \in \mathfrak{M}_{n,n}(R)$이라고 하자. 이때 $AB = I$이면, $BA = I$이다.

증명 : (지금은 행 간소 사다리꼴도 선형대수학의 기본정리도 사용할 수 없다.) $AB = I$이면, $\det(A) \in R^\times$이고, 따라서 A는 가역이고 $A^{-1} = B$. □

이제 [I, §6.6]도 R-위에서 다시 읽을 수 있을 것이다.[49]

이 정도로 선형대수의 복습을 마무리하자. 그러나, 우리의 마음은 항상 우리의 '고향'을 向해 있을 것이다.

[49]물론 $a \in R^\times$이고 $b \in R$일 때, $\frac{b}{a} = a^{-1}b$의 표기법을 사용한다.

2.4. '이야기'의 시작

독자들은, [I, § 11.1] 에서, 재미있는 '이야기책'은 한번 더 밑바닥으로 내려갈 것이라고 豫言했던 일이 기억날 것이다. 이제 드디어 마지막 밑바닥으로 내려간다. 즉, 우리의 '이야기'는 원래 이곳에서 시작되었던 것이다. 더 이상 내려갈 곳은 없다.

"知之謂知之 不知謂不知 是知也" [50] (論語, 爲政編)

이제, 우리가 아는 것 (과 모르는 것) 을 분명히 하자. 우리가 아는 것들의 — 정확하게 말하면, **우리가 안다고 가정하는 것들의** — **目錄**을 작성하자는 뜻이다. 그 목록은 다음과 같고, 따라서, 아래 목록에 없는 것은 우리가 모르는 것이 된다.

(가) 약간의 집합론 (cardinality 의 뜻 정도)

(나) the ring (integral domain) of integers $\mathbb{Z}$ 와 그의 연산 (덧셈과 곱셈)

(다) $\mathbb{Z}$ 의 **order relation**, 즉 整數 간의 大小관계

(라) mathematical induction 과 자연수 집합의 **well-orderedness** (자연수 집합의 non-empty subset 은 항상 **unique least element** 를 갖는다)

(마) $\mathbb{Z}$ 에서의 **division algorithm**

이상 끝! [51] 이 이외의 것은 이제부터 공부 (철저하게 확인) 한다.

한마디 보태자면, 위 (다) 항에서 정수 간의 대소관계를 알게 되면, positive integer (자연수) 와 negative integer 의 개념과 절대값 (absolute value) 의 정의도 얻게 된다.

그렇지만, 사실은 위 다섯 가지를 자연수의 정의로부터 시작하여 진짜로 증명하는 것은 쉽지 않다.[52] 따라서, 역으로, 위 목록은 자연수의 정의가 무엇인지는 묻지 말자는 약속 (합의) 이기도 하다.

설마 독자들 중에 "지금까지 example 에 등장했던 $\mathbb{R}$ 과 $\mathbb{C}$ 는 어떻게 하느냐"는 **愚問**을 던지는 이는 없을 것으로 믿는다. 대답할 필요도 느끼지 않는다.

---

[50] **"아는 것은 안다고 말하고 모르는 것은 모른다고 말하는 것, 그것이 (바로) 앎이다."**

[51] "내게 필요한 것은 초등학교에서 다 배웠다."

[52] 누가 이 다섯 가지를 정말 아느냐고 정말 심각한 표정으로 묻는다면, 살짝 자리를 피하는 것이 현명하다. (True 란 무엇인가? 집합이란 무엇인가? 1 이란 무엇인가? ……. 무엇인가란 무엇인가? ……. 학부 수준에서 "수학적 기초론"에 빠지는 것은 위험하다.)

한 가지 銘心할 점이 있다. 우리가 아는 것을 위 다섯 개로 제한한 것은 우리에게 익숙한 $\mathbb{Z}$, $\mathbb{Q}$, $\mathbb{R}$과 $\mathbb{C}$ 등의 성질들을 의심해서가 아니다. 우리의 목적은 우리의 '고향'을 철저히 분석함으로써 '고향'을 떠나 험한 곳으로 나갈 준비를 하자는 것이다.

하지만, 우리가 제법 익숙하다고 생각해 왔던 것들도 사실은 그다지 신통치는 못하다.

질문 2.4.1. (가) 두 자연수의 최대공약수는 다른 공약수의 배수인가? 왜 그런가?
(나) 자연수의 소인수분해는 항상 가능한가? 그리고 유일한가?

이 世上에서 자연수의 소인수분해가 항상 가능한지 묻는 것은 아마도 우리들("대수학"이라는 이름의 '달리기 훈련'을 받는 이들) 밖에 없을 것이다. 다시 강조하거니와, 위 질문은 우리가 정말 자연수의 소인수분해를 의심해서 묻는 것이 아니다. 우리가 진짜 묻고 싶은 질문은, 예를 들면, 다음과 같다.

질문 2.4.2. (가) Polynomial algebra with two indeterminates $\mathbb{Z}[s,t]$ 에서도 소인수분해는 항상 가능하고 유일한가?
(나) The ring of Gaussian integers $\mathbb{Z}[\mathbf{i}]$ 에서도 소인수분해는 항상 가능하고 유일한가?

그리고, 이 질문들에 답하기 위해서는 자연수의 소인수분해부터 확실하게 이해하지 않으면 안 될 것이다.

다음 보기는 우리가 왜, 예를 들어, $\mathbb{Z}[\mathbf{i}]$ 에서의 소인수분해 문제에 관심을 갖는지 설명하기 위한 것이다. Pythagorean triple을 (모두) 찾는 문제는 人類가 삼각측량을 시작한 이래 5천년 이상의 역사를 갖고 있다.

보기 2.4.3. $x^2+y^2=z^2$ 인 자연수 x,y,z 를 우리는 **Pythagorean triple**이라고 부른다. 이를

$$x^2+y^2=(x+y\,\mathbf{i})(x-y\,\mathbf{i})=z^2$$

으로 이해하면, Pythagorean triple을 모두 찾는 문제는 $\mathbb{Z}[\mathbf{i}]$ 에서의 곱셈의 문제가 — 즉, 소인수분해 문제가 — 된다. (이 보기의 풀이는 연습문제 5.4.16 참조.)

자, 그럼 우리의 '이야기'를 시작해 보자. 우리 '이야기'의 시작은 여느 이야기책과 다를 바 없다. 옛날 옛날 먼 옛날에, Euclid 라는 …….

정의 2.4.4. D는 integral domain 이고,[53] $d, a, b \in D$ 일 때,

(가) 만약 $dc = a$ 인 $c \in D$ 가 존재하면, d는 a의 **divisor** (**약수** 또는 인수) 라고 말하고, $d \mid a$ 로 표기한다.
(나) 또, d가 a의 약수이면서 동시에 b의 약수이면, d를 a와 b의 **common divisor** (**공약수**) 라고 부른다.

연습문제 2.4.5. **Multiple** (**배수**) 과 **common multiple** (**공배수**) 의 개념도 정의해 보라.

당연히 (!), 초등학교에서 배운 것부터 시작한다.

정의 2.4.6. (초등학생의 정의) 자연수 m, n 의 공약수 중 가장 큰 자연수를 m, n 의 **최대공약수**라고 부른다. 또, 자연수 m, n 의 공배수 중 가장 작은 자연수를 m, n 의 **최소공배수**라고 부른다.

초등학교 선생님은 다음 문제를 왜 안 물어 보았을까?

관찰 2.4.7. 자연수 m, n 의 최대공약수는 존재하고 유일하다.

증명 : 어떤 자연수의 positive divisor 는 유한 개뿐이므로……, 어? 아직 소인수분해를 모르는데……. 아, 자연수 n의 positive divisor d는 n보다 작거나 같으니까 OK ($d, c > 0$ 이면 $dc \geq d$). 따라서, m, n 의 공약수도 유한 개뿐. 자연수의 유한 집합에는 항상 최대의 원소가 있고 하나뿐이다. 휴…….
□

관찰 2.4.8. 자연수 m, n 의 최소공배수는 존재하고 유일하다.

증명 : 어, 배수는 무한히 많은데……? 이번에는 자연수 집합이 **well-ordered** 라는 성질을 이용한다. 그런데, well-orderedness 를 적용하려면, 우선 m, n 의 positive common multiple 의 집합이 non-empty 임을 설명해야 한다. 물론 mn 이 m, n 의 공배수이므로……. □

[53] 약수와 배수의 개념은 integral domain 에서만 생각하기로 한다. 관찰 5.1.6 참조.

독자들은 우리가 지금 뭘 하고 있는지 感을 잡았을 것이다. 그리고, 모든 것을 철저히 확인한다는 말의 의미도 알게 되었을 것이다.

관찰 2.4.9. 자연수 m, n 의 최소공배수 ℓ 은 임의의 공배수 ℓ' 의 약수이다.

증명 : Division algorithm 을 이용한다.[54] ℓ' 을 ℓ 로 나누면 (ℓ 은 non-zero)

$$\ell' = \ell q + r, \qquad (0 \leq r < \ell)$$

인 $q, r \in \mathbb{Z}$ 이 유일하게 존재할 것이다. 그러면, $r = \ell' - \ell q$ 도 m, n 의 공배수가 되고 (왜 그런가?), ℓ 은 (자연수 중) 최소의 공배수이므로, $r = 0$ 일 수밖에 없다. □

위 관찰의 최대공약수 경우의 counter-part 를 증명하려면, Euclidean algorithm 이 필요하다.

두 자연수의 최대공약수를 구하는 다음 과정은 **Euclidean algorithm** (유클리드의 호제법) 이라고 불리운다.[55] m, n 이 자연수일 때, 다음과 같이 division algorithm 을 반복 적용해 보자:

$$\begin{aligned}
m = r_{-1} &= nq_1 + r_1, & (0 < r_1 < r_0 = n)\\
n = r_0 &= r_1 q_2 + r_2, & (0 < r_2 < r_1)\\
r_1 &= r_2 q_3 + r_3, & (0 < r_3 < r_2)\\
&\vdots & \vdots\\
r_{i-1} &= r_i q_{i+1} + r_{i+1}, & (0 < r_{i+1} < r_i)\\
r_i &= r_{i+1} q_{i+2}, & (0 = r_{i+2})
\end{aligned}$$

위 algorithm 은 약간의 보충 설명이 필요할 것이다. 위에서, 만약 $r_1 = 0$ 이었다면, 이 algorithm 은 첫째 줄에서 끝난다는 뜻이고, 만약 $r_2 = 0$ 이었다면, 이 algorithm 은 둘째 줄에서 끝난다는 뜻이다. 문제의 point 는, 따라서, 왜 위 algorithm 은 반드시 유한 번만에 끝나느냐는 것이다. 그 이유는 물론 $[r_0 > r_1 > r_2 > \cdots]$ 으로 무한히 계속될 수는 없기 때문이다 (이 부분도 자연수 집합이 well-ordered 이기 때문). 어쨌든:

---

[54] 사실 division algorithm 말고 또 아는 것도 없다…….

[55] Euclid 도 알던 것을 이제야 공부하게 된 것은 무언가 (심각하게) 잘못된 것이다.

정리 2.4.10. 위 Euclidean algorithm 에서, r_{i+1} 은 자연수 m, n 의 최대공약수.

증명 : 먼저, 위 algorithm 을 아래쪽에서부터 읽으면, r_{i+1} 은 r_i 의 약수이고, 따라서 r_{i-1} 의 약수이고, 계속하면 (귀납법) r_{i+1} 은 [divisor of r_j for all $j = -1, 0, \ldots, i$] 가 된다. 그러므로, r_{i+1} 은 m, n 의 공약수이다. 다음에는, 자연수 d' 을 m, n 의 (다른) 공약수라고 하고, 위 algorithm 을 위쪽에서부터 읽으면, [d' divides r_j for all $j = -1, 0, \ldots, i+1$] 임을 알 수 있다. 따라서, $d' \,|\, r_{i+1}$ 이고, 물론 $d' \leq r_{i+1}$. □

실제로, 위 Euclidean algorithm 은 computer 들도 매우 좋아한다.[56] 다음은 이미 독자들도 눈치 채고 있을 것이다.

따름정리 2.4.11. 자연수 m, n 의 최대공약수 d 는 임의의 공약수 d' 의 배수.

증명 : 앞 정리의 증명에 포함되어 있다. □

위 따름정리 (와 관찰 2.4.9) 는 이제 임의의 integral domain 에서의 최대공약수와 최소공배수의 정의를 가능하게 해 준다.

정의 2.4.12. D 는 임의의 integral domain 이고, $a_1, \ldots, a_n \in D$ 라고 하자 (단, $n \geq 1$).

(가) $d \in D$ 가 다음 조건

(1) $d \,|\, a_i$ for all $i = 1, \ldots, n$. 즉, d 는 $a_1, \ldots, a_n$ 의 공약수.

(2) If $d' \,|\, a_i$ for all $i = 1, \ldots, n$, then $d' \,|\, d$.

을 만족하면, d 를 $a_1, \ldots, a_n$ 의 **greatest common divisor (최대공약수)** 라고 부르고, $(a_1, \ldots, a_n)$ 으로 표기한다.[57]

(나) $\ell \in D$ 가 다음 조건

(1) $a_i \,|\, \ell$ for all $i = 1, \ldots, n$. 즉, ℓ 은 $a_1, \ldots, a_n$ 의 공배수.

(2) If $a_i \,|\, \ell'$ for all $i = 1, \ldots, n$, then $\ell \,|\, \ell'$.

을 만족하면, ℓ 을 $a_1, \ldots, a_n$ 의 **least common multiple (최소공배수)** 이라고 부르고, $\mathrm{lcm}(a_1, \ldots, a_n)$ 으로 표기한다.

---

[56] 속도가 빠르다는 뜻.

[57] D^n 의 row vector 와 혼동되는 표기법이지만, 다 이유가 있다. 관찰 5.1.16(나)항 참조.

이제 (초등학생의) 정의 2.4.6 은 폐기한다. (임의의 integral domain 에서는 대소관계를 말할 수 없으므로, 정의 2.4.6 은 더 이상 의미가 없다.)

한편, 임의의 integral domain 에서 최대공약수와 최소공배수가 항상 존재해야 할 根據는 없다. 또, 최대공약수와 최소공배수가 존재하더라도 물론 — $\mathbb{Z}$ 에서조차도 — 唯一할 이유는 없다. 그러니, 예를 들어, $(2,3) = 1$ 등의 표기법은 약간의 혼동을 일으킬 수 있다. 그러나, 이 정도의 혼동은 — 초등학교부터의 관습을 존중하여 (표기법의 남용을 告白하면서) — 받아들이기로 한다.

다음 연습문제도 반드시 한번은 짚고 넘어가야 한다.

연습문제 2.4.13. 위 정의 2.4.12 는

(가) $n = 1$ 인 경우에 어떤 의미를 갖는가?

(나) 또 $[a_i = 0 \text{ for some } i]$ 인 경우에는 어떤 의미를 갖는가?

다음은 우리가 이미 초등학교 때부터 알던 것이다.

연습문제 2.4.14. $a_1, \ldots, a_n \in \mathbb{Z}$ 일 때 (단, $n > 1$), 다음을 보여라.

(가) $(a_1, \ldots, a_n) = \big((a_1, \ldots, a_{n-1}), a_n\big)$.

(나) $\operatorname{lcm}(a_1, \ldots, a_n) = \operatorname{lcm}\big(\operatorname{lcm}(a_1, \ldots, a_{n-1}), a_n\big)$.

Euclidean algorithm 은 정의 2.4.12 와 다음 따름정리를 남기고 **무대에서 퇴장**한다. 앞으로 우리가 실제로 사용하는 것은 — Euclidean algorithm 자체보다 — 다음 따름정리라는 뜻이다 (명제 3.3.8 참조).

따름정리 2.4.15. $m, n \in \mathbb{Z}$ 일 때, $d = (m, n)$ 이라고 놓으면,

$$d = xm + yn$$

인 $x, y \in \mathbb{Z}$ 가 존재한다.[58]

증명 : $m, n, d > 0$ 인 경우만 생각하면 된다 (왜 그런가?). 그런데, Euclidean algorithm 으로부터

$$[r_j \text{ is a } \mathbb{Z}\text{-linear combination of } m, n \text{ for all } j = 1, \ldots, i+1]$$

임을 알 수 있다.[59] 확인해 보라. □

[58] 이때, $x, y \in \mathbb{Z}$ 는 유일하게 결정되지는 않는다.

[59] $\mathbb{Z}$-linear combination 의 뜻은 자명하다. 연습문제 2.2.2 참조.

연습문제 2.4.16. $a_1, \ldots, a_n \in \mathbb{Z}$ 일 때, $d = (a_1, \ldots, a_n)$ 이라고 놓으면,

$$d = x_1 a_1 + \cdots + x_n a_n$$

인 $x_1, \ldots, x_n \in \mathbb{Z}$ 가 존재함을 보여라.

독자들은 위 연습문제와 [I, 명제 8.1.4]의 유사성을 발견할 수 있을 것이다. 그리고 위 연습문제를 읽으며 "Primary Decomposition Theorem ([I, 정리 8.3.4])의 증명은 [I, 명제 8.1.4]의 결과"라고 했던 일을 기억하는 독자들은 칭찬 받을 만하다.

약수와 배수의 공부는, 단어 공부를 더 한 후, 제 5 장에서 다시 계속한다.

2.5. Field of Quotients

'이야기'를 시작한 김에 그래도 유리수 정도는 construct 해야 체면이 설 것 같다. 하기야, 분수는 초등학교부터 배웠으니, 그리 까다로울 리는 없다.[60]

이 節에서 D 는 항상 고정된 **integral domain** 이다.

정의 2.5.1. 집합 $Y_D = D \times \big(D - \{0\}\big)$ 에 다음과 같이

$$(a,b) \sim (c,d) \quad \text{if and only if} \quad ad = bc, \qquad (a,b,c,d \in D,\ \ b,d \neq 0)$$

equivalence relation 을 정의하자 (아래 연습문제 참조). 이때, $(a,b) \in Y_D$ 의 **equivalence class** 를 $\left[\dfrac{a}{b}\right]$ 로 표기하자.[61] 그리고, Y_D 의 equivalence class 전체 집합을 $(Y_D/\sim) = Q_D$ 로 표기하자. 물론, Q_D 의 이름은 **field of quotients** (of D) 이다.

이미 독자들 스스로 다음 연습문제를 풀고 있을 것이다.

연습문제 2.5.2. 위 정의의 relation '$\sim$'은 equivalence relation 임을 보여라. D 에서의 **Cancellation Law** (관찰 1.3.22) 가 필요한가? D 의 commutativity 도 필요한가?[62]

독자들의 얼굴에 미소가 떠오르는 것이 보인다. 왜 이걸 이제야 배우는 걸까? 이제 덧셈과 곱셈을 정의하자.

정의 2.5.3. $a,b,c,d \in D,\ \ b,d \neq 0$ 일 때, Q_D 의 덧셈과 곱셈을 각각

$$\left[\frac{a}{b}\right] + \left[\frac{c}{d}\right] = \left[\frac{ad+bc}{bd}\right], \qquad \left[\frac{a}{b}\right] \cdot \left[\frac{c}{d}\right] = \left[\frac{ac}{bd}\right]$$

로 정의하자.

독자들은 지금 **well-defined** 라는 단어가 생각나지 않으면 안 된다! 한번 더 강조하는 의미에서 설명하면, 예를 들어, 곱셈의 경우에는, 다음

$$\left[\frac{a}{b}\right] = \left[\frac{a'}{b'}\right], \quad \left[\frac{c}{d}\right] = \left[\frac{c'}{d'}\right] \quad \Longrightarrow \quad \left[\frac{ac}{bd}\right] = \left[\frac{a'c'}{b'd'}\right]$$

이 성립하는 것을 보여야만 한다.

---

[60] 이 節 제목의 'quotient'는 '분수'라는 뜻으로, 뒤 제4장의 quotient object 와는 무관.
[61] Equivalence class 의 정의는 [I, 정의 12.1.2] 참조.
[62] 著者에게도 체면이 있다. 도저히 이 증명을 활자化할 수는 없다.

연습문제 2.5.4. (가) 위 정의 2.5.3의 Q_D의 덧셈과 곱셈이 well-defined되어 있음을 증명하라.
(나) Q_D는 field가 됨을 보여라. 덧셈과 곱셈의 항등원은?

우리는 물론 "Q_D는 D를 포함하는 field"라고 말하고 싶다. 그리고, 이런 경우에는 항상 함수의 언어가 필요하다.

연습문제 2.5.5. 함수 $\jmath : D \to Q_D$를

$$\jmath(a) = \left[\frac{a}{1}\right], \qquad (a \in D)$$

로 정의하면, $\jmath$는 ring monomorphism 임을 보여라.

위 연습문제는 $D \subseteq Q_D$로 **identify**할 수 있음을 설명하고 있다. 따라서,

$$\left[\frac{a}{b}\right] = \left[\frac{a}{1}\right] \cdot \left[\frac{1}{b}\right] = \jmath(a) \cdot \jmath(b)^{-1} = ab^{-1}, \qquad (a, b \in D,\ b \neq 0)$$

로 표기할 수 있을 것이다. 그리고, 우리는 이미 초등학교 때부터,

$$\left[\frac{a}{b}\right] = \frac{a}{b}$$

로 혼동해 왔다.

연습문제 2.5.6. D가 원래 field였다면, $D = Q_D$임을 보여라. (즉, D가 field이면, 위 연습문제 2.5.5의 함수 $\jmath$가 isomorphism임을 보이라는 뜻.)

그런데, 우리는 "Q_D는 D를 포함하는 가장 작은 field이다"라고도 말하고 싶다. 이 말을 어떻게(함수의 언어를 사용하여) 표현하면 세련되어 보일까? (F가 D를 포함하는 field일 때, 단순히 $Q_D \subseteq F$라고 말할 수는 없다.)

답은 **universal property**이다.[63]

명제 2.5.7. F가 D를 부분집합으로 갖는 field이고(단, F의 덧셈과 곱셈은 D의 (보통의) 덧셈과 곱셈을 확장한 것들),[64] $\imath : D \to F$는 canonical embedding이라고 하자. 그러면, $\varphi \circ \jmath = \imath$가 성립하는 unique field embedding $\varphi : Q_D \to F$가 존재한다.[65]

[63] 연습문제 1.7.8 참조.
[64] 제3장부터는 [D를 subring으로 갖는] field F라고 말하면 된다.
[65] Canonical embedding은 뒤 정의 3.2.1 참조. Field embedding은 관찰 1.6.13 참조.

증명 : 이런 상황에서는 항상 다음과 같은 삼각형을 생각한다. 이 삼각형은 함수 $\imath$를 (D에서) Q_D로 **extend** 한다는 의미이다.

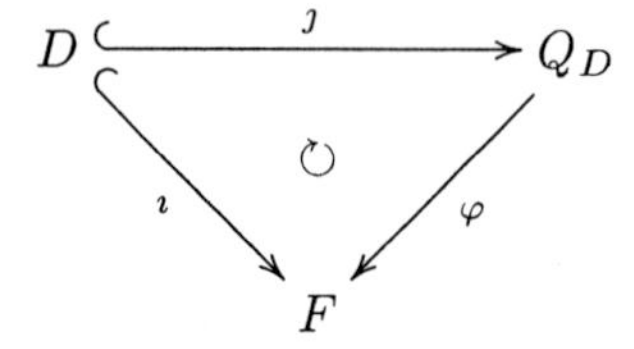

이제 [연습장]을 꺼내자. [연습장: 만약 그런 φ가 존재한다면,

$$\varphi\left[\frac{a}{b}\right] = \varphi\big(\jmath(a)\cdot\jmath(b)^{-1}\big) = \imath(a)\cdot\imath(b)^{-1}, \qquad (a, b \in D,\ \ b \neq 0)$$

이어야만 할 것이다.] 그러므로, φ를 그렇게 정의한다. 지금도 **가장 중요한 것**은 φ**의 well-definedness**. 즉, $a, b, c, d \in D,\ \ b, d \neq 0$일 때, 다음

$$\left[\frac{a}{b}\right] = \left[\frac{c}{d}\right] \quad \Longrightarrow \quad \imath(a)\cdot\imath(b)^{-1} = \imath(c)\cdot\imath(d)^{-1}$$

이 성립하는 것을 보여야 한다. 독자들에게 맡긴다. 이제 φ가 ring homomorphism인 것을 확인하기만 하면 된다(거의 자명). □

독자들은 "대수학"이라는 言語가 점점 멋있게 느껴지지 않는가? 어쨌든 이제 우리는 **유리수체** $\mathbb{Q} = Q_{\mathbb{Z}}$를 드디어(!) 이해하게 되었다.

연습문제 2.5.8. (가) F가 field일 때, polynomial ring $F[t]$의 field of quotients $Q_{F[t]}$를 묘사하라. $Q_{F[t]}$는 [**field of rational polynomials** over F]라고 부르고, $F(t)$로 표기한다.
(나) F가 field일 때, polynomial ring (with n indeterminates) $F[t_1, \ldots, t_n]$의 field of quotients $F(t_1, \ldots, t_n)$을 묘사하라.
(다) D가 integral domain일 때, $D[t]$의 field of quotients $Q_{D[t]}$를 묘사하라. (답은 $Q_D(t)$이다. 위 명제 2.5.7의 embedding $\varphi : Q_{D[t]} \to Q_D(t)$가 isomorphism임을 보이면 된다.)

연습문제 2.5.9. The ring of Gaussian integers $\mathbb{Z}[\mathbf{i}]$의 field of quotients를 묘사하라.[66]

[66] 연습문제 3.2.14(다)항 참조.

제 3 장 Subobject

이 章과 다음 章에 등장하는 '**object**'라는 단어의 뜻은 설명하지 않기로 한다.[1] 이 章에서는 subgroup, subring, R-submodule, R-subalgebra 등의 개념을 배운다. 그리고, 가장 간단한 구조를 갖는 object 인 cyclic object 들을 공부한다.

그리고, 이제부터는, §2.4의 다섯 가지 이외에는 정말 아는 것이 없음을 銘心해야 한다.

3.1. Subobject

Subobject의 정의는 독자들도 이미 예상하고 있을 것이다. 독자들은 지금 [I, §2.2, §3.1과 §11.3]을 복습하기 바란다. 다음 내용은 [I, §2.2, §3.1과 §11.3]의 그것을 각각 몇 글자만 수정한 것이다.

정의 3.1.1. X가 □□이고, Y는 X의 subset이라고 하자. 만약 X로부터 **물려받은** 연산(들)에 관하여, Y 자신 □□가 되면, Y를 X의 **sub-□□**라고 부르고, 간단히 $Y \leq X$로 표기한다.[2]

자손의 자손은…….

연습문제 3.1.2. $Y \leq X$이고 $Z \leq Y$이면, $Z \leq X$임을 증명하라.

우리는 이미 [I]에서 R-module과 group의 경우에 정의 3.1.1의 뜻풀이를 했던 경험이 있다(R-module의 경우와 F-vector space의 경우는 한 글자도 다르지 않다). 다음 연습문제들은 독자들의 편의를 위하여 [I]에서 복사하였다.

---

[1] 사실 著者는 'object'와 'structure'라는 두 개의 단어 사이에서 고민을 많이 하였다. 그러나, 'structure'라는 natural language보다는 "Category Theory"에서 사용하는 mathematical language인 'object'를 선택하였다.

[2] 부등호($\leq$)가 subgroup을 의미하는지, 혹은 subring을 의미하는지 등은 그때그때 눈치껏 판단해야 한다.

연습문제 3.1.3. G가 group이고 $H \le G$일 때, 다음을 보여라.

(가) G의 identity를 e_G로, H의 identity는 e_H로 표기하면, $e_H = e_G$.
(나) $h \in H$일 때, h의 G에서의 inverse를 h^{-1}로, H에서의 inverse는 h'으로 표기하면, $h' = h^{-1}$.

연습문제 3.1.4. Group G의 subset H가 G의 subgroup일 필요충분조건은 다음과 같음을 보여라.

(1) $h, k \in H$이면, $hk \in H$.
(2) $e \in H$.
(3) $h \in H$이면, $h^{-1} \in H$.

연습문제 3.1.5. R-module M의 subset $N\,(\neq \emptyset)$이 M의 R-submodule일 필요충분조건은 다음과 같음을 보여라.

(1) $x, y \in N$이면, $x + y \in N$.
(2) $r \in R$, $x \in N$이면, $rx \in N$.

이 경우에는, **특별히**, $N \le_R M$의 **표기법**을 사용한다.

그리고, 독자들은 ring이라는 algebraic structure를 배우게 되면, 상황이 좀 惡化될 것이라는 [I, § 11.3]의 comment도 기억날 것이다. 실제로, 보기 1.3.25에는 다음 세 가지 '골칫거리'가 포함되어 있었다. 즉, $S \le R$일 때, $1_R \in R$이지만 $1_S \notin S$일 수 있고, 거꾸로 $1_R \notin R$이지만 $1_S \in S$일 수도 있고, 뿐만 아니라, $1_R \in R$이고 $1_S \in S$이면서 $1_R \neq 1_S$일 수도 있다.[3] 다음 주의는 절대 잊으면 안 된다.

주의 3.1.6. (가) R이 [ring with 1]일 때, R의 **subring은 1_R을 갖지 않아도 좋다**. 또, R-algebra $\mathcal{A}$의 R-subalgebra도 $1_{\mathcal{A}}$를 갖지 않아도 좋다.
(나) 그리고, R이 [ring with 1]이고, S는 [R의 subring with 1]일 때, $1_S \neq 1_R$일 수도 있다. R-subalgebra의 경우도 마찬가지.

그나마 다행스러운 것은:

연습문제 3.1.7. S가 **integral domain** R의 [subring with 1]이면, $1_S = 1_R$임을 보여라.

[3] 연습문제 4.3.4도 참조.

이제 다음은 오히려 자명하다.

연습문제 3.1.8. Ring R의 subset S가 R의 subring일 필요충분조건은 다음과 같음을 보여라.

(1) $(S,+)$는 $(R,+)$의 subgroup.

(2) $a,b \in S$이면, $ab \in S$.

연습문제 3.1.9. R-algebra $\mathcal{A}$의 subset $\mathcal{B}$가 $\mathcal{A}$의 R-subalgebra일 필요충분조건은 다음과 같음을 보여라.

(1) $\mathcal{B}$는 $\mathcal{A}$의 R-submodule.

(2) $\mathcal{B}$는 $\mathcal{A}$의 subring.

$\mathbb{Z}$가 $\mathbb{R}$의 subring이라거나, $X \leq X$라는 등의 유치한 보기들은 이젠 생략하자. 다음 결과는 너무 익숙하다.

연습문제 3.1.10. I가 non-empty set이고, $[Y_i \leq X \ \text{ for all } i \in I]$이면,

$$\bigcap_{i \in I} Y_i \leq X$$

임을 보여라.

다음에는 [I, 표기법 2.2.6]을 조금 **일반화**해 보자. 독자들의 'maturity'를 믿는다.[4]

정의 3.1.11. M은 R-module, I는 non-empty set이라고 하자. $[N_i \leq_R M$ for all $i \in I]$일 때,

$$\sum_{i \in I} N_i = \left\{ \sum_{i \in I} x_i \;\middle|\; x_i \in N_i \text{ 이고, 유한 개의 } i \in I \text{ 에 대해서만 } x_i \text{는 non-zero} \right\}$$

로 표기하고, 이를 [**sum of** R**-submodules** $\{N_i \mid i \in I\}$]라고 부른다. (만약 $I = \{1, \ldots, n\}$이면, 물론,

$$\sum_{i \in I} N_i = \sum_{i=1}^{n} N_i = N_1 + \cdots + N_n$$

으로 표기한다.)

[4] 이러한 노력 — 정의 3.1.11과 표기법 2.2.1 등 — 은 제9–10장을 위한 준비이다.

연습문제 3.1.12. 위 정의 3.1.11 에서, $\sum_{i\in I} N_i \leq_R M$ 임을 보여라.

위 연습문제 3.1.12 의 명제는 (non-abelian) group 이나 ring 에서는 성립하지 않는다. ([I, 연습문제 11.3.10] 참조.)

이제 우리의 단골손님을 맞이할 차례이다. 다음 정의는 새로운 algebraic structure 를 만날 때마다 항상 등장하는 단골손님이라고 이미 오래 前에 선언하였었다.

정의 3.1.13. X 는 □□ 이고, $S \subseteq X$ 라고 하자. 이때, S 를 포함하는 X 의 **minimal** sub-□□ 를 $\langle S\rangle$ 로 표기하고, $\langle S\rangle$ 를 [**sub-□□ generated by** S] 라고 부른다. 여기에서, 'minimal'은

(i) $S \subseteq \langle S\rangle \leq X$ 이고,

(ii) 만약 $S \subseteq Y \leq X$ 이면, $\langle S\rangle \leq Y$

라는 뜻이다.[5]

언제나, 항상, 무엇보다도 먼저 $\langle S\rangle$ 의 existence 와 uniqueness 를 …….

연습문제 3.1.14. X 는 □□ 이고, $S \subseteq X$ 이면,

$$\langle S\rangle = \bigcap_{S\subseteq Y\leq X} Y$$

임을 증명하라. 이로부터 $\langle S\rangle$ 의 existence 와 uniqueness 가 얻어진다.[6]

그리고, $S \neq T$ 이더라도, 얼마든지 $\langle S\rangle = \langle T\rangle$ 일 수 있음은 물론이다. 다음은 $\langle S\rangle$ 가 구체적으로 어떤 집합인지 알아볼 차례이다.

□□ 가 group 이거나 R-module 인 경우는 이미 [I] 에서 공부했었다. 복습해보자 (증명은 생략). 이번에도 R-module 의 경우는 F-vector space 의 경우와 한 글자도 다르지 않다.

명제 3.1.15. (가) G 가 group 이고 $S \subseteq G$ 이면, $\langle S\rangle$ 는 [alphabet $(S \cup S^{-1})$ 로 만들어진 word 전체의 집합] 과 같다.

(나) M 이 R-module 이고 $S \subseteq M$ 이면, $\langle S\rangle$ 는 [S 의 R-linear combination 전체의 집합] 과 같다.

---

[5] 예를 들어, R-submodule generated by $\emptyset$ 은 $\{0\}$.

[6] 한번 더 강조하면, 이 연습문제는 $\langle S\rangle$ 의 existence 와 uniqueness 를 설명하기 위한 것이지, $\langle S\rangle$ 를 계산할 때 이용하려는 것이 아니다.

독자들은 著者가 [I]에서 강조하였던 '이야기의 순서'도 기억하고 있을 것이다. 우리는 항상 [연습문제 3.1.10] → [연습문제 3.1.14] → [명제 3.1.15]의 순서로 '이야기'를 전개한다. 또, 명제 3.1.15의 증명에서는 — 예를 들어 (나) 항의 증명에서는 — [S의 R-linear combination 전체의 집합]이 M의 R-submodule인 것만 보이면 충분하다는 것도 기억하고 있을 것이다.

지금 단계에서 한번쯤은 다음 사항을 짚고 넘어가는 것이 재미있다(좋은 '달리기 훈련'이다).

연습문제 3.1.16. (가) Abelian group — 즉, $\mathbb{Z}$-module — 의 경우에는 연습문제 3.1.4의 조건과 연습문제 3.1.5의 조건은 동치임을 보여라. 이는

$$[\text{abelian group의 subgroup}] = [\mathbb{Z}\text{-module의 } \mathbb{Z}\text{-submodule}]$$

이라는 뜻이다.
(나) 명제 3.1.15의 (가)항과 (나)항을 각각 abelian group — 즉, $\mathbb{Z}$-module — 의 경우에 다시 state하고, 같은 내용인지 확인하라.

그런데, $\langle S\rangle$를 생각할 때, 우리는 (이 책에서) □□가 group이거나 R-module인 경우를 주로 다루게 된다. 그렇지만, 물론, [subring generated by S]나 [R-subalgebra generated by S]도 생각할 수는 있다.

연습문제 3.1.17. [Subring generated by S]나 [R-subalgebra generated by S]가 구체적으로 어떤 집합인지 생각해 보라. ······. (아래 comment는 이 연습문제를 충분히(!) 고민한 후에 읽어 보라.)

연습문제 3.1.17을 생각하면서 polynomial이란 단어와 non-commutative polynomial이란 단어가 떠오른다면 칭찬 받을 만하다. 著者가 이 부분을 文字化하는 것을 왜 주저(난처해)하고 있는지도 생각해 보라. §10.4에서 이 연습문제를 다시 다룰 것이다.

이제 독자들이 다음 연습문제도 어렵지 않게 해결할 만큼 '성숙'했을 것으로 믿는다.

연습문제 3.1.18. [Subring with 1 generated by S]와 [R-subalgebra with 1 generated by S]의 개념을 정의하라.

이제 새로운 표기법을 하나 도입한다.

표기법 3.1.19. M 이 R-module 이고, $x \in M$ 일 때,

$$Rx = R \cdot x = \{rx \in M \mid r \in R\}$$

로 표기한다.[7]

연습문제 3.1.20. M 이 R-module 일 때, 다음을 보여라.

(가) $x \in M$ 이면, $\langle x \rangle = Rx \leq_R M$.

(나) $x, y \in M$ 이면, $\langle x, y \rangle = Rx + Ry$.

(다) $\emptyset \neq S \subseteq M$ 이면, $\langle S \rangle = \sum_{x \in S} Rx$.[8]

연습문제 3.1.21. F 는 field 이고 $\mathfrak{B}$ 가 F-vector space V 의 F-basis 이면,

$$V = \langle S \rangle = \sum_{v \in \mathfrak{B}} Fv$$

임을 보여라.

---

[7] 이 표기법은 [I, 표기법 4.1.13, 정의 8.5.1, 표기법 11.3.9, 표기법 12.1.12, 정의 12.2.1] 등과도 잘 어울린다.

[8] $\sum_{x \in S} Rx \leq_R M$ 인 것만 보이면 충분하다. 왜 그런가?

3.2. Subobject의 보기

이 節에서는 다양한 subobject들의 보기를 살펴본다.

정의 3.2.1. (가) Y가 X의 (non-empty) subset일 때, 함수 $\imath : Y \to X$를

$$\imath(y) = y, \qquad (y \in Y)$$

로 정의하고, $\imath$를 **canonical embedding**이라고 부른다.[9]

(나) Y가 X의 (non-empty) subset이고, $f : X \to Z$가 함수일 때, 함수 $f|_Y : Y \to Z$를

$$f|_Y(y) = f(y), \qquad (y \in Y)$$

로 정의하고, $f|_Y$를 f의 **restriction map**이라고 부른다.

연습문제 3.2.2. 위 정의에서 X, Z가 □□이고, $Y \leq X$일 때, $\imath : Y \to X$는 □□-monomorphism임을 보여라. 또, $\varphi : X \to Z$가 □□-homomorphism이면, $\varphi|_Y : Y \to Z$도 □□-homomorphism임을 보여라.

연습문제 3.2.3. $\varphi : X \to Y$가 □□-homomorphism일 때, 다음을 보여라.

(가) $\ker\varphi \leq X, \quad \operatorname{im}\varphi \leq Y$

(나) φ가 □□-monomorphism이면, $X \approx \operatorname{im}\varphi$.

관찰 3.2.4. $\varphi, \psi : X \to Y$가 □□-homomorphism이고 $S \subseteq X$, $T \subseteq Y$일 때,

(가) $\langle S\rangle = X$이고 $\varphi|_S = \psi|_S$이면, $\varphi = \psi$.

(나) $\langle T\rangle = Y$이고 $T \subseteq \operatorname{im}\varphi$이면, φ는 □□-epimorphism.

증명 : (나)항은 자명. (가)항을 위해서는

$$\{x \in X \mid \varphi(x) = \psi(x)\} \leq X$$

인 것만 보이면 충분하다(왜 그런가?). 독자들에게 맡긴다. □

다음 보기(연습문제)들은 독자들도 쉽게 해결할 수 있을 것이다.

연습문제 3.2.5. R이 [ring with 1]이고, $1_R = 1_S \in S \leq R$이면,

$$\operatorname{char}(R) = \operatorname{char}(S)$$

임을 보여라.

---

[9] 'Canonical'과 'natural' 사이에는 미묘한 뜻 차이가 있다.

연습문제 3.2.6. (가) Integral domain 의 [subring with 1] 은 integral domain 임을 보여라.

(나) 그러므로, field 의 [subring with 1] 도 항상 integral domain 임을 보여라.

연습문제 3.2.7. R 이 commutative ring 일 때,

(가) $1 \in R$ 이면, $R^\times$ 는 R 의 subring 인가?

(나) $\{a \in R \mid a \text{ is nilpotent}\}$ 는 R 의 subring 인가?[10]

연습문제 3.2.8. R 이 [ring with 1] 이면, R 자신도 R-module 로 볼 수 있다(왜 그런가?). 이때, R 의 R-submodule 을 describe 하라.[11]

연습문제 3.2.9. R 은 commutative [ring with 1] 이고, H 가 G 의 subgroup 일 때, group algebra $R[H]$ 는 group algebra $R[G]$ 의 R-subalgebra 로 볼 수 있음을 설명하라. (모든 것을 함수의 언어로 $\cdots\cdots$.)

연습문제 3.2.10. R 은 commutative [ring with 1] 이고, M 은 R-module 이라고 할 때, 다음을 보여라(정의 1.4.5 참조).

(가) R 이 integral domain 이면, $M_{\text{tor}} \leq_R M$.

(나) $N \subseteq M$ 이면, $\text{ann}\,(N) \leq R$.

(다) $S \subseteq R$ 이면, $\text{Ann}\,(S) \leq_R M$.

연습문제 3.2.11. (가) R 이 [ring with 1] 이고, $1_R = 1_S \in S \leq R$ 이라고 하자. 이때, M 이 R-module 이면, M 을 S-module 로도 볼 수 있음을 설명하라. (이 과정을 **restriction of scalars** 라고 부른다.)

(나) $1 \in R$, $1 \in S$ 이고, $\varphi : S \to R$ 은 ring homomorphism 이라고 하자(단, $\varphi(1) = 1$). M 이 R-module 일 때, M-위의 S-상수곱을

$$s \cdot x = \varphi(s) \cdot x, \qquad (s \in S,\ x \in M)$$

으로 정의하면(이때, 우변의 가운데 점의 의미는?), M 을 S-module 로도 볼 수 있음을 보여라. (또, (가) 항은 (나) 항의 특수한 경우임을 설명하라.)

---

[10] 연습문제 1.3.9(가) 항과 Binomial Theorem(연습문제 1.2.20) 참조.

[11] §4.1 에서는 R 의 R-submodule 을 left ideal 이라고 부르게 된다.

연습문제 3.2.12. $\mathcal{A}$를 R-algebra라고 하자.

(가) 함수 $\mu : R \to \mathcal{A}$를

$$\mu(r) = r \cdot 1_{\mathcal{A}}, \qquad (r \in R)$$

로 정의하면, μ는 R-algebra homomorphism 임을 보여라.[12]

(나) μ는 monomorphism 인가? (만약 R이 field 였다면?)

(다) 연습문제 3.2.11 (나) 항을 이용하여, $\mathcal{A}$-module M은 R-module로도 볼 수 있음을 보여라.

다음 연습문제들과 질문의 idea는 뒤 제 6 장에서 field extension을 배울 때, 매우 중요한 역할을 하게 된다.

연습문제 3.2.13. (가) F가 field E의 **subfield**이면,[13] E는 F-vector space (F-algebra) 가 됨을 설명하라.

(나) 예를 들어, $\dim_{\mathbb{R}} \mathbb{C}$를 구하라. 또, $\dim_{\mathbb{Q}} \mathbb{R}$은 어떤가?

(다) (가) 항에서, $|F| = q < \infty$이고 $\dim_F E = n < \infty$일 때, $|E|$를 구하라.

연습문제 3.2.14. 다음을 확인하라.

(가) $d \in \mathbb{Z}$일 때,

$$\mathbb{Z}[\sqrt{d}] = \{m + n\sqrt{d} \in \mathbb{C} \mid m, n \in \mathbb{Z}\}$$

는 $\mathbb{C}$의 subring. (따라서, the ring of Gaussian integers는 $d = -1$인 경우.)

(나) $d \in \mathbb{Z}$이고 $\sqrt{d} \notin \mathbb{Z}$일 때, **quadratic field**

$$\mathbb{Q}(\sqrt{d}) = \{a + b\sqrt{d} \in \mathbb{C} \mid a, b \in \mathbb{Q}\}$$

는 $\mathbb{C}$의 subfield.[14] 또, $\dim_{\mathbb{Q}} \mathbb{Q}(\sqrt{d}) = 2$.

(다) $Q_{\mathbb{Z}[\sqrt{d}]} \approx \mathbb{Q}(\sqrt{d})$. 즉, $\mathbb{Z}[\sqrt{d}]$의 field of quotients는 $\mathbb{Q}(\sqrt{d})$.[15]

(라) $\zeta = \exp(2\pi\mathbf{i}/n) \in \mathbb{C}$라고 놓을 때 (단, n은 자연수),

$$\mathbb{Z}[\zeta] = \{m_0 + m_1\zeta + \cdots + m_{n-1}\zeta^{n-1} \mid m_0, \ldots, m_{n-1} \in \mathbb{Z}\}$$

는 $\mathbb{C}$의 subring.

---

[12] 연습문제 2.1.15 참조.

[13] 물론, subfield는 field의 subset으로, 물려받은 연산에 관하여, 자기 자신 field라는 뜻. 연습문제 3.1.7에 의하면, $1_F = 1_E$이어야 한다. 제6장에서는 이때 E를 F의 extension field라고 부른다.

[14] $\mathbb{Q}(\sqrt{d})$의 이름은 $d > 0$이면 real quadratic field, $d < 0$이면 imaginary quadratic field.

[15] 연습문제 2.5.9 참조.

수학 공부 십 몇 년에 다음 질문도 …….

질문 3.2.15. (가) $\alpha = \sqrt[3]{2} \in \mathbb{R}$이라고 하자. $\mathbb{R}$을 $\mathbb{Q}$-vector space로 볼 때, $\{1, \alpha, \alpha^2\} \subset \mathbb{R}$은 $\mathbb{Q}$-linearly independent인가? 왜 그런가?
(나) $\{1, \sqrt{2}, \sqrt{3}, \sqrt{6}\} \subset \mathbb{R}$은 $\mathbb{Q}$-linearly independent인가?
(다) $\zeta = \exp(2\pi\mathbf{i}/n) \in \mathbb{C}$라고 놓을 때 (단, n은 자연수),

$$\mathbb{Q}(\zeta) = \{a_0 + a_1\zeta + \cdots + a_{n-1}\zeta^{n-1} \mid a_0, \ldots, a_{n-1} \in \mathbb{Q}\}$$

는 $\mathbb{C}$의 subfield인가?[16] 이때, $\dim_{\mathbb{Q}} \mathbb{Q}(\zeta)$는?

그럼, 다시 '고향'으로 돌아가자. 솔직히 좀 쑥스럽지만 — 이제야 告白하건대 — [I, 제 8 장]은 [첫째 학기 대수학 강좌]에서 다루기에는 조금 (너무) 어려운 내용을 담고 있었다. 그러므로, 이 책의 적지 않은 부분을 [I, 제 8 장]을 다시 설명하는데 할애하지 않을 수 없다.[17] 이제 연습문제 1.1.21을 정식 정의로 格上시킨다.

정의 3.2.16. $T \in \mathfrak{L}\mathfrak{M}$일 때,[18] V-위에 $F[t]$-상수곱을

$$f(t) \cdot v = f(T)(v), \qquad (f(t) \in F[t],\ v \in V)$$

로 정의하면, V는 $F[t]$-module이 된다. 앞으로는 $T \in \mathfrak{L}\mathfrak{M}$이 주어진 F-vector space V를 항상 이렇게 $F[t]$-module로 본다.

다음 관찰은 [I, §8.2]의 T-invariant subspace의 再해석이다. 이러한 再해석은 앞으로도 계속 이어질 것이다.

관찰 3.2.17. $T \in \mathfrak{L}\mathfrak{M}$일 때, 다음 두 조건

(1) W는 V의 T-invariant F-subspace.
(2) W는 V의 $F[t]$-submodule, 즉 $W \leq_{F[t]} V$.

은 동치이다.

증명 : 그 말이 그 말. (T-invariant이면, [$f(T)$-invariant for all $f(t) \in F[t]$]. [I, 연습문제 8.2.10] 참조). □

---

[16] 아, 엄두도 못 낼 무지 어려운 분모의 유리화…….
[17] 이 책 제12장의 제목이 다시 "분해 정리"이다.
[18] [I, 표기법 7.1.2] 참조.

한 두 걸음 더 나갈 수도 있다. '달리기 훈련'…….

연습문제 3.2.18. V가 F-vector space이고 $T \in \mathfrak{L}\mathfrak{M}$일 때, F-linear map $\varphi : V \to V$가 $F[t]$-module homomorphism일 필요충분조건은

$$\varphi \circ T = T \circ \varphi$$

임을 증명하라.

연습문제 3.2.19. V, W가 finite dimensional F-vector space이고, $\mathfrak{B}$, $\mathfrak{C}$는 각각 V, W의 F-basis라고 하자. $L : V \to V$와 $M : W \to W$가 F-linear operator일 때,

(가) F-linear map $\varphi : V \to W$가 $F[t]$-module homomorphism이 되기 위한 필요충분조건은

$$\varphi \circ L = M \circ \varphi$$

임을 보여라.[19] (이때 우리는 다음 commutative diagram을 생각한다.)

$$\begin{array}{ccc} V & \xrightarrow{\ L\ } & V \\ {\scriptstyle\varphi}\downarrow & \circlearrowright & \downarrow{\scriptstyle\varphi} \\ W & \xrightarrow[\ M\ ]{} & W \end{array}$$

(나) $F[t]$-module homomorphism은 F-linear map으로도 볼 수 있음을 설명하라.

(다) $\varphi : V \to W$가 $F[t]$-module homomorphism이기 위한 필요충분조건은

$$[\varphi]^{\mathfrak{B}}_{\mathfrak{C}} \cdot [L]^{\mathfrak{B}}_{\mathfrak{B}} = [M]^{\mathfrak{C}}_{\mathfrak{C}} \cdot [\varphi]^{\mathfrak{B}}_{\mathfrak{C}}$$

임을 보여라.

(라) 따라서, 특별히, $\varphi : V \to W$가 $F[t]$-module isomorphism이기 위한 필요충분조건은

$$[L]^{\mathfrak{B}}_{\mathfrak{B}} = \left([\varphi]^{\mathfrak{B}}_{\mathfrak{C}}\right)^{-1} \cdot [M]^{\mathfrak{C}}_{\mathfrak{C}} \cdot [\varphi]^{\mathfrak{B}}_{\mathfrak{C}}$$

임을 보여라.[20]

---

[19] V와 W의 $F[t]$-module structure는 각각 어떻게 정의되어 있는가?
[20] 어디서 많이 듣던 이야기…….

3.3. 학부 대수학의 半

이 節에서는 [I] 에서도 한번 다루었던 [학부 대수학의 半] 을 다시 소개한다. 이번에도, 그 중요성을 감안하여, 독립된 節로 다룬다.

십 몇 년간 수학을 공부하면서, 누구나 한번쯤은 (사실은 여러 번) 다음 상황을 경험했을 것이다.

Sequence $\{s_i\} = \{s_0, s_1, s_2, \dots\}$ 가 주어졌다고 하자. 이때, 만약 [$s_{i+a} = s_i$ for all $i \geq 0$] 을 만족하는 자연수 $a > 0$ 이 존재하면, 우리는 a 를 **period** 라고 부른다. 그리고, $\{s_i\}$ 의 period 가 존재할 때, period 들 중에서 가장 작은 것을 **least period** 라고 부른다.

연습문제 3.3.1. $\{s_i\}$ 의 period 가 존재할 때, least period 는 항상 존재하고 유일함을 증명하라. (Hint : § 2.4 의 다섯 가지밖에는 아는 것이 없다.)

위 연습문제를 대하며, 독자들은 우리가 하고 있는 작업의 분위기가 느껴졌을 것이다. 사실 위 질문은 지난 십 몇 년간 아무도 (스스로에게도) 묻지 않았던 질문이었을 것이다. 그러나, 다음 질문은 누구나 여러 번 경험했을 것이다.

질문 3.3.2. $\{s_i\}$ 의 period 가 존재할 때, 임의의 period 는 least period 의 배수인가?

이건 "당연하지," 초등학생도 다 아는데······. **왜 그런가?** 증명······? 이 질문에 대한 답이 바로 [학부 대수학의 半] 이다.

정리 3.3.3. (학부 대수학의 半) Abelian group $(\mathbb{Z}, +)$ 의 subgroup 은 $n\mathbb{Z}$ 들 뿐이다 (단, $0 \leq n \in \mathbb{Z}$).

증명 : ([I] 에서 한번 증명했으므로, 간략히 써 보자.) H 를 $\mathbb{Z}$ 의 subgroup 이라고 하자. 만약 $H = \{0\}$ 이었다면, ······, OK. 그러므로, H 에는 non-zero integer 가 존재하고, 따라서 H 에는 positive integer 가 존재한다. 이제, H 의 positive integer 중에서 **최소의 자연수**를 n 이라고 하자 (이 최소의 자연수는 왜 존재하는가?). 그러면, $H = n\mathbb{Z}$ 가 된다. $H \leq n\mathbb{Z}$ 부분은 **division algorithm** 때문이고, $n\mathbb{Z} = \langle n \rangle \leq H$ 인 것은 $\langle n \rangle$ 이 n 을 포함하는 가장 작은 $\mathbb{Z}$ 의 subgroup 이기 때문이다 ($n\mathbb{Z} = \langle n \rangle$ 인 이유는?). □

다시 강조하거니와, [학부 대수학의 半] 뿐만 아니라, 그 증명도 우리 'story'의 中心에 있다. 그러고 보니, 위 증명에서 우리는 아는 걸 모두 다 써먹은 셈이다. 위 정리와 그의 avatar 들만 완전히 이해하면 학부 대수학의 半을 이해한 것과 같다고 著者는 강조한다.

첫번째 avatar 는 물론 least period (질문 3.3.2) 이다.

보기 3.3.4. 질문 3.3.2 에 답하기 위해서는,

$$\mathcal{P} = \{0\} \cup \{a \in \mathbb{Z} \mid a \text{ or } (-a) \text{ is a period}\}$$

라고 놓고, $\mathcal{P}$ 가 $\mathbb{Z}$ 의 subgroup 임을 보이면 될 것이다 ($\mathcal{P}$ 의 generator 가 바로 least period). 그리고, $\mathcal{P} \leq \mathbb{Z}$ 를 보이려면, [$a > b$ 가 period 이면, $(a-b)$ 도 period] 임을 보여야 할 것이다 (결국, 이 부분이 질문 3.3.2 의 본질이다.).[21] 이제, [$s_{i+b} = s_i$ for all $i \geq 0$] 이므로, $i + b = j$ 로 놓으면, [$s_j = s_{j-b}$ for all $j \geq b$] 가 된다. 이 식에서, $j = k + a$ 로 치환하면, [$s_{k+a-b} = s_{k+a}$ for all $k \geq 0$] 을 얻는다 ($k \geq 0$ 이면 $j = k + a > b$). 그런데, [$s_{k+a} = s_k$ for all $k \geq 0$] 이므로 증명 끝.

두번째 avatar.

따름정리 3.3.5. Ring $\mathbb{Z}$ 의 subring 은 $n\mathbb{Z}$ 들뿐 (단, $0 \leq n \in \mathbb{Z}$).

증명 : Subring 은 우선 additive subgroup 이어야 한다. □

세번째 avatar.[22]

再정의 3.3.6. R 이 [ring with 1] 일 때, 함수 $\mu : \mathbb{Z} \to R$ 을

$$\mu(n) = n = n \cdot 1_R, \qquad (n \in \mathbb{Z})$$

로 정의하면, μ 는 ring homomorphism 이 된다 (명제 1.7.2 에 의하면, μ 는 유일. 연습문제 3.2.12 도 참조.). 따라서,

$$\ker \mu = n\mathbb{Z}$$

인 $0 \leq n \in \mathbb{Z}$ 가 존재한다. 이때, n 을 ring R 의 **characteristic** 이라고 부르고, $\mathrm{char}(R)$ 로 표기한다.[23]

---

[21] Period 의 합이 다시 period 인 것은 자명.
[22] 이젠 avatar 의 개수는 그만 세자.
[23] [I, 再정의 11.7.5] 와도 비교해 보라.

사실은 [학부 대수학의 半]의 avatar 들은 이미 § 2.4 에서 등장했었다.

보기 3.3.7. (관찰 2.4.9의 再해석) 정수 m, n의 공배수 전체의 집합은 $\mathbb{Z}$의 subgroup 이다(확인해 보라.). 따라서, m, n의 최소공배수가 이 subgroup의 generator 인 것은 자명하다.

다음 argument 는 매우 아름답다. 눈물이 나올 지경이다.

따름정리 3.3.8. (따름정리 2.4.15의 再해석) $m, n \in \mathbb{Z}$일 때,

$$\langle m, n \rangle = \langle d \rangle$$

로 놓으면, d가 바로 m, n의 최대공약수이다. 이때,

$$d = (m, n) = mx_0 + ny_0$$

인 $x_0, y_0 \in \mathbb{Z}$가 존재하는 것은 물론이다.

증명 : 먼저,

$$m = 1m + 0n \in \mathbb{Z}m + \mathbb{Z}n = \langle m, n \rangle = \langle d \rangle$$

이므로,[24] m은 d의 배수이다. 마찬가지로, n도 d의 배수이므로, d는 m, n의 공약수임을 알 수 있다. 한편, 만약 d'도 m, n의 공약수였다면, d'은 당연히 $d = mx_0 + ny_0$의 약수가 된다. 증명 끝(정의 2.4.12 참조). □

위 명제는 이제 § 2.4의 **Euclidean algorithm 없이도** 우리의 'story'를 풀어갈 수 있음을 의미한다. 다음도 이제는 거의 자명하다(연습문제 2.4.16 참조).

연습문제 3.3.9. $n_1, \ldots, n_k \in \mathbb{Z}$ 일 때,

$$\langle d \rangle = \mathbb{Z}n_1 + \cdots + \mathbb{Z}n_k$$

로 놓으면, d는 $n_1, \ldots, n_k$의 최대공약수임을 보여라. 이때,

$$d = (n_1, \ldots, n_k) = n_1x_1 + \cdots + n_kx_k$$

인 $x_1, \ldots, x_k \in \mathbb{Z}$가 존재하는 것도 보여라.

---

[24] 표기법 3.1.19 및 연습문제 3.1.20 참조. $n\mathbb{Z} = \mathbb{Z}n$임에 유의하라. $\mathbb{Z}$-submodle로 생각하면, $\mathbb{Z}n$이 자연스러우나, $\mathbb{Z}$의 subgroup을 $n\mathbb{Z}$로 표기하는 것 또한 우리의 오랜 관습이다.

3.4. Finitely Generated Object

이 節에서는, 먼저, 가장 간단한 구조를 갖는 object 인 cyclic object 들을 공부한다. 독자들은 [I, §11.7과 §8.5]를 복습하기 바란다.

정의 3.4.1. (가) 한 개의 원소가 generate 하는 subobject 를 우리는 **cyclic subobject** 라고 부른다. 즉, X 가 □□ 이고, $x \in X$ 일 때, $\langle x \rangle$ 를 cyclic subobject (generated by x) 라고 부른다.
(나) [$X = \langle x \rangle$ for some $x \in X$] 이면, X 를 **cyclic object** (generated by x) 라고 부른다. 이때, x 는 X 의 **generator** 라고 부른다.

앞 §3.1 에서처럼, 우리는 주로 cyclic group 과 cyclic R-module 에 관심을 갖는다.[25] 먼저, 우리의 '고향'부터 살펴보자.

보기 3.4.2. M 은 R-module 이라고 하자. $x \in M$ 이면, Rx 는 M 의 cyclic R-submodule 이다. 역으로, M 의 cyclic R-submodule 은 모두 [Rx for some $x \in M$] 의 형태인 것도 자명하다.

다음 보기는 독자들 스스로 생각하고 있는 것과 정확히 일치한다.

보기 3.4.3. $T \in \mathfrak{LM}$ 일 때, F-vector space V 를 $F[t]$-module 로 보자. 이때, [I, §8.5]의 [V 의 T-cyclic subspace] 는 방금 정의한 [V 의 cyclic $F[t]$-submodule] 과 같은 개념이다. (확인해 보라.)

아직 R-module 에서 R-submodule 들의 direct sum 을 정의하지는 않았지만, 지금은 대충 넘어가자.[26]

정리 3.4.4. (Cyclic Decomposition Theorem ; Preliminary Form)

(가) 모든 finite abelian group 은 그의 cyclic subgroup 들의 direct sum 으로 (사실상 유일한 방법으로) decompose 된다.
(나) $T \in \mathfrak{LM}$ 일 때, $F[t]$-module V 는 그의 cyclic $F[t]$-submodule 들의 direct sum 으로 (사실상 유일한 방법으로) decompose 된다.

---

[25] *Cyclic ring* 이라는 말은 별로 들어 본 기억이 없다.
[26] 뭐 F-vector space 의 F-subspace 들의 direct sum 을 조금 일반화한 것일 게다. §9.3 참조.

위 정리 (preliminary form) 는 아직 증명할 단계는 아니다.[27] 지금 이 rough 한 형태의 Cyclic Decomposition Theorem 을 소개한 목적은 독자들에게 무언가 motivation 을 제공하기 위함이다. 즉, 우리는 언제나 주어진 object 를 가장 간단한 구조를 갖는 cyclic subobject 들로 분해하기를 원한다는 것이다.

우리 'story'의 다음 순서는 finitely generated object 들이다. 그리고, 이들 finitely generated object 들은 "대수학"의 우선적인 관심의 대상이 된다.

정의 3.4.5. (가) 유한 개의 원소가 generate 하는 subobject 를 우리는 **finitely generated subobject** 라고 부른다. 즉, X 가 □□ 이고, S 가 X 의 finite subset 일 때, "$\langle S\rangle$ is a finitely generated sub-□□ (generated by S)" 라고 말한다.
(나) $[\, X = \langle S\rangle$ for some finite subset $S \subseteq X\,]$ 이면, "X is a **finitely generated** □□ (generated by S)" 라고 말한다.

다음 보기는 노파심에서 …….

보기 3.4.6. $\mathbb{Z} = \langle 1\rangle$ 은 group 으로 보나 ring 으로 보나 cyclic 이고, 따라서 finitely generated 이다. 이 보기는 finitely generated 라고 해도, **원소의 수는 infinite** 일 수 있음을 단적으로 보여 주고 있다.

다음 보기와 연습문제도 충분히 예상할 수 있었을 것이다.

보기 3.4.7. 만약, $\mathbb{Z}[t]$ 를 $\mathbb{Z}$-algebra 로 생각하면, $\mathbb{Z}[t] = \langle 1, t\rangle$ 이므로,[28] $\mathbb{Z}[t]$ 는 finitely generated $\mathbb{Z}$-algebra 이다. 그러나, 만약 $\mathbb{Z}[t]$ 를 $\mathbb{Z}$-module 로 생각하면, $\mathbb{Z}[t]$ 는 finitely generated $\mathbb{Z}$-module 이 아니다 (왜 그런가?).

연습문제 3.4.8. (가) F-vector space V 가 finitely generated F-module 이기 위한 필요충분조건은 $\dim_F V < \infty$ 임을 증명하라.
(나) X 를 (non-empty) set of indeterminates 로 갖는 polynomial algebra $R[X]$ 가 finitely generated R-algebra 이기 위한 필요충분조건은 $|X| < \infty$ 임을 증명하라. (정의 2.2.4 참조.)

---

[27] 제12장 참조.

[28] 주의 3.1.6(가)항을 기억하라. $\mathbb{Z}[t] = \langle t\rangle$ 로 나타내기 위해서는 '[R-subalgebra with 1] generated by S'라는 용어를 도입하면 된다 (연습문제 3.1.18 참조).

다음 내용은 제 12 장의 Cyclic Decomposition 을 위한 준비이다. 또 § 11.1 의 motivation 도 포함되어 있다.

연습문제 3.4.9. (가) A, B 가 finitely generated abelian group 이면, $(A \times B)$ 도 finitely generated abelian group 임을 보여라.
(나) 따라서, $\mathbb{Z}^n$ 은 finitely generated (torsion-free) abelian group 임을 보여라. (단, $\mathbb{Z}^n = \mathbb{Z} \times \cdots \times \mathbb{Z}$.)

연습문제 3.4.10. (가) $(\mathbb{Z} \times \mathbb{Z})$ 는 cyclic group 이 아님을 보여라.
(나) 따라서, abelian group $\mathbb{Z}$ 와 $(\mathbb{Z} \times \mathbb{Z})$ 는 서로 isomorphic 할 수 없음을 보여라.

이어지는 당연한 질문:

질문 3.4.11. (가) Abelian group $(\mathbb{Z} \times \mathbb{Z})$ 와 $(\mathbb{Z} \times \mathbb{Z} \times \mathbb{Z})$ 는 서로 isomorphic 한가?
(나) 즉, abelian group $(\mathbb{Z} \times \mathbb{Z} \times \mathbb{Z})$ 는 두 개의 원소로 generate 될 수 있는가?

또 선형대수 (일차 연립방정식)······. 우리의 '고향'에는 dimension 이라는 강력한 tool 이 있었는데······.[29]

[29] § 11.1 에서는 $\mathbb{Z}^n$ 의 rank 가 n 이라고 말하게 된다.

3.5. Cyclic Group

이 節에서는 [I, §11.7] 에서 중단했던 cyclic group 의 공부를 계속한다.

우리의 첫번째 목표는 익숙한 두 보기 — 즉, $\mathbb{Z}$ 와 $\mathbb{Z}_n$ — 이외에는 cyclic group 이 없음 (물론, up to isomorphism) 을 보이는 것이다. 사실 이 증명은 몇 줄이면 충분하지만, First Isomorphism Theorem ([I, §12.5]) 의 위력을 強調하기 위하여 종이를 좀 낭비하기로 한다. 물론 임의의 cyclic group G 는

$$G = \langle x \rangle = \{x^a \mid a \in \mathbb{Z}\}$$

로 쓸 수 있다. 이때:

(Case 1) 만약

$$x^b \neq x^c, \qquad (\text{for all } b \neq c \in \mathbb{Z})$$

이면, G 는 당연히 **infinite** cyclic group 이고, 함수 $\gamma_x : \mathbb{Z} \to G$ 를

$$\gamma_x(a) = x^a, \qquad (a \in \mathbb{Z})$$

로 정의하면, γ_x 가 group isomorphism 이 되는 것도 거의 자명하다.

(Case 2) 한편, 만약

$$x^b = x^c, \qquad (\text{for some } b < c \in \mathbb{Z})$$

이면, $x^{c-b} = 1$ 이 된다. 지금 $x^n = 1$ 인 **최소**의 자연수 n 을 생각하는 것은 이미 우리의 사고방식이 되었다. 이제

$$G = \{x^a \mid 0 \le a \le n-1\}, \qquad |G| = n$$

인 것은 쉽게 확인할 수 있다 (이 장면에서는 Division Algorithm 이 생각나야 한다). 문제는 $G \approx \mathbb{Z}_n$ 을 어떻게 설명하느냐이다. 먼저, 함수 $\xi : \mathbb{Z}_n \to G$ 를

$$\xi(\bar{a}) = x^a, \qquad (0 \le a \le n-1)$$

로 정의하고, ξ 가 isomorphism 인 것을 설명하려고 할 수도 있다. 함수 ξ 의 well-definedness 는 $0 \le a \le n-1$ 로 제한했으므로, 전혀 문제가 없다. 그렇다면, ξ 가 group homomorphism 임을 설명해 보자: [$\xi(\bar{a} + \bar{b}) = \xi(\bar{c})$, 단 $0 \le c \le n-1$ 이고, $(a+b)$ 와 c 를 n 으로 나눈 나머지가 같고, 어쩌구 저쩌구 $\cdots\cdots$.] 이런 설명도 가능은 하겠지만, 이는 중학생들이나 사용함직한 유치한 언어 (思考方式) 이다. [학부 대수학의 半] 과 First Isomorphism Theorem 이 정답이다. (함수 $\eta : G \to \mathbb{Z}_n$ 을 생각하더라도 상황은 비슷하다.)

독자들은, 먼저, [학부 대수학의 半]의 avatar들인 [I, 再정의 11.7.5]와 [I, 보기 12.5.9], 그리고 First Isomorphism Theorem([I, §12.5])을 복습하기 바란다.

정리 3.5.1. Cyclic group은, up to isomorphism, $\mathbb{Z}_n$ 뿐이다(단, $n \geq 0$).[30]

증명 : 앞 쪽 논의의 표기법을 그대로 사용하자. 이제 명제 1.7.3에서와 같이 함수 $\gamma_x : \mathbb{Z} \to G$를

$$\gamma_x(a) = x^a, \qquad (a \in \mathbb{Z})$$

로 정의하면, γ_x는 **surjective** group homomorphism이 된다. 물론, [학부 대수학의 半]에 의해,

$$n\mathbb{Z} = \ker \gamma_x = \{a \in \mathbb{Z} \mid x^a = 1\}$$

인 $0 \leq n \in \mathbb{Z}$가 존재할 것이다. 그리고, **First Isomorphism Theorem**([I, §12.5])에 의해,

$$\mathbb{Z}_n = \frac{\mathbb{Z}}{n\mathbb{Z}} = \frac{\mathbb{Z}}{\ker \gamma_x} \xrightarrow[\approx]{\overline{\gamma_x}} \operatorname{im} \gamma_x = G$$

가 된다. 지금 독자들은 다음 commutative diagram

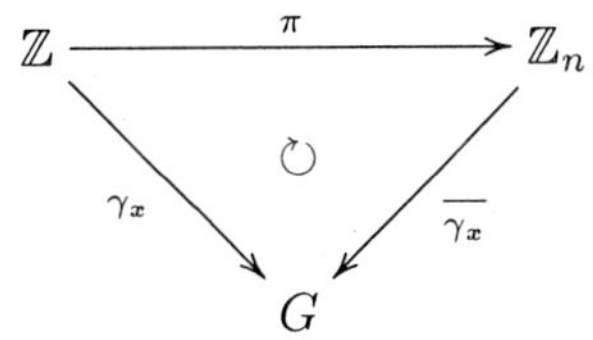

을 생각하고 있어야 한다(π는 projection). 물론 isomorphism $\overline{\gamma_x} : \mathbb{Z}_n \to G$는

$$\overline{\gamma_x}\,(\overline{a}) = \gamma_x(a) = x^a, \qquad (a \in \mathbb{Z})$$

로 정의되어 있다. □

연습문제 3.5.2. 다음을 보여라.

(가) 위 정리 3.5.1의 증명에서, 만약 $\ker \gamma_x = 0$이면, G는 **infinite** cyclic group.

(나) 한편, 만약 $\ker \gamma_x = n\mathbb{Z}$이고, $n \neq 0$이면, $n = |x| = |G|$. 또 $a, b \in \mathbb{Z}$일 때, [$x^a = x^b$ if and only if $n \mid (a - b)$].

[30] $\mathbb{Z}_0 = \mathbb{Z}$, $\mathbb{Z}_1 = \{0\}$.

다음에는, cyclic group 의 subgroup 을 생각해 보자.

보기 3.5.3. [학부 대수학의 半] 을 다시 state 하면, infinite cyclic group $\mathbb{Z}$ 의 subgroup 은 cyclic subgroup 뿐이라는 뜻이 된다.

다음 정리의 증명은 [학부 대수학의 半] 의 증명의 multiplicative version 이다. 정확히 말하면, [학부 대수학의 半] 은 다음 정리의 따름정리가 된다.

정리 3.5.4. Cyclic group 의 subgroup 은 cyclic group 이다.

증명 : $G = \langle x \rangle$ 의 subgroup H 를 생각하자. $H = \{1\}$ 이면 $\cdots\cdots$. 이번에도 $x^n \in H$ 인 **최소의 자연수** n 을 찾자. 우리의 주장은 $H = \langle x^n \rangle$. 우선, $\langle x^n \rangle$ 은 x^n 을 포함하는 가장 작은 subgroup 이므로, $\langle x^n \rangle \leq H$. 다음에는, $H \leq \langle x^n \rangle$ 을 보이기 위해, $x^a \in H$ 라고 하자. 이제 a 를 n 으로 나누면,

$$a = qn + r, \qquad (0 \leq r < n)$$

으로 쓸 수 있다. 그런데, $x^n \in H$ 이므로 $x^{qn} = (x^n)^q \in H$ 이고, 따라서

$$x^r = x^{a-qn} = x^a \, x^{-qn} \in H$$

가 된다. 이 결과가 n 이 $x^n \in H$ 인 최소 자연수라는 가정에 모순되지 않으려면, 결국 $r = 0$ 일 수밖에 없다. 그러므로 a 는 n 의 배수이고, 따라서 $x^a \in \langle x^n \rangle$. (종이가 아깝다$\cdots\cdots$.) □

위 정리를 읽고, *"finitely generated group 의 subgroup 도 finitely generated group 이 아닐까?"* 생각하는 것은 매우 자연스럽고 또 좋은 감각이기도 하다. 그러나, 이는 true 가 아니다 (보기 질문 10.4.10 (나) 항 참조). 그런 의미에서도 cyclic group 은 매우 특수한 (가장 다루기 쉬운) group 이라고 할 수 있다.

또, 우리는 Lagrange's Theorem ([I, 관찰 12.2.12]) 으로부터, H 가 finite group G 의 subgroup 이면 $|H| \,\big|\, |G|$ 인 것을 알고 있다. 그러나, 역으로, d 가 $|G|$ 의 positive divisor 일 때, $|K| = d$ 인 G 의 subgroup K 가 반드시 존재하지는 않는다는 것도 잘 알고 있다. Cyclic group 은 이번에도 매우 특수하다.

명제 3.5.5. G 가 cyclic group of order n 이고, $0 < d \,|\, n$ 이라고 하자. 그러면, $|H| = d$ 인 G 의 subgroup H 는 (항상) 존재하고 하나뿐이다.

증명 : (Existence) $G = \langle x \rangle$, $n = dc$로 놓자($1 \le c \in \mathbb{Z}$). 우리의 주장은 $|\langle x^c \rangle| = |x^c| = d$라는 것이다. 이를 보이기 위해서는 d가 $(x^c)^d = 1$인 최소의 자연수임을 보여야 한다. 그런데, $|x| = n$이므로, $1 \notin \{x^c, x^{2c}, \cdots, x^{(d-1)c}\}$이고, 따라서 당연.

(Uniqueness) Cyclic group의 subgroup은 cyclic이므로, $|x^a| = d$라고 가정하고, $c\,|\,a$를 보이면 충분하다. 왜냐하면, $c\,|\,a$ 이면, $\langle x^a \rangle \le \langle x^c \rangle$이고(왜 그런가?), 비둘기집 원리([I, 정리 4.3.4])에 의해 $\langle x^a \rangle = \langle x^c \rangle$이기 때문. 그런데, $|x^a| = d$이면, 특별히 $x^{ad} = 1$이고 $cd = n\,|\,ad$이므로, $c\,|\,a$. □

위 정리로부터 우리는 다음 예상치 못했던 결과를 얻을 수 있다. 먼저 새로운 terminology 하나.

정의 3.5.6. p가 prime number일 때,[31] order가 p의 power인 group을 **finite p-group**이라고 부른다.[32]

명제 3.5.7. (Cauchy's Theorem for finite p-group) p가 prime number이고, G는 non-trivial finite p-group이면,[33] G는 order p인 원소를 갖는다.

증명 : Lagrange's Theorem에 따르면, finite p-group G의 모든 원소의 order는 p의 power이다. 즉 $|g| = p^k$인 $1 \ne g \in G$와 $1 \le k$가 존재한다는 뜻이다. 이제 명제 3.5.5에 의해, cyclic group $\langle g \rangle$에는 order p인 subgroup이 존재한다. 이 subgroup의 generator의 order는 물론 p. □

독자들은 일반적인 Cauchy's Theorem(정리 13.3.1)도 예상할 수 있을 것이다. Cyclic group의 구조를 완전히 이해하려면, 다음 명제를 더 공부해야 한다.

명제 3.5.8. $G = \langle x \rangle$는 cyclic group of order n이고, m은 자연수이면,

$$\big|\{y \in G \mid y^m = 1\}\big| = (m, n)$$

이다.[34] [35] [36]

[31] Prime number는 잘 아는 걸로 하자……. 제5장 참조.
[32] 정의 13.4.5 및 연습문제 13.4.6 참조.
[33] 'Non-trivial'의 의미는 trivial.
[34] $y^m = 1$과 $|y| = m$은 다른 말이다.
[35] 이때, 최대공약수 (m, n)은 물론 자연수를 의미한다.
[36] 아예, 著者처럼, 이 명제를 최대공약수의 정의로 간주하고 기억해 두면 좋은 일이 많을 것이다.

증명 : $H = \{y \in G \mid y^m = 1\}$ 로 놓고, $|H| = a$ 라고 하자. 한편,

$$d = (m, n) = mr + ns$$

인 $r, s \in \mathbb{Z}$ 가 존재할 것이다. 그리고, $H \leq G$ 이므로 (확인해 보라), $a \mid n$ 이다 (Lagrange's Theorem). 이제 $n = ac$ 로 놓으면 명제 3.5.5 (의 증명) 에 의해,

$$H = \{y \in G \mid y^m = 1\} = \langle x^c \rangle$$

가 된다. 이제, $x^c \in H$ 이므로 $(x^c)^m = 1$ 이고, 따라서

$$(x^c)^d = x^{cmr+cns} = x^{cmr} = 1$$

이 된다. 그러므로, $ca = n \mid cd$, 즉 $a \mid d$ 임을 알 수 있다. 또,

$$x^{\frac{n}{d}m} = x^{\frac{m}{d}n} = 1$$

이므로, $x^{\frac{n}{d}} \in H$ 를 얻는다. 그런데, $\left|x^{\frac{n}{d}}\right| = d$ 이므로 (왜 그런가?), $d \mid a$ 이고, 증명 끝. □

다음 참고는 매우 흥미롭고 조금은 놀랍기도 하다.

참고 3.5.9. 그런데, 만약 우리가 복소수체 $\mathbb{C}$ 와 cyclic group μ_n, 즉,

$$\mu_n = \{\alpha \in \mathbb{C} \mid \alpha^n = 1\}$$

을 알고 있다면, 위 명제는 다음 식

$$\mu_m \cap \mu_n = \mu_{(m,n)}, \qquad (0 < m, n \in \mathbb{Z})$$

과 동치이다. 이 식은 고등학생도 보자마자 "당연하다"고 말할 것이다. 그러나, 사실은 이 식을 Euclidean algorithm (따름정리 2.4.15 또는 따름정리 3.3.8) 없이는 증명하기 쉽지 않다. 한번 증명해 보자.

증명 : 이번에도, $d = (m, n) = mr + ns$ 로 놓자 $(r, s \in \mathbb{Z})$. 먼저, $\alpha^d = 1$ 이면, $\alpha^m = 1 = \alpha^n$ 인가? 당연. 따라서 $\mu_{(m,n)} \leq \mu_m \cap \mu_n$. 역으로, $\alpha^m = 1 = \alpha^n$ 이면,

$$\alpha^d = \alpha^{mr+ns} = \alpha^{mr}\,\alpha^{ns} = 1$$

이므로, $\mu_m \cap \mu_n \leq \mu_{(m,n)}$. 증명 끝. □

어, 이번엔 왜 이렇게 간단하지? 이는 복소수체 $\mathbb{C}$ 의 존재라는 실로 **어마어마한 background 의 위력**이다. (물론, $\mathbb{Z}_m \cap \mathbb{Z}_n$ 은 그 표현 자체가 non-sense.)

다음 정의는 좀 뒤늦은 감이 있다.

정의 3.5.10. $m, n \in \mathbb{Z}$ 일 때, $(m, n) = 1$ 이면, m, n 은 **relatively prime** (**서로소**) 이라고 말한다.

연습문제 3.5.11. $m, n \in \mathbb{Z}$ 일 때, 다음 두 조건은 동치임을 보여라.

(1) $(m, n) = 1$.

(2) $mr + ns = 1$ 인 $r, s \in \mathbb{Z}$ 존재.

관찰 3.5.12. $m, n \in \mathbb{Z}$ 이 서로 소이고, $a \in \mathbb{Z}$ 라고 하자. 만약, $n \mid am$ 이면, $n \mid a$ 이다.

증명 : 다시 $mr + ns = 1$ 로 놓자 $(r, s \in \mathbb{Z})$. 그러면,

$$amr + ans = a$$

이고, $n \mid am$ 이므로, $n \mid (amr + ans)$ 이다.[37] □

다음 연습문제로 cyclic group 의 '이야기'는 끝난다.

연습문제 3.5.13. $G = \langle x \rangle$ 는 cyclic group of order n 이고, a 가 자연수일 때, 함수 $\mu : G \to G$ 를

$$\mu(g) = g^a, \qquad (g \in G)$$

로 정의하고, 다음을 보여라.

(가) μ 는 group homomorphism.

(나) $\operatorname{im} \mu = \langle x^a \rangle$.

(다) First Isomorphism Theorem 과 명제 3.5.8 에 의해, $|x^a| = \dfrac{n}{(n, a)}$.

위 연습문제를 풀면서 다음 연습문제를 미리 연습장에 풀어 본 독자들도 있을 것이다.[38]

연습문제 3.5.14. $n, a, b \in \mathbb{Z}$ 이고, $a \equiv b \pmod{n}$ 일 때, $(n, a) = (n, b)$ 임을 (최대공약수의 정의만을 사용하여) 증명하라.

---

[37] 이 증명에는 소인수분해가 이용되지 않았다.

[38] 그렇지 않은 독자는 왜 연습문제 3.5.14 가 저절로 생각나야 하는지부터 답해 보라.

다음 정의할 Euler's phi function 은 앞으로 매우 중요한 역할을 하게 된다.[39]

정의 3.5.15. n 이 자연수 일 때,

$$\phi(n) = \left|\{a \in \mathbb{Z} \mid 1 \le a \le n,\ \ (a,n) = 1\}\right|$$

로 정의한다. 함수 ϕ를 **Euler's phi function** 이라고 부른다.

좀 유치하지만, 예를 들어,

$$\phi(1) = 1,\ \ \phi(2) = 1,\ \ \phi(3) = 2,\ \ \phi(4) = 2,\ \ \phi(5) = 4,\ \ \phi(6) = 2$$

이다.

질문 3.5.16. 예를 들어, $\phi(630000)$ 은 어떻게 구할까?[40]

Euler's phi function 을 지금 소개한 것은 다음 연습문제들 때문이다.

연습문제 3.5.17. G 가 cyclic group of order n 이면, G 의 generator 의 개수는 $\phi(n)$ 임을 보여라.[41]

연습문제 3.5.18. G 가 cyclic group of order n 이고, $0 < d \mid n$ 일 때, 다음을 보여라.

(가) G 에는 order 가 d 인 원소가 (항상) 존재.
(나) $\left|\{y \in G \mid |y| = d\}\right| = \phi(d)$.
(다) 副産物: $\sum_{0<d|n} \phi(d) = n$.[42]

이로써 cyclic group 에 관한 'theory'는 (정말 완전히) 끝났다. 다만 Discrete Logarithm Problem (DLP) 등의 'computational problem'들이 남아 있을 뿐이다 (§8.3 참조).

---

[39] Gauss 나 Euler 의 이름이 붙은 개념들이 수학의 가장 근본적인 것들임은 의심의 여지가 없다.
[40] 연습문제 5.8.5 참조.
[41] G 의 generator 는, 물론, $G = \langle x \rangle$ 인 $x \in G$ 를 의미한다.
[42] 이 등식은, 물론, elementary proof 도 가능하다.

제 4 장 Quotient Object

우리는 [I] 에서 이미 quotient group 과 quotient space 의 개념을 배웠다. 이 章에서는 quotient ring 과 quotient R-algebra 의 개념을 배운다. 한편, quotient group 에서의 normal subgroup 과 같은 역할을 하는 ideal 도 등장한다. Ideal 은 이 책의 주인공 중 하나이다.

Quotient ring 과 quotient R-algebra 의 개념과 Isomorphism Theorem 들을 배우고 나면, 이 책의 '무대장치'가 완성된다.

그리고, quotient ring 을 알게 되면, 이 책의 또 다른 주인공인 finite ring $\mathbb{Z}_n$ 도 등장한다. $\mathbb{Z}_n$ 의 공부는 "Elementary Number Theory"의 가장 중요한 부분이다. 또, 우리가 오랫동안 기다려 온 finite field $\mathbb{F}_p$ 도 만나게 된다.

4.1. Quotient Ring 과 Ideal

우리는 [I, 제 12 장] 에서 quotient group 과 quotient space 의 개념을 배웠다. 독자들은 지금 [I, 제 12 장] 을 복습하기 바란다. 특히, F-vector space 의 경우와 R-module 의 경우는 한 글자도 다르지 않은 것을 확인해 보기 바란다.

간략하게 복습해 보자. N 이 R-module M 의 R-submodule 일 때, **덧셈에 관한 coset 들 전체 집합**

$$M/N = \{x + N \mid x \in M\} = \{\overline{x} \mid x \in M\}$$

을 생각한다. 이때,

$$\overline{x} = \overline{y} \quad \text{if and only if} \quad x - y \in N, \qquad (x, y \in M)$$

인 것은 익숙하다. 이제, **coset space** M/N 의 덧셈과 상수곱을 다음과 같이

$$\overline{x} + \overline{y} = \overline{x + y}, \qquad r \cdot \overline{x} = \overline{rx}, \qquad (x, y \in M,\ r \in R)$$

자연스럽게 정의한다.

지금 독자들은 **well-defined** 라는 잊지 못할 단어가 생각나야만 한다. 그러나, 이 경우에는 다행히 (?) M/N 의 덧셈과 상수곱 모두 well-defined 되어 있음을 확인할 수 있다. 그리고, M/N 을 R-module 로 만들어 주는 조건들 (정의 1.1.10 의 (M 1)–(M 4) 와 약속 1.4.1 의 (M 5)) 은 모두 'magic bar'가 저절로 알아서 처리해 준다. 그래서, M/N 은 이제 R-module 이 되고, 이를 우리는 [**quotient** R-**module** of M over N] 이라고 부른다.

한편, **quotient group** G/N 은 G 의 subgroup N 이 **normal subgroup** 일 때에만 well-defined 된다.

이제, quotient ring 을 정의해 보자. 지금부터, R 은 ring 이고, S 는 R 의 subring 이라고 하자.[1] 우선, additive group $(R,+)$ 의 subgroup $(S,+)$ 를 생각하자. 그런데, abelian group 의 subgroup 은 **항상** normal subgroup 이므로, abelian group $(R/S,+)$ 가 (잘) 정의된다. 이때,

$$R/S = \{a+S \mid a \in R\} = \{\overline{a} \mid a \in R\}$$

이고,

$$\overline{a} = \overline{b} \quad \text{if and only if} \quad a-b \in S, \qquad (a,b \in R)$$

인 것은 물론이다. 또, abelian group R/S 의 덧셈은

$$\overline{a} + \overline{b} = \overline{a+b}, \qquad (a,b \in R)$$

로 정의되어 있다. 문제는 곱셈이다. 당연히, 우리는 R/S 의 곱셈을

$$\overline{a}\ \overline{b} = \overline{ab}, \qquad (a,b \in R)$$

로 가장 자연스럽게 정의하려고 한다. **Well-definedness!** 이렇게 정의한 곱셈이 well-defined 되어 있다는 말은 다음 조건

$$[\overline{a} = \overline{c},\ \overline{b} = \overline{d}] \implies [\overline{ab} = \overline{cd}], \qquad (a,b,c,d \in R)$$

과 동치이다. 즉, **각각의 coset 에서 어떤 대표가 선출되더라도 곱셈의 결과는 같아야 한다**는 뜻이다. 위 조건을 변형하면,

$$[a-c \in S,\ b-d \in S] \implies [ab-cd \in S], \qquad (a,b,c,d \in R)$$

이 된다. 어째 좀 이상하다······.

[1] $1 \notin R$ 이어도 OK. 주의 3.1.6 을 잊으면 안 된다.

어차피 알게 될 것이므로, 답을 먼저 말하자.

정의 4.1.1. I 가 ring R 의 **subring** 일 때,

(가) $[ra \in I$ for all $r \in R,\ a \in I]$ 이면, I 를 R 의 **left ideal** 이라고 부른다.

(나) $[ar \in I$ for all $r \in R,\ a \in I]$ 이면, I 를 R 의 **right ideal** 이라고 부른다.

(다) I 가 R 의 left ideal 이고 동시에 right ideal 이면, I 를 R 의 (**two-sided**) **ideal** 이라고 부르고, $I \trianglelefteq R$ 로 간단히 표기한다.

이제, 다시 앞으로 돌아가, S 가 R 의 two-sided ideal 이면, R/S 의 곱셈이 well-defined 되어 있음을 설명해 보자. $(ab - cd)$ 를 우리가 정보를 갖고 있는 $(a - c)$ 와 $(b - d)$ 를 포함하는 표현으로 바꾸어 보면(당연히 $(a - c)b$ 로 시작해서 ······), 다음 equality

$$ab - cd = (a - c)b + c(b - d)$$

를 어렵지 않게 찾을 수 있다.[2] 그런데, $a - c,\ b - d \in S$ 이고, S 는 R 의 two-sided ideal 이므로, 이 식 우변의 각 항은 다시 S 의 원소가 된다. 따라서, $ab - cd \in S$ 이다.

관찰 4.1.2. S 가 ring R 의 subring 일 때, coset space R/S 의 다음 곱셈

$$\overline{a}\ \overline{b} = \overline{ab}, \qquad (a, b \in R)$$

이 well-defined 되기 위한 필요충분조건은 S 가 R 의 two-sided ideal 인 것이다.

증명 : 충분조건은 위에서 이미 증명했으므로, R/S 의 곱셈이 well-defined 되어 있다고 가정하고, S 가 R 의 two-sided ideal 이어야 함을 보이자. 그런데, 위 논의에서 $a = c,\ d = 0$ 으로 놓으면, 이 경우의 곱셈의 well-definedness 는

$$[a - a = 0 \in S,\ b - 0 = b \in S] \implies [ab - a0 = ab \in S], \qquad (a, b \in R)$$

로 나타낼 수 있다. 즉, S 는 R 의 left ideal 이 된다. Right ideal 이 되는 것도 마찬가지. □

이제, quotient ring 을 정의할 수 있게 되었다.

[2] 어찌된 일인지 우리는 항상 운이 좋다.

명제 4.1.3. I가 ring R의 two-sided ideal일 때, coset space R/I의 덧셈과 곱셈을

$$\overline{a}+\overline{b}=\overline{a+b}, \qquad \overline{a}\;\overline{b}=\overline{ab}, \qquad (a,b\in R)$$

로 정의하면, R/I는 ring이 된다. 우리는 R/I를 [**quotient ring** of R modulo I]라고 부른다. (R/I를 $\overline{R}$로 표기하기도 한다.)

증명 : 연산들은 well-defined되어 있으므로, ring의 조건(분배법칙)만 확인하면 된다.[3] 그리고, 이런 일은 언제나 **'magic bar'**에게 맡기면 된다. 예를 하나만 들어 보면,

$$(\overline{a}+\overline{b})\,\overline{c}=\overline{a+b}\cdot\overline{c}=\overline{(a+b)c}=\overline{ac+bc}=\overline{ac}+\overline{bc}=\overline{a}\;\overline{c}+\overline{b}\;\overline{c}, \quad (a,b,c\in R)$$

에서 보듯이 'magic bar'를 이었다 끊었다만 반복하면 된다. □

Ideal의 정의에서 주의할 점은 ideal은 우선 abelian group이라는 것이다. Ideal에 관해서는 다음 章에서 본격적으로 공부할 것이므로, 지금은 초보적인 성질만 우선 다룬다.

연습문제 4.1.4. 다음을 확인하라.

(가) R이 ring이면, $0=\{0\}\trianglelefteq R$이고, $R\trianglelefteq R$.
(나) $\varphi: R\to R'$이 ring homomorphism이면, $\ker\varphi\trianglelefteq R$.

연습문제 4.1.5. (학부 대수학의 半) Ring $\mathbb{Z}$의 ideal은 $n\mathbb{Z}$들뿐임을 보여라(단, $0\le n\in\mathbb{Z}$).

연습문제 4.1.6. R 자신을 R-module로 볼 때(단, $1\in R$), [R-module R의 R-submodule]과 [ring R의 left ideal]은 같은 말임을 설명하라.

연습문제 4.1.7. $1\in R$이고, I가 R의 left ideal일 때, 다음을 보여라.

(가) $1\in I$이면,[4] $I=R$.
(나) $I\cap R^\times\neq\emptyset$이면, $I=R$.

연습문제 4.1.8. R이 ring이면, $R/R=0$이고, $R/0\approx R$임을 보여라.

[3] R/I는 이미 abelian group. 물론 곱셈의 associativity도 확인해야 한다.
[4] 주의 3.1.6을 기억하라.

연습문제 4.1.9. Field F의 ideal은 0과 F뿐임을 보여라.[5]

다음 주의를 읽으면, 마치 앓던 이가 빠진 듯한 기분이 들 것이다.

주의 4.1.10. 위 연습문제 4.1.7 (가)항과 연습문제 4.1.8은 지금까지 ring과 subring의 1을 둘러싼 **우리의 고민**이 무엇이었는지를 밝히고 있다.[6] 즉, 만약 우리가 subring도 1을 갖도록 요구했었더라면, ideal도 1을 갖게 되고, 따라서 quotient ring은 모두 0이 되고 말았을 것이다.

다음은 자명하다.

보기 4.1.11. I가 ring R의 two-sided ideal일 때 (단, $\overline{R} = R/I \neq 0$),

(가) $1 \in R$이면, $1 = \overline{1} \in \overline{R}$. 또, $a \in R^{\times}$이면, $\overline{a} \in \overline{R}^{\times}$이고, $\overline{a}^{-1} = \overline{a^{-1}}$.

(나) R이 commutative이면, $\overline{R}$도 commutative.

다음 보기와 질문은 **중요한 idea**를 內包하고 있다.

보기 4.1.12. 연습문제 1.3.11의 ring $\mathbb{Z}_4 = \mathbb{Z}/4\mathbb{Z}$는 다름아닌 [quotient ring of $\mathbb{Z}$ modulo $4\mathbb{Z}$]이다 (확인해 보라).[7] 그런데, $\mathbb{Z}$는 integral domain이지만, $\mathbb{Z}_4$는 integral domain이 아니다.

질문 4.1.13. I가 integral domain R의 ideal일 때 (단, $I \neq R$),

(가) R/I가 integral domain이기 위한 조건은 무엇일까?

(나) R/I가 field이기 위한 조건은 무엇일까?

다음은 **R-algebra의 차례**이다. 따라서, 지금부터는 R은 commutative [ring with 1]이고, $\mathcal{B}$는 R-algebra $\mathcal{A}$의 R-subalgebra라고 하자.

그런데, R-algebra는 R-module이기도 하고, 또 마찬가지로 R-subalgebra는 R-submodule이기도 하므로, 우선 quotient R-module $\mathcal{A}/\mathcal{B}$가 잘 정의될 것이다. 한편, R-algebra는 ring이기도 하고, R-subalgebra는 subring이기도 하므로, $\mathcal{A}/\mathcal{B}$가 ring이 되기 위해서는 — 즉, 곱셈이 well-defined되기 위해서는 — subring $\mathcal{B}$가 ring $\mathcal{A}$의 two-sided ideal이어야만 한다.

---

[5] 따라서, *quotient field*라는 말은 아예 없다. 그래서, § 2.5의 field of quotients와는 혼동할 기회조차 없다.

[6] 관습 1.2.10 및 주의 3.1.6 참조.

[7] § 4.3 참조.

이제 다음 정의는 必然的이다.

정의 4.1.14. $\mathcal{I}$가 R-algebra $\mathcal{A}$의 R-subalgebra 일 때, $\mathcal{I}$가 [ring $\mathcal{A}$의 (two-sided) ideal] 이면, 우리는 $\mathcal{I}$를 [R-algebra $\mathcal{A}$의 (**two-sided**) **ideal**] 이라고 부르고,[8] $\mathcal{I} \trianglelefteq \mathcal{A}$로 표기한다. ($R$-algebra $\mathcal{A}$의 (two-sided) ideal은 무엇보다도 우선 $\mathcal{A}$의 R-submodule 임에 유의하라.)

명제 4.1.15. $\mathcal{I}$가 R-algebra $\mathcal{A}$의 two-sided ideal 일 때, coset space $\mathcal{A}/\mathcal{I}$의 덧셈과 곱셈 그리고 R-상수곱을 자명한(!) 방법으로 정의하면, $\mathcal{A}/\mathcal{I}$는 R-algebra가 된다. 우리는 $\mathcal{A}/\mathcal{I}$를 [**quotient R-algebra** of $\mathcal{A}$ modulo $\mathcal{I}$] 라고 부른다. ($\mathcal{A}/\mathcal{I}$를 $\overline{\mathcal{A}}$로 표기하기도 한다.)

증명 : ……. □

이제 이 節의 목표가 달성되었다. 다만, 한 가지 **조심**할 것이 있다.

연습문제 4.1.16. (가) G가 group 일 때, $H \trianglelefteq G$, $K \trianglelefteq H$ 이면, $K \trianglelefteq G$ 인가?
(나) $\mathcal{A}$가 R-algebra 일 때, $\mathcal{I} \trianglelefteq \mathcal{A}$, $\mathcal{J} \trianglelefteq \mathcal{I}$ 이면, $\mathcal{J} \trianglelefteq \mathcal{A}$ 인가?[9]

다음 canonical projection은 익숙하다.

정의 4.1.17. $\mathcal{I}$가 R-algebra $\mathcal{A}$의 two-sided ideal 일 때, 함수 $\pi : \mathcal{A} \to \mathcal{A}/\mathcal{I}$를

$$\pi(x) = \overline{x}, \qquad (x \in \mathcal{A})$$

로 정의하면, π는 R-algebra epimorphism 이 된다(확인해 보라). 우리는 π를 **canonical projection** 이라고 부른다. 또, $x \in \mathcal{A}$일 때, $\overline{x}$는 [**image** of x in $\mathcal{A}/\mathcal{I}$] 라고 부른다. (거꾸로 생각해 보면, 우리는 coset space $\mathcal{A}/\mathcal{I}$에 [π가 R-algebra homomorphism 이 되는 유일한 R-algebra structure] 를 준 셈이다.[10])

언제나 그렇지만, 위 정의에서 $R = \mathbb{Z}$로 놓으면, ring의 경우의 canonical projection을 얻는다.

연습문제 4.1.18. $\pi : \mathcal{A} \to \mathcal{A}/\mathcal{I}$가 canonical projection 일 때, 다음을 보여라.

(가) $\ker \pi = \mathcal{I}$.

(나) $\imath : \mathcal{I} \to \mathcal{A}$가 canonical embedding 이면, $\pi \circ \imath = 0$.

---

[8] R-algebra $\mathcal{A}$의 left ideal과 right ideal도 같은 방법으로 정의한다.

[9] Conuter-example은……, ……. 없던 일로 해 두자.

[10] 그러니, quotient object를 생각할 때, canonical projection이 등장하지 않을 수 없다. 모든 것을 함수의 언어로…….

4.2. Isomorphism Theorem

우리는 이미 [I, §12.5]에서 group과 vector space에서의 First Isomorphism Theorem과 Second Isomorphism Theorem을 배웠다. 이 節에서는 R-algebra의 경우를 여기에 보탠다. 그리고, [I]에서 미루었던 Third Isomorphism Theorem도 공부한다.

이 節에서 □□는 group, R-module, ring, 또는 R-algebra를 의미한다. 또, X가 □□일 때, $X' \trianglelefteq X$로 표기하면, quotient-□□ X/X'이 **잘 정의되어 있다는** 뜻으로 이해하자. 어쩌다가 다음 연습문제를 이제야 다루게 되었는지 모르겠다. 다음은 정말 기본 중의 기본이다.

연습문제 4.2.1. $f : X \to Y$가 함수이고, $X' \subseteq X$, $Y' \subseteq Y$일 때, 다음을 보여라. (이제부터는 함수를 표기할 때 괄호는 생략한다.)

(가) $X' \subseteq f^{-1}fX'$. $ff^{-1}Y' \subseteq Y'$.

(나) f가 injective이면, $X' = f^{-1}fX'$.

(다) f가 surjective이면, $ff^{-1}Y' = Y'$.

다음 명제는 **매우 강력한 well-definedness criterion**이다. 거의 모든 경우에 적용할 수 있다.[11]

명제 4.2.2. $\psi : X \to Y$가 □□-homomorphism이고, $X' \trianglelefteq X$, $Y' \trianglelefteq Y$일 때, 함수 $\overline{\psi} : X/X' \to Y/Y'$을

$$\overline{\psi}\,\overline{x} = \overline{\psi x}, \qquad (x \in X)$$

로 정의하려고 할 때,

(가) 다음 두 조건은 동치이다.

(1) $\overline{\psi}$ is a well-defined □□-homomorphism.

(2) $\psi X' \le Y'$. (즉, $X' \le \psi^{-1}Y'$.)

(나) 그리고, 다음 두 조건도 동치이다.

(3) $\overline{\psi}$ is a well-defined □□-monomorphism.

(4) $X' = \psi^{-1}Y'$.

이때, 우리는 "$\overline{\psi}$ is **naturally induced** by ψ"라고 말한다.

---

[11] 이미 [I, 관찰 13.1.1]에서 그 일부를 소개했었다.

증명 : 우리는 위 명제를 다음 commutative diagram

$$\begin{array}{ccc} X & \xrightarrow{\ \pi\ } & X/X' \\ {\scriptstyle\psi}\downarrow & \circlearrowright & \downarrow{\scriptstyle\overline{\psi}} \\ Y & \xrightarrow[\ \pi\ ]{} & Y/Y' \end{array}$$

으로 이해한다.[12] 여기에서는, 편의상, X가 abelian group일 때에만 증명하기로 한다. (독자들은 **아래 증명을 읽지 말고 혼자 힘으로 증명**해 보기 바란다.[13]) 우선, 조건 (2)에서 $\psi X' \le Y'$과 $X' \le \psi^{-1}Y'$이 동치인 것은 연습문제 4.2.1에 의해 거의 자명하다(연습문제 4.4.2 참조).

[(2)⇒(1)]: $\psi X' \le Y'$일 때, $\overline{\psi}$가 well-defined되어 있음은, $a, b \in X$일 때,

$$[\,\overline{a} = \overline{b}\,] \Leftrightarrow [\,a - b \in X'\,] \Rightarrow [\,\psi(a-b) = \psi a - \psi b \in Y'\,] \Leftrightarrow [\,\overline{\psi a} = \overline{\psi b}\,]$$

로부터 알 수 있다. 그리고, $\overline{\psi}$가 □□-homomorphism인 것은 '요술 막대기'의 몫이다. 즉, $a, b \in X$일 때,

$$\overline{\psi}\,(\overline{a} + \overline{b}) = \overline{\psi}\ \overline{a+b} = \overline{\psi(a+b)} = \overline{\psi a + \psi b} = \overline{\psi a} + \overline{\psi b} = \overline{\psi}\ \overline{a} + \overline{\psi}\ \overline{b}$$

이다.

[(1)⇒(2)]: $x \in X'$이면, $\overline{x} = \overline{0}$이다. 그런데, $\overline{\psi}$는 well-defined되어 있다고 가정하고 있으므로, $\overline{\psi}\ \overline{x} = \overline{\psi}\ \overline{0}$이어야 할 것이다. 이는 $\overline{\psi x} = \overline{0}$라는 뜻이고, 따라서, $\psi x \in Y'$.

[(4)⇒(3)]: 먼저, $X' = \psi^{-1}Y'$이면, 앞의 조건 (2)가 만족되므로, (가)항에 의해 $\overline{\psi}$는 well-defined □□-homomorphism이다. 이제, $\overline{\psi}$의 injectivity를 보이기 위해, $\overline{\psi}\ \overline{x} = \overline{0}$라고 가정하자. 그런데, 이는 $\overline{\psi x} = \overline{0}$라는 뜻이므로, $\psi x \in Y'$이 된다. 그러므로, $x \in \psi^{-1}Y' = X'$이고, 따라서 $\overline{x} = \overline{0}$.

[(3)⇒(4)]: 우선, (가)에 의해 $X' \le \psi^{-1}Y'$이 된다. 이제, $\psi^{-1}Y' \le X'$을 보이기 위해,[14] $x \in \psi^{-1}Y'$, 즉 $\psi x \in Y'$이라고 하자. 그러면, $\overline{\psi x} = \overline{0}$이고, 이는 $\overline{\psi}\ \overline{x} = \overline{0}$라는 뜻이다. 그런데, $\overline{\psi}$는 injective라고 가정하고 있으므로, $\overline{x} = \overline{0}$, 즉 $x \in X'$. 증명 끝. □

[12] 지금은 굳이 3층까지 올라갈 필요 없다.

[13] 다음부터는 이런 증명은 '기계'들에게 맡길 것이다.

[14] $Y' \le Y$이면, $\psi^{-1}Y' \le X$인 것은 자명하다. 연습문제 4.4.2 참조.

연습문제 4.2.3. 위 명제 4.2.2의 증명을, □□가 (non-abelian) group, R-module, ring, 또는 R-algebra 일 때, 모든 detail을 확인해 보라.[15]

사실 이 節에서 배우는 세 개의 Isomorphism Theorem들 모두 명제 4.2.2의 따름정리로 볼 수 있다. (세 Isomorphism Theorem들은 물론 모두 직접 증명이 가능하다(연습문제 4.2.10). 그러나, 이 책에서는 명제 4.2.2가 매우 強力한 tool임을 強調하기 위하여, 명제 4.2.2를 이용한 증명을 택하였다.)

그러면, First Isomorphism Theorem부터 시작하자.

정리 4.2.4. (First Isomorphism Theorem) $\varphi : X \to Y$가 □□-homomorphism일 때, 함수 $\overline{\varphi} : X/\ker\varphi \to \operatorname{im}\varphi$를

$$\overline{\varphi}\,\overline{x} = \varphi x, \qquad (x \in X)$$

로 정의하면, $\overline{\varphi}$는 (well-defined) □□-isomorphism이다.

증명 : 언제나 $\overline{\varphi}$의 **well-definedness**가 문제의 핵심이다. 그런데, 지금 상황은 명제 4.2.2에서 $[Y' = 0,\ X' = \ker\varphi = \varphi^{-1}Y'$ 인 경우$]$이므로, $\overline{\varphi}$는 well-defined □□-monomorphism이 된다. 한편, $\overline{\varphi}$의 surjectivity는 자명하다. 독자들은 지금 다음 commutative diagram

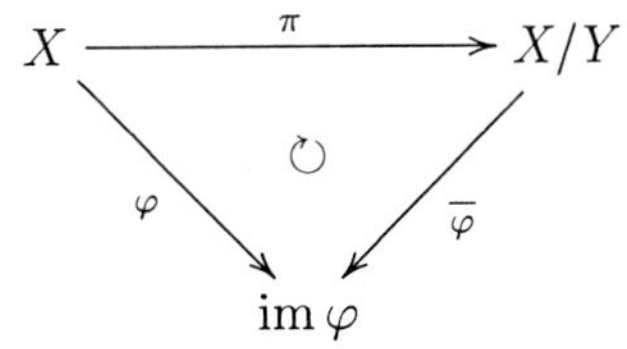

을 생각하고 있어야 한다(π는 canonical projection). □

First Isomorphism Theorem의 motivation에 관해서는 [I, § 12.5의 첫 page]를 복습하기 바란다. 이제는 다음 연습문제 하나로 충분할 것이다.

연습문제 4.2.5. $\varphi : X \to Y$가 abelian group homomorphism일 때, 만약 $\varphi(x) = y \in \operatorname{im}\varphi$이면 (단, $x \in X$),

$$x + \ker\varphi = \varphi^{-1}y$$

임을 보여라.

[15]사실은, R-module의 경우와 ring의 경우를 합치면, R-algebra에 관한 결과가 자동으로 얻어진다.

다음은 두번째 Isomorphism Theorem의 차례이다. 먼저, (임시) 표기법이 하나 필요하다: $Y, Z \leq X$ 라고 할 때, 만약 X가 (non-abelian) group이면, $[Y * Z = YZ]$로 이해하고,[16] 만약 X가 R-module, ring, 또는 R-algebra이면, $[Y * Z = Y + Z]$로 이해하도록 하자.

연습문제 4.2.6. $Y \trianglelefteq X$ 이고, $Z \leq X$ 일 때, 다음을 보여라.

(가) $Y \cap Z \trianglelefteq Z$.

(나) $Y \trianglelefteq (Y * Z) \leq X$.

정리 4.2.7. (Second Isomorphism Theorem) $Y \trianglelefteq X$ 이고, $Z \leq X$ 일 때,

$$\bar{\jmath} : \frac{Z}{Y \cap Z} \longrightarrow \frac{Y * Z}{Y}$$

를

$$\bar{\jmath}\,(\bar{z}) = \bar{z}, \qquad (z \in Z)$$

로 정의하면, $\bar{\jmath}$ 는 (well-defined) □□-isomorphism 이다.

증명 : 한번 더 강조하면, 이번에도 $\bar{\jmath}$의 well-definedness가 문제의 핵심이다. 그런데, $\jmath : Z \to Y * Z$를 canonical embedding이라고 표기하면,

$$\jmath^{-1}Y = Y \cap Z$$

인 것은 자명하므로, 명제 4.2.2에 의해, $\bar{\jmath}$는 well-defined □□-monomorphism이 된다. 이제, $\bar{\jmath}$의 surjectivity를 보이기 위해, $(Y * Z)/Y$의 임의의 원소를 — 예를 들어, abelian group의 표기법을 사용할 때 — $(\bar{y} + \bar{z})$로 놓으면 (단, $y \in Y,\ z \in Z$),

$$\bar{y} + \bar{z} = \bar{0} + \bar{z} = \bar{z} = \bar{\jmath}\,(\bar{z})$$

이므로, $\bar{y} + \bar{z} \in \operatorname{im} \bar{\jmath}$가 된다. 증명 끝. 독자들은 지금 다음 commutative diagram

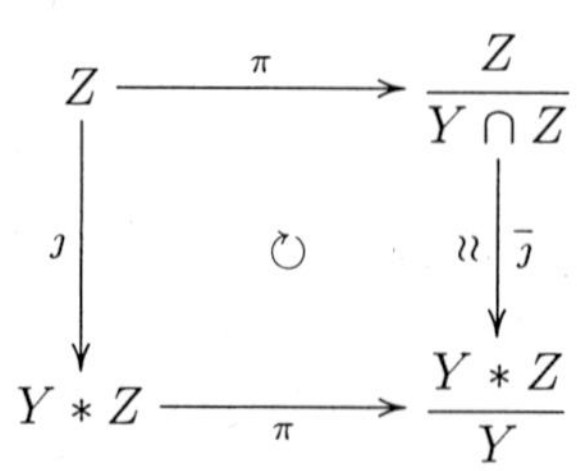

을 생각하고 있어야 한다. □

[16] [I, 표기법 11.3.9] 참조.

First Isomorphism Theorem 을 이용한 증명: 한편, 함수 φ 를

$$(\varphi = \pi \circ \jmath) : Z \longrightarrow Y * Z \longrightarrow \frac{Y * Z}{Y}$$

로 정의하면, $\ker \varphi = Y \cap Z$ 가 된다. 이제, First Isomorphism Theorem 을 적용하면, □□-isomorphism

$$\frac{Z}{Y \cap Z} \xrightarrow[\approx]{\overline{\varphi}} \frac{Y * Z}{Y}$$

를 얻는다. $\overline{\varphi} = \overline{\jmath}$ 인 것은 물론이다. □

지금까지의 내용을 정리해 보면, group 과 vector space 에서의 First Isomorphism Theorem 과 Second Isomorphism Theorem 이 — 각각의 증명을 몇 글자씩만 고치면 — 다른 algebraic structure 들의 경우에도 성립한다는 것이다.

Third Isomorphism Theorem 은 **'번분수 정리'**로 생각하면 그럴듯할 것이다 (보기 4.5.13 (Third Isomorphism Theorem 의 再해석) 도 참조). 세번째 (마지막) Isomorphism Theorem 을 이해하려면, 우선 다음 관찰이 필요하다.

관찰 4.2.8. $Z \trianglelefteq Y \trianglelefteq X$ 이고, $Z \trianglelefteq X$ 이면, $\dfrac{Y}{Z} \trianglelefteq \dfrac{X}{Z}$ 이다.

증명 : 우선, $\dfrac{Y}{Z} \subseteq \dfrac{X}{Z}$ 인 것은 당연하다. X 가 group 일 때에는,

$$\overline{x}^{-1}\,\overline{y}\,\overline{x} = \overline{x^{-1}yx}, \qquad (x \in X,\ y \in Y)$$

이므로 $\cdots\cdots$. X 가 ring 일 때에도, $\cdots\cdots$. □

정리 4.2.9. (Third Isomorphism Theorem) $Z \trianglelefteq Y \trianglelefteq X$ 이고, $Z \trianglelefteq X$ 일 때,

$$\varphi : \frac{X}{Y} \longrightarrow \frac{\frac{X}{Z}}{\frac{Y}{Z}}$$

를

$$\varphi(\overline{x}) = \overline{\overline{x}}, \qquad (x \in X)$$

로 정의하면, φ 는 (well-defined) □□-isomorphism 이다.

증명 : [□□-homomorphism $\overline{id_X} : X/Z \to X/Y$ induced by $id_X : X \to X$] 를 생각한다(명제 4.2.2 참조). 그러면,

$$\ker \overline{id_X} = Y/Z$$

이고, $\overline{id_X}$ 가 surjection 인 것은 자명하다. 이제, First Isomorphism Theorem 을 적용하면 된다. 다시 말해,

$$\varphi^{-1} = \overline{\overline{id_X}}$$

인 셈이다. □

다음 연습문제는 이미 예고되어 있었다.

연습문제 4.2.10. 위 세 개의 Isomorphism Theorem 들을 **명제 4.2.2 의 도움 없이 증명**해 보라.

이제 이 책의 **무대장치가 완성**되었다. 물론, 우리의 '달리기 훈련'과 단어 공부는 계속되겠지만…….

First Isomorphism Theorem 의 응용을 하나만 소개한다. 다음 연습문제는 뒤 제 12 장에서 중요한 역할을 하게 된다.

연습문제 4.2.11. R 은 [ring with 1], M 은 R-module 이라고 하자. $x \in M$ 을 고정하고, 함수 $\rho : R \to M$ 을

$$\rho(r) = rx, \qquad (r \in R)$$

로 정의하자. R 자신을 R-module 로 생각하고 다음을 보여라.

(가) ρ 는 R-module homomorphism 이고, $\ker \rho = \mathrm{ann}_R(x)$, $\mathrm{im}\, \rho = Rx$.

(나) $R/\mathrm{ann}_R(x)$ 는 cyclic R-module 이고, M 의 cyclic R-submodule 은 모두 이런 꼴.

보기 4.2.12. (Cyclic group 의 분류(정리 3.5.1) 의 再증명) 위 연습문제 4.2.11 의 (나) 항을 $R = \mathbb{Z}$ 인 경우에 다시 해석해 보면, cyclic $\mathbb{Z}$-module (즉, cyclic (abelian) group) 은 $\mathbb{Z}/n\mathbb{Z}$ 꼴뿐임을 알 수 있다(단, $n \geq 0$).[17]

§4.3–§4.6 에는 수많은 Isomorphism Theorem 의 응용이 등장할 것이다.

[17] 어, 왜 이렇게 쉬워졌지? (보기 3.4.2 참조.)

4.3. Finite Ring $\mathbb{Z}_n$

이제 quotient ring 을 이해하였으므로, 주인공 중 하나인 finite ring $\mathbb{Z}_n$ 이 무대 위에 등장한다(단, $1 < n \in \mathbb{Z}$). Finite ring $\mathbb{Z}_n$ 은 물론, $n\mathbb{Z}$ 를 $\mathbb{Z}$ 의 ideal 로 이해하여, quotient ring

$$\mathbb{Z}_n = \mathbb{Z}/n\mathbb{Z} = \{\,\overline{0},\ \overline{1},\ \ldots,\ \overline{n-1}\,\}$$

를 의미한다. "Number Theory" 에서는 $\mathbb{Z}_n$ 의 연산을 **congruence relation** 과 **residue calculus** 를 사용하여 나타낸다.[18] 예를 들면,

$$5 + 4 \equiv 0 \pmod 3), \qquad -2 \cdot 6 = 3 \pmod 5), \qquad 2 \cdot 3^2 + 1 \equiv 5 \pmod 7)$$

등이 된다.

먼저, [ring with 1] 의 characteristic 에 관해 언급할 것이 있다.

보기 4.3.1. 물론, $\mathrm{char}(\mathbb{Z}_n) = n$ 이다. 한편, R 이 임의의 [ring with 1] 이고, $\mathrm{char}(R) = n$ 일 때 (단, $1 < n \in \mathbb{Z}$ 이거나 $n = 0$), 함수 $\mu : \mathbb{Z} \to R$ 을 再정의 3.3.6 에서와 같이

$$\mu(m) = m = m \cdot 1_R, \qquad (m \in \mathbb{Z})$$

로 정의하면, $\ker \mu = n\mathbb{Z}$ 이므로, **First Isomorphism Theorem** 에 의하면, R 은 [$\mathbb{Z}_n$ 과 isomorphic 한 subring] $\mathrm{im}\,\mu$ 를 갖는다.[19] 이제, $|\mathrm{im}\,\mu| < \infty$ 이면, $\mathrm{char}(R) = |\mathrm{im}\,\mu|$ 임은 자명하다 (한편, $|\mathrm{im}\,\mu| = \infty$ 이면, $\mathrm{char}(R) = 0$).

연습문제 4.3.2. (가) R 이 [ring with 1] 이고, $\mathrm{char}(R) = n > 0$ 이면, R 은 [$\mathbb{Z}_n$ 과 isomorphic 한 subring] 을 갖는 것을 보여라.
(나) R 이 [ring with 1] 이고, $\mathrm{char}(R) = 0$ 이면, R 은 [$\mathbb{Z}$ 와 isomorphic 한 subring] 을 갖는 것을 보여라.
(다) F 가 field 이고, $\mathrm{char}(F) = 0$ 이면, F 는 [$\mathbb{Q}$ 와 isomorphic 한 subfield] 를 갖는 것을 보여라.[20]

Finite ring $\mathbb{Z}_n$ 에서는 좀 이상한 일들도 벌어진다.[21]

---
[18] [I, 보기 12.2.8] 참조.
[19] 우리는 가끔(흔히) $\mathrm{im}\,\mu$ 를 [prime subring of R] 이라고 부르기도 한다.
[20] 당연하다고 얼버무리지 마라. 우리는 이미 이런 상황을 묘사할 세련된 언어를 배웠다.
[21] 보기 1.7.15 의 인수정리 참조. 연습문제 2.1.11 도 참조.

연습문제 4.3.3. 3-차 다항식 $t^3 - t \in \mathbb{Z}_6[t]$ 는 6-개의 root (in $\mathbb{Z}_6$) 을 가짐을 확인하라.

이제, $1 < n \in \mathbb{Z}$ 를 固定하고, commutative finite ring $\mathbb{Z}_n$ 을 공부해 보자. 먼저 §1.6 에서 남겨둔 숙제가 하나 있다. 다음 연습문제는 주의 3.1.6 에서도 언급되었었다.

연습문제 4.3.4. $1 < k \in \mathbb{Z}$ 이고, $n \mid (k-1)$ 이라고 하자. 함수 $\varphi : \mathbb{Z}_n \to \mathbb{Z}_{nk}$ 를

$$\varphi(\overline{a}) = \overline{ka}, \qquad (a \in \mathbb{Z})$$

로 정의할 때, 다음을 보여라.

(가) φ 는 (well-defined) ring monomorphism (1 을 1 로 보내지 않는) 이다.
(나) $\overline{k} \in \mathbb{Z}_{nk}$ 는 $\operatorname{im}\varphi$ 의 multiplicative identity 이다.

우리는, 예를 들어, $\mathbb{Z}_4$ 는 integral domain 이 아님을 알고 있다.[22] 그렇다면, $\mathbb{Z}_n$ 은 언제 integral domain 이 될까?

명제 4.3.5. $\overline{0} \neq \overline{a} \in \mathbb{Z}_n$ 일 때, 다음 조건은 동치이다.

(1) $(a, n) = 1$.[23]
(2) $\overline{a}$ is a unit in $\mathbb{Z}_n$.
(3) $\overline{a}$ is not a zero divisor in $\mathbb{Z}_n$.

증명 : [(1) ⇒ (2)]: $(a, n) = 1$ 이면, $ar + ns = 1$ 인 $r, s \in \mathbb{Z}$ 가 존재할 것이다. 이 식의 양변에 'magic bar'를 씌우면,

$$\overline{1} = \overline{ar + ns} = \overline{a}\ \overline{r} + \overline{0}\ \overline{s} = \overline{a}\ \overline{r}$$

이므로, $\overline{r}$ 가 바로 $\overline{a}$ 의 inverse 이다.
[(2) ⇒ (3)]: 연습문제 1.3.9 (나) 항.
[(3) ⇒ (1)]: 이제, $(a, n) = d > 1$ 이라고 가정하자. 그러면,

$$a \cdot \frac{n}{d} = \frac{a}{d} \cdot n$$

이므로, $dd' = n$ 이라고 놓으면, $\overline{a}\ \overline{d'} = \overline{0}$ 가 된다. 그런데, $d > 1$ 이므로, d' 은 n 의 배수가 아니다. 즉, $\overline{d'} \neq \overline{0}$ 이고, 따라서 $\overline{a}$ 는 zero divisor. □

[22] 연습문제 1.3.11 참조.
[23] 다시 연습문제 3.5.14 가 생각난다.

위 명제는 특별히 $\mathbb{Z}_n$의 non-zero element는 unit이거나 zero divisor이거나 둘 중 하나임을 말하고 있다. (연습문제 1.3.10 참조.)

자연히, **Euler's phi function** (정의 3.5.15) 이 다시 등장한다.

따름명제 4.3.6. $\left|(\mathbb{Z}_n)^\times\right| = \phi(n)$.

증명 : ……. □

다음 결과를 위해서는 **소수(素數)**를 정의해야 한다. 뭘, 다 아는 걸 갖고……. 정말?

정의 4.3.7. (가) p가 **non-zero** integer이고, $p \neq \pm 1$일 때, p가 다음 조건

$$[\text{If } p = ab \text{ for some } a, b \in \mathbb{Z}, \text{ then } a = \pm 1 \text{ or } b = \pm 1.]$$

을 만족하면, p를 **irreducible number** (in $\mathbb{Z}$) 라고 부른다. 이 조건은 물론 다음 조건

$$[p\text{의 약수는 } \pm 1\text{과 } \pm p \text{ 뿐.}]$$

과 동치이다. 즉, 'irreducible'은 '더 이상 (약수들의 곱으로) 분해(reduce)할 수 없다'는 뜻.

(나) p가 **non-zero** integer이고, $p \neq \pm 1$일 때, p가 다음 조건

$$[\text{If } p \,|\, ab \text{ for some } a, b \in \mathbb{Z}, \text{ then } p \,|\, a \text{ or } p \,|\, b.]$$

을 만족하면, p를 **prime number** (in $\mathbb{Z}$) 라고 부른다.

이젠 完全히 초등학교로 돌아간 기분이다. 첫번째 질문은 물론 irreducible number와 prime number가 같은 개념인가 하는 것이다. 한 쪽 방향은 쉽다.

연습문제 4.3.8. Prime number는 irreducible number임을 보여라.

독자들은 다음 증명을 읽지 말고, 우선, 혼자 힘으로 증명해 보기 바란다. 시간을 투자해서. 수학 공부 십 수 년에 이 정도야…….

관찰 4.3.9. [irreducible number] = [prime number].

증명 : p가 irreducible일 때 p는 prime임을 보이면 된다. 이를 위해 $p \,|\, ab$라고 하자. 즉, $pc = ab$인 $c \in \mathbb{Z}$ 존재. 이제 만약 p가 a의 약수가 아니라면, p의 약수는 ± 1과 $\pm p$ 뿐이므로, $(p, a) = 1$일 수밖에 없다. 따라서, $xp + ya = 1$인 $x, y \in \mathbb{Z}$가 존재하고, $b = xpb + yab = xpb + ypc$. 결론은 $p \,|\, b$. □

이제, 명제 4.3.5 (와 따름명제 4.3.6) 를 이용하여, 위 관찰을 **다시 증명**한다. 독자들은 quotient ring 의 언어 (ideal 의 언어) 를 사용하는 *"다음 증명이 유일한 증명"*이라고 '사고방식'을 바꾸기 바란다.[24]

그리고 다음 따름명제 (명제 4.3.5 의 따름명제) 에는, 드디어, 우리 '이야기'의 **또 하나의 주인공** finite field $\mathbb{F}_p$ 도 등장한다.

따름명제 4.3.10. $1 < p \in \mathbb{Z}$ 일 때, 다음 조건은 동치이다.

(1) p is an irreducible number.

(2) $\mathbb{Z}_p$ is a field.

(3) $\mathbb{Z}_p$ is an integral domain.

(4) p is a prime number.

이때, $\mathbb{F}_p = \mathbb{Z}_p$ 로 표기하고, 이를 [the **finite field of order** p] 라고 부른다.

증명 : [(1) ⇒ (2)]: p 가 irreducible 일 조건은 [p 의 약수가 ± 1 과 $\pm p$ 뿐] 인 것이고, 또 이는 당연히 $\phi(p) = p - 1$ 과 동치이다. 이제, 따름명제 4.3.6 에 의해, $|(\mathbb{Z}_p)^\times| = \phi(p) = p - 1$ 이므로, $\mathbb{Z}_p$ 는 field.

[(2) ⇒ (3)]: 당연.[25]

[(3) ⇒ (4)]: $p \mid ab$ 라고 하자. 그러면, $\overline{a}\,\overline{b} = \overline{0} \in \mathbb{Z}_p$ 가 된다. 그런데, $\mathbb{Z}_p$ 는 integral domain 이므로, $\overline{a} = \overline{0}$ 이거나 $\overline{b} = \overline{0}$. 따라서, $p \mid a$ 이거나 $p \mid b$.

[(4) ⇒ (1)]: 거의 자명 (연습문제 4.3.8). □

주의 4.3.11. 모든 integral domain 에서 irreducible 이면 prime 인 것은 아니다![26] 보기 5.3.14 참조.

어쨌든, 이제 우리는 모든 prime (irreducible) number p 마다 p-개의 원소를 갖는 — 그리고, characteristic p 인 — finite field 를 갖게 되었다. 그나마 다행스러운 것은 우리가 一年 前에 $\mathbb{F}_p$ 를 알았더라면, [I] 이 상당히 더 두꺼워졌을 것이란 점이다.[27]

관찰 4.3.12. $1 < p \in \mathbb{Z}$ 가 prime 이면, p-개의 원소를 갖는 두 finite field 는 isomorphic 하다.[28]

---

[24] 위 관찰 4.3.9 의 증명은 아예 잊어버리고.

[25] 관찰 1.3.23 도 생각난다.

[26] 독자들 스스로 integral domain 에서 irreducible 과 prime 의 개념을 정의할 수 있을 것이다.

[27] §2.3 및 §7.3 참조.

[28] 이 관찰은 따름명제 4.3.10 의 정관사 'the'의 의미를 설명하고 있다.

증명 : p-개의 원소를 갖는 finite field F의 characteristic은 당연히 p의 약수이고(왜 그런가?), 따라서 $\text{char}(F) = p$ 이어야 한다. 이제 보기 4.3.1에 의해, F는 $\mathbb{F}_p$와 isomorphic 한 subfield를 가지므로, $F \approx \mathbb{F}_p$ 이다. □

독자들 모두 스스로에게 다음 질문을 던졌을 것이다.

질문 4.3.13. (가) $\mathbb{F}_p$ 이외에도 또 finite field가 있을까?
(나) Finite field는 항상 prime characteristic을 갖는가?
(다) 원소 수가 같은 두 finite field는 언제나 isomorphic할까?

"Elementary Number Theory"란 — 거칠게 말하면 — "대수학"의 언어를 모르는 수준에서의 "Number Theory"를 의미한다.[29] 다음에 소개하는 두 명제는 "Elementary Number Theory"의 가장 중요한 명제들이다.

다음 명제들을 21世紀의 人類가 일상생활에서 사용하게 되리라고는 아마 Fermat나 Euler도 전혀 예상치 못했을 것이다. (§8.2 참조.)

명제 4.3.14. (Fermat's Little Theorem) $1 < p \in \mathbb{Z}$는 prime number이고, $a \in \mathbb{Z}$라고 하자. 만약, $(a,p) = 1$이면, 즉 $p \nmid a$이면,

$$a^{p-1} \equiv 1 \pmod p$$

이다.[30]

Fermat's Little Theorem은 물론 Euler's Generalization의 특수한 경우이다.

명제 4.3.15. (Euler's Generalization of Fermat's Little Theorem) 이번에는 $1 < n \in \mathbb{Z}$이고, $a \in \mathbb{Z}$라고 하자. 만약, $(a,n) = 1$이면,

$$a^{\phi(n)} \equiv 1 \pmod n$$

이다.

증명 : $(\mathbb{Z}_n)^\times$는 group이고, $\left|(\mathbb{Z}_n)^\times\right| = \phi(n)$ 이다. 한편, $\overline{a} \in (\mathbb{Z}_n)^\times$ 이고, Lagrange's Theorem에 의해 $|\overline{a}|$는 $\left|(\mathbb{Z}_n)^\times\right|$의 약수이므로,[31] $\overline{a}^{\phi(n)} = \overline{1}$ 이다. 증명 끝. □

[29] 그렇다고 결코 만만하지만은 않다.
[30] Fermat's Little Theorem은 물론 Fermat's Last Theorem과 구분하기 위해 붙여진 이름.
[31] 물론 $|\overline{a}|$는 multiplicative group $(\mathbb{Z}_n)^\times$ 에서의 $\overline{a}$의 order.

만약, "Elementary Number Theory" 책에서 Euler's Generalization의 수 십 줄짜리 'elementary proof'를 공부한 경험이 있는 독자가 있다면,[32] 위 증명을 읽으며 적잖이 感動했을 것이다.[33] 다시 한번 대수학이라는 언어의 힘을 느낄 수 있다.

연습문제 4.3.16. (조금 유치하지만) 2^{10000} 을 13 으로 나눈 나머지는?

연습문제 4.3.17. $1 < p \in \mathbb{Z}$ 는 prime 이고, $a \in \mathbb{Z}$ 이면, $a^p \equiv a \pmod p$ 임을 보여라. 따라서, $[\alpha^p = \alpha$ for all $\alpha \in \mathbb{F}_p]$ 임을 설명하라.[34]

다음 연습문제들은 독자들에게 맡긴다.

연습문제 4.3.18. (Wilson's Theorem) $1 < p \in \mathbb{Z}$ 가 prime 이기 위한 **필요충분조건**은

$$(p-1)! \equiv -1 \pmod p$$

인 것임을 보여라.[35]

연습문제 4.3.19. Fermat's Little Theorem 의 converse 도 성립할까? 다시 말해, $1 < p \in \mathbb{Z}$ 이고, $[a^p \equiv a \pmod p$ for all $a \in \mathbb{Z}]$ 이면, p 는 prime 인가? 눈치껏 답(yes or no) 만 말하라.[36]

연습문제 4.3.20. $a, b, x, y \in \mathbb{Z}$, $b \neq 0$ 일 때, 만약 $ax + by = 1$ 이면, $[x$ is unique up to modulo $b]$ 임을 설명하고, $x \equiv a^{\phi(b)-1} \pmod b$ 임을 보여라. 물론, 이때 $y = \left(1 - a^{\phi(b)}\right)/b$.

연습문제 4.3.21. **Linear modular equation** $[ax \equiv b \pmod n]$ 을 생각해 보자(단, $n, a, b \in \mathbb{Z}$, $1 < n$, $a \neq 0$).

(가) 만약 $(a, n) = 1$ 이면, 위 방정식은 unique [solution **modulo** n]을 가짐을 보여라.[37]

---

[32] 요즘은 별로 그런 독자가 많을 것 같지 않다.

[33] Fermat's Little Theorem 과 Euler's Generalization 의 'elementary proof'는 생략한다. 우리의 목표는 대수학의 언어를 이해하는 것이지, 수학의 歷史를 공부하는 것은 아니다. (물론, 우리의 증명과 'elementary proof'의 본질은 같다.))

[34] 보기 2.3.3 이 생각난다.

[35] Hint: $(p-1)!$ 을 $\mathbb{Z}_p$ 의 non-zero element 들 全部의 곱으로 이해.

[36] Internet 에서 smallest Carmichael number 를 검색해 보라.

[37] $[c$ modulo $n] = [c \pmod n] = \overline{c} \in \mathbb{Z}_n$.

(나) $(a,n) = d > 0$ 이라고 놓으면, 위 방정식이 solution을 가질 필요충분조건은 $d\,|\,b$인 것임을 보여라. 이때, 위 방정식은 d-개의 [solution modulo n]을 가짐을 보여라.[38]

위 연습문제에서와 같이, $f(t) \in \mathbb{Z}[t]$일 때, **polynomial modular equation** $[\,f(x) \equiv 0 \pmod{n}\,]$의 solution을 구하는 문제는 "Elementary Number Theory"의 중심 subject이다.

독자들은 이번 방학에는 **"Elementary Number Theory"를 꼭 한번 — 'elementary' language를 우리의 algebraic language로 번역해 가면서 — 읽어 보기 바란다. 꼭** …….

연습문제 4.3.22. 다음 **quadratic** modular equation의 해를 모두 구하라.

(가) $x^2 - 5x - 1 \equiv 0 \pmod{7}$.
(나) $x^2 - 5x + 6 \equiv 0 \pmod{12}$.

다음 연습문제와 질문도 우리 'story'를 이해하는데 중요한 역할을 하게 된다. (질문 4.3.24는 30秒만 생각해 보라.)

연습문제 4.3.23. 다음을 증명하라.

(가) $(\mathbb{Z}_5)^\times = \langle\,\overline{2}\,\rangle = \langle\,\overline{3}\,\rangle \approx \mathbb{Z}_4$.
(나) $(\mathbb{Z}_7)^\times = \langle\,\overline{3}\,\rangle \approx \mathbb{Z}_6$ 이지만, $(\mathbb{Z}_7)^\times \neq \langle\,\overline{2}\,\rangle$.
(다) $(\mathbb{Z}_8)^\times \approx \mathbb{Z}_2 \times \mathbb{Z}_2$.[39]

질문 4.3.24. $1 < p \in \mathbb{Z}$가 prime이면, $(\mathbb{F}_p)^\times$는 항상 cyclic group인가?

하나만 더.

연습문제 4.3.25. $m,n \in \mathbb{Z}$일 때, 함수 $\pi_1 \times \pi_2 : \mathbb{Z}\times\mathbb{Z} \to \mathbb{Z}_m \times \mathbb{Z}_n$을

$$(\pi_1 \times \pi_2)\,(a,b) = (\,\overline{a},\ \overline{b}\,), \qquad (a,b \in \mathbb{Z})$$

로 정의하자. 다음을 보여라.

(가) $(\pi_1 \times \pi_2)$는 ring epimorphism.
(나) $\ker(\pi_1 \times \pi_2) = m\mathbb{Z} \times n\mathbb{Z}$. 따라서, $\dfrac{\mathbb{Z}\times\mathbb{Z}}{m\mathbb{Z}\times n\mathbb{Z}} \approx \dfrac{\mathbb{Z}}{m\mathbb{Z}} \times \dfrac{\mathbb{Z}}{n\mathbb{Z}}$.

---

[38] Hint: $a = da'$, $b = db'$, $n = dn'$으로 놓고, 방정식 $[\,a'x \equiv b' \pmod{n'}\,]$을 우선 생각.
[39] $(\mathbb{Z}_2 \times \mathbb{Z}_2)$의 이름은 Klein four group. [I, 보기 11.2.21] 참조.

4.4. Quotient Object 의 Subobject

이 節에서는 계속 quotient object 와 관련된 보기들을 살펴본다. 다음 연습문제들은 너무, 정말 너무, 뒤늦은 느낌이다.

연습문제 4.4.1. $f : X \to Y$ 가 함수일 때, 다음을 보여라.

(가) $Z_1, Z_2 \subseteq X$ 이면, $f(Z_1 \cap Z_2) \subseteq fZ_1 \cap fZ_2$.

(나) $Z_1, Z_2 \subseteq X$ 이면, $f(Z_1 \cup Z_2) = fZ_1 \cup fZ_2$.

(다) $W_1, W_2 \subseteq Y$ 이면, $f^{-1}(W_1 \cap W_2) = f^{-1}W_1 \cap f^{-1}W_2$.

(라) $W_1, W_2 \subseteq Y$ 이면, $f^{-1}(W_1 \cup W_2) = f^{-1}W_1 \cup f^{-1}W_2$.

연습문제 4.4.2. $\varphi : X \to Y$ 가 □□-homomorphism 일 때, 다음을 보여라.

(가) $Z \leq X$ 이면, $\varphi Z \leq Y$.

(나) φ 가 surjection 이고 $Z \trianglelefteq X$ 이면, $\varphi Z \trianglelefteq Y$.

(다) $W \leq Y$ 이면, $\varphi^{-1}W \leq X$.

(라) $W \trianglelefteq Y$ 이면, $\varphi^{-1}W \trianglelefteq X$.

그러면, quotient object 의 subobject 들을 조사해 보자.

$Y \trianglelefteq X$ 일 때, X/Y 의 subobject 는 X 의 subobject 와 틀림없이 무슨 연관성이 있을 것이다. 이제, canonical projection $\pi : X \to X/Y$ 를 생각해 보면, 우리는 우선 π 가 X 의 subobject 를 X/Y 의 subobject 로 보내는 것을 잘 알고 있다. 그리고, 위 연습문제에 의해, π^{-1} 도 X/Y 의 subobject 를 X 의 subobject 로 보내게 된다.

그런데, 문제가 하나 있다.

보기 4.4.3. 예를 들어, Y 는 abelian group X 의 subgroup 이라고 하자. 또, $X' \leq X$, $Y' \leq Y$ 일 때, $\pi : X \to X/Y$ 를 canonical projection 으로 표기하면,

$$\pi(X' + Y') = \pi X' + \pi Y' = \pi X' + \{\overline{0}\} = \pi X'$$

이 된다. 즉, π 는 X 의 subobject 들과 X/Y 의 subobject 들 사이의 bijection 을 제공할 수는 없다.

이제 그만 답을 말하자.

정리 4.4.4. X는 □□이고, $Y \trianglelefteq X$라고 하자. 그러면, $\pi : X \to X/Y$가 canonical projection일 때, 다음 대응관계

$$\begin{array}{rcl} \{Z \subseteq X \mid Y \leq Z \leq X\} & \longleftrightarrow & \{W \subseteq X/Y \mid W \leq X/Y\} \\ Z & \longmapsto & \pi Z \\ \pi^{-1}W & \longleftarrow & W \end{array}$$

는 bijection이다. 그리고, 이 대응관계는 **order preserving** bijection이다. 이는

$$Z \leq Z' \implies \pi Z \leq \pi Z', \qquad (Y \leq Z, Z' \leq X)$$

라는 뜻이다. 뿐만 아니라,

$$Z \trianglelefteq Z' \iff \pi Z \trianglelefteq \pi Z', \qquad (Y \leq Z, Z' \leq X)$$

도 성립한다.

증명 : 연습문제 4.4.2를 생각하면, 위 대응관계가 bijection인 것만 보이면 충분하다. 그리고, 이를 위해서는 다음 두 식

$$\pi\pi^{-1}W = W, \qquad \pi^{-1}\pi Z = Z, \qquad (Y \leq Z \leq X,\ W \leq X/Y)$$

을 확인하면 된다. 이 중 첫번째 식은 π가 surjection이므로 당연하고 (연습문제 4.2.1 (다) 항), 두번째 식은 ······. (두번째 식은 처음 보는 것이고,[40] *우리가 처음 보는 것은 대개 true가 아니라는 것이 우리의 경험이다.* 그러나, ······.) 그런데, $Z \leq X$일 때, $Z \leq \pi^{-1}\pi Z$인 것은 이미 알고 있다 (연습문제 4.2.1 (가) 항). 이제, $\pi^{-1}\pi Z \leq Z$가 성립하는 것을 보이기 위해, $x \in \pi^{-1}\pi Z$라고 하면, 이는 $\pi x \in \pi Z$라는 뜻이 된다. 그러므로, $\pi x = \pi x'$인 $x' \in Z$가 존재할 것이고, 이로부터 $x - x' \in \ker \pi = Y \leq Z$를 얻는다. 따라서, $x \in Z$이다. 증명 끝. (독자들은 지금 다음 commutative diagram

$$\begin{array}{ccc} \{Z \subseteq X \mid Y \leq Z \trianglelefteq X\} & \xrightarrow{\ \pi\ } & \{W \subseteq X/Y \mid W \trianglelefteq X/Y\} \\ \Big\downarrow \imath & \circlearrowright & \Big\downarrow \imath \\ \{Z \subseteq X \mid Y \leq Z \leq X\} & \xrightarrow[\ \pi\ ]{} & \{W \subseteq X/Y \mid W \leq X/Y\} \end{array}$$

을 생각하도록 훈련하여야 한다.) □

[40] 물론, 임의의 함수 f에 대해, $f^{-1}fZ = Z$인 것은 아니다.

정리 4.4.4는 몇 가지 재미있는 application들을 갖고 있다.[41]

보기 4.4.5. 이제 quaternion group $Q_8 = \{\pm 1, \pm\mathbf{i}, \pm\mathbf{j}, \pm\mathbf{k}\}$의 subgroup들을 조사해 보자(연습문제 2.1.10 참조). Q_8에는 order 2인 원소가 1-개, 그리고 order 4인 원소가 6-개 있다. 따라서, 다음의 [**subgroup lattice** of Q_8]

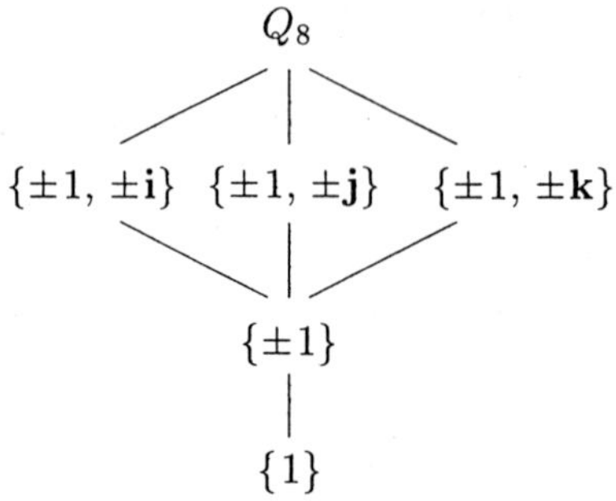

을 쉽게 얻을 수 있다.[42] 한편, $Z(Q_8) = \{\pm 1\}$이므로(확인해 보라), $\{\pm 1\} \triangleleft Q_8$인 것도 알 수 있다([I, 연습문제 12.3.21] 참조). 그리고, 다음 [subgroup lattice of $Q_8/\{\pm 1\}$]

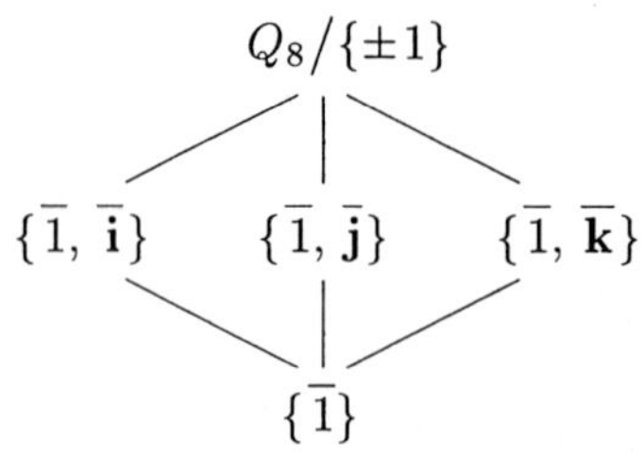

도 금방 확인할 수 있다. 정리 4.4.4가 말하는 것은 [Q_8의 subgroup lattice에서 $\{\pm 1\}$의 **위쪽**]과 [$Q_8/\{\pm 1\}$의 subgroup lattice]가 **같은 모양**이어야 한다는 것이다. 또, 예를 들어, $\{\pm 1, \pm\mathbf{i}\} \triangleleft Q_8$이므로(왜 그런가?), $\{\overline{1}, \overline{\mathbf{i}}\} \triangleleft Q_8/\{\pm 1\}$이어야 한다는 것도 말해 준다.

연습문제 4.4.6. Alternating group A_4의 '유명한' normal subgroup

$$V_4 = \{id,\ (1,2)\circ(3,4),\ (1,3)\circ(2,4),\ (1,4)\circ(2,3)\}$$

을 기억하면서([I, 연습문제 12.3.18과 참고 12.3.19] 참조), A_4와 A_4/V_4의 subgroup lattice를 각각 그려 보라. 그리고, 정리 4.4.4의 의미를 되새겨 보라.

---

[41] 따름정리 4.4.10, 명제 5.3.19 및 연습문제 8.6.9 참조.

[42] 'Lattice'는 수학에서 흔히 두 가지 의미로 사용된다. 그 중 하나는 이 보기를 읽으면 저절로 알게 될 것이고, 다른 하나는 §11.3에서 배우게 된다. 하지만 'lattice'를 '格子'로 생각하면, 'lattice'의 두 가지 의미는 사실 별 차이 없다.

수학에서 'maximal'이라는 단어는 항상 같은 의미를 갖는다. (정의 14.1.3 참조.)

정의 4.4.7. H가 group G의 **maximal subgroup**이라는 말은

(1) $H < G,\ H \neq G.$

(2) $H \leq K \leq G$이면, $H = K$이거나 $K = G.$[43]

라는 뜻이고, N이 group G의 **maximal normal subgroup**이라는 말은

(3) $N \lhd G,\ N \neq G.$

(4) $N \leq N' \unlhd G$이면, $N = N'$이거나 $N' = G.$

라는 뜻이다.

한 가지 주의할 점은, group G의 maximal (normal) subgroup이 존재하더라도, 반드시 unique할 필요는 없다는 것이다. 예를 들어, 앞 연습문제 4.4.6에서 A_4는 5-개의 maximal subgroup을 갖는다(그러나, A_4는 unique maximal normal subgroup을 갖는다). 다음 연습문제는 다음 章을 위한 준비운동이다.

연습문제 4.4.8. (가) Commutative ring의 maximal ideal을 정의해 보라.
(나) $\mathbb{Z}$의 ideal $n\mathbb{Z}$가 maximal ideal이기 위한 필요충분조건은 n이 irreducible (prime) number인 것임을 보여라.

수학에서 'simple'이라는 단어도 대개 비슷한 의미를 갖는다. (다만, 'simple ring'과 'simple R-algebra'는 약간 delicate하므로, 이 책에서는 생략한다.[44])

정의 4.4.9. (가) $G \neq \{e\}$일 때,[45] group G의 normal subgroup이 $\{e\}$와 G뿐이면, G를 **simple group**이라고 부른다.
(나) $M \neq \{0\}$일 때, R-module M의 R-submodule이 $\{0\}$과 M뿐이면, M을 **simple R-module** 또는 **irreducible R-module**이라고 부른다.

이 책에서 simple group과 irreducible module을 깊이 공부하지는 않겠지만, 수학 전체에서 simple group과 irreducible module이 갖는 중요성은 아무리 강조하여도 지나칠 수 없다.

[43] 즉, H보다 더 큰 G의 proper subgroup은 없다는 뜻. 따라서, maximal subgroup은 maximal **proper** subgroup이라고 하는 것이 더 정확한 표현일 것이다.

[44] 독자들이 지금, 예를 들어, [8, Ch. XVII, § 6]을 읽을 필요는 없다.

[45] $\{e\}$를 simple group이라고 부르지 않는 이유는 1을 irreducible number라고 부르지 않는 것과 같은 理致이다. Zero module도 같은 이유로 irreducible module이 아니다.

Maximal normal subgroup 과 simple group 이 지금 우리의 '이야기'에 등장한 이유는 다음 따름정리 때문이다.

따름정리 4.4.10. $\{e\} \neq G$ 가 group 일 때, 다음 조건은 동치이다.

(1) N 은 G 의 maximal normal subgroup.

(2) G/N 은 simple group.

증명 : 정리 4.4.4 에 의해 거의 자명하다. [G 의 normal subgroup lattice 에서 N 의 위쪽]과 [G/N 의 normal subgroup lattice]는 같은 모양이어야 하므로. □

위 따름정리의 [maximal ideal 에 관한 analogue]는 다음 章의 主題 중 하나이다. (명제 5.3.19 참조.) 다음 따름정리는 simple group 이 왜 중요한지 말해 준다.

따름정리 4.4.11. $\{e\} \neq G$ 가 **finite** group 일 때, 다음 조건

(i) $\{e\} = G_k \lhd G_{k-1} \lhd \cdots \lhd G_1 \lhd G_0 = G$.[46]

(ii) G_i/G_{i+1} is a simple group for every $0 \leq i \leq k-1$.

을 만족하는 G 의 subgroup $G_1, \ldots, G_{k-1}$ 이 존재한다.[47] 우리는 위 (i) 을 G 의 **composition series** 라고 부른다.

증명 : $\{e\} \neq G$ 가 finite 이므로, G 의 maximal normal subgroup G_1 은 항상 존재한다. 이때, 따름정리 4.4.10 에 의해, G/G_1 은 simple group 이 된다. 만약 $G_1 \neq \{e\}$ 이면, 다시 G_1 의 maximal normal subgroup G_2 를 찾는다(물론, G_1/G_2 는 simple group). 이렇게 계속 $G_1, G_2, \ldots$ 을 찾는 과정이 무한히 반복될 수는 없다(왜 그런가?). 반드시 유한 번만에 $G_k = \{e\}$ 로 끝나게 될 것이다. □

위 따름정리로부터 우리는 "*모든 finite group 은 finite simple group 에 의한 유한 번의 extension 으로 얻어진다*"라고 말한다.[48] [49]

---

[46] [$G_i \lhd G$ for all i]라는 뜻은 아니다.

[47] Jordan-Hölder's Theorem 에 의하면, (finite) group 의 composition series 는 '본질적으로' 하나뿐이다. 예를 들어, [5], [7] 참조.

[48] Group extension 의 정의는 생략한다. 대충 넘어가자.

[49] Finite simple group 은 완전히 classify 되어 있다. **큰 스승이신 故 李林學 선생님**(1922–2005)께서 이 분야의 매우 중요한 업적을 남기셨다. 한편, 수리논리학에서는 finite group 의 완전한 classification 은 불가능하다고 *'말한다'*…….

연습문제 4.4.12. Cyclic group $\mathbb{Z}_4$ 와 Klein 4-group $(\mathbb{Z}_2 \times \mathbb{Z}_2)$ 는 '같은 형태'의 composition series 를 가짐을 보여라. (이 연습문제는 composition series 의 '형태'가 group 을 결정하지는 못함을 설명해 준다.)

다음에는 simple group 과 irreducible module 의 보기를 몇 개만 살펴본다.

연습문제 4.4.13. $1 < p \in \mathbb{Z}$ 가 prime 이면, cyclic group $\mathbb{Z}_p$ 는 simple group 임을 증명하라.

다음 결과는 우리가 제 16 장에서 5-차 방정식의 '근의 공식'이 존재하지 않음을 증명할 때, 결정적인 역할을 하게 된다.[50]

정리 4.4.14. $n \geq 5$ 이면, alternating group A_n 은 simple group.

증명 : 생략. (거의 모든 참고도서에서 이 증명을 찾을 수 있을 것이다. 한번 풀어 보기 바란다.[51]) □

著者가 [I, § 12.3] 에서 강조하였던 (projective) **classical group** 들도 거의 대부분 simple group 이다.

정리 4.4.15. F 는 field 이고, $2 \leq n$ 은 자연수일 때,[52]

(가) 모든 projective special linear group $\mathbf{PSL}_n(F)$ 는 simple group 이다 (단, $\mathbf{PSL}_2(\mathbb{F}_2)$ 와 $\mathbf{PSL}_2(\mathbb{F}_3)$ 는 예외).[53]

(나) F^n 에 non-degenerate alternating bilinear form 이 주어졌을 때, projective symplectic group $\mathbf{PSp}_n(F)$ 는 simple group 이다 (단, $\mathbf{PSp}_2(\mathbb{F}_2)$, $\mathbf{PSp}_2(\mathbb{F}_3)$ 와 $\mathbf{PSp}_4(\mathbb{F}_2)$ 는 예외).[54]

증명 : 생략. 예를 들어, Jacobson [5, Ch. 6] 참조.[55] □

Irreducible (simple) module 의 첫번째 보기는 물론 우리의 '고향'이다.

연습문제 4.4.16. F 가 field 일 때, irreducible F-module 을 모두 찾아라.

---

[50] [I, 연습문제 12.3.18 과 참고 12.3.19] 참조.

[51] 먼저 index 에서 simple group 항목을 찾은 후 ……. '읽어 보라'고 하지 않고, '풀어 보라'고 한 이유는 ……. 뭐 내년쯤 풀어 봐도 좋다.

[52] [I, 정의 12.3.24 및 정의 14.3.10] 참조.

[53] 연습문제 10.5.10 참조.

[54] Orthogonal group 의 경우도 비슷하지만, 약간 delicate 하다.

[55] 아직 이 증명을 읽을 때는 아니다. 몇 년 후에 기회가 있을 것이다.

다음 보기와 연습문제는 독자들이 조금 어렵게 느낄지도 모르겠다. 성숙에는 고통이 따르는 法이다.

보기 4.4.17. F 는 field 이고, V 는 n-dimensional F-vector space 라고 하자. 또, $G = \mathbf{GL}(V)$ 로 간략히 표기하기로 하자. 그리고, G 의 natural representation $id : G \to \mathbf{GL}(V)$ 를 생각하자.[56] 그러면, 명제 2.2.18 에 의해, V 를 $F[G]$-module 로 볼 수 있다. 우리의 주장은 V 는 irreducible $F[G]$-module 이라는 것이다. 이를 증명하려면, $0 \neq W$ 가 V 의 $F[G]$-submodule 일 때, $W = V$ 인 것을 보이면 된다. 그런데, $F[G]$-submodule 은 우선 F-subspace 이므로,[57] W 는 F-basis $\mathfrak{C}$ 를 갖는다. (다음 작업은 독자들도 짐작하고 있을 것이다.) 이제 Basis Extension Theorem 으로부터, $\mathfrak{C}$ 를 포함하는 V 의 F-basis $\mathfrak{B}$ 를 얻는다. 한편,

$$[\, W \leq_{F[G]} V \,] \iff [\, W \text{ is a } T\text{-invariant subspace for all } T \in G = \mathbf{GL}(V) \,]$$

이므로 (**왜 그런가?**), 모든 $T \in \mathbf{GL}(V)$ 에 대하여, $[T]_{\mathfrak{B}}^{\mathfrak{B}}$ 는

$$[T]_{\mathfrak{B}}^{\mathfrak{B}} = \left(\begin{array}{c|c} [T|_W]_{\mathfrak{C}}^{\mathfrak{C}} & * \\ \hline \mathbf{0} & * \end{array}\right)$$

의 형태가 된다. 이는, 만약 $\mathfrak{C} \neq \mathfrak{B}$ 였다면 (즉, $\dim W \neq \dim V$ 였다면), 어림도 없는 이야기이다 (왜 그런가?). 따라서, $\mathfrak{C} = \mathfrak{B}$, 즉 $W = V$ 이어야 한다. 증명 끝.

위 보기를 이해했다면, 다음 연습문제들은 그다지 힘들지 않을 것이다.

연습문제 4.4.18. F 는 field, V 는 n-dimensional F-vector space 라고 하자.

(가) $G = \mathbf{SL}(V)$ 로 놓고, G 의 natural representation $\imath : G \to \mathbf{GL}(V)$ 를 생각하자. 이때, V 는 irreducible $F[G]$-module 임을 보여라.

(나) (연습문제 1.1.20 에서,) $\mathfrak{L}(V, V)$-module V 는 irreducible $\mathfrak{L}(V, V)$-module 임을 보여라.

연습문제 4.4.19. 보기 2.2.14 의 (라) 항에서, $G = (F, +)$ 로 놓으면, F^2 은 simple $F[G]$-module 인가?

---

[56] Natural representation 의 정의는 보기 2.2.14(가) 항 참조.

[57] Restriction of scalars. 연습문제 3.2.11 참조.

4.5. 'Additional Relation'

이 節의 제목에 있는 'relation' 이라는 단어는 지금까지 우리가 equivalence relation 이나 order relation 에서 사용하던 relation 과는 **다른 개념**이다.[58] 그리고, 'additional' 은 덧셈과 관련이 있다는 뜻이 아니고, '追加的인' 의 의미이다.

이 節의 목표는 뒤 § 10.5 에서 공부하게 될 [generators and relations] 와 [group presentation] 의 개념을 이해하기 위한 motivation 을 제공하는 것이다. 그러나, 이 節의 'relation' 은 § 10.5 의 relation 과도 약간의 차이가 있다. 따라서, 이 節에서는 'additional relation' 을 항상 (작은) 따옴표 속에 나타내기로 한다. 그럼, 이제 'additional relation' 의 뜻을 설명해 보자.

D 는 integral domain 이고, M 은 D-module 이라고 하자. 그러면, 이미 연습문제 3.2.10 (가) 항에서 살펴보았듯이, $M_{\text{tor}} \leq_D M$ 이 된다. 이제, quotient module M/M_{tor} 은 torsion-free 라는 것이 우리의 **思考方式**이다.

관찰 4.5.1. D 는 integral domain 이고, M 은 D-module 이라고 하면, M/M_{tor} 은 torsion-free D-module 이다.

증명 : $\overline{x}$ 를 M/M_{tor} 의 torsion element 라고 하자. 이는 $a\,\overline{x} = \overline{ax} = \overline{0}$ 인 $0 \neq a \in D$ 가 존재한다는 뜻이다. 그러므로, $ax \in M_{\text{tor}}$ 이어야 하고, 다시 $b(ax) = (ba)x = 0$ 인 $0 \neq b \in D$ 가 존재한다. 그런데, D 는 integral domain 이므로, $ba \neq 0$ 이고, 따라서 $x \in M_{\text{tor}}$, 즉 $\overline{x} = \overline{0}$ 이다. □

위 관찰을 우리는 "M 을 M_{tor} 으로 — 즉, M 의 torsion element 전체 집합으로 — **mod out** 하면, (non-zero) torsion element 는 남아 있지 않다"라고 표현한다. 이는 "torsion element 들을 **모두 0 이라고 선언**해 버리면, torsion-free 가 된다"는 뜻이다. 그리고, 이때 우리는 "M 에 ['$x = 0$' for all torsion element $x \in M$] 이라는 '追加 관계식' 들을 — 즉, 'additional relation' 들을 — 주면, torsion-free 가 된다"고 말한다.

한마디 보태자면, 'relation (관계식)' 들을, 예를 들어, '$x = y$'의 형태로 생각할 수도 있다. 그러나, 이 식은 결국 '$x - y = 0$' (혹은 '$y^{-1}x = e$')의 형태, 즉 우변이 0 (혹은 e) 인 형태로 항상 바꾸어 생각할 수 있을 것이다.

[58] 억지로 equivalence relation 과의 연관성을 생각할 수는 있겠지만, 이는 한마디로 시간 낭비이다.

다음 관찰도 흥미롭다.

관찰 4.5.2. D는 integral domain이고, $N \le_D M$이라고 하자. 이때, M/N이 torsion-free D-module이면, $M_{\text{tor}} \le_D N$이다.

증명 : $x \in M_{\text{tor}}$이라고 하자. 이는 $ax = 0$인 $0 \neq a \in D$가 존재한다는 뜻이다. 따라서, 당연히 $a\overline{x} = \overline{ax} = \overline{0} \in M/N$이어야 하고, M/N은 torsion-free이므로, $\overline{x} = \overline{0}$가 된다. 즉, $x \in N$이다. □

위 관찰은 "torsion-free D-module을 만들려면, **적어도** torsion element들을 모두 0이라고 선언해야만 한다"는 뜻이고, 이는 매우 상식적이다. 그러나, 한 가지 조심해야 할 것이 있다.

보기 4.5.3. 위 관찰 4.5.2의 convese는 성립하지 않는다. 간단한 예를 들어 보면, $D = \mathbb{Z} = M$로 놓을 때, $\mathbb{Z}_{\text{tor}} = 0$이고, $0 < n\mathbb{Z} = N$이지만(단, $n > 1$), $\mathbb{Z}/n\mathbb{Z}$는 torsion-free abelian group이 아니다. 이는 "torsion element들은 모두 0이라는 'relation' 뿐만 아니라 더 많은 'additional relation'을 주면, 새로운 torsion element들이 생길 수도 있다"는 뜻이다.

위 보기에서처럼 R-module에 관한 counter-example을 찾을 때에는 우리는 언제나 $\mathbb{Z}$-module부터 — 즉, abelian group부터 — 생각한다는 것을 기억해 두기 바란다.

다음 연습문제도 위의 논의와 똑같은 사고방식이다.

연습문제 4.5.4. $\mathcal{A}$가 **commutative** R-algebra일 때,

$$\mathcal{A}_{\text{nilp}} = \{a \in \mathcal{A} \mid a \text{ is nilpotent}\}$$

로 표기하고, 다음을 보여라.

(가) $\mathcal{A}_{\text{nilp}}$는 $\mathcal{A}$의 ideal.[59]

(나) $\mathcal{A}/\mathcal{A}_{\text{nilp}}$는 non-zero nilpotent element를 갖지 않는다.[60]

(다) $\mathcal{I}$가 $\mathcal{A}$의 ideal일 때, $\mathcal{A}/\mathcal{I}$가 non-zero nilpotent element를 갖지 않으면, $\mathcal{A}_{\text{nilp}} \le \mathcal{I}$이다.

(라) 위 (다)항의 convese는 성립하지 않는다.

---

[59] 연습문제 3.2.7(나)항 참조.

[60] Non-zero nilpotent element를 갖지 않는 R-algebra는 reduced R-algebra라고 불리운다.

이제 독자들이 'additional relation'의 의미를 제법 이해했을 것으로 생각한다. 그럼 처음부터 다시 시작한다.

보기 4.5.5. Abelian group $\mathbb{Z}_3$에 '$\overline{2} = \overline{0}$'라는 한 개의 'additional relation'을 주었다고 생각해 보자. 그러면, **저절로** '$\overline{1} = \overline{4} = \overline{2} + \overline{2} = \overline{0}$'가 되므로, $\overline{2}$를 $\overline{0}$라고 선언하면, [$\overline{2}$가 generate하는 $\mathbb{Z}_3$의 subgroup의 원소들]도 자동으로 $\overline{0}$와 같아진다. 따라서, "$\mathbb{Z}_3$를 '$\overline{2} = \overline{0}$'라는 'additional relation'으로 mod out하면, zero abelian group이 된다."

위 보기를 읽으며, 다음 정의의 필요성을 스스로 생각한 독자들은 칭찬 받을 만하다. 다시 단골손님이 등장한다.

정의 4.5.6. (가) G는 group이고, $S \subseteq G$라고 하자. 이때, S를 포함하는 G의 minimal normal subgroup을 $(\mathbf{S})$로 표기하고, $(\mathbf{S})$를 [**normal subgroup of G generated by S**]라고 부른다. 다시 말해, $S \subseteq (\mathbf{S}) \trianglelefteq G$이고, [만약 $S \subseteq N \trianglelefteq G$이면, $(\mathbf{S}) \leq N$]이라는 뜻이다.
(나) $\mathcal{A}$는 R-algebra이고, $S \subseteq \mathcal{A}$일 때, S를 포함하는 $\mathcal{A}$의 minimal (two-sided) ideal을 $(\mathbf{S})$로 표기하고, $(\mathbf{S})$를 [(**two-sided**) **ideal of $\mathcal{A}$ generated by S**]라고 부른다. 다시 말해, $S \subseteq (\mathbf{S}) \trianglelefteq \mathcal{A}$이고, [만약 $S \subseteq \mathcal{I} \trianglelefteq \mathcal{A}$이면, $(\mathbf{S}) \leq \mathcal{I}$]라는 뜻이다.[61]

단골손님은 routine.

연습문제 4.5.7. (가) Group G의 normal subgroup들의 intersection은 다시 G의 normal subgroup임을 보여라.
(나) R-algebra $\mathcal{A}$의 (two-sided) ideal들의 intersection은 다시 $\mathcal{A}$의 (two-sided) ideal임을 보여라.

연습문제 4.5.8. 위 정의 4.5.6의 (가)항과 (나)항에서,

(가) $(\mathbf{S})$의 existence와 uniqueness를 증명하라.
(나) $(\mathbf{S})$는 실제로 어떤 원소들로 이루어져 있는지 설명하라.[62]

연습문제 4.5.9. R은 [commutative ring with 1]이고, $a \in R$일 때, $(\mathbf{a}) = Ra$임을 보여라.

[61] 보통 괄호 ( )와 구분하기 위하여, 굵은 font의 괄호 **( )**를 사용하였다. 따라서, 벡터 (a, b)나 최대공약수 (a, b)와 혼동할 여지는 없다.
[62] 답을 활자화하는 것은 좀 귀찮다.

다시 우리의 '이야기'로 돌아가자.

보기 4.5.10. Symmetric group $S_3 = \{id, \tau, \tau^2, \sigma, \sigma\tau, \sigma\tau^2\}$을 생각하자 (단, $\sigma^2 = id = \tau^3$, $\tau\sigma = \sigma\tau^2$).[63]

(가) S_3를 '정의'하는 (!) 위 세 개의 등식 ($\sigma^2 = id$, $\tau^3 = id$, $(\tau\sigma)^2 = id$) 에 '$\sigma = id$'라는 'relation'을 **추가**했다고 생각해 보자. 그러면, $\tau\sigma\tau^{-1}$는 id와 같아지고, $\tau\sigma\tau^{-1} = \sigma\tau$ 이므로 (왜 그런가?), $\sigma\tau$도 id와 같아져야만 한다. 따라서, '$\tau = id$'라는 'relation'도 저절로 추가된다. 다시 말해, (σ)의 원소들도 모두 자동으로 id와 같아진다. 그런데, $(\sigma) = S_3$ 이므로 (확인해 보라), "S_3를 '$\sigma = id$'라는 'additional relation'으로 mod out 하면, trivial group 이 된다."

(나) 이번에는 S_3에 '$\tau = id$'라는 'additional relation'을 주어 보자. 그러면, $(\tau) = A_3$ 이고 (확인해 보라), $[S_3 : (\tau)] = 2$ 이므로,[64] "S_3에 '$\tau = id$'라는 'additional relation'을 주면, 두 개의 원소가 남는다."

위 보기의 (나) 항을 읽으며, 무언가 설명이 더 필요하다고 느끼는 독자들은 칭찬 받아 마땅하다.

주의 4.5.11. 위 보기 4.5.10 (나) 항에서, 우리는 '$\tau = id$'라는 'additional relation'에 **어떠한 조작을 加하여도**, '$\sigma = id$'라는 'relation'은 얻을 수 없음을 설명해야 할 것이다. 그러나, 이 '어떠한 조작'이라는 말을 수식으로 나타내는 것은 참으로 난처한 일이다. (이 문제는 **Word Problem**의 一種으로 볼 수 있다 (주의 10.5.2 참조).[65] Word Problem을 만나면, 도망치는 것이 上策이다.)

우리는 다음 정의로써 Word Problem을 피해 갈 수 있다.

정의 4.5.12. X가 □□ 이고,[66] $S \subseteq X$ 일 때, 우리는 "X에 ['$s = 0$' (혹은, '$s = e$') for all $s \in S$]라는 'additional relation' (들)을 주면, $X/(S)$를 얻는다"라고 말한다.

위 정의의 관점에서 — 즉, 'additional relation'의 관점에서 — Third Isomorphism Theorem을 이해하는 것도 흥미롭다.

---

[63] 지금 [I, 보기 11.8.3]을 복습하라.

[64] Subgroup의 index는 [I, 표기법 12.2.13] 참조.

[65] 이때, 'word'는 명제 3.1.15(가)항의 그것과 비슷한 뜻이다.

[66] 이때, □□는 group, R-module, 또는 R-algebra(ring)이다. 그리고, X가 R-module 일 때에는 $(S) = \langle S \rangle$로 이해한다.

보기 4.5.13. (Third Isomorphism Theorem의 再해석) Third Isomorphism Theorem (정리 4.2.9) 은 이제 "한꺼번에 'additional relation'을 주는 것이나 이를 몇 단계로 나누어 주는 것이나 같다"는 의미가 된다. 보기를 들어 설명해 보자. X가 정의 4.5.12에서와 같고, $a, b \in X$라고 하자. 그러면, $X/(a,b)$는 한꺼번에 '$a = b = 0$'이라는 'additional relation'을 준 것이고, 이와 isomorphic 한 $\big(X/(a)\big)/\big((a,b)/(a)\big)$는 먼저 '$a = 0$'이라는 'additional relation'을 준 후에 '$b = 0$'이라는 'additional relation'을 다시 추가한 것이 된다.

다음 두 관찰 (관찰 4.5.15와 관찰 4.5.17) 은 'additional relation'의 중요한 example들이다. 먼저 새 용어가 필요하다.

정의 4.5.14. G가 group일 때,

$$[G,G] = \langle ghg^{-1}h^{-1} \in G \mid g,h \in G \rangle$$

로 표기하고,[67] 우리는 $[G,G]$를 G의 **commutator subgroup**이라고 부른다.[68] 그리고, $ghg^{-1}h^{-1}$ 꼴의 원소는 a **commutator**라고 부른다 (단, $g,h \in G$).

우리는 [I, 연습문제 11.2.4]에서 commutator를 만난 적이 있다. 즉, group G가 commutative일 필요충분조건은 $[G,G] = \{e\}$인 것을 우리는 알고 있다. 이제, $G/[G,G]$가 commutative group이어야함은 우리의 사고방식이다.

관찰 4.5.15. G가 group일 때,

(가) $[G,G] \trianglelefteq G$.

(나) $G/[G,G]$는 commutative group.

(다) $N \trianglelefteq G$일 때, G/N이 commutative group일 필요충분조건은 $[G,G] \le N$.

증명 : (가) 아래 관찰 4.5.16에 의해, $x(ghg^{-1}h^{-1})x^{-1} \in [G,G]$인 것만 보이면 충분하다 (단, $x,g,h \in G$). 그런데, 이를 commutator의 꼴로 억지로 (!) 변형시키면 (즉, 오른쪽이 $hxh^{-1}x^{-1}$로 끝나도록 억지로 변형시키면),

$$\begin{aligned} x(ghg^{-1}h^{-1})x^{-1} &= xghg^{-1} \cdot \big(x^{-1}h^{-1}hx\big) \cdot h^{-1}x^{-1} \\ &= \big((xg)h(xg)^{-1}h^{-1}\big) \cdot \big(hxh^{-1}x^{-1}\big) \in [G,G] \end{aligned}$$

이므로 OK.[69]

---

[67] $\langle ghg^{-1}h^{-1} \in G \mid g,h \in G \rangle = \langle \{ghg^{-1}h^{-1} \in G \mid g,h \in G\} \rangle$. 즉, 중괄호(집합기호)를 생략한 표기법.

[68] Commutator subgroup을 derived subgroup이라고 부르기도 한다. 또, $[G,G] = G'$의 표기법도 자주 사용한다.

[69] 이번에도 또 운이 좋다.

(나) 사고방식.

(다) $N \trianglelefteq G$ 이면,

$$\begin{aligned} & G/N \ \text{ is commutative} \\ \iff & \overline{g}\ \overline{h}\ \overline{g^{-1}}\ \overline{h^{-1}} = \overline{ghg^{-1}h^{-1}} = \overline{e}, \ \text{ for all } g,h \in G \\ \iff & ghg^{-1}h^{-1} \in N, \ \text{ for all } g,h \in G \\ \iff & [G,G] \leq N \end{aligned}$$

이다. □

다음 관찰의 idea는 명제 2.1.4 및 연습문제 2.1.13의 그것과 유사하다.

관찰 4.5.16. G는 group이고, $S \subseteq G$라고 하자. 이때, $\langle S \rangle \trianglelefteq G$일 필요충분조건은 $[xsx^{-1} \in \langle S \rangle$ for all $s \in S,\ x \in G]$.

증명 : 한쪽 방향은 자명하다. 이제, $[xsx^{-1} \in \langle S \rangle$ for all $s \in S,\ x \in G]$라고 가정하고, $\langle S \rangle \trianglelefteq G$ 임을 보이자. 우선 $s \in S,\ x \in G$ 이면,

$$xs^{-1}x^{-1} = (xsx^{-1})^{-1}$$

이므로, $xs^{-1}x^{-1} \in \langle S \rangle$가 된다. 그런데, 명제 3.1.15 (가)항에 의해, $\langle S \rangle$의 원소들은 $S \cup S^{-1}$의 원소들의 곱으로 나타낼 수 있다. 즉, $\langle S \rangle$의 임의의 원소는 $[s_1 s_2 \cdots s_k$ for some $s_1, s_2, \ldots, s_k \in S \cup S^{-1}]$의 형태가 된다. 그런데, $x \in G$ 이면,

$$x(s_1 s_2 \cdots s_k)x^{-1} = xs_1x^{-1} \cdot xs_2x^{-1} \cdot \ \cdots \ \cdot xs_kx^{-1} \in \langle S \rangle$$

이므로, 증명 끝. □

실제로 commutator subgroup을 계산하는 것은 그리 간단치 않다.[70] 지금 우리의 관심사도 아닐 뿐만 아니라, 갈 길이 바쁘니 생략하기로 한다.

다음 관찰도 위 관찰 4.5.15와 똑같은 사고방식이다.

관찰 4.5.17. $\mathcal{A}$가 R-algebra일 때, $S = \{ab - ba \in \mathcal{A} \mid a, b \in \mathcal{A}\}$로 표기하면,

(가) $\mathcal{A}/(S)$는 commutative R-algebra.[71]

(나) $\mathcal{I} \trianglelefteq \mathcal{A}$일 때, $\mathcal{A}/\mathcal{I}$가 commutative R-algebra일 필요충분조건은 $(S) \leq \mathcal{I}$.

증명 : 관찰 4.5.15의 증명을 흉내 내면 된다. 독자들에게 맡긴다. □

---

[70] 예를 들어, $[S_n, S_n]$은? $[\mathbf{GL}_n(F), \mathbf{GL}_n(F)]$는?

[71] $\langle S \rangle$는 일반적으로 $\mathcal{A}$의 ideal이 될 수 없다.

그렇지만, 'additional relation'의 개념은 사실 좀 미묘한 부분이 있다. 예를 들어, G가 group 일 때 (G의 center $Z(G)$의 원소를 **central element** 라고 부른다), *"G의 central element 들을 모두 e와 같다고 선언하면, 'center-free' group이 된다"*는 말은 제법 그럴듯하게 들리지만, 이는 true가 아니다.

연습문제 4.5.18. $Z\big(G/Z(G)\big) \neq \{\bar{e}\}$ 인 group G를 찾아보라.

그러므로, 'additional relation'을 다룰 때에는 늘 조심하여야 한다. 이는, 역으로, 재미있는 보기가 많다는 뜻이기도 하다.

보기 4.5.19. (연습문제 3.2.14 (가) 항의) $\mathbb{R}$의 subring $\mathbb{Z}[\sqrt{2}]$에 '$\sqrt{2} = 4$'라는 'additional relation'을 주면 어떻게 될까? 즉, $\mathbb{Z}[\sqrt{2}]/\mathbf{(}4 - \sqrt{2}\mathbf{)}$를 계산해 보자는 뜻이다. 먼저, '$\sqrt{2} = 4$'이므로, $m, n \in \mathbb{Z}$ 일 때, '$m + n\sqrt{2} = m + 4n$'이어야 한다. 이는 $\mathbb{Z}[\sqrt{2}]/\mathbf{(}4 - \sqrt{2}\mathbf{)}$의 모든 원소들을 어떤 integer의 꼴로 나타낼 수 있음을 의미한다. 한편, 다시 '$\sqrt{2} = 4$'로부터 '$2 = 16$' 즉 '$14 = 0$'을 얻을 수 있다. 따라서, $\mathbb{Z}[\sqrt{2}]/\mathbf{(}4 - \sqrt{2}\mathbf{)}$는 $\mathbb{Z}_{14}$ ('$14 = 0$'인 integer 들)과 isomorphic 할 것이라고 **예측**할 수 있다. 이제 (First Isomorphism Theorem을 사용하여) 우리의 예측을 증명하기 위해, ring homomorphism

$$(\psi = \pi \circ \imath_{\mathbb{Z}}) : \mathbb{Z} \longrightarrow \mathbb{Z}[\sqrt{2}] \longrightarrow \mathbb{Z}[\sqrt{2}]/\mathbf{(}4 - \sqrt{2}\mathbf{)}$$

를 생각하자. 그러면, 위 '$m + n\sqrt{2} = m + 4n$'은 ψ의 surjectivity를 설명하고 있고 (왜 그런가?), 위 '$14 = 0$'은 $14\mathbb{Z} \leq \ker\psi$를 설명하고 있다 (왜 그런가?). 마지막으로, $\ker\psi \leq 14\mathbb{Z}$ 임을 보이기 위해, $a \in \ker\psi$ 라고 하자. 이는 $a \in \mathbf{(}4 - \sqrt{2}\mathbf{)}$ 라는 뜻이고, 따라서

$$a = (4 - \sqrt{2})\,(m + n\sqrt{2}\,) = (4m - 2n) + (4n - m)\sqrt{2}$$

인 $m, n \in \mathbb{Z}$가 존재할 것이다 (왜 그런가?). 그러므로 ($\sqrt{2}$는 무리수이므로), $4n = m$ 이고, $a = 4m - 2n = 14n$ 즉 $a \in 14\mathbb{Z}$ 이다.[72]

다음 연습문제는 M. Artin [4, p. 363]에서 발췌하였다.

연습문제 4.5.20. The ring of Gaussian integers $\mathbb{Z}[\mathbf{i}]$에 '$1 + 3\,\mathbf{i} = 0$'이라는 'additional relation'을 주면 어떻게 되는가? 즉, $\mathbb{Z}[\mathbf{i}]/\mathbf{(}1 + 3\,\mathbf{i}\mathbf{)}$를 계산하라.[73]

---

[72] 함수 ψ 대신 함수 $\varphi : \mathbb{Z}[\sqrt{2}]/\mathbf{(}4 - \sqrt{2}\mathbf{)} \to \mathbb{Z}_{14}$를 사용하는 증명과 비교해 보라.

[73] "계산하라"는 말의 의미는 $\mathbb{Z}[\mathbf{i}]/\mathbf{(}1 + 3\,\mathbf{i}\mathbf{)}$와 isomorphic 하면서 우리에게 가장 익숙한 ring을 찾으라는 뜻.

4.6. Polynomial Algebra 의 Quotient Algebra

이 節에서 소개하는 polynomial algebra 의 quotient algebra 들은 "**Algebraic Geometry** (대수기하학)"의 主題 중 하나이다. 또, 이 節에는 제6장 (특히 Kronecker's Theorem) 의 중요한 idea 도 포함되어 있다.[74] 우선 간단한 (쉬운) 보기부터 시작하자.

보기 4.6.1. R 이 commutative [ring with 1] 일 때, polynomial algebra $R[t]$ 에 만약 '$t = 0$'이라는 'additional relation' 을 주면 어떻게 될까? 즉, R-algebra $R[t]/(t)$ 는 어떻게 생겼을까? 앞 節의 보기 4.5.19 의 논의를 한번 더 흉내 내면, $R[t]/(t) \approx R$ 인 것을 예측할 수 있을 것이다. 이 예측을 증명하기 위해, 이번에도, R-algebra homomorphism

$$(\psi = \pi \circ \imath_R) : R \longrightarrow R[t] \longrightarrow R[t]/(t)$$

를 생각하자. 이번에는 ψ 의 surjectivity 와 $\ker \psi = 0$ 인 것 모두 거의 자명하다 (확인해 보라). (지금은 두번째 증명도 가능하다. 즉, [evaluation homomorphism at 0] $\mathcal{E}_0 : R[t] \to R$ 을 생각하면, $\mathcal{E}_0$ 의 surjectivity 는 자명하다. 그리고, $(t) = R[t] \cdot t$ 이므로, 인수정리 (보기 1.7.15) 에 의해 $\ker \mathcal{E}_0 = (t)$ 인 것도 알 수 있다.)

연습문제 4.6.2. R 이 commutative [ring with 1] 이고, $a \in R$ 을 고정할 때, $R[t]$ 에 '$t = a$'라는 'additional relation' 을 주면 어떻게 되는가?

다음에는 여러 개의 indeterminate 들을 갖는 polynomial algebra 를 생각한다. 먼저 이 경우의 evaluation homomorphism 이 필요하다.

연습문제 4.6.3. $\mathcal{A}$ 는 **commutative** R-algebra (with 1) 이고, $\alpha_1, \ldots, \alpha_n \in \mathcal{A}$ 라고 하자. 이때, 함수 $\mathcal{E}_{(\alpha_1,\ldots,\alpha_n)} : R[t_1, \ldots, t_n] \to \mathcal{A}$ 를

$$\mathcal{E}_{(\alpha_1,\ldots,\alpha_n)}(f(t_1, \ldots, t_n)) = f(\alpha_1, \ldots, \alpha_n), \qquad (f(t_1, \ldots, t_n) \in R[t_1, \ldots, t_n])$$

으로 정의하면, $\mathcal{E}_{(\alpha_1,\ldots,\alpha_n)}$ 은 [$\mathcal{E}_{(\alpha_1,\ldots,\alpha_n)}(t_i) = \alpha_i$ for all $i = 1, \ldots, n$ and $\mathcal{E}_{(\alpha_1,\ldots,\alpha_n)}(1) = 1$] 을 만족하는 유일한 R-algebra homomorphism 임을 보여라. 이때, 우리는 $\mathcal{E}_{(\alpha_1,\ldots,\alpha_n)}$ 을 [**evaluation homomorphism** at $(\alpha_1, \ldots, \alpha_n)$] 이라고 부른다.[75]

---

[74] 사실, 명제 10.3.14 와 명제 10.4.1 에 의하면, 모든 commutative R-algebra 는 polynomial algebra 의 quotient algebra 와 isomorphic 하다.

[75] 연습문제 1.7.11 및 정의 1.7.13 참조. Hint: 연습문제 1.4.17 을 이용한 n 에 관한 귀납법.

다음 연습문제는 결코 한두 줄로 답할 수 없다.[76]

연습문제 4.6.4. R이 commutative [ring with 1]이고 $\alpha_1, \ldots, \alpha_n \in R$일 때, [evaluation homomorphism at $(t_1 - \alpha_1, \ldots, t_n - \alpha_n)$]

$$\mathcal{E}_{(t_1-\alpha_1, \ldots, t_n-\alpha_n)} : R[t_1, \ldots, t_n] \longrightarrow R[t_1, \ldots, t_n]$$

은 R-algebra **automorphism**임을 보여라. (이를 풀어서 설명하면, 임의의 $f(t_1, \ldots, t_n) \in R[t_1, \ldots, t_n]$은 [$f(t_1, \ldots, t_n) = g(t_1 - \alpha_1, \ldots, t_n - \alpha_n)$ for a unique $g(t_1, \ldots, t_n) \in R[t_1, \ldots, t_n]$]이라는 뜻이다.)

다음 연습문제에 의하면, 위 연습문제 4.6.4는 여러 개의 indeterminate들을 갖는 경우의 '인수 정리'인 셈이다.

연습문제 4.6.5. 연습문제 4.6.4에서, 보기 4.6.1의 두번째 증명을 흉내 내어,

$$R[t_1, \ldots, t_n]/(t_1 - \alpha_1, \ldots, t_n - \alpha_n) \approx R$$

임을 증명하라.[77]

위 연습문제에는 다음 결과도 필요했을 것이다.

연습문제 4.6.6. $\mathcal{A}$는 R-algebra이고, $\alpha_1, \ldots, \alpha_n \in \mathcal{A}$일 때,

$$\begin{aligned}(\alpha_1, \ldots, \alpha_n) &= \{\beta_1\alpha_1 + \cdots + \beta_n\alpha_n \mid \beta_1, \ldots, \beta_n \in \mathcal{A}\} \\ &= \mathcal{A}\alpha_1 + \cdots + \mathcal{A}\alpha_n\end{aligned}$$

임을 보여라. (연습문제 3.1.20 참조.)

이제부터는 — 아무래도 좀 不安하여 — field F-위의 polynomial algebra를 다룬다. 그러면, 이번에는 F-algebra $F[s,t]/(st-1)$을 생각해 보자. 그런데, '$st = 1$'이라는 'additional relation'으로부터 우리는 '$s = t^{-1}$'라는 'relation'을 얻을 수 있다. 따라서, $F[s,t]/(st-1)$의 모든 원소는 $f(t)/t^m$의 꼴(단, $f(t) \in F[t]$, $m \geq 0$)로 나타낼 수 있을 것이다. 우리는 $f(t)/t^m$을 Laurent polynomial이라고 부른다.

---

[76] 의외로 간단치 않다는 뜻(다변수 함수의 Taylor 전개가 생각나기도 하지만······). Hint: Surjectivity가 본질이다. n에 관한 귀납법($n=1$일 때에는 '계수비교법'). Injectivity는 degree argument.

[77] 이 연습문제는 보기 4.5.13(Third Isomorphism Theorem의 再해석)을 이용하여 설명할 수도 있겠지만, 오히려 골치 아프다.

물론 우리의 머리 속에서는 the F-algebra of Laurent polynomials 와 그의 연산들이 눈에 선하다. 그렇지만, 무언가 엄밀한(정확한) 증명을 위해서는 Laurent polynomial 의 'formal' definition 이 필요하다.

어쩌면, 중고생들은 [$m \geq 1$ 일 때에는, $f(0) \neq 0$ 이어야 한다는 조건을 덧붙이면, Laurent polynomial $f(t)/t^m$ 은 유일하게 결정된다]는 식으로 생각할지 모른다. 이는 마치 기약분수만으로 유리수를 설명하려는 것과 같다. 우리는 우리가 갈 길을 알고 있다.

정의 4.6.7. $\big(f(t),\, t^m\big)$, $\big(g(t),\, t^n\big) \in Y = F[t] \times \{1, t, t^2, \dots\}$ 일 때, 다음

$$\big(f(t),\, t^m\big) \sim \big(g(t),\, t^n\big) \quad \text{if and only if} \quad t^n f(t) = t^m g(t) \in F[t]$$

과 같이 Y-위의 equivalence relation 을 정의하자(아래 연습문제 참조). 이때, $\big(f(t),\, t^m\big) \in Y$ 의 equivalence class 를 $\left[\dfrac{f(t)}{t^m}\right] = \dfrac{f(t)}{t^m}$ 으로 혼동하자. 그리고, Y 의 equivalence class 전체 집합을 $L_F[t]$ 로 표기하자. 우리는 $L_F[t]$ 를 [F-algebra of **Laurent polynomials**] 라고 부른다.[78]

연습문제 4.6.8. (가) 위 정의의 $\sim$ 은 equivalence relation 임을 보여라.
(나) $L_F[t]$-위의 덧셈, 곱셈, 그리고 F-상수곱을 정의하고,[79] $L_F[t]$ 는 실제로 F-algebra 가 됨을 보여라.

그럼 다시 F-algebra $F[s,t]/(st-1)$ 로 돌아가자.

보기 4.6.9. 이제 $F[s,t]/(st-1) \approx L_F[t]$ 라는 우리의 예측을 증명해 보자.
(가) 먼저, 앞에서의 경험을 살려, $\left[\text{evaluation homomorphism at } \left(\dfrac{1}{t},\, t\right)\right]$ $\mathcal{E}_{(1/t,\, t)} : F[s,t] \to L_F[t]$ 를 생각해 보자. 그러면, $\mathcal{E}_{(1/t,\, t)}$ 가 surjective 인 것과 $st - 1 \in \ker \mathcal{E}_{(1/t,\, t)}$ 인 것은 거의 자명하다(확인해 보라). 그러나, 아무리 생각해 보아도, $\ker \mathcal{E}_{(1/t,\, t)} \leq (st-1)$ 임을 증명하는 것은 — 우리가 갖고 있는 도구로는 — **정말 난감하다(불가능해 보인다)**. (독자들도 10分만 투자하여 시도해 보라!) 따라서, 이 방법은 **실패**.[80]

---

[78] Laurent polynomial 의 construction 은 몇 년 후에 배울 localization 의 특수한 경우이다.
[79] Well-definedness!
[80] 이 보기의 가장 큰 목적은 한쪽 방향의 증명만 가능한 경우도 있음을 설명하는 것이다.

(나) 이제, 함수 $\xi : L_F[t] \to F[s,t]/(st-1)$를 생각할 수밖에 없다. 물론, ξ는

$$\xi\left(\frac{f(t)}{t^m}\right) = \overline{s^m f(t)}, \qquad (f(t) \in F[t],\ m \geq 0)$$

으로 정의하여야 할 것이다. 지금 이 장면에서, ξ가 **well-defined**인 것을 확인하기 前에는 한 발자국도 앞으로 나갈 수 없다. 즉, $f(t)/t^m = g(t)/t^n$이면, 혹은 $t^n f(t) = t^m g(t)$이면, $\overline{s^m f(t)} = \overline{s^n g(t)}$ 임을 증명해야 한다. 그런데, $m \geq n$이라고 놓으면, $f(t) = t^{m-n} g(t)$이고,

$$\begin{aligned}
s^m f(t) - s^n g(t) &= s^n\left(s^{m-n} f(t) - g(t)\right)\\
&= s^n g(t)\left(s^{m-n} t^{m-n} - 1\right)\\
&= s^n g(t)\left((st)^{m-n-1} + \cdots + (st) + 1\right)(st-1)
\end{aligned}$$

이므로 OK. 지금은 ξ가 F-algebra homomorphism인 것조차 자명하지 않다. 예를 들어,

$$\begin{aligned}
\xi\left(\frac{f(t)}{t^m} + \frac{g(t)}{t^n}\right) &= \xi\left(\frac{t^n f(t) + t^m g(t)}{t^{m+n}}\right)\\
&= \overline{s^{m+n}\left(t^n f(t) + t^m g(t)\right)}\\
&= \overline{s^m f(t) + s^n g(t)}
\end{aligned}$$

가 되고, 따라서, ξ는 F-algebra homomorphism (곱셈과 상수곱에 관한 부분은 독자들에게 맡긴다). 그리고, 임의의 $h(s,t) \in F[s,t]$를 $[\sum_i h_i(t)\, s^i$ for unique $h_i(t) \in F[t]\,]$의 형태로 쓸 수 있음을 생각하면 (즉, $F[s,t] = \left(F[t]\right)[s]$라는 뜻), ξ가 surjective임을 설명할 수 있다. 마지막으로, ξ의 injectivity를 보이자. 이를 위해서는, $0 \neq s^m f(t) \in (st-1)$이면 (이때 $m \geq 1$이어야 한다), $0 = f(t) \in F[t]$ 임을 보이면 충분할 것이다. 이제,

$$s^m f(t) = h(s,t)\,(st-1), \qquad h(s,t) = \sum_{i=0}^{m-1} h_i(t)\, s^i$$

로 놓자 (단, $h(s,t) \in F[s,t]$, $h_i(t) \in F[t]$). 그러면,

$$\begin{aligned}
s^m f(t) &= h_{m-1}(t)\, t s^m + \sum_{i=0}^{m-2} h_i(t)\, t s^{i+1} - \sum_{i=0}^{m-1} h_i(t)\, s^i\\
&= h_{m-1}(t)\, t s^m + \left[\sum_{i=1}^{m-1} \left\{h_{i-1}(t)\, t - h_i(t)\right\} s^i\right] - h_0(t)
\end{aligned}$$

이므로, '계수비교법'을 사용하면, $[h_i(t) = 0$ for all $i = 0, 1, \ldots, m-1]$을 얻는다. 그러므로, $f(t) = h_{m-1}(t)\, t = 0$. 증명 끝.

"Algebraic Geometry" 에서 polynomial algebra 의 quotient algebra 들을 공부하는 이유는 — $S \subset F[t_1,\ldots,t_n]$ 일 때 — F-algebra $F[t_1,\ldots,t_n]/(S)$ 와 S 의 **zero set**

$$\{(\alpha_1,\ldots,\alpha_n) \in F^n \mid f(\alpha_1,\ldots,\alpha_n) = 0 \text{ for all } f(t_1,\ldots,t_n) \in S\}$$

과의 연관성 때문이라고 기억해 두면 된다. S 의 zero set 은 어느 모로 보나 매우 기하학적인 object 임에 틀림없다.[81]

이제 분위기를 조금 바꾸어 보자. 다음 보기들과 주의 (보기 4.6.10 부터 연습문제 4.6.16 까지) 는 제 5 장과 제 6 장을 위한 매우 매우 중요한 motivation 을 內包하고 있다.

보기 4.6.10. (가) 이번에는 ring $\mathbb{Q}[t]/(t^2+1)$ 을 계산해 보자. 무엇보다도 $\mathbb{Q}[t]/(t^2+1)$ 에는 [제곱하면 (-1) 이 되는 원소] 가 존재한다 ($\bar{t}^2 = -\bar{1}$). 이제 다시 보기 4.6.1 의 두번째 증명을 흉내 내어, [evaluation homomorphism at $\mathbf{i}$] $\mathcal{E}_\mathbf{i} : \mathbb{Q}[t] \to \mathbb{C}$ 를 생각해 보면, $\mathrm{im}\,\mathcal{E}_\mathbf{i} = \mathbb{Q}(\mathbf{i})$ 인 것은 자명하다.[82] 뿐만 아니라, $\mathcal{E}_\mathbf{i}(t^2+1) = 0$ 이므로, $(t^2+1) \leq \ker \mathcal{E}_\mathbf{i}$ 인 것도 당연하다. 한편, $(t^2+1) = \mathbb{Q}[t]\cdot(t^2+1)$ 이므로, [$f(t) \in \ker\mathcal{E}_\mathbf{i}$ **일 때 — 즉,** $f(t) \in \mathbb{Q}[t]$ **이고** $f(\mathbf{i}) = 0$ **일 때 —** (t^2+1) **divides** $f(t)$ **in** $\mathbb{Q}[t]$] 인 것만 보일 수 있다면, 우리가 예측한 대로 $\mathbb{Q}[t]/(t^2+1) \approx \mathbb{Q}(\mathbf{i})$ 임을 증명할 수 있을 것이다.

(나) Ring $\mathbb{R}[t]/(t^2+1)$ 를 생각해 보자. 앞 (가) 항의 논의를 그대로 반복하면, $\mathbb{R}[t]/(t^2+1) \approx \mathbb{C}$ 인 것을 증명하기 위해서는 [$f(t) \in \mathbb{R}[t]$ **이고** $f(\mathbf{i}) = 0$ **이면,** (t^2+1) **divides** $f(t)$ **in** $\mathbb{R}[t]$] 인 것만 설명하면 된다.

(다) Ring $\mathbb{Z}[t]/(t^2+1)$ 를 생각해 보자. 그러면, $\mathbb{Z}[t]/(t^2+1) \approx \mathbb{Z}[\mathbf{i}]$ 인 것을 증명하기 위해서는 [$f(t) \in \mathbb{Z}[t]$ **이고** $f(\mathbf{i}) = 0$ **이면,** (t^2+1) **divides** $f(t)$ **in** $\mathbb{Z}[t]$] 인 것을 보여야 한다.

먼저, 위 (나) 항부터 분석해 보자. 독자들은 지금 [$\mathbf{i}$ 가 다항식 $f(t) \in \mathbb{R}[t]$ 의 root 이면, $\mathbf{i}$ 의 complex conjugate $(-\mathbf{i})$ 도 $f(t)$ 의 root] 라는 명제가 떠오를 것이다.[83] 그러나, 이는 [(t^2+1) divides $f(t)$ in $\mathbb{C}[t]$] 라는 사실을 말해 줄 뿐이다.[84] 물론, 중학교에서 배운 '계수비교법'을 사용할 수도 있다.

[81] Zero set 의 공식 명칭은 algebraic set 이다. 高級 언어로는 affine variety.
[82] $\mathbb{Q}(\mathbf{i})$ 는 연습문제 3.2.14(나) 항에서 $d = -1$ 인 경우.
[83] [I, 보기 8.1.3] 참조.
[84] 보기 1.7.15(인수정리) 참조.

관찰 4.6.11. F는 field E의 subfield라고 하자. 만약 $f(t), g(t) \in F[t]$이고 (단, $f(t) \neq 0$), $[f(t) = g(t)\,h(t)$ for some $h(t) \in E[t]]$이면, 사실은 $h(t) \in F[t]$이다.

증명 : '계수비교법'을 사용해도 되고,[85] $F[t]$에서의 division algorithm의 결과

$$f(t) = g(t)\,h_1(t) + r_1(t), \qquad (\text{단, } h_1(t), r_1(t) \in F[t])$$

는 $E[t]$에서의 division algorithm의 결과로도 볼 수 있으므로, 이미 알고 있는 $E[t]$에서의 division algorithm의 결과 $f(t) = g(t)\,h(t)$와 같아야 한다. 즉, $r_1(t) = 0,\ \ h(t) = h_1(t) \in F[t]$. □

그러므로, 보기 4.6.10의 (가)항과 (나)항은 설명이 된 셈이다. (그렇지만, 어째 좀 찜찜하다. 좀 더 산뜻한 방법은 없을까?[86])

이제 보기 4.6.10(다)항을 생각해 보자. 그런데, 예를 들어,

$$(2t+2)\cdot\frac{1}{2} = t+1$$

로부터 알 수 있듯이, 일반적으로 $f(t), g(t) \in \mathbb{Z}[t]$일 때, $[g(t)$ divides $f(t)$ in $\mathbb{Q}[t]]$라고 해서, $[g(t)$ divides $f(t)$ in $\mathbb{Z}[t]]$인 것은 아니다. 그래도:

관찰 4.6.12. $f(t), g(t) \in \mathbb{Z}[t]$이고, $g(t)$는 monic polynomial이라고 하자. 이때, $[f(t) = g(t)\,h(t)$ for some $h(t) \in \mathbb{Q}[t]]$이면, 사실은 $h(t) \in \mathbb{Z}[t]$이다.

증명 : 관찰 4.6.11에서의 '계수비교법' 증명을 반복하면 된다.[87] □

보기를 하나만 더 생각해 보자. 물론, 우리는 보기 4.6.10에서 생각한 다항식 (t^2+1) 대신 얼마든지 복잡한 다항식을 생각할 수도 있겠지만, ……. 지금은 참자.

보기 4.6.13. (가) 보기 4.6.10에서 생각한 다항식 (t^2+1) 대신 (t^2-2)를 생각하자. 그리고, 이번에도 [evaluation homomorphism at $\sqrt{2}$]를 생각하면, $\mathbb{Q}[t]/(t^2-2) \approx \mathbb{Q}(\sqrt{2})$를 보이기 위해서는 $f(t) \in \mathbb{Q}[t]$이고 $f(\sqrt{2}) = 0$이면, $[(t^2-2)$ divides $f(t)$ in $\mathbb{Q}[t]]$인 것을 보여야 할 것이다.

---

[85] '계수비교법'을 사용하는 증명은 별로 활자화하고 싶은 마음이 들지 않는다.

[86] § 6.2 참조.

[87] 관찰 4.6.12는 뒤에서 배울 Gauss Lemma(명제 5.6.5)의 특수한 경우이다.

(나) 한편, $\mathbb{Z}[t]/(t^2-2) \approx \mathbb{Z}[\sqrt{2}]$ 인 것을 명하기 위해서는 $f(t) \in \mathbb{Z}[t]$ 이고 $f(\sqrt{2})=0$ 이면, [(t^2-2) divides $f(t)$ in $\mathbb{Z}[t]$] 인 것을 보여야 한다.

그런데, 이번에는 [$\sqrt{2}$ 가 다항식 $f(t) \in \mathbb{Q}[t]$ 의 root 이면, $\sqrt{2}$ 의 'conjugate' $(-\sqrt{2})$ 도 $f(t)$ 의 root] 이라는 사실을 어떻게 설명할까?[88] 지금 연습문제 1.7.5 (나) 항의 field automorphism $\tau : \mathbb{Q}(\sqrt{2}) \to \mathbb{Q}(\sqrt{2})$ 를 스스로 생각한 독자는 칭찬 받을 만하다. 물론, τ 는

$$\tau(a+b\sqrt{2}) = a - b\sqrt{2}, \qquad (a, b \in \mathbb{Q})$$

로 정의되어 있고, τ 는 모든 유리수를 고정 (fix) 한다.

연습문제 4.6.14. 위 field automorphism $\tau : \mathbb{Q}(\sqrt{2}) \to \mathbb{Q}(\sqrt{2})$ 를 이용하여 ([I, 보기 8.1.3] 을 흉내 내어) $\sqrt{2}$ 가 $f(t) \in \mathbb{Q}[t]$ 의 root 이면, $(-\sqrt{2})$ 도 $f(t)$ 의 root 임을 보여라.

우리는 뒤 제 6 장에서 $f(t) \in \mathbb{Q}[t]$ 이고 $f(\sqrt{2}) = 0$ 이면, [(t^2-2) divides $f(t)$ in $\mathbb{Q}[t]$] 인 것을 설명하는 더 산뜻한 방법을 배우게 된다. 이를 위해서는 먼저 제 5 장에서 polynomial algebra 의 ideal 의 구조를 공부해야 한다.

사실 보기 4.6.10 과 보기 4.6.13 을 소개한 **진짜 목적**은 따로 있었다.

주의 4.6.15. 우리는 어느 틈엔가 약속을 저버리고 은근슬쩍 $\mathbb{R}$ 과 $\mathbb{C}$ 를 잘 아는 것처럼 행동해 왔다.[89] 이제 다시 本然의 자세로 돌아와 $\mathbb{R}$ 과 $\mathbb{C}$ 를 전혀 모른다고 생각하자. 그러면, 예를 들어, 보기 4.6.10 (가) 항은 **$\mathbb{Q}$ 에 제곱해서 (-1) 이 되는 원소를 덧붙이는 방법**을 묘사해 주고 있다. 한편, 보기 4.6.10 (나) 항은 — $\mathbb{R}$ 을 정의한 후에 — $\mathbb{C}$ 를 **정의하는 방법**을 보여 주고 있다.

하나만 더.

연습문제 4.6.16. $\mathbb{F}_4 = \mathbb{F}_2[t]/(t^2+t+1)$ 로 정의하면,

$$\mathbb{F}_4 = \{\overline{0}, \overline{1}, \overline{t}, \overline{t+1}\},$$

즉, $|\mathbb{F}_4| = 4$ 임을 보여라. 또, $\mathbb{F}_4$ 의 덧셈과 곱셈의 연산표를 작성하고, $\mathbb{F}_4$ 는 field 임을 보여라. 이때, $\mathrm{char}(\mathbb{F}_4)$ 는?

이 章은 이 정도로 마무리하자.[90]

[88] § 6.5 에서는 $(-\sqrt{2})$ 를 $\sqrt{2}$ 의 algebraic conjugate 라고 부르게 된다.
[89] 그렇다고 우리의 약속을 잊은 것은 아니다.
[90] Polynomial algebra 의 quotient algebra $\mathbb{F}_p[t]/(t^n-1)$ 의 ideal 들은 — 지금은 믿기 힘들겠지만 — "Coding Theory" 의 주제 중 하나이다. § 8.6 참조.

제 5 장 Ideal Theory

이제 무대장치가 완성되었으므로, 우리의 '이야기'에 속도가 붙는다.

이 章의 목표는 — 이미 우리가 초등학교 시절부터 사용해 온 — factorization(소인수분해)의 의미를 분석하는 것이다.[1] 그 과정에서 우리는 새로운 주인공 PID와 UFD를 만나게 된다.

한편, 우리는 이미 따름명제 4.3.10에서 prime number와 irreducible number가 같은 개념임을 설명하면서 finite ring $\mathbb{Z}_n$의 도움을 받았었다. 이러한 논의를 일반화하려면, Ideal Theory가 필요하다. 즉, 약수와 배수에 관련된 모든 것을 ideal의 language로 번역해야 한다.

Ideal Theory의 中心에는 prime ideal과 maximal ideal이 있다.

5.1. Principal Ideal Domain

이 節에서는 D는 **항상 고정된 integral domain**을 의미하기로 약속한다.

우리는 정의 2.4.4와 정의 2.4.12에서 이미 D에서 약수와 배수, 공약수와 공배수, 그리고 최대공약수와 최소공배수의 개념을 정의하였다. 이 節의 목표는 이 개념들을 **ideal의 language로 번역**하는 것이다.[2]

Integral domain D는 commutative이므로, D의 left ideal과 two-sided ideal은 물론 같은 말이다. 그리고, D 자신을 D-module로 생각하면, D의 ideal과 D의 D-submodule도 같은 말이 된다. 따라서, I가 D의 ideal이면, $I \trianglelefteq D$와 $I \leq_D D$의 표기법이 모두 가능하다. 뿐만 아니라, $S \subseteq D$일 때, S가 generate하는 D-submodule $\langle S \rangle$와 S가 generate하는 D의 ideal (S)도 같은 의미를 갖는다.

---

[1] 이제 생각하면 좀 쑥스럽지만, 우리는 [I, 제8장]에서 마치 소인수분해를 잘 아는 것처럼 가정했던 일도 있었다.

[2] 이러한 번역 작업은 사실 보기 3.3.7과 따름정리 3.3.8에서 시작되었다.

이제 번역 작업을 시작하자. 먼저 새로운 용어 하나.

정의 5.1.1. 한 개의 원소가 generate 하는 ideal 을 **principal ideal** 이라고 부른다.[3] 즉, $a \in D$ 가 generate 하는 principal ideal 은

$$(a) = Da = [\, a \text{의 배수들 전체 집합} \,]$$

이다.

이제 두 principal ideal 의 포함관계를 생각해 보면 금방 재미있는 결과를 얻을 수 있다.

관찰 5.1.2. $a, b \in D$ 이면, $a \mid b$ if and only if $(b) \trianglelefteq (a)$.

증명 : $a \mid b$ 는 $b \in (a)$ 와 동치이다. 그리고, (b) 는 b 를 포함하는 '가장 작은' D 의 ideal 이므로 ······. □

그러므로, ideal 의 포함관계의 입장에서 생각하면, **"약수가 배수보다 크거나 같다."** D 의 unit 들도 principal ideal 의 언어로 나타낼 수 있다.

연습문제 5.1.3. $a, b \in D$ 일 때, $(a) = (1) = D$ 일 필요충분조건은 $a \in D^\times$ 임을 보여라.[4]

위 연습문제를 일반화하려면 다음 정의가 필요하다.

정의 5.1.4. $a, b \in D$ 일 때,

$$[\, a \sim b \,] \text{ if and only if } [\, a = ub \text{ for some } u \in D^\times \,]$$

로 정의하고, 이때 a 와 b 는 (서로) **associates** 라고 부른다.[5]

연습문제 5.1.5. $a, b \in D$ 일 때, 다음을 보여라.

(가) 위 정의 5.1.4 의 '$\sim$'은 D 의 **equivalence relation**.

(나) $a \sim 0$ if and only if $a = 0$.

(다) $a \in D^\times$ 일 때, $a \sim b$ if and only if $b \in D^\times$.

---

[3] *'Cyclic ideal'* 이라는 용어는 사용하지 않는다는 뜻.

[4] Unit 은 모든 원소의 약수이므로, unit 이 generate 하는 principal ideal 은 가장 큰 principal ideal 이라고 기억하면 된다.

[5] Associate 는 '친구'나 '동료'로 번역하고 싶다.

관찰 5.1.6. $a, b \in D$ 일 때, 다음 조건은 동치이다.

(1) $(a) = (b)$.
(2) $a \,|\, b$ and $b \,|\, a$.
(3) $a \sim b$.

증명 : [(2) ⇒ (3)] 부분을 제외하면, 모두 거의 자명하다. 그러면, $a \,|\, b$ 이고 $b \,|\, a$ 라고 가정하자. 만약 $a = 0$ 이었다면, $b = 0$ 이어야 하므로 (왜 그런가?) OK. 이제 $a \neq 0$ 이라고 하면, [$ax = b$, $by = a$ 인 $x, y \in D$ 가 존재] 하고, 따라서 $axy = a$ 를 얻는다. **Integral domain 의 Cancellation Law** 를 적용하면, $xy = 1$ 이 되고, 따라서 x, y 는 unit. □

사실 이 節 내용의 많은 부분은 임의의 commutative [ring with 1] 위에서도 유효하다. 그러나, 우리가 약수와 배수에 관한 내용을 ideal 의 language 로 번역할 때, **integral domain 으로만 제한하는 이유는 바로 위 관찰 5.1.6 때문이다.**

위 정의 5.1.4 의 idea 는 [associates 를 '*같은 원소*'로 취급] 하자는 뜻이다. 이는 약수와 배수의 개념이 **up to unit** (**up to associate**) 결정되기 때문이다.

연습문제 5.1.7. $b_1, \ldots, b_n \in D$ 이고, $a \sim a' \in D$ 일 때, 다음을 보여라.

(가) a 가 $b_1, \ldots, b_n$ 의 (최대) 공약수이면, a' 도 $b_1, \ldots, b_n$ 의 (최대) 공약수.
(나) a 가 $b_1, \ldots, b_n$ 의 (최소) 공배수이면, a' 도 $b_1, \ldots, b_n$ 의 (최소) 공배수.

Ideal 의 언어를 공부하려면, ideal 들 間의 연산도 필요하다. 우리는 이미 ideal 들의 intersection 이 다시 ideal 임은 잘 알고 있다. 이제 ideal 들의 덧셈과 곱셈을 정의하자.

정의 5.1.8. (가) D 의 ideal 들의 **sum** (덧셈) 은 D 의 D-submodule 들의 sum (정의 3.1.11) 으로 정의한다. 즉, $I, J \trianglelefteq D$ 일 때,

$$I + J = \{a + b \mid a \in I,\ b \in J\}$$

로 정의한다. (이때 $I + J \trianglelefteq D$. 확인해 보라.)
(나) $I, J \trianglelefteq D$ 일 때, I 와 J 의 **product** 는

$$IJ = (ab \in D \mid a \in I,\ b \in J)$$

로 정의한다. (물론 $IJ \trianglelefteq D$.)

연습문제 5.1.9. $I, J \trianglelefteq D$ 일 때, 다음을 보여라.

(가) $I \leq I + J$ 이고, $J \leq I + J$. 또, $(I \cup J) = I + J$.

(나) $IJ \leq I \cap J$.

(다) $IJ = \{\sum_k a_k b_k \mid a_k \in I,\ b_k \in J\}$.[6]

연습문제 5.1.10. $a, b \in D$ 일 때, 다음을 증명하라.

(가) $(a) + (b) = (a, b)$. ($(a) + (b) = (a + b)$ 인가?)

(나) $(a) \cdot (b) = (ab)$.

이제 번역 작업을 계속해 보자.

관찰 5.1.11. $a, b \in D$ 이면,

(가) [$c \in D$ is a common multiple of a, b] if and only if $(c) \leq (a) \cap (b)$.

(나) [$d \in D$ is a common divisor of a, b] if and only if $(a) + (b) \leq (d)$.

증명 : 너무 쉬워 독자들에게 맡긴다. □

위 관찰은 공배수와 공약수의 **再정의**로 생각할 수 있다.

연습문제 5.1.12. (가) 위 관찰 5.1.11을 흉내 내어, **최소공배수와 최대공약수**의 정의 (정의 2.4.12)를 ideal의 언어로 번역해 보라.
(나) 최소공배수와 최대공약수는, 만약 존재한다면, **unique** (**up to unit**) 함을 설명하라.

다음 소개하는 PID는 이 책의 主人公 中 主人公이다.

정의 5.1.13. 만약 D의 모든 ideal이 principal ideal이면, D를 **Principal Ideal Domain** (**PID**) 이라고 부른다.

어김없이 등장하는 [학부 대수학의 半]의 avatar!

정리 5.1.14. (학부 대수학의 半) The ring of integers $\mathbb{Z}$는 PID.

다음 연습문제도 빠뜨릴 수 없다.

연습문제 5.1.15. Field는 principal ideal domain 인가?

[6] 이때 $\sum_k$는 물론 finite sum이다.

D가 PID일 때, 곰곰 생각해 보면, 연습문제 5.1.7과 관찰 5.1.6에 의해, $d \in D$가 $a_1, \ldots, a_n \in D$의 (최대) 공약수일 때, **아예 principal ideal** (d)**를** $a_1, \ldots, a_n$ **의 (최대) 공약수라고 정의**해도 괜찮을 것이다.[7] 그러고 보니, **최대 공약수는 (ideal의 포함관계에 관하여) minimal한 공약수**인 셈이다(최소공배수의 경우도 마찬가지. 최소공배수는 (ideal의 포함관계에 관하여) maximal한 공배수).[8]

관찰 5.1.16. D는 PID이고, $a, b \in D$일 때,

(가) $(a) \cap (b) = (c)$로 놓으면, $c = \operatorname{lcm}(a, b)$.

(나) $(a) + (b) = (a, b) = (d)$로 놓으면, $d = (a, b)$.[9] 따라서, "$(a, b) = (a, b)$".[10]

증명 : 거의 자명. 독자들에게 맡긴다. □

위 명제는 무엇보다도 PID에서의 [**최소공배수와 최대공약수의** unique (up to unit) **existence**]를 말하고 있음에 유의하기 바란다.

연습문제 5.1.17. D의 n-개의 원소 $a_1, \ldots, a_n$에 대하여, 관찰 5.1.16을 다시 state하고 증명하라.

다시 초등학교로 돌아가자.

관찰 5.1.18. D는 PID이고, $a, b, c \in D$이면,

(가) $(a, b, c) = \big((a, b),\, c\big)$.

(나) $\operatorname{lcm}(a, b, c) = \operatorname{lcm}\big(\operatorname{lcm}(a, b),\, c\big)$.

증명 : 물론, 최대공약수와 최소공배수의 정의(정의 2.4.12)를 사용하여 증명할 수도 있겠지만(한번 확인해 보는 것도 의미 있다), 위 명제를 ideal의 language로 번역하면, (가) 항은 $(a) + (b) + (c) = \big((a) + (b)\big) + (c)$라는 뜻이 된다. 그리고, (나) 항은 $(a) \cap (b) \cap (c) = \big((a) \cap (b)\big) \cap (c)$라는 뜻이다. 더 설명할 것이 없다. □

---

[7] 우리가 정의한 최대공약수와 최소공배수는 up to unit 결정된다. 그러니, 최대공약수와 최소공배수를 principal ideal로 정의하는 것이, 사실은, 더 정확한 방법이다. 다만, 우리의 관습이…….

[8] 다시 강조하면, ideal의 포함관계의 입장에서는, "약수가 배수보다 크거나 같다."

[9] 보기 3.3.7 및 따름정리 3.3.8 참조.

[10] 표기법의 妙味. 사실 대부분의 책에서는 — 혼동의 위험을 감수하고 — 우리의 (S)를 그냥 (S)로 표기한다.

다음 정의도 자연스럽다.

정의 5.1.19. (가) $a, b \in D$ 일 때, $(a, b) = 1$ 이면, 우리는 a, b 가 **relatively prime (서로 소)** 이라고 말한다. 만약 D 가 PID 라면,

$$(a, b) = 1 \quad \text{if and only if} \quad (a, b) = (a) + (b) = (1) = D$$

인 것은 당연하다.
(나) 그래서, 더 일반적으로, $I, J \trianglelefteq D$ 일 때, $I + J = D$ 이면, ideal I, J 가 **relatively prime (서로 소)** 이라고 말한다.

연습문제 5.1.20. PID 위에서 연습문제 3.5.11 과 관찰 3.5.12 를 다시 보여라.

다음 연습문제들은 PID 에서의 소인수분해 (§ 5.5) 를 알게 되면, 거의 자명한 것들이지만, ……. '달리기 훈련' …….

연습문제 5.1.21. D 는 PID 이고, $a, b \in D$ 라고 하자. 이때 $(a, b) = 1$ 이면, $\mathrm{lcm}(a, b) = ab$ 임을 보여라.

연습문제 5.1.22. D 는 PID 이고, $a, b, c \in D$ 가 mutually relatively prime 이면 — 즉, $(a, b) = (b, c) = (c, a) = 1$ 이면 — $(ab, c) = 1$ 임을 보여라.

5.2. Euclidean Domain과 PID

우리는 앞 節에서 [$\mathbb{Z}$는 PID]라는 [학부 대수학의 半]의 avatar를 만났었다. 이제, [학부 대수학의 半]을 더 깊이 분석해 보자. 독자들 모두 [학부 대수학의 半]의 본질은 division algorithm인 것을 기억하고 있을 것이다. 그러면, **division algorithm을 추상化해** 보자.

정의 5.2.1. D가 integral domain일 때, 만약 다음 소선

$$\text{Given } \ a \in D - \{0\}, \ b \in D, \text{ there exist } \ q, r \in D \ \text{ such that}$$
$$b = qa + r \ \text{ and } \ [\text{either } \ r = 0 \ \text{ or } \ \nu(r) < \nu(a)]$$

을 만족하는 **size function**

$$\nu : D - \{0\} \longrightarrow \{n \in \mathbb{Z} \mid n \geq 0\}$$

이 존재하면, D를 **Euclidean domain**이라고 부른다.[11]

다음 [학부 대수학의 半]의 avatar의 증명은 이제는 머리 속에서도 — 종이 없이도 — 가능하다.

정리 5.2.2. (학부 대수학의 半) Euclidean domain은 PID이다.

증명 : ……. □

Euclidean domain의 보기를 들어 보자.

연습문제 5.2.3. 모든 field는 — trivial한 이유로 — Euclidean domain임을 보여라.

Polynomial ring에서의 소인수분해는 [I, 제8장]에서부터 우리의 최대의 관심사 중 하나이다. 다항식의 소인수분해는 다음 명제에서 시작한다.

따름정리 5.2.4. (학부 대수학의 半) F가 field일 때, polynomial ring $F[t]$는 Euclidean domain이고, 따라서 PID이다.[12]

증명 : $f(t) \in F[t]$의 size를 $\nu\big(f(t)\big) = \deg(f)$로 정의하면 된다. □

다시 우리의 '마음의 고향'으로 돌아가, 왜 polynomial들이 "선형대수학"의 주인공 역할을 하게 되었는지 밝혀 보자.

[11] 몫 q와 나머지 r의 uniqueness도 필요하지 않다! 명제 5.2.8의 증명 참조.
[12] 이제 [I, 명제 8.1.4]를 설명할 수 있다.

보기 5.2.5. $T \in \mathfrak{L}\mathfrak{M}$ 일 때, V 를 $F[t]$-module 로 생각하자. 그러면, [I, 정의 7.3.2] 의 $\mathcal{I}_T$ 는 annihilator ideal 이다. 즉,

$$\operatorname{ann}_{F[t]}(V) = \{f(t) \in F[t] \mid f(T) = 0\} = \mathcal{I}_T$$

가 된다.[13] 이제, [학부 대수학의 半] 에 의해, $\mathcal{I}_T$ 는 $F[t]$ 의 principal ideal 이어야만 한다. 이때, $\mathcal{I}_T$ 의 (non-zero) monic generator 가 바로 T 의 **minimal polynomial** $m_T(t)$ 이다.[14] 그러므로, [$g(t) \in \mathcal{I}_T$ 이면, $m_T(t) \,|\, g(t)$] 인 것은 이제 자명하다. 특별히, $m_T(t) \,|\, \phi_T(t)$ 라는 것이 다름아닌 **Cayley-Hamilton Theorem** 이다.

보기 5.2.6. 다시 $T \in \mathfrak{L}\mathfrak{M}$ 일 때, V 를 $F[t]$-module 로 생각하자. 그러면, $w \in V$ 일 때, [I, 정의 8.5.9] 의 $\mathcal{I}_w$ 도 annihilator ideal 이다. 즉,

$$\operatorname{ann}_{F[t]}(w) = \{f(t) \in F[t] \mid f(T)\,(w) = 0\} = \mathcal{I}_w$$

가 된다.[15] 이번에도, [학부 대수학의 半] 에 의해, $\mathcal{I}_w$ 는 $F[t]$ 의 principal ideal 이고, $\mathcal{I}_w$ 의 (non-zero) monic generator 가 바로 w 의 **minimal polynomial** $m_w(t)$ 이다 ([I, 연습문제 8.5.10] 참조). 따라서, [$g(t) \in \mathcal{I}_w$ 이면, $m_w(t) \,|\, g(t)$] 인 것은 자명. 한편, $F[t]$-module homomorphism $\rho : F[t] \to V$ 를 (연습문제 4.2.11 에서와 같이)

$$\rho\big(f(t)\big) = f(t) \cdot w, \qquad (f(t) \in F[t])$$

로 정의하면, First Isomorphism Theorem 에 의해,

$$F[t]/\mathcal{I}_w \approx \operatorname{im}\rho = F[t] \cdot w$$

이고, $F[t]{\cdot}w$ 는 다름아닌 [w 가 generate 하는 cyclic $F[t]$-submodule (T-cyclic subspace)] 이다.[16]

이제 슬슬 '고향'을 떠날 때가 되었다.

---

[13] 연습문제 1.4.7 참조.

[14] 따라서, minimal polynomial 의 uniqueness([I, 정리 7.4.3])도 자명. 그러나, minimal polynomial 의 existence 는 여전히 [I, 명제 7.3.4] 의 증명($\dim \mathfrak{L}(V, V) = n^2$ 을 이용)이 필요하다.

[15] 연습문제 1.4.7 참조.

[16] 보기 3.4.3 참조.

연습문제 5.2.7. *F가 field일 때, F-algebra of Laurent polynomials $L_F[t]$는 Euclidean domain 임을 보여라.*[17]

'고향'을 떠나면 새로운 世界가 우리를 기다리고 있다.

명제 5.2.8. The ring of Gaussian integers $\mathbb{Z}[\mathbf{i}]$는 Euclidean domain.

Geometric Proof : 우선 $\mathbb{Z}[\mathbf{i}]$를 복소 평면 위의 格子點(lattice point)들의 집합으로 생각하자.[18] 즉, $\mathbb{Z}[\mathbf{i}]$를 한 변의 길이가 1인 정사각형들로 이루어진 격자의 꼭지점의 집합으로 생각하자. 다음에는 $0 \neq \alpha \in \mathbb{Z}[\mathbf{i}]$일 때, α가 generate하는 principal ideal $(\alpha) = \mathbb{Z}[\mathbf{i}] \cdot \alpha$를 생각한다. 이제 $\alpha = |\alpha| e^{\mathbf{i}\theta}$로 나타내면(복소수의 극형식), α를 곱하는 것은 우선 길이를 $|\alpha|$-배 한 후 θ만큼 회전시키는 것이 된다. 따라서, (α)는 위에서 묘사한 격자를 $|\alpha|$-배 확대한 다음 θ만큼 회전시켜 얻을 수 있다. 어쨌든, (α)는 한 변의 길이가 $|\alpha|$인 정사각형들로 이루어진 격자의 꼭지점의 집합이 된다. 이제 $\beta \in \mathbb{Z}[\mathbf{i}]$이면, β에서 가장 가까운 격자점 $q\alpha \in (\alpha)$까지의 거리는 $\sqrt{2}|\alpha|/2$보다 클 수 없다(한 변의 길이가 $|\alpha|$인 정사각형의 대각선의 길이는 $\sqrt{2}|\alpha|$이므로).[19] 그러므로, $r = \beta - q\alpha$로 놓으면, $|r| \leq \sqrt{2}|\alpha|/2 < |\alpha|$가 된다. 즉, Gaussian integer의 size를 [복소수의 길이의 **제곱**]으로 정의하면,[20] $\mathbb{Z}[\mathbf{i}]$는 Euclidean domain이 된다. □

Algebraic Proof : 다시 $\alpha, \beta \in \mathbb{Z}[\mathbf{i}]$, $\alpha \neq 0$일 때, $\beta/\alpha = r + s\mathbf{i}$로 놓고(단, $r, s \in \mathbb{Q}$), r에 가장 가까운 정수 m과 s에 가장 가까운 정수 n을 찾는다. 따라서 $|r - m| \leq 1/2$이고 $|s - n| \leq 1/2$. 이제 $q = m + n\mathbf{i}$, $r = \beta - q\alpha$라고 하고, $|r| < |\alpha|$임을 보이면 된다(size function은 여전히 복소수의 길이의 제곱). 그런데,

$$\frac{|r|}{|\alpha|} = \left|\frac{\beta}{\alpha} - q\right| = \left|(r - m) + (s - n)\,\mathbf{i}\right| \leq \frac{1}{\sqrt{2}} < 1$$

이므로, 증명 끝. □

다음 보기를 위해서는 norm map의 개념이 필요하다. Norm map은, 사실은 ······, 새로운 世界로의 入口이다.[21]

---

[17] 정의 4.6.7 참조. Hint: 증명은 두세 줄이면 충분하다. 다만, 지금은 '기약분수'의 개념이 필요하다.

[18] Lattice에 관해서는 § 11.3 참조.

[19] 따라서, 몫 q는 유일하지 않을 수 있다.

[20] Size function을 그냥 복소수의 길이로 정의하면 size가 자연수가 아닐 수 있다.

[21] 새로운 세계 = "(Algebraic) Number Theory."

정의 5.2.9. $d \in \mathbb{Z}$ 이고 $\sqrt{d} \notin \mathbb{Z}$ 일 때, **norm map** $N : \mathbb{Q}(\sqrt{d}) \to \mathbb{Q}$ 를

$$N(a + b\sqrt{d}) = a^2 - db^2 = (a + b\sqrt{d})(a - b\sqrt{d}), \qquad (a, b \in \mathbb{Q})$$

로 정의한다.[22] 이때, $N(\alpha)$ 를 $\alpha \in \mathbb{Q}(\sqrt{d})$ 의 **norm** 이라고 부른다.[23] [24] 물론, norm map $N : \mathbb{Z}[\sqrt{d}] \to \mathbb{Z}$ 도 생각할 수 있다.

다음은 norm map 의 중요한 성질들이다.

연습문제 5.2.10. 다음을 보여라.

(가) $\alpha, \beta \in \mathbb{Q}(\sqrt{d})$ 이면, $N(\alpha\beta) = N(\alpha)\,N(\beta)$.
(나) $\alpha \in \mathbb{Z}(\sqrt{d})$ 일 때, $\alpha \in \mathbb{Z}[\sqrt{d}]^\times$ 이기 위한 필요충분조건은 $N(\alpha) = \pm 1$.

이제 질문 1.2.18 이 생각난다.

연습문제 5.2.11. $\mathbb{Z}[\mathbf{i}]$ 와 $\mathbb{Z}[\sqrt{-5}\,]$ 의 unit 을 모두 구하라.

그러나, 예를 들어 $\mathbb{Z}[\sqrt{5}\,]$ 의 unit 을 모두 구하는 문제는 좀 다르다. 결국, $d > 0$ 일 때, $\mathbb{Z}[\sqrt{d}]^\times$ 를 구하는 문제는 다음 equation

$$a^2 - db^2 = \pm 1$$

을 만족하는 자연수 a, b 를 구하는 문제가 된다. 이 방정식은 매우 오랜 歷史를 갖고 있으며, **Pell's equation** 이라는 이름을 갖고 있다.[25] Pell's equation 은 우리의 主題가 아니므로 이 정도로 끝내고 다시 우리의 '이야기'로 돌아가자.

연습문제 5.2.12. Ring $\mathbb{Z}[\sqrt{-2}]$, $\mathbb{Z}[\sqrt{2}]$, $\mathbb{Z}[\sqrt{3}\,]$ 은 모두 Euclidean domain 임을 보여라. (Size function 은 norm map 의 절대값.)

일반적으로, 주어진 integral domain 이 Euclidean domain 이 될 수 없음을 보이는 것은 — 당연히 — 매우 힘들다. 예를 들어,

$$\mathbb{Z}[\theta] = \{m + n\theta \in \mathbb{C} \mid m, n \in \mathbb{Z}\}, \qquad \text{단, } \theta = \frac{1 + \sqrt{-19}}{2}$$

로 정의하면,[26] $\mathbb{Z}[\theta]$ 는 PID 이지만, Euclidean domain 이 될 수 없음을 보일 수 있다. 이 증명은, ……, 훗날로 미룬다.[27]

[22] 연습문제 3.2.14 참조.

[23] Norm map 은 물론 ring homomorphism 은 아니다. 이 정의는 정의 16.4.7 의 특수한 경우.

[24] 특별히 $d = -1$ 인 경우에는 지금의 norm 은 'usual' complex norm 의 제곱과 같다.

[25] "Elementary Number Theory" 책들(예를 들어 [2])을 참조하라. 우선 continued fraction 을 만나게 될 것이다. 또, internet 에서도 Pell's equation 을 검색해 보라.

[26] § 15.3 참조.

[27] $\mathbb{Z}[\theta]$ 가 PID 임을 보이는 것도 간단치 않다. 이를 위해서는, 본질적으로, class number 의 개념이 필요하다.

5.3. Prime Ideal과 Maximal Ideal

이 節에서는 R은 **고정된 commutative [ring with 1]**을 의미하기로 약속한다. 먼저 필요한 용어들을 정의하자. Prime ideal과 maximal ideal은 ideal language의 주인공들이다.

정의 5.3.1. $\mathfrak{p}$가 다음 조건

(1) $\mathfrak{p} \neq R$이고, $\mathfrak{p} \lhd R$.

(2) $a, b \in R$일 때, [$ab \in \mathfrak{p}$이면, $a \in \mathfrak{p}$이거나 $b \in \mathfrak{p}$].[28]

을 만족하면, $\mathfrak{p}$를 R의 **prime ideal**이라고 부른다.

정의 5.3.2. $\mathfrak{m}$이 R의 maximal한 ideal이면, 즉

(1) $\mathfrak{m} \neq R$이고, $\mathfrak{m} \lhd R$.

(2) $\mathfrak{m} \trianglelefteq \mathfrak{n} \trianglelefteq R$이면, [$\mathfrak{m} = \mathfrak{n}$ or $\mathfrak{n} = R$].

이면, $\mathfrak{m}$을 R의 **maximal ideal**이라고 부른다.

독자들은 위 두 정의에서, R 자신은 prime ideal도 아니고 maximal ideal도 아님을 반드시 기억해야 한다. (이는 마치 1이 prime number가 아닌 것과 같은 이치이다.) 그렇지만, zero ideal 0은 prime ideal이 될 수도 있고 maximal ideal이 될 수도 있다.

관찰 5.3.3. 다음은 동치이다.

(1) R은 integral domain.

(2) 0은 R의 prime ideal.

증명 : 정의로부터 자명. □

관찰 5.3.4. 다음은 동치이다.

(1) R은 field.

(2) 0은 R의 maximal ideal. (즉, R의 ideal은 0과 R뿐.)

증명 : Field의 ideal은 0과 R뿐이므로 ······. 역으로, 0이 R의 maximal ideal이라고 가정하자. 이때 $0 \neq a \in R$이면, $0 \neq (a)$이므로 $Ra = (a) = R$이어야 한다(왜 그런가?). 따라서, $ba = 1$인 $b \in R$ 존재. □

[28] Ideal의 언어로 번역하면, [$(ab) \leq \mathfrak{p}$이면, $(a) \leq \mathfrak{p}$이거나 $(b) \leq \mathfrak{p}$].

독자들은 다음 명제의 **증명 technique**을 기억해 두기 바란다.

명제 5.3.5. Maximal ideal은 항상 prime ideal이다.

증명 : $\mathfrak{m}$이 R의 maximal ideal이고, $ab \in \mathfrak{m}$이라고 하자(단, $a, b \in R$). 이제 $a \in \mathfrak{m}$이거나 $b \in \mathfrak{m}$임을 보여야 한다. (**'본능적'으로 귀류법을 생각**한다.[29]) 이제, $a \notin \mathfrak{m}$이었다고 가정하고, **ideal $\mathfrak{m} + (a)$를 생각**한다. 그러면, $\mathfrak{m} + (a) \neq \mathfrak{m}$인 것은 당연하고(왜 그런가?), 따라서 $\mathfrak{m}$의 maximality에 의해 $\mathfrak{m} + (a) = R$이어야 한다. 그런데, $(a) = Ra$이므로, $m + ra = 1$인 $m \in \mathfrak{m}$과 $r \in R$이 존재할 것이다. 이로부터 $mb + rab = b$를 얻고, $ab \in \mathfrak{m}$이므로 $b \in \mathfrak{m}$.[30] □

우리 'story'의 다음 순서는 irreducible element와 prime element이다. 다시 **D는 고정된 integral domain**이라고 하자.

정의 5.3.6. $p \in D$라고 하자. **$p \neq 0$이고, $p \notin D^\times$ 일 때,**

(가) p가 다음 조건

$$[\text{If } p = ab \text{ for some } a, b \in D, \text{ then } a \in D^\times \text{ or } b \in D^\times.]$$

을 만족하면, p를 **irreducible element** in D라고 부른다.

(나) p가 다음 조건

$$[\text{If } p \mid ab \text{ for some } a, b \in D, \text{ then } p \mid a \text{ or } p \mid b.]$$

을 만족하면, p를 **prime element** in D라고 부른다.[31]

다음 연습문제와 관찰은 거의 자명하다.

연습문제 5.3.7. (가) $p \in D$가 irreducible element이기 위한 필요충분조건은 [$d \in D$이고 $d \mid p$이면, $d \in D^\times$이거나 $d \sim p$]임을 보여라.

(나) $a \sim b \in D$이고, a가 irreducible이면, b도 irreducible임을 보여라.

(다) $a \sim b \in D$이고, a가 prime이면, b도 prime임을 보여라.

관찰 5.3.8. D의 prime element는 언제나 irreducible element이다.

증명 : ······. □

---

[29] $\mathfrak{m} + (a)$를 생각할 기회만 노리고 있으므로 ······. '본능적'이 무슨 뜻이었더라?

[30] 뒤 명제 5.3.19 다음의 再증명도 참조.

[31] 한번 더 강조하거니와 irreducible element와 prime element는 우선 **non-zero**이고 **non-unit**이다.

다음 순서는, 물론, 위 정의를 ideal의 언어로 번역하는 것이다.

관찰 5.3.9. $0 \neq p \in D$일 때, 다음 조건은 동치이다.

(1) (p)는 D의 prime ideal.

(2) p는 D의 prime element.

증명 : 정의로부터 거의 자명하다. 예를 들어, p가 D의 prime element 일 때, $ab \in (p)$라고 하자. 이는 $p|ab$라는 뜻이므로, $p|a$이거나 $p|b$가 된다. 따라서, $a \in (p)$이거나 $b \in (p)$이고, (p)는 prime ideal. 역증명도 마찬가지. □

그러나, irreducible element의 경우는 조금 다르다.

관찰 5.3.10. $0 \neq p \in D$일 때, (p)가 D의 maximal ideal이면, p는 irreducible element이다.

증명 : $p = ab$라고 하자. 그러면, $(p) \leq (a)$이고, (p)의 maximality에 의해 $(p) = (a)$이거나 $(a) = R$이어야 한다. 먼저, $(p) = (a)$였다면, $b \in D^{\times}$이어야 한다(왜 그런가?). 또, $(a) = R$이었다면, 물론 $a \in D^{\times}$이어야 한다. □

다음 정리는 우리가 오랫동안 기다려 온 것이며, 이 節의 목표이기도 하다.

정리 5.3.11. D는 PID이고, $0 \neq p \in D$일 때, 다음 조건은 동치이다.[32] [33]

(1) p는 D의 irreducible element.

(2) (p)는 D의 maximal ideal.

(3) (p)는 D의 prime ideal.

(4) p는 D의 prime element.

증명 : [(1) ⇒ (2)] 부분을 제외하면, 이미 앞에서 — 임의의 integral domain D-위에서 — 모두 증명하였다. 이제, p를 D의 irreducible element라고 하고, $(p) \trianglelefteq I \trianglelefteq D$라고 가정하자. 그런데, D는 PID이므로, $I = (a)$인 $a \in D$가 존재할 것이다. 그러면, $a|p$이고, 따라서 $p = ab$인 $b \in D$가 존재한다. p는 irreducible이므로, $a \in D^{\times}$이거나 $b \in D^{\times}$이어야 한다. 먼저 $a \in D^{\times}$이면, 당연히 $(a) = D$이다. 또, $b \in D^{\times}$이면, $p \sim a$ 즉 $(p) = (a)$이다. 따라서, (p)는 maximal ideal. □

[32] $0 \neq p$라는 조건은 필수적이다. 왜냐하면, 예를 들어, (0)은 $\mathbb{Z}$의 prime ideal이지만, $\mathbb{Z}$의 maximal ideal은 아니다.

[33] 따름명제 4.3.10 참조. 관찰 4.3.9의 증명도 여전히 유효하다.

위 정리 (와 그의 증명) 의 point 는 [(1) ⇒ (4)] 부분을 직접 증명할 수는 없고, 반드시 조건 (2) 가 — 즉, maximal ideal 의 개념이 — 필요하다는 것이다.

주의 5.3.12. 위 정리로부터 *"PID 에서는 prime ideal 과 maximal ideal 이 같은 개념"*이라고 말하고 싶은 유혹을 느낄 수도 있겠지만, 이는 true 가 아니다. (예를 들어, $\mathbb{Z}$ 의 zero ideal 은 prime ideal 이지만 maximal ideal 은 아니다.) 따라서, "PID 에서는 **non-zero** prime ideal 과 **non-zero** maximal ideal 은 같은 개념"이라고 말하는 것이 정확한 표현이다.

위 정리 5.3.11 을 보다 잘 이해하려면, 다음 두 counter-example (보기 5.3.13 과 보기 5.3.14) 의 도움이 필수적이다.

보기 5.3.13. Polynomial ring $\mathbb{Z}[t]$ 를 생각하자. 이때, 2 는 $\mathbb{Z}[t]$ 의 irreducible element 이다.[34] 그러나,

$$\mathbf{(}2\mathbf{)} \subsetneq \mathbf{(}2,\, t\mathbf{)} \subsetneq \mathbb{Z}[t]$$

이므로, $\mathbf{(}2\mathbf{)}$ 는 $\mathbb{Z}[t]$ 의 maximal ideal 이 아니다. 이 보기는, 따라서, $\mathbb{Z}[t]$ 는 PID 일 수 없다는 사실도 동시에 설명하고 있다. 한편,

$$\mathbf{(}2,\, t\mathbf{)} = \{f(t) \in F[t] \mid f(0) \in 2\mathbb{Z}\}$$

이므로, $\mathbb{Z}[t]$ 의 ideal $\mathbf{(}2,\, t\mathbf{)}$ 가 principal ideal 이 아닌 것도 쉽게 보일 수 있다. 이 보기의 모든 detail 을 확인해 보라.

다시 norm map (정의 5.2.9) 이 필요하다.

보기 5.3.14. $\mathbb{C}$ 의 subring $\mathbb{Z}[\sqrt{-5}\,]$ 와 norm map $N : \mathbb{Z}[\sqrt{-5}\,] \to \mathbb{Z}$ 를 생각해 보자.

(가) 먼저, $2 \in \mathbb{Z}[\sqrt{-5}\,]$ 는 irreducible element 임을 설명하자. 이제, $2 = \alpha\beta$ 이면 (단, $\alpha, \beta \in \mathbb{Z}[\sqrt{-5}\,]$),

$$4 = N(2) = N(\alpha)\, N(\beta)$$

이므로, 만약 α, β 모두 non-unit 이었다고 가정하면, $N(\alpha) = \pm 2$ 일 수밖에 없다 (왜 그런가?). 그렇지만, $a^2 + 5b^2 = \pm 2$ 인 정수 a, b 는 존재하지 않으므로, $N(\alpha) = \pm 2$ 인 $\alpha \in \mathbb{Z}[\sqrt{-5}\,]$ 도 존재하지 않는다.

[34] 2 는 $\mathbb{Z}[t]$ 의 prime element 이기도 하다. 연습문제 5.4.8 참조.

(나) 같은 이유로 3, $1+\sqrt{-5}$, $1-\sqrt{-5}$ 도 $\mathbb{Z}[\sqrt{-5}]$의 irreducible element 임을 확인할 수 있다.
(다) 그러나, 다음 식

$$2 \cdot 3 = (1+\sqrt{-5})(1-\sqrt{-5})$$

으로부터, 2, 3, $1+\sqrt{-5}$, $1-\sqrt{-5}$ 는 $\mathbb{Z}[\sqrt{-5}]$의 prime element 가 아님을 알 수 있다(왜 그런가?). 따라서, $\mathbb{Z}[\sqrt{-5}]$는 PID 가 아니다.[35]

연습문제 5.3.15. $\mathbb{Z}[\sqrt{-5}]$의 non-principal ideal 을 찾아라.

연습문제 5.3.16. 2, 3, $2+\sqrt{10}$, $2-\sqrt{10}$ 은 $\mathbb{Z}[\sqrt{10}]$의 irreducible element 이지만, prime element 는 아님을 보여라. (따라서, $\mathbb{Z}[\sqrt{10}]$은 PID 가 아니다.)

연습문제 5.3.17. $\mathbb{Z}[\sqrt{-3}]$은 PID 가 아님을 보여라.

다음 두 명제와 그 결과들도 **우리 'story'의 中心**에 있다. (R은 다시 고정된 commutative ring with 1.)

명제 5.3.18. $\mathfrak{p} \trianglelefteq R$일 때, 다음 조건은 동치이다.

(1) $R/\mathfrak{p}$는 integral domain.
(2) $\mathfrak{p}$는 R의 prime ideal.

증명 : 정의로부터 자명. 확인해 보라. □

명제 5.3.19. $\mathfrak{m} \trianglelefteq R$일 때, 다음 조건은 동치이다.

(1) $R/\mathfrak{m}$은 field.
(2) $\mathfrak{m}$은 R의 maximal ideal.

증명 : 정리 4.4.4를 이용한다. 즉, $R/\mathfrak{m}$의 ideal 들은 $\mathfrak{m}$을 포함하는 R의 ideal 들과 일대일 대응관계에 있으므로, [$\mathfrak{m}$보다 큰 R의 ideal 은 R뿐]이라는 말과 [$R/\mathfrak{m}$의 ideal 은 0과 R뿐]이라는 말은 동치이다. 이제 관찰 5.3.4를 적용. □

[35] $\mathbb{Z}[\sqrt{-5}]$는 UFD 도 아니다. 다음 節 참조.

위 두 명제를 읽으며 독자들도 다음 再증명을 생각했을 것이다.

명제 5.3.5의 再증명 : $\mathfrak{m}$이 R의 maximal ideal이면, 명제 5.3.19에 의해 $R/\mathfrak{m}$은 field. 따라서 $R/\mathfrak{m}$은 당연히 integral domain이고, 명제 5.3.18에 의해 $\mathfrak{m}$은 prime ideal이다.[36] □

한편, 명제 5.3.19를 이용하면, the field of real numbers $\mathbb{R}$을 construct할 수 있다. 뒤 §5.9에서 따로 다루기로 한다.

아래 따름명제의 (가)항은 이미 연습문제 1.3.21에서 증명한 셈이지만, 어쩐지 [학부 대수학의 半]을 이용하는 증명이 먼저 떠오른다.[37]

따름명제 5.3.20. D가 integral domain이면,

(가) $\mathrm{char}(D)$는 0이거나 prime number p이다.
(나) 따라서, D는 $\mathbb{Z}$ 혹은 $\mathbb{Z}_p$와 isomorphic한 subring을 갖는다.

(가)항의 Elementary Proof : 연습문제 1.3.21의 hint 참조. □

증명 : 再정의 3.3.6과 보기 4.3.1에서와 같이, **unique** ring homomorphism $\mu : \mathbb{Z} \to D$를 생각하자. 그러면, D의 subring $\mathrm{im}\,\mu$도 당연히 integral domain이므로, 명제 5.3.18에 의해 $\ker\mu$는 prime ideal이다. 그리고, [학부 대수학의 半]과 정리 5.3.11 및 관찰 5.3.3에 의해 $\ker\mu$는 0이거나 [$p\mathbb{Z}$ for some prime p]이다. 이제 First Isomorphism Theorem에 의해 ······. □

이제 다음은 거의 자명하다.

따름명제 5.3.21. F가 field이면,

(가) $\mathrm{char}(F)$는 0이거나 prime number p이다.
(나) 따라서, F는 $\mathbb{Q}$ 혹은 $\mathbb{F}_p$와 isomorphic한 subfield를 갖는다. (우리는 $\mathbb{Q}$ 혹은 $\mathbb{F}_p$와 isomorphic한 subfield를 F의 **prime subfield**라고 부르기도 한다.)

증명 : ······. □

다음 따름명제는 질문 4.3.13의 답의 일부이다.

[36] 사실 '再증명'이라는 표현은 너무 거창하다.
[37] 그렇다고 해서 [학부 대수학의 半]을 이용하는 증명이 연습문제 1.3.21의 elementary proof보다 좋은 증명이라는 뜻은 아니다.

따름명제 5.3.22. F가 finite field이면,

$$|F| = p^n$$

인 prime number p와 positive integer n이 존재한다.

증명 : Finite field는 물론 $\mathbb{Q}$와 isomorphic한 subfield를 가질 수 없다. 이제 $\mathrm{char}(F) = p > 0$이라고 놓고, $\mathbb{F}_p \leq F$로 identify하자. 그러면, F를 finite dimensional $\mathbb{F}_p$-vector space로 볼 수 있다(왜 그런가? 왜 유한 차원인가?). 그리고, $\dim_{\mathbb{F}_p} F = n$으로 놓으면, F의 원소(vector)들은 [F의 $\mathbb{F}_p$-basis]의 일차결합으로 유일하게 쓸 수 있으므로, $|F| = p^n$이 된다. □

다음은 著者가 가장 좋아하는 대학원 입학 시험 문제 중 하나이다.

보기 5.3.23. 예를 들어, order가 6인 finite field는 존재하지 않는다.

사실은, 임의의 prime p와 자연수 n에 대해, order가 p^n인 finite field는 항상 존재하고 유일(up to isomorphism)하다. 이 내용은 §7.1에서 공부한다.[38]

[38] 연습문제 4.6.16 참조.

5.4. Unique Factorization Domain

이 節에서는 본격적으로 소인수분해의 의미를 분석한다. UFD는 Unique Factorization Domain의 略字이다.[39] 우리는 사실 소인수분해를 초등학교에서 배웠다. 다만, 예를 들어, $\mathbb{Z}$에서

$$6 = 2 \cdot 3 = (-3) \cdot (-2)$$

의 두 가지 소인수분해가 가능한 점에 유의하면, 독자들도 다음 정의를 스스로 생각할 수 있었을 것이다.

정의 5.4.1. Integral domain D가 다음 성질

(1) $0 \neq a \in D$이고 $a \notin D^\times$이면, $a = p_1 p_2 \cdots p_k$인 irreducible element $p_1, \ldots, p_k \in D$가 존재한다.

(2) (1)항에서 $a = q_1 q_2 \cdots q_\ell$인 irreducible element $q_1, \ldots, q_\ell \in D$도 존재하면, $k = \ell$이고 (q_i들의 순서를 적당히 바꾸어 주면[40]) $[p_i \sim q_i$ for all $i = 1, \ldots, k]$이어야 한다.

을 만족하면, D를 **UFD (Unique Factorization Domain)** 라고 부른다.

다시 말해, UFD에서는 소인수분해가 항상 가능하고, 그 소인수분해는 — irreducible element들의 순서와 unit 차이를 제외하곤 — 유일하다는 뜻이다.

보기 5.4.2. 앞 節의 보기 5.3.14와 연습문제 5.3.16은 각각 $\mathbb{C}$의 subring $\mathbb{Z}[\sqrt{-5}]$와 $\mathbb{Z}[\sqrt{10}]$이 **UFD가 아님**을 말해 주고 있다.

우리가 앞으로 배울 **UFD의 보기**들은 다음과 같다.

정리 5.4.3. (가) PID는 UFD.
(나) D가 UFD이면, $D[t]$도 UFD.

증명 : §5.5 및 §5.6 참조. □

따름정리 5.4.4. D가 UFD이면, $D[t_1, \ldots, t_n]$도 UFD.

증명 : 연습문제 2.2.5. □

---

[39] UFD $\neq$ Unidentified Flying Dish.
[40] Reordering, rearrangement.

연습문제 5.4.5. D 가 UFD 이면 (따라서 $D[t]$ 도 UFD), $D[t]$ 의 n-차 다항식은 n-개 이하의 root 을 가짐을 보여라 (단, $n \geq 1$).

다음 보기들도 우리 'story'의 중요한 부분이다.

보기 5.4.6. (가) 정리 5.4.3 (나) 항에 의하면, $\mathbb{Z}[t]$ 는 UFD 이다. 그러나, 보기 5.3.13 에 의하면, $\mathbb{Z}[t]$ 의 ideal $\boldsymbol{(2,t)}$ 는 principal ideal 이 아니므로, $\mathbb{Z}[t]$ 는 PID 가 아니다.
(나) 따름정리 5.4.4 에 의하면, F 가 field 일 때, $F[s,t]$ 는 UFD 이다. 그러나, $F[s,t]$ 의 ideal $\boldsymbol{(s,t)}$ 는 principal ideal 이 아니므로 (왜 그런가?), $F[s,t]$ 는 PID 가 아니다.

정리 5.4.3 의 증명은 잠시 미루고, 우선 이 節에서는 UFD 의 성질부터 알아보기로 한다.

주의 5.4.7. 그런데, 우리가 지금까지 PID 에서 최대공약수에 관한 성질을 다룰 때 사용했던 유일한 (!) 도구인 Euclidean Algorithm (혹은, [학부 대수학의 半]) 은 이제 UFD 에서는 사용할 수 없다. 예를 들어, $\mathbb{Z}[t]$ 의 원소 2 와 t 는 relatively prime 이지만, $2f(t) + tg(t) = 1$ 인 $f(t), g(t) \in \mathbb{Z}[t]$ 는 존재할 수 없다 (왜 그런가?). 또, 보기 5.3.13 에 의하면, UFD 의 prime ideal 은 maximal ideal 이 아닐 수도 있다.

이제 D 는 고정된 UFD 라고 하자. 다음 연습문제들은 — 정말 (!) — 초등학교에서 배운 것이다.

연습문제 5.4.8. D 가 UFD 일 때, D 의 **irreducible element 는 prime element** 임을 보여라.

그러니, 사실은, § 4.3 과 § 5.3 에서 PID 의 irreducible 은 prime 임을 굳이 大書特筆할 필요는 없었던 셈이다.

연습문제 5.4.9. D 가 UFD 일 때, $a \in D$ 가 $[a = p_1^{r_1} p_2^{r_2} \cdots p_k^{r_k}]$ 의 꼴로 인수분해 되었다고 하자 (단, p_i 는 irreducible, $r_i > 0$). 다음을 보여라.

(가) $p \in D$ 가 irreducible 이고, $p \mid a$ 이면, $[p \sim p_i$ for some $i]$.
(나) $d \in D$ 이고, $d \mid a$ 이면, $[d \sim p_1^{s_1} p_2^{s_2} \cdots p_k^{s_k}$ for some $0 \leq s_i \leq r_i]$.

연습문제 5.4.10. D가 UFD 일 때, $a, b \in D$가 non-zero 이면,

$$a = u\, p_1^{r_1} p_2^{r_2} \cdots p_k^{r_k}, \qquad b = v\, p_1^{s_1} p_2^{s_2} \cdots p_k^{s_k}$$

의 꼴로 나타낼 수 있는 irreducible element $p_i \in D$와 $u, v \in D^\times$, 그리고 정수 $r_i, s_i \geq 0$이 존재하는 것은 자명하다.[41] 다음을 보여라.

(가) $n_i = \min(r_i, s_i)$로 놓으면, $(a, b) = p_1^{n_1} p_2^{n_2} \cdots p_k^{n_k}$.

(나) $m_i = \max(r_i, s_i)$로 놓으면, $\operatorname{lcm}(a, b) = p_1^{m_1} p_2^{m_2} \cdots p_k^{m_k}$.

위 (가)항과 (나)항은 무엇보다도 UFD 에서의 **최대공약수와 최소공배수의 existence와 uniqueness**를 설명하고 있다. 뿐만 아니라, 이제 돌이켜 보면, 만약 D가 UFD가 아니었다면, 최대공약수와 최소공배수의 existence와 uniqueness는 말할 수 없었을 것이다.

연습문제 5.4.11. D가 UFD 이고, $a, b \in D$ 일 때, 다음을 보여라.

(가) $(a, b) \cdot \operatorname{lcm}(a, b) = ab$.

(나) $(a, b) = 1$ 이면, $\operatorname{lcm}(a, b) = ab$.

연습문제 5.4.12. D가 UFD 이고, $0 \neq a, b \in D$ 일 때,

$$\left(\frac{\ell}{a}, \frac{\ell}{b}\right) = \left(\frac{a}{d}, \frac{b}{d}\right) = 1$$

임을 보여라. 단, $d = (a, b)$, $\ell = \operatorname{lcm}(a, b)$.

연습문제 5.4.13. D가 UFD 이고, $a_1, \ldots, a_n \in D$ 일 때, 다음을 보여라.

(가) $(a_1, \ldots, a_n) = \big((a_1, \ldots, a_{n-1}), a_n\big)$.

(나) $\operatorname{lcm}(a_1, \ldots, a_n) = \operatorname{lcm}\big(\operatorname{lcm}(a_1, \ldots, a_{n-1}), a_n\big)$.

연습문제 5.4.14. D는 UFD 라고 하고, $a_1, \ldots, a_n \in D$가 mutually relatively prime 일 때 (즉, $[\,(a_i, a_j) = 1 \text{ for all } i \neq j\,]$ 일 때),

$$\operatorname{lcm}(a_1, \ldots, a_n) = a_1 \cdots a_n$$

임을 보여라.

연습문제 5.4.15. D를 UFD 라고 하고, 관찰 3.5.12와 연습문제 5.1.22를 다시 증명하라.

---

[41] 예를 들어, $a \in D^\times$ 이면, $[\,r_i = 0 \text{ for all } i = 1, \ldots, n\,]$.

정리 5.4.3 에 의하면, Euclidean domain $\mathbb{Z}[\mathbf{i}]$ 는 UFD 가 된다. 이를 이용하면, Pythagorean triple (보기 2.4.3) 을 모두 구할 수 있다.

연습문제 5.4.16. $x^2+y^2=z^2$ 이고 서로 소인 자연수 x,y,z 를 **Pythagorean triple** 이라고 부른다. 이를

$$x^2+y^2=(x+y\,\mathbf{i})(x-y\,\mathbf{i})=z^2$$

으로 이해하고, 다음을 보여라.

(가) z 는 홀수.

(나) 만약 $\mathbb{Z}[\mathbf{i}]$ 의 irreducible element π 가 $(x+y\,\mathbf{i})$ 와 $(x-y\,\mathbf{i})$ 의 공약수라면, π 는 $2x$ 와 z 의 공약수가 되지만, $2x$ 와 z 는 서로 소이므로, 모순.

(다) $x+y\,\mathbf{i}=u\alpha^2$ for some $\alpha\in\mathbb{Z}[\mathbf{i}]$ and for some unit $u\in\mathbb{Z}[\mathbf{i}]$.[42]

(라) $\{x,y\}=\{m^2-n^2,2mn\}$, $z=m^2+n^2$ 인 자연수 $m>n$ 존재 (단, m,n 은 서로 소이고, $(m+n)$ 은 홀수).

다음에는 $\mathbb{Z}[\mathbf{i}]$ 의 irreducible (prime) element 들을 — 즉, **Gaussian prime** 들을 — 모두 찾아보자.

연습문제 5.4.17. $0<p\in\mathbb{Z}$ 가 odd prime 일 때, 다음을 보여라.

(가) $\overline{a}\in(\mathbb{Z}_p)^\times$ 일 때, $\overline{a}$ is a square in $\mathbb{Z}_p$ if and only if $a^{(p-1)/2}\equiv 1 \pmod p$.[43]

(나) $p\equiv 1 \pmod 4$ 이면, $-1\equiv b^2 \pmod p$ 인 — 즉, $p\,|\,b^2+1$ 인 — $b\in\mathbb{Z}$ 가 존재.

(다) $p\equiv 1 \pmod 4$ 이면, p 는 Gaussian prime 이 아니다.

(라) (Fermat) p 가 두 자연수의 제곱의 합일 — 즉, $p=c^2+d^2$ 인 자연수 c,d 가 존재할 — 필요충분조건은 $p\equiv 1 \pmod 4$.

연습문제 5.4.18. (가) Gaussian prime 은 up to unit

(i) $p\equiv 3 \pmod 4$ 인 prime number $p\in\mathbb{Z}$.

(ii) (a^2+b^2) 이 prime number (in $\mathbb{Z}$) 인 $a+b\,\mathbf{i}\in\mathbb{Z}[\mathbf{i}]$ (단, $0\neq a,b\in\mathbb{Z}$).

뿐임을 보여라.

(나) $6\,\mathbf{i}$ 를 $\mathbb{Z}[\mathbf{i}]$ 에서 소인수분해하라.

---

[42] $u=\pm1,\pm\mathbf{i}$. 왜 그런가?

[43] 예를 들어, Wilson's Theorem (연습문제 4.3.18) 을 이용하는 [2, p. 57] 의 elementary proof 참조. '우리의 증명'은 연습문제 7.2.8 참조. [2, Ch. IV] 에서 quadratic residue, Legendre symbol, Quadratic Reciprocity Law 등도 만나 보라.

5.5. PID 와 UFD

이 節과 다음 節에서는 UFD 의 다양한 보기들을 공부한다. 우리가 공부하게 될 UFD 의 보기들은 모두 정리 5.5.1 과 정리 5.6.6 의 결과물이다. 이 節의 목표는 다음 정리를 증명하는 것이다.

정리 5.5.1. PID 는 UFD 이다.

보기 5.5.2. (가) Euclidean Domain 은 UFD.
(나) $\mathbb{Z}$ 는 UFD.[44]
(다) F 가 field 일 때, $F[t]$ 는 UFD.

이제 정리 5.5.1 의 증명을 시작해 보자. 그러면, $0 \neq a \in D$ 이고 $a \notin D^{\times}$ 일 때 (단, D 는 PID), 우선 a 의 irreducible divisor 가 적어도 하나는 존재하여야 a 의 인수분해를 시작할 수 있을 것이다. 그런데, 이는 정리 5.3.11 에 의하면, PID D 의 **maximal (prime) ideal 의 존재**와 관련이 있음을 알 수 있다. 즉, a 를 포함하는 maximal (prime) ideal 의 존재를 알아야만 인수분해를 시작할 수 있다는 뜻이다.

이제 와서 생각해 보니, 우리는 앞 節에서 maximal ideal 과 prime ideal, 그리고 irreducible element 와 prime element 의 존재에 관한 질문을 (고의로) 피해 왔음을 눈치 챌 수 있다. (우리는 모든 definition 다음에는 무엇보다도 먼저 existence (와 uniqueness) 를 생각하도록 훈련 받아 왔음에도 불구하고…….) 그 이유는 물론 이 질문이 만만한 것이 아니기 때문이다.

명제 5.5.3. R 이 [ring with 1] 이고 $a \in R$ 이면, a 를 포함하는 R 의 maximal ideal 이 존재한다.[45]

증명 : **Zorn's Lemma** 가 필요하다.[46] §14.1 에서 다룬다. □

그런데, 특별히 [PID 에서의 maximal ideal 의 existence] 는 Noetherian ring 이라는 개념을 이용하여 증명할 수 있다.[47] 뿐만 아니라, [PID 는 UFD] 인 이유도 한마디로 "PID 의 **Noetherian property** 때문" 이라고 말할 수 있다.

[44] 이 명제는 흔히 Fundamental Theorem of Arithmetic 이라는 거창한 이름으로 불리운다.
[45] 물론 a 를 포함하는 R 의 maximal ideal 이 유일할 필요는 없다.
[46] [I, §3.4] 참조.
[47] Emmy Noether(1882–1935)는 Ideal Theory 의 創始者이다.

명제 5.5.4. R이 ring일 때,[48] 다음 조건들은 동치이다. 이때 R을 **Noetherian ring**이라고 부른다.

(1) **(Finite Condition)** R의 모든 ideal은 **finitely generated**. (즉, $I \trianglelefteq R$이면, $I = (S)$ for some finite set $S \subseteq R$.)

(2) **(Ascending Chain Condition[49])** R의 모든 **ascending chain**은 유한하다. (즉, $I_1, I_2, \cdots \trianglelefteq R$이고, $[I_1 \leq I_2 \leq \cdots]$이면, $[I_m = I_{m+k}$ for all $k \geq 0]$인 $m \geq 1$ 존재.)

(3) **(Maximal Condition)** $\mathcal{S}$가 [non-empty collection of ideals in R]이면, $\mathcal{S}$는 maximal element $M \in \mathcal{S}$를 갖는다.[50] (즉, $M \in \mathcal{S}$이고, $[M \leq I \in \mathcal{S}$이면 $M = I]$.)

증명 : [(1)$\Rightarrow$(2)]: $[I_1 \leq I_2 \leq \cdots]$를 R의 ideal들의 ascending chain이라고 하자. **'본능적'**으로,[51] $I = \bigcup_{i=1}^{\infty} I_i$를 생각한다. 그러면, I는 R의 ideal이 된다.[52] 왜냐하면, 예를 들어, $a, b \in I$이면, $[a \in I_j,\ b \in I_k$ for some $j, k \geq 1]$일 것이므로, $a, b \in I_\ell$인 $\ell \geq 1$이 존재하고 ($\ell = \max(j, k)$로 놓으면), 따라서 $a + b \in I_\ell \subseteq I$이기 때문이다. ($I$가 ideal이 되는 나머지 조건들도 확인해 보라.) 그런데, 조건 (1)에서 $I = (S)$인 finite set S가 존재하므로, $[S \subseteq I_m$ for some $m \geq 1]$인 것은 당연하다 (왜 그런가?). 그러므로, $I = I_m$이고 (왜 그런가?), 따라서 $[I = I_m = I_{m+1} = I_{m+2} = \cdots]$.

[(2)$\Rightarrow$(3)]: $I_1 \in \mathcal{S}$이고, I_1이 $\mathcal{S}$의 maximal element가 아니라면, $I_1 \subsetneq I_2$인 $I_2 \in \mathcal{S}$가 존재할 것이다. 또, 만약 I_2도 $\mathcal{S}$의 maximal element가 아니라면, $I_2 \subsetneq I_3$인 $I_3 \in \mathcal{S}$가 존재하고, ……. 그런데, 이렇게 얻어지는 ascending chain은 유한하므로, $[I_m = I_{m+k}$ for all $k \geq 0]$인 $m \geq 1$이 존재한다. 이제 I_m이 $\mathcal{S}$의 maximal element임은 자명.

[(3)$\Rightarrow$(1)]: $I \trianglelefteq R$일 때, $\mathcal{S}$를

$$\mathcal{S} = \{J \trianglelefteq R \mid J \leq I,\ J\text{는 finitely generated}\}$$

로 놓자 ($\mathcal{S} \neq \emptyset$인 이유는?). 또, $J_0 \in \mathcal{S}$를 $\mathcal{S}$의 maximal element라고 놓으면, 임의의 $a \in I$에 대해, $J_0 + (a) \in \mathcal{S}$이어야 하므로, $J_0 + (a) = J_0$. 즉, $I = J_0$이고, 따라서, I는 finitely generated. □

---

[48] R이 non-commutative이거나, $1 \notin R$이어도 이 명제는 성립한다. 이때 ideal은 left ideal (혹은 right ideal, 혹은 two-sided ideal)로 이해한다.

[49] Ascending Chain Condition은 흔히 ACC로 나타낸다.

[50] Maximal element의 정의는 정의 14.1.3 참조.

[51] 이 기술은 Zorn's Lemma의 'story'이다. 예를 들어, 명제 14.1.6의 증명 참조.

[52] 일반적으로, ideal들의 union이 다시 ideal이 되는 것은 물론 아니다.

"대수학"에서는 무언가 유한의 성질을 갖는 object를 주로 공부한다. 따라서, Noetherian ring이 "대수학"의 주된 관심 대상이 된다.

보기 5.5.5. (가) PID는 당연히 Finite Condition을 만족하므로, Noetherian ring이다. 따라서, PID는 Ascending Chain Condition과 Maximal Condition도 만족한다.
(나) **(Hilbert Basis Theorem[53])** Noetherian ring R-위의 polynomial ring $R[t_1, \ldots, t_n]$도 Noetherian ring이다.[54]

이제 **정리 5.5.1의 증명을 시작**하자. 지금부터 이 節에서 D는 항상 고정된 PID이다.

따름정리 5.5.6. D가 PID이고, $a \in D$가 non-unit이면, a를 포함하는 D의 maximal ideal $\mathfrak{m}$이 존재한다.[55] (그러므로, $a \neq 0$일 때, $\mathfrak{m} = (p)$라고 놓으면, p는 a의 irreducible factor.)

증명 : Noetherian ring의 **Maximal Condition**을 이용한다. 즉,

$$\mathcal{S} = \{I \lhd D \mid a \in I \neq D\}$$

로 놓으면, $\mathcal{S}$의 maximal element가 바로 a를 포함하는 D의 maximal ideal이다. 이때, point는 $\mathcal{S} \neq \emptyset$이라는 것. 이는 $a \notin D^\times$이므로, $Da = (a) \neq D$이고(왜 그런가?), 따라서 $Da \in \mathcal{S}$이기 때문. □

그러면, $a \in D$가 non-zero이고 non-unit일 때, a를 인수분해해 보자. 우선, 위 따름정리 5.5.6에 의해 a의 irreducible factor p_1을 찾는다. 다음에는 $a = p_1 a_1$으로 놓는다. 이때 만약 a_1이 unit이면, 인수분해 끝. 만약 a_1이 non-unit이면, 계속 a_1을 인수분해한다. 즉, a_1의 irreducible factor p_2를 찾고, $a_1 = p_2 a_2$라고 하고, $a_2 \in D^\times$이면 ……. $a_2 \notin D^\times$이면 ……. 그런데 이 작업은 반드시 유한 번만에 끝나야만 한다. 왜냐하면,

$$(a) \subsetneq (a_1) \subsetneq (a_2) \subsetneq \cdots$$

은 infinite ascending chain이 될 수 없기 때문이다(Noetherian ring의 **ACC**). 따라서, $a_k \in D^\times$인 $k \geq 1$이 존재해야 하고, 이때 $a = a_k p_1 p_2 \cdots p_k$가 된다.

[53] 이때, 'basis'는 'generator'의 뜻이다. 이것도 Hilbert 수준의 언어이다. 연습문제 1.1.15 밑의 註 참조.
[54] 증명은 생략하기로 한다. Formal power series ring $R[[t_1, \ldots, t_n]]$도 마찬가지이다. 예를 들어, Lang [8, Ch. IV, §6과 §9] 참조.
[55] $a = 0$일 때에는 어떤 의미인가?

위의 증명을 다시 잘 살펴보면, 한마디로, PID 에서의 **factorization 의 existence 는 Ascending Chain Condition 의 결과**라고 할 수 있다.

다음에는, PID 에서의 **factorization 의 uniqueness** 를 증명해 보자. 이제

$$a = p_1 p_2 \cdots p_k = q_1 q_2 \cdots q_\ell, \qquad (\text{단, } k \le \ell)$$

인 irreducible element $p_i, q_j \in D$ 가 존재한다고 가정하자. 그러면, $p_1 \mid q_1 \cdots q_\ell$ 이고, irreducible element 는 prime element 이므로, [$p_1 \mid q_j$ for some j] 이어야 한다. 이제, $q_1, \ldots, q_\ell$ 의 순서를 적당히 바꾸어 주면 (reordering), $p_1 \mid q_1$ 이라고 해도 괜찮을 것이다. 그런데, q_1 의 divisor 는 (up to unit) 1 과 q_1 뿐이므로, [$p_1 = u_1 q_1$ for some $u_1 \in D^\times$ (즉, $p_1 \sim q_1$)] 이어야 한다. 이제, Cancellation Law 를 사용하면,

$$p_2 \cdots p_k = u_1 q_2 \cdots q_\ell$$

이 된다. 계속 이 작업을 반복하면, 결국

$$1 = u_1 \cdots u_k q_{k+1} \cdots q_\ell$$

이 될 것이다. 그러나, irreducible element 는 unit 이 될 수 없으므로, 이로부터 $k = \ell$ 임을 알 수 있다. $u_1 \cdots u_k \in D^\times$ 이고, [$p_i \sim q_i$ for all $i = 1, \ldots, k$] 인 것은 물론이다. 이로써 **정리 5.5.1 의 증명 끝**.

드디어 (!), $\mathbb{Z}$ 와 $F[t]$ 의 factorization 을 이해하게 되었다 (단, F 는 field). 그러나, 아직도 질문들이 남아 있다.

질문 5.5.7. (가) $(t^{10000} - 2)$ 는 $\mathbb{Q}[t]$ 의 irreducible polynomial 인가?
(나) $\deg(f) = 10000$ 인 irreducible polynomial $f(t) \in \mathbb{F}_2[t]$ 는 존재하는가? 실제로 찾을 수 있는가?

5.6. Gauss Lemma와 Irreducible Polynomial

이 節에서는 계속 다항식의 소인수분해를 공부한다. 이 節에서 D는 **항상 고정된 UFD**이다.

정의 5.6.1. $f(t) = a_n t^n + \cdots + a_1 t + a_0 \in D[t]$ 일 때 (단, $n \geq 0$, $\deg(f) = n$),
(가) 계수들의 최대공약수 $(a_0, a_1, \ldots, a_n)$을 $f(t)$의 **content**라고 부르고, $\mathrm{cont}(f)$로 표기한다.[56]
(나) $\mathrm{cont}(f) = 1$ 이면,[57] $f(t)$를 **primitive polynomial**이라고 부른다.[58]

$\mathrm{cont}(f)$는 물론 up to unit 결정된다. ($D[t]^\times = D^\times$ 임에 유의하라.)

관찰 5.6.2. D는 UFD이고, $f(t) \in D[t]$이면,

$$f(t) = \mathrm{cont}(f) \cdot f_1(t)$$

로 쓸 수 있다. 이때, $f_1(t) \in D[t]$는 primitive polynomial.

증명 : ……. □

다음 두 연습문제는 거의 자명하지만, 한번은 …….

연습문제 5.6.3. $a, b \in D$ 이고 $f(t), g(t) \in D[t]$는 (non-zero) primitive polynomial 일 때, 다음을 보여라.
(가) $\mathrm{cont}(af) = a$.
(나) $af(t) = bg(t)$ 이면, $a \sim b$ in D.

연습문제 5.6.4. $p(t) \in D[t]$가 irreducible polynomial 이고, $\deg(p) \geq 1$ 이면, $p(t)$는 primitive polynomial 임을 보여라.

이 節의 모든 내용은 다음 명제에 基礎하고 있다.

명제 5.6.5. (Gauss Lemma) D는 UFD이고, $f(t), g(t) \in D[t]$이면,
(가) $\mathrm{cont}(fg) = \mathrm{cont}(f) \cdot \mathrm{cont}(g)$.
(나) 따라서, $f(t)$와 $g(t)$가 primitive이면, $f(t)g(t)$도 primitive.

---

[56] 연습문제 2.4.13 참조.
[57] 즉, $\mathrm{cont}(f) \in D^\times$ 이면.
[58] 따라서 zero polynomial은 primitive polynomial이 아니다. 反面에 $u \in D^\times$ 이면, u는 primitive polynomial(of degree zero)이다.

Elementary Proof : 위 관찰 5.6.2에서처럼

$$f(t) = \mathrm{cont}(f) \cdot f_1(t), \qquad g(t) = \mathrm{cont}(g) \cdot g_1(t)$$

로 나타내면 (따라서 $f_1(t)$ 와 $g_1(t)$ 는 primitive),

$$f(t)\,g(t) = \mathrm{cont}(f) \cdot \mathrm{cont}(g) \cdot f_1(t)\,g_1(t)$$

이므로, $f_1(t)\,g_1(t)$ 도 primitive 임을 보이면 충분하다. 이때

$$f_1(t) = a_n t^n + \cdots + a_1 t + a_0, \qquad g_1(t) = b_m t^m + \cdots + b_1 t + b_0$$

로 놓고 (단, $a_i, b_j \in D$), [$f_1(t)\,g_1(t)$ 의 k-차 항의 계수]를 c_k 로 표기하면, [$c_k = \sum_{i+j=k} a_i b_j$]가 된다. 그리고, 만약 $f_1(t)\,g_1(t)$ 가 primitive polynomial이 아니었다고 가정하면, [p divides c_k for all k] 인 D 의 irreducible element p 가 존재할 것이다 (D 는 UFD 이므로). 이제, $f_1(t)$ 는 primitive 이므로, $p \nmid a_r$ 인 최소의 $r \geq 0$ 이 존재할 것이다 (따라서, $p \,|\, a_i$ for all $i < r$). 마찬가지로, $p \nmid b_s$ 인 최소의 $s \geq 0$ 도 존재한다 (물론 $p \,|\, b_j$ for all $j < s$). 그런데, $p \,|\, c_{r+s}$ 이므로 — 즉,

$$p \,|\, (a_0 b_{r+s} + \cdots + a_{r-1} b_{s+1} + a_r b_s + a_{r+1} b_{s-1} + \cdots + a_{r+s} b_0)$$

이므로, 이로부터 $p \,|\, a_r b_s$ 를 얻는다. 그러나, 이는 p 가 D 의 prime element 이므로 불가능. (Elementary Proof는 한마디로 '계수비교법'.[59]) □

이 節의 목표는 다음 정리를 증명하는 것이다.

정리 5.6.6. D 가 UFD 이면, $D[t]$ 도 UFD.

독자들은 위 정리를 생각할 때 — 마치 중학교에서 처음 인수분해를 배울 때처럼 — $D = \mathbb{Z}$ 라고 가정해도 괜찮을 것이다 (어쩌면 더 잘 이해할 수 있을 것이다). 하기는, 중학교 때는 $\mathbb{Z}[t]$ 와 $\mathbb{Q}[t]$ 도 사실 구분하지 않았었다. 실제 $\mathbb{Z}[t]$ 와 $\mathbb{Q}[t]$ 에서의 인수분해는 별로 다를 것이 없다. 그러니, $\mathbb{Q}[t]$ 는 UFD 이므로, $\mathbb{Z}[t]$ 의 인수분해를 $\mathbb{Q}[t]$ 에서부터 시작할 수 있을 것이다.

물론 지금 $\mathbb{Q}$ 의 역할을 하는 것은 [D 의 **field of quotients**] Q_D 이다.[60] 이제, $Q_D = Q$ 로 **간략히 표기**하고, 정리 5.6.6의 증명을 시작하자.

[59] 우리의 水準에 맞는 멋진 증명은 다음 節에서 소개한다.

[60] § 2.5 참조.

먼저 준비가 필요하다.

연습문제 5.6.7. D가 UFD일 때, p가 D의 irreducible element이면, p는 $D[t]$의 irreducible element이기도 함을 증명하라.

관찰 5.6.8. D는 UFD이고, $p(t) \in D[t]$는 **primitive**일 때, 다음은 동치.

(1) $p(t)$ is irreducible in $D[t]$.

(2) $p(t)$ is irreducible in $Q[t]$.

증명 : [(1)⇒(2)] $p(t) = g(t)\,h(t)$라고 하자(단, $g(t), h(t) \in Q[t]$). 이제 $g(t)$와 $h(t)$의 coefficient들을 각각 **'통분'하면,**

$$p(t) = \frac{a}{b}\,g_1(t) \cdot \frac{c}{d}\,h_1(t)$$

로 쓸 수 있다(단, $a, b, c, d \in D - \{0\}$, $g_1(t), h_1(t) \in D[t]$는 primitive). 즉,

$$bd \cdot p(t) = ac \cdot g_1(t)\,h_1(t)$$

가 된다. 그런데, **Gauss Lemma**에 의하면, $g_1(t)\,h_1(t)$도 primitive이므로, [$bd \sim ac$ in D] 임을 알 수 있다(연습문제 5.6.3). 따라서 [$p(t) \sim g_1(t)\,h_1(t)$ in $D[t]$] 이고, [$p(t)$는 irreducible in $D[t]$] 이므로, [$g_1(t) \in D^\times$ or $h_1(t) \in D^\times$], 즉 [$\deg(g) = 0$ or $\deg(h) = 0$] 이다.

[(2)⇒(1)] $p(t) = g(t)\,h(t)$라고 하자(단, $g(t), h(t) \in D[t]$). 지금, [$p(t)$는 irreducible in $Q[t]$] 라고 가정하고 있으므로, [$g(t) \in Q^\times$ or $h(t) \in Q^\times$] 이어야 한다. 예를 들어, $g(t) \in Q^\times$이면, 이는 $g(t) \in D - \{0\}$이라는 뜻이다. 그런데, $p(t) \in D[t]$는 primitive이므로, $g(t) \in D^\times$이어야 한다. 증명 끝. □

관찰 5.6.9. D가 UFD이고, $f(t), g(t) \in D[t]$가 primitive일 때, 다음은 동치.

(1) $f(t) \sim g(t)$ in $D[t]$.

(2) $f(t) \sim g(t)$ in $Q[t]$.

증명 : [(1)⇒(2)] 부분은 자명하다. 이제 [(2)⇒(1)] 부분을 보이기 위해, [$f(t) = ug(t)$ for some $u \in Q^\times$] 라고 하자. 그런데, $u = a/b$로 놓으면(단, $a, b \in D - \{0\}$), $bf(t) = ag(t)$가 되므로, 연습문제 5.6.3에 의해 [$a \sim b$ in D] 이다. 따라서, $a/b \in D^\times$이고(왜 그런가?), 증명 끝. □

돌이켜 보면, 위 관찰들은 정말 중학교 때도 알던 것이다. 다만, 그의 엄밀한 증명에는 Gauss Lemma 와 연습문제 5.6.3 이 필요했을 뿐이다. 위 증명의 argument 는 앞으로도 몇 번 더 등장할 것이다.

정리 5.6.6 의 증명 : [Existence] $f(t) \in D[t]$ 가 non-zero 이고 non-unit 이라고 하자. 이번에도

$$f(t) = \mathrm{cont}(f) \cdot f_1(t), \qquad (\text{단, } f_1(t) \in D[t] \text{ 는 primitive})$$

로 나타내자. 먼저 $\mathrm{cont}(f)$ 를 D 에서

$$\mathrm{cont}(f) = c_1 \cdots c_\ell, \qquad (\text{단, } c_j \in D \text{ 는 irreducible in } D)$$

로 소인수분해하면, 이는 동시에 $D[t]$ 에서의 $\mathrm{cont}(f)$ 의 소인수분해가 된다 (연습문제 5.6.7). 다음에는 $f_1(t)$ 를 $Q[t]$ 에서 소인수분해한다.[61] 즉,

$$f_1(t) = q_1(t) \cdots q_k(t), \qquad (\text{단, } q_i(t) \in Q[t] \text{ 는 irreducible in } Q[t])$$

이 된다. 이번에도, $q_i(t)$ 의 coefficient 들을 '통분'하면 (단, $i = 1, \ldots, k$),

$$q_i(t) = \frac{a_i}{b_i} p_i(t), \qquad (\text{단, } a_i, b_i \in D - \{0\}, \ p_i(t) \in D[t] \text{ 는 } \textbf{primitive})$$

로 나타낼 수 있을 것이다. 이때, $[p_i(t) \sim q_i(t) \text{ in } Q[t]]$ 이므로, $p_i(t)$ 는 당연히 $Q[t]$ 의 irreducible polynomial 이다. 따라서, $p_i(t)$ 는 $D[t]$ 의 irreducible polynomial 이기도 하다 (관찰 5.6.8). 이제,

$$f_1(t) = \frac{a}{b} p_1(t) \cdots p_k(t), \qquad (\text{단, } a, b \in D - \{0\})$$

로 쓸 수 있고, 따라서

$$b \cdot f_1(t) = a \cdot p_1(t) \cdots p_k(t)$$

가 된다. 이번에도, **Gauss Lemma** 와 연습문제 5.6.3 에 의해, $[a \sim b \text{ in } D]$ 임을 알 수 있다. 이제, $a = bu$, $u \in D^\times$ 로 놓으면,

$$f(t) = uc_1 \cdots c_\ell \cdot p_1(t) \cdots p_k(t)$$

가 우리가 원하던 $D[t]$ 에서의 $f(t)$ 의 소인수분해이다.

---

[61] $\deg(f) = \deg(f_1) \geq 1$ 이라고 해도 괜찮다.

[Uniqueness] 위 증명에서,

$$f(t) = u\,c_1 \cdots c_\ell \cdot p_1(t) \cdots p_k(t) = v\,d_1 \cdots d_n \cdot r_1(t) \cdots r_m(t)$$

의 두 가지 소인수분해가 가능했다고 가정해 보자 (물론, $u, v \in D^\times$ 이고, c_j, d_j 는 D 의 irreducible 이다. 또, $p_i(t), r_i(t)$ 는 $D[t]$ 의 irreducible polynomial 이고, $\deg(p_i) \geq 1$, $\deg(r_i) \geq 1$ 이라고 가정하자.) 그러면, $p_i(t)$ 와 $r_i(t)$ 는 $D[t]$ 의 primitive polynomial 이므로 (연습문제 5.6.4),

$$c_1 \cdots c_\ell \sim d_1 \cdots d_n$$

이 된다 (연습문제 5.6.3). 그런데, D 는 UFD 이므로, $\ell = n$ 이고 [$c_j \sim d_j$ for all j] 라고 할 수 있다. 한편, $Q[t]$ 는 UFD 이고, $p_i(t), r_i(t)$ 는 $Q[t]$ 의 irreducible polynomial 이기도 하므로 (관찰 5.6.8), $k = m$ 이고 [$p_i(t) \sim r_i(t)$ in $Q[t]$ for all i] 라고 할 수 있다. 이제, 관찰 5.6.9 에 의해, [$p_i(t) \sim r_i(t)$ in $D[t]$ for all i] 이다. 증명 끝. □

정리 5.6.6 의 증명은 — 결국 — Gauss Lemma 가 그 本質이다. 독자들은 §5.4 (특히 따름정리 5.4.4 와 보기 5.4.6) 를 한번 더 복습하기 바란다.

아차, §4.6 에서 남겨 둔 숙제가 하나 있다.

(Again) 관찰 4.6.12. $f(t), g(t) \in D[t]$ 이고, $g(t)$ 는 primitive 라고 하자. 이때, [$f(t) = g(t)\,h(t)$ for some $h(t) \in Q[t]$] 이면, 사실은 $h(t) \in D[t]$ 이다.

증명 : 이젠 routine. 언제나처럼,

$$f(t) = \mathrm{cont}(f) \cdot f_1(t), \qquad h(t) = \frac{a}{b}\,h_1(t)$$

로 놓는다 (단, $f_1(t), h_1(t) \in D[t]$ 는 primitive 이고, $a, b \in D$, $b \neq 0$). 즉,

$$b \cdot \mathrm{cont}(f) \cdot f_1(t) = a\,g(t)\,h_1(t)$$

이므로, [$b \cdot \mathrm{cont}(f) \sim a$ in D] 이다 (Gauss Lemma). 따라서, $a/b \in D$. □

다음 연습문제는 이제 거의 당연하지만, 앞으로 여러 번 중요 장면에서 사용될 것이다.

연습문제 5.6.10. $f(t) \in D[t]$ 일 때, $f(t) = g(t)\,h(t)$ 인 $g(t), h(t) \in Q[t]$ 가 존재하면, $f(t) = g_1(t)\,h_1(t)$ 이고 $\deg(g) = \deg(g_1)$, $\deg(h) = \deg(h_1)$ 인 $g_1(t), h_1(t) \in D[t]$ 가 존재함을 보여라.

5.7. Eisenstein Criterion

대개 우리 'story'의 다음 순서는 Eisenstein Criterion 이지만, 그 前에 짚고 넘어갈 것이 있다.

앞 節 Gauss Lemma 의 증명에는 'elementary'라는 形容詞가 붙어 있었다. 이 증명은 사실 고등학생도 이해할 수 있는 증명이다. 그리고, 그동안 '계수비교법'을 용히 피해 가던 著者가 어찌된 일인지 '계수비교법'을 문자化한 것도 눈여겨보았을 것이다. 물론, 이 Elementary Proof 는 Gauss Lemma 의 本質을 잘 보여 주고 있으며, 한편 유일한 증명 방법이기도 하다.

그러나, 고등학생들이 상상도 하지 못할 멋진 (세련된) '증명 技術'이 있다.[62] Gauss Lemma 의 Elementary Proof 에서, 예를 들어 $D = \mathbb{Z}$ 일 때, 다항식의 계수들이 prime p 의 배수인지 여부가 문제가 되었었다. 그렇다면, 아예 다항식의 **계수들을 $\mathbb{Z}_p$ 의 원소로 '읽는' 방법**은 없을까?

먼저 준비가 필요하다. 이제 D 는 integral domain 이라고 하고, $p \in D$ 는 prime element 라고 하자. 그러면, (p) 는 D 의 prime ideal 이고 (관찰 5.3.9), 따라서 $\overline{D} = D/(p)$ 는 integral domain 이 된다 (명제 5.3.18). 이제 canonical projection $\pi : D \to \overline{D}$ 를 생각하고, 함수 $\varepsilon : D[t] \to \overline{D}[t]$ 를

$$\varepsilon(a_n t^n + \cdots + a_1 t + a_0) = \overline{a_n}\, t^n + \cdots + \overline{a_1}\, t + \overline{a_0}\,, \qquad (a_0, a_1, \ldots, a_n \in D)$$

로 정의한다 (단, $\overline{a_i} = \pi(a_i)$). 이때, 우리는

$$\varepsilon\big(f(t)\big) = \overline{f}\,(t), \qquad (f(t) \in D[t])$$

로 표기하고, "$f(t)$ (의 계수) 를 $\overline{D}$ 에서 **읽으면** $\overline{f}\,(t)$ 가 된다"고 말한다. 지금 焦點은 ε 이 ring homomorphism 이라는 것 (아래 연습문제 참조) 과 $\overline{D}$ 는 (따라서 $\overline{D}\,[t]$ 도) integral domain 이라는 것이다.

연습문제 5.7.1. 위의 함수 $\varepsilon : D[t] \to \overline{D}\,[t]$ 는 ring homomorphism 임을 보여라.[63]

---

[62] '증명 技術'과 '증명 방법 (본질)'은 다른 뜻으로 쓰였다.

[63] 함수 $\varepsilon : D[t] \to \overline{D}\,[t]$ 를 evaluation homomorphism $\mathcal{E}_t : D[t] \to \overline{D}\,[t]$ 로 이해할 수도 있지만, 이는 조금 현학적인 느낌이다. ($\overline{D}\,[t]$ 를 D-algebra 로 생각. Restriction of scalars.)

Gauss Lemma 의 증명 : $f(t), g(t) \in D[t]$ 가 primitive 일 때, $h(t) = f(t)\,g(t)$ 도 primitive 임을 보이면 된다. 만약 $h(t)$ 가 primitive 가 아니라면, $h(t)$ 의 모든 계수들을 나누는 D 의 prime element p 가 존재할 것이다 (D 는 UFD 이므로). 이제 $\overline{D} = D/(p)$ 로 놓고, 다항식의 계수들을 $\overline{D}$ 에서 읽으면,

$$\overline{h}(t) = \overline{f}(t) \cdot \overline{g}(t)$$

가 된다 (왜 그런가?). 그런데, $\overline{h}(t) = 0$ 이고, $f(t), g(t) \in D[t]$ 는 primitive 이므로, $\overline{f}(t) \neq 0$, $\overline{g}(t) \neq 0$ 이다 (왜 그런가?). 이는 $\overline{D}[t]$ 가 integral domain 이라는 데에 모순. □

이제 우리의 '이야기'를 계속하자.

명제 5.7.2. (Eisenstein Criterion) D 가 UFD 일 때,

$$f(t) = a_n t^n + \cdots + a_1 t + a_0 \in D[t]$$

로 놓자 (단, $\deg(f) = n \geq 2$). 만약, 다음 조건

(i) $p \nmid a_n$

(ii) $p \mid a_i$ for all $i = 0, 1, \ldots, n-1$

(iii) $p^2 \nmid a_0$

을 만족하는 [prime element p in D] 가 존재하면, $f(t)$ 는 [irreducible polynomial over Q] 이다 (단, $Q = Q_D$).[64]

증명 : 만약 $f(t)$ 가 [irreducible over Q] 가 아니었다면, 연습문제 5.6.10 에 의해 $f(t) = g(t)\,h(t)$ 인 non-constant polynomial $g(t), h(t) \in D[t]$ 가 존재할 것이다. 이번에도 $\overline{D} = D/(p)$ 로 놓고, 다항식의 계수들을 $\overline{D}$ 에서 읽으면, 조건 (i) 에 의해 $\overline{g}(t)$ 와 $\overline{h}(t)$ 도 모두 non-constant polynomial 이 된다. 한편 $\overline{f}(t) = \overline{g}(t) \cdot \overline{h}(t)$ 이고, 조건 (ii) 에 의해 $\overline{f}(t) = \overline{a_n}\,t^n$ 이 된다. 따라서, $\overline{g}(t)$ 와 $\overline{h}(t)$ 는 모두 monomial 이고, 특별히 상수항은 모두 zero 이다. 이는 원래 $g(t)$ 와 $h(t)$ 의 상수항이 모두 p 의 배수라는 뜻이다. 그러나 이는 조건 (iii) 에 모순.[65] □

Eisenstein Criterion 은, 예를 들어, $\mathbb{Z}[t]$ 의 (일부) 다항식의 irreduciblility 를 판정해 주는 매우 有用한 tool 이다.

[64] 따라서, $f(t) \in D[t]$ 가 primitive 이면, 관찰 5.6.8 에 의해, $f(t)$ 는 [irreducible polynomial over D] 이다.

[65] 물론 다항식의 계수들을 $\overline{D}$ 에서 읽지 않는 'elementary proof(계수비교법)'도 가능하다.

연습문제 5.7.3. (가) $f(t) = 2t^5 + 9t^3 - 6t^2 + 15 \in \mathbb{Z}[t]$ 는 [irreducible polynomial over $\mathbb{Z}$ (over $\mathbb{Q}$)] 임을 보여라.
(나) $g(s,t) = s^5 + t^2 s^2 + t^3 s + t \in \mathbb{Z}[s,t]$ 는 [irreducible polynomial over $\mathbb{Z}[t]$] 이고, 따라서 $g(s,t)$ 는 [irreducible element in $\mathbb{Z}[s,t]$] 임을 보여라.

그러나, Eisenstein Criterion 은, 예를 들어, $t^4 \pm t^3 \pm t^2 \pm t \pm 1 \in \mathbb{Z}[t]$ 와 같은 다항식에는 아무런 정보도 주지 못한다. 약간의 '꾀'가 통할 때도 있다.

보기 5.7.4. p 가 $\mathbb{Z}$ 의 prime number 일 때, [p-th **cyclotomic polynomial** over $\mathbb{Z}$] $\Phi_p(t) \in \mathbb{Z}[t]$ 를

$$\Phi_p(t) = t^{p-1} + t^{p-2} + \cdots + t + 1$$

로 정의한다.[66] 이제, $\Phi_p(t)$ 는 [**irreducible** polynomial over $\mathbb{Z}$ (over $\mathbb{Q}$)] 임을 보이자. 그런데, Eisenstein Criterion 을 직접 사용할 수는 없으므로, '꾀를 내어' $\phi(t) = \Phi_p(t+1)$ 을 생각한다. 그리고, 우리는 무슨 이유에선지 ('본능적으로')

$$(t-1) \cdot \Phi_p(t) = t^p - 1$$

이라고 써 보고 싶다. 그러면,

$$t\,\phi(t) = t \cdot \Phi_p(t+1) = (t+1)^p - 1 = t^p + \binom{p}{1} t^{p-1} + \cdots + \binom{p}{p-1} t$$

이므로 (Binomial Theorem),

$$\phi(t) = t^{p-1} + \binom{p}{1} t^{p-2} + \cdots + \binom{p}{p-2} t + p$$

가 된다. 이제 Eisenstein Criterion 과 아래 연습문제 5.7.5 에 의해, $\phi(t)$ 는 [irreducible polynomial over $\mathbb{Z}$ (over $\mathbb{Q}$)] 임을 알 수 있다. 그런데, 만약에 $\Phi_p(t) = g(t)\,h(t)$ 이었다면, $\phi(t) = \Phi_p(t+1) = g(t+1)\,h(t+1)$ 이 되므로, $\Phi_p(t)$ 도 [irreducible polynomial over $\mathbb{Z}$ (over $\mathbb{Q}$)] 이다.

연습문제 5.7.5. p 가 prime integer 일 때, $1 \le i \le p-1$ 이면, binomial coefficient $\dbinom{p}{i}$ 는 p 의 배수임을 보여라.

[66] 정의 16.5.7 참조.

물론 Eisenstein Criterion 이 '만병 통치약'은 아니다.

보기 5.7.6. $f(t) = t^4 - 10t^2 + 1 \in \mathbb{Z}[t]$ 라고 하면, $f(t)$ 의 irreducibility 를 설명하는 세련된 방법은 (지금은) 없어 보인다.[67] 먼저, $f(\pm 1) \neq 0$ 이므로, $f(t)$ 는 일차식을 divisor 로 갖지 않는다 (인수정리, 보기 1.7.15). 그리고, 만약

$$f(t) = (t^2 + at + b) \cdot (t^2 + ct + d), \qquad (\text{단, } a, b, c, d \in \mathbb{Q})$$

이면, ······. '계수비교법'을 사용할 수밖에 없다. ($f(t)$ 는 irreducible over $\mathbb{Z}$ (over $\mathbb{Q}$) 임을 보여라.)

사실 우리는 주어진 자연수가 prime 인지 아닌지 판정하는 무슨 '신기한' 방법은 알지 못한다. 다항식의 경우도 마찬가지인 셈이다. 그렇지만, Eisenstein Criterion 으로부터 우리는 다음 매우 의미 있는 명제를 얻을 수 있다.

따름명제 5.7.7. n 이 임의의 자연수일 때, $\deg(f) = n$ 인 $\mathbb{Z}[t]$ 의 ($\mathbb{Q}[t]$ 의) irreducible polynomial $f(t)$ 가 존재한다. 예를 들어, $f(t) = t^n - 2$.

증명 : Eisenstein Criterion. □

그러나, characteristic p 인 경우는 좀 다르다 (단, p 는 prime integer). 왜냐하면, 예를 들어, finite field $\mathbb{F}_p$ 는 자기 자신의 field of quotients 일 뿐이지만 (즉, $Q_D = \mathbb{F}_p$ 인 D 는 $\mathbb{F}_p$ 뿐), field 에는 prime element 가 없으므로, Eisenstein Criterion 을 적용할 수 없기 때문이다.

질문 5.7.8. p 가 prime integer 일 때,

(가) n 을 임의의 자연수라고 하면, $\deg(f) = n$ 인 $\mathbb{F}_p[t]$ 의 irreducible polynomial $f(t)$ 는 항상 존재하는가?

(나) $\deg(g) = 100000$ 인 $\mathbb{F}_p[t]$ 의 irreducible polynomial $g(t)$ 를 찾을 수 있는가?

위 질문 (가) 항의 답은 "예" 이다.[68] 다만 따름명제 5.7.7 에서처럼 구체적으로 $f(t)$ 를 묘사할 수는 없을 뿐이다. 그리고, (나) 항은 마치 "백만번째 prime integer 를 찾을 수 있는가?" 하는 질문과 비슷하다. 즉, 시간만 충분 (!) 하다면, 불가능하지는 않다······.

[67] 그러나, ······. 보기 6.2.17 참조.
[68] 증명은 따름정리 7.2.3 참조.

그런데, 위 연습문제 5.7.5를 풀면서, 다음을 스스로 생각한 독자들도 있었을 것이다. 다음 관찰은 prime characteristic의 別世界로 들어가는 입구이기도 하다.

관찰 5.7.9. (Freshman's Dream) F가 $\mathrm{char}(F) = p > 0$인 field이면,

$$(\alpha + \beta)^p = \alpha^p + \beta^p, \qquad (\alpha, \beta \in F)$$

이다.[69]

증명 : Binomial Theorem과 연습문제 5.7.5. □

연습문제 5.7.10. F가 $\mathrm{char}(F) = p > 0$인 field라고 하자. 또, k와 n은 자연수이고, $\alpha, \beta, \alpha_1, \ldots, \alpha_k \in F$일 때, 다음을 보여라.

(가) $(\alpha - \beta)^p = \alpha^p - \beta^p$.[70]

(나) $(\alpha \pm \beta)^{p^n} = \alpha^{p^n} \pm \beta^{p^n}$.

(다) $(\pm\alpha_1 \pm \alpha_2 \pm \cdots \pm \alpha_k)^p = \pm\alpha_1^p \pm \alpha_2^p \pm \cdots \pm \alpha_k^p$.

연습문제 5.7.11. F가 $\mathrm{char}(F) = p > 0$인 field이고, $\alpha, \beta \in F$일 때, 다음을 보여라.

(가) $\alpha^p = \beta^p$이면, $\alpha = \beta$.

(나) $\alpha^p = 1$이면, $\alpha = 1$.

연습문제 5.7.12. F가 finite field of characteristic $p > 0$일 때, Frobenius map $\mathrm{Frob} : F \to F$를

$$\mathrm{Frob}(\alpha) = \alpha^p, \qquad (\alpha \in F)$$

로 정의하면, $\mathrm{Frob} : F \to F$는 field automorphism임을 보여라. (그러므로, Frob를 **Frobenius automorphism**이라고 부른다.[71])

연습문제 5.7.13. [Irreducible polynomial in $\mathbb{F}_2[t]$ of degree 2, 3 or 4]를 모두 찾아라.

---

[69] 中학교 1학년도 freshman이라고 부르던가······?

[70] $p = 2$이면······.

[71] 정의 16.4.16 참조

5.8. Chinese Remainder Theorem

다음에는 우리 'story'의 줄거리에서 잠시 벗어나, R을 임의의 commutative [ring with 1]이라고 하자. 다음은 옛날 옛날 먼 옛날에 중국이라는 …… .

명제 5.8.1. (Chinese Remainder Theorem) $n_1, \ldots, n_k \in \mathbb{Z}$가 mutually relatively prime이고 (즉, $(n_i, n_j) = 1$ for all $i \neq j$), $a_1, \ldots, a_k \in \mathbb{Z}$이면,

$$x \equiv a_i \pmod{n_i}, \qquad \text{for all } i = 1, \ldots, k$$

를 만족하는 unique (up to modulo n) $x \in \mathbb{Z}$가 존재한다 (단, $n = n_1 n_2 \cdots n_k$).[72]

전산 계통에서는 Chinese Remainder Theorem을 흔히 **CRT**로 단축한다.[73] 이제 Chinese Remainder Theorem을 우리의 ideal language로 바꾸어 state하고 증명해 보자.

명제 5.8.2. (CRT) R은 commutative [ring with 1] 이고, $I_1, \ldots, I_k \trianglelefteq R$이 mutually relatively prime이라고 하자 (즉, $I_i + I_j = R$ for all $i \neq j$).[74] 이때, ring homomorphism $\varphi : R \to (R/I_1) \times \cdots \times (R/I_k)$를

$$\varphi(a) = (\,\overline{a},\ \ldots,\ \overline{a}\,), \qquad (a \in R)$$

로 정의하면, (First Isomorphism Theorem에 의해) φ는 ring isomorphism

$$\overline{\varphi} : \frac{R}{I_1 \cap \cdots \cap I_k} \xrightarrow{\ \approx\ } \frac{R}{I_1} \times \cdots \times \frac{R}{I_k}$$

를 naturally induce한다.

위 명제의 증명에 앞서 약간의 설명이 필요할 것이다. 즉, 명제 5.8.2에서 $R = \mathbb{Z}$, $I_i = n_i\mathbb{Z}$로 놓으면, 독자들은 $\overline{\varphi}$의 surjectivity가 명제 5.8.1의 solution $x \in \mathbb{Z}$의 existence를 말하고 있으며, 한편 $\overline{\varphi}$의 injectivity는 명제 5.8.1의 solution $x \pmod{n}$의 uniqueness를 말하고 있음을 확인할 수 있을 것이다. (Ideal $I_1 \cap \cdots \cap I_k$의 generator는

$$\operatorname{lcm}(n_1, \ldots, n_k) = n_1 \cdots n_k = n$$

이다. 관찰 5.1.16 및 연습문제 5.4.14 참조.)

---

[72] 아, 이런 문제를 고등학교 때 풀어 본 적이 있다 …… .
[73] Computer들도 CRT를 좋아한다는 뜻이다.
[74] 정의 5.1.19 참조.

명제 5.8.2 의 증명 : φ 가 ring homomorphism 인 것과 $\ker \varphi = I_1 \cap \cdots \cap I_k$ 인 것은 자명하므로, 결국 $\overline{\varphi}$ 의 (혹은 φ 의) **surjectivity 가 본질**이다. 이 증명은 k 에 관한 귀납법을 사용한다.

$[k=2]$: $I_1 + I_2 = R$ 이므로, $b_1 + b_2 = 1$ 인 $b_1 \in I_1$ 과 $b_2 \in I_2$ 가 존재할 것이다. 이제, $a_1, a_2 \in R$ 일 때,

$$x = a_2 b_1 + a_1 b_2$$

로 놓으면, 예를 들어,

$$x = a_2 b_1 + a_1(1 - b_1) \equiv a_1 \pmod{I_1}$$

이므로,[75] $\varphi(x) = \overline{\varphi}(\,\overline{x}\,) = (\,\overline{a_1}, \overline{a_2}\,)$ 가 된다.

$[k \geq 2]$: $I_1, \ldots, I_k \trianglelefteq R$ 이 mutually relatively prime 이므로, $[c_i + d_i = 1$ for all $i \geq 2]$ 인 $c_i \in I_1$ 과 $d_i \in I_i$ 가 존재할 것이다. 그런데,

$$1 = (c_2 + d_2) \cdots (c_k + d_k) \in I_1 + I_2 \cdots I_k$$

이므로,[76] $J_1 = I_2 \cdots I_k \trianglelefteq R$ 로 표기하면, 앞 $k = 2$ 인 경우에 의해,

$$x_1 \equiv 1 \pmod{I_1}, \qquad x_1 \equiv 0 \pmod{J_1}$$

인 $x_1 \in R$ 이 존재할 것이다. 그리고 $[J_1 \leq I_j$ for all $j \neq 1]$ 이므로,

$$x_1 \equiv 1 \pmod{I_1}, \qquad x_1 \equiv 0 \pmod{I_j}, \qquad (j \neq 1)$$

이 된다. 계속 같은 방법으로

$$x_i \equiv 1 \pmod{I_i}, \qquad x_i \equiv 0 \pmod{I_j}, \qquad (1 \leq i \neq j \leq k)$$

를 만족하는 $x_2, \ldots, x_k \in R$ 을 찾는다. 이제, $a_1, \ldots, a_k \in R$ 이 주어졌을 때,

$$x = a_1 x_1 + \cdots + a_k x_k$$

로 놓으면, $\overline{\varphi}(\,\overline{x}\,) = (\,\overline{a_1}, \ldots, \overline{a_k}\,)$ 가 된다. □

연습문제 5.8.3. 조금 유치하지만,

$$x \equiv 1 \pmod 3, \qquad x \equiv 2 \pmod 5, \qquad x \equiv 3 \pmod 7$$

을 만족하는 최소의 자연수 x 를 구하라.

---

[75] $a \equiv b \pmod I$ 는 $a - b \in I$ 라는 뜻.

[76] $I_2 \cdots I_k$ 는 ideal 들의 product. 정의 5.1.8 참조.

그런데, 다시 생각해 보면, 명제 5.8.1의 증명은 두세 줄이면 충분하다. 명제 5.8.2의 증명을 먼저 소개한 이유는 어차피 실제 계산을 위해서는 위 증명이 필요하기 때문이다.

명제 5.8.1의 증명 : $n\mathbb{Z} = n_1\mathbb{Z} \cap \cdots \cap n_k\mathbb{Z}$ 이므로, $\overline{\varphi} : \mathbb{Z}_n \to \mathbb{Z}_{n_1} \times \cdots \times \mathbb{Z}_{n_k}$ 는 injective ring homomorphism. $\overline{\varphi}$ 가 surjective 인 것은 Pigeon Hole Principle! □

뿐만 아니라, 계속 명제 5.8.1의 표기법을 사용할 때,

$$(\mathbb{Z}_n)^\times \approx (\mathbb{Z}_{n_1} \times \cdots \times \mathbb{Z}_{n_k})^\times = (\mathbb{Z}_{n_1})^\times \times \cdots \times (\mathbb{Z}_{n_k})^\times$$

이므로(왜 그런가? 이때 '≈'의 의미는?), 다음 흥미로운 결과를 얻는다.

따름명제 5.8.4. $n_1, \ldots, n_k \in \mathbb{Z}$ 가 mutually relatively prime 이면,

$$\phi(n_1 \cdots n_k) = \phi(n_1) \cdots \phi(n_k)$$

이다.[77] (단, ϕ 는 Euler's phi function. 따름명제 4.3.6 참조.)

연습문제 5.8.5. (가) $p \in \mathbb{Z}$ 는 prime 이고, n 은 자연수이면,

$$\phi(p^n) = p^{n-1}(p-1)$$

임을 보여라.
(나) $\phi(630000)$ 을 구하라.

[77] 물론 이 따름명제의 'elementary proof'도 가능하겠지만, 별로 관심 없다.

5.9. The Field of Real Numbers

이제, 드디어 (!), 실수체 $\mathbb{R}$을 contruct 한다. 다만 이 부분은 대개 "해석개론"에서 다루는 것이 관례이므로, 'sketch'에 그칠 것이다 (증명은 생략).

우리가 사용할 방법은 Cauchy sequence 를 이용하는 것이다.[78] 그리고, 지금 우리는 유리수밖에 모르므로, (매우) 조심하여야 한다.[79]

정의 5.9.1. (가) 유리수들의 수열 $\{a_i\} = \{a_i\}_{i=1}^{\infty}$ 가 다음 조건

$$\text{For every } 0 < \epsilon \in \mathbb{Q},$$
$$\text{there exists an integer } N \text{ such that } [m, n \geq N \text{ implies } |a_m - a_n| < \epsilon].$$

을 만족하면, $\{a_i\}$ 를 **Cauchy sequence** (in $\mathbb{Q}$) 라고 부른다. 또, Cauchy sequence (in $\mathbb{Q}$) 전체의 집합을 $\mathcal{C}_{\mathbb{Q}}$ 로 표기하자.

(나) $\mathcal{C}_{\mathbb{Q}}$ 의 덧셈, 곱셈 그리고 $\mathbb{Q}$-상수곱을, $\{a_i\}, \{b_i\} \in \mathcal{C}_{\mathbb{Q}}$, $c \in \mathbb{Q}$ 일 때,

$$\{a_i\} + \{b_i\} = \{a_i + b_i\}, \qquad \{a_i\} \cdot \{b_i\} = \{a_i b_i\}, \qquad c \cdot \{a_i\} = \{ca_i\}$$

로 정의한다.

연습문제 5.9.2. 다음을 보여라.

(가) $\{a_i\} \in \mathcal{C}_{\mathbb{Q}}$ 이면, $\{a_i\}$ 는 **bounded sequence**.

(나) $\{a_i\}, \{b_i\} \in \mathcal{C}_{\mathbb{Q}}$, $c \in \mathbb{Q}$ 일 때, $\{a_i\} + \{b_i\}$, $\{a_i\} \cdot \{b_i\}$, $c \cdot \{a_i\} \in \mathcal{C}_{\mathbb{Q}}$.

(다) $\mathcal{C}_{\mathbb{Q}}$ 는 commutative $\mathbb{Q}$-algebra (with 1).

(라) 함수 $\delta : \mathbb{Q} \to \mathcal{C}_{\mathbb{Q}}$ 를

$$\delta(a) = \{a, a, a, \dots\}, \qquad (a \in \mathbb{Q})$$

로 정의하면, δ 는 $\mathbb{Q}$-algebra monomorphism.

정의 5.9.3. (가) 유리수들의 수열 $\{a_i\}$ 와 $\alpha \in \mathbb{Q}$ 가 다음 조건

$$\text{For every } 0 < \epsilon \in \mathbb{Q},$$
$$\text{there exists an integer } N \text{ such that } [n \geq N \text{ implies } |\alpha - a_n| < \epsilon].$$

을 만족하면, $\lim_{i\to\infty} a_i$ 가 존재한다고 말하고, $\lim_{i\to\infty} a_i = \alpha$ 로 표기한다.

(나) $\mathfrak{M} = \left\{\{a_i\} \in \mathcal{C}_{\mathbb{Q}} \,\middle|\, \lim_{i\to\infty} a_i = 0\right\}$ 으로 표기.

---

[78] Dedekind cut 을 이용하는 방법도 있다.

[79] 예를 들어, 정의 5.9.1 에서 $\epsilon \in \mathbb{Q}$ 라고 할 수밖에 없다.

연습문제 5.9.4. 다음을 보여라.

(가) $\lim_{i\to\infty} a_i$ 가 존재하면, unique.
(나) $\lim_{i\to\infty} a_i$ 가 존재하면, $\{a_i\} \in \mathcal{C}_{\mathbb{Q}}$.

연습문제 5.9.5. $\mathfrak{M}$ 은 $\mathcal{C}_{\mathbb{Q}}$ 의 **maximal ideal** 임을 보여라. (따라서 $\mathcal{C}_{\mathbb{Q}}/\mathfrak{M}$ 은 field.)

정의 5.9.6. $\mathbb{R} = \mathcal{C}_{\mathbb{Q}}/\mathfrak{M}$ 으로 정의.

흔히 "해석개론"에서는 $\mathcal{C}_{\mathbb{Q}}$ 의 equivalence relation 을, $\{a_i\}, \{b_i\} \in \mathcal{C}_{\mathbb{Q}}$ 일 때,

$$\{a_i\} \sim \{b_i\} \quad \text{if and only if} \quad \lim_{i\to\infty}(a_i - b_i) = 0$$

으로 정의하고, $\mathbb{R} = \mathcal{C}_{\mathbb{Q}}/\sim$ 로 정의한다. (이 정의는 물론 우리의 정의와 동치이다.)

연습문제 5.9.7. 앞 연습문제 5.9.2 (라) 항의 함수 $\delta : \mathbb{Q} \to \mathcal{C}_{\mathbb{Q}}$ 와 canonical projection $\pi : \mathcal{C}_{\mathbb{Q}} \to \mathcal{C}_{\mathbb{Q}}/\mathfrak{M}$ 을 합성하면, $\pi\circ\delta : \mathbb{Q} \to \mathbb{R}$ 은 $\mathbb{Q}$-algebra monomorphism 임을 보여라. 이제 $\mathbb{Q}$를 $\mathbb{R}$의 $\mathbb{Q}$-subalgebra (subfield) 로 **identify**.

다음은 $\mathbb{R}$의 order relation.

정의 5.9.8. $\alpha \in \mathbb{R}$ 일 때, $\alpha = \overline{\{b_i\}}$ 이고 $[b_i \geq 0 \text{ for all } i \geq 1]$ 인 $\{b_i\} \in \mathcal{C}_{\mathbb{Q}}$ 가 존재하면, $\alpha \geq 0$ 으로 정의한다.

아차, 그러고 보니 아직 $\mathbb{Q}$의 order relation 도 정의하지 않았다……. 아래 餘白도 별로 없고. 대충대충 끝내자…….[80]

연습문제 5.9.9. $\alpha, \beta \in \mathbb{R}$ 일 때, 다음을 보여라.

(가) $\alpha > 0,\ \alpha = 0,\ \alpha < 0$ 중 하나가 — 그리고 단 하나만이 — 성립.
(나) $\alpha > 0,\ \beta > 0$ 이면, $\alpha + \beta > 0,\ \alpha\beta > 0$.

연습문제 5.9.10. (가) $\mathbb{R}$의 절대값과 metric 을 정의하라.
(나) $\mathbb{R}$은 **complete** metric space 가 됨을 보여라.[81]

연습문제 5.9.11. $0 < \alpha \in \mathbb{R}$ 이고 $0 < n \in \mathbb{Z}$ 이면, $\beta^n = \alpha$ 인 $0 < \beta \in \mathbb{R}$ 이 유일하게 존재함을 보여라.

[80] 예를 들어, [6, §IX.3] 참조.
[81] Complete metric space 의 정의는 생략.

제 6 장 Field Extension I

우리는 제1–4장의 무대장치와 제5장의 Ideal Theory를 통하여 지금까지 십수년간 배운 대수학의 모든 것을 (再)확인할 수 있었다. (복소수체 $\mathbb{C}$의 construction은 이미 보기 4.6.10(나)항에서 다룬 셈이다.[1]) 이제, '고향'을 떠나 새로운 세계로 나가자.

6.1. 준비

무리수의 성질부터 시작한다. (지금 연습문제 3.2.13을 복습하기 바란다.)

보기 6.1.1. 우리는 중학교에서 '무리수의 상등에 관한 정리'라는 엉뚱한(!) 이름과 함께,[2] $[a + b\sqrt{2} = 0$ for some $a, b \in \mathbb{Q}$이면, $a = b = 0]$임을 배웠다(물론 $\sqrt{2} \in \mathbb{R}$). 이는, 사실, $\sqrt{2} \notin \mathbb{Q}$임과 — 즉, $\sqrt{2}$는 무리수라는 사실과 — 동치이다. 그리고, $\sqrt{2}$가 무리수인 이유는 $[\mathbb{Z}$는 UFD$]$이기 때문이다. (만약 $\sqrt{2}$가 유리수였다면, $[2c^2 = d^2$ for some $c, d \in \mathbb{Z}]$이고, 이 식의 양변을 소인수분해하면, 좌변에는 2가 홀수 번, 우변에는 2가 짝수 번 나타나므로 모순이다.) 그런데, 위 명제를 우리의 언어로 번역하면, $\mathbb{R}$을 — 혹은, (연습문제 3.2.14의 field) $\mathbb{Q}(\sqrt{2})$를 — $\mathbb{Q}$-vector space로 볼 때, $[\{1, \sqrt{2}\}$는 linearly independent over $\mathbb{Q}]$라는 말이 된다. 즉, $\dim_{\mathbb{Q}} \mathbb{Q}(\sqrt{2}) = 2$라는 뜻이다.

연습문제 6.1.2. 다음을 보여라.

(가) $\{1, \sqrt[3]{2}\}$와 $\{\sqrt[3]{2}, \sqrt[3]{4}\}$는 각각 $\mathbb{Q}$-linearly independent subset of $\mathbb{R}$.

(나) $\{1, \sqrt{2}, \sqrt{3}\}$은 — 그리고, $\{1, \sqrt{2}, \sqrt{3}, \sqrt{5}\}$도 — $\mathbb{Q}$-linearly independent subset of $\mathbb{R}$.

[1] 그리고, 지금쯤은 대부분의 독자들이 "Complex Analysis" 강좌에서 Liouville Theorem을 이용하여 $\mathbb{C}$가 algebraically closed임도 증명했을 것이다. 정의 6.4.3 참조. $\mathbb{C}$가 algebraically closed라는 사실의 algebraic proof는 §16.4.D까지 기다려야 한다.

[2] '무리수의 상등에 관한 정리' = *"무리수는 항상 같다"*?

한 발 더 나가 보자.

보기 6.1.3. 그런데, 일부 고등학교 참고서에는 약간 오버하여 [$\{1, \sqrt[3]{2}, \sqrt[3]{4}\}$ 도 $\mathbb{Q}$-linearly independent subset of $\mathbb{R}$] 이라는 명제가 — 물론 증명 없이 — 포함되어 있다. 그러면, $\alpha = \sqrt[3]{2}$ 로 놓고 이 명제를 증명해 보자. 이제

$$a + b\alpha + c\alpha^2 = 0$$

인 $a, b, c \in \mathbb{Q}$ 가 존재한다고 하자. 또 a, b, c 의 분모를 제거하면, $a, b, c \in \mathbb{Z}$ 라고 가정할 수 있을 것이다. 그런데 이 경우에는 $a + b\alpha = -c\alpha^2$ 의 양변을 세제곱하여도 별 뾰족한 수가 보이지 않는다(시도해 보라!). 지금은 다음 방법이 (고교 수준에서는) 최선으로 생각된다. 먼저 위 식에 α 를 곱해

$$2c + a\alpha + b\alpha^2 = 0$$

을 얻은 후, 두 식에서 α^2-항을 소거하면

$$(ab - 2c^2) + (b^2 - ac)\alpha = 0$$

이 된다. 그런데, α 는 무리수이므로(연습문제 6.1.2(가) 항), $ab - 2c^2 = 0$ 이고 $b^2 - ac = 0$ 이어야 한다. 따라서

$$2c^3 = abc = b^3$$

이고, $\mathbb{Z}$ 는 UFD 이므로, $b = c = 0$ 이어야 한다(왜 그런가?). 물론 $a = 0$.[3]

一部 독자들은 종이가 아까운 심정일 수도 있다. 사실 위 보기를 다음 節에서는 한두 줄이면 설명할 수 있을 것이다. 지금은 다음 節에서 대수적 언어의 아름다움을 만끽하기 위하여 종이와 잉크를 좀 낭비하기로 한다.

그러나, 위 보기를 일반화한 다음 질문은 — 고교 수준에서는 — 감히 시간을 투자할 엄두도 나지 않는다.

질문 6.1.4. $n \geq 2$ 일 때, $\alpha = \sqrt[n]{2}$ 로 놓으면, $\{1, \alpha, \alpha^2, \ldots, \alpha^{n-1}\}$ 은 $\mathbb{R}$ 의 $\mathbb{Q}$-linearly independent subset 인가?

우리는 잠시(!) 後(보기 6.1.20과 연습문제 6.1.21)에 위 질문의 답은 "예" 이고, 그 이유는 [다항식 $(t^n - 2)$ 가 irreducible in $\mathbb{Q}[t]$] 이기 때문임을 배우게 된다.

---

[3] 이 증명은 사실은 $\{1, \sqrt[3]{2}, \sqrt[3]{4}\}$ 가 $\mathbb{Z}$-linearly independent 임을 말하고 있다.

계속 종이를 낭비하자.

보기 6.1.5. 어떤 고교 참고서는 한참 오버하여 [$\{1, \sqrt{2}, \sqrt{3}, \sqrt{6}\}$ 도 $\mathbb{Q}$-linearly independent subset of $\mathbb{R}$] 이라는 명제를 포함하고 있기도 하다. 다시

$$a + b\sqrt{2} + c\sqrt{3} + d\sqrt{6} = 0$$

인 $a, b, c, d \in \mathbb{Z}$ 가 존재한다고 하자. 이번에는 $a + b\sqrt{2} = -c\sqrt{3} - d\sqrt{6}$ 의 양변을 제곱하는 방법도 가능은 하지만 (독자들의 몫) — 의도적으로 — 우선 위 식을

$$-\frac{a + b\sqrt{2}}{c + d\sqrt{2}} = \sqrt{3}$$

으로 변형한 후 (만약 $c + d\sqrt{2} = 0$ 이었다면, 증명 끝. 왜 그런가?), **'분모를 유리화'**하면,

$$-\frac{(a + b\sqrt{2}) \cdot (c - d\sqrt{2})}{c^2 - 2d^2} = \sqrt{3}$$

이 되고, 따라서

$$(2bd - ac) + (ad - bc)\sqrt{2} = (c^2 - 2d^2)\sqrt{3}$$

을 얻는다. 그런데, $\{1, \sqrt{2}, \sqrt{3}\}$ 이 $\mathbb{Q}$-linearly independent 임은 쉽게 보일 수 있으므로 (예를 들어, 연습문제 6.1.2 (나) 항), $c^2 - 2d^2 = 0$ 이어야 하고, 따라서 $c = d = 0$. 이제 $a = b = 0$ 인 것은 당연.

그러나, 이번에도 위 보기를 조금 변형한 다음 질문은 고등학생에게는 시간 낭비일 뿐이다.

질문 6.1.6. $2 \leq m, n \in \mathbb{Z}$ 이고, $(m, n) = 1$ 일 때,[4] $\alpha = \sqrt[m]{2}$, $\beta = \sqrt[n]{3}$ 으로 놓으면, $\mathbb{R}$ 의 부분집합

$$\{\alpha^i \beta^j \mid 0 \leq i \leq m-1,\ 0 \leq j \leq n-1\}$$

은 $\mathbb{Q}$-linearly independent 인가?

위 보기에서 우리는 '분모의 유리화'가 무언가 역할을 하는 것을 알게 되었다. 사실 '분모의 유리화'는 질문 3.2.15 (다) 항에서도 이미 문제가 되었었다. 이제 '분모의 유리화'를 공부해 보자.

[4] m, n 이 서로 소가 아닐 때에는 매우 어려운 질문이 된다. 시간 낭비하지 말 것.

보기 6.1.7. 이번에도 보기 6.1.3 에서처럼 $\alpha = \sqrt[3]{2} \in \mathbb{R}$ 로 놓자. 그러면, $a, b, c \in \mathbb{Q}$ 이고, $a + b\alpha + c\alpha^2 \neq 0$ 일 때, $\dfrac{1}{a + b\alpha + c\alpha^2}$ 의 분모를 항상 '유리화'할 수 있을까? ……. **만약**

$$\frac{1}{a + b\alpha + c\alpha^2} = x + y\alpha + z\alpha^2$$

인 $x, y, z \in \mathbb{Q}$ 가 **존재한다는 것을 안다면**, 이 경우의 '분모의 유리화 공식'을 유도할 수 있을 것이다. 즉,

$$1 = (ax + 2cy + 2bz) + (bx + ay + 2cz)\alpha + (cx + by + az)\alpha^2$$

이 되고, $\{1, \alpha, \alpha^2\}$ 은 $\mathbb{Q}$-linearly independent 이므로 (보기 6.1.3), 다음 일차 연립방정식

$$\begin{cases} ax + 2cy + 2bz = 1 \\ bx + ay + 2cz = 0 \\ cx + by + az = 0 \end{cases}$$

을 얻는다. 이제, 이 방정식을 풀면 (예를 들어, Cramer's Rule),

$$\frac{1}{a + b\alpha + c\alpha^2} = \frac{1}{D}\left\{(a^2 - 2bc) + (2c^2 - ab)\alpha + (b^2 - ac)\alpha^2\right\}$$

이라는 근사한 (?) 공식을 얻을 수 있다. 물론, 이때

$$D = a^3 + 2b^3 + 4c^3 - 6abc$$

는 위 연립방정식의 coefficient matrix 의 determinant 이다. 그리고, D 는 항상 non-zero 이다. 왜냐하면,

$$r = a, \qquad s = b\alpha, \qquad t = c\alpha^2$$

으로 놓으면,

$$\begin{aligned} D &= r^3 + s^3 + t^3 - 3rst \\ &= \frac{1}{2}(r + s + t) \cdot \left\{(r - s)^2 + (s - t)^2 + (t - r)^2\right\} \end{aligned}$$

이므로,[5] $D = 0$ 일 필요충분조건은 $r = s = t$ 인 것이지만, 이는 불가능하기 때문이다 (왜 그런가?). 그런데, 애당초 항상 '분모의 유리화'가 가능하다는 걸 어떻게 알았을까?[6]

---

[5] 와! 마침내 이 공식을 한번 써먹는구나…….

[6] D 는 '하늘에서 떨어진' 것이 아니다. 연습문제 16.4.11 참조.

그러나, 더 복잡한 경우의 '분모의 유리화 공식'을 유도할 생각은 없다. 질문 3.2.15 (다) 항은 물론 엄두도 나지 않는다.

이 정도 時點에서 새로운 — 그러나, 어쩐지 익숙한 — 표기법을 도입하자.

표기법 6.1.8. E는 field이고, $\alpha \in E$라고 하자.

(가) F가 E의 subfield일 때, E를 F의 **extension field**라고 부르고, 간단히 E/F로 표기한다.

(나) R이 E의 subring일 때, $R[\alpha]$를 [subring of E generated by $R \cup \{\alpha\}$]로 정의한다.

(다) 따라서, 특별히 E/F가 **field extension**일 때, $F[\alpha]$는 [subring of E generated by $F \cup \{\alpha\}$]가 된다.

(라) E/F일 때, $F(\alpha)$를 [subfield of E generated by $F \cup \{\alpha\}$]로 정의한다. 즉, $F(\alpha)$는 F에 α를 **첨가**한 가장 작은 E의 subfield이다.[7]

연습문제 6.1.9. E/F이고 $\alpha \in E$일 때, 다음을 보여라.

(가) $F[\alpha] = \{f(\alpha) \in E \mid f(t) \in F[t]\}$.[8]

(나) $F(\alpha) = \left\{ \dfrac{f(\alpha)}{g(\alpha)} \in E \,\middle|\, f(t),\, g(t) \in F[t],\;\; g(\alpha) \neq 0 \right\}$.

(다) $F(\alpha)$는 $F[\alpha]$의 field of quotients.

독자들은 위 표기법이 polynomial ring $F[t]$, field of rational polynomials $F(t)$, 그리고 $\mathbb{Z}[\mathrm{i}]$, $\mathbb{Z}[\sqrt{d}]$ 등의 표기법과 잘 어울리는 것을 알 수 있을 것이다.[9]

이제, 새로운 표기법의 관점에서 '분모의 유리화' (보기 6.1.7)를 분석해 보면, 결국 '분모의 유리화'가 가능하다는 말은

$$F(\alpha) = F[\alpha]$$

라는 말과 동치임을 알 수 있다. 이 등식의 의미는 무엇일까?

그러나, 물론 '분모의 유리화'가 항상 가능한 것은 아니다. 다음 보기는 문제의 本質을 보여 주고 있다.

[7] 그러므로, 특히 $\alpha \in F$이면, $F[\alpha] = F(\alpha) = F$가 된다.
[8] 우변이 E의 subring인 것만 설명하면 된다. 왜 그런가?
[9] Field of rational polynomials $F(t)$의 정의는 연습문제 2.5.8 참조.

보기 6.1.10. π가 원주율일 때, $\frac{1}{\pi}$의 '분모의 유리화'가 가능할까? 즉,

$$\frac{1}{\pi} = f(\pi), \qquad \text{또는} \qquad \pi f(\pi) - 1 = 0$$

을 만족하는 $f(t) \in \mathbb{Q}[t]$가 존재할까? 아마 독자들은 해석학 책 어디에선가 원주율 π는 (non-zero) 유리계수 방정식의 root이 될 수 없음을 배운 적이 있을 것이다.[10] 즉, 다음 정의에 의하면, π는 transcendental number (초월수) 라는 뜻이다.[11] "Transcendental Number Theory"는 이 책의 主題가 아니므로, 증명은 생략한다.

이제 다음 정의는 必然的이다.

정의 6.1.11. E/F는 field extension이고, $\alpha \in E$일 때,

(가) 만약 $f(\alpha) = 0$인 **non-zero** polynomial $f(t) \in F[t]$가 존재하면, α를 [**algebraic element** over F] 라고 부른다. 또, α는 [**algebraic** over F] 라고 말한다.

(나) 만약 $f(\alpha) = 0$인 non-zero polynomial $f(t) \in F[t]$가 존재하지 않으면, α를 [**transcendental element** over F] 라고 부른다.

(다) 특별히 $F = \mathbb{Q}$이면, [algebraic element over $\mathbb{Q}$]를 **algebraic number**, 혹은 간단히, **number** 라고 부른다.

(라) 특별히 $F = \mathbb{Q}$이면, [transcendental element over $\mathbb{Q}$]를 **transcendental number** 라고 부른다.

위 정의의 (다) 항에 의하면, 이제 예를 들어 원주율 π는 number가 아니고, real number일 뿐이다. Number theorist들의 獨善이 좀 느껴지지만, ······, ㅎㅎ. 오랜 세월 "정수론"은 수학의 女王 (꽃?) 으로 君臨하여 왔으므로, 그 권위에 도전할 생각은 없다.

독자들은 지금 다음 관찰과 질문을 스스로 생각하느라 著者의 농담에 신경 쓸 겨를이 없었을 것이다.

관찰 6.1.12. E/F는 field extension이고, $\alpha \in E$일 때, 만약 $F(\alpha) = F[\alpha]$이면, α는 [algebraic element over F].

---

[10] π가 무리수임은 어떻게 증명하더라······?

[11] 또 자연 log의 밑수 e도 transcendental number이다. 그렇지만, $\pi \pm e$, πe도 역시 transcendental number인지 여부는 아직 미해결 문제이다. Transcendental number의 세계는 완전히 다른 세상이다.

증명 : $F(\alpha) = F[\alpha]$ 이면, 특별히

$$\frac{1}{\alpha} = g(\alpha), \qquad \text{또는} \qquad \alpha\, g(\alpha) - 1 = 0$$

을 만족하는 $g(t) \in F[t]$ 가 존재해야 한다.[12] 이제,

$$f(t) = t\, g(t) - 1$$

로 놓으면 (물론 $f(t) \neq 0$ 이고) $f(\alpha) = 0$ 이다. □

다음은 당연한 순서이다.

질문 6.1.13. 위 관찰의 역도 성립하는가? (위 관찰에서 α 가 [algebraic over F] 이면, $F(\alpha) = F[\alpha]$ 인가?)

위 질문의 답은 물론 "예"이다. 그러나, 그 증명은 될 듯 될 듯하지만······. 어쨌든, 증명을 시작해 보자. 우리는 $h(t) \in F[t]$ 이고 $h(\alpha) \neq 0$ 일 때,

$$\frac{1}{h(\alpha)} = x(\alpha), \qquad \text{또는} \qquad h(\alpha)\, x(\alpha) - 1 = 0$$

인 $x(t) \in F[t]$ 가 존재함을 보여야 한다. 이때

$$f(t) = h(t)\, x(t) - 1$$

로 놓으면, $f(\alpha) = 0$ 이 될 것이다. 이 식을 보고 독자들도 '본능적'으로 PID 에서의 Euclidean Algorithm (따름정리 3.3.8 및 관찰 5.1.16 (나) 항) 이 생각났을 것이다! 좌변이 $p(t)\, y(t)$ 의 꼴이었다면 더 좋았을 텐데······. 아, 感 잡았다. $F[t]$ 의 ideal 이 필요하다. [학부 대수학의 半] 도.

연습문제 6.1.14. E/F 이고, $\alpha \in E$ 는 [algebraic over F] 일 때, 다음을 보여라.

(가) $\mathfrak{p}_\alpha = \{f(t) \in F[t] \mid f(\alpha) = 0\}$ is a **prime** ideal of $F[t]$.[13]
(나) $\mathfrak{p}_\alpha = (p_\alpha(t))$ for some irreducible polynomial $p_\alpha(t)$ in $F[t]$.[14]

위 연습문제의 irreducible polynomial $p_\alpha(t)$ 는 이제 곧 우리 '이야기'의 주인공 중 하나가 된다. 그리고, 이제 질문 6.1.13 에 답할 수 있다.

---
[12] 연습문제 6.1.9 참조.
[13] 사고방식 6.2.2 참조.
[14] 정리 5.3.11 참조.

명제 6.1.15. E/F 이고, $\alpha \in E$ 가 [algebraic over F] 이면, $F(\alpha) = F[\alpha]$.

Elementary Proof : 앞 page 에서처럼, $h(t) \in F[t]$ 이고 $h(\alpha) \neq 0$ 이라고 하자. 만약 $p_\alpha(t)$ 와 $h(t)$ 가 relatively prime 이 아니라면 — $p_\alpha(t)$ 는 irreducible 이므로 — $p_\alpha(t) \,|\, h(t)$ 이어야 한다. 그런데, 이는 $h(\alpha) = 0$ 이라는 뜻이고, 따라서 가정에 모순. 그러므로, $p_\alpha(t)$ 와 $h(t)$ 는 relatively prime 이고, PID 에서의 Euclidean Algorithm 에 의해

$$p_\alpha(t)\, y(t) + h(t)\, x(t) = 1$$

인 $x(t), y(t) \in F[t]$ 가 존재해야 한다. 이 식의 양변을 α 에서 evaluate 하면,

$$h(\alpha)\, x(\alpha) = 1, \qquad \text{즉} \qquad \frac{1}{h(\alpha)} = x(\alpha)$$

가 된다. 증명 끝. □

한 가지 분명히 해 둘 것이 있다.

주의 6.1.16. Euclidean Algorithm 은 algorithm 일 뿐이다. 즉, 위 증명은 — computer 에게는 도움이 되지만 — 보기 6.1.7 과 같은 '분모의 유리화 공식'을 가르쳐 주지는 않는다.

이제 앞 증명에 등장한 irreducible polynomial $p_\alpha(t)$ 에 注目하는 것은 당연하다. 정말 [학부 대수학의 半] 의 avatar 는 끝이 없다.

정의 6.1.17. E/F 이고, $\alpha \in E$ 는 [algebraic over F] 일 때, $F[t]$ 의 prime ideal

$$\mathfrak{p}_\alpha = \{f(t) \in F[t] \mid f(\alpha) = 0\}$$

의 **unique monic** irreducible generator 를

$$p_\alpha(t) = \mathrm{irr}(\alpha, F)$$

로 표기하고,[15] [the **irreducible polynomial** of α over F] 라고 부른다.

연습문제 6.1.18. (가) 위 정의에서, $\alpha \in F$ 일 때, $\mathrm{irr}(\alpha, F)$ 를 구하라.
(나) $\sqrt{2} \in \mathbb{R}$ 일 때, $\mathrm{irr}(\sqrt{2}, \mathbb{Q})$ 를 구하라.

[15] 연습문제 6.1.14 참조.

연습문제 6.1.19. E/F 이고, $\alpha \in F$, $0 \neq f(t) \in F[t]$, $f(\alpha) = 0$ 일 때, 다음 조건

(1) $f(t)$ 는 irreducible polynomial in $F[t]$.

(2) $f(t)$ 는 α 를 root 으로 갖는 최저 차수의 $F[t]$ 의 non-zero polynomial.

은 동치임을 보여라.

다음 순서는 定해져 있다.

보기 6.1.20. 이번에도 $\alpha = \sqrt[3]{2} \in \mathbb{R}$ 로 놓으면, 당연히

$$\mathrm{irr}(\sqrt[3]{2}, \mathbb{Q}) = t^3 - 2$$

이다. 이를 확인하기 위해서는, $\alpha^3 - 2 = 0$ 이고, $(t^3 - 2)$ 는 [irreducible polynomial over $\mathbb{Q}$] 인 것만 설명하면 된다.[16] 왜냐하면, 정의 6.1.17 에서, $\mathfrak{p}_\alpha$ 에는 monic irreducible polynomial 이 하나뿐이기 때문이다. 한편 — [학부 대수학의 半] 에 의하면 — $(t^3 - 2)$ 는 $\mathfrak{p}_\alpha$ 의 원소 중 **최저 차수**의 monic 다항식이다. 이를 달리 해석하면, α 를 root 으로 갖는 유리계수의 2-차 이하의 (non-zero) 다항식은 없다는 뜻이 되고, 이는 다시 $\{1, \alpha, \alpha^2\}$ 은 [$\mathbb{Q}$-linearly independent subset of $\mathbb{Q}(\alpha)$] 라는 뜻이 된다. 어? 보기 6.1.3 은 필요 없네……. 그리고,

$$\mathbb{Q}(\alpha) = \mathbb{Q}[\alpha] = \{a + b\alpha + c\alpha^2 \mid a, b, c \in \mathbb{Q}\}$$

인 것은 당연하므로 (왜 그런가?), $\dim_{\mathbb{Q}} \mathbb{Q}(\alpha) = 3$ 임을 알 수 있다.

방금 前에는 엄두도 나지 않던 질문 6.1.4 도 이젠 거의 자명하다.

연습문제 6.1.21. 질문 6.1.4 를 답해 보라.

다음 연습문제도 별로 어렵지는 않을 것이다.

연습문제 6.1.22. E/F 이고, $\alpha \in E$ 는 [algebraic over F] 이면,

$$\dim_F F(\alpha) = \deg\big(\mathrm{irr}(\alpha, F)\big)$$

임을 보여라.

독자들은 우리 '이야기'의 다음 순서도 짐작하고 있을 것이다. 성미 급한 독자들은 이미 보기 6.1.5 를 다시 들여다 보고 있을 것이다. 그리고, 무언가 새로운 setting 이 필요함을 느끼고 있을 것이다.

---

[16] $(t^3 - 2)$ 가 [irreducible polynomial over $\mathbb{Q}$] 인 이유는?

보기 6.1.23. 보기 6.1.5를 다시 생각해 보자. 지금 $(\mathbb{Q}(\sqrt{2}))(\sqrt{3})$을 — '본능적'으로 — 생각하는 독자들이 적지 않을 것이다. 그런 독자들은

$$\operatorname{irr}\left(\sqrt{3}, \mathbb{Q}(\sqrt{2})\right) = t^2 - 3$$

인지 우선 확인하고 싶어할 것이다. 그러나, 이 명제는 $[\{1, \sqrt{2}, \sqrt{3}\}$ 이 linearly independent over $\mathbb{Q}]$ 라는 명제와 동치일 뿐이다.

연습문제 6.1.24. 다음 조건들

(1) $\operatorname{irr}\left(\sqrt{3}, \mathbb{Q}(\sqrt{2})\right) = t^2 - 3$.

(2) $\sqrt{3} \notin \mathbb{Q}(\sqrt{2})$.

(3) $\{1, \sqrt{2}, \sqrt{3}\}$ is linearly independent over $\mathbb{Q}$.

은 동치임을 증명하라.

보기 6.1.23 계속. 그러나, $\mathbb{Q}(\sqrt{2}+\sqrt{3})$을 생각한 독자들은 별로 없었을 것이다. 왜냐하면,

$$\sqrt{2} = -\frac{9}{2}(\sqrt{2}+\sqrt{3}) + \frac{1}{2}(\sqrt{2}+\sqrt{3})^3$$

이므로,[17]

$$(\mathbb{Q}(\sqrt{2}))(\sqrt{3}) = \mathbb{Q}(\sqrt{2}+\sqrt{3})$$

임을 예상할 수는 없었을 것이기 때문이다. 그런데, $(\sqrt{2}+\sqrt{3})$도 algebraic number 일까? 이 질문은 어쩐지 익숙하다. 우선 $\alpha = \sqrt{2}+\sqrt{3}$ 으로 놓으면,

$$\begin{aligned}\alpha - \sqrt{2} &= \sqrt{3},\\ \alpha^2 - 1 &= 2\sqrt{2}\,\alpha,\\ \alpha^4 - 10\alpha^2 + 1 &= 0\end{aligned}$$

이므로, $(\sqrt{2}+\sqrt{3})$은 algebraic number 이다. 또 $[(t^4 - 10t^2 + 1)$은 irreducible over $\mathbb{Q}]$ 이므로 ('계수비교법', 보기 5.7.6),

$$\operatorname{irr}(\sqrt{2}+\sqrt{3}, \mathbb{Q}) = t^4 - 10t^2 + 1, \qquad \dim_{\mathbb{Q}} \mathbb{Q}(\sqrt{2}+\sqrt{3}) = 4$$

임을 알 수 있다. 이제 이 '4'라는 숫자가 $[\{1, \sqrt{2}, \sqrt{3}, \sqrt{6}\}$ 이 linearly independent over $\mathbb{Q}]$ 라는 명제와 관련이 있는 것이 분명하지만, 아직 보기 6.1.5의 논의를 더 간단히 하는 방법은 안개에 싸여 있다.

[17] 이 (아름다운) 식을 도대체 어떻게 찾아냈을까?

보기 6.1.25. 이번에는 $\mathrm{irr}(\sqrt[3]{2}+\sqrt{3}, \mathbb{Q})$ 를 구해 보자. 다시 $\alpha = \sqrt[3]{2}+\sqrt{3}$ 으로 놓으면,

$$\begin{aligned}\alpha - \sqrt{3} &= \sqrt[3]{2},\\ \alpha^3 + 9\alpha - 2 &= 3\sqrt{3}\,(\alpha^2+1),\\ (\alpha^3+9\alpha-2)^2 &= 27(\alpha^2+1)^2,\\ \alpha^6 - 9\alpha^4 - 4\alpha^3 + 27\alpha^2 - 36\alpha - 23 &= 0\end{aligned}$$

이므로, $(\sqrt[3]{2}+\sqrt{3}\,)$ 도 algebraic number 인 것은 알겠는데, $\cdots\cdots$. 다항식 $[(t^6 - 9t^4 - 4t^3 + 27t^2 - 36t - 23)$ 이 irreducible over $\mathbb{Q}]$ 임을 '계수비교법'으로 확인할 일은 생각만 해도 끔찍하다. **먼저**

$$\dim_{\mathbb{Q}} \mathbb{Q}(\sqrt[3]{2}+\sqrt{3}\,) = 6$$

인 것을 알 수 있었다면 좋으련만$\cdots\cdots$.

그러다 보니, 새로운 질문이 생겼다.

질문 6.1.26. E/F 이고, $\alpha, \beta \in E$ 가 [algebraic over F] 이면, $(\alpha+\beta)$ 나 $\alpha\beta$ 도 [algebraic over F] 인가? 또,

$$\overline{F_E} = \{\alpha \in E \mid \alpha \text{ is algebraic over } F\}$$

로 표기하면,[18] $\overline{F_E}$ 는 E 의 subfield 인가?

독자들이 위 질문을 위해서 아무 것도 할 수 있는 일이 없음을 깨닫는 데에는 단 5分도 걸리지 않을 것이다.

주의 6.1.27. 독자들은 $\mathrm{irr}(\alpha, F)$ 와 선형대수의 minimal polynomial 과의 유사성을 인식했을 것이다.[19] 그리고, 노파심에서 한마디. 선형대수의 minimal polynomial 이 항상 irreducible 일 이유는 아무 것도 없음을 잊지 말 것.[20]

준비운동은 이 정도로 마무리하고, 다시 '달리기 훈련'을 계속하자. (§6.3 에는 모처럼 '공놀이'가 마련되어 있다.)

---

[18] $\overline{F_E}$ 의 이름은 [algebraic closure of F in E] 이다. 뒤 §14.2 의 $\overline{F}$ 와는 다르므로, 분명히 구분해야 한다.

[19] 다만, 연습문제 1.1.22 도 참조.

[20] [I, 주의 8.1.2] 참조.

6.2. Finite Extension 과 Algebraic Extension

독자들은 앞 節 논의의 뒷 배경에는 [학부 대수학의 半] 이 숨어 있음을 느꼈을 것이다. 그리고, 무언가 새로운 setting 이 필요함도 알게 되었을 것이다.

Key 는 — 언제나 그랬지만 — **벡터공간과 '함수의 언어'** 이다. 지금까지 평범한 extra 에 불과해 보이던 **evaluation homomorphism** 은 사실은 우리 '이야기'의 主人公 中 하나였던 것이다.

再정의 6.2.1. E/F 는 field extension 이고, $\alpha \in E$ 일 때, evaluation homomorphism $\mathcal{E}_\alpha : F[t] \to E$ 를 생각하자.[21]

(가) $\ker \mathcal{E}_\alpha \neq 0$ 이면,[22] α 를 [**algebraic element** over F] 라고 부른다.

(나) $\ker \mathcal{E}_\alpha = 0$ 이면, α 를 [**transcendental element** over F] 라고 부른다.

물론, 우리의 관심 대상은 algebraic element 들이다. 다음 **思考方式은 [학부 대수학의 半] 의 決定版이자 이 책 前半部의 climax** 이다.[23]

思考方式 6.2.2. E/F 이고, $\alpha \in E$ 는 [algebraic over F] 라고 하자. 이제 evaluation homomorphism $\mathcal{E}_\alpha : F[t] \to E$ 를 생각하면, $\operatorname{im} \mathcal{E}_\alpha = F[\alpha]$ 임은 당연하므로, First Isomorphism Theorem 에 의해

$$F[t]/\ker \mathcal{E}_\alpha \approx \operatorname{im} \mathcal{E}_\alpha = F[\alpha]$$

가 된다. 그런데, $F[\alpha]$ 는 — field E 의 subring 이므로 — 당연히 integral domain 이고, 따라서 $\ker \mathcal{E}_\alpha$ 는 $F[t]$ 의 prime ideal 이어야 한다 (명제 5.3.18). 그런데, PID 의 non-zero prime ideal 은 항상 maximal ideal 이므로 (정리 5.3.11), $\ker \mathcal{E}_\alpha$ 는 $F[t]$ 의 maximal ideal 이 된다. 이는 $F[t]/\ker \mathcal{E}_\alpha$ 가 field 라는 뜻이다 (명제 5.3.19). 그러므로,

$$F[\alpha] = F(\alpha)$$

인 것은 이제 당연하다 (왜 그런가?). 한편, 다시 정리 5.3.11 에 의해, $\ker \mathcal{E}_\alpha$ 는 unique monic irreducible generator $\operatorname{irr}(\alpha, F)$ 를 갖는다. 다시 말해, $\operatorname{irr}(\alpha, F)$ 는 $\ker \mathcal{E}_\alpha$ 에 속하는 최저 차수의 non-zero monic polynomial 이라는 뜻이다.

---

[21] 이때 물론 E 를 F-algebra 로 본다.

[22] $\ker \mathcal{E}_\alpha$ 는 다름아닌 정의 6.1.17 의 $\mathfrak{p}_\alpha$ 이다.

[23] 사고방식 6.2.2 를 줄줄이 읊을 수 있으면, 학부 대수학의 절반을 이해했다고 자부해도 좋다.

독자들은 위 사고방식과 앞 節의 논의와의 차이점을 찾아보기 바란다. 그런데, 벡터공간은 그의 **dimension이 모든 것을 결정**하므로, 다음 정의는 必然的이다.

정의 6.2.3. E/F가 field extension이면, E는 F-vector space가 된다.[24]

(가) 이때,

$$[E:F] = \dim_F E$$

로 표기하고, $[E:F]$를 [(extension) **degree** of E over F]라고 부른다.

(나) 특별히, $\alpha \in E$이면, $[F(\alpha):F]$를 [degree of α over F]라고도 부른다.

(다) 만약 $[E:F] < \infty$이면, E를 F의 **finite extension**이라고 부른다.

(라) 특별히, 만약 $[E:\mathbb{Q}] < \infty$이면, 흔히, E를 **number field**라고 부른다.

다음은 이미 연습문제 6.1.22에서 만났던 내용이다. 독자들의 풀이와 다음 증명이 같은지 확인해 보라.

명제 6.2.4. E/F이고, $\alpha \in E$가 [algebraic over F]이면,

$$[F(\alpha):F] = \deg\big(\operatorname{irr}(\alpha, F)\big)$$

이다. 특별히, $F(\alpha)/F$는 finite extension.

증명 : 벡터공간의 차원에 관한 명제이므로, 기저를 찾는 방법밖에 없다. 우리의 주장은 — $\deg\big(\operatorname{irr}(\alpha, F)\big) = n$이라고 놓을 때 — $\{1, \alpha, \alpha^2, \ldots, \alpha^{n-1}\}$이 바로 $F(\alpha)$의 F-basis라는 것이다. 먼저, 이 집합이 F-linearly dependent라면,

$$a_0 + a_1\,\alpha + a_2\,\alpha^2 + \cdots + a_{n-1}\,\alpha^{n-1} = 0$$

을 만족하는 [적어도 하나는 non-zero인 $a_0, \ldots, a_{n-1} \in F$가 존재]하겠지만, 이는 $\operatorname{irr}(\alpha, F)$가 α를 root으로 갖는 최저 차수의 non-zero polynomial이라는 데에 모순이다. 한편, $F[\alpha] = F(\alpha)$이므로, $F(\alpha)$의 임의의 원소는 [$g(\alpha)$ for some $g(t) \in F[t]$]일 것이다. 이제, Division Algorithm을 생각하여,[25]

$$g(t) = \operatorname{irr}(\alpha, F)\cdot q(t) + r(t), \qquad (\text{단, } \deg(r) < n)$$

으로 쓰고, 이 식의 양변을 α에서 evaluate하면, $g(\alpha) = r(\alpha)$를 얻는다. 따라서, $F(\alpha)$의 임의의 원소는 $\{1, \alpha, \ldots, \alpha^{n-1}\}$의 F-linear combination. □

[24] 물론 F-상수곱은 E의 곱셈. 연습문제 3.2.13(가)항 참조.

[25] 이 장면에서 Division Algorithm을 생각하지 못하면 좀…….

이제 다음은 독자들의 몫이다.

연습문제 6.2.5. E/F 이고, $\alpha \in E$ 일 때, α 가 [transcendental element over F] 이면, $F[t] \approx F[\alpha]$ 임을 보여라. (다시 말해, transcendental element 는 마치 polynomial ring 의 indeterminate 와 같은 구실을 한다는 뜻이다.) 따라서, $[F(\alpha) : F] = \infty$ 인 것도 자명.

다시 우리의 'story'로 돌아오자.

정의 6.2.6. E/F 이고, E 의 모든 원소가 [algebraic over F] 이면, 우리는 E/F 를 **algebraic extension** 이라고 부른다.[26]

명제 6.2.7. Finite extension 은 algebraic extension.

증명 : E/F 가 finite extension 이고 $\alpha \in E$ 이면, α 는 [algebraic over F] 인 것을 보이면 된다. 그런데, $[E : F] = n$ 이라고 놓으면, $\{1, \alpha, \alpha^2, \ldots, \alpha^n\}$ 은 F-linearly dependent 일 수밖에 없다. 이는

$$a_0 + a_1\alpha + a_2\alpha^2 + \cdots + a_n\alpha^n = 0$$

을 만족하는 [적어도 하나는 non-zero 인 $a_0, \ldots, a_n \in F$ 가 존재] 한다는 뜻이다. 증명 끝.[27] □

Finite extension 이 아닌 algebraic extension 의 보기는 잠시 더 기다려야 한다.[28]

Climax 와 사고방식은 아직도 계속된다. 우리가 앞 節에서 보지 못한 것은 바로 다음 명제이다. 그 증명은 의외로 간단하다.

명제 6.2.8. K/E 이고 E/F 이면,

$$[K : F] = [K : E] \cdot [E : F]$$

이다. 특별히, K/F 가 finite extension 일 필요충분조건은 K/E 와 E/F 가 모두 finite extension 인 것이다. 이때, $[E : F]$ 는 $[K : F]$ 의 약수이다.[29]

---

[26] Algebraic extension 이 아니면, transcendental extension 이라고 부른다.

[27] 아! 이런 증명은 처음이 아니다. 독자들은 지금 minimal polynomial 의 존재 증명([I, 명제 7.3.4]) 이 생각났을 것으로 믿는다.

[28] 연습문제 6.2.15(나)항 참조.

[29] [I, 연습문제 12.2.14] 와 뒤에서 배울 명제 15.1.11 과의 유사성을 기억해 두라.

증명 : $\{\alpha_i \mid i \in I\}$ 를 E 의 F-basis 라고 하고, $\{\beta_j \mid j \in J\}$ 를 K 의 E-basis 라고 하면, $\{\alpha_i\beta_j \mid i \in I,\ j \in J\}$ 가 K 의 F-basis 가 된다. Detail 은 '기계들'에게 맡긴다. □

순서가 좀 뒤바뀌었지만·······.

주의 6.2.9. 위 명제의 $[K : E]\cdot[E : F]$ 는 **cardinal number 의 곱**으로 이해한다. 즉, S,T 가 집합일 때,

$$|S|\cdot|T| = |S \times T|$$

로 정의한다는 뜻이다.[30]

위 명제 6.2.8 을 우리는 "extension degree is multiplicative in towers" 라고 표현한다. 이때, 'tower'라는 단어는 composition series (따름정리 4.4.11) 의 'series'와, 그리고 Ascending Chain Condition (정리 5.5.4) 의 'chain'과 비슷한 의미이다. 지금 특별히 'tower'라는 단어를 사용한 이유는 — 특히 칠판에서 — 다음 표기법 (塔의 그림) 들

을 자주 사용하기 때문이다.

앞 節에서 숙제로 남았던 문제들을 해결하려면 표기법 6.1.8 을 조금 확장해야 할 필요가 있다.

표기법 6.2.10. (가) K/F 이고, $S \subseteq K$ 일 때, $F(S)$ 를 [subfield of K generated by $F \cup S$] 로 정의한다.
(나) 특별히 $S = \{\alpha_1, \alpha_2, \ldots, \alpha_n\}$ 이면, $F(S) = F(\alpha_1, \alpha_2, \ldots, \alpha_n)$ 으로 표기.
(다) K/F 이고 K/E 이면, $F(E) = F \cdot E = FE$ 로 간단히 표기하고, 이를 F 와 E 의 **compositum** 이라고 부른다.[31]

[30] [I, 12.2.14] 도 참조.
[31] Field F 와 E 의 compositum 은 F 와 E 가 어떤 큰 field 의 subfield 일 때에만 정의할 수 있다.

연습문제 6.2.11. E/F 이고, $\alpha, \beta \in E$ 일 때, 다음을 보여라.

(가) $\big(F(\alpha)\big)(\beta) = F(\alpha, \beta) = \big(F(\beta)\big)(\alpha)$.

(나) $F(\alpha, \beta) = F(\alpha) \cdot F(\beta)$.

연습문제 6.2.12. $E, F \leq K$ 일 때, compositum EF 의 원소는

$$\frac{\alpha_1\beta_1 + \cdots + \alpha_r\beta_r}{\alpha'_1\beta'_1 + \cdots + \alpha'_s\beta'_s}, \qquad (\text{단, } \alpha_i, \alpha'_j \in E,\ \beta_i, \beta_j \in F)$$

의 형태임을 보여라.

그림 6.2.13. Field extension $F(\alpha, \beta)/F$ 를 만나면, 우리는 다음 그림 중 하나

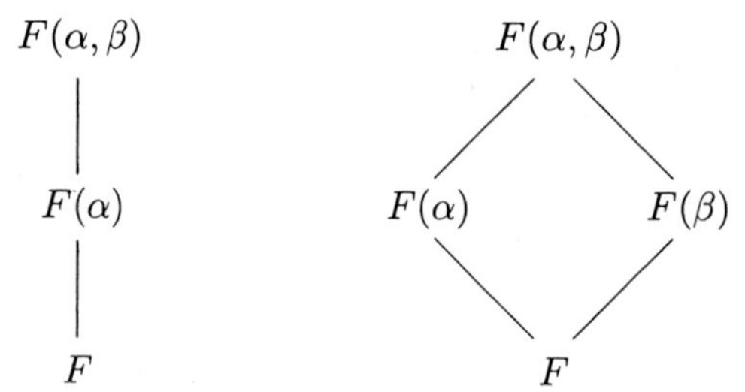

를 생각한다.

질문 6.1.26 을 먼저 다룬 후, 앞 節의 보기들을 재분석한다.

명제 6.2.14. E/F 이면, [algebraic closure of F in E]

$$\overline{F_E} = \{\alpha \in E \mid \alpha \text{ is algebraic over } F\}$$

는 E 의 subfield 이다. 따라서, $\alpha, \beta \in E$ 가 [algebraic over F] 이면, $(\alpha \pm \beta)$ 나 $(\alpha \cdot \beta^{\pm 1})$ 도 [algebraic over F] 이다.[32]

증명 : 그림 6.2.13 의 왼쪽 그림을 생각한다. 만약 $\alpha, \beta \in E$ 가 [algebraic over F] 이면, β 는 당연히 [algebraic over $F(\alpha)$] 이기도 하므로 (왜 그런가?), $F(\alpha, \beta) = \big(F(\alpha)\big)(\beta)$ 는 $F(\alpha)$ 의 finite extension 이다 (명제 6.2.4). 그러므로, $F(\alpha, \beta)/F$ 도 finite extension 이 된다 (명제 6.2.8; finite extension 의 finite extension 은 finite extension). 따라서, $F(\alpha, \beta)/F$ 는 algebraic extension 이므로 (명제 6.2.7), 특별히, $F(\alpha, \beta)$ 의 원소들 $(\alpha \pm \beta)$ 나 $(\alpha \cdot \beta^{\pm 1})$ 은 [algebraic over F] 이다. 이제, $\overline{F_E}$ 가 field 인 것은 자명. □

[32] 물론 β^{-1} 을 말할 때에는 $\beta \neq 0$.

위 명제의 증명은 물론 constructive 하지는 않다. 즉, 예를 들어, $\mathrm{irr}(\alpha, F)$ 와 $\mathrm{irr}(\beta, F)$ 를 알 때, $\mathrm{irr}(\alpha+\beta,\ F)$ 를 가르쳐 주지는 않는다. 다만 $\mathrm{irr}(\alpha+\beta,\ F)$ 의 존재만을 말해 줄 뿐이다.

다음은 algebraic extension 이지만 finite extension 이 아닌 보기이다.

연습문제 6.2.15. (가) E/F 가 finite extension 이고, $\alpha \in E$ 이면, $[F(\alpha) : F]$ 는 $[E : F]$ 의 약수임을 보여라.
(나) $\overline{\mathbb{Q}_{\mathbb{C}}}$ 는 물론 $\mathbb{Q}$ 의 algebraic extension 이다. 그러나, $\overline{\mathbb{Q}_{\mathbb{C}}}$ 는 $\mathbb{Q}$ 의 finite extension 이 아님을 보여라.[33]

여기까지가 우리의 **climax 와 사고방식**이다. 이제 우리의 새로운 언어가 어떤 역할을 하는지 살펴보자.

연습문제 6.2.16. 앞 節의 보기 6.1.7 에서

$$\frac{1}{a + b\alpha + c\alpha^2} = x + y\alpha + z\alpha^2$$

인 $x, y, z \in \mathbb{Q}$ 가 존재한다는 것을 어떻게 미리 알았을까?

보기 6.2.17. 보기 6.1.5 (보기 6.1.23 과 그 계속)을 다시 생각해 보자.
(가) 이제 아래 tower

$$\begin{array}{c} \mathbb{Q}(\sqrt{2}, \sqrt{3}) \\ | \\ \mathbb{Q}(\sqrt{2}) \\ | \\ \mathbb{Q} \end{array}$$

를 생각하자. 그러면, $\sqrt{3} \notin \mathbb{Q}(\sqrt{2})$ 인 것은 쉽게 보일 수 있으므로,

$$\mathrm{irr}\left(\sqrt{3},\ \mathbb{Q}(\sqrt{2})\right) = t^2 - 3$$

이고, 따라서, 명제 6.2.4 의 증명에 의해, $\{1, \sqrt{3}\}$ 이 $\mathbb{Q}(\sqrt{2}, \sqrt{3})$ 의 $\mathbb{Q}(\sqrt{2})$-basis 가 된다. 마찬가지로 $\mathbb{Q}(\sqrt{2})$ 의 $\mathbb{Q}$-basis 는 $\{1, \sqrt{2}\}$ 이므로, 명제 6.2.8 의 증명에 의해, $\{1, \sqrt{2}, \sqrt{3}, \sqrt{6}\}$ 이 $\mathbb{Q}(\sqrt{2}, \sqrt{3})$ 의 $\mathbb{Q}$-basis 이고, 무엇보다도, $\mathbb{Q}$-linearly independent set 이다.

[33] $\overline{\mathbb{Q}_{\mathbb{C}}}$ 는 사실은 algebraically closed field 이다. 따름명제 14.2.5 에서 다시 논의한다.

(나) 한편,

$$[\mathbb{Q}(\sqrt{2},\sqrt{3}):\mathbb{Q}] = [\mathbb{Q}(\sqrt{2},\sqrt{3}):\mathbb{Q}(\sqrt{2})]\cdot[\mathbb{Q}(\sqrt{2}):\mathbb{Q}] = 2\cdot 2 = 4$$

임은 잘 알고 있다. 이번에는 다음 tower

$$\begin{array}{c}\mathbb{Q}(\sqrt{2},\sqrt{3})\\ |\\ \mathbb{Q}(\sqrt{2}+\sqrt{3})\\ |\\ \mathbb{Q}\end{array}$$

를 생각하면, $[\mathbb{Q}(\sqrt{2}+\sqrt{3}):\mathbb{Q}]$는 당연히 4의 약수이다. Point는 이 경우 $[\mathbb{Q}(\sqrt{2}+\sqrt{3}):\mathbb{Q}]$가 1이나 2일 수 없음을 보이는 것은 어렵지 않다는 것이다(아래 연습문제 참조). 그러므로,

$$[\mathbb{Q}(\sqrt{2}+\sqrt{3}):\mathbb{Q}] = 4$$

가 된다. 따라서,

$$\mathbb{Q}(\sqrt{2}+\sqrt{3}) = \mathbb{Q}(\sqrt{2},\sqrt{3})$$

인 것도 알 수 있다(왜 그런가?). 그리고, [보기 6.1.23 계속]에서 다음 등식

$$\sqrt{2} = -\frac{9}{2}(\sqrt{2}+\sqrt{3}) + \frac{1}{2}(\sqrt{2}+\sqrt{3})^3$$

을 어떻게 찾았는지도 짐작할 수 있다. 뿐만 아니라, 이제는

$$\operatorname{irr}(\sqrt{2}+\sqrt{3},\,\mathbb{Q}) = t^4 - 10t^2 + 1$$

임을 — '계수비교법' 없이도 — 알 수 있다.

연습문제 6.2.18. 위에서 $[\mathbb{Q}(\sqrt{2}+\sqrt{3}):\mathbb{Q}] > 2$임을 보여라. 다시 말해, $[\,a(\sqrt{2}+\sqrt{3})^2 + b(\sqrt{2}+\sqrt{3}) + c = 0$ for some $a,b,c\in\mathbb{Q}\,]$이면, $a=b=c=0$임을 보여라.

독자들도 한번 연습해 보라.

연습문제 6.2.19. (가) $\operatorname{irr}(\sqrt{2}-\sqrt{5},\,\mathbb{Q})$를 구하라.
(나) $\sqrt{2}$를 $(\sqrt{2}-\sqrt{5})$의 다항식 (over $\mathbb{Q}$)으로 나타내라.

질문 6.1.6은 앞 節에서는 감히 엄두도 내지 못했었다. 이제 extension degree의 魔術을 구경하자.

보기 6.2.20. 질문 6.1.6을 생각해 보자. $2 \leq m, n \in \mathbb{Z}$이고, m, n이 서로 소일 때, $\alpha = \sqrt[m]{2}$, $\beta = \sqrt[n]{3}$으로 놓고, 이번에는 다음 그림 (diamond)

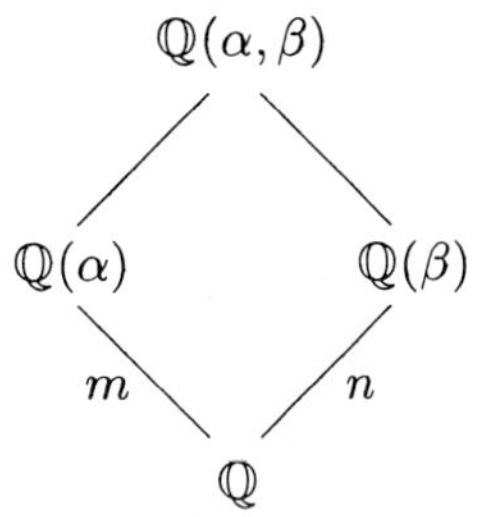

을 생각하자. 그러면,

$$[\mathbb{Q}(\alpha) : \mathbb{Q}] = m, \qquad [\mathbb{Q}(\beta) : \mathbb{Q}] = n$$

인 것은 이젠 당연하다(Eisenstein Criterion). 그런데, $(m, n) = 1$이므로, $[\mathbb{Q}(\alpha, \beta) : \mathbb{Q}]$는 mn의 배수가 된다. 이는 적어도 $[\mathbb{Q}(\alpha, \beta) : \mathbb{Q}(\alpha)] \geq n$이라는 뜻이다. 한편, β는 다항식 $(t^n - 3)$의 root이므로, $[\mathbb{Q}(\alpha, \beta) : \mathbb{Q}(\alpha)] \leq n$인 것도 알 수 있다. 결론은

$$[\mathbb{Q}(\alpha, \beta) : \mathbb{Q}(\alpha)] = n, \qquad [\mathbb{Q}(\alpha, \beta) : \mathbb{Q}] = mn$$

이다. 이제 명제 6.2.4의 증명과 명제 6.2.8의 증명을 생각하면, $\mathbb{R}$의 부분집합 $\{\alpha^i \beta^j \mid 0 \leq i \leq m-1,\ 0 \leq j \leq n-1\}$은 $\mathbb{Q}(\alpha, \beta)$의 $\mathbb{Q}$-basis이고, 특별히 $\mathbb{Q}$-linearly independent 임을 알 수 있다.[34]

다음 차례는 $(\sqrt[3]{2} + \sqrt{3})$의 irreducible polynomial.

보기 6.2.21. 보기 6.1.25를 다시 생각해 보자.

(가) 이 경우는 $\alpha = \sqrt[3]{2}$, $\beta = \sqrt{3}$으로 놓으면, 앞 보기 6.2.20의 특수한 경우이므로, 우리는 이미

$$[\mathbb{Q}(\sqrt[3]{2}, \sqrt{3}) : \mathbb{Q}] = 6$$

이고, $\{1, \alpha, \alpha^2, \beta, \alpha\beta, \alpha^2\beta\}$가 $\mathbb{Q}(\alpha, \beta)$의 $\mathbb{Q}$-basis 임을 알고 있다.

---

[34] 앞에서도 언급했지만, m, n이 서로 소가 아닌 경우는 매우 어려우므로, 시간 낭비하지 말 것.

(나) $K = \mathbb{Q}(\alpha+\beta)$ 로 표기하고, tower $\mathbb{Q} \le K \le \mathbb{Q}(\alpha,\beta)$ 를 생각하자.[35] 그런데, $\mathbb{Q}(\alpha,\beta)$ 는 $K(\alpha) = \mathbb{Q}(\alpha,\beta) = K(\beta)$ 로도 이해할 수 있다. 이제, β 는 (t^2-3) 의 근이므로, $d = [\,\mathbb{Q}(\alpha,\beta) : K\,]$ 는 2 이하의 6 의 약수이다. 즉, $d \le 2$. 만약 $d = 2$ 였다면, $\mathrm{irr}(\alpha, K)$ 는 2-차 다항식이고, 물론, $\mathrm{irr}(\alpha, K)$ divides (t^3-2) in $K[t]$. (이제 새로운 기술이 좀 필요.) 한편 (t^3-2) 는 $\mathbb{C}[t]$ 에서

$$t^3 - 2 = (t-\alpha)(t-\alpha\zeta)(t-\alpha\zeta^2), \qquad (1 \ne \zeta \in \mathbb{C},\ \zeta^3 = 1)$$

로 소인수분해 되고, $\mathbb{C}[t]$ 는 UFD 이므로,

$$\mathrm{irr}(\alpha, K) = (t-\alpha)(t-\alpha\zeta) \quad \text{or} \quad (t-\alpha)(t-\alpha\zeta^2)$$

일 것이다. 그러나, $K \le \mathbb{R}$ 이지만, $\mathrm{irr}(\alpha, K)$ 의 위 두 후보는 분명 실수 계수 다항식이 아니므로, 모순. 따라서,

$$[\,\mathbb{Q}(\alpha,\beta) : K\,] = 1, \qquad \mathbb{Q}(\sqrt[3]{2} + \sqrt{3}\,) = \mathbb{Q}(\sqrt[3]{2},\ \sqrt{3}\,)$$

이어야 한다. 또,

$$\mathrm{irr}(\sqrt[3]{2} + \sqrt{3},\ \mathbb{Q}) = t^6 - 9t^4 - 4t^3 + 27t^2 - 36t - 23$$

인 것도 알 수 있다. 이는 위 6-차다항식이 기약다항식임을 노동 없이 ('계수비교법' 없이!) 알 수 있다는 뜻이기도 하다.

연습문제 6.2.22. $[\,\mathbb{Q}(\sqrt[3]{5} - 2\sqrt[4]{7}\,) : \mathbb{Q}\,]$ 를 구하라.

다음 '이야기'로 넘어가기 전에 한 가지 첨가할 것이 있다.

명제 6.2.23. 다음 조건은 동치이다.

(1) E/F 는 finite extension.

(2) $E = F(\alpha_1, \ldots, \alpha_n)$ for some algebraic elements $\alpha_1, \ldots, \alpha_n$ over F.

증명 : 먼저, E/F 가 finite extension 일 때에는, $\{\alpha_1, \ldots, \alpha_n\}$ 을 E 의 F-basis 로 놓으면, $E = F(\alpha_1, \ldots, \alpha_n)$ 인 것은 자명하다. 이때 α_i 가 [algebraic over F] 인 것은 물론이다 (왜 그런가?). 역으로, 만약 [$E = F(\alpha_1, \ldots, \alpha_n)$ for some algebraic elements $\alpha_1, \ldots, \alpha_n \in E$ over F] 이면, 다음 tower

$$F \le F(\alpha_1) \le F(\alpha_1, \alpha_2) \le \cdots \le F(\alpha_1, \ldots, \alpha_n) = E$$

의 각 step 이 finite extension 이므로 (왜 그런가?), 증명 끝. □

[35] 이제부터는, 가능하면, tower 를 가로로 그리자.

따라서, 이제 F의 finite extension $F(\alpha_1, \ldots, \alpha_n)$이 주어지면, 우리는 항상 다음 tower

$$F \leq F(\alpha_1) \leq F(\alpha_1, \alpha_2) \leq \cdots \leq F(\alpha_1, \ldots, \alpha_n)$$

를 생각하게 된다.

다음 질문은 — 몇 개의 긍정적인 증거들(보기 6.2.17 및 보기 6.2.21)을 경험했고 — 매우 흥미롭지만, 지금은 아무런 clue도 없다.

질문 6.2.24. E/F가 finite extension이면, $[E = F(\alpha)$ for some $\alpha \in E]$인가?

이제 제법 finite extension을 이해한 것 같지만……. 다음 질문을 위해 시간을 투자하기 바란다.[36]

질문 6.2.25. $d, m, n \in \mathbb{Z}$이고, $\zeta_n = \exp(2\pi\mathbf{i}/n)$일 때,
(가) $\sqrt{d} \in \mathbb{Q}(\zeta_5)$일 필요충분조건은? $\zeta_3 \notin \mathbb{Q}(\zeta_5)$?
(나) $\zeta_m \in \mathbb{Q}(\zeta_n)$일 필요충분조건은?

다음 節에는 '感激的인 공놀이'가 독자들을 기다리고 있다. 서두르자.

[36] 이것저것 계산해 보고 싶은 것이 많을 것이다. 훗날 답을 알았을 때의 感動은 투자한 시간에 비례할 것이다.

6.3. 작도 불능 문제

이제 독자들이 "대수학"의 言語를 공부한지도 어느새 1년 반이 되었다. 돌이켜 보건대 — 아무리 생각해 보아도 — 우리는 오로지 語學 공부만을 해 왔다.[37] 單語들을 배웠고, 그 단어들을 사용하는 文法을 배웠고, 말하는 法과 생각하는 法을 배웠다. 이제, 짐작하건대, 이러한 '달리기 훈련'에 조금은 지칠 때도 되었을 것이다.

그러나, 놀랍게도, 이 1년 반의 語學 공부는 人類의 歷史에서 2000년 이상의 세월 동안 미해결 문제였던 [3大 작도 불능 문제]를 해결해 준다.[38] 이제 著者는 **독자들이 더 이상 아마추어는 아니라고 선언**할 수 있다. 이제 독자들은 누가 $\sqrt[3]{2}$ 나 $20°$ 를 작도할 수 있다고 떠들더라도, 조용히 微笑지으며 자리를 피할 수 있을 것이다.

작도란 자(ruler)와 compass만을 이용하여 어떤 길이의 선분이나 어떤 角度를 그리는 것을 의미한다. 물론 '길이'를 말하려면, unit length를 갖는 선분 — 즉, 길이가 1인 선분 — 은 주어져 있다고 가정해야 한다. 古代 Greece 時代부터, 다음 질문들이 인류의 역사에 등장하였다.

(질문 A) 주어진 정육면체의 두배의 부피를 갖는 정육면체의 한 변을 작도할 수 있는가?
(질문 B) 주어진 원과 같은 넓이를 갖는 정사각형을 작도할 수 있는가?
(질문 C) 임의의 각을 삼등분할 수 있는가?

우리는 잠시 후에 위 세 질문의 답은 모두 "불가능하다"임을 **증명**할 것이다. 그리고, 작도의 의미를 우리의 言語로 번역하고 나면, 증명은 한두 줄씩이면 충분할 것이다.

정의 6.3.1. $\alpha \in \mathbb{R}$일 때, 만약 $|\alpha|$을 작도할 수 있으면, α를 **constructible number**라고 부른다.

이제, 중학교 시절의 기억을 되살려 보자. 주어진 선분을 n-등분할 수 있고, 평행선을 작도할 수 있고, 정삼각형을 작도할 수 있고, 주어진 선분의 수직이등분선을 작도할 수 있고, 임의의 각을 이등분할 수 있고, ······.

---

[37] $\mathbb{R}^n$-공간의 rigid motion에 관한 몇 가지 새로운 사실을 알게 된 것을 제외하면.

[38] 이 문제를 최초로 해결한 영광의 수학자는 — Gauss도 (제법) 알고는 있었을 것으로 추측되긴 하지만(?) — P. Wantzel(1814–1848)로 기록되어 있다.

연습문제 6.3.2. $\alpha, \beta \in \mathbb{R}$ 이 constructible number 이면, $(\alpha \pm \beta)$ 와 $(\alpha \cdot \beta^{\pm 1})$ 도 constructible number 임을 보여라.

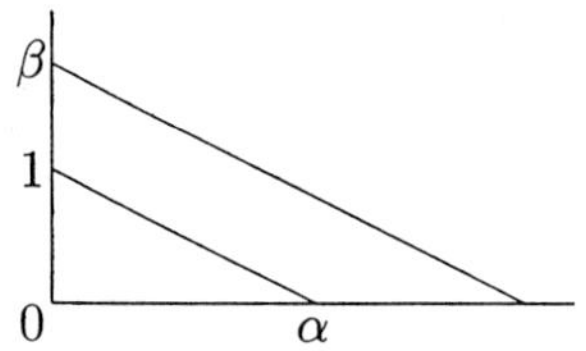

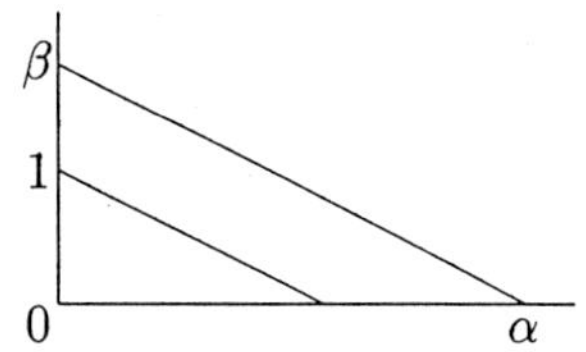

관찰 6.3.3. Constructible number 전체 집합은 ($\mathbb{Q}$를 포함하는) $\mathbb{R}$의 subfield.

증명 : ······. □

다음도 중학생의 연습문제.

연습문제 6.3.4. $\alpha \in \mathbb{R}$ 이 constructible number 이면, $\sqrt{\alpha}$ 도 constructible number 임을 보여라.

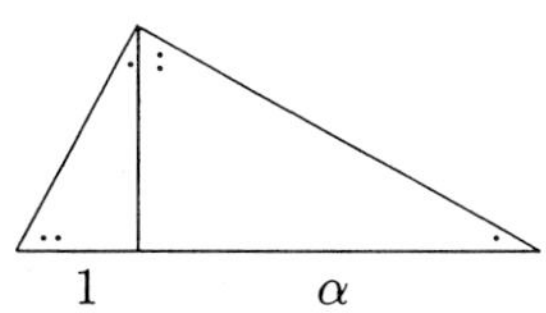

이제 작도의 과정을 우리의 言語로 번역해 보자. 즉, α 가 constructible number 라면, 어떤 과정을 거쳐 α 가 작도되었을지 분석해 보자. 우선 x-축과 y-축이 주어진 좌표평면을 생각하자. 유리수에서 시작하여, 어떤 무리수 β_1 을 작도했다면, 우리는 $\mathbb{Q}(\beta_1)$ 의 원소를 모두 작도할 수 있을 것이다.[39] 다음 $\beta_2 \notin \mathbb{Q}(\beta_1)$ 을 작도했다면, 우리는 $\mathbb{Q}(\beta_1, \beta_2)$ 의 원소를 모두 작도할 수 있을 것이다. (이때, 연습문제 6.3.4 에 의해, $[\beta_2 = \sqrt{\beta}$ for some $\beta \in \mathbb{Q}(\beta_1)]$ 일 수도 있다.) 이렇게 계속해서 $\mathbb{Q}(\beta_1, \beta_2, \ldots, \beta_n)$ 의 원소들을 작도할 수 있게 되었다고 하자.

이제 편의상 $\mathbb{Q}(\beta_1, \beta_2, \ldots, \beta_n)$ 의 원소를 (**already**) **constructed number** 라고 부르고, x-좌표와 y-좌표가 모두 constructed number 인 점을 **constructed point** 라고 부르자.

이 단계에서, 우리가 새로운 constructible number α 를 작도한다는 말은 α 를 x-좌표 혹은 y-좌표로 갖는 점을 찾는다는 뜻이다. 그리고, 이런 새로운 점은 선분과 선분, 선분과 원, 혹은 원과 원의 교점으로만 얻어질 것이다.

[39] 아직은 β_1 이 algebraic number 인지 아닌지도 모른다.

주의 6.3.5. 그런데, 중학교 때의 기억에 의하면, 가끔 주어진 선분 위의 임의의 점 (혹은, 예를 들어, 삼각형 내부의 임의의 점) 에서 임의의 반지름을 갖는 원을 그릴 수도 있다. 그러나, 이렇게 얻어지는 교점 역시 임의의 점일 뿐이다. 좌표를 모르는 점 (임의의 점) 은 작도해도 아무 소용이 없다. 한편, constructed point (number) 들은 충분히 많으므로, 이들을 사용하면 된다.[40] 왜냐하면, 임의의 점이나 임의의 반지름을 사용해 성공할 수 있었다면, constructed point (number) 를 사용해도 역시 성공할 수 있을 것이기 때문이다.

따라서, 우리는 자 (ruler) 로는 두 constructed point 를 연결하는 직선을 그릴 수 있을 뿐이다. 이는

$$ax + by + c = 0, \qquad (\text{단, } a, b, c \text{ 는 constructed number})$$

형태의 式을 갖는 직선을 작도할 수 있을 뿐이라는 뜻이다. 또 compass 로는 중심이 constructed point 이고, 반지름이 constructed number 인 원을 그릴 수 있을 뿐이다. 즉,

$$x^2 + y^2 + dx + ey + f = 0, \qquad (\text{단, } d, e, f \text{ 는 constructed number})$$

형태의 式을 갖는 원을 그릴 수 있을 뿐이라는 뜻이다.

물론, 우리는 이 단계에서 우리가 그린 직선들과 원들의 교점들을 얻게 된다. 그런데, 두 직선이 한 점에서 만난다면, 그 교점의 좌표는 (일차 연립방정식의 solution 이므로) 여전히 constructed point 일 뿐이다. 다음에, 직선과 원이 한 점이나 두 점에서 만난다면, 그 교점의 좌표는 [constructed number 를 계수로 갖는 이차방정식] 의 solution 이 된다 (확인해 보라). 마지막으로, 두 원이 한 점이나 두 점에서 만난다면, 그 교점의 좌표도 역시 [constructed number 를 계수로 갖는 이차방정식] 의 solution 이 된다 (확인해 보라).

따라서, 우리의 결론은, 이 단계에서 새로 얻을 수 있는 constructible number 는 [constructed number 를 계수로 갖는 이차방정식] 의 solution 뿐이라는 것이다. 그리고, 이차방정식의 근의 공식을 생각하면, 우리가 새로 얻을 수 있는 constructible number 는 [$\sqrt{d} \in \mathbb{R}$ for some $0 < d \in \mathbb{Q}(\beta_1, \beta_2, \ldots, \beta_n)$] 형태의 수뿐이라는 것을 알 수 있다. 즉, 연습문제 6.3.4 의 작도가 '사실상 작도의 全部'라는 뜻이다.

[40] 예를 들어, 주어진 선분의 수직이등분선을 작도할 때, 선분의 두 끝 점에서 그린 임의의 반지름을 갖는 원의 교점은 수직이등분선 위의 임의의 점일 뿐이다. 유리수 반지름을 사용하면 된다.

정리 6.3.6. α 가 constructible number 이면, $[\mathbb{Q}(\alpha):\mathbb{Q}] = 2^m$ 인 $m \geq 0$ 존재.

증명 : 위 논의에 의하면, $\alpha \in \mathbb{Q}(\sqrt{d_1}, \ldots, \sqrt{d_r})$ 인 $0 < d_i \in \mathbb{R}$ 들이 존재한다. 이때 $[\sqrt{d_i} \notin \mathbb{Q}(\sqrt{d_1}, \ldots, \sqrt{d_{i-1}})$ for all $i > 1]$ 이라고 가정할 수 있으므로, 다음 tower

$$\mathbb{Q} < \mathbb{Q}(\sqrt{d_1}) < \mathbb{Q}(\sqrt{d_1}, \sqrt{d_2}) < \cdots < \mathbb{Q}(\sqrt{d_1}, \ldots, \sqrt{d_r})$$

로부터 $[\mathbb{Q}(\sqrt{d_1}, \ldots, \sqrt{d_r}) : \mathbb{Q}] = 2^r$ 을 얻는다. 또 다음 tower

$$\mathbb{Q} \leq \mathbb{Q}(\alpha) \leq \mathbb{Q}(\sqrt{d_1}, \ldots, \sqrt{d_r})$$

를 생각하면, $[\mathbb{Q}(\alpha):\mathbb{Q}]$ 는 2^r 의 약수이므로, ⋯⋯. (종이가 아깝다!) □

벌써 준비가 끝났다.

(질문 A) 예를 들어, $\sqrt[3]{2}$ 는 — $[\mathbb{Q}(\sqrt[3]{2}) : \mathbb{Q}] = 3$ 이므로 — constructible number 가 아니다. □

(질문 B) 예를 들어, $\sqrt{\pi}$ 는 algebraic number 도 아니므로(왜 그런가?), $\sqrt{\pi}$ 는 constructible number 가 아니다. □

(질문 C) 예를 들어, $\alpha = \cos 20°$ 는 작도할 수 없다. 왜냐하면,

$$\cos 3\theta = 4\cos^3\theta - 3\cos\theta$$

이므로,[41]

$$4\alpha^3 - 3\alpha = \frac{1}{2}, \qquad \text{즉,} \qquad 8\alpha^3 - 6\alpha - 1 = 0$$

인데, $(8t^3 - 6t - 1)$ 은 $\mathbb{Q}[t]$ 의 irreducible polynomial 이므로('계수비교법'으로 확인해 보라!), $[\mathbb{Q}(\cos 20°):\mathbb{Q}] = 3$ 이기 때문이다. □

독자들은 우리 人類가 이 단 몇 줄의 증명을 알아내기 위하여 2000년 이상을 보냈다는 史實을 기억해야 할 것이다. 그리고, 우리가 어떻게 이 증명을 1년 반 만에 이해하게 되었는지도![42] 이제, 다음 자연스러운 질문이 독자들의 挑戰을 기다리고 있다.

질문 6.3.7. 정리 6.3.6의 역도 성립할까? 다시 말해, $\alpha \in \mathbb{R}$ 일 때, 만약 $[\mathbb{Q}(\alpha):\mathbb{Q}] = 2^m$ 인 m 이 존재하면, α 는 항상 constructible number 인가?[43]

---

[41] 앗! 드디어 이 공식을 써먹는구나.

[42] 또, 이 節의 감격은 독자들을 앞으로, 적어도 半年 동안은, 묵묵히 '달리기 훈련'에 동참하게 만들 것으로 기대한다.

[43] 제16장의 Galois Theory 의 도움을 받는 것이 자연스럽다.

6.4. Kronecker's Theorem 과 Splitting Field

지금까지 우리는 主로 field extension E/F 가 주어진 상황에서 일을 해왔다. 이 節에서는 주어진 field F 를 extend 하는 방법을 공부한다. 이제 F 는 **항상** 주어진 field 이다.

사실은 앞 §4.6 에서 이미 상당한 motivation 을 얻은 적이 있다. 독자들은 지금 보기 4.6.10, 보기 4.6.13 및 연습문제 4.6.16 을 복습하기 바란다.[44] 이제 다음 **사고방식**은 너무 익숙하다.

$p(t) \in F[t]$ 는 irreducible polynomial 이라고 하자. 그리고, quotient ring $E = F[t]/(p(t))$ 를 생각하면, $(p(t))$ 는 $F[t]$ 의 maximal ideal 이므로 (정리 5.3.11), $F[t]/(p(t))$ 는 field 가 된다 (명제 5.3.19). 한편, 함수

$$\pi \circ \imath_F : F \longrightarrow F[t] \longrightarrow F[t]/(p(t)) = E$$

는 당연히 field homomorphism 이므로, $(\pi \circ \imath_F)$ 는 monomorphism 일 수밖에 없다 (관찰 1.6.13). 이제 $(\pi \circ \imath_F)$ 를 통하여 F 를 E 의 subfield 로 **identify** 하자. 이때, [evaluation homomorphism at $\bar{t}$] $\mathcal{E}_{\bar{t}} : F[t] \to E$ 를 생각하면 (E 를 F-algebra 로 생각),

$$\mathcal{E}_{\bar{t}}(p(t)) = p(\bar{t}) = \overline{p(t)} = \bar{0}$$

가 된다. $E = F(\bar{t})$ 이고, $\text{irr}(\bar{t}, F) = p(t)$ 인 것도 자명하다.

이를 종합하면:

정리 6.4.1. (Kronecker's Theorem) $p(t)$ 가 $F[t]$ 의 irreducible polynomial 이면, $p(\alpha) = 0$ 인 α 를 포함하는 F 의 extension field $E = F(\alpha)$ 가 존재한다.

독자들도 이미 수많은 보기들을 스스로 생각하고 있을 것이다.

보기 6.4.2. Field F 가 제곱해서 2 가 되는 원소를 갖고 있지 않다면 — 즉, 다항식 $(t^2 - 2)$ 가 [irreducible over F] 이면 — $F[t]/(t^2 - 2)$ 는 제곱해서 2 가 되는 원소 $\bar{t}$ 를 갖고 있는 F 의 degree 2 extension field 이다.

조금 쑥스럽지만, 이제 복소수를 정의하자.

[44] 보기 4.6.10 과 보기 4.6.13 을 다시 읽을 때에는 思考方式 6.2.2(와 §5.6 의 [(Again) 관찰 4.6.12])가 필요함은 물론이다.

정의 6.4.3. The **field of complex numbers** $\mathbb{C}$ 를

$$\mathbb{C} = \mathbb{R}[t]/(t^2+1)$$

로 정의한다. 이때, 물론 $\bar{t} = \mathbf{i}$ 로 표기하고, $\overline{at+b} = a\mathbf{i}+b$ 로 표기하는 것이 우리의 관습이다(단, $a, b \in \mathbb{R}$). 이제 $\mathbb{C} = \mathbb{R}(\mathbf{i})$ 이고, $[\mathbb{C} : \mathbb{R}] = 2$.

물론, 論理的으로는, 지금 이 책의 제 1쪽부터 복소수가 등장하는 example 들을 모두 다시 확인해야 하겠지만, ······, 그럴 필요를 느끼는 독자는 없을 것으로 믿는다. ($\mathbb{C}$ 가 algebraically closed field 라는 증명은 § 16.4.D 로 미룬다.)

다음 보기는 연습문제 4.6.16(그리고, 질문 4.3.13 과 질문 4.3.24) 에서부터 예상해 왔던 것이고, 또 기다려 온 것이기도 하다.

보기 6.4.4. (가) $t^3+t+1 \in \mathbb{F}_2[t]$ 는 [irreducible over $\mathbb{F}_2$] 이다(확인해 보라). 따라서,

$$E_1 = \mathbb{F}_2[t]/(t^3+t+1)$$

은 $\mathbb{F}_2$ 의 degree 3 extension — 즉, 8-개의 원소를 갖는 finite field — 이다. 이제, $\alpha = \bar{t}$ 로 표기하면, E_1 의 모든 원소들은 $(a_2\alpha^2+a_1\alpha+a_0)$ 의 꼴로 유일하게 쓸 수 있다(단, $a_0, a_1, a_2 \in \mathbb{F}_2$). 그러므로, E_1 의 덧셈 구조는 $\mathbb{F}_2$-vector space $(\mathbb{F}_2)^3$ 의 그것과 같고, 우리가 완전히(!) 이해하고 있다. 한편, E_1 의 곱셈은, 예를 들어,

$$\alpha^2 \cdot \alpha^2 = \alpha^4 = \alpha^3 \cdot \alpha = (\alpha+1)\cdot\alpha = \alpha^2+\alpha$$

가 된다. 그리고, 아래 연습문제에 의하면, $E_1^\times$ 는 (multiplicative) cyclic group 이므로, E_1 의 곱셈 구조도 우리는 완전히(!) 이해하고 있다.

(나) 그런데, $t^3+t^2+1 \in \mathbb{F}_2[t]$ 도 역시 [irreducible over $\mathbb{F}_2$] 이므로,

$$E_2 = \mathbb{F}_2[t]/(t^3+t^2+1)$$

도 $\mathbb{F}_2$ 의 degree 3 extension 이 된다. 이번에는 $\beta = \bar{t}$ 로 표기하면, 예를 들어,

$$\beta^2\cdot\beta^2 = \beta^3\cdot\beta = (\beta^2+1)\cdot\beta = \beta^3+\beta = \beta^2+\beta+1$$

이 된다. 우리의 최대 관심사는, 당연히, (가) 항의 E_1 과 E_2 가 isomorphic 한지 여부이다.

연습문제 6.4.5. 위 보기 6.4.4 에서,

(가) $E_1^\times$ 와 $E_2^\times$ 는 모두 (multiplicative) cyclic group 임을 보여라. 즉,

$$E_1^\times = \langle\alpha\rangle \approx \mathbb{Z}_7 \approx \langle\beta\rangle = E_2^\times$$

임을 보여라.

(나) $1 \le k \le 6$ 일 때, 함수 $\varepsilon_k : E_1 \to E_2$ 를 $\varepsilon_k(0) = 0$ 이고,

$$\varepsilon_k(\alpha^i) = \beta^{ki}, \qquad (i = 0, 1, 2, \ldots, 6)$$

으로 정의하면, $\varepsilon_k : E_1^\times \to E_2^\times$ 는 (multiplicative) group isomorphism 임을 보여라. 또, $E_1^\times$ 에서 $E_2^\times$ 로의 group isomorphism 은 이들뿐임도 설명하라.

(다) $\varepsilon_1 : E_1 \to E_2$ 는 additive homomorphism 이 아님을 보여라.

(라) $\varepsilon_3 : E_1 \to E_2$ 는 field isomorphism 인가? (눈치껏 답만 예상해 보라.)

Finite field 에 관하여, 무엇보다도 먼저 지적하고 싶은 것은 그의 existence 이다. 제 5 장에서 강조한 것처럼, 만약 F 가 finite field 이면, $|F| = p^n$ 인 prime number p 와 positive integer n 이 존재해야 한다 (따름명제 5.3.22). 이제 보기 6.4.4 에서와 같은 방법으로 order 가 p^n 인 finite field 를 얻으려면, [irreducible polynomial $f(t)$ over $\mathbb{F}_p$ with $\deg(f) = n$] 이 필요하다. 그러나, $\mathbb{F}_p$-위에서는 Eisenstein Criterion 의 도움이 없음을 누차 강조한 바 있다.[45]

뿐만 아니라 — 이미 독자들도 위 연습문제 6.4.5 (라) 항을 '읽으며' 느꼈겠지만 — finite field 는 그리 만만한 object 가 아니다.[46] 즉, finite field 의 덧셈 구조와 곱셈 구조 各各은 우리가 완전히 이해하고 있지만, 그 두 구조가 妙하게 얽히고 설켜서 우리를 어렵게 (즐겁게!) 만들고 있는 것이다. 다음 章의 제목이 "Finite Field" 이니 지금은 이 정도로 끝내자.

새로운 世界는 그 끝이 없다.

보기 6.4.6. F 가 field 일 때, [field of rational polynomials over F] $F(t)$ 를 생각하자.[47] 이때, n 이 자연수 이면, 다항식 $x^n - t \in F(t)[x]$ 는 [irreducible over $F(t)$] 이므로 (아래 연습문제 참조),[48] $F(t)$ 의 extension field $F(t)[x]/(x^n - t)$ 를 얻는다. 이 새로운 世界에는 n-제곱하면 t 가 되는 원소가 살고 있다.[49]

[45] 질문 5.7.8 과 그 앞의 comment 참조.
[46] 유한 집합이라고 깔보면 안 된다.
[47] 만약 $\mathrm{char}(F) = p > 0$ 이었다면, $F(t)$ 는 [**infinite** field of characteristic p] 가 된다.
[48] x 는 새로운 indeterminate. 원래는 $(F(t))[x]$ 로 써야 하겠지만……
[49] 이 보기의 field 들을 흔히 function field 라고 부른다.

연습문제 6.4.7. 앞의 보기에서, 다항식 $x^n - t \in F(t)[x]$는 [irreducible over $F(t)$] 임을 보여라.

위 보기 6.4.6을 읽다 보면, Kronecker's Theorem은 정말 대단한 — '無에서 有를 창조하는'— 결과라는 생각이 든다.[50] 다만, 그 내용(사고방식)이 우리에게 이젠 너무나 익숙하여 잘 느낄 수 없었을 뿐이다.

우리의 **정말 오래된 숙제**인 [I, 명제 8.1.5]의 증명에 필요했던 것도 바로 Kronecker's Theorem이다.

명제 6.4.8. F가 임의의 field일 때, $T \in \mathfrak{L}\mathfrak{M}$이면, T의 minimal polynomial $m_T(t)$와 T의 characteristic polynomial $\phi_T(t)$의 irreducible factor들의 집합은 같다.

증명 : 우선 $T \in \mathfrak{M}_{n,n}(F)$라고 가정할 수 있음은 익숙하다. 그리고, $m_T(t)$는 $\phi_T(t)$의 약수이므로, $m_T(t)$의 irreducible factor는 $\phi_T(t)$의 약수가 되는 것도 익숙하다. 역으로, $p(t) \in F[t]$를 $\phi_T(t)$의 irreducible divisor라고 하자. 이제 $p(t)$의 root α를 포함하는 F의 extension field $E = F(\alpha)$를 생각한다(Kronecker's Theorem). 그러면, $\phi_T(\alpha) = 0$이므로, α는 T의 eigen-value가 된다. 이제 $0 \neq X \in E^n$을 α를 eigen-value로 갖는 T의 eigen-vector라고 하면, $m_T(T) = 0$이므로,

$$0 = m_T(T) \cdot X = m_T(\alpha) \cdot X$$

가 된다([I, 연습문제 7.3.1 참조). 따라서 $m_T(\alpha) = 0$이고, $p(t) = \mathrm{irr}(\alpha, F)$이므로, $p(t)$가 $m_T(t)$를 나누는 것은 우리의 사고방식. □

이제 다시 Kronecker's Theorem으로 돌아가자. 著者는 Kronecker's Theorem을 생각할 때마다, 늘 다음 질문이 떠오른다. 즉, "예를 들어, 기약다항식 $t^4 - 2 \in \mathbb{Q}[t]$의 root $\sqrt[4]{2}$와 $\sqrt[4]{2}\,\mathbf{i}$의 本質的인 차이점이 무엇이냐"는 것이다. 왜냐하면, Kronecker's Theorem은 기약다항식 $p(t)$ **의 여러 root들** — 아직 어디 살고 있는지는 모르지만 — **을 모두 同等하게 對하고 있기 때문**이다.

우선 (기약) 다항식의 root들이 모두 살고 있는 곳부터 찾아보자.

[50] 'Dreams come true'라는 표현도 생각난다. (Fraleigh [7]은 Kronecker's Theorem을 "Our Basic Goal"이라고 불렀다. 그러나, Kronecker(1823–1891)의 'Jugendtraum(少年의 꿈)'은 더 심오한(전혀 소년답지 않은) 내용이니, 혼동하지 말 것.)

따름정리 6.4.9. $f(t) \in F[t]$가 non-constant polynomial이면, $f(t)$가 $K[t]$의 일차다항식들의 곱으로 표현 (split into linear factors) 되는 — 즉,

$$f(t) = (t - \alpha_1)(t - \alpha_2) \cdots (t - \alpha_n), \qquad (\alpha_i \in K)$$

이 되는 — F의 extension field $K = F(\alpha_1, \ldots, \alpha_n)$이 존재한다. (이런 K를 [**splitting field** of $f(t)$ over F] 라고 부르면 자연스럽다. 물론, $[K : F] < \infty$.)

증명 : Kronecker's Theorem의 증명을 반복하면 된다. 먼저 $f(t)$를 $F[t]$에서 소인수분해하여, $f(t)$의 irreducible (over F) factor $p_1(t)$를 찾고, $p_1(t)$의 root α_1을 포함하는 F의 extension field $K_1 = F(\alpha_1)$을 찾는다. 이제 '인수정리' (보기 1.7.15) 에 의해,

$$f(t) = (t - \alpha_1) f_1(t)$$

인 $f_1(t) \in K_1[t]$가 존재하고, 다시 $f_1(t)$를 $K_1[t]$에서 소인수분해하여, $f_1(t)$의 irreducible (over K_1) factor $p_2(t)$를 찾고, ······. □

즉, 어떤 다항식 $f(t) \in F[t]$의 splitting field란 $f(t)$의 **root들을 모두 포함하는 최소의 field** (extension field of F) 라고 할 수 있다. 그리고, 우리는 이제 주어진 다항식의 root을 말할 수 있고 (Kronecker's Theorem), 주어진 다항식의 모든 root들도 말할 수 있게 되었다 (따름정리 6.4.9). 그러나, 어째 좀 찜찜하다.

문제는 위 따름정리에서 [splitting field of $f(t)$ over F]를 찾는 방법은 사람마다 다를 수 있다는 것이다. 이제 이러한 질문들을 우리의 언어로 번역하면 :

질문 6.4.10. (가) $p(t) \in F[t]$가 irreducible polynomial일 때, $\alpha \in E = F(\alpha)$와 $\alpha' \in E' = F(\alpha')$이 모두 $p(t)$의 root이면,[51] $\psi(\alpha) = \alpha'$인 field isomorphism $\psi : F(\alpha) \to F(\alpha')$이 존재하는가? (즉, α와 α'은 **'대수적으로 동등'**한가?)
(나) $f(t) \in F[t]$가 non-constant polynomial일 때, 두 개의 [splitting field of $f(t)$ over F] K와 K'은 isomorphic한가?

독자들은 위 질문을 읽으며, 연습문제 1.7.5 (나) 항과 연습문제 1.7.6 (나) 항이 생각났을 것이다.

[51] 일반적으로, E와 E'이 모두 어떤 큰 field L의 subfield라고 가정할 수는 없다.

한편, splitting field의 존재를 생각하면서, 우리의 오래된 숙제였던 명제 6.4.8의 새로운 증명이 생각났을 수도 있다.

명제 6.4.8의 다른 증명 시도 : 이번에는, $\phi_T(t)$의 irreducible divisor $p(t)$의 splitting field K를 생각한다. 그러면, 위 첫번째 증명에서와 같이, $p(t)$의 root (in K)는 언제나 $m_T(t)$의 root이므로, $p(t)$가 $m_T(t)$를 나누는 것은 자명하다! ⊠ □

독자들은 위 증명에 어떤 gap이 있는지 파악했을 것이다. 지금 장면에서 위 gap이 있는 증명을 소개한 목적은 다음 질문을 유도하기 위해서였다.

질문 6.4.11. $F[t]$의 기약다항식은 multiple root (重根)을 가질 수도 있는가?

종이가 아깝지만, …….

정의 6.4.12. $f(t) \in F[t]$라고 하자 (단, $\deg(f) \geq 1$). 이때 K를 [splitting field of $f(t)$ over F]라고 하면,

$$f(t) = a\,(t-\alpha_1)^{n_1} \cdot (t-\alpha_2)^{n_2} \cdots (t-\alpha_k)^{n_k}$$

로 쓸 수 있다 (단, $a \in F$, $\alpha_i \in K$). 이때, 만약 $n_i \geq 2$이면, α_i를 [**multiple root** with **multiplicity** n_i]라고 부른다.

또 질문이 생겼다.

질문 6.4.13. $p(t) \in F[t]$가 monic irreducible polynomial일 때,

(가) $p(t)$의 root들이 '동등'하다면, $p(t)$의 모든 root들의 multiplicity는 같아야 한다. 정말 그럴까? 즉, $p(t)$는 그의 splitting field K에서

$$p(t) = \{(t-\alpha_1)(t-\alpha_2)\cdots(t-\alpha_k)\}^r$$

꼴로 인수분해 될까? (단, $\alpha_i \in K$는 mutually distinct.)

(나) 만약 $p(t)$의 또 다른 splitting field K'에서는

$$p(t) = \{(t-\beta_1)(t-\beta_2)\cdots(t-\beta_\ell)\}^s$$

로 인수분해 된다면, $k=\ell$, $r=s$일까? (단, $\beta_j \in K'$은 mutually distinct.)

이 질문은 질문 6.4.10의 일부라고 생각할 수도 있을 것이다. 그리고, 우리는 이 질문들이 모두 true임을 알아야 — 주어진 다항식의 splitting field를 하나 固定하고 — 그 안에서 '마음껏' 일을 할 수 있을 것이다.

6.5. F-Isomorphism

이 節에서는 F-isomorphism 과 algebraic conjugate 의 개념을 공부한다. F-automorphism 의 공부는 뒤에 Galois Theory 를 배우기 위한 준비이기도 하다. (F 는 계속 field 이다.)

Field extension K/F 를 생각할 때, 우리는 흔히 F 를 **base field** 라고 부른다. 그리고, K/F, L/F 일 때, 예를 들어, K 에서 L 로 가는 field embedding 은 base field F 의 원소들을 (pointwise) 固定하는 것들을 주로 생각한다.

정의 6.5.1. K/F 이고, L/F 일 때,

(가) $\tau : K \to L$ 이 ring homomorphism (embedding) 이고 $\tau|_F = id_F$ 이면, τ 를 F-**embedding** 이라고 부른다.[52] 또, $\tau : K \to L$ 이 ring isomorphism 이고, $\tau|_F = id_F$ 이면, τ 를 F-**isomorphism** 이라고 부른다.

(나) 그리고, [F-**automorphism group** of K] 를

$$\mathrm{Aut}(K/F) = \{\sigma : K \to K \mid \sigma \text{ 는 ring automorphism 이고, } \sigma|_F = id_F\}$$

로 표기하고, $\mathrm{Aut}(K/F)$ 의 원소는 [F-**automorphism** of K] 라고 부른다.

Field 間의 embedding 은 1을 1로 보낸다는 약속에 뿌리를 둔 다음 단순한 두 관찰은 의외로 놓치기 쉽다.

연습문제 6.5.2. $\tau : K_1 \to K_2$ 가 field embedding 일 때, F_1 과 F_2 를 각각 K_1 과 K_2 의 prime subfield 라고 놓고,[53] 다음을 보여라.

(가) τ 는 field isomorphism $\tau|_{F_1} : F_1 \to F_2$ 를 induce 한다.

(나) 특별히, $F = F_1 = F_2$ 이면, $\tau|_F = id_F$. (즉, τ 는 F-embedding.)

명제 6.5.3. K/F, L/F 일 때, $\tau : K \to L$ 이 F-embedding 이면,

(가) τ 는 F-linear map (of F-vector spaces).[54]

(나) 따라서, 만약 $[K : F] = [L : F] < \infty$ 이면, τ 는 F-isomorphism.

(다) 특별히, $K = L$ 이고, K/F 가 finite extension 이면, $\tau \in \mathrm{Aut}(K/F)$.[55]

---

[52] [Embedding over F] 로도 부른다.

[53] Prime subfield 의 뜻은 따름명제 5.3.21 참조.

[54] 따라서, τ 는 F-algebra homomorphism.

[55] (다)항의 결과는 K/F 가 algebraic extension 일 때에도 성립한다. 명제 15.2.1 참조.

증명 : $\alpha \in F$, $\beta \in K$ 이면,

$$\tau(\alpha\beta) = \tau(\alpha) \cdot \tau(\beta) = \alpha \cdot \tau(\beta)$$

이므로, τ 는 F-linear. (나), (다) 항은 선형대수의 **Dimension Theorem.** □

이제 앞 節의 질문 6.4.10 (가) 항을 생각해 보자. 답은 물론 예상하고 있었다. 다음 등장하는 ψ_β^α 는 우리 '이야기'의 또 하나의 主人公이다.

명제 6.5.4. K/F, L/F 일 때, $p(t) \in F[t]$ 는 irreducible polynomial (over F) 라고 하자. 만약 $\alpha \in K$ 와 $\beta \in L$ 이 모두 $p(t)$ 의 root 이면, $\psi_\beta^\alpha(\alpha) = \beta$ 인 F-isomorphism $\psi_\beta^\alpha : F(\alpha) \to F(\beta)$ 가 유일하게 존재한다.

증명 : 이런 명제의 증명에는 항상 [연습장] 이 필요하다. [**연습장 :** 만약 그런 ψ_β^α 가 존재한다면, $F(\alpha)$ 의 모든 원소는 $(a_{n-1}\alpha^{n-1} + \cdots + a_1\alpha + a_0)$ 의 꼴로 유일하게 쓸 수 있고 (단, $a_i \in F$, $n = [F(\alpha) : F]$), $\psi_\beta^\alpha|_F = id_F$ 이므로

$$\begin{aligned}
&\psi_\beta^\alpha(a_{n-1}\alpha^{n-1} + \cdots + a_1\alpha + a_0) \\
&= \psi_\beta^\alpha(a_{n-1})\,\psi_\beta^\alpha(\alpha^{n-1}) + \cdots + \psi_\beta^\alpha(a_1)\,\psi_\beta^\alpha(\alpha) + \psi_\beta^\alpha(a_0) \\
&= a_{n-1}\beta^{n-1} + \cdots + a_1\beta + a_0
\end{aligned}$$

이어야만 한다. 더 예쁘게 쓰면,[56]

$$\psi_\beta^\alpha\big(f(\alpha)\big) = f(\beta), \qquad (f(t) \in F[t])$$

로 정의해야만 한다.] 이제 연습장은 감추고, 그렇게 정의된 ψ_β^α 가 ring homomorphism 인 것만 확인하면 된다 (명제 6.5.3). 이때 evaluation homomorphism $\mathcal{E}_\alpha$ 와 $\mathcal{E}_\beta$ 를 생각하는 것이 요령이다. 즉, $f(t), g(t) \in F[t]$ 일 때, 예를 들어,

$$\begin{aligned}
\psi_\beta^\alpha\big(f(\alpha) + g(\alpha)\big) &= \psi_\beta^\alpha\big(\mathcal{E}_\alpha(f(t)) + \mathcal{E}_\alpha(g(t)\big) = \psi_\beta^\alpha\big(\mathcal{E}_\alpha(f(t) + g(t))\big) \\
&= \mathcal{E}_\beta\big((f(t) + g(t))\big) = f(\beta) + g(\beta)
\end{aligned}$$

가 된다. (사실은 $\overline{\mathcal{E}_\alpha} : F[t]/(p(t)) \to F(\alpha)$ 와 $\overline{\mathcal{E}_\beta} : F[t]/(p(t)) \to F(\beta)$ 를 각각 思考方式 6.2.2 의 isomorphism 이라고 하고, $\psi_\beta^\alpha = \overline{\mathcal{E}_\beta} \circ \overline{\mathcal{E}_\alpha}^{-1}$ 로 정의하는 것이 더 간편하다. 확인해 보라.) □

---

[56] 이렇게 예쁘게 쓰면, ψ_β^α 의 well-definedness 를 확인할 필요가 있다. 즉, $f(t), g(t) \in F[t]$ 일 때, $[\, f(\alpha) = g(\alpha)\,] \iff [\, p(t)$ divides $(f(t) - g(t))$ in $F[t]\,] \iff [\, f(\beta) = g(\beta)\,]$.

위 명제는 [기약다항식의 root 들은 모두 同等하다]는 우리의 철학을 확인해 주고 있다. 우리는 위 명제의 상황을 다음 그림을 보면서 생각한다.

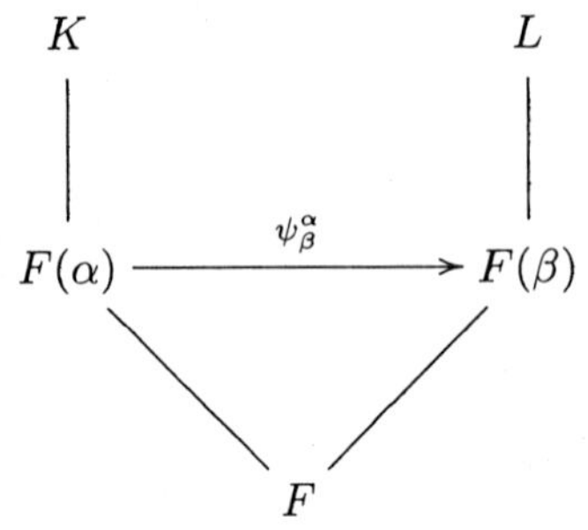

한편, 다음 — 어쩐지 익숙한 — 명제는 우리가 ψ_β^α 를 생각한 것은 매우 당연하다는 것을 말해 준다.

명제 6.5.5. K/F이고 L/F일 때, $\sigma : K \to L$을 F-embedding이라고 하자. 만약 $\alpha \in K$가 [algebraic over F]이면, $\beta = \sigma(\alpha)$는 $\mathrm{irr}(\alpha, F)$의 root이어야만 한다. (따라서, σ는 F-isomorphism $\psi_\beta^\alpha : F(\alpha) \to F(\beta)$를 induce한다.)

증명 : 정말 익숙하다. 즉,

$$\mathrm{irr}(\alpha, F) = t^n + \cdots + a_1 t + a_0, \qquad \alpha^n + \cdots + a_1\alpha + a_0 = 0$$

이라고 놓고, 양변에 σ를 적용하면,

$$0 = \sigma(\alpha^n + \cdots + a_1\alpha + a_0) = \beta^n + \cdots + a_1\beta + a_0$$

가 된다. 그러므로, β도 $\mathrm{irr}(\alpha, F)$의 root. □

위 명제와 그 증명이 익숙한 이유는 물론 켤레 복소수(conjugate complex number)와 complex conjugation 때문. 이제 다음 정의는 매우 자연스럽다.

정의 6.5.6. K/F, L/F이고, $\alpha \in K$, $\beta \in L$이 [algebraic over F]일 때, 만약

$$\mathrm{irr}(\alpha, F) = \mathrm{irr}(\beta, F)$$

이면, α와 β를 [**algebraic conjugate** over F]라고 부른다. 다시 말해, β가 α의 [algebraic conjugate over F]라는 말은 [F-isomorphism $\sigma : F(\alpha) \to F(\beta)$ such that $\beta = \sigma(\alpha)$]가 존재한다는 뜻이다(왜 그런가?).[57]

[57]우리 식으로 표현하면, α와 β가 '대수적으로 동등'하다는 뜻이다.

앞 節의 질문들이 급하긴 하지만, 우선 몇 가지 보기들을 살펴보자. 다음 보기들은 사실 Galois Theory 공부의 시작이라고 할 만하다.

보기 6.5.7. $d \in \mathbb{Z}$ 이고, $\sqrt{d} \notin \mathbb{Q}$ 일 때, $\mathbb{Q}(\sqrt{d})/\mathbb{Q}$ 를 생각하자. 그러면,

$$\operatorname{irr}(\sqrt{d}, \mathbb{Q}) = t^2 - d$$

이고, $(-\sqrt{d})$ 는 $\sqrt{d}$ 의 [algebraic conjugate over $\mathbb{Q}$] 이다. 따라서, 연습문제 1.7.5 (나) 항의 $\tau \in \operatorname{Aut}\left(\mathbb{Q}(\sqrt{d})/\mathbb{Q}\right)$ 는 다름아닌 $\psi_{-\sqrt{d}}^{\sqrt{d}}$ 인 셈이다. (특별히, $d = -1$ 이면, $\psi_{-\mathbf{i}}^{\mathbf{i}}$ 가 바로 complex conjugation 이다.) 한편, ($\mathbb{C}$ 에 살고 있는) $\sqrt{d}$ 의 [algebraic conjugate over $\mathbb{Q}$] 는 $(-\sqrt{d})$ 뿐이므로,

$$\operatorname{Aut}\left(\mathbb{Q}(\sqrt{d})/\mathbb{Q}\right) = \left\{id,\ \psi_{-\sqrt{d}}^{\sqrt{d}}\right\}$$

가 된다 (연습문제 1.7.6 (나) 항 참조). 이때,

$$[\,\mathbb{Q}(\sqrt{d}) : \mathbb{Q}\,] = \left|\operatorname{Aut}\left(\mathbb{Q}(\sqrt{d})/\mathbb{Q}\right)\right| = 2$$

인 것은 — 차차 밝혀지겠지만 — 우연이 아니다.

보기 6.5.8. p 가 prime 일 때, 이번에는 다항식

$$t^p - 1 = (t-1)\,(t^{p-1} + t^{p-2} + \cdots + t + 1) = (t-1)\cdot \Phi_p(t) \in \mathbb{Q}[t]$$

를 생각해 보자 ($\Phi_p(t)$ 는 p-th cyclotomic polynomial, 보기 5.7.4 참조). 우리는 $\Phi_p(t)$ 가 [irreducible over $\mathbb{Q}$] 임을 알고 있다 (Eisenstein Criterion 의 응용). 이제, $\zeta = \exp(2\pi\mathbf{i}/p)$ 로 놓으면, $\mathbb{Q}(\zeta)$ 가 $\Phi_p(t)$ 의 (그리고, $(t^p - 1)$ 의) splitting field 인 것은 자명하다. 이제 $\sigma \in \operatorname{Aut}\left(\mathbb{Q}(\zeta)/\mathbb{Q}\right)$ 이면, [$\sigma(\zeta) = \zeta^i$ for some $1 \le i \le p-1$] 이어야 한다 (명제 6.5.5). 역으로, σ 는 $\sigma(\zeta)$ 에 의해 완전히 결정되므로 (왜 그런가?),

$$\operatorname{Aut}\left(\mathbb{Q}(\zeta)/\mathbb{Q}\right) = \{\psi_{\zeta^i}^{\zeta} \mid 1 \le i \le p-1\}$$

가 되는 것을 알 수 있다 (물론, $\psi_{\zeta}^{\zeta} = id$). 이번에도

$$[\,\mathbb{Q}(\zeta) : \mathbb{Q}\,] = \left|\operatorname{Aut}\left(\mathbb{Q}(\zeta)/\mathbb{Q}\right)\right| = p - 1$$

이 성립한다.

연습문제 6.5.9. 앞의 보기 6.5.8 에서, Aut $(\mathbb{Q}(\zeta)/\mathbb{Q})$ 는 — group 으로서 — multiplicative group $(\mathbb{Z}_p)^\times$ 와 isomorphic 함을 보여라.[58]

보기 6.5.10. $\mathbb{Q}(\sqrt[3]{2})/\mathbb{Q}$ 를 생각하자. 그리고, $\sigma \in \mathrm{Aut}\,(\mathbb{Q}(\sqrt[3]{2})/\mathbb{Q})$ 라고 하면, [algebraic conjugate (over $\mathbb{Q}$) of $\sqrt[3]{2}$ in $\mathbb{Q}(\sqrt[3]{2})$] 는 $\sqrt[3]{2}$ 자기 자신뿐이므로, $\sigma = id$ 일 수밖에 없다. 이번에는

$$3 = [\mathbb{Q}(\sqrt[3]{2}) : \mathbb{Q}] \neq \left|\mathrm{Aut}\,(\mathbb{Q}(\sqrt[3]{2})/\mathbb{Q})\right| = 1$$

이다. 그런데, $\omega = \exp(2\pi\mathbf{i}/3)$ 로 놓으면, 다항식 $(t^3 - 2)$ 의 splitting field 는

$$K = \mathbb{Q}(\sqrt[3]{2},\ \sqrt[3]{2}\omega,\ \sqrt[3]{2}\omega^2) = \mathbb{Q}(\sqrt[3]{2},\ \omega)$$

이다 (확인해 보라). 그러면, $\mathrm{Aut}(K/\mathbb{Q})$ 는 어떻게 생겼을까?

$$[K : \mathbb{Q}] = |\mathrm{Aut}(K/\mathbb{Q})| = 6, \qquad \mathrm{Aut}(K/\mathbb{Q}) \approx S_3$$

일 것이라는 느낌은 들지만……. 뒤 §16.2 로 미룬다.

연습문제 6.5.11. 보기 6.5.10 에서, $[K : \mathbb{Q}] = 6$ 임을 보여라.

빠뜨릴 수 없는 보기가 하나 남아 있다.

보기 6.5.12. (연습문제 6.4.5 (라) 항의 풀이) 보기 6.4.4 를 다시 생각해 보자. 물론 $E_1 = \mathbb{F}_2(\alpha)$ 와 $E_2 = \mathbb{F}_2(\beta)$ 는 모두 $\mathbb{F}_2$ 의 degree 3 extension 이므로, $\mathbb{F}_2$-embedding $\sigma : \mathbb{F}_2(\alpha) \to \mathbb{F}_2(\beta)$ 는 저절로 $\mathbb{F}_2$-isomorphism 이 된다 (명제 6.5.3). 그리고, $\sigma(\alpha)$ 는 α 의 [algebraic conjugate over $\mathbb{F}_2$] 여야 한다. 즉, $\sigma(\alpha)$ 는 (t^3+t+1) 의 root 여야 한다는 뜻이다. 이제, 조금만 노동을 하면, $\mathbb{F}_2(\beta)$ 에 살고 있는 (t^3+t+1) 의 root 은 β^3, β^5, β^6 임을 확인할 수 있을 것이다. 따라서, ε_3, ε_5, ε_6 은 field isomorphism 이고, field isomorphism $\sigma : \mathbb{F}_2(\alpha) \to \mathbb{F}_2(\beta)$ 는 이것들뿐이다.[59]

이제 다시 우리의 'story'로 돌아가, 앞 節의 질문들을 답해 보자. 먼저 새로운 idea 가 하나 필요하다.

---

[58] $\mathrm{Aut}(E/F)$ 의 binary operation 은 물론 함수의 합성.
[59] $\mathbb{F}_2$-isomorphism 과 field isomorphism 는 같은 말이다. 왜 그런가?

표기법 6.5.13. Field isomorphism $\sigma : E \to F$ 는 당연히 — 같은 것은 같으므로 — ring isomorphism $\sigma : E[t] \to F[t]$ 를 induce 한다.[60] 그리고,

$$f(t) = a_n t^n + \cdots + a_1 t + a_0 \in E[t]$$

일 때,

$$f^{\sigma}(t) = \sigma\big(f(t)\big) = \sigma(a_n)\, t^n + \cdots + \sigma(a_1)\, t + \sigma(a_0)$$

로 표기하는 것이 우리의 관습이다.[61]

이제 명제 6.5.4 를 일반화할 차례이다.

명제 6.5.14. (Isomorphism Extension Theorem) K/E, L/F 는 field extension 이고, $\sigma : E \to F$ 는 field isomorphism 이라고 하자. 또, $p(t) \in E[t]$ 는 [irreducible polynomial over E] 라고 하자. 만약 $\alpha \in K$ 는 $p(t) \in E[t]$ 의 root 이고, $\beta \in L$ 은 $p^{\sigma}(t) \in F[t]$ 의 root 이면, $\widetilde{\sigma}|_F = \sigma$ 이고,[62] $\widetilde{\sigma}(\alpha) = \beta$ 인 field isomorphism $\widetilde{\sigma} : E(\alpha) \to F(\beta)$ 가 유일하게 존재한다.

증명 : 다음 그림

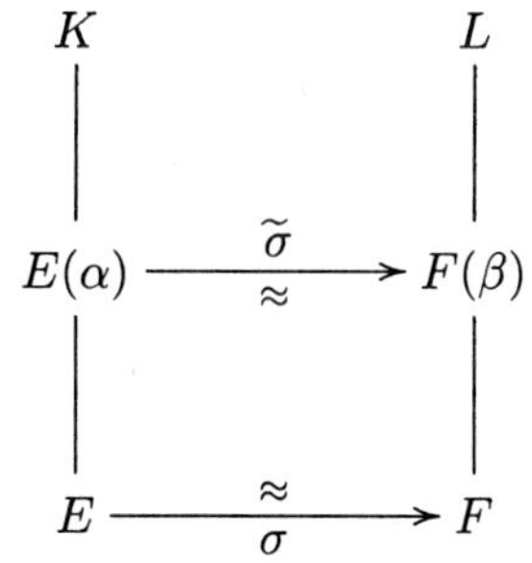

을 생각한다. 즉, 명제 6.5.4 는 ($E = F$ 이고) $\sigma = id$ 인 경우인 셈이다. 이번에도 [연습장] 을 사용하면,

$$\widetilde{\sigma}\big(f(\alpha)\big) = f^{\sigma}(\beta), \qquad (f(t) \in E[t])$$

로 정의해야만 하는 것을 알 수 있다(확인해 보라). 나머지 증명은 독자들의 몫이다(아래 연습문제 참조). □

연습문제 6.5.15. $\widetilde{\sigma} : F(\alpha) \to F(\beta)$ 를 위와 같이 정의하면, $\widetilde{\sigma}$ 는 well-defined isomorphism 임을 증명하라.

---

[60] σ 와 다른 文字를 도입하는 것조차 거추장스럽다.
[61] 이는 사실은 왼손잡이들의 right notation 이다.
[62] $\widetilde{\sigma}$ 는 σ 의 extension.

연습문제 6.5.16. 위 $\widetilde{\sigma}: E(\alpha) \to F(\beta)$ 가 isomorphism 임을 다음과 같이 설명할 수도 있다.

(가) $\sigma: E[t] \to F[t]$ 는 isomorphism $\overline{\sigma}: E[t]/(p(t)) \to F[t]/(p^{\sigma}(t))$ 를 induce 함을 보여라.

(나) $\overline{\varphi_\alpha}: E[t]/(p(t)) \to E(\alpha)$ 와 $\overline{\varphi_\beta}: F[t]/(p^{\sigma}(t)) \to F(\beta)$ 를 각각 思考方式 6.2.2 의 isomorphism 이라고 하고,

$$\widetilde{\sigma} = \overline{\varphi_\beta} \circ \overline{\sigma} \circ \overline{\varphi_\alpha}^{-1}$$

임을 보여라.

이제 Isomorphism Extension Theorem 을 반복 사용하면, splitting field 의 uniqueness (up to isomorphism) 를 설명할 수 있다.

따름명제 6.5.17. K 와 L 이 non-constant polynomial $f(t) \in F[t]$ 의 splitting field 이면, F-isomorphism $\tau: K \to L$ 이 존재.[63]

증명 : 우선 $f(t)$ 의 irreducible factor $p_1(t) \in F[t]$ 를 (아무거나) 하나 찾고, $p_1(t)$ 의 root $\alpha_1 \in K$ 와 $\beta_1 \in L$ 을 찾는다. 이제 $\sigma(\alpha_1) = \beta_1$ 인 F-isomorphism $\sigma: F(\alpha_1) \to F(\beta_1)$ 이 존재한다 (명제 6.5.4, $\sigma = \psi^{\alpha_1}_{\beta_1}$). 다음,

$$(t - \alpha_1)\, f_2(t) = f(t) = f^{\sigma}(t) = (t - \beta_1)\, f_2^{\sigma}(t)$$

로 쓰고, $f_2(t) \in F(\alpha_1)[t]$ 의 irreducible factor $p_2(t) \in F(\alpha_1)[t]$ 를 찾으면,[64] $p_2^{\sigma}(t) \in F(\beta_1)[t]$ 는 $f_2^{\sigma}(t) \in F(\beta_1)[t]$ 의 irreducible factor 가 된다. 다시 $p_2(t)$ 의 root $\alpha_2 \in K$ 와 $p_2^{\sigma}(t)$ 의 root $\beta_2 \in L$ 을 찾는다. 그러면, 명제 6.5.14 에 의해, $\widetilde{\sigma}(\alpha_2) = \beta_2$ 인 σ 의 **extension** $\widetilde{\sigma}: F(\alpha_1, \alpha_2) \to F(\beta_1, \beta_2)$ 가 존재한다. ($\widetilde{\sigma}$ 도 여전히 F-isomorphism.) 계속해서

$$(t - \alpha_1)(t - \alpha_2)\, f_3(t) = f(t) = f^{\widetilde{\sigma}}(t) = (t - \beta_1)(t - \beta_2)\, f_3^{\widetilde{\sigma}}(t)$$

로 놓고, $f_3(t)$ 를 $F(\alpha_1, \alpha_2)$ 에서 인수분해하여, ……, ……. 이렇게 계속하면, 언젠가는 $f(t)$ 를 일차식들의 곱으로 쓸 수 있을 때까지 σ 를 extend 할 수 있을 것이다. □

아직 남아 있는 질문들이 있다.

---

[63] 일반적으로, F-isomorphism $\tau: K \to L$ 은 유일하지 않다.

[64] $p_2(t)$ 는 [irreducible over $F(\alpha_1)$] 이라는 뜻. $p_2(t) = t - \alpha_1$ 일 수도 있다.

명제 6.5.18. $p(t) \in F[t]$가 irreducible polynomial 이면, $p(t)$의 모든 root 들의 multiplicity는 같다. 즉, K/F와 L/F가 $p(t)$의 splitting field 이고, $\alpha \in K$와 $\beta \in L$이 $p(t)$의 root 이면, α와 β의 multiplicity는 같다.

증명 : 당연히, F-isomorphism $\psi_\beta^\alpha : F(\alpha) \to F(\beta)$를 생각한다. 그리고, ψ_β^α는 ring isomorphism $\psi_\beta^\alpha : F(\alpha)[t] \to F(\beta)[t]$를 induce 한다. 그런데,

$$\psi_\beta^\alpha\big(p(t)\big) = p(t), \qquad \psi_\beta^\alpha\big((t-\alpha)^m\big) = (t-\beta)^m$$

이므로, $L[t]$에서의 $p(t)$의 소인수분해를 생각하면, α의 multiplicity는 β의 multiplicity 보다 작거나 같아야 한다. 대칭성에 의해 증명 끝. □

노파심에서 분명히 기록해 둔다.

따름명제 6.5.19. 질문 6.4.13의 답은 모두 "예"이다.

그러므로, 이제 우리는 주어진 다항식의 splitting field를 하나 고정하고 그 안에서 아무 걱정 없이 일할 수 있게 되었다.

Kronecker's Theorem은 주어진 다항식의 root을 갖는 더 큰 field를 찾는 방법을 알려준다. 이렇게 더 큰 field는 어디까지 찾을 수 있을까? 예를 들어, 모든 다항식의 root을 갖는 field도 찾을 (construct 할) 수 있을까? 또, Isomorphism Extension Theorem은 얼마나 큰 field까지 일반화할 수 있을까? § 14.2와 § 14.3에서 다시 논의한다.

6.6. Separable Polynomial

앞 節의 질문 6.4.11의 답은 이미 준비되어 있었다.

보기 6.6.1. (보기 6.4.6의 특수한 경우) $0 < p$가 prime number일 때, $\mathbb{F}_p(t)$를 생각하자.[65] 이때, 다항식 $x^p - t \in \mathbb{F}_p(t)[x]$는 [irreducible over $\mathbb{F}_p(t)$]이다(Eisenstein Criterion). 이제 K를 [splitting field of $(x^p - t)$ over $\mathbb{F}_p(t)$]라고 하면, $\xi^p = t$인 $\xi \in K$가 존재하므로,

$$x^p - t = x^p - \xi^p = (x - \xi)^p$$

가 된다(Freshman's Dream, 관찰 5.7.9). 이는 ξ는 $(x^p - t)$의 [multiple root with multiplicity p]라는 뜻이다. (또, $K = (\mathbb{F}_p(t))(\xi)$가 된다.)

우리는 뒤에 기약다항식이 multiple root을 갖는 경우는 [infinite field of characteristic $p > 0$]인 경우뿐임을 배우게 될 것이다.[66] 어쨌든, 주어진 다항식이 multiple root을 갖는지 여부를 어떻게 판정할 수 있을까? 우선 고급스러운 용어부터 하나 소개한다.

정의 6.6.2. Multiple root을 갖지 않는 다항식을 **separable** polynomial이라고 부른다.

마침내, 대수학에도 미분이 등장한다. 다만 우리는 **다항식의 미분만을** 생각할 뿐이다.

정의 6.6.3. $f(t) = a_n t^n + a_{n-1} t^{n-1} + \cdots + a_2 t^2 + a_1 t + a_0 \in F[t]$일 때,

$$f'(t) = n a_n t^{n-1} + (n-1)\, a_{n-1} t^{n-2} + \cdots + 2a_2 t + a_1$$

으로 (**formally**) 정의한다.

물론, 우리가 알고 있는 모든 '미분 공식'들은 여전히 유효하다.

연습문제 6.6.4. $f(t),\ g(t) \in F[t]$이고, $c \in F$일 때, 다음을 보여라.

(가) $(f+g)'(t) = f'(t) + g'(t)$, $(cf)'(t) = c\,f'(t)$.

(나) $(fg)'(t) = f'(t)\,g(t) + f(t)\,g'(t)$.

(다) $(f \circ g)'(t) = f'\big(g(t)\big)\,g'(t)$.[67]

---

[65] $\mathbb{F}_p(t)$는 [field of rational polynomials over $\mathbb{F}_p$].

[66] 따름명제 6.6.6과 명제 7.2.4 참조.

[67] $(f \circ g)$의 뜻은 대충 넘어가자.

다음 명제를 고등학교 때 배운 독자들도 있을 것이다.

명제 6.6.5. $0 \neq f(t) \in F[t]$ 일 때, 다음 조건

(1) $f(t)$ 는 multiple root 을 갖는다.

(2) $f(t)$ 와 $f'(t)$ 는 common root 을 갖는다.

은 동치이다.

증명 : 물론 $f(t)$ 의 root 들은 $f(t)$ 의 splitting field K 를 하나 고정하고 그 안에서 생각한다. 먼저 $f(t)$ 가 multiple root $\alpha \in K$ 를 갖는다면,

$$f(t) = (t-\alpha)^m\, g(t), \qquad (\text{for some } m \geq 2,\ g(t) \in K[t])$$

꼴로 쓸 수 있고, 이제 양변을 미분하면,

$$f'(t) = m\,(t-\alpha)^{m-1}\, g(t) + (t-\alpha)^m\, g'(t)$$

가 된다. 이때, $m-1 \geq 1$ 이므로, $f'(\alpha) = 0$ 이고, α 는 $f(t)$ 와 $f'(t)$ 의 common root. 역으로, $f(t)$ 가 multiple root 을 갖지 않는다면,

$$f(t) = (t-\alpha_1)\,(t-\alpha_2)\cdots(t-\alpha_n), \qquad (\text{for some mutually distinct } \alpha_i \in K)$$

형태로 쓸 수 있다. 다시 양변을 미분하면,

$$f'(t) = \sum_{i=1}^{n} (t-\alpha_1)\,\cdots\,\widehat{(t-\alpha_i)}\,\cdots\,(t-\alpha_n)$$

이 된다(이때, $\widehat{(t-\alpha_i)}$ 의 의미는 $(t-\alpha_i)$ 는 나타나지 않는다는 뜻). 따라서, $[\,f'(\alpha_i) \neq 0 \text{ for all } i\,]$ 이고, $f(t)$ 와 $f'(t)$ 는 common root 을 갖지 않는다.[68] □

다음은 우리의 경험과 일치한다.

따름명제 6.6.6. $\text{char}(F) = 0$ 이면, $F[t]$ 의 irreducible polynomial 은 separable polynomial.

증명 : α 를 $F[t]$ 의 irreducible polynomial $p(t)$ 의 root 이라고 하자. 그러면, $p(t) = \text{irr}(\alpha, F)$ 가 된다. 그런데, $\deg(p') < \deg(p)$ 이고, $p(t)$ 는 α 를 root 으로 갖는 최소 차수의 다항식이므로, $p'(\alpha) \neq 0$ 이다. 즉, $p(t)$ 와 $p'(t)$ 는 공통근을 갖지 않는다. ($\text{char}(F) = 0$ 이라는 조건은 **어디에** 사용되었는가?) □

[68] 꾀를 좀 부리면, 이 명제의 증명을 4–5줄로 줄일 수 있다. [4, p. 508] 참조.

물론 positive characteristic 의 경우는 좀 다르다.

보기 6.6.7. $\mathrm{char}(F) = p > 0$ 일 때, 예를 들어,

$$\left(t^{p^3} + t^{2p} + t^p + 1\right)' = p^3\, t^{p^3-1} + 2p\, t^{2p-1} + p\, t^{p-1} = 0$$

이 된다. 따라서, 다항식 $\left(t^{p^3} + t^{2p} + t^p + 1\right)$ 은 multiple root 을 갖는다. 이는

$$t^{p^3} + t^{2p} + t^p + 1 = \left(t^{p^2} + t^2 + t + 1\right)^p$$

으로부터도 알 수 있다 (Freshman's Dream).

다음 보기는 다음 章에서 finite field 를 공부할 때 매우 중요한 역할을 하게 된다.

보기 6.6.8. $\mathrm{char}(F) = p > 0$ 이고, $q = p^n$ 일 때,

$$g(t) = t^q - t$$

라고 놓으면,

$$g'(t) = q\, t^{q-1} - 1 = -1$$

이 된다. 따라서, $g'(t)$ 는 아예 root 이 없으므로, $g(t)$ 와 $g'(t)$ 는 common root 을 가질 수 없다. 즉, $g(t)$ 는 multiple root 을 갖지 않는다.

Separable polynomial 과 'inseparable' polynomial 의 공부는 §15.1 에서 계속한다.

제 7 장 Finite Field

우리는 이미 앞에서 finite field 가 그리 만만한 — 유한 집합이라고 깔볼 수 있는 — 대상이 아님을 여러 번 경험했었다. 뿐만 아니라, 현대의 computer 文化(文明?)는 finite field 를 점점 더 중요한 object 로 부각시키고 있다.

이제, finite field 의 別世界로 여행을 떠나자.

7.1. Finite Field 의 존재와 유일성

우리는 §6.4 에서 finite field 의 존재 질문은 — $0 < p$ 가 prime number 이고, n 이 자연수일 때 — [irreducible polynomial over $\mathbb{F}_p$ with degree n] 의 존재 질문과 깊은 관련이 있음을 배웠다.[1] 그리고, 이 질문을 실제로 그런 기약다항식을 찾으려고 함으로써 답할 수 없음도 이미 알고 있다.

한 가지 미리 분명히 밝혀 둘 점은 finite field 를 construct 하는 과정에 Zorn's Lemma 는 필요하지 않다는 것이다. 독자들은 이 점을 계속 확인해 가며 이 節을 읽기 바란다.

Finite field 를 論할 때에는 $q = p^n$ 으로 표기하는 것이 우리의 관습이다(단, p 는 prime number 이고, n 은 자연수). 아직 finite field 의 존재는 모르지만, 거꾸로 finite field 가 만족해야만 하는 성질부터 알아보자.

관찰 7.1.1. 만약 F 가 order $q = p^n$ 인 finite field 이면,

(가) $\mathrm{char}(F) = p$ 이고, 따라서, $\mathbb{F}_p \le F$ 라고 가정할 수 있다.

(나) F 의 모든 원소들은 $t^q - t \in \mathbb{F}_p[t]$ 의 root 이다.

---

[1] 사실 이 두 질문은 동치이다. 따름정리 7.2.3 참조.

증명 : (가) 항은 '사고방식'. Multiplicative group $F^\times = F - \{0\}$ 의 order 는 $(q-1)$ 이므로, $\alpha \in F$ 이면, $\alpha^{q-1} = 1$ 이어야 한다. 따라서, $\alpha^q = \alpha$. □

사실 우리는 이미 많은 준비를 해 왔다. 이제 보기 6.6.8 을 복습해 보자. 즉 $t^q - t \in \mathbb{F}_p[t]$ 일 때, 이를 미분하면,

$$(t^q - t)' = q\,t^{q-1} - 1 = -1$$

이고, 따라서, $t^q - t \in \mathbb{F}_p[t]$ 는 separable polynomial 이다. 즉, $t^q - t \in \mathbb{F}_p[t]$ 는 q-개의 서로 다른 root 을 갖는다는 뜻이다. 그런데 앞 관찰의 (나) 항에 의해 order q 인 finite field 의 원소는 모두 $t^q - t \in \mathbb{F}_p[t]$ 의 root 이므로, 우리는 order q 인 finite field 를 $(t^q - t)$ 의 root 전체 집합으로 **정의할 수 밖에** 없다. 그리고, $(t^q - t)$ 의 root 들이 살고 있는 곳은, 물론, [splitting field of $(t^q - t)$ over $\mathbb{F}_p$] 이다.

정리 7.1.2. (Existence) K 를 [splitting field of $(t^q - t)$ over $\mathbb{F}_p$] 라고 할 때,

$$F = \{\alpha \in K \mid \alpha^q = \alpha\}$$

로 놓으면, F 는 order q 인 finite field 이다. 따라서, $F = K$.

증명 : $|F| = q$ 임은 앞 단락에서 이미 설명하였으므로, F 가 K 의 subfield 인 것만 보이면 된다. (그러면, K 는 $(t^q - t)$ 의 모든 root 을 포함하는 **최소**의 field 이므로, $K = F$ 인 것은 당연.) 이제, $\alpha, \beta \in F$ 이면 ($\alpha^q = \alpha$, $\beta^q = \beta$),

$$(\alpha + \beta)^q = \alpha^q + \beta^q = \alpha + \beta, \qquad (\alpha\beta)^q = \alpha^q\beta^q = \alpha\beta$$

이고 (Freshman's Dream), 물론

$$0^q = 0, \qquad 1^q = 1, \qquad (\alpha^{-1})^q = (\alpha^q)^{-1} = \alpha^{-1}$$

이므로, 증명 끝. □

정의 7.1.3. Order 가 $q = p^n$ 인 **finite field** $\mathbb{F}_q$ 를 [splitting field of $(t^q - t)$ over $\mathbb{F}_p$] 로 정의한다.[2]

이렇게 정의하면, finite field 의 uniqueness (up to isomorphism) 는 이미 알고 있는 사실이 된다.

[2] $\mathbb{F}_q$ 를 $GF(q)$ 로 표기하기도 한다. 이는 [Galois Field of order q] 라는 의미이다.

정리 7.1.4. (Uniqueness) Order q 인 finite field 는 모두 isomorphic 하다.

첫번째 증명 : Splitting field 의 uniqueness (따름정리 6.5.17). □

가벼운 주의 사항 두 가지.

주의 7.1.5. (가) 보기 6.5.12 에 의하면, F_1, F_2 가 order q 인 finite field 일 때, F_1 에서 F_2 로의 isomorphism 이 유일할 필요는 없다.
(나) 노파심에서 한마디. $q > p$ 일 때, finite field $\mathbb{F}_q$ 와 finite ring $\mathbb{Z}_q$ 를 혼동할 어떠한 이유도 없다. 명심할 것.

중요한 주의 사항 하나.

주의 7.1.6. (가) 우리는 앞에서 $q = p$ 일 때에는

$$\mathbb{F}_p = \mathbb{Z}_p = \{\overline{0}, \overline{1}, \ldots, \overline{p-1}\}$$

로 분명히 정의했지만, $q > p$ 일 때, $\mathbb{F}_q$ 는 — 엄밀하게 말하면 — 어떤 특정한 집합으로 정의되어 있지 않다. 즉, splitting field 는 up to isomorphism 정의되므로, finite field $\mathbb{F}_q$ 도 up to isomorphism 정의된다. 그러나, 심각한 혼동의 소지가 없다면 약간의 '표기법의 남용'을 容認하기로 한다.
(나) 예를 들어,

$$\mathbb{F}_4 = \mathbb{F}_2[t]/(t^2 + t + 1)$$

로 표기했다고 하자.[3] 그런데, $t^3 + t + 1 \in \mathbb{F}_4[t]$ 는 [irreducible over $\mathbb{F}_4$] 이므로 (확인해 보라), $\mathbb{F}_4[t]/(t^3 + t + 1)$ 은 $\mathbb{F}_4$ 의 degree 3 extension 이 된다. 이때 ($4^3 = 64$),

$$\mathbb{F}_2 < \mathbb{F}_4 < \mathbb{F}_{64} = \mathbb{F}_4[t]/(t^3 + t + 1)$$

로 표기하더라도 별문제는 없을 것이다.
(다) 이러한 ambiguity 는, 그러나, § 14.2 에서 $\mathbb{F}_p$ 의 algebraic closure $\overline{\mathbb{F}_p}$ 를 하나 固定하면 저절로 해결된다.

어쨌든, 이제 우리는 order q 인 finite field $\mathbb{F}_q$ 의 존재와 유일성을 이해하게 되었다.

---

[3] 연습문제 4.6.16 참조.

7.2. Finite Field의 성질

여전히 p는 prime, n은 자연수이고, $q = p^n$으로 표기한다. $\mathbb{F}_q$는 n-dimensional $\mathbb{F}_p$-vector space이므로, $\mathbb{F}_q$의 덧셈 구조는 — 정말 익숙한 — $(\mathbb{F}_p)^n$의 그것과 같다. 그리고, 다음 정리는 $\mathbb{F}_q$의 곱셈 구조를 이해하는 열쇠가 된다.

정리 7.2.1. F가 field일 때, multiplicative group $F^\times$의 **finite** subgroup은 cyclic group.

보통의 증명 : 이 정리의 증명은 보통 [**Decomposition Theorem** for finite abelian groups]를 이용하는 것이 관습이다.[4] 뒤 §12.3으로 미룬다. □

보통이 아닌 증명 : 그렇지만 核폭탄級인 [Decomposition Theorem for finite abelian groups]를 이용하지 않는 증명도 가능하다.[5] 다만 이 증명은 (지금은) motivation을 알 수 없어 이 節의 끝에 숨긴다. □

어쨌든, $(\mathbb{F}_q)^\times$는 (multiplicative) cyclic group이 된다. 즉, $(\mathbb{F}_q)^\times = \langle\alpha\rangle$인 $\alpha \in \mathbb{F}_q$가 존재한다는 뜻이다.[6] 따라서, 우리는 $\mathbb{F}_q$의 곱셈 구조도 완전히 이해하고 있다. 문제는 $\mathbb{F}_q$의 덧셈 구조와 곱셈 구조가 妙하게 얽혀 있다는 점이다.

다음은 질문 6.2.24의 답의 一部이다.

따름정리 7.2.2. $\mathbb{F}_q = \mathbb{F}_p(\alpha)$ for some $\alpha \in \mathbb{F}_q$. 물론, $\deg\big(\mathrm{irr}(\alpha, \mathbb{F}_p)\big) = n$.

증명 : $(\mathbb{F}_q)^\times = \langle\alpha\rangle$로 놓으면, $\mathbb{F}_q = \mathbb{F}_p(\alpha)$인 것은 당연. □

다음도 오래된 질문의 답이다.

따름정리 7.2.3. m이 임의의 자연수일 때, degree m인 [irreducible polynomial over $\mathbb{F}_q$] 존재.

증명 : $(\mathbb{F}_{q^m})^\times = \langle\beta\rangle$로 놓으면, $\mathbb{F}_{q^m} = \mathbb{F}_q(\beta)$이고, $\mathrm{irr}(\beta, \mathbb{F}_q)$가 바로 우리가 찾는 기약다항식. □

---

[4] 정리 3.4.4의 [Decomposition Theorem for finite abelian groups]의 preliminary form 참조.

[5] 가능하면, 核폭탄은 사용하지 않는 것이 좋다.

[6] 물론 $(\mathbb{F}_q)^\times$의 generator는, 일반적으로, 유일하지 않다. 연습문제 3.5.17 참조. 정의 7.2.7도 참조.

이제 실제로 order q 인 finite field 에서 일할 때에는, 먼저 — 시간이 좀 걸리겠지만 — degree n 인 irreducible polynomial $f(t) \in \mathbb{F}_p[t]$ 를 하나 찾은 후, $\mathbb{F}_q = \mathbb{F}_p[t]/\bigl(f(t)\bigr)$ 를 생각하면 될 것이다.

다음도 finite field 의 중요한 특징 중 하나이다.

명제 7.2.4. Finite field 위의 irreducible polynomial 은 항상 separable.

증명 : $p(t) \in \mathbb{F}_q[t]$ 가 irreducible 이면, Kronecker's Theorem 에 의해, $p(t)$ 의 root α 를 포함하는 $\mathbb{F}_q$ 의 extension field $E = \mathbb{F}_q(\alpha)$ 가 존재한다. 그러면, $|E| = q^m$ 이므로 (단, m 은 $p(t)$ 의 degree), $\alpha^{q^m} = \alpha$. 이는 [$p(t)$ divides $(t^{q^m} - t)$ in $\mathbb{F}_q[t]$] 라는 뜻이고, $(t^{q^m} - t)$ 는 multiple root 을 갖지 않으므로, $p(t)$ 도 separable. □

그러므로, 이제 따름명제 6.6.6 을 함께 생각하면, 'inseparable' polynomial 은 infinite field of positive characteristic 위에만 존재함을 알 수 있다.[7]

한편, 따름정리 7.2.2 를 이용하면, 유한체의 유일성을 다시 증명할 수 있다.

정리 7.1.4 의 두번째 증명 : $E/\mathbb{F}_p$ 와 $K/\mathbb{F}_p$ 가 모두 order q 인 finite field 라고 하자. 따름정리 7.2.2 에 의해, $E = \mathbb{F}_p(\alpha)$ 인 $\alpha \in E$ 가 존재한다. 그런데, $\alpha^q = \alpha$ 이므로 (관찰 7.1.1 (나) 항), $\mathrm{irr}(\alpha, \mathbb{F}_p)$ 는 $(t^q - t)$ 의 약수이다. 또, K 의 원소들도 모두 $(t^q - t)$ 의 root 이므로, K 에도 $\mathrm{irr}(\alpha, \mathbb{F}_p)$ 의 root β 가 존재한다. 이제, isomorphism $\psi_\beta^\alpha : E \to \mathbb{F}_p(\beta)$ 가 존재하고 (명제 6.5.4), $|E| = |K|$ 이므로, $K = \mathbb{F}_p(\beta)$ 일 수밖에 없다. 증명 끝. □

이제 보니, 보기 6.5.12 (연습문제 6.4.5 (라) 항의 풀이) 의 idea 는 다름아닌 위 [정리 7.1.4 의 두번째 증명] 이었던 셈이다. 한번 더 연습해 보자.

연습문제 7.2.5. (가) $f(t) = t^4 + t^3 + 1$, $g(t) = t^4 + t + 1 \in \mathbb{F}_2[t]$ 는 모두 irreducible polynomial over $\mathbb{F}_2$ 임을 보여라.
(나) $F_1 = \mathbb{F}_2[t]/\bigl(f(t)\bigr)$, $F_2 = \mathbb{F}_2[t]/\bigl(g(t)\bigr)$ 로 정의할 때, $(F_1)^\times = \langle\, \overline{t}\,\rangle$ 이고 $(F_2)^\times = \langle\, \overline{t}\,\rangle$ 임을 보여라.
(다) Order 16 인 finite field F_1 과 F_2 사이의 isomorphism 을 구하라.
(라) $\alpha = \overline{t} \in F_2$ 로 표기할 때, irreducible polynomial $\mathrm{irr}(\alpha, \mathbb{F}_2)$, $\mathrm{irr}(\alpha^2, \mathbb{F}_2)$, $\mathrm{irr}(\alpha^3, \mathbb{F}_2)$, $\mathrm{irr}(\alpha^4, \mathbb{F}_2)$, $\mathrm{irr}(\alpha^5, \mathbb{F}_2)$ 를 각각 구하라. (연습문제 16.4.20 참조.)

[7] 보기 6.6.1 참조.

그런데, $(\mathbb{F}_q)^\times = \langle\alpha\rangle$ 인 α 를 찾는 문제는 간단하지 않다. 예를 들어, 우리는 이미 연습문제 4.3.23 에서 $(\mathbb{F}_5)^\times = \langle\bar{2}\rangle = \langle\,\bar{3}\,\rangle$ 이지만, $(\mathbb{F}_7)^\times = \langle\,\bar{3}\,\rangle \neq \langle\,\bar{2}\,\rangle$ 임을 살펴보았었다. 뿐만 아니라:

연습문제 7.2.6. Finite field $F = \mathbb{F}_2[t]/(t^4 + t^3 + t^2 + t + 1)$ 을 생각하면,

$$F^\times = \langle\,\overline{t+1}\,\rangle \neq \langle\,\bar{t}\,\rangle$$

임을 보여라.

이제 cyclic group $(\mathbb{F}_q)^\times$ 의 generator 를 위한 이름이 필요하다.

정의 7.2.7. (가) $(\mathbb{F}_q)^\times = \langle\alpha\rangle$ 인 α 를 **primitive element** (of $\mathbb{F}_q$) 라고 부른다. (나) 그리고, 특별히, $(\mathbb{F}_p)^\times = \langle\alpha\rangle$ 인 α 는 [**primitive element modulo** p] 라고 부른다.

실제로 "(Elementary) Number Theory" 책 — 예를 들어 [2] — 부록에는 언제나 여러 쪽에 걸친 primitive element (modulo p) 들의 **table** 이 주어져 있다. 이는 primitive element 를 찾는 무슨 '뾰족한' 방법은 없다는 증거이다.[8]

예를 들어 [2] 에는 1000 미만의 prime p 에 대한 [가장 작은 primitive element] 의 table 이 있다.[9] 이 table 을 살펴보면, 가장 작은 primitive element 는 $\bar{2}$ 가 많고 $\bar{3}$ 도 제법 많이 보인다. 한편 $p = 409$ 일 때에는 가장 작은 primitive element 가 $\overline{21}$ 로 기록되어 있다.

연습문제 7.2.8. (가) Group homomorphism $s : (\mathbb{F}_p)^\times \to (\mathbb{F}_p)^\times$ 을

$$s(\alpha) = \alpha^2, \qquad (\alpha \in (\mathbb{F}_p)^\times)$$

으로 정의하고, $|\operatorname{im} s| = (p-1)/2$ 임을 보여라 (단, p 는 odd prime).
(나) $(\mathbb{F}_p)^\times$ 가 cyclic group 임을 이용해, 연습문제 5.4.17 (가) 항을 다시 풀어라.

다음에는 $\mathbb{F}_q = \mathbb{F}_{p^n}$ 의 subfield 들을 조사해 보자. 우선, $1 \le r \le n$ 일 때, 만약 $\mathbb{F}_{p^r} \le \mathbb{F}_{p^n}$ 이라면,[10]

$$n = [\,\mathbb{F}_{p^n} : \mathbb{F}_p\,] = [\,\mathbb{F}_{p^n} : \mathbb{F}_{p^r}] \cdot [\,\mathbb{F}_{p^r} : \mathbb{F}_p\,] = [\,\mathbb{F}_{p^n} : \mathbb{F}_{p^r}] \cdot r$$

이므로 (extension degree is multiplicative in towers), $r \,|\, n$ 이어야만 한다. 그리고 그 역도 성립한다.

[8] 물론 primitive element 를 찾는 많은 기술이 개발되어 있지만…….
[9] '가장 작은'의 의미는 자명.
[10] 앞 節의 주의 7.1.6 참조.

명제 7.2.9. $1 \leq r \leq n$일 때, $\mathbb{F}_{p^r} \leq \mathbb{F}_{p^n}$이기 위한 필요충분조건은 $r \mid n$인 것이다. 이때 $\mathbb{F}_{p^n}$의 subfield 중 order가 p^r인 것은 하나뿐이다.

증명 : $\mathbb{F}_{p^r}$은 $t^{p^r} - t \in \mathbb{F}_p[t]$의 root 전체의 집합이어야 하므로, $\alpha^{p^r} = \alpha$이면 $\alpha^{p^n} = \alpha$인 것만 보이면 충분하다. 이는 $r \mid n$이고 $\alpha^{p^r} = \alpha$일 때,

$$\alpha^{p^n} = \alpha^{p^r p^r \cdots p^r} = (\cdots((\alpha^{p^r})^{p^r})\cdots)^{p^r} = \alpha$$

이므로 OK. □

Finite field에 관하여 언급할 것이 하나 더 남아 있다. 이 '이야기'는 정말 오랫동안 아껴온 것이다. 독자들은 著者가 [I]에서부터 '고지식'할 정도로 polynomial ring의 표기법으로 — $F[x]$가 아닌 — $F[t]$를 고집해 온 것을 조금은 의아해 했을 것이다. 그리고 polynomial을 항상 — 그냥 f가 아닌 — $f(t)$로 표기해 온 데에도 그럴만한 이유가 있었다.[11] 그것은 **polynomial과 polynomial function이 서로 다른 개념**이기 때문이다.

정의 7.2.10. F가 field일 때, 함수 $\varepsilon : F \to F$가 다음 조건

$$[\text{there exists } f(t) \in F[t] \text{ such that } \varepsilon(\alpha) = f(\alpha) \text{ for all } \alpha \in F]$$

을 만족하면, 함수 $\varepsilon = \varepsilon_f$를 [**polynomial function**(다항함수) induced by $f(t)$]라고 부른다.

보기 7.2.11. $f(t), g(t) \in \mathbb{F}_p[t]$를 각각 $f(t) = t^p$, $g(t) = t$로 놓으면, [$\alpha^p = \alpha$ for all $\alpha \in \mathbb{F}_p$]이므로, $\varepsilon_f = \varepsilon_g$가 된다. 즉 $f(t)$와 $g(t)$는 **다른 다항식**이지만, 각각이 induce하는 polynomial function ε_f와 ε_g는 **같은 함수**이다.

그렇다면, 왜 지난 십 수 년 동안 한번도 polynomial과 polynomial function을 구분하지 않았을까?

관찰 7.2.12. F가 **infinite** field일 때, $f(t) \neq g(t) \in F[t]$이면, $\varepsilon_f \neq \varepsilon_g$.

증명 : Non-zero polynomial $f(t) - g(t) \in F[t]$는 (F에서) 유한 개의 root만을 갖는다. □

그러니 중고등학교 수학에서는 polynomial과 polynomial function을 구분할 필요가 없었던 셈이다. 그런데, $\mathbb{F}_q$-위의 다항함수들은 언제 같아질까?

[11] 그러다 보니, 예를 들어, 연습문제 6.6.4(다)항처럼 난처한 경우도 있었다. 연습문제 6.6.4 (다)항을 엄밀히 state하려면, $f'(t)$ 대신 $f(t)'$, $(f \circ g)'(t)$ 대신 $f(g(t))'$의 매우 어색한 표기법을 사용해야 한다.

연습문제 7.2.13. Field F-위의 다항함수의 전체 집합

$$\mathfrak{F}(F) = \{\varepsilon_f \mid f(t) \in F[t]\}$$

에 자연스러운 F-algebra structure 를 정의하라.

많은 독자들이 앞 연습문제와 자연스런 함수 $f(t) \mapsto \varepsilon_f$ 를 스스로 생각할 수 있었을 것이다.

명제 7.2.14. 함수 $\eta : \mathbb{F}_q[t] \to \mathfrak{F}(\mathbb{F}_q)$ 를

$$\eta\big(f(t)\big) = \varepsilon_f, \qquad (f(t) \in \mathbb{F}_q[t])$$

로 정의하면,

(가) η 는 $\mathbb{F}_q$-algebra epimorphism 이고, $\ker\eta = \boldsymbol{(}t^q - t\boldsymbol{)}$.[12]
(나) $\mathfrak{F}(\mathbb{F}_q) \approx \mathbb{F}_q[t]/\boldsymbol{(}t^q - t\boldsymbol{)}$.[13]
(다) $\dim_{\mathbb{F}_q}\mathfrak{F}(\mathbb{F}_q) = q$ 이고, 따라서 $\big|\mathfrak{F}(\mathbb{F}_q)\big| = q^q$.

증명 : (가) $\ker\eta \le \boldsymbol{(}t^q - t\boldsymbol{)}$ 이외에는 모두 거의 자명하다. 이를 보이기 위해서는 $f(t) \in \ker\eta$ 일 때 — 즉, $[\,f(\alpha) = 0 \text{ for all } \alpha \in \mathbb{F}_q\,]$ 일 때 — 다항식 $(t^q - t)$ 는 $f(t)$ 의 divisor 임을 보이면 된다. '본능적'으로

$$f(t) = (t^q - t)\cdot g(t) + r(t), \qquad (g(t),\, r(t) \in \mathbb{F}_q[t],\ \deg(r) < q)$$

라고 쓰면, $[\,r(\alpha) = 0 \text{ for all } \alpha \in \mathbb{F}_q\,]$ 가 된다. Degree 가 q 보다 작은 다항식이 q-개의 root 을 가지므로, $r(t) = 0 \in \mathbb{F}_q[t]$ 이어야 한다.
(나) First Isomorphism Theorem.
(다) $\mathbb{F}_q[t]/\boldsymbol{(}t^q - t\boldsymbol{)}$ 의 $\mathbb{F}_q$-basis 는 $\{\overline{1},\, \overline{t},\, \ldots,\, \overline{t}^{\,q-1}\}$. 이젠 너무나 익숙하다. Detail 은 '기계'들의 몫이다. □

$\mathfrak{F}(\mathbb{F}_q)$ 의 표기법은 별로 마음에 들지는 않지만, function 의 첫 글자인 $\mathfrak{F}$ 를 선택하는 데에는 著者에게 전혀 망설임이 없었다. 왜냐하면, finite field 위에서는, 놀랍게도,

$$[\text{함수}] = [\text{다항함수}]$$

이기 때문이다. (함수 $\varphi : \mathbb{F}_q \to \mathbb{F}_q$ 의 개수도 모두 q^q-개. 다항함수도 모두 q^q-개.)

---

[12] 따라서, $f(t),\, g(t) \in \mathbb{F}_q[t]$ 일 때, $[\,\varepsilon_f = \varepsilon_g$ if and only if $(t^q - t)$ divides $f(t) - g(t)\,]$.

[13] §4.5 의 'additional relation' 의 입장에서 말하면, polynomial 들을 같은 다항함수로 만드는 'relation' 은 본질적으로 '$t^q = t$'뿐이라고 할 수 있다.

연습문제 7.2.15. 함수 $\varepsilon : \mathbb{F}_5 \to \mathbb{F}_5$ 가

$$\varepsilon(\overline{0}) = \overline{4}, \quad \varepsilon(\overline{1}) = \overline{3}, \quad \varepsilon(\overline{2}) = \overline{0}, \quad \varepsilon(\overline{3}) = \overline{3}, \quad \varepsilon(\overline{4}) = \overline{4}$$

로 정의되어 있을 때, ε을 polynomial function으로 나타내 보라.[14]

그러니, 위 관찰 7.2.14는 사실 전혀 예상치 못한 놀라운(!) 결과였던 셈이다. 그리고, 더욱 놀라운 일은 이런한 결과들이 다변수 다항함수의 경우에도 성립한다는 사실이다.

연습문제 7.2.16. F가 field일 때,

(가) 정의 7.2.10을 흉내 내어, [multi-variable **polynomial function**(다변수 다항함수) $\varepsilon_f : F^m \to F$ induced by $f(t_1, \dots, t_m) \in F[t_1, \dots, t_m]$]을 정의하라.

(나) F가 **infinite** field일 때, $f(t_1, \dots, t_m) \neq g(t_1, \dots, t_m) \in F[t_1, \dots, t_m]$이면, $\varepsilon_f \neq \varepsilon_g$ 임을 보여라.[15]

(다) F-위의 m-변수 다항함수의 전체 집합

$$\mathfrak{F}_m(F) = \{\varepsilon_f : F^m \to F \mid f(t_1, \dots, t_m) \in F[t_1, \dots, t_m]\}$$

에 자연스러운 F-algebra structure를 정의하라.

다음에는 명제 7.2.14를 흉내 낼 차례이다.

연습문제 7.2.17. 함수 $\eta : \mathbb{F}_q[t_1, \dots, t_m] \to \mathfrak{F}_m(\mathbb{F}_q)$를

$$\eta\big(f(t_1, \dots, t_m)\big) = \varepsilon_f, \qquad (f(t_1, \dots, t_m) \in \mathbb{F}_q[t_1, \dots, t_m])$$

으로 정의하면, $\big(t_1^q - t_1, \dots, t_m^q - t_m\big) \le \ker \eta$이고, η는 $\mathbb{F}_q$-algebra epimorphism 임을 보여라.

이제 독자들도 상황을 파악했을 것이다. 이번에는 — 다변수 다항식에 관한 division algorithm이 없기 때문에 — $\ker \eta \le \big(t_1^q - t_1, \dots, t_m^q - t_m\big)$ 임을 설명할 뾰족한 방법이 없어 보인다.[16] (우리는 비슷한 상황을 보기 4.6.9(가) 항에서도 만났었다. 이 문제도 Word Problem의 일종으로 볼 수 있다.[17] Word Problem을 만나면, 길이 좀 멀더라도, 迂回하는 것이 上策이다.)

---

[14] 5^5-개 다항식을 모두 확인해 보라는건 아닐테고……. Lagrange interpolation([I, 연습문제 3.7.4])!

[15] m에 관한 귀납법. 명제 7.2.18의 증명(Step 2) 참조.

[16] 독자들도 몇 시간만(!) 고민해 보기 바란다.

[17] 주의 10.5.2 참조.

명제 7.2.18. 함수 $\eta : \mathbb{F}_q[t_1, \dots, t_m] \to \mathfrak{F}_m(\mathbb{F}_q)$ 를

$$\eta\big(f(t_1, \dots, t_m)\big) = \varepsilon_f, \qquad (f(t_1, \dots, t_m) \in \mathbb{F}_q[t_1, \dots, t_m])$$

으로 정의하면,

(가) η는 $\mathbb{F}_q$-algebra epimorphism 이고, $\ker \eta = \boldsymbol{(}t_1^q - t_1, \dots, t_m^q - t_m\boldsymbol{)}$.

(나) $\mathfrak{F}_m(\mathbb{F}_q) \approx \mathbb{F}_q[t_1, \dots, t_m]/\boldsymbol{(}t_1^q - t_1, \dots, t_m^q - t_m\boldsymbol{)}$.

(다) $\dim_{\mathbb{F}_q} \mathfrak{F}_m(\mathbb{F}_q) = q^m$ 이고, 따라서 $\big|\mathfrak{F}_m(\mathbb{F}_q)\big| = q^{q^m}$.

(라) $(\mathbb{F}_q)^m$ 에서 $\mathbb{F}_q$ 로 가는 함수는 모두 (다변수) 다항함수.

증명 : 뭐 그리 멀리 돌아갈 것도 없다. 증명 순서를 거꾸로 하면 된다.

[Step 1]: [$\alpha^q = \alpha$ for all $\alpha \in \mathbb{F}_q$] 이므로, $\mathfrak{F}_m(\mathbb{F}_q)$ 의 모든 원소는

$$f(t_1, \dots, t_m) = \sum_{0 \le i_1, \dots, i_m < q} a_{i_1, \dots, i_m} t_1^{i_1} \cdots t_m^{i_m}, \qquad (\text{단, } a_{i_1, \dots, i_m} \in \mathbb{F}_q)$$

꼴의 $f(t_1, \dots, t_m) \in \mathbb{F}_q[t_1, \dots, t_m]$ 에 의해 induce 되는 것은 자명. (이제, 편의상, 이런 꼴의 다항식을 ★-꼴이라고 부르자.)

[Step 2]: ★-꼴의 **non-zero** polynomial $f(t_1, \dots, t_m) \in \mathbb{F}_q[t_1, \dots, t_m]$ 은 절대로 $\mathfrak{F}_m(\mathbb{F}_q)$ 의 zero function 을 induce 할 수 없음을 (m 에 관한 귀납법으로) 보인다. 이를 위해, 편의상 (notational convenience), $m = 2$ 로 놓고

$$f(s,t) = f_{q-1}(s)t^{q-1} + \cdots + f_1(s)t + f_0(s)$$

로 쓰자 (단, $0 \le j < q$ 일 때, $f_j(s) \in \mathbb{F}_q[s]$ 의 degree 는 q 미만). 그리고 $f(s,t)$ 가 zero function 을 induce 한다고 가정해 보자. 우선 $\alpha \in \mathbb{F}_q$ 를 하나 고정하면, [$f(\alpha, \beta) = 0$ for all $\beta \in \mathbb{F}_q$] 이고, $f(\alpha, t) \in \mathbb{F}_q[t]$ 의 degree 는 q 미만이므로, [$f_j(\alpha) = 0$ for all $0 \le j < q$] 임을 알 수 있다. 이제 $\alpha \in \mathbb{F}_q$ 를 변화시키면, [$f_j(s) = 0$ for all $0 \le j < q$] 가 된다. 따라서 $f(s,t) = 0$. 모순.[18]

[Step 3]: 앞 두 step 에 의해, $\big|\mathfrak{F}_m(\mathbb{F}_q)\big| = q^{q^m}$. 한편 $(\mathbb{F}_q)^m$ 에서 $\mathbb{F}_q$ 로 가는 함수도 모두 q^{q^m}-개이므로, (다) 항과 (라) 항을 증명할 수 있다.

[Step 4]: 이제 $\mathcal{A} = \mathbb{F}_q[t_1, \dots, t_m]/\boldsymbol{(}t_1^q - t_1, \dots, t_m^q - t_m\boldsymbol{)}$ 을 생각한다. 그런데, $\overline{t_i}$ 를 [image of t_i in $\mathcal{A}$] 라고 하면, [$\overline{t_i}^q = \overline{t_i}$ for all $1 \le i \le m$] 이므로, $\mathcal{A}$ 의 원소는 모두 $\overline{★}$-꼴 (즉, ★-꼴 다항식의 $\mathcal{A}$ 에서의 image) 임을 알 수 있다. 결론은 $|\mathcal{A}| \le \big|\mathfrak{F}_m(\mathbb{F}_q)\big|$.

[18] 표기법만 복잡했지 별것 아니다.

[Step 5]: 이제 $\mathbb{F}_q$-algebra epimorphism $\eta : \mathbb{F}_q[t_1, \ldots, t_m] \to \mathfrak{F}_m(\mathbb{F}_q)$ 를 생각하면, $(t_1^q - t_1, \ldots, t_m^q - t_m) \le \ker\eta$ 인 것은 당연하므로, 명제 4.2.2 에 의해 η 는 $\mathbb{F}_q$-algebra epimorphism $\overline{\eta} : \mathcal{A} \to \mathfrak{F}_m(\mathbb{F}_q)$ 를 naturally induce 한다. 따라서, $|\mathcal{A}| \ge |\mathfrak{F}_m(\mathbb{F}_q)|$. 결론은, 앞 step 에 의해, $|\mathcal{A}| = |\mathfrak{F}_m(\mathbb{F}_q)|$ 이고 당연히 $\overline{\eta} : \mathcal{A} \to \mathfrak{F}_m(\mathbb{F}_q)$ 는 $\mathbb{F}_q$-algebra isomorphism.

[Step 6]: 한편 $\mathbb{F}_q[t_1, \ldots, t_m]/\ker\eta \approx \mathfrak{F}_m(\mathbb{F}_q)$ 이기도 이므로 (First Isomorphism Theorem), $|\mathbb{F}_q[t_1, \ldots, t_m]/\ker\eta| = |\mathcal{A}|$ 이다. 이제, 예를 들어 Third Isomorphism Theorem 을 생각하면, $\ker\eta = (t_1^q - t_1, \ldots, t_m^q - t_m)$ 인 것은 거의 자명. 증명 끝. □

독자들은 위 증명에서 **counting method** 를 이용하여 Word Problem 을 우회한 것을 기억해 두기 바란다.[19]

어쨌든, 특별히 $q = 2$ 일 때, $\mathfrak{F}_m(\mathbb{F}_2)$ 의 (다항) 함수들은 **Boolean function** (부울 함수) 이라고 불리우며, computer 들에게 매우 중요한 함수들임을 짐작할 수 있다.

연습문제 7.2.19. 함수 $\varepsilon : (\mathbb{F}_2)^2 \to \mathbb{F}_2$ 를

$$\varepsilon(\overline{0},\overline{0}) = \overline{1}, \quad \varepsilon(\overline{0},\overline{1}) = \overline{1}, \quad \varepsilon(\overline{1},\overline{0}) = \overline{0}, \quad \varepsilon(\overline{1},\overline{1}) = \overline{1}$$

로 정의할 때, ε 을 polynomial function 으로 나타내 보라.

요즘 computer 들은 대개 byte (8 bit) 단위의 '연산'을 한다. 즉, $(\mathbb{F}_2)^8$ 에서 $(\mathbb{F}_2)^8$ 으로 가는 함수들을 다룬다는 뜻이다. 이런 함수의 좌표함수 (8-개) 는 각각 $\mathfrak{F}_8(\mathbb{F}_2)$ 의 원소이다. 다음 질문은 finite field 의 참 맛 (의 하나) 을 보여 준다.

방학숙제 7.2.20. 어떤 함수 $\varepsilon : (\mathbb{F}_2)^8 \to \mathbb{F}_2$ 의 함수값 2^8-개 (256-개) 의 data 가 주어져 있다면, ε 을 polynomial function 으로 나타낼 수 있는가? 물론 컴퓨터를 이용하여.

$(\mathbb{F}_2)^8$ 쯤이야……. 헉! 2^{2^8}-개 (2^{256}-개 = 약 10^{77}-개) 의 후보……. 미지수가 256-개이고 식이 256-개인 일차 연립방정식……? Lagrange interpolation ([I, 연습문제 3.7.4]) 비슷한 건 없나? 관심이 있는 독자들은 한번 도전해 보기 바란다.

[19] 보기 10.5.3 참조.

숙제가 하나 남아 있다.

정리 7.2.1 의 증명: G를 $F^{\times}$의 finite subgroup 이라고 하자. 이제 G의 원소 중에서 maximal order r을 갖는 $\alpha \in G$를 찾는다.[20] 그러면, $r \leq |G|$는 당연. 그런데, 아래 보조정리에 의하면, $\beta \in G$일 때, $\beta^r = 1$이므로, 모든 $\beta \in G$는 다항식 $t^r - 1 \in F[t]$의 root 이다. 따라서, $|G| \leq r$ 이고, $|G| = r$. $G = \langle \alpha \rangle$ 인 것은 이제 당연. □

보조정리 7.2.21. G가 finite abelian group 일 때, $\alpha \in G$가 G의 원소 중 maximal order r을 갖는다고 하자. 그러면, $\beta^r = 1$ for all $\beta \in G$.

증명 : $\beta \in G$ 라고 하고, $|\alpha| = r$, $|\beta| = s$를 각각 소인수분해 하여

$$|\alpha| = r = p_1^{a_1} \cdots p_k^{a_k} \cdot p_{k+1}^{a_{k+1}} \cdots p_\ell^{a_\ell}$$

$$|\beta| = s = p_1^{b_1} \cdots p_k^{b_k} \cdot p_{k+1}^{b_{k+1}} \cdots p_\ell^{b_\ell}$$

로 쓰자(단, $a_1 < b_1, \cdots, a_k < b_k$ 이고, $a_{k+1} \geq b_{k+1}, \cdots, a_\ell \geq b_\ell$ 이고, 물론 $a_i, b_i \geq 0$). 그리고,

$$a = p_1^{a_1} \cdots p_k^{a_k}, \qquad b = p_{k+1}^{b_{k+1}} \cdots p_\ell^{b_\ell}$$

로 표기하자. 그러면,

$$\left(\frac{r}{a}, \frac{s}{b}\right) = 1, \qquad \mathrm{lcm}(r, s) = \frac{rs}{ab}$$

가 된다. 또, 연습문제 3.5.13 에 의해 (multiplicative notation 을 사용)

$$|\alpha^a| = \frac{r}{(a, r)} = \frac{r}{a}, \qquad |\beta^b| = \frac{s}{(b, s)} = \frac{s}{b}$$

임을 알 수 있다. 한편, G는 abelian group 이므로,

$$|\alpha^a \beta^b| = \frac{r}{a} \cdot \frac{s}{b} = \mathrm{lcm}(r, s) \geq r$$

을 얻는다(왜 그런가?). 그러나 r은 G의 maximal order 이므로, $\mathrm{lcm}(r, s) = r$ 이어야 한다. 이는 s가 r의 약수라는 뜻이고, 따라서

$$\beta^r = \beta^{s \frac{r}{s}} = 1$$

이 된다.[21] □

[20] Maximal order 를 갖는 원소가 여럿이면, 아무거나.

[21] 뒤에서 [Decomposition Theorem for finite abelian groups]를 알게 되면 이 증명의 motivation 도 분명해진다. 그때는 '핵폭탄'을 사용하는 증명보다 이 증명이 점점 더 마음에 들게 된다.

7.3. Linear Algebra over a Finite Field

Finite field 위에서의 선형대수라고 해서 특별히 별다른 것은 없다. 다만 여러 집합의 원소 수에 관한 흥미로운 결과들이 있다는 것 뿐이다. (독자들은 지금 [I, 참고 12.4.5]를 한번 더 읽어 보기 바란다.)

다음 관찰의 증명 방법은 기억해 둘 만하다. ($\mathbf{GL}_n(\mathbb{F}_q) = \mathbf{GL}_n(q)$로 표기하면 그럴듯할 것이다. 여전히 $q = p^n$.)

관찰 7.3.1. $\left|\mathbf{GL}_n(q)\right| = (q^n - 1) \cdot (q^n - q) \cdot (q^n - q^2) \cdots (q^n - q^{n-1})$.

증명 : $A \in \mathfrak{M}_{n,n}(\mathbb{F}_q)$일 때, $A \in \mathbf{GL}_n(\mathbb{F}_q)$인 것과 A의 column들이 일차독립인 것은 동치이다. 따라서, A의 첫째 열에는 zero vector를 제외한 $(\mathbb{F}_q)^n$의 vector 모두를 — 즉, $(q^n - 1)$-개의 vector를 — 쓸 수 있다. 다음 A의 둘째 열에는 [첫째 열의 상수배(q-개)]를 제외한 $(q^n - q)$-개의 vector를 쓸 수 있다, 그리고, 셋째 열에는 [첫째 열과 둘째 열의 일차결합(q^2-개)]을 제외한 $(q^n - q^2)$-개의 vector를 쓸 수 있다. ······. □

물론 $\mathbf{SL}_n(q) = \mathbf{SL}_n(\mathbb{F}_q) = \{A \in \mathbf{GL}_n(\mathbb{F}_q) \mid \det(A) = 1\}$로 표기.

관찰 7.3.2. $\left|\mathbf{SL}_n(q)\right| = \dfrac{\left|\mathbf{GL}_n(q)\right|}{q-1}$.

증명 : '본능적'으로 group homomorphism $\det : \mathbf{GL}_n(q) \to (\mathbb{F}_q)^\times$를 생각한다. 그러면, $\det : \mathbf{GL}_n(q) \to (\mathbb{F}_q)^\times$는 당연히 surjection이다(왜 그런가?). 한편, $\ker\det = \mathbf{SL}_n(q)$이므로, First Isomorphism Theorem에 의해 $\mathbf{GL}_n(q)/\mathbf{SL}_n(q) \approx (\mathbb{F}_q)^\times$. □

그리고, $\mathbf{PSL}_n(q) = \mathbf{PSL}_n(\mathbb{F}_q) = \mathbf{SL}_n(q)/Z(\mathbf{SL}_n(q))$로 표기한다. 이제 "선형대수학에서 빼놓을 수 없는 연습문제" [I, 연습문제 12.3.22]를 복습해 보자.

연습문제 7.3.3. F가 field일 때, 다음을 보여라.

(가) $Z(\mathbf{GL}_n(F)) = \{\lambda I \in \mathfrak{M}_{n,n}(F) \mid \lambda \in F^\times\}$.

(나) $Z(\mathbf{SL}_n(F)) = Z(\mathbf{GL}_n(F)) \bigcap \mathbf{SL}_n(F)$.

독자들은 이 연습문제를 새삼스럽게 다시 풀어 보라는 이유를 눈치 챘을 것이다. Field F와 무관한 증명을 할 수 있느냐는 것이 촛점이다. 독자들의 증명은, 예를 들어, $F = \mathbb{F}_2$ 일 때에도 유효한가?[22]

관찰 7.3.4. $\big|\mathbf{PSL}_n(q)\big| = \dfrac{\big|\mathbf{SL}_n(q)\big|}{(n,\, q-1)}$.

증명 : 앞 연습문제에 의하면,

$$\big|Z\big(\mathbf{SL}_n(q)\big)\big| = \big|\{\lambda \in (\mathbb{F}_q)^\times \mid \lambda^n = 1\}\big|$$

이다. 이제 order가 $(q-1)$인 cyclic group $(\mathbb{F}_q)^\times$에는 n-제곱해서 1이 되는 원소가 $(n,\, q-1)$-개 있다(명제 3.5.8). 즉, $\big|Z\big(\mathbf{SL}_n(q)\big)\big| = (n,\, q-1)$. □

이번에는 분위기를 좀 바꾸어 보자.

보기 7.3.5. n-dimensional $\mathbb{F}_q$-vector space $(\mathbb{F}_q)^n$의 1-dimensional subspace의 개수를 세어 보자. 즉, $(\mathbb{F}_q)^n$의 (원점을 지나는) line들의 개수를 세어 보자는 뜻이다. $(\mathbb{F}_q)^n$에는 non-zero vector가 모두 $(q^n - 1)$-개 있고, 각각의 non-zero vector의 non-zero 상수배 $(q-1)$-개가 같은 line을 결정하므로, 답은 $(q^n-1)/(q-1)$-개.

다음은 정말 흥미진진한 표기법이다. Gauss의 밑도 끝도 없는 天才性을 다시 한번…….

정의 7.3.6. $0 \le r \le n$일 때,

$$[n]_q = \frac{q^n - 1}{q - 1} = q^{n-1} + \cdots + q + 1, \qquad (n \ge 1)$$
$$[n]_q^! = [n]_q \cdot [n-1]_q \,\cdots\, [2]_q \cdot [1]_q, \qquad (n \ge 1)$$
$$[0]_q^! = 1, \qquad \begin{bmatrix} n \\ r \end{bmatrix}_q = \frac{[n]_q^!}{[r]_q^! \cdot [n-r]_q^!}$$

로 정의하자. $\begin{bmatrix} n \\ r \end{bmatrix}_q$는 **Gaussian binomial coefficient**라고 불리운다. ($q = 1$이면, 원래의 binomial coefficient와 같다.[23])

---

[22] Hint : [I, § 1.3]의 elementary matrix $I_{[i]+1\times[j]}$들을 생각하라(단, $i \ne j$).

[23] 이런 이유에서, 흔히 Gaussian binomial coefficient를 binomial coefficient의 q-analogue (또는 q-binomial coefficient)라고 부른다.

궁금한 것이 많지만,[24] 다음 하나만 확인해 보자.

연습문제 7.3.7. $0 \le r < n$ 일 때, 다음 q-Pascal's Triangle (Pascal 의 삼각형의 q-analogue 들)

$$\begin{bmatrix} n \\ r \end{bmatrix}_q + q^{r+1} \begin{bmatrix} n \\ r+1 \end{bmatrix}_q = \begin{bmatrix} n+1 \\ r+1 \end{bmatrix}_q$$

$$q^{n-r} \begin{bmatrix} n \\ r \end{bmatrix}_q + \begin{bmatrix} n \\ r+1 \end{bmatrix}_q = \begin{bmatrix} n+1 \\ r+1 \end{bmatrix}_q$$

을 증명하라.

Gaussian binomial coefficient 를 소개한 목적은:

관찰 7.3.8. $0 \le r \le n$ 일 때, $(\mathbb{F}_q)^n$ 의 r-dimensional subspace 들 전체 집합을 $\mathfrak{G}(n,r)$ 로 표기하면, $|\mathfrak{G}(n,r)| = \begin{bmatrix} n \\ r \end{bmatrix}_q$.

증명 : $r = 0$ 이면 OK. $r \ge 1$ 이면, r-개의 일차독립인 벡터들 (즉, r-dimensional subspace 의 기저 후보) 를 고르는 방법은 $(q^n-1)\cdot(q^n-q)\cdots(q^n-q^{r-1})$-가지. 그리고 $(\mathbb{F}_q)^n$ 의 어떤 r-dimensional subspace 가 가질 수 있는 기저의 개수는 $(q^r-1)\cdot(q^r-q)\cdots(q^r-q^{r-1})$-개. 이제

$$\frac{(q^n-1)\cdot(q^n-q)\cdots(q^n-q^{r-1})}{(q^r-1)\cdot(q^r-q)\cdots(q^r-q^{r-1})} = \begin{bmatrix} n \\ r \end{bmatrix}_q$$

인 것만 확인하면 된다. □

연습문제 7.3.9. $0 \le r \le n$ 일 때, $\mathfrak{M}_{n,n}(\mathbb{F}_q)$ 의 rank r 인 row-reduced echelon form 의 개수는?[25]

다음 질문은 지금도 해결할 수는 있겠지만, 종이를 절약하려면 §13.2 에서 'counting 의 절대 強者' group action 을 배울 때까지 기다리는 것이 좋다.[26]

질문 7.3.10. $0 \le r \le n$ 일 때, $\mathfrak{M}_{n,n}(\mathbb{F}_q)$ 의 rank r 인 matrix 의 개수는?

[24] 예를 들면, q-Binomial Theorem?

[25] Row-reduced echelon form 은 [I, §1.2] 참조.

[26] 독자들은 지금 30분쯤 투자해 보라.

더 어려운 문제들도 많이 있다.

질문 7.3.11. $\left|\mathbf{Sp}_n(q)\right| = ?$ $\left|\mathbf{PSp}_n(q)\right| = ?$[27]

이와 같이 유한체 위의 (연립) 다항식의 해의 개수를 구하는 문제는 중요하고 흥미롭지만, 대개는 매우 어렵다. 아무도 풀 수 없는 문제도 얼마든지 만들 수 있다.

질문 7.3.12. 집합 $\left\{(x,y) \in (\mathbb{F}_q)^2 \mid x^4 + y^3x^3 - yx^2 - x + y^3 - y^2 + 1 = 0\right\}$ 의 원소수는? 이런 질문에 답하는 최선의 방법은?

다음 연습문제는 쉽지만:

연습문제 7.3.13. $1 \le m$ 일 때, 함수 $f : \mathbb{F}_q \to \mathbb{F}_q$ 를

$$f(\alpha) = \alpha^m, \qquad (\alpha \in \mathbb{F}_q)$$

로 정의하면, $|\operatorname{im} f|$ 는?

그러나:

질문 7.3.14. 예를 들어, 함수 $f : \mathbb{F}_q \to \mathbb{F}_q$ 를

$$f(\alpha) = \alpha^5 + 3\alpha^2 + 7\alpha, \qquad (\alpha \in \mathbb{F}_q)$$

로 정의할 때, $|\operatorname{im} f|$ 를 묘사할 수 있는가? 이런 질문에 답하는 최선의 방법은?

이 책에서 위 두 질문을 다루지는 않을 것이다.

이제 p 가 prime 이면, $(\mathbb{Z}_p)^\times$ 가 cyclic group 임을 알았으므로, 방학숙제를 하나 추가한다. 어차피 독자들은 이번 방학에 "Elementary Number Theory" 책을 한 권 읽기로 약속했다!

방학숙제 7.3.15. (가) $(\mathbb{Z}_n)^\times$ 가 cyclic group 일 필요충분조건은

$$n = 2,\ 4,\ p^k,\ \text{or}\ 2p^k, \qquad (\text{단, } p \text{ 는 } \textbf{odd} \text{ prime, } k \text{ 는 자연수})$$

임을 보여라.
(나) $(\mathbb{Z}_n)^\times$ 가 cyclic group 이 아닐 때, $(\mathbb{Z}_n)^\times$ 의 구조를 밝혀라.

---

[27] 정리 4.4.15 및 Jacobson [5, Theorem 6.18] 참조.

제 8 장 암호와 부호

이 章에서는 잠시 우리의 'story'에서 벗어나 흔히 "응용 대수(Applied Algebra)"로 불리우는 분야에 대해 — 특히 현실 세계에의 응용에 대해 — 간단히 소개하기로 한다. 이 책에서 소개할 "응용 대수"는 암호론과 부호이론이다.

우리가 특히 암호와 부호에 관심을 갖는 이유는 물론 현대의 computer 문화 때문이다. 사실 우리는 — 독자들은 아직 잘 느끼지 못하고 있었겠지만 — 단 하루도 암호와 부호 없이는 살 수 없는 시대에 살고 있다.

이러한 computer 문화는 자연히 암호와 부호가 '경제 활동'과 밀접한 관련을 맺도록 해 주었다. 그리고, 대개, 이 '경제 활동'과 관련된 문제는 그리 단순하지 않을 뿐더러, 그 내용이 매우 빠르게 변화한다는 특징을 갖고 있다.

8.1. 암호

아마도 암호는 人類가 의사소통을 시작한 것과 동시에 생겨났을 것으로 추측되지만(?), 기록에 의하면 암호(암호라고 부를 만한 암호)를 최초로 사용한 것은 로마의 Julius Caesar(의 시대)였다고 한다. 물론 당시에는 — 그리고 20세기 중반까지도 — 암호는 주로 군사적인(혹은 권력 투쟁의) 목적을 위해 사용되었다.

특히 제1-2차 세계대전 때에는 적국의 암호를 해독하는 것과 적이 해독할 수 없는 암호체계를 만드는 일이 전쟁의 승패를 가를 정도의 중요성을 갖는 issue로 등장하게 되었다. 제2차 세계대전 때 독일이 사용한 암호(제조기) Enigma에 얽힌 재미있는 얘깃거리(와 영화)들이 많이 있지만, 이 책의 주제는 아니므로……[1]

[1] D. Kahn의 "The codebreakers"(Macmillan, 1967)가 가장 유명한 책이지만, 너무 두꺼워(1181 쪽) 독자들에게 권할 수는 없다. 다행히, 그 책의 축소판(R. Kippenhahn, Code breaking, 1997)의 우리말 번역판(김시형 옮김, 암호의 세계, 이지북, 2001)이 있으니 재미 삼아 한번 읽어 볼 만하다.

독일은 8시간마다 Enigma의 secret key를 바꾸었을 뿐더러,[2] 계속 추가적인 장치들을 고안해 내었다. 영국은 이미 Enigma의 구조와 그의 해독법을 알고 있었지만, 새로운 비밀키가 사용되기 시작한 후 얼마나 빠른 시간 안에 공격에 성공할 수 있느냐 하는 또 다른 난관에 부딪히게 되었다.[3] 필요는 발명의 어머니라고 했던가, 결국 영국 암호 해독팀의 一員이었던 수학자 A. Turing은 소위 Turing machine이라는 computer의 原理를 발명하게 되었다.[4]

그후 computer의 계속된 비약적인 발전은 — 인류의 모든 문명과 문화와 함께 — 암호의 개념 자체를 바꾸어 놓았다.[5] 이제 인류가 갖게 된 엄청난 계산 능력(computing power)으로 인하여, 우선, 암호의 제조 방법(algorithm) 자체를 비밀로 하는 것은 암호의 안전성에 별 도움이 되지 않게 되었다. 따라서 현대 암호에서는 암호화(및 복호화) algorithm은 아예 공개해 버리고,[6] secret key를 모르면 해독할 수 없도록 암호를 design하고 있다.

이제 암호는 단순히 군사, 외교적인 목적 이외에도 은행간 거래, 인터넷 뱅킹, 인증, 전자 상거래, 전자 화폐, 전자 투표, 전자 서명 등 모두 나열할 수 없을 정도로 많은 분야에서 사용되고 있다. 이미 독자들도 알게 모르게 매일 암호를 사용하고 있다는 뜻이다.

이제 암호학에서 사용하는 용어들부터 정리해 보자.

Alice와 Bob, 그리고 Oscar: 등장 인물들. Alice와 Bob은 정당한 사용자. Oscar는 무언가 좋지 않은 생각을 품은 사람.

cryptology와 cryptography: cryptology는 대개 '암호학'의 뜻으로 사용되고, cryptography는 보통 '암호 기술'의 의미로 쓰이지만, 약간의 혼동도 있다.

code: 암호, 부호, 법조문, 규칙 등 매우 넓은 의미로 쓰이는 단어이다. 수학에서 code는 주로 부호(§8.4 참조)의 의미로만 사용된다.[7]

plaintext와 ciphertext: 平文과 암호문.

---

[2] Enigma의 secret key는 뒤에 설명.

[3] 당시 영국 암호 해독팀은 — London 郊外의 Bletchley Park에 그 본부를 두고 있었기 때문에 — 흔히 Bletchley team이라고 불리운다. 전쟁이 한창일 때에는 Bletchley Park의 직원수가 10,000여명에 달했다고 한다.

[4] Turing machine은 흔히 실체가 없는 'virtual machine'으로 알려져 있지만, 이에 관해서는 약간의 논란이 있다. 어쨌든, Bletchley Park에서는 Bombe(와 Colossus)라는 장비를 사용하여 Enigma 해독의 '半자동화'가 이루어졌다고 한다. Colossus가 2007년 복구되어…….

[5] 이제는 'computer 문명'이라고 해야 할지, 'computer 문화'라고 해야 할지 알 수 없을 지경.

[6] 물론 예외도 있지만…….

[7] 예를 들어 'genetic code'도 '유전 암호'로 번역하는 것보다는 '유전 정보' 정도가 좋아 보인다.

encryption 과 decryption: encryption 은 (Alice 가) plaintext 를 암호화하는 과정이고, decryption (복호화) 은 (Bob 이) ciphertext 를 평문으로 바꾸는 과정.

cryptosystem: 어떤 암호의 encryption algorithm 과 decryption algorithm 모두를 함께 일컫는 말.

cryptanalysis: 'code breaking'이나 '암호 해독'의 표현은 너무 선정적이어서, 암호학에서는 cryptanalysis 라는 점잖은 용어를 사용한다. 가끔 **attack** 이라는 용어도 사용.

exhaustive key search, brutal attack: 全數조사. 가능한 모든 비밀키를 조사하는 공격 방법.

computationally infeasible: 현재의 기술로 '적당한 시간 안'에는 답을 찾을 수 없다는 뜻.[8] '적당한 시간'의 의미는 — 이론적으로 설명하면 골치 아프므로 — 적당히 넘어가자. (뭐 한 1億년쯤으로 생각해 두자……. 1億년이나 1兆년이나 오십보 백보.)

random number: coin tossing (혹은 주사위 던지기) 등으로 얻어지는 수 또는 수열. 현실에서는 동전 던지기를 계속할 만큼 한가하지 못하므로, random number generator 를 사용한다. [I]의 표지에 주어진 수열이 random number generator 를 사용한 예이다. 이렇게 얻어진 수열은 진짜 random number 는 아니므로, **pseudo-random number** (PRN) 라고 부른다.

이제 실제 암호의 예를 들어 보자. Caesar 의 암호를 비롯한 대부분의 古典 암호 시스템은 **substitution** 방식과 **transposition** 방식을 사용하였다.

Substitution 은 alphabet 間의 역할 바꾸기라고 이해할 수 있다. 즉, 예를 들어, a 는 x 로 n 은 s 로 역할을 바꾸면, 평문 an 은 암호문 xs 가 된다. 따라서 이 경우의 secret key 는 substitution 의 규칙이 된다.[9] 영어 alphabet 은 26-개이므로, 가능한 substitution 규칙은 모두 26!-가지 — 약 4×10^{26}-가지 — 가 있다. 이 정도면 exhaustive key search 는 computationally infeasible 해 보이지만, 사실은, 영어 문자의 사용빈도 통계를 알고 있으므로 — 충분한 길이의 암호문이 주어진다면 — 맨손으로도 평문을 복원할 수 있다.

[8] 항상 전수조사가 가능하므로, 공격이 불가능한 암호는 존재하지 않는다. Computationally infeasible 한 암호가 있을 뿐이다.

[9] 지금은 substitution 의 규칙이 secret key 이면서 동시에 encryption algorithm 이다.

그래서 문자의 사용빈도를 은닉하기 위한 여러 가지 방법이 개발되었다. 예를 들어, 독일의 Enigma에는 세 개(후에 하나 추가)의 'substitution wheel'이 있어서, 문자 하나를 입력할 때마다 세 개의 바퀴가 돌아가면서 substitution의 규칙이 바뀌도록 설계되어 있었다. 게다가 8시간마다 (여덟 개의 바퀴 중 세 개를 골라) 바퀴를 끼우는 순서와 초기위치를 바꾸었다고 한다.

한편 transposition은 문자열의 순서를 바꾸는 방법이다.[10] 예를 들어, 평문 mathematics를 taacmetshmi로 암호화하는 방법이다. 대개 block size를 정하고, block 안에서 문자열의 순서를 바꾼다고 생각하면 된다.

現代 암호는 크게 symmetric key(대칭키) 암호와 public key(공개키) 암호로 나눈다. 그리고, 모든 암호화 과정과 복호화 과정이 computer를 사용하여 이루어지므로, message는 숫자 — 10진법 또는 2진법 숫자, 혹은 $(\mathbb{F}_q)^n$ 이나 $\mathbb{Z}_m$ 의 원소 — 로 이해하게 된다.

또, 대칭키 암호는 크게 block cipher와 stream cipher로 나눌 수 있다. 대칭키 암호는 encryption key와 decryption key가 같기 때문에 붙여진 이름이다. Block cipher는 — 적당히 말하자면 — substitution 방식과 transposition 방식의 혼합 '決定版'이라는 정도로 이해해 두면 된다. 대표적인 block cipher로는 DES와 AES가 있다.[11] DES는 56 bit key를 사용하고, AES는 (최소) 128 bit key를 사용한다.[12]

Stream cipher는 평문과 같은 길이의 비밀키를 사용한다. 예를 들어, 평문이 1 megabyte이면, 비밀키도 1 megabyte라는 뜻이다. 그리고, 이때 secret key로는 random number를 사용하는 것이 상식이다(왜 그럴까?). Stream cipher는 평문에 비밀키를 'bit 단위'로 더해(modulo 2 덧셈) 암호문을 얻는다. 예를 들면, 다음

$$
\begin{aligned}
\text{평문}: &\ 00110100011110101100101011000001 \ldots 1 \\
\text{비밀키}: &\ 11101011111000101000101110101110 \ldots 1 \\
\text{암호문}: &\ 11011111100110000100000101101111 \ldots 0
\end{aligned}
$$

과 같다. (이때, 복호화 과정을 설명해 보라.) 영화를 보면…….

[10]우리가 symmetric group에서 사용한 용어를 쓰면, transposition이 아니라 permutation이라고 해야 정확하겠지만…….

[11] DES = Data Encryption Standard, AES = Advanced Encryption Standard.

[12]예를 들어, 56 bit number는 $(\mathbb{F}_2)^{56}$ 의 원소.

8.2. RSA Pubic-Key Cryptosystem

공개키 암호는 — 대칭키 암호와 달리 — encryption key 와 decryption key 가 다른 암호 체계이다. 즉, encryption key 는 공개하고, decryption key 만을 비밀로 하는 방식이다. 그러면, 공개된 encryption key 를 사용하여 누구나 암호문을 만들 수 있지만 (물론 encryption algorithm 도 공개되어 있다), decryption key 를 아는 사람만이 복호화할 수 있다는 뜻이다. (그래서, encryption key 는 public key 라고 부르고, decryption key 는 secret key 라고 부른다.) 어떻게 이런 일이 가능할까?

Breakthrough 는 1970 년대 (Diffie-Hellman 과) Rivest-Shamir-Adleman 에 의해 이루어졌다. RSA public key cryptosystem 은 자연수의 소인수분해의 어려움에 基盤하고 있으며 — 놀랍게도 — Fermat's Little Theorem 과 Euler's Generalization 을 이용하고 있다. Fermat 와 Euler 가 이런 사실을 들을 수 있었다면…….

자연수의 소인수분해가 어렵다고……? 만약 p, q 가 2^{500} 정도 크기의 prime number 라고 하면,[13] p, q 를 곱해 $N = pq$ 를 얻는데는 넉넉하게 잡아 1秒면 충분할 것이다. 그러나, N 을 주고 소인수분해 하라고 한다면……. N 의 소인수분해에는 — 현재의 기술로 — 우주의 역사보다 긴 시간이 필요하다.[14] (한편, 큰 prime number 를 얼마든지 많이 찾을 수 있는 primality test 가 알려져 있다.)

RSA 암호 시스템에는 Euler's Generalization 을 이용한 다음 결과가 필요하다. 물론 ϕ 는 Euler's phi function.

관찰 8.2.1. (p, q 는 prime, $N = pq$ 일 때) $x, e, d \in \mathbb{Z}$ 이고, $(x, N) = 1$ 이라고 하자. 만약 $ed \equiv 1 \pmod{\phi(N)}$ 이면 — 즉, $\overline{d} = \overline{e}^{-1} \in \mathbb{Z}_{\phi(N)}$ 이면 — $x^{ed} \equiv x \pmod{N}$.

증명 : $ed = k\phi(N) + 1$ 인 $k \in \mathbb{Z}$ 존재. 이제 Euler's Generalization 에 의해,

$$x^{ed} = \left(x^{\phi(N)}\right)^k x \equiv 1^k x = x \pmod{N}$$

이 된다. □

[13] 2^{500} 은 대략 10^{150}. 이렇게 대충 계산할 때는 2^{10} 을 10^3 으로 생각하면 편리하다. 2^{500} 이 얼마나 큰 수인지는 연습문제 8.2.2 참조.

[14] 비슷한 크기의 prime number 두 개의 곱을 인수분해하는 것이 가장 힘들다고 알려져 있다.

위 관찰 8.2.1 에서, e 는 공개키가 될 예정이고, d 는 비밀키가 될 예정이다.[15] 그리고, $ed \equiv 1 \pmod{\phi(N)}$ 이려면, 적어도 $(e, \phi(N)) = 1$ 이어야 할 것이다(명제 4.3.5). 이때, 비밀키 d 는, Euclidean algorithm 을 이용하여,

$$ed + \phi(N)y = 1$$

이 되도록 d (와 $y \in \mathbb{Z}$) 를 찾으면 된다. (혹은 $d \equiv e^{\phi(\phi(N))-1} \pmod{\phi(N)}$ 으로 놓아도 된다. 연습문제 4.3.20 참조.) 따라서, 만약 $\phi(N)$ 의 값을 안다면, 비밀키 d 를 알아낼 수 있을 것이다.

이때 point 는 N 의 소인수분해를 모르고는

$$\phi(N) = \phi(pq) = (p-1)(q-1)$$

의 값을 알 수 있는 방법이 없어 보인다는 것이다.[16] 다시 말해, RSA public-key cryptosystem 의 안전성은 큰 자연수의 소인수분해의 어려움에 기초하고 있다.

이제 Alice 는 두 개의 큰 소수 p_A, q_A 를 선택하고, $N_A = p_A \cdot q_A$ 를 공개(publish) 한다(물론, 이때, N_A 의 소인수분해는 비밀). 또 $(e_A, \phi(N_A)) = 1$ 인 자연수 e_A 를 하나 선택하여(단, $1 < e_A < \phi(N_A)$) 역시 공개한다. 다음에는 Euclidean Algorithm 을 이용하여 $e_A \cdot d_A \equiv 1 \pmod{\phi(N_A)}$ 인 d_A 를 계산한 후 비밀로 간직한다(단, $1 < d_A < \phi(N_A)$). 마찬가지로, Bob 도 $N_B = p_B \cdot q_B$ 와 e_B 를 공개하고, $e_B \cdot d_B \equiv 1 \pmod{\phi(N_B)}$ 인 d_B 를 계산한 후 p_B, q_B 와 함께 비밀로 간직한다.[17]

이제 Alice 가 message (평문) x 를 Bob 에게 암호화하여 보낸다고 하자. 이때 $0 < x < N_B$ 이고, $(x, N_B) = 1$ 이라고 가정한다. 만약 $x > N_B$ 였다면, message 를 여러 개로 나누면 될 것이다. 한편, $(x, N_B) \neq 1$ 일 확률은 'zero'이다. 왜냐하면:

연습문제 8.2.2. p, q 가 2^{500} 정도 크기의 prime 이고, $0 < x < pq = N$ 일 때,

(가) $(x, N) \neq 1$ 일 확률은 대략 2^{-499} 정도임을 설명하라.

(나) 만약 $2^{-499} \neq 0$ 이라고 '주장'한다면, 로또 1 등 당첨 확률을 1 兆분의 1 (즉, 10^{-12}) 이라고 할 때, Alice 는 12 주 연속 1 등에 당첨될 수 있음을 증명하라.

---

[15] e, d 는 각각 encryption 과 decryption 의 첫 글자.

[16] N 의 소인수분해를 모르고도 $ed \equiv 1 \pmod{\phi(N)}$ 인 d 를 찾는 방법이 있는지 없는지는 미해결 문제(open problem) 이다.

[17] p_A, q_A 와 p_B, q_B 는 폐기해도 괜찮다.

그러면, RSA public-key cryptosystem을 설명해 보자. Alice가 plaintext x를 Bob에게 암호화하여 보내려면:

RSA Encryption: Alice는 $y \equiv x^{e_B} \pmod{N_B}$를 계산하여 Bob에게 보낸다. 단, $0 < y < N_B$.

RSA Decryption: Bob은 $y^{d_B} \pmod{N_B}$를 계산한다. 그러면, 관찰 8.2.1에 의해,

$$y^{d_B} \equiv (x^{e_B})^{d_B} = x^{e_B \cdot d_B} \equiv x \pmod{N_B}$$

가 되어, 평문 x를 복원한다.

물론, Alice는 (Oscar도) Bob의 공개키 e_B와 N_B를 알고 있으므로, 암호문을 Bob에게 보낼 수 있다. 그러나, 설령 Oscar가 암호문 y를 입수했다손 치더라도, Bob의 비밀키 d_B를 모르고는 평문 x를 알아내는 것은 computationally infeasible.

독자들은 지금 어떻게 그렇게 **큰 수의 큰 지수승**을 계산할 수 있는지 의아해 하고 있을 것이다. 보기를 들어 설명한다.

보기 8.2.3. $x^{35409} \pmod{N}$을 계산한다고 할 때, 먼저 35409를 2진법으로 표현하면 (어차피 computer는 2진법밖에 모른다),

$$35409 = 2^{15} + 2^{11} + 2^9 + 2^6 + 2^4 + 1$$

이 된다. 이제

$$(x^2)^2 = x^4 = x^{2^2}, \quad (x^4)^2 = x^8 = x^{2^3}, \quad (x^8)^2 = x^{16} = x^{2^4}, \quad \ldots$$

을 계산한 후 (제곱과 modulo N 나머지 계산 각 15번),

$$x^{35409} = x^{2^{15}+2^{11}+2^9+2^6+2^4+1} = x^{2^{15}} x^{2^{11}} x^{2^9} x^{2^6} x^{2^4} x$$

로 계산 끝 (곱셈과 modulo N 나머지 계산 각 5번).

그러므로, e의 크기가 2^{1000} 정도라고 하더라도, 요즘 computer들에게는 $x^e \pmod{N}$을 계산하는 것은 별로 큰 부담이 되지 않는다. 실제로 인터넷 뱅킹 (공인인증서)을 이용할 때마다 독자들의 PC에서도 이런 계산을 매일 수행하고 있다.

Discussion 8.2.4. 만약 어떤 공신력 있는 기관(예를 들어, 국가)이 RSA modulus $N = pq$를 하나 정하고(물론, p, q는 비밀), 사용자들에게 공개키와 비밀키 pair를 하나씩 배정해 준다면 어떤 문제가 있는가? 즉, 사용자들의 modulus N_A, N_B 등을 모두 다르게 택한 이유는 무엇일까?[18]

한편, RSA public-key cryptosystem은 전자 서명이라는 부가 기능을 갖고 있다. 사실은 이 서명 기능은 꼭 필요한 것이기도 하다. 왜냐하면, RSA sytem에서는 Oscar가 언제든지 Alice로 위장하여 Bob에게 (엉터리) message를 보낼 수 있기 때문이다. 즉, Alice는 전달한 message를 자신이 작성했음을 서명으로 증명해야 한다. 게다가 가끔은 Alice 자신이 그런 message를 보낸 사실을 否認할 수도 있으며, 이 또한 방지할 필요가 있다.

이제, digital signature scheme을 첨가해 보자.

서명: Alice는 우선 적당한 '서명 message' z를 선택하고(단, $0 < z < N_A$), $w \equiv z^{d_A} \pmod{N_A}$를 계산하여(단, $0 < w < N_A$), Bob에게 암호문 y와 함께 보낸다.

서명 확인: Bob은 y로부터 message x를 복원하고, $w^{e_A} \pmod{N_A}$를 계산하면,

$$w^{e_A} \equiv (z^{d_A})^{e_A} = z^{d_A \cdot e_A} \equiv z \pmod{N_A}$$

이므로, '서명 message' z를 확인할 수 있다.

이번에는 상황이 반대이다. 즉, Bob은 Alice의 공개키 e_A와 N_A를 알고 있으므로, 서명을 확인할 수 있다. 한편, Oscar도 Alice의 서명을 확인할 수는 있으나, Alice의 비밀키 d_A를 모르므로, 유효한 서명 w를 위조할 수는 없다.[19] 그리고, 이는 w를 만들 수 있는 사람은 Alice뿐이라는 뜻이므로, Alice의 自己 否認도 방지할 수 있다.

연습문제 8.2.5. 위 서명 scheme에서, 다음을 설명하라.

(가) '서명 message' z에는 심각한(비밀스러운) 내용이 들어 있으면 안 된다.

(나) '서명 message' z에는 날짜(와 message의 일련번호) 등을 포함시켜 매번 바꾸어야 한다.

---

[18] Oscar는 여러 개의 공개키와 비밀키 pair를 얻을 수 있다고 가정한다.

[19] 서명을 위조할 수 없다는 말도 computationally infeasible이라는 뜻.

그러나, 사실은 이런 전자 서명 방법은 — 너무 비용이 많이 들어 (즉, '서명 message'를 따로 만들어야 하는 불편 때문에) — 현실에서는 잘 사용되지 않는다. 이 책에서는 전자 서명이 이론적으로 가능함을 설명하려는 것뿐이다. 현실에서는 hash function 이나 redundancy function 등의 보조 장치가 필요하다…… .

Discussion 8.2.6. 만약 다음과 같은 RSA 전자 서명 방법

[서명 2: Alice 가 $(x^{d_A})^{e_B} \pmod{N_B}$ 를 Bob 에게 보낸다 (단, x 는 평문).]

을 사용한다면 어떤 문제가 있을까?

RSA public-key cryptosystem 은 현재에도 가장 널리 사용되고 있는 공개키 암호이다. 요즘은 ECC (Elliptic Curve Cryptosystem) 도 많이 사용된다. ECC 는 다음 節에서 간략히 소개한다.

Discussion 8.2.7. 현재 사용되는 AES block cipher 는 128 bit 나 256 bit 정도 크기의 비밀키를 사용하는데 비하여 RSA system 은 1024 bit (512 bit ?) 의 비밀키를 사용하는 불편을 감수하는 이유는 무엇일까?

8.3. Discrete Logarithm Problem

이 節에서는 이산로그 문제 (**DLP**) 를 소개한다.

정의 8.3.1. $G = \langle g \rangle$ 는 (finite) cyclic group of order n 이고, $x \in G$ 가 주어졌을 때, $x = g^a$ 인 (유일한) $a \pmod{n}$ 을 찾는 문제를 **Discrete Logarithm Problem** 이라고 부른다. (이때, $a = \log_g x$ 로 표기하면 그럴듯할 것이다.)

보기 8.3.2. (가) 우리는 $(\mathbb{F}_7)^\times = \langle \overline{3} \rangle$ 임을 알고 있다.[20] 이때, 예를 들어, $\overline{3}^a = \overline{4}$ 인 $a \pmod{6}$ 을 찾는 데는 1 분이면 충분.
(나) 그러나, $(\mathbb{F}_{409})^\times = \langle \overline{21} \rangle$ 임을 안다고 하더라도, $\overline{21}^a = \overline{99}$ 인 $a \pmod{408}$ 을 찾으려면 $\cdots\cdots$.

그러나, $(\mathbb{F}_p)^\times$ 에서의 DLP 를 푸는 의외로 많은 기술들이 개발되어 있다. 그래서, 현재는 2^{1024} 정도 크기의 소수 p 를 사용하도록 권장되고 있다.[21] 이 節에서는 DLP 를 이용하는 Diffie-Hellman key exchange 와 ElGamal public-key cryptosystem 을 간단히 소개한다.

앞서 §8.1 에서 대칭키 암호를 소개하였는데, 대칭키 암호의 경우에는 공통의 비밀키를 어떻게 secure channel 을 통하여 共有할 수 있는지가 가장 큰 문제거리가 된다. 실제로 system 의 사용자가 m 명이라면, $m(m-1)/2$ 번 비밀키를 교환해야 하므로, 간단한 문제가 아니다. 다음은 1976 년 Diffie 와 Hellman 이 제안한 키 분배 (교환) 시스템이다.

Diffie-Hellman key exchange: (가) 우선 중앙관리기관이 prime number p 와 [primitive root modulo p] $g \in (\mathbb{F}_p)^\times$ 를 공개한다.[22]
(나) 사용자 U 는 비밀키 x_U 를 임의로 선택하여 간직하고 (단, $1 < x_U < p-1$), 공개키 $y_U \equiv g^{x_U} \pmod{p}$ 를 계산하여 공개한다.
(다) 이제 Alice 는 자신만의 비밀키 x_A 와 Bob 의 공개키 y_B 를 사용하여 $(y_B)^{x_A} \pmod{p}$ 를 계산하고, Bob 은 자신의 비밀키 x_B 와 Alice 의 공개키 y_A 를 사용하여 $(y_A)^{x_B} \pmod{p}$ 를 계산하면, Alice 와 Bob 은 둘만의 (secret) key

$$(y_B)^{x_A} \equiv g^{x_B x_A} \equiv g^{x_A x_B} \equiv (y_A)^{x_B} \pmod{p}$$

를 공유하게 된다.

---

[20] 연습문제 4.3.23 참조.
[21] 사실은 $|(\mathbb{F}_p)^\times| = p-1$ 이 어떻게 소인수분해되는지도 문제가 된다.
[22] 즉, g 는 cyclic group $(\mathbb{F}_p)^\times$ 의 generator.

한편, Oscar 는 y_A, y_B 를 알 수 있지만, DLP 에 막혀 x_A, x_B 를 알아낼 수는 없다. 뿐만 아니라, 예를 들어, Alice 는 x_A, y_A, y_B 를 알고 있지만, 이로부터 Bob 의 비밀키 x_B 를 알아낼 길은 없어 보인다.

다음은 ElGamal 이 1985 년 제안한 공개키 암호 시스템이다. ElGamal system 에는 random number (§8.1 참조) 라는 추가 장치도 사용한다.

ElGamal Public-Key Cryptosystem : 준비 단계는 Diffie-Hellman Key Exchange 의 (가), (나) 항과 같다.

ElGamal encryption : Alice 가 message m 을 Bob 에게 보내고 싶으면, 우선 random number r 을 (임의로) 하나 선택한 후 (단, $1 < m, r < p-1$),[23] Bob 의 공개키 y_B 를 사용하여 $b \equiv m(y_B)^r \pmod{p}$ 와 $c \equiv g^r \pmod{p}$ 를 계산하여, pair (b, c) 를 Bob 에게 보낸다.

ElGamal decryption : Bob 이 자신의 비밀키 x_B 를 사용하여, $bc^{-x_B} \in (\mathbb{F}_p)^\times$ 를 계산하면,

$$bc^{-x_B} \equiv m(y_B)^r(g^r)^{-x_B} \equiv mg^{x_B r}g^{-rx_B} \equiv m \pmod{p}$$

가 되어, message m 을 복구할 수 있다.[24]

이번에도 Oscar 는 별로 할 수 있는 일이 없다. 게다가 random number r 까지 포함되어 있으니, 더욱 어려워 보인다.

한편, elliptic curve 라는 이름의 group 에서의 ElGamal Public-Key Cryptosystem 을 Elliptic Curve Cryptosystem (ECC) 이라고 부르며, 최근 많이 사용되고 있다.

---

[23] Random number r 은 매번 바꿀 수 있고, 또 그러는 것이 좋다.

[24] ElGamal Public-Key Cryptosystem 은 임의의 cyclic group 에 적용할 수 있다.

8.4. Self Error-Correcting Code

독자들은 조간 신문에 실린 화성이나 토성의 天然色 사진을 별생각 없이 보아 왔을 것이다. 그러나, 1969 년 아폴로 11 호의 달 착륙 생중계 (!) 를 본 기억이 있다면, 놀라운 기술의 발전을 感知할 수 있었을 것이다. 우주 공간에서는 소위 noise 가 발생하여, 우주선에서 지구로 전송하는 data 가 정확하게 전달되지 않는다. 즉, error 가 발생한다는 뜻이다.[25]

Code 란, 한마디로, 부호 혹은 숫자의 나열을 뜻한다. Morse 부호나 ASKII code 를 생각하면 된다. 예를 들어, ASCII code 에서는 영어 alphabet A 는 $01000001 \in (\mathbb{F}_2)^8$ 으로, B 는 01000010 으로 **encode** 한다. 한편, 01000001 을 다시 A 로 복원하는 것은 **decoding** 이라고 부른다. 이 책에서는, 물론, $(\mathbb{F}_q)^n$ 의 원소로 이루어진 code 를 — 즉, $\mathbb{F}_q$-위의 **length** n 인 code 를 — 주로 생각한다. 특별히 $\mathbb{F}_2$-위의 code 는 흔히 **binary code** 라고 불리운다.

Error 를 수정하려면, 먼저, error 를 detect 할 수 있어야 한다. 가장 간단한 **error-detecting code** 는 parity check bit 을 첨가한 code 이다.

보기 8.4.1. (가) 예를 들어, length 4 인 binary code 에서 1 의 개수가 짝수여야 한다고 약속했을 때, 만약 0111 을 수신했다면, error 가 발생했음을 detect 할 수 있을 것이다. (만약 0101 이나 1111 을 수신했다면, OK.) 즉, $(x_1, x_2, x_3, x_4) \in (\mathbb{F}_2)^4$ 를 수신했을 때,

$$x_1 + x_2 + x_3 + x_4 = 0$$

이라는 **parity check equation** 으로 error 의 발생 여부를 detect 하려는 것이다. 물론 이런 방법으로는 error 가 일어난 위치도 알 수 없고, error 를 correct 하는 것도 불가능하다. (물론, 예를 들어, 1001 을 송신했는데 0101 을 수신했다면, error 를 detect 할 수도 없다.)

(나) 이때 네번째 마지막 bit 을 **parity check bit** 이라고 부르는 이유는 앞 세 bit 을 **message bit** 으로 생각했을 때, 마지막 bit 은 [앞 세 bit 의 1 의 개수 (mod 2)] 와 같아야 하기 때문이다. 즉, 다음 식

$$x_1 + x_2 + x_3 = x_4, \qquad (\text{단, } x_1, \ldots, x_4 \in \mathbb{F}_2)$$

를 parity check equation 으로 생각한다는 뜻이다.

[25] 극단적으로는, 아주 가끔, keyboard 와 computer 본체 사이에서도 error 는 발생한다.

조금 더 복잡한 parity check 도 있다.[26]

보기 8.4.2. 예를 들어, [I]의 ISBN 89-521-0622-9의 마지막 수 9가 parity check number 이다.[27] 이 번호가 유효한지는 다음과 같이 확인한다.

$$8 \cdot 1 + 9 \cdot 2 + 5 \cdot 3 + 2 \cdot 4 + 1 \cdot 5 + 0 \cdot 6 + 6 \cdot 7 + 2 \cdot 8 + 2 \cdot 9 \equiv 9 \pmod{11}.$$

이 parity check equation 은 물론 다음 식

$$8 \cdot 1 + 9 \cdot 2 + 5 \cdot 3 + 2 \cdot 4 + 1 \cdot 5 + 0 \cdot 6 + 6 \cdot 7 + 2 \cdot 8 + 2 \cdot 9 + 9 \cdot 10 \equiv 0 \pmod{11}$$

과 동치이다. 다른 책들의 ISBN 도 확인해 보기 바란다.[28]

만약 (error 가 일어날 확률이 매우 낮고) error 가 일어나더라도 再전송을 요청할 수 있다면, error-detecting code 만으로도 정확한 정보 교환이 가능할 것이다. 그러나, 예를 들어, 음악 CD 를 듣다가 再전송을 요청할 수는 없다. Self error-correcting code 가 필요하다.

어쨌든, error 를 detect 하기 위해서는 (message bit 외에) extra bit 이 필요한 것은 매우 당연한 일이다. 게다가 error-correcting 까지 원한다면, 아마 더 많은 extra bit 이 필요할 것이다.

그럼 가장 초보적인 (약간 무식한) error-correcting code 부터 시작한다.

보기 8.4.3. (가) $\mathcal{C}_1 \subset (\mathbb{F}_2)^6$ 를

$$\mathcal{C}_1 = \{000000, 010101, 101010, 111111\}$$

로 놓고, $\mathcal{C}_1$ 의 원소만이 유효하다고 (error 가 없다고) 약속하자. 따라서, 만약 010100 을 수신했다면, $010100 \notin \mathcal{C}_1$ 이므로, error 가 일어났음을 알 수 있다. 이때 **'다수결의 원칙'** (majority vote)'에 따라 원래는 $010101 \in \mathcal{C}_1$ 을 송신했을 것으로 판단하는 것이 가장 자연스러우므로 (합리적이므로), 그렇게 error 를 correct 한다. 독자들은 만약 one bit 의 error 가 일어났다면, 항상 error-correcting 이 가능함을 확인할 수 있을 것이다.

(나) 위 code $\mathcal{C}_1$ 은 처음 두 bit 을 message bit 으로 볼 수 있고, $\mathcal{C}_1$ 은 이 message bit 을 세 번 반복하는 code 이다. (Message 를 세 번 반복하므로, 세 배의 비용이 든다.)

---

[26] CRC code 도 많이 사용된다. CRC code 에는 $\mathbb{F}_2[t]$ 의 다항식이 필요하다.

[27] ISBN = International Standard Book Number.

[28] 이때 ten = X 로 표기한다. 이런 방식을 weighted check sum 이라고 부른다. 우리의 주민등록번호는 ······.

(다) 만약 010101을 송신했는데, two bit error가 일어나 011111을 수신했다면, decoder는 이를 '다수결의 원칙'에 따라 111111로 correct할 것이므로, $\mathcal{C}_1$은 일반적으로 two bit error를 correct할 수 없다. (물론 error-correcting이 가능한 two bit error도 있다. 예를 들어, 010110. 확인해 보라.) 이런 경우 우리는 $\mathcal{C}_1$을 1-error-correcting code라고 부른다.

(라) 그런데, 앞 (나)항에서 첫 두 bit을 message bit으로 생각한다고 했지만, 사실 첫째와 넷째 bit(또는, 둘째와 다섯째 bit)을 message bit으로 생각할 수도 있다. 요점은 이제는 message bit과 (error-correcting에 필요한) extra bit을 구분할 필요가 없다는 것이다.

(마) 한편 $\mathcal{C}_2 \subset (\mathbb{F}_2)^6$를

$$\mathcal{C}_2 = \{000000, 111000, 000111, 111111\}$$

로 정의하면, $\mathcal{C}_2$와 $\mathcal{C}_1$은 당연히 '본질적'으로 같은 code이다.[29]

다음 연습문제를 스스로 생각한 독자들도 있었을 것이다.

연습문제 8.4.4. 0을 1로 혹은 1을 0으로 잘못 전송할 확률을 ε이라고 하자.[30] 보기 8.4.3(마)항의 code $\mathcal{C}_2$가 (error 정정 후) 정확한 정보를 전달할 확률은

$$\mathrm{Prob}(\mathcal{C}_2) = (1-\varepsilon)^6 + 6(1-\varepsilon)^5\varepsilon + 9(1-\varepsilon)^4\varepsilon^2$$

임을 보여라. 예를 들어, $\epsilon = 0.1$일 때, 이 확률을 계산해 보라.

이제 정식으로 code를 정의하자.

정의 8.4.5. (가) $(\mathbb{F}_q)^n$의 subset $\mathcal{C}$를 length n인 q-**ary code**라고 부른다(대개 $|\mathcal{C}| > 1$, $n > 1$이라고 가정).[31] [32] $\mathcal{C}$의 원소는 **codeword**라고 부르고, codeword만이 error가 없다고 생각한다.

(나) $\mathcal{C}$가 $\mathbb{F}_q$-vector space $(\mathbb{F}_q)^n$의 k-dimensional subspace이면, $\mathcal{C}$를 (n,k)-**linear code**라고 부른다. 이때 k/n을 $\mathcal{C}$의 **rate**라고 부른다.

(다) $\mathcal{C}$가 (linear) code일 때, $(\mathbb{F}_q)^n$의 '보통 내적'에 관해, $\mathcal{C}^\perp$를 $\mathcal{C}$의 **dual code**라고 부른다.[33]

---

[29] Equivalent(isomorphic) code의 정의는 생략하자.

[30] 이런 channel을 흔히 binary symmetric channel이라고 부른다.

[31] Binary, ternary, ······, q-ary.

[32] 이와 같이 code length가 고정된 code는 흔히 block code라고 부른다. 물론 length가 고정되지 않은 code도 생각할 수 있다.

[33] $\mathcal{C}^\perp$의 정의는 [I, 표기법 14.5.5] 참조.

연습문제 8.4.6. (가) 보기 8.4.3 (마) 항의 code $\mathcal{C}_2$ 는 (6, 2)-linear code (with rate 1/3) 이고, $\mathcal{C}_2 \oplus (\mathcal{C}_2)^\perp = (\mathbb{F}_2)^6$ 가 성립함을 보여라.
(나) 보기 8.4.1 의 error-detecting code 는 binary (4, 3)-linear code 임을 보여라. 이 code 의 dual code 를 묘사하라.
(다) $\mathcal{C}_3 = \{0000, 1100, 0011, 1111\} < (\mathbb{F}_2)^4$ 이면, $(\mathcal{C}_3)^\perp = \mathcal{C}_3$ 임을 보여라.[34]

다음 연습문제를 생략하면, 좀 (상당히) 섭섭하다. ([I, § 16.6] 참조.)

연습문제 8.4.7. $\mathcal{C}$ 가 (n, k)-linear code 일 때, 다음을 보여라.
(가) $\mathcal{C}^\perp$ 는 $(n, n-k)$-linear code.
(나) $\mathcal{C}^{\perp\perp} = \mathcal{C}$.

보기 8.4.3 의 '다수결의 원칙'에 의한 decoding 방식은 maximum likelihood decoding 이라고도 불리운다. 이 '다수결의 원칙'을 수학적으로 묘사하려면 Hamming distance (metric) 의 개념이 필요하다.

정의 8.4.8. (가) $X, Y \in (\mathbb{F}_q)^n$ 이고, $X = (x_1, \ldots, x_n)$ 으로 표기할 때, X 의 (**Hamming**) **weight** $\mathrm{wt}(X)$ 와 X, Y 사이의 (**Hamming**) **distance** $\mathrm{d}(X, Y)$ 를

$$\mathrm{wt}(X) = \big|\{i \mid x_i \neq 0,\ 1 \leq i \leq n\}\big|, \qquad \mathrm{d}(X,Y) = \mathrm{wt}(X - Y)$$

로 정의한다.
(나) Code $\mathcal{C} \subseteq (\mathbb{F}_q)^n$ 의 **minimum distance** $\mathrm{d}(\mathcal{C})$, **minimum weight** $\mathrm{wt}(\mathcal{C})$ 는

$$\mathrm{d}(\mathcal{C}) = \min\{\mathrm{d}(X,Y) \mid X \neq Y \in \mathcal{C}\}, \qquad \mathrm{wt}(\mathcal{C}) = \min\{\mathrm{wt}(X) \mid 0 \neq X \in \mathcal{C}\}$$

로 각각 정의한다.
(다) $\mathcal{C} \leq (\mathbb{F}_q)^n$ 가 (n, k)-linear code 이고, $\mathrm{d}(\mathcal{C}) = d$ 이면, $\mathcal{C}$ 를 (n, k, d)-linear code 라고 부른다.

연습문제 8.4.9. (가) Hamming distance 는 실제로 $(\mathbb{F}_q)^n$ 을 metric space 로 만들어 주는 것을 보여라.[35] 즉, $X, Y, Z \in (\mathbb{F}_q)^n$ 일 때, $0 \leq \mathrm{d}(X,Y) \in \mathbb{R}$ 이고

$$\mathrm{d}(X,X) = 0, \qquad \mathrm{d}(X,Y) = \mathrm{d}(Y,X), \qquad \mathrm{d}(X,Y) \leq \mathrm{d}(X,Z) + \mathrm{d}(Z,Y)$$

가 성립함을 보여라.
(나) $\mathcal{C} \leq (\mathbb{F}_q)^n$ 가 linear code 이면, $\mathrm{d}(\mathcal{C}) = \mathrm{wt}(\mathcal{C})$ 임을 증명하라.

---

[34] 이런 code 는 **self-dual code** 라고 부르면 그럴듯할 것이다.
[35] 아직 metric space 를 배우지 않았는지도 모르지만⋯⋯. 연습문제 5.9.10 에서 이미⋯⋯.

이제 '다수결의 원칙'의 의미를 분석해 보자. $\mathcal{C} \leq (\mathbb{F}_q)^n$ 일 때, codeword $X \in \mathcal{C}$ 를 전송하였는데 $Z \in (\mathbb{F}_q)^n$ 을 수신하였다고 하자. 이때 decoder 는 — X 를 송신한 것을 알지 못하므로 — $\mathrm{d}(Z, Y)$ 가 minimum 인 codeword $Y \in \mathcal{C}$ 를 찾는 것이 'maximum likely'할 것이다. 즉, **maximum likelihood decoding** 은 이때 Z 를 Y 로 decode (correct) 하는 것이다 (물론 $Z = Y$ 일 수도 있다). 그리고, 당연히, $\mathrm{d}(Z, Y)$ 가 minimum 인 **유일한** $Y \in \mathcal{C}$ 가 바로 X 라면, decoder 는 error 를 수정할 수 있을 것이다.

정의 8.4.10. 만약 code $\mathcal{C} \leq (\mathbb{F}_q)^n$ 이 — maximum likelihood decoding 으로 — e-개 **이하** 좌표의 error 를 항상 수정할 수 있다면, $\mathcal{C}$ 를 e-**error-correcting code** 라고 부른다.

이 節의 목표는 다음 명제를 증명하는 것이다.

명제 8.4.11. $|\mathcal{C}| > 1$ 일 때, $\mathcal{C} \leq (\mathbb{F}_q)^n$ 이 e-error-correcting code 일 필요충분조건은 $\mathrm{d}(\mathcal{C}) \geq 2e + 1$. 따라서, $\mathcal{C}$ 는 $\left[\left(\mathrm{d}(\mathcal{C}) - 1\right)/2\right]$-error-correcting code.[36]

증명 : (i) $\mathrm{d}(\mathcal{C}) \geq 2e + 1$ 이라고 가정하고,

$$B(X; e) = \left\{Z \in (\mathbb{F}_q)^n \mid \mathrm{d}(X, Z) \leq e\right\}$$

로 표기하자. 먼저 $X \neq Y \in \mathcal{C}$ 이면, $B(X; e) \cap B(Y; e) = \emptyset$ 임을 보인다. 만약 $Z \in B(X; e) \cap B(Y; e)$ 가 존재한다면,

$$2e + 1 \leq \mathrm{d}(\mathcal{C}) \leq \mathrm{d}(X, Y) \leq \mathrm{d}(X, Z) + \mathrm{d}(Z, Y) \leq 2e$$

이므로, 모순.

(ii) $\mathrm{d}(\mathcal{C}) \geq 2e + 1$ 일 때, codeword $X \in \mathcal{C}$ 를 전송하였는데 $\mathrm{d}(X, Z) \leq e$ 인 $Z \in (\mathbb{F}_q)^n$ 을 수신하였다고 — 즉, e-개 이하의 좌표에서 error 가 발생했다고 — 하자. 이때 $Z \in B(X; e)$ 인 것은 당연하고, (i) 에 의해 [$Z \notin B(Y; e)$ for all $Y \in \mathcal{C}$ such that $Y \neq X$] 이므로, maximum likelihood decoding 은 Z 를 X 로 수정할 것이다.

(iii) $e = \left[\left(\mathrm{d}(\mathcal{C}) - 1\right)/2\right]$ 로 놓으면, $2e + 1 \leq \mathrm{d}(\mathcal{C})$ 이므로, $\mathcal{C}$ 는 e-error-correcting code.

(iv) Converse 의 증명은 문자화하기 난처하여, 독자들에게 맡긴다.[37] □

---

[36] 단, [ ] 는 Gauss symbol.

[37] 아래 연습문제 참조.

연습문제 8.4.12. $|\mathcal{C}| > 1$ 이고, $\mathcal{C} \le (\mathbb{F}_q)^n$ 이 e-error-correcting code 일 때, 다음을 보여라.

(가) $n \ge 2e + 1$.

(나) $\mathrm{d}(\mathcal{C}) \ge 2e + 1$.

간단한 보기 몇 개.

보기 8.4.13. (가) 보기 8.4.1 의 error-detecting code 와 연습문제 8.4.6 (다) 항의 binary $(4, 2)$-linear code $\mathcal{C}_3$ 는 모두 minimum weight (distance) 이 2 이므로, error 를 correct 할 수 없다.
(나) 보기 8.4.3 (마) 항의 code $\mathcal{C}_2$ 는 binary $(6, 2, 3)$-linear code 이므로, $\mathcal{C}_2$ 는 1-error-correcting code.

연습문제 8.4.14. $\mathcal{R}_n = \langle(1, 1, \dots, 1)\rangle < (\mathbb{F}_q)^n$ 으로 정의하자. $\mathcal{R}_n$ 의 이름은 **repetition code**. 그러면, $\mathcal{R}_n$ 은 q-ary $(n, 1, n)$-linear code 이고, 따라서 $[n/2]$-error-correcting code 임을 보여라. $\mathcal{R}_n$ 의 rate 는? 또 $(\mathcal{R}_n)^\perp$ 도 묘사하라.

물론 흥미로운 non-linear code 도 많이 있지만, 이 책 (대수학 책) 에서는 linear code 만을 다룬다. 정의 8.4.5 의 rate 는 흔히 information rate 라고도 불리운다. Coding theory 의 첫번째 목적은 최선의 (가장 큰) rate 를 갖는 (linear) e-error-correcting code 를 design 하는 것이다.[38] 이때 e 의 값이 커질수록 rate 가 감소하는 것은 당연하다.

한편, k 가 큰 수이면, (n, k)-linear code $\mathcal{C}$ 를 design 할 때에는 decoding 속도도 고려해야 한다.[39] 왜냐하면, $Z \in (\mathbb{F}_q)^n$ 을 수신했을 때, 최악의 경우 모든 $Y \in \mathcal{C}$ 에 대해 $\mathrm{d}(Z, Y)$ 들을 비교해야만 할지도 모르기 때문이다.

[38] C. E. Shannon 의 소위 "Information Theory" (1948) 에 의하면, '좋은' code 들은 (많이) 존재한다. 그러나 Shannon 의 증명은 — 확률적일 뿐 — constructive 하지 않다.

[39] 연습문제 8.4.4 의 Prob($\mathcal{C}$) 와의 trade-off 도 고려해야 한다. 연습문제 8.5.17 참조.

8.5. Linear Code와 Hamming Code

이 節에서 $\mathcal{C} < (\mathbb{F}_q)^n$은 항상 (n,k)-linear code라고 하자. 이제 $\mathcal{C}$를 정의하는 가장 손쉬운 방법은 $\mathcal{C}$의 $\mathbb{F}_q$-basis를 제시하는 것이다. ("Coding theory"에서는 **row** vector를 생각하는 것이 전통이므로 — 약간의 무리가 따르겠지만 — 이 전통을 존중하기로 한다.)

정의 8.5.1. $\mathcal{C} < (\mathbb{F}_q)^n$이 (n,k)-linear code일 때, $\mathcal{G} = \mathcal{G}(\mathcal{C}) \in \mathfrak{M}_{k,n}(\mathbb{F}_q)$의 row vector들이 $\mathcal{C}$의 $\mathbb{F}_q$-basis이면, $\mathcal{G}$를 $\mathcal{C}$의 **generator matrix**라고 부른다. 이때 $\mathcal{C}$는 $\mathcal{G}$의 **row** space이고, 물론 $\mathrm{rk}(\mathcal{G}) = k$.

예를 들어, 보기 8.4.3 (마) 항의 binary code $\mathcal{C}_2$는

$$\mathcal{G}(\mathcal{C}_2) = \begin{pmatrix} 1 & 1 & 1 & 0 & 0 & 0 \\ 0 & 0 & 0 & 1 & 1 & 1 \end{pmatrix}$$

로 describe할 수 있을 것이다.

이제 우리는 $X = (x_1, \ldots, x_n) \in (\mathbb{F}_q)^n$이 정당한 codeword인지 — 즉, $(x_1, \ldots, x_n) \in \mathcal{C}$인지 — 여부를 알아내기 위해, 보기 8.4.1에서처럼, 다음

$$a_1x_1 + \cdots + a_nx_n = 0, \qquad (\text{단, } A = (a_1, \ldots, a_n) \in (\mathbb{F}_q)^n)$$

과 같은 '판별식' (parity check equation)들을 사용하려고 한다. 이는, $(\mathbb{F}_q)^n$의 '보통 내적'에 관해, $(X \perp A)$라는 뜻이다. 이제 $\mathcal{C}$의 dual code $\mathcal{C}^\perp$를 생각하는 것은 당연하다.

정의 8.5.2. $\mathcal{C} < (\mathbb{F}_q)^n$이 (n,k)-linear code일 때, $\mathcal{C}^\perp$의 $\big((n-k) \times n\big)$ generator matrix를 $\mathcal{H} = \mathcal{H}(\mathcal{C}) \in \mathfrak{M}_{n-k,n}(\mathbb{F}_q)$로 표기하고, $\mathcal{H}$를 $\mathcal{C}$의 **parity check matrix**라고 부른다.[40] 이때 $n - k = \dim \mathcal{C}^\perp$.

다음 연습문제가 linear code의 **핵심**이다.

연습문제 8.5.3. $\mathcal{C} < (\mathbb{F}_q)^n$이 (n,k)-linear code일 때, 다음을 보여라.

(가) $\mathcal{H} \cdot \mathcal{G}^{\mathbf{t}} = 0$.

(나) $X \in \mathcal{C} \iff \mathcal{H} \cdot X^{\mathbf{t}} = 0 \iff X^{\mathbf{t}} \in \ker L_{\mathcal{H}}$.[41]

---

[40] 물론 $\mathcal{G}$와 $\mathcal{H}$가 유일하게 결정되는 것은 아니다.

[41] 비록 row vector들을 사용하고 있지만, 함수를 왼쪽에 쓰는 건 유지하자. 즉, $X^{\mathbf{t}}$는 column vector.

위 연습문제 (나) 항에는 사실 선형대수학 책의 반쯤이 녹아 있다! 위 (나) 항은 — $\mathcal{C}^{\perp\perp} = \mathcal{C}$ 이므로 — parity check matrix $\mathcal{H}$ 만 주어지면 code $\mathcal{C}$ 가 정의된다는 뜻이다.

1947 년 Bell Telephone Laboratories 의 젊은 (말단) 연구원 R. W. Hamming 은 週末에만 computer (mechanical relay model) 에의 접근이 허용되었다.[42] 그러나, 이 (원조격) computer 는 error 가 발생하면 멈추었고, Hamming 은 주말을 허송할 수밖에 없었다. 필요는 발명의 어머니······. Hamming 은 아예 computer 가 error 를 스스로 修正할 수 있는 code 를 발명하였다.

이제 (원래의) Hamming code 를 소개한다.

보기 8.5.4. Binary $(7,4)$-linear code $\mathcal{C}_0$ 를 다음 generator matrix

$$\mathcal{G}_0 = \begin{pmatrix} 1 & 0 & 0 & 0 & 0 & 1 & 1 \\ 0 & 1 & 0 & 0 & 1 & 0 & 1 \\ 0 & 0 & 1 & 0 & 1 & 1 & 0 \\ 0 & 0 & 0 & 1 & 1 & 1 & 1 \end{pmatrix}$$

로 정의하자. $\mathcal{C}_0$ 의 이름은 binary $(7,4)$-**Hamming code**. 이제 $\ker L_{\mathcal{G}_0}$ 의 기저를 구하면, $\mathcal{C}_0$ 의 parity check matrix 는

$$\mathcal{H}_0 = \begin{pmatrix} 0 & 1 & 1 & 1 & 1 & 0 & 0 \\ 1 & 0 & 1 & 1 & 0 & 1 & 0 \\ 1 & 1 & 0 & 1 & 0 & 0 & 1 \end{pmatrix}$$

로 놓을 수 있다.[43] 따라서, $(x_1, \ldots, x_7) \in \mathcal{C}$ 일 필요충분조건은

$$x_2 + x_3 + x_4 + x_5 = 0, \qquad x_1 + x_3 + x_4 + x_6 = 0, \qquad x_1 + x_2 + x_4 + x_7 = 0$$

이 된다. 위 세 식 이외의 '새로운' parity check equation 은 없다. 즉, 모든 가능한 parity check equation 은 위 세 식의 일차결합이라는 뜻이다.

한편, linear code 는 매우 '체계적'인 encoding 이 가능하다.

보기 8.5.5. (Linear code 의 encoding) 우선 $|\mathcal{C}| = q^k$ 이므로, $\mathcal{C}$ 가 전달할 수 있는 message 의 개수도 q^k-개. 따라서, $(\mathbb{F}_q)^k$ 를 message space 라고 생각하는 것이 자연스럽다. 그리고 우리는 message $m \in (\mathbb{F}_q)^k$ 를 $m \cdot \mathcal{G}$ 로 encode 한다. 물론 $m \cdot \mathcal{G} \in \mathcal{C}$ (왜 그런가?).

---

[42] 이 이야기는 [T. M. Thompson, From error-correcting codes through sphere packings to simple groups, MAA, 1983] 에서 발췌하였다.

[43] 연습문제 8.5.7 참조.

보기 8.5.6. (7, 4)-Hamming code 의 message $m = (m_1, \ldots, m_4) \in (\mathbb{F}_2)^4$ 를

$$m \cdot \mathcal{G}_0 = (m_1,\ m_2,\ m_3,\ m_4,\ m_2 + m_3 + m_4,\ m_1 + m_3 + m_4,\ m_1 + m_2 + m_4)$$

로 encode 한다. 이 경우 codeword $m \cdot \mathcal{G}_0$ 의 첫 네 bit 을 message bit 으로 생각할 수 있을 것이다. 또 parity check equation 은

$$x_5 = x_2 + x_3 + x_4, \qquad x_6 = x_1 + x_3 + x_4, \qquad x_7 = x_1 + x_2 + x_4$$

로 변형하면 그럴듯할 것이다.

그러고 보니, 보기 8.5.4 의 generator matrix 는 약간 특수한 형태임을 알 수 있다. 즉, $[\mathcal{G} = (I_k, A)$ for some $A \in \mathfrak{M}_{k,n-k}(\mathbb{F}_q)]$ 의 형태이고, 우리가 이런 꼴의 generator matrix 를 선호하는 이유는 보기 8.5.6 으로부터 자명하다.[44] 또 우리는 항상 generator matrix 를 (I_k, A) 의 형태로 변형시킬 수 있다. 우선 generator matrix 를 행 간소 사다리꼴로 변형하면 (elementary row operation 은 row space 를 변화시키지 않는다), 이 행 간소 사다리꼴은 k-개의 [최초의 1] 을 갖는다 (왜 그런가?).[45] 이제, code 의 좌표 순서를 바꾸어도 code 는 '본질적' 으로 같으므로, 이 k-개의 [최초의 1] 을 갖는 column 들을 왼쪽으로 옮기면 (I_k, A) 의 형태가 된다.

연습문제 8.5.7. (n, k)-linear code $\mathcal{C}$ 의 generator matrix 가 $[\mathcal{G} = (I_k, A)$ for some $A \in \mathfrak{M}_{k,n-k}(\mathbb{F}_q)]$ 의 형태이면, $\mathcal{H} = (-A^{\mathbf{t}}, I_{n-k})$ 는 $\mathcal{C}$ 의 parity check matrix 임을 보여라.

k 가 큰 수이면, coding theory 의 **최대 난제는** — generator matrix 만 보고는 — minimum weight 을 쉽게 알아낼 방법이 없다는 것이다. Parity check matrix 가 (그나마) 도움이 된다.

관찰 8.5.8. $\mathcal{H}$ 가 code $\mathcal{C}$ 의 parity check matrix 일 때, $\mathcal{C}$ 의 minimum weight $\mathrm{wt}(\mathcal{C})$ 는 [minimum number of $\mathbb{F}_q$-linearly dependent columns of $\mathcal{H}$] 와 같다.

증명 : $X = (x_1, \ldots, x_n) \in \mathcal{C}$ 일 필요충분조건은 $\mathcal{H} \cdot X^{\mathbf{t}} = 0$ 이다. 이제 $[\mathcal{H}]^j$ 를 $\mathcal{H}$ 의 j-th column 이라고 하면,

$$0 = \mathcal{H} \cdot X^{\mathbf{t}} = x_1[\mathcal{H}]^1 + x_2[\mathcal{H}]^2 + \cdots + x_n[\mathcal{H}]^n$$

이므로 ……. □

[44] 그렇다고 꼭 이런 형태의 generator matrix 만 생각할 필요는 없다.
[45] 행 간소 사다리꼴의 [최초의 1] 은 [I, 정의 1.2.2] 참조.

다음 보기에 의하면, 결국 (7,4)-Hamming code의 '비결'은 $7 = 2^{7-4} - 1$.

보기 8.5.9. 이제 다시 보니, 보기 8.5.4의 parity check matrix $\mathcal{H}_0$에는 서로 다른 $(\mathbb{F}_2)^3$의 non-zero column vector 7-개가 **모두** 나타나 있음을 알 수 있다. 한편 두 벡터 X, Y가 $\mathbb{F}_2$-linearly dependent 일 필요충분조건은 $X = Y$이므로, $\mathcal{H}_0$에는 두 개 이하의 $\mathbb{F}_2$-linearly dependent 인 column이 없다. 물론 $\mathcal{H}_0$에는 $\mathbb{F}_2$-linearly dependent 인 세 개의 column이 존재하고, 따라서, $\mathrm{wt}(\mathcal{C}_0) = 3$. 그러므로 $\mathcal{C}_0$는 1-error-correcting code (명제 8.4.11). $\mathcal{C}_0$의 rate는 4/7.

독자들은 (7,4)-Hamming code의 rate 4/7는 지금까지의 code들 중 최고의 rate임을 확인할 수 있을 것이다. Hamming code의 또 하나의 장점은 그의 '멋진' decoding algorithm이다.

보기 8.5.10. (Hamming code의 decoding) Hamming code $\mathcal{C}_0$는 1-error-correcting code이므로, one bit error만 생각하면 된다. 이제 $X \in (\mathbb{F}_2)^7$을 송신했는데, j-번째 좌표에서만 error가 일어나 $Z \in (\mathbb{F}_2)^7$을 수신했다고 가정하자 (단, $1 \le j \le 7$). 즉, $Z = X + \mathbf{e}_j$ 라는 뜻이다 ($\mathbf{e}_j$는 j-번째 표준 단위벡터). 이때, decoder는

$$\mathcal{H}_0 \cdot Z^{\mathbf{t}} = \mathcal{H}_0(X + \mathbf{e}_j)^{\mathbf{t}} = \mathcal{H}_0(\mathbf{e}_j)^{\mathbf{t}} = [\mathcal{H}]^j$$

를 계산한다 ($\mathcal{H}_0 \cdot X^{\mathbf{t}} = 0$).[46] 그러면, $\mathcal{H}_0$의 column들은 모두 다르므로, decoder는 error가 일어난 위치를 알아낼 수 있다.[47]

다음 연습문제들은 (7,4)-Hamming code가 '최선'의 code 중 하나임을 보여 주고 있다.

연습문제 8.5.11. (관찰 8.5.8을 이용하여) 다음을 보여라.

(가) Binary (3,1,3)-linear code (연습문제 8.4.14의 repetition code)를 예외로 할 때, binary $(n,k,3)$-linear code가 존재하면, $n - k \ge 3$.

(나) Binary $(n, n-3, 3)$-linear code가 존재하면, $n \le 7$. 따라서, 이들 중 (7,4,3)-linear code가 '최선'.[48]

(다) Binary (7,4,3)-linear code는 '본질적'으로 유일.

[46] $(\mathcal{H}_0 \cdot Z^{\mathbf{t}})$의 이름은 syndrome. 아마 'syndrome'을 알면 error를 알 수있다는 의미인 듯.

[47] Binary code의 경우에는 error position을 아는 것과 error를 수정하는 것이 동치이다.

[48] Binary (6,3,3)-linear code는 존재하는가? Binary (7,4,4)-linear code는?

연습문제 8.5.12. $\mathcal{C}$가 1-error-correcting q-ary (n, k)-linear code일 때, 다음을 보여라.

(가) $|B(X;1)| = n(q-1)+1$.[49]

(나) (Sphere-Packing Bound) $\big(n(q-1)+1\big)q^k \le q^n$.

연습문제 8.5.13. $\mathcal{C}_0$가 binary $(7,4,3)$-Hamming code일 때, 다음을 보여라.

(가) $\mathcal{C}_0$는 그 어떤 two bit error도 (올바로) 수정할 수 없다. (따라서, $\mathcal{C}_0$의 또 다른 '비결'은 $(7+1)2^4 = 2^7$.)

(나) (연습문제 8.4.4의 표기법을 사용하면) $\text{Prob}(\mathcal{C}_0) = (1-\varepsilon)^7 + 7(1-\varepsilon)^6\varepsilon$.

이제 우리는 q-ary Hamming code를 정의하는 **기쁨**을 누릴 수 있다.[50]

사실 보기 8.5.9와 보기 8.5.10을 다시 잘 살펴보면, q-ary Hamming code를 어떻게 정의할지 거의 자명하다. 만약 $\mathcal{H} \in \mathfrak{M}_{r,n}(\mathbb{F}_q)$를 parity check matrix로 갖는 q-ary $(n, n-r, 3)$-code를 원한다면, 보기 8.5.9에서와 같이, $\mathcal{H}$에는 zero column이 없어야 하고 어떤 column도 다른 column의 $\mathbb{F}_q$-상수배가 아니어야 할 것이다. 따라서, $\mathcal{H}$가 가질 수 있는 최대의 column 개수는 $(\mathbb{F}_q)^r$의 1-dimensional subspace의 개수가 된다. 또 보기 8.5.10의 decoding algorithm까지 생각하면, $\mathcal{H}$는 이들 column 모두를 가져야 할 것이다.

한편, 우리는 이미 $(\mathbb{F}_q)^r$의 1-dimensional subspace의 개수를 알고 있다(보기 7.3.5).

정의 8.5.14. $r \ge 2$이고

$$n = \begin{bmatrix} r \\ 1 \end{bmatrix}_q = \frac{q^r - 1}{q - 1}$$

일 때, $\mathcal{H} \in \mathfrak{M}_{r,n}(\mathbb{F}_q)$는 서로 $\mathbb{F}_q$-상수배가 아닌 n-개의 (non-zero) column을 갖는다고 하자. 이때 $\mathcal{H}$를 parity check matrix로 갖는 q-ary $(n, n-r)$-code를 (**general**) **Hamming code**라고 부르고, $\text{Ham}_q(r)$로 표기한다.[51]

예를 들어, $\text{Ham}_2(2)$는 $(3,1,3)$-repetition code이고, $\text{Ham}_2(3)$은 '원래'의 $(7,4,3)$-Hamming code.

---

[49] 명제 8.4.11 증명의 표기법 참조.

[50] Binary $(7,4)$-Hamming code로부터 q-ary Hamming code에 이르기까지는 약간의 '우여곡절'이 있었다…….

[51] $n > r$인 이유는?

연습문제 8.5.15. (가) $\mathcal{H}, \mathcal{H}' \in \mathfrak{M}_{2,4}(\mathbb{F}_3)$ 를

$$\mathcal{H} = \begin{pmatrix} 0 & 1 & 1 & 1 \\ 1 & 0 & 1 & 2 \end{pmatrix}, \qquad \mathcal{H}' = \begin{pmatrix} 0 & 1 & 1 & 2 \\ 2 & 0 & 1 & 1 \end{pmatrix}$$

로 놓으면, $\mathcal{H}, \mathcal{H}'$ 은 모두 ternary $(4,2,3)$-Hamming code $\text{Ham}_3(2)$ 를 정의함을 보여라. 또 이 두 Hamming code 는 '본질적'으로 같은 code 임을 설명하라.[52]
(나) 정의 8.5.14 는 $\text{Ham}_q(r)$ 을 '본질적'으로 유일하게 정의함을 보여라.
(다) $\text{wt}\big(\text{Ham}_q(r)\big) = 3$ 임을 보여라. 즉, $\text{Ham}_q(r)$ 은 1-error-correcting code.

연습문제 8.5.16. (가) Hamming code $\text{Ham}_q(r)$ 의 decoding algorithm 을 설명하라. (X 를 송신했는데 $(X + \alpha\mathbf{e}_j)$ 를 수신했다면 (단, $0 \neq \alpha \in \mathbb{F}_q$), 보기 8.5.10 을 흉내 내어 $\cdots\cdots$.)
(나) 연습문제 8.5.12 (Sphere-Packing Bound) 를 이용하여, $\text{Ham}_q(r)$ 은 그 어떤 two bit error 도 수정할 수 없음을 보여라.

위 (나) 항에 의하면 Hamming code $\text{Ham}_q(r)$ 의 또 다른 '비결'은 다음 등식

$$\big(n(q-1)+1\big)q^{n-r} = q^n$$

이다.[53] 다음은 Hamming code 의 '고민' $\cdots\cdots$.

연습문제 8.5.17. 다음을 보여라. (연습문제 8.4.4 의 표기법 참조.)

(가) $\lim_{r\to\infty} \big(\text{rate of } \text{Ham}_q(r)\big) = 1.$
(나) $\lim_{r\to\infty} \text{Prob}\big(\text{Ham}_q(r)\big) = 0.$

어쨌든, 우리는 '최선'의 1-error-correcting code $\text{Ham}_q(r)$ 을 갖게 되었다.[54] 다음 節에서는 multiple-error-correcting code 를 생각하자.

---

[52] 한 좌표에서의 '문자'의 역할 바꾸기.
[53] 이렇게 Sphere-Packing Bound 에서 equality 가 성립하는 code 를 perfect code 라고 부른다.
[54] r 을 고정하면, $(n, n-r, 3)$-code 중 $\text{Ham}_q(r)$ 의 rate 가 최고. 연습문제 8.5.11(나)항 참조.

8.6. BCH Code와 Cyclic Code

이 節에서는 BCH code와 cyclic code를 간단히 소개한다. 우리의 목표는 지금까지 우리가 공부한 대수학의 언어가 어떻게 사용(응용)되는지 감상하며 즐기는 것이다.

예를 들어, binary $(15, 11, 3)$-code $\mathrm{Ham}_2(4)$는 one bit error를 수정할 수 있고, 이때 네 개의 parity check equation이 필요하다. 그러므로, 여기에 네 개의 parity check equation을 추가한다면, 2-error-correcting code를 얻을 수 있을 것으로 기대된다. 그러나 이를 위해서는 — 벡터공간 $(\mathbb{F}_2)^4$가 아닌 — finite field $\mathbb{F}_{2^4}$의 곱셈 구조가 필요하다.[55]

(언제나 $\mathbb{F}_q$는 base field이고) finite field $\mathbb{F}_{q^r}$은 r-dimensional $\mathbb{F}_q$-vector space이므로, $\mathbb{F}_q$-vector space **isomorphism** $\mathbb{F}_{q^r} \to \mathfrak{M}_{r,1}(\mathbb{F}_q)$를 하나 고정하고,[56] $\mathbb{F}_{q^r}$과 $\mathfrak{M}_{r,1}(\mathbb{F}_q)$를 identify하자. 또 이제부터는 code $\mathcal{C}$의 parity check matrix $\mathcal{H}$의 row들이 꼭 일차독립일 필요는 없다고 가정한다(물론 $\mathcal{C}^\perp$는 여전히 $\mathcal{H}$의 row space). 예를 들어, $\alpha_i \in \mathbb{F}_{2^4}$일 때 $(q = 2,\ r = 4)$,

$$\mathcal{H} = \begin{pmatrix} \alpha_1 & \alpha_2 & \cdots & \alpha_{15} \\ \alpha_1^3 & \alpha_2^3 & \cdots & \alpha_{15}^3 \end{pmatrix} \in \mathfrak{M}_{8,15}(\mathbb{F}_2)$$

로 생각하자는 뜻이다.[57] 이때 $\mathcal{H}$의 row rank는 (아직은) 알 수 없다.

다음 소개하는 BCH code의 motivation은 생략한다.[58]

정의 8.6.1. (가) $n = q^r - 1,\ r \geq 2,\ 2e < n$일 때, $(\mathbb{F}_{q^r})^\times = \{\alpha_1, \ldots, \alpha_n\}$으로 표기하자. **BCH code** $\mathrm{BCH}_q(n, e)$는 다음 parity check matrix

$$\mathcal{H} = \begin{pmatrix} \alpha_1 & \alpha_2 & \cdots & \alpha_n \\ \alpha_1^2 & \alpha_2^2 & \cdots & \alpha_n^2 \\ \vdots & \vdots & \ddots & \vdots \\ \alpha_1^{2e} & \alpha_2^{2e} & \cdots & \alpha_n^{2e} \end{pmatrix} \in \mathfrak{M}_{2er,n}(\mathbb{F}_q)$$

로 정의되는 length n인 q-ary linear code이다.

---

[55] 왜 finite field의 곱셈 구조가 필수적인지도 설명할 수 있겠지만 ⋯⋯.

[56] Row vector를 사용하다 보니, 표기법이 좀 어색해졌다.

[57] $\mathcal{H} \in \mathfrak{M}_{2,15}(\mathbb{F}_{2^4})$으로도 볼 수 있음은 말 할 필요도 없다.

[58] BCH = Bose-Chaudhuri-Hocquenghem.

(나) 따라서, $X \in (\mathbb{F}_q)^n$ 일 때, $X = (x_1, \ldots, x_n) \in \mathrm{BCH}_q(n, e)$ 일 조건은

$$x_1\alpha_1^j + x_2\alpha_2^j + \cdots + x_n\alpha_n^j = 0, \qquad (j = 1, \ldots, 2e)$$

가 된다. 그런데, 예를 들어, $q = 2$ 인 경우에는 위 $2e$-개의 parity check equation은 다음 e-개의 parity check equation

$$x_1\alpha_1^j + x_2\alpha_2^j + \cdots + x_n\alpha_n^j = 0, \qquad (j = 1, 3, \ldots, 2e-1)$$

과 동치이다 ($x_i^2 = x_i$, Freshman's Dream). 그러므로, binary case ($q = 2$ 인 경우) 에는 BCH code $\mathrm{BCH}_2(n, e)$ 는 다음 parity check matrix

$$\mathcal{H}' = \begin{pmatrix} \alpha_1 & \alpha_2 & \cdots & \alpha_n \\ \alpha_1^3 & \alpha_2^3 & \cdots & \alpha_n^3 \\ \vdots & \vdots & \ddots & \vdots \\ \alpha_1^{2e-1} & \alpha_2^{2e-1} & \cdots & \alpha_n^{2e-1} \end{pmatrix} \in \mathfrak{M}_{er,n}(\mathbb{F}_2)$$

에 의해 정의된다.

우선 궁금한 것부터 해결하자. 다음 명제에 의하면 $\mathrm{BCH}_q(n, e)$ 는 (적어도) e-error-correcting code 이다.

명제 8.6.2. (BCH Bound) $\mathrm{wt}\left(\mathrm{BCH}_q(n, e)\right) \geq 2e + 1$.

증명 : 관찰 8.5.8 에 의하면, $\mathcal{H}$ 를 $\mathfrak{M}_{2er,n}(\mathbb{F}_q)$ 의 원소로 생각할 때, $\mathcal{H}$ 의 임의의 $2e$-개 column 이 $\mathbb{F}_q$-linearly independent 임을 보이면 된다. 이를 위해서는 $\mathcal{H}$ 를 $\mathfrak{M}_{2e,n}(\mathbb{F}_{q^r})$ 의 원소로 보고, $\mathcal{H}$ 의 임의의 $2e$-개 column 이 $\mathbb{F}_{q^r}$-linearly independent 임을 보이면 충분할 것이다 (왜 그런가?). 그리고, 예를 들어, $\mathcal{H}$ 의 첫 $2e$-개 column 이 $\mathbb{F}_{q^r}$-linearly independent 임을 보이기 위해서는 다음 행렬

$$\mathcal{K} = \begin{pmatrix} \alpha_1 & \alpha_2 & \cdots & \alpha_{2e} \\ \alpha_1^2 & \alpha_2^2 & \cdots & \alpha_{2e}^2 \\ \vdots & \vdots & \ddots & \vdots \\ \alpha_1^{2e} & \alpha_2^{2e} & \cdots & \alpha_{2e}^{2e} \end{pmatrix} \in \mathfrak{M}_{2e,2e}(\mathbb{F}_{q^r})$$

이 가역행렬인 것만 설명하면 될 것이다. 물론

$$\det(\mathcal{K}) = \alpha_1\alpha_2\cdots\alpha_{2e}\prod_{i>j}(\alpha_i - \alpha_j) \neq 0$$

이므로 (Vandermonde determinant), 증명 끝. □

연습문제 8.6.3. 다음을 보여라.

(가) $\dim_{\mathbb{F}_q}\big(\mathrm{BCH}_q(n,e)\big) \geq n - 2er$.

(나) 특별히, $q=2$ 이면, $\dim_{\mathbb{F}_2}\big(\mathrm{BCH}_2(n,e)\big) \geq n - er$.[59]

연습문제 8.6.4. $\mathrm{Ham}_2(r) = \mathrm{BCH}_2(n,1)$ 임을 보여라(물론 $n = 2^r - 1$).

지금까지 우리는 $(\mathbb{F}_{q^r})^\times$ 의 원소들을 아무렇게나 나열했었다. 그런데, 사실은, $(\mathbb{F}_{q^r})^\times$ 의 원소들을 나열하는 특별한 순서를 우리는 알고 있다. 즉, $(\mathbb{F}_{q^r})^\times$ 는 cyclic group 이므로(정리 7.2.1),

$$(\mathbb{F}_{q^r})^\times = \langle\alpha\rangle = \{1, \alpha, \alpha^2, \ldots, \alpha^{n-1}\}$$

로 생각하자는 뜻이다. 이제 — 표기법을 조금 바꾸면 — $C \in (\mathbb{F}_q)^n$ 일 때, $C = (c_0, c_1, \ldots, c_{n-1}) \in \mathrm{BCH}_q(n,e)$ 일 필요충분조건은

$$c_0 + c_1\alpha^j + c_2\alpha^{2j} + \cdots + c_{n-1}\alpha^{(n-1)j} = 0, \qquad (j = 1, \ldots, 2e)$$

로 나타낼 수 있을 것이다. Parity check equation 을 이와 같이 쓰면, 양변에 α^j 를 곱해

$$c_{n-1} + c_0\alpha^j + c_1\alpha^{2j} + \cdots + c_{n-2}\alpha^{(n-1)j} = 0, \qquad (j = 1, \ldots, 2e)$$

가 되는 것을 알 수 있다($\alpha^n = 1$ 이므로). 즉, codeword $(c_0, c_1, \ldots, c_{n-1})$ 의 'cyclic shift' $(c_{n-1}, c_0, c_1, \ldots, c_{n-2})$ 도 codeword 라는 의미이다.[60]

그런데, 위 단락의 parity check equation 은

$$c(t) = c_0 + c_1 t + c_2 t^2 + \cdots + c_{n-1}t^{n-1} \in \mathbb{F}_q[t]$$

로 놓으면,

$$c(\alpha^j) = 0, \qquad (j = 1, \ldots, 2e)$$

로 간단히 나타낼 수 있다. $\alpha, \alpha^2, \ldots, \alpha^{2e}$ 를 root 으로 갖는 degree n 미만의 다항식이라……! 훈련 받은대로 [학부 대수학의 半]과 ideal 이 떠오르지만, degree 에 제한이 있으니…….

그냥 polynomial ring $\mathbb{F}_q[t]$ 의 ideal 이 아닌 quotient ring $\mathbb{F}_q[t]/(t^n-1)$ 의 ideal 이 정답이다. 다음 정의를 읽으면 가슴이 뭉클하다. 보람도 느낀다.

---

[59] 보기 8.6.14 참조.

[60] 즉, 뒤 관찰 8.6.6 에 의하면, $\mathrm{BCH}_q(n,e)$ 는 cyclic code 가 된다.

정의 8.6.5. (가) $n \geq 2$ 일 때, quotient ring R_n 과 $\mathbb{F}_q$-vector space P_n 을

$$R_n = \mathbb{F}_q[t]/(t^n - 1), \qquad P_n = \{c(t) \in \mathbb{F}_q[t] \mid \deg(c) < n\}$$

으로 각각 정의하고, 다음 $\mathbb{F}_q$-vector space isomorphism 들

$$\begin{array}{ccccc} R_n & \longleftrightarrow & P_n & \longleftrightarrow & (\mathbb{F}_q)^n \\ \overline{c(t)} & \longleftrightarrow & c(t) = c_0 + c_1 t + \cdots + c_{n-1}t^{n-1} & \longleftrightarrow & C = (c_0, c_1, \ldots, c_{n-1}) \end{array}$$

을 이용해 identify (혼동) 한다.
(나) R_n 의 (non-zero) ideal 을 — $(\mathbb{F}_q)^n$ 의 $\mathbb{F}_q$-subspace 로 identify 하여 — **cyclic code** 라고 부른다.

R_n 의 (non-zero) ideal 을 cyclic code 라고 부르는 이유는 다음 관찰로부터 더욱 분명해진다.

관찰 8.6.6. $\mathcal{C} \leq (\mathbb{F}_q)^n$ 이 linear code 일 때, $\mathcal{C}$ 를 R_n 의 subspace 로 identify 하면, 다음 조건은 동치.

(1) $\mathcal{C}$ 는 cyclic code.
(2) $(c_0, c_1, \ldots, c_{n-1}) \in \mathcal{C}$ 이면, $(c_{n-1}, c_0, c_1, \ldots, c_{n-2}) \in \mathcal{C}$.[61]

증명 : $\overline{t}^n = \overline{1}$ 이고, $\mathcal{C}$ 가 R_n 의 ideal 일 필요충분조건은 $\overline{t} \cdot \mathcal{C} \subseteq \mathcal{C}$. □

이제 ring R_n 의 구조를 살펴보자. 다음 [학부 대수학의 半] 의 avatar 는 누구나 예상하고 있었을 것이고, 너무나 익숙하기도 하다.

연습문제 8.6.7. (가) R_n 은 integral domain 인가?
(나) **PIR (Principal Ideal Ring)** 을 정의하고, R_n 은 PIR 임을 보여라. (PID 의 homomorphic image 는 PIR 임을 보여라.)

우선 간단한 보기 하나.

연습문제 8.6.8. $q = 2$, $n = 3$ 일 때, 다음을 보여라.
(가) $(\overline{1+t^2}) = (\overline{1+t})$. (단, $(\overline{1+t^2})$, $(\overline{1+t})$ 는 R_n 의 principal ideal.)
(나) $(\overline{t^2}) = (\overline{1}) = R_n$.

[61] 따라서, 모든 'cyclic shift' $(c_{n-i}, c_{n-i+1}, \cdots, c_{n-1}, c_0, c_1, \ldots, c_{n-i-1})$ 도 codeword.

Quotient ring 의 ideal 이라면, 당연히 정리 4.4.4 가 생각난다.

연습문제 8.6.9. (가) Bijection

$$\{J \mid J \trianglelefteq R_n\} \longleftrightarrow \{g(t) \in \mathbb{F}_q[t] \mid g(t) \text{ is monic and divides } (t^n - 1) \text{ in } \mathbb{F}_q[t]\}$$

를 construct 하라.

(나) $J \trianglelefteq R_n$ 일 때, $\overline{g(t)} \in J$ 인 **최저 차수**의 non-zero polynomial $g(t) \in \mathbb{F}_q[t]$ 를 찾으면, $J = (\overline{g(t)})$ 임을 보여라. 이때 $g(t)$ 의 이름은 J 의 **generator polynomial**.

예를 들어, 위 연습문제 8.6.8 에서, $1+t \in \mathbb{F}_2[t]$ 가 R_n 의 ideal $(\overline{1+t})$ 의 generator polynomial 이고, $1+t^2 \in \mathbb{F}_2[t]$ 는 R_n 의 ideal $(\overline{1+t^2})$ 의 generator polynomial 이 아니다.

연습문제 8.6.10. $J \trianglelefteq R_n$ 이고, $g(t) \in \mathbb{F}_q[t]$ 가 J 의 generator polynomial 일 때, 다음을 보여라.

(가) $g(t)$ divides $(t^n - 1)$ in $\mathbb{F}_q[t]$.

(나) $f(t) \in \mathbb{F}_q[t]$ 일 때, [$\overline{g(t)}$ divides $\overline{f(t)}$ in R_n] 이기 위한 필요충분조건은 [$g(t)$ divides $f(t)$ in $\mathbb{F}_q[t]$].

(다) $J = (\overline{g(t)}) = \{\overline{f(t)} \in R_n \mid f(t) \in P_n \cap (g(t))\}$.

(라) 따라서, $|J| = |P_n \cap (g(t))| = |\{f(t) \in \mathbb{F}_q[t] \mid \deg(f) < n - \deg(g)\}|$.

(마) $|J| = q^{n-\deg(g)}$ 이고, $\dim_{\mathbb{F}_q}(J) = n - \deg(g)$.

연습문제 8.6.11. 역으로, $g(t) \in P_n$ 이고 [$g(t)$ divides $(t^n - 1)$ in $\mathbb{F}_q[t]$] 이면, $g(t)$ 는 $(\overline{g(t)})$ 의 generator polynomial 임을 보여라.

따라서, $\mathbb{F}_q[t]$ 에서의 $(t^n - 1)$ 의 소인수분해가 문제가 된다.

보기 8.6.12. $q = 2, \ n = 3$ 이면,

$$t^3 - 1 = (1+t)(1+t+t^2)$$

이므로, $(\overline{1+t})$ 와 $(\overline{1+t+t^2})$ 만 생각하면 된다. 이제

$$(\overline{1+t}) = \{\overline{0}, \overline{1+t}, \overline{t+t^2}, \overline{1+t^2}\} \longleftrightarrow \{(0,0,0), (1,1,0), (0,1,1), (1,0,1)\}$$

$$(\overline{1+t+t^2}) = \{\overline{0}, \overline{1+t+t^2}\} \longleftrightarrow \{(0,0,0), (1,1,1)\}$$

이므로, $(\overline{1+t})$ 는 binary $(3,2,2)$-code 이고, $(\overline{1+t+t^2})$ 는 binary $(3,1,3)$-repetition code.

앞 연습문제 8.6.10 (마) 항을 다시 state 하면 :

관찰 8.6.13. $g(t) \in \mathbb{F}_q[t]$을 cyclic code $\mathcal{C}$의 generator polynomial이라고 하면, $\dim_{\mathbb{F}_q}(\mathcal{C}) = n - \deg(g)$.

한편, 이미 언급한 것처럼 모든 BCH code는 cyclic code이다. 이제 BCH code의 generator polynomial을 구할 수 있다면, BCH code의 dimension을 알 수 있을 것이다.

보기 8.6.14. $q = 2,\ r = 4,\ n = 15 = 2^4 - 1$일 때,

(가) $\mathrm{BCH}_2(15, 2)$를 생각하자 (즉, $e = 2$). 그러면 parity check equation은

$$c(\alpha) = c(\alpha^3) = 0$$

이므로 (단, $c(t) \in P_{15}$), $\mathrm{BCH}_2(15, 2)$의 generator polynomial $g(t) \in P_{15}$는 α, α^3을 root으로 갖는 최소 degree의 다항식이다. 당연히,

$$g(t) = \mathrm{irr}(\alpha, \mathbb{F}_2) \cdot \mathrm{irr}(\alpha^3, \mathbb{F}_2)$$

가 된다. 이제 $\mathrm{irr}(\alpha, \mathbb{F}_2) = t^4 + t + 1$이라고 **선택**하면,[62]

$$\mathrm{irr}(\alpha^3, \mathbb{F}_2) = t^4 + t^3 + t^2 + t + 1$$

이므로 (연습문제 7.2.5 (라) 항),

$$\deg(g) = 8, \qquad \dim_{\mathbb{F}_2}\big(\mathrm{BCH}_2(15, 2)\big) = 15 - 8 = 7$$

이 된다. (이는 연습문제 8.6.3 (나) 항의 lower bound와 일치.)

(나) $\mathrm{BCH}_2(15, 3)$을 생각하면 (즉, $e = 3$), generator polynomial은

$$\begin{aligned} g(t) &= \mathrm{irr}(\alpha, \mathbb{F}_2) \cdot \mathrm{irr}(\alpha^3, \mathbb{F}_2) \cdot \mathrm{irr}(\alpha^5, \mathbb{F}_2) \\ &= (t^4 + t + 1)(t^4 + t^3 + t^2 + t + 1)(t^2 + t + 1) \end{aligned}$$

이 된다 (연습문제 7.2.5 (라) 항). 따라서, 이 경우에는

$$\dim_{\mathbb{F}_2}\big(\mathrm{BCH}_2(15, 3)\big) = 15 - 10 = 5$$

이고, 이는 연습문제 8.6.3 (나) 항의 lower bound보다 큰 값이다.

연습문제 8.6.15. Length 7인 binary cyclic code를 모두 describe하라.

---

[62] 물론 $\mathrm{irr}(\alpha, \mathbb{F}_2)$는 α의 선택에 따라 달라진다. 즉, $\mathrm{irr}(\alpha, \mathbb{F}_2) = t^4 + t^3 + 1$일 수도 있다는 뜻. 연습문제 7.2.5 참조.

한편 $t^{23} - 1 \in \mathbb{F}_2[t]$는 다음과 같이

$$t^{23} - 1 = (t-1) \cdot g(t) \cdot h(t)$$

소인수분해된다. 단,

$$g(t) = t^{11} + t^9 + t^7 + t^6 + t^5 + t + 1$$
$$h(t) = t^{11} + t^{10} + t^6 + t^5 + t^4 + t^2 + 1$$

은 $\mathbb{F}_2[t]$의 기약다항식. 이때 $g(t)$를 generator polynomial로 갖는 cyclic code가 바로 '유명한' binary $(23, 12, 7)$-**Golay code**이다.[63]

연습문제 8.6.16. (Sphere-Packing Bound) $\mathcal{C} \le (\mathbb{F}_q)^n$이 3-error-correcting (n, k)-code이면,

$$\left\{ \binom{n}{0} + (q-1)\binom{n}{1} + (q-1)^2\binom{n}{2} + (q-1)^3\binom{n}{3} \right\} \cdot q^k \le q^n$$

이 성립함을 보여라.

위에서 소개한 binary $(23, 12, 7)$-Golay code는 다음 '아름다운' 등식

$$\left\{ \binom{23}{0} + \binom{23}{1} + \binom{23}{2} + \binom{23}{3} \right\} \cdot 2^{12} = 2^{23}$$

을 만족한다.[64] 독자들이 (만약) 이와 비슷한 등식을 찾으려고 시도해 본다면, 이 등식이 얼마나 '아름다운지' 공감할 수 있을 것이다. 또 하나의 '아름다운' 등식은

$$\left\{ \binom{11}{0} + (3-1)\binom{11}{1} + (3-1)^2\binom{11}{2} \right\} \cdot 3^6 = 3^{11}$$

이다.[65]

연습문제 8.6.17. Ternary $(11, 6, 5)$-Golay code를 construct하라.

여기서 끝내자…….

---

[63] $(23, 12)$-Golay code의 minimum weight이 7인 것을 증명하려면 종이가 좀 더 필요하다.
[64] 즉, Golay code는 perfect code.
[65] 이 두 등식 이외에 — Hamming code의 '비결'을 제외하고 — 또 '아름다운' 등식이 존재할까……?

제 9 장 Direct Sum

우리는 이미 유한 개 집합의 Cartesian product를 잘 알고 있다. 이 章에서는 우선 무한 개 집합의 Cartesian product를 공부한다. 이때가 Axiom of Choice를 소개할 좋은 기회이기도 하다. 또 R-module들의 external direct sum도 정의한다.

한편, 우리는 이미 벡터공간의 (유한 개) 부분공간들의 internal direct sum도 잘 알고 있다.[1] 이제 이를 (무한 개) R-submodule들의 direct sum으로 확장한다. 물론 internal direct sum과 external direct sum은 사실상 같은 개념이다.

그리고, 이제는 [이 책 後半部의 climax] 혹은 [학부 대수학의 나머지 半] 등은 없다. **모든 chapter 모든 section의 내용이 climax이다**.

9.1. Direct Product

$X_1, \ldots, X_n$이 집합일 때, 이들의 direct product는 물론

$$\prod_{i=1}^{n} X_i = X_1 \times \cdots \times X_n = \{(x_1, \ldots, x_n) \mid x_i \in X_i \ \text{ for all } \ i = 1, \ldots, n\}$$

을 뜻한다.[2] 그런데, $x_i \in X_i$ 일 때, 위 표기법을

$$(x_1, \ldots, x_n) = \{\mathbf{x}(1), \ldots, \mathbf{x}(n)\}$$

으로 바꾸어도 별문제는 없을 것이다. 이를 잘 살펴보면, $X_1 \times \cdots \times X_n$의 원소를 함수 $\mathbf{x} : \{1, \ldots, n\} \to \bigcup_{i=1}^{n} X_i$로 생각할 수 있다는 뜻이다. 이때, $\mathbf{x}$는 함수이므로, $\mathbf{x}(i)$들을 쓰는 순서는 문제가 되지 않는다.

이제 무한 개 집합의 direct product를 어떻게 정의할지 알 수 있다. (I는 uncountable set일 수도 있으므로, $(x_1, x_2, x_3, \ldots)$와 같은 vector notation을 고집할 수는 없다.)

---

[1] [I, §7.5] 참조.
[2] 필요한 경우에는 [I]에서와 마찬가지로 column vector를 사용한다.

정의 9.1.1. I가 non-empty set 이고 (단, $|I| \geq 1$, I를 흔히 **index set** 이라고 부른다), 모든 $i \in I$에 대해 X_i가 집합일 때,

$$\prod_{i\in I} X_i = \left\{ \mathbf{x} : I \to \bigcup_{i\in I} X_i \,\middle|\, \mathbf{x}(i) \in X_i \text{ for all } i \in I \right\}$$

로 정의한다. $\prod_{i\in I} X_i$는 X_i들의 **direct product**, 혹은 단순히 **product**,[3] 혹은 Cartesian product, 혹은 set-theoretical product 등의 다양한 이름으로 불리운다. 또, $\mathbf{x} \in \prod_{i\in I} X_i$ 일 때, $\mathbf{x}(i)$는 $\mathbf{x}$의 i-**th coordinate** (좌표, 성분) 라고 부른다. (물론 $|I| < \infty$ 이면,

$$\prod_{i=1}^{n} X_i = X_1 \times \cdots \times X_n$$

으로 표기.)

노파심에서 위 정의에 관한 comment 하나: 원래의 vector 표기법에서는, $(x_1, \ldots, x_n), (y_1, \ldots, y_n) \in X_1 \times \cdots \times X_n$ 일 때, $[(x_1, \ldots, x_n) = (y_1, \ldots, y_n)$ if and only if $x_i = y_i$ for all $i = 1, \ldots, n]$ 이라는 **정의가 필요**하지만, product 의 원소를 함수로 이해할 때에는 이런 정의조차 필요하지 않다 (왜 그런가?).[4]

지금이 Axiom of Choice를 소개할 좋은 기회이다.

공리 9.1.2. (Axiom of Choice) I가 non-empty set 이고, 모든 $i \in I$에 대해 X_i가 **non-empty** set 이면, $\prod_{i\in I} X_i$도 non-empty.

결국 Axiom of Choice는 각각의 non-empty set X_i 마다 하나의 원소를 '선택 (choose)'할 수 있다는 뜻이다. 우리의 논리학은 너무나도 당연해 보이는 이 명제를 다른 (旣存의) axiom들로부터 유도할 수가 없었다. 따라서 위 명제는 Axiom of Choice 라는 '당당한' 이름을 갖게 되었다. 독자들은 [I] 에서 Axiom of Choice는 Zorn's Lemma와 동치라고 했던 것을 기억할 것이다. 또 Axiom of Choice는 Well-Ordering Principle과도 동치이다. Zorn's Lemma와 Well-Ordering Principle은 § 14.1 에서 다룬다.

한 가지 재미있는 (?) 것은 Axiom of Choice는 너무나도 당연해 보이는 反面에 — 그와 동치인 — Zorn's Lemma와 Well-Ordering Principle은 그다지 당연해 보이지 않는다는 점이다 $\cdots\cdots$ (?).

[3] Product는 곱셈 (이항연산 multiplication) 이라는 뜻도 있으므로, 의미를 분명히 할 때에는 direct product 라고 부른다.

[4] [I, 연습문제 2.3.8] 등도 필요하지 않다.

어쨌든, 독자들은 direct product의 원소를 (벡터가 아닌) 함수로 생각하는 새로운 표기법에 익숙해지도록 훈련하여야 한다.

정의 9.1.3. $I \neq \emptyset$이고 $[X_i \neq \emptyset$ for all $i \in I]$라고 하자. $j \in I$일 때, 함수 $p_j : \prod_{i \in I} X_i \to X_j$를

$$p_j(\mathbf{x}) = \mathbf{x}(j), \qquad (\mathbf{x} \in \textstyle\prod_{i \in I} X_i)$$

로 정의하고, p_j를 j-**th canonical projection**이라고 부른다. 함수 p_j는 당연히 surjection.

다음 연습문제들의 [direct product의 universal property]를 이 책에서 더 깊이 논의하지는 않을 것이다.[5] 이 책에서 이들은 다만 '달리기 훈련'의 일부일 뿐이다.

연습문제 9.1.4. X, Y가 non-empty set일 때에는, 특별히, canonical projection들을 $p : X \times Y \to X$와 $q : X \times Y \to Y$로 표기하는 것이 보기에 좋다. 이때 product $X \times Y$는 다음 universal property: [For every set $S\,(\neq \emptyset)$ and for every function $\alpha : S \to X$ and $\beta : S \to Y$, there exists a unique function $\varphi : S \to X \times Y$ such that $p \circ \varphi = \alpha$ and $q \circ \varphi = \beta$.]를 만족하는 것을 보여라.

위 연습문제에서 유한 개 집합의 product를 먼저 다룬 이유는 무한 개 집합의 product를 다룰 때에도 **우리의 마음 속(이나 연습장)에서는 벡터 표기법을 생각**하면 편하다는 사실을 설명하기 위해서였다.[6] 우리는 앞 연습문제에서는 아래 왼쪽의 삼각형들(사각형?)을 생각하고,

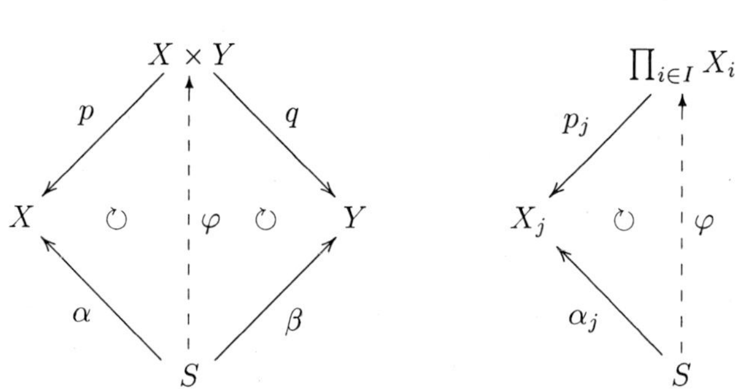

다음 연습문제에서는 위 오른쪽 삼각형들($|I|$-개)을 생각한다.

[5] § 10.2 참조.
[6] 이제, 다시, $X \times Y$의 원소를 (x, y)로 표기하고 $\cdots\cdots$.

연습문제 9.1.5. $I \neq \emptyset$, $[X_i \neq \emptyset$ for all $i \in I]$ 일 때, product $\prod_{i\in I} X_i$ 는 다음의 universal property: [For every set $S\,(\neq \emptyset)$ and for every set of functions $\{\alpha_j : S \to X_j \mid j \in I\}$, there exists a unique function $\varphi : S \to \prod_{i\in I} X_i$ such that $p_j \circ \varphi = \alpha_j$ for all $j \in I$.] 를 만족함을 보여라.[7]

이제, 당연히, □□ 들의 direct product 를 생각할 차례이다. 그리고, 지금 **componentwise** 라는 단어가 생각나야만 한다.[8] 하나만 시범을 보인다.

정의 9.1.6. $I \neq \emptyset$ 이고, G_i 가 모두 group 이라고 하자 (단, $i \in I$). 이제 $\prod_{i\in I} G_i$ 의 이항연산을, $\mathbf{x}, \mathbf{y} \in \prod_{i\in I} G_i$ 일 때,[9]

$$(\mathbf{x}\cdot\mathbf{y})(i) = \mathbf{x}(i)\cdot\mathbf{y}(i), \qquad (i \in I)$$

로 정의하면,[10] $\prod_{i\in I} G_i$ 는 group 이 된다. (예를 들어, direct product 의 이항연산은 componentwise 정의되어 있고 각 component 의 이항연산이 associative 이므로, direct product 의 이항연산도 associative.)

지금부터 대수적 구조 □□ 의 direct product 를 생각할 때, □□ 는 group, R-module (abelian group), 또는 R-algebra (ring) 라고 **가정한다**.

연습문제 9.1.7. $I \neq \emptyset$ 이고, X_i 가 모두 □□ 일 때 (단, $i \in I$), direct product $\prod_{i\in I} X_i$ 에 자연스러운 □□ 의 구조를 정의하라.

한편, 예를 들어, field 들의 direct product 는 field 가 되지 않으므로 (연습문제 1.3.24 (마) 항), field 들의 product 는 정의하지 않는다. (Field 들의 product 는 그냥 ring 들의 product 로 생각한다는 뜻.)

이제 다시 j-th canonical projection 이 등장할 차례이다. 그러나 다음 연습문제 (나) 항의 j-th canonical embedding 은 set 들의 product 에서는 정의할 수 없었음을 음미하기 바란다.

---

[7] Hint: $s \in S$ 일 때, $\varphi(s) \in \prod_{i\in I} X_i$ 를 묘사하려면 함수 $\varphi(s)$ 의 $j \in I$ 에서의 함수값을 지정해 주어야 한다.

[8] 벡터공간과 group 의 product 는 [I, 보기 2.3.7] 과 [I, 보기 11.8.10] 참조. 연습문제 1.3.24 도 참조.

[9] 한번만 더 강조하면, $\mathbf{x}\cdot\mathbf{y} \in \prod_{i\in I} G_i$ 를 묘사하려면 함수 $\mathbf{x}\cdot\mathbf{y}$ 의 $i \in I$ 에서의 함수값을 지정해 주어야 한다.

[10] 이 식 우변의 가운데 점은 group G_i 의 이항연산이고, 이 식 좌변의 가운데 점은 지금 새로 정의하고 있는 $\prod_{i\in I} G_i$ 의 이항연산.

연습문제 9.1.8. $I \neq \emptyset$ 이고 X_i 는 모두 □□ 라고 하자(단, $i \in I$).
(가) $j \in I$ 일 때, 함수 $p_j : \prod_{i\in I} X_i \to X_j$ 를

$$p_j(\mathbf{x}) = \mathbf{x}(j), \qquad (\mathbf{x} \in \prod_{i\in I} X_i)$$

로 정의하고, 함수 p_j 를 j-**th canonical projection** 이라고 부른다. 이때 함수 p_j 는 □□-epimorphism 임을 보여라.
(나) $j \in I$ 일 때, 함수 $\imath_j : X_j \to \prod_{i\in I} X_i$ 를

$$\big(\imath_j(x_j)\big)(i) = \delta_{ij}\, x_j, \qquad (x_j \in M_j,\ i \in I)$$

로 정의하고,[11] 함수 $\imath_j$ 를 j-**th canonical embedding** 이라고 부른다. 이때 함수 $\imath_j$ 는 □□-monomorphism 임을 보여라.
(다) $j \in I$ 일 때, $p_j \circ \imath_j = id$ 인가?
(라) $j \in I$ 일 때, $\imath_j \circ p_j = id$ 인가?

다시 '달리기 훈련' 시간이 돌아왔다.

연습문제 9.1.9. $I \neq \emptyset$ 이고 X_i 는 모두 □□ 라고 하자(단, $i \in I$). 이때 direct product $\prod_{i\in I} X_i$ 는 다음 universal property: [For every □□ Y and for every set of □□-homomorphisms $\{\alpha_j : Y \to X_j \mid j \in I\}$, there exists a unique □□-homomorphism $\varphi : Y \to \prod_{i\in I} X_i$ such that $p_j \circ \varphi = \alpha_j$ for all $j \in I$.] 를 만족함을 보여라. 삼각형들도 그려 보라.

이번에는 한 걸음 더 나가 보자. 다음 '달리기 훈련'은 새로운 상황이므로, 한번 더 시범을 보인다.

명제 9.1.10. $I \neq \emptyset$, X_i, Y_i 는 모두 □□ 이고, $\varphi_i : X_i \to Y_i$ 는 모두 □□-homomorphism 이라고 하자(단, $i \in I$). 이때 j-th canonical projection 을 각각 $p_j : \prod_{i\in I} X_i \to X_j$ 와 $q_j : \prod_{i\in I} Y_i \to Y_j$ 로 표기하자. 그러면, [$\varphi_j \circ p_j = q_j \circ \varphi_*$ for all $j \in I$] 를 만족하는 □□-homomorphism $\varphi_* : \prod_{i\in I} X_i \to \prod_{i\in I} Y_i$ 가 유일하게 존재한다.

---

[11] $\delta_{ij}\, x_j$ 는 좋은 표기법은 아니지만, 종이를 절약할 수 있다. $1x_j$ 는 x_j 로 이해하기로 하자. 한편 $0x_j$ 는 □□ 가 group 일 때에는 X_j 의 항등원으로 이해하고, □□ 가 zero element 0 을 갖는 대수적 구조이면 0 으로 이해하기로 하자.

증명 : 다음 왼쪽 commutative diagram

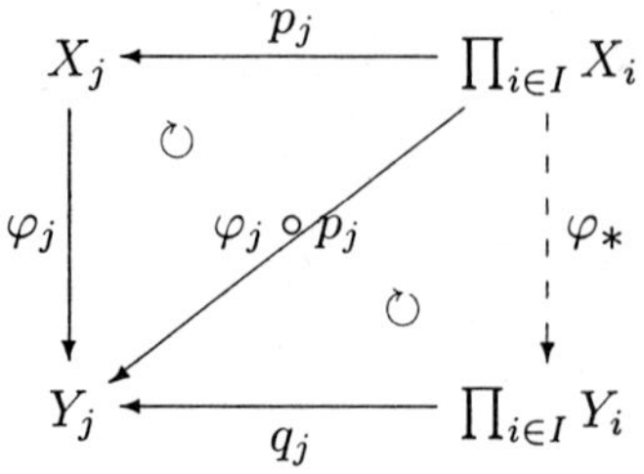

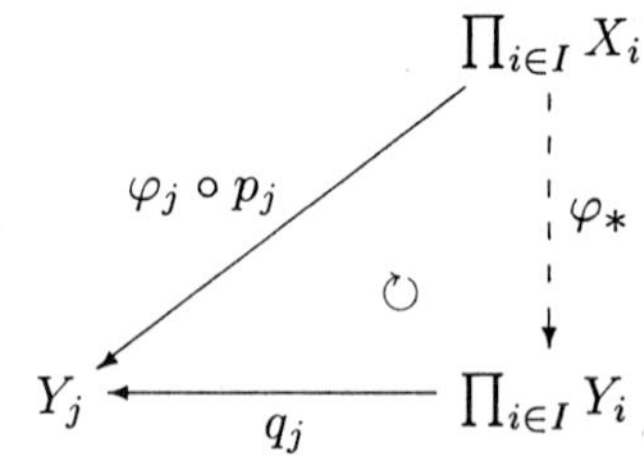

을 생각한 후, 삼각형을 하나 지워 버리면 위 오른쪽 삼각형을 얻는다. 이제 $\prod_{i\in I} Y_i$ 의 universal property (연습문제 9.1.9) 로부터 □□-homomorphism φ_* 의 unique existence 를 얻는다. □

위 명제에서 $\varphi_* : \prod_{i\in I} X_i \to \prod_{i\in I} Y_i$ 를 $\varphi_* = \prod_{i\in I} \varphi_i$ 로 표기하면 그럴듯할 것이다. 물론, $|I| < \infty$ 이면, $\prod_{i=1}^{n} \varphi_i = \varphi_1 \times \cdots \times \varphi_n$ 으로 표기한다. 사실 우리는 [I] 에서부터, $\varphi : X \to Z$, $\psi : Y \to W$ 일 때, $\varphi \times \psi : X \times Y \to Z \times W$ 를

$$(\varphi \times \psi)(x, y) = \big(\varphi(x),\, \psi(y)\big), \qquad (x \in X,\ y \in Y)$$

로 표기하여 왔다.

연습문제 9.1.11. 위 명제 9.1.10 에서, $\mathbf{x} \in \prod_{i\in I} X_i$ 일 때, $\varphi_*(\mathbf{x}) \in \prod_{i\in I} Y_i$ 를 describe 하라.

다음 연습문제는 지금은 '달리기 훈련'일 뿐이지만, 관찰 13.4.8 에서는 나름대로 역할을 하게 된다.

연습문제 9.1.12. X_i 가 모두 group 일 때 (단, $i \in I \neq \emptyset$), 다음을 보여라.

(가) $j \in I$ 이면, $\imath_j(X_j) \trianglelefteq \prod_{i\in I} X_i$.

(나) $j \neq k \in I$ 이면, $\imath_j(X_j)$ 와 $\imath_k(X_k)$ 는 서로 commute.[12]

[12] 즉, $x_j \in X_j$, $x_k \in X_k$ 이면, $\imath_j(x_j) \cdot \imath_k(x_k) = \imath_k(x_k) \cdot \imath_j(x_j)$.

9.2. External Direct Sum

이 節에서는 external direct sum 을 소개한다. 대개 external direct sum 은 R-module 의 경우에 主로 생각하지만, group 이나 R-algebra 의 경우에도 이를 정의할 수는 있다.

이 節에서는 편의상 대수적 구조 □□ 는 R-module (abelian group) 이거나 R-algebra (ring) 라고 **가정**한다.[13] 또, non-empty index set I 를 고정하고, X_i 는 모두 □□ 라고 하자 (단, $i \in I$).

'고향'으로 돌아가 어쩐지 익숙한 연습문제 (질문) 부터 시작한다 ([I, 연습문제 4.2.6] 참조).

연습문제 9.2.1. 만약 $\mathfrak{B}_i$ 가 F-vector space V_i 의 F-basis 이면 (단, $i \in I$), $\bigcup_{i\in I} \imath_i(\mathfrak{B}_i)$ 는 $\prod_{i\in I} V_i$ 의 F-basis 인가? $\left\langle \bigcup_{i\in I} \imath_i(\mathfrak{B}_i) \right\rangle$ 를 describe 하라.[14]

독자들도 왜 다음 정의가 필요한지 깨달았을 것이다. (다음 정의를 위해 우리는 이미 표기법 2.1.2, 표기법 2.2.1 과 정의 3.1.11 에서부터 준비해 왔다.)

정의 9.2.2. 우리는

$$\bigoplus_{i\in I} X_i = \left\{ \mathbf{x} \in \prod_{i\in I} X_i \,\middle|\, \text{유한 개의 } i \in I \text{ 에 대해서만 } \mathbf{x}(i) \text{ 는 non-zero} \right\}$$

로 정의하고, $\bigoplus_{i\in I} X_i$ 를 X_i 들의 **external direct sum** 이라고 부른다.[15] 특별히 index set I 가 **유한 집합**인 경우에는

$$\bigoplus_{i=1}^{n} X_i = X_1 \oplus \cdots \oplus X_n = X_1 \times \cdots \times X_n = \prod_{i=1}^{n} X_i$$

로 표기하는 것은 당연하다.

다음 순서는 정해져 있다.

연습문제 9.2.3. $\bigoplus_{i\in I} X_i \le \prod_{i\in I} X_i$ 임을 보여라.

---

[13] 다만 □□ 가 group 인 경우는 — (연습문제 9.1.8 에서 사용한 표기법 $\delta_{ij} x_j$ 처럼) 이 節의 논의에서 'zero'를 'identity element'로 해석해야 하는 등 표기법이 귀찮아 — 생략한다. 독자들 스스로 이 節의 내용을 □□ 가 group 인 경우에 modify 해 보라.

[14] 단, $j \in I$ 일 때, $\imath_j : V_j \to \prod_{i\in I} V_i$ 는 j-th canonical embedding.

[15] External direct sum 과 다음 節에서 소개할 internal direct sum 은 결국은 어차피 둘 다 그냥 direct sum 이라고 부르게 될 예정이다.

연습문제 9.2.4. 연습문제 9.1.8 을 흉내 내어,[16]

(가) $j \in I$ 일 때, j-**th canonical projection** $p_j : \bigoplus_{i\in I} X_i \to X_j$ 를 정의하고, p_j 는 □□-epimorphism 임을 보여라.

(나) $j \in I$ 일 때, j-**th canonical embedding** $\imath_j : X_j \to \bigoplus_{i\in I} X_i$ 를 정의하고, $\imath_j$ 는 □□-monomorphism 임을 보여라.

(다) $j \in I$ 일 때, $p_j \circ \imath_j = id$ 임을 보여라.

다음 연습문제는 이젠 종이가 아까운 심정이다.

연습문제 9.2.5. $\mathfrak{B}_i$ 가 F-vector space V_i 의 F-basis 이면 (단, $i \in I \neq \emptyset$), $\bigcup_{i\in I} \imath_i(\mathfrak{B}_i)$ 는 $\bigoplus_{i\in I} V_i$ 의 F-basis 인가?

다음 관찰은 direct product 의 경우에는 흉내 낼 수 없다. 즉, 다음 관찰은 direct product 와 external direct sum 의 본질적인 차이점을 우리에게 보여 주고 있다.

관찰 9.2.6. $\bigoplus_{i\in I} X_i$ 의 임의의 원소는 $\sum_{i\in I} \imath_i(x_i)$ 의 꼴로 쓸 수 있고 (단, $x_i \in X_i$ 이고, 유한 개의 $i \in I$ 에 대해서만 x_i 는 non-zero),[17] 그 방법은 하나 뿐이다 (즉, $x_i = \mathbf{x}(i)$ for all $i \in I$).[18]

증명 : $\mathbf{x} \in \bigoplus_{i\in I} X_i$ 이면, $\mathbf{x} = \sum_{i\in I} \imath_i(\mathbf{x}(i))$. 즉, $x_i = \mathbf{x}(i)$ for all $i \in I$. (예를 들어, $|I| = 2$ 이면, $(x, y) = (x, 0) + (0, y) = \imath_1(x) + \imath_2(y)$.) □

다시 '달리기' 시간. 그러나 이번에는 분위기가 많이 다르다. (하지만 '달리기 훈련'일 뿐이므로 뭐 심각하게 생각할 필요는 없다.)

명제 9.2.7. 다음 universal property: [For every □□ Z and for every set of □□-homomorphisms $\{\alpha_j : X_j \to Z \mid j \in I\}$, there exists a unique □□-homomorphism $\varphi : \bigoplus_{i\in I} X_i \to Z$ such that $\varphi \circ \imath_j = \alpha_j$ for all $j \in I$.] 를 생각할 때,

(가) □□가 R-module 이면, 위 universal property 는 **true**.

(나) □□가 R-algebra 이면, 일반적으로,[19] 위 universal property 는 **false**.

---

[16] 또 새로운 文字를 도입하는 것이 번거로워 연습문제 9.1.8 에서와 같은 p_j 와 $\imath_j$ 의 표기법을 계속 사용한다. 별 혼동은 없을 것이다.

[17] 즉, $\sum_{i\in I} \imath_i(x_i)$ 는 finite sum 이라는 뜻.

[18] 어디에선가 많이 들어 본 소리 …….

[19] $|I| = 1$ 이거나 $[X_i = 0$ for all $i \in I]$ 인 경우 등은 論外.

증명 : 물론 다음 오른쪽 삼각형들 ($|I|$-개) 을 생각 (마음 속으로는 왼쪽의 사각형을 생각) 하고, [연습장] 을 꺼낸다.

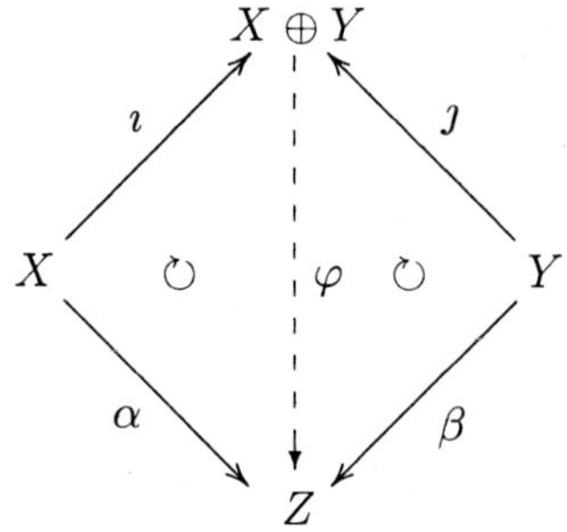

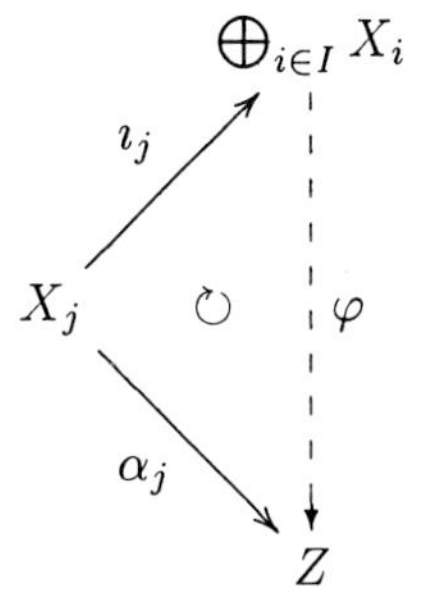

이제, 주어진 조건을 만족하는 φ 가 존재한다면, $i \in I$ 이고 $x_i \in X_i$ 일 때,

$$\varphi\big(\imath_i(x_i)\big) = \alpha_i(x_i)$$

이어야만 한다. 또, $\mathbf{x} \in \bigoplus_{i\in I} X_i$ 이면 (관찰 9.2.6 및 그 증명 참조),

$$\varphi(\mathbf{x}) = \varphi \sum_{i\in I} \imath_i\big(\mathbf{x}(i)\big) = \sum_{i\in I} \varphi\big(\imath_i(\mathbf{x}(i))\big) = \sum_{i\in I} \alpha_i\big(\mathbf{x}(i)\big)$$

이어야만 함을 알 수 있다. 그리고 이렇게 정의한 φ 의 well-definedness 는 아무런 문제도 없다. 따라서, point 는 φ 가 □□-homomorphism 이 되느냐는 것.

(가) □□ 가 R-module 이면, 예를 들어, $\mathbf{x}, \mathbf{y} \in \bigoplus_{i\in I} X_i$ 일 때,

$$\varphi(\mathbf{x}+\mathbf{y}) = \sum_{i\in I} \alpha_i\big(\mathbf{x}(i)+\mathbf{y}(i)\big) = \sum_{i\in I} \alpha_i\big(\mathbf{x}(i)\big) + \sum_{i\in I} \alpha_i\big(\mathbf{y}(i)\big) = \varphi(\mathbf{x}) + \varphi(\mathbf{y})$$

이므로 OK.

(나) 그러나 □□ 가 R-algebra 이면, $\mathbf{x}, \mathbf{y} \in \bigoplus_{i\in I} X_i$ 일 때, 일반적으로

$$\begin{aligned}\varphi(\mathbf{x}\mathbf{y}) = \sum_{i\in I} \alpha_i\big(\mathbf{x}(i)\,\mathbf{y}(i)\big) &= \sum_{i\in I} \alpha_i\big(\mathbf{x}(i)\big)\cdot\alpha_i\big(\mathbf{y}(i)\big) \\ &\neq \sum_{i\in I} \alpha_i\big(\mathbf{x}(i)\big)\cdot\sum_{i\in I} \alpha_i\big(\mathbf{y}(i)\big) = \varphi(\mathbf{x})\cdot\varphi(\mathbf{y})\end{aligned}$$

이므로, φ 는 R-algebra homomorphism 이 될 수 없다. □

지금 독자들에게는 수많은 질문들이 한꺼번에 떠올랐을 것이다. 우선, 무엇보다도, 앞 節의 삼각형과 지금 삼각형을 비교해 보면,[20] **모든 화살표의 방향이 바뀌었음**을 발견할 수 있다.[21]

[20]물론 $\prod$ 대신 $\bigoplus$ 가, 그리고 p_j 대신 $\imath_j$ 가 사용되었고,

[21]그래서 뭐 어쨌다는 건 아니고, 그저 신기하다는 뜻…….

다음 두 연습문제는 direct product 의 universal property 와 external direct sum 의 universal property 를 뒤바꿀 수 없음을 설명해 준다.

연습문제 9.2.8. 만약 I 가 **무한 집합**이면, external direct sum $\bigoplus_{i\in I} X_i$ 는 다음 universal property: [For every □□ Y and for every set of □□-homomorphisms $\{\alpha_j : Y \to X_j \mid j \in I\}$, there exists a unique □□-homomorphism $\varphi : Y \to \bigoplus_{i\in I} X_i$ such that $p_j \circ \varphi = \alpha_j$ for all $j \in I$.] 를 만족하지 **않음**을 보여라.

연습문제 9.2.9. 만약 index set I 가 **무한 집합**이면, product $\prod_{i\in I} X_i$ 는 다음 universal property: [For every □□ Y and for every collection of □□-homomorphisms $\{\alpha_j : X_j \to Y \mid j \in I\}$, there exists a unique □□-homomorphism $\varphi : \prod_{i\in I} X_i \to Y$ such that $\varphi \circ \imath_j = \alpha_j$ for all $j \in I$.] 를 만족하지 **않음**을 보여라.

우리가 R-module 의 경우에만 주로 external direct sum 을 생각하는 이유도 물론 명제 9.2.7 때문이다.[22] 아무튼, '고향'에서는 항상 모든 것이 순조롭다는 것만은 변함이 없다. 이번에도 한 걸음만 더 나간다.

명제 9.2.10. (□□ = R-module.) X_i, Y_i 는 모두 R-module 이고, $\varphi_i : X_i \to Y_i$ 는 모두 R-linear map 이라고 하자 (단, $i \in I$). 이때 j-th canonical embedding 들을 $\imath_j : X_j \to \bigoplus_{i\in I} X_i$ 와 $\jmath_j : Y_j \to \bigoplus_{i\in I} Y_i$ 로 표기하면, [$\jmath_j \circ \varphi_j = \varphi_* \circ \imath_j$ for all $j \in I$] 를 만족하는 R-linear map $\varphi_* : \bigoplus_{i\in I} X_i \to \bigoplus_{i\in I} Y_i$ 가 유일하게 존재한다. ($\varphi_* = \bigoplus_{i\in I} \varphi_i$ 로 표기하면 그럴듯할 것이다.)

증명 : 다음 diagram 들

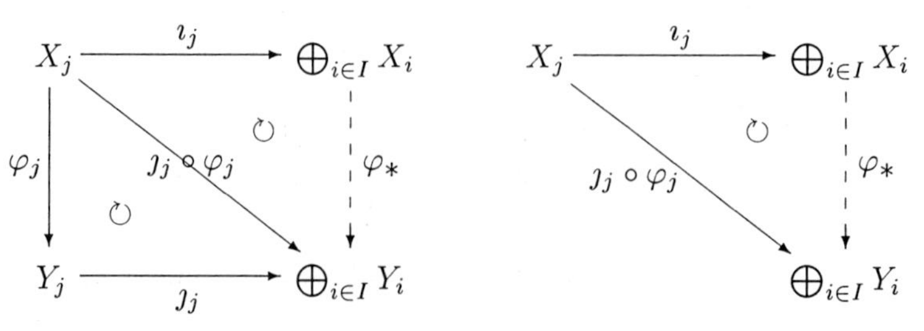

을 생각. □

[22] 점점 더 모를 소리……. ㅋㅋ. 몇 년 후에 다시 만나게 될 것이다.

연습문제 9.2.11. 위 명제 9.2.10 에서, $\mathbf{x} \in \bigoplus_{i\in I} X_i$ 일 때,

(가) $\varphi_*(\mathbf{x}) \in \bigoplus_{i\in I} Y_i$ 를 describe 하라.
(나) (가) 항의 결과는 연습문제 9.1.11 의 결과와 같은가?

'달리기'는 이 정도로 마치자. 그런데, 우리가 '고향'에서 $F^n = F \times \cdots \times F$ 를 매일 다루었듯이, $[X_i = X \text{ for all } i \in I]$ 인 경우를 자주 만나게 된다. 그래서 잉크를 절약할 표기법이 필요하다.

표기법 9.2.12. X 가 □□ 이고, $[X_i = X \text{ for all } i \in I]$ 이면,

$$\prod_{i\in I} X_i = X^I = \prod_{i\in I} X, \qquad \bigoplus_{i\in I} X_i = \bigoplus_{i\in I} X$$

로 간략히 표기하기로 한다.

위에서 사용한 표기법 X^I 는 원래부터 (전통적으로)

$$X^I = \{\mathbf{x} : I \to X \mid \mathbf{x} \text{는 함수}\}$$

를 뜻하는 유용한 표기법이다. 그러니, X^n 의 표기법은 사실 $I = \{1, \ldots, n\}$ 인 특수한 경우에 불과하다.

다음 연습문제들은 제 10 장에서 매우 중요한 역할을 하게 된다. 독자들은 먼저 연습문제 2.2.2 를 복습하기 바란다.

연습문제 9.2.13. $\mathbb{Z}$-module (abelian group) $\mathbb{Z}^n = \mathbb{Z} \times \cdots \times \mathbb{Z}$ 는 $\mathbb{Z}$-basis 를 갖는가? [23]

물론 위 연습문제는 다음 연습문제의 특수한 경우이다.

연습문제 9.2.14. R 이 ring (with 1) 일 때, R 자신을 R-module 로 보고, R-module $\bigoplus_{i\in I} R$ 을 생각하자. 이제 $j \in I$ 일 때, **표준 단위 벡터** (standard unit vector) $\mathbf{e}_j \in \bigoplus_{i\in I} R$ 을

$$\mathbf{e}_j(i) = \delta_{ij}, \qquad (i \in I)$$

로 정의하면, $\{\mathbf{e}_i \mid i \in I\}$ 는 R-module $\bigoplus_{i\in I} R$ 의 R-basis 임을 보여라.

[23] 질문 3.4.11 도 생각난다.

著者에게는 — 독자들은 별로 눈치 채지 못했겠지만 — 오래된 숙제가 하나 있다.

참고 9.2.15. 우리는 정의 2.2.4에서 제법 그럴싸한 방법으로 monomial들을 정의했었다. 즉, non-empty set T를 set of indeterminates로 놓고, monic monomial을 다음 formal symbol

$$\prod_{t\in T} t^{n_t}, \quad (\text{단, } 0 \le n_t \in \mathbb{Z} \text{ 이고, 유한 개의 } t \in T \text{ 에 대해서만 } n_t \text{ 는 non-zero})$$

로 정의했었다. 이제 이를 조끔 더 산뜻하게 표현할 수 있다. 즉, monic monomial을 다음 formal symbol

$$\prod_{t\in T} t^{\mathbf{n}(t)}, \quad (\text{단, } \mathbf{n} \in \textstyle\bigoplus_{t\in T}\mathbb{Z} \text{ 이고, } 0 \le \mathbf{n}(t) \text{ for all } t \in T)$$

로 이해할 수 있고, 한 술 더 떠서 아예 monic monomial을 $[\mathbf{n} \in \bigoplus_{t\in T}\mathbb{Z}$, (단 $0 \le \mathbf{n}(t)$ for all $t \in T)]$ 그 자체로 이해해도 괜찮을 것이다. 이때 두 monic monomial의 곱셈은 abelian group $\bigoplus_{t\in T}\mathbb{Z}$의 덧셈에 대응된다. 즉,

$$\prod_{t\in T} t^{\mathbf{n}(t)} \cdot \prod_{t\in T} t^{\mathbf{m}(t)} = \prod_{t\in T} t^{(\mathbf{n}+\mathbf{m})(t)}$$

가 된다.[24]

[24] 유식하게 표현하면, monic monomial들의 집합은 곱셈에 관해 monoid가 된다.

9.3. Internal Direct Sum

우리는 이미 [I, §7.5]에서 벡터공간의 (유한 개) 부분공간들의 internal direct sum을 배웠다. 독자들은 지금 [I, §7.5]를 복습하기 바란다. 이 節에서는 이를 R-module의 (무한 개) R-submodule들의 internal direct sum으로 확장한다.

독자들이 [I, §7.5]를 복습하면서 **정의 3.1.11을 기억**할 수 있었다면, R-submodule들의 internal direct sum의 정의는 [I, §7.5]의 정의를 몇 글자만 바꾸면 된다는 것도 알았을 것이다. (이번에도 index set $I \neq \emptyset$를 고정한다.)

정의 9.3.1. M이 R-module이고, N_i는 모두 M의 R-submodule이라고 하자(단, $i \in I$). 이때, $\sum_{i\in I} N_i$의 원소를 $\sum_{i\in I} x_i$ (단, $x_i \in N_i$이고, 유한 개의 $i \in I$에 대해서만 x_i는 non-zero)의 꼴로 표현하는 방법이 유일하면,

$$\sum_{i\in I} N_i = \bigoplus_{i\in I} N_i$$

로 표기하고, $\sum_{i\in I} N_i$는 N_i들의 **internal direct sum**이라고 말한다. 또, 각각의 N_i는 $\bigoplus_{i\in I} N_i$의 **direct summand**라고 부른다. (만약 $|I| < \infty$이면,

$$\sum_{i=1}^{n} N_i = N_1 + \cdots + N_n = N_1 \oplus \cdots \oplus N_n = \bigoplus_{i=1}^{n} N_i$$

로 표기.)

우리가 관심이 있는 것은 물론 $\sum_{i=1}^{n} N_i = M$인 경우이다. 다시 '고향'에 돌아온 느낌이다.

연습문제 9.3.2. M이 R-module이고, N_i는 모두 M의 R-submodule이라고 할 때(단, $i \in I$), 다음 세 조건

(1) $M = \bigoplus_{i=1}^{n} N_i$.

(2) M의 모든 원소는 $\sum_{i\in I} x_i$ (단, $x_i \in N_i$이고, 유한 개의 $i \in I$에 대해서만 x_i는 non-zero)의 꼴로 쓸 수 있고, 그 방법은 하나뿐이다.

(3) $M = \sum_{i\in I} N_i$이고, M의 zero element 0을 $\sum_{i\in I} x_i$ (단, $x_i \in N_i$이고, 유한 개의 $i \in I$에 대해서만 x_i는 non-zero)의 꼴로 쓰는 방법은 하나뿐이다(즉, $0 = \sum_{i\in I} 0$).

은 동치임을 보여라.

연습문제 9.3.3. M 이 R-module 이고, N, $N' \leq_R M$ 일 때, 다음 네 조건

(1) $M = N \oplus N'$.

(2) M 의 모든 원소는 $x + x'$ (단, $x \in X$, $x' \in N'$) 의 꼴로 쓸 수 있고, 그 방법은 하나뿐이다.

(3) $M = N + N'$ 이고, M 의 zero element 0 을 N 의 원소와 N' 의 원소의 합으로 쓰는 방법은 $0 = 0 + 0$ 하나뿐이다.

(4) $M = N + N'$ and $N \bigcap N' = 0$.

은 동치임을 보여라.

다음 연습문제 (internal direct sum 의 보기) 는 제 10 장에서 중요한 역할을 맡게 된다.

연습문제 9.3.4. M 이 R-module 일 때, 다음을 확인하라.

(가) S 가 M 의 R-linearly independent subset 이면, $\sum_{x \in S} Rx = \bigoplus_{x \in S} Rx$.
(나) $\mathfrak{B}$ 가 M 의 R-basis 이면, $M = \bigoplus_{x \in \mathfrak{B}} Rx$.

연습문제 9.3.5. R 이 commutative ring (with 1) 이면, $R[t] = \bigoplus_{0 \leq n \in \mathbb{Z}} Rt^n$ 임을 보여라.[25]

[I, §7.5] 를 복습하면서, 다음 두 연습문제를 스스로 확인해 본 독자들도 적지 않을 것이다.

연습문제 9.3.6. M 은 R-module, $N_i \leq_R M$ 이고, $M = \bigoplus_{i=1}^{n} N_i$ 라고 하자. 또 $j \in I$ 일 때, j-**th canonical projection** $p_j : M \to M$ 을

$$p_j\Bigl(\sum_{i \in I} x_i\Bigr) = x_j, \qquad (x_i \in N_i \text{ 이고, 유한 개의 } x_i \text{ 만이 non-zero})$$

로 정의하고, $\imath_j : N_j \to M$ 은 canonical embedding (정의 3.2.1) 이라고 하자.[26] 다음을 보여라.

(가) $j \in I$ 이면, $p_j \circ p_j = p_j$.
(나) $j \neq k \in I$ 이면, $p_j \circ \imath_k = 0$.

[25] 이때, $R[t]$ 는 R-module 로 본다. 즉, Rt^n 은 R-module $R[t]$ 의 R-submodule 일 뿐이지, R-algebra $R[t]$ 의 R-subalgebra 는 아니다.

[26] 이번에도, 새로운 문자를 도입하는 것이 번거러워, p_j 와 $\imath_j$ 의 표기법을 계속 사용한다. 역시 별 혼동은 없을 것이다.

연습문제 9.3.7. M 은 R-module 이고, $[\,N_i' \leq_R N_i \leq_R M$ for all $i \in I\,]$ 일 때,

$$M = \bigoplus_{i\in I} N_i' = \bigoplus_{i\in I} N_i$$

이면, $[\,N_i' = N_i$ for all $i \in I\,]$ 임을 보여라.

이제, 앞 節의 external direct sum 과 이 節의 internal direct sum 이 사실상 (본질적으로) 같은 개념임을 설명할 차례이다. 돌이켜 생각해 보면, internal direct sum 은 주어진 R-module 의 內部에서만 일어난 사건이었다. 한편, R-module M_i 들이 어디엔가 독립적으로 살고 있을 때, 그들의 external direct sum $\bigoplus_{i\in I} M_i$ 는 M_i 들 外部에서 벌어진 일이었다.

먼저 internal direct sum 을 external direct sum 으로도 볼 수 있음을 설명한다. 예를 들어, I 가 유한 집합일 때, internal direct sum $N_1 \oplus \cdots \oplus N_n$ 의 원소 $(x_1 + \cdots + x_n)$ 을 (toner 를 절약하기 위해 (?)) $(x_1, \ldots, x_n)$ 으로 표기해도 괜찮을까? 이를 formal 하게 표현하면 다음과 같다. (표기법 $\bigoplus_{i\in I}^{\text{int}}$ 과 $\bigoplus_{i\in I}^{\text{ext}}$ 의 의미는 자명.)

관찰 9.3.8. N_i 가 R-module M 의 R-submodule 이고, $\sum_{i\in I} N_i = \bigoplus_{i\in I}^{\text{int}} N_i$ 라고 하자. 함수 $\varphi : \bigoplus_{i\in I}^{\text{int}} N_i \to \bigoplus_{i\in I}^{\text{ext}} N_i$ 를

$$\Big(\varphi\Big(\sum_{i\in I} x_i\Big)\Big)(j) = x_j, \qquad (j \in I,\ x_i \in N_i \text{ 이고 유한 개의 } x_i \text{ 만이 non-zero})$$

라고 정의하면, φ 는 R-module **isomorphism** 이다.

증명 : 우선 $\sum_{i\in I} x_i \in \bigoplus_{i\in I}^{\text{int}} N_i$ 의 표현 방법은 유일하므로, 함수 φ 의 well-definedness 에는 아무런 문제도 없다. 또 유한 개의 x_i 만이 non-zero 이므로, $\varphi\big(\sum_{i\in I} x_i\big) \in \bigoplus_{i\in I}^{\text{ext}} N_i \leq_R \prod_{i\in I} N_i$ 인 것도 자명하다. 여기까지가 우리들의 'story'이고, φ 가 R-module isomorphism 인 것을 확인하는 것은 '기계'들의 몫이다. (특히 I 가 유한 집합일 때, vector notation 을 사용하면,

$$\varphi(x_1 + \cdots + x_n) = (x_1, \ldots, x_n), \qquad (x_i \in N_i)$$

이라는 뜻이므로, φ 가 R-module isomorphism 인 것은 거의 자명.) □

지금까지 우리는 internal direct sum 을 external direct sum 으로 볼 수 있음을 설명하였다. 그리고, 그 역도 성립한다. 즉, external direct sum 을 internal direct sum 으로도 이해할 수 있다.

관찰 9.3.9. M_i가 모두 R-module일 때 (단, $i \in I$), canonical embedding (연습문제 9.2.4) $\imath_j : M_j \to \bigoplus_{i\in I}^{\text{ext}} M_i$를 생각하면,

$$\bigoplus_{i\in I}^{\text{ext}} M_i = \bigoplus_{i\in I}^{\text{int}} \imath_i(M_i)$$

이고, 따라서, M_i를 $\imath_i(M_i)$와 **identify**하면,

$$\bigoplus_{i\in I}^{\text{ext}} M_i = \bigoplus_{i\in I}^{\text{int}} M_i$$

라고 쓸 수 있다.

증명 : 관찰 9.2.6을 다시 state한 것에 불과하다. (특히 $|I| = 2$일 때, vector notation을 사용하면,

$$(x_1, x_2) = (x_1, 0) + (0, x_2), \qquad (x_i \in N_i)$$

이라는 뜻.) □

결론: 따라서 internal direct sum과 external direct sum은 본질적으로 같은 개념이다. 그러니, 이제부터는 둘 다 그냥 direct sum이라고 부르기로 한다. 분명히 해 둘 것이 하나 있다.

연습문제 9.3.10. M이 R-module이고, $N, N', N'' \leq_R M$이라고 하자.

(가) $N \times N' = N \times N''$이면, $N' = N''$임을 증명하라.

(나) $N \oplus^{\text{int}} N' = N \oplus^{\text{int}} N''$이라고 가정할 때, 다음 **엉터리 주장 :** [internal direct sum과 external direct sum은 같으므로, $N \oplus^{\text{int}} N' = N \oplus^{\text{ext}} N'$이고, external direct sum의 정의에 의해 $N \oplus^{\text{ext}} N' = N \times N'$이 된다. 마찬가지로, $N \oplus^{\text{int}} N'' = N \oplus^{\text{ext}} N'' = N \times N''$이 성립한다. 이제 가정에 의해 $N \times N' = N \times N''$이고, (가)항에 따르면 $N' = N''$이 된다. 다시 말해, [I, 주의 7.5.14]의 주장은 엉터리이다!]의 **오류를 지적**하라.

다시 강조하거니와 $N, N', N'' \leq_R M$일 때, $N \oplus^{\text{int}} N' = N \oplus^{\text{int}} N''$이라고 해서 $N' = N''$이어야 할 아무런 이유도 없다. 조심!

제 10 장 Free Object

독자들은 [I] 어디에선가 "F-vector space 는 free F-module 이다" 라고 언급했던 일이 기억날 것이다. 이 章에서는 free group, free R-module, free R-algebra 등의 새로운 개념을 공부한다. 무엇이(무엇으로부터) 자유롭다는 뜻일까?

Free object 의 意味를 알게 되면, § 4.5 의 'additional relation'과 우리의 오랜 숙제인 [I, 보기 11.9.22] 의 의미도 분명해진다. 한편, free object 를 '제대로' 이해하려면, § 1.7 의 universal property 가 다시 登場할 수밖에 없다.[1]

10.1. Free Group

Free object 의 설명은 — 우리의 '고향' R-module 에서부터 시작하는 것보다는 — group 에서 시작하는 것이 편해 보인다. Group 은 하나의 이항연산만을 갖는 가장 간단한 대수적 구조이기 때문이다. 이제 free group 을 정의해 보자.

S 가 (non-empty) set 일 때, 우리는 이미 $(S \cup S^{-1})$ 를 **alphabet** 으로 하는 **word** 의 개념을 이해하고 있다. (물론 word 의 길이는 유한하다. 한편 명제 3.1.15 와는 상황이 조금 다르다. 그때는 S 가 어떤 group 의 subset 이었으므로, S^{-1} 의 의미가 분명했지만 지금은 그렇지 않다. 지금은 $x \in S$ 일 때 x^{-1} 를 단순히 **formal symbol** 로 이해하고, $S^{-1} = \{x^{-1} \mid x \in S\}$ 로 정의하면 된다.) 물론, **empty word** 는 1 로 표기하는 것이 관습이다.

우리는 alphabet $(S \cup S^{-1})$ 로 만들어진 word 들을 group 으로 만들려고 한다. 이항연산은 당연히 word 들의 '이어 쓰기 (juxtaposition)'이다.[2] Empty word 1 은 항등원이 될 것이고, x^{-1} 는 x 의 역원소가 될 예정이다. 그리고, '이어 쓰기'가 associativity 를 만족하는 것은 말할 나위도 없다.

---

[1] 머리말 참조.

[2] '이어 쓰기'는 오른손잡이의 관습에 따라 왼쪽에서 시작해서 오른쪽으로 이어 쓴다.

이때 문제는, 예를 들어, $S = \{x, y\}$ 일 때(단, $x \neq y$), 서로 다른 두 개의 word $x^{-1}xy$ 와 y 를 같은 원소로 취급해야 한다는 점이다. 이런 경우에 우리는 "word $x^{-1}xy$ 를 reduce 하여 **reduced word** y 를 얻었다"라고 말한다. 좀 복잡한(!) 예를 들면(x^2 이나 y^{-3} 의 표기법은 설명할 필요 없을 것이다),

$$xy^3x^{-1}xy^{-3}xy^{-1}y^2 = x^2y$$

가 되어, reduced word x^2y 를 얻는다. (즉, 'reduced'의 의미는 '더 이상 reduce 할 수 없다'는 뜻이다.)

이제 word 를 reduce 하여 얻는 reduced word 가 — 비록 그 과정은 여러 가지일 수 있지만 — 유일하게 결정되는 것은 당연하다. Reduced word 들의 이항연산('이어 쓰기' 後 reduce 하기)이 결합법칙을 만족하는 것도 당연하다. 모든 것이 눈을 감으면 눈에 선하다……. S 가 설령 무한 집합일지라도…….

정의 10.1.1. (가) S 가 (non-empty) set 일 때, alphabet $(S \cup S^{-1})$ 로 만들어진 reduced word 들 전체의 집합을 $\mathcal{F}_S$ 로 표기한다. 그리고, **spelling 이 다른 reduced word 는 $\mathcal{F}_S$ 의 다른 원소라고 선언**한다. 이제 $\mathcal{F}_S$ 가 이항연산 '이어 쓰기'('이어 쓰기' 後 reduce 하기)에 관해 group 이 되는 것은 의문의 여지가 없다. 우리는 $\mathcal{F}_S$ 를 [**free group** generated by S] 라고 부른다.
(나) G 가 group 일 때, [$G \approx \mathcal{F}_S$ for some non-empty set S] 이면, G 를 **free group** 이라고 부른다.

다음 보기는 노파심에서…….

보기 10.1.2. S 가 (non-empty) set 일 때, $\mathcal{F}_S = \langle S \rangle$ 인 것은 자명.

뒤돌아 보면, word 를 reduce 하여 reduced word 를 얻는 과정에는 오직 '$x^{-1}x = 1 = xx^{-1}$'과 '$x1 = x = 1x$'라는 'relation'들만이 사용되었다. 그러나 이 'relation'들은 모든 group 이 갖고 있는 것이고, spelling 이 다른 reduced word 는 서로 다르다고 정의하였으므로, 결국 free group $\mathcal{F}_S$ 에는 — **S 가 생성하는 group 이라는 '조건' 이외에는 — 아무런 '추가 조건' ('additional relation') 도 없는** 셈이다. 다시 말해,

[**free**] = [**free from 'relations'**] = [**아무런 '조건'도 없는**]

이라는 뜻이 된다.

보기 10.1.3. $S = \{x\}$ 이면, reduced word 는 x^n 뿐이다(단, $n \in \mathbb{Z}$). 그리고, spelling 이 다른 reduced word 는 서로 다르다고 — 즉, $m \neq n$ 이면, $x^m \neq x^n$ 이라고 — 했으므로,

$$\mathcal{F}_{\{x\}} = \{x^n \mid n \in \mathbb{Z}\} \approx \mathbb{Z}$$

가 된다. 즉, free group with one generator is isomorphic to the infinite cyclic group.

일부 독자들은 위의 논의에 "예를 들어", "당연하다", "말할 나위도 없다", "의문의 여지가 없다", "눈에 선하다" 등의 표현이 너무 많은 것에 실망하고 있을지도 모른다. 著者의 난처한 입장을 이해하려고 노력하는 독자들도 있겠지만……. 著者의 변명은

"당연한 것을 당연하다고 하는 것은 당연하다!"

는 것이다. ㅎㅎ. (이 論議(論爭)는 다음 節에 계속된다.)

보기 10.1.4. $S = \{x, y\}$ 이면(단, $x \neq y$),

$$\mathcal{F}_{\{x,y\}} = \{1,\, x,\, y,\, x^{-1},\, y^{-1},\, xy,\, yx,\, \ldots,\, x^7y^{-100}x^{-2}yx^3,\, \ldots\}$$

이다. 뭐 $\mathcal{F}_{\{x,y\}}$ 의 원소들을 전부 묘사할 방법이야 있겠지만, '이어 쓰기 후 reduce 하기'를 문자화하는 신통한 표기법은……. 눈을 감으면 눈에 선하지만…….

보기 10.1.5. G 가 finite group 이면, G 는 free group 이 아니다. 왜냐하면, $x \in G$ 일 때, G 는 '$x^{|x|} = 1$'이라는 'additional relation'들을 갖고 있기 때문이다.[3]

보기 10.1.6. $|S| \geq 2$ 이면, $\mathcal{F}_S$ 가 non-commutative group 인 것은 자명하다. 따라서, 보기 10.1.3 에 의해, commutative group 중에서 free group 인 것은 $\mathbb{Z}$ 뿐이다.

Free group 을 더 공부하려면, universal property 가 다시 등장해야 한다.

---

[3] $|x|$ 는 x 의 order.

10.2. Universal Property II

우리는 앞 節에서 너무 여러 번 "당연하다"고 얼버무렸다. 다른 방법은 없을까? 답은 universal property 이다. 독자들은 지금 §1.7을 복습하기 바란다.

명제 10.2.1. (명제 1.7.10 의 변형) Let $S = \{x\}$ be a set with one element, and let $\imath : S \to \mathcal{F}_{\{x\}}$ be the canonical embedding. Then for every group G and for every function $f : S \to G$, there exists a unique group homomorphism $\widetilde{f} : \mathcal{F}_{\{x\}} \to G$ such that $\widetilde{f} \circ \imath = f$.

증명 : 명제 1.7.10과 다를 바 없다. (보기 10.1.3 참조.) □

이제 우리는 위 명제를 $|S| \geq 2$ 인 경우로 확장하려고 한다. 먼저 준비가 좀 필요하다.

관찰 10.2.2. H, G는 group이고 $\emptyset \neq S \subseteq H$일 때, $H = \langle S \rangle$라고 하자. 만약 주어진 함수 $f : S \to G$를 group homomorphism $\varphi : H \to G$로 확장할 수 있다면, 그 방법은 하나뿐이다.

산뜻한 증명 : 관찰 3.2.4 참조. □

산뜻하지 않은 증명 : 우리의 다음 '이야기'를 위하여 산뜻하지 않은(그러나 오히려 자연스러운) 증명도 생각해 보자. 물론 독자들은 다음 삼각형

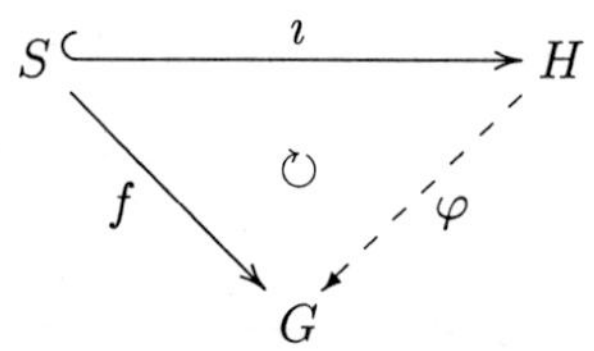

을 생각하도록 훈련 받아 왔다(단, $\imath : S \to H$는 canonical embedding). 이 삼각형의 의미는 함수 $f : S \to G$를 **group homomorphism** $\varphi : H \to G$로 확장한다는 뜻이다. '본능적'으로 [연습장]을 꺼낸다. 물론, [$\varphi(s) = f(s)$ for all $s \in S$] 이어야만 한다. 그리고, H의 모든 원소는 alphabet $(S \cup S^{-1})$로 만들어진 word 이므로(명제 3.1.15), $S = \{x, y, z, \ldots\}$로 표기할 때, 예를 들어,

$$\varphi(xy^{-3}z^2) = \varphi(x)\,\varphi(y)^{-3}\,\varphi(z)^2 = f(x)\,f(y)^{-3}\,f(z)^2,$$

$$\varphi(z^{-2}y^3x) = \varphi(z)^{-2}\,\varphi(y)^3\,\varphi(x) = f(z)^{-2}\,f(y)^3\,f(x)$$

이어야만 한다. (물론 $\varphi(1) = 1$ 이어야만 하고.) 따라서, φ는 유일. □

한 가지 분명히 할 점은 위 명제에서 group homomorphism $\varphi : H \to G$의 존재는 보장할 수 없다는 것이다.

보기 10.2.3. $H = \{1, x\}$를 cyclic group of order two라고 하고 (즉, $x^2 = 1$), $S = \{x\}$로 놓자. 또 $G = \{1, y, y^2\}$을 cyclic group of order three라고 하고, 함수 $f : S \to G$를 $f(x) = y$로 택하자. 그러면, $\varphi(x) = y$인 group homomorphism $\varphi : H \to G$는 존재하지 않는다. 왜냐하면,

$$1 = \varphi(1) = \varphi(x^2) = y^2 \neq 1$$

이기 때문이다. 결국, H가 명제 10.2.1의 universal property를 만족하지 못하는 이유는 H에는 '$x^2 = 1$'이라는 'additional relation'이 주어져 있기 때문 — 다시 말해, H는 free group이 아니기 때문 — 이다.

보기 10.2.4. 이번에는 ([I, 보기 11.9.22] 또는 보기 2.2.22 참조)

$$H = S_3 = \{1, \sigma, \tau, \tau^2, \sigma\tau, \sigma\tau^2\}, \qquad S = \{\sigma, \tau\}$$

로 놓자 (단, $\sigma^2 = \tau^3 = (\sigma\tau)^2 = 1$). 다시 $G = \{1, y, y^2\}$을 cyclic group of order three라고 하고, $f(\sigma) = y$인 함수 $f : S \to G$를 택하자.[4] 그러면, 이번에도 위 보기와 같은 이유로 $\varphi(\sigma) = y$인 group homomorphism $\varphi : H \to G$는 존재하지 않는다. S_3는 free group이 아니기 때문이다.

결국 관찰 10.2.2에서 canonical embedding $\imath : S \to H$를 extend한 group homomorphism $\varphi : H \to G$가 존재하기 위해서는 — φ를 관찰 10.2.2의 (산뜻하지 않은) 증명에서와 같이 construct할 때 — φ가 **well-define**되어 있어야 한다는 것이 결론이다. 다행인 것은, 만약 φ가 well-define되어 있기만 하다면, φ는 저절로 group homomorphism이 된다는 사실이다. 왜냐하면, 관찰 10.2.2의 증명에서와 같은 예를 들어 설명하면,

$$\varphi\big((xy^{-3}z^2) \cdot (z^{-2}y^3x)\big) = \varphi(x^2) = f(x)^2$$

이고,

$$\varphi(xy^{-3}z^2) \cdot \varphi(z^{-2}y^3x) = \big(f(x)\,f(y)^{-3}\,f(z)^2\big) \cdot \big(f(z)^{-2}\,f(y)^3\,f(x)\big) = f(x)^2$$

이기 때문이다.[5]

[4] $f(\tau)$는 아무거나.
[5] 더 많은 보기를 들 필요는 없을 것이다.

이미 독자들 스스로 다음 명제를 state 하고 있었을 것이다.

명제 10.2.5. S가 non-empty set 일 때, $\imath : S \to \mathcal{F}_S$를 canonical embedding 이라고 하자. 그러면 free group $\mathcal{F}_S$는 다음 universal property: [For every group G and for every function $f : S \to G$, there exists a unique group homomorphism $\widetilde{f} : \mathcal{F}_S \to G$ such that $\widetilde{f} \circ \imath = f$.]를 만족한다.

증명 : 언제나처럼 다음 삼각형

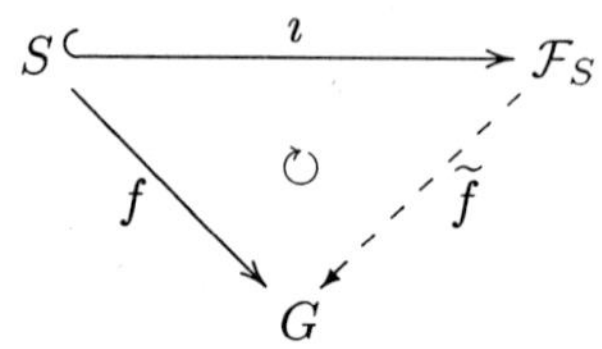

을 생각한다. 그리고, 앞 단락에 따르면, 관찰 10.2.2 의 (산뜻하지 않은) 증명에서 construct 한 homomorphism $\widetilde{f} : \mathcal{F}_S \to G$ 의 well-definedness 만 확인하면 충분하다. 그런데, 애당초 spelling 이 다른 $\mathcal{F}_S$ 의 reduced word 는 서로 다르다고 정의하였으므로, $\widetilde{f} : \mathcal{F}_S \to G$ 의 well-definedness 에는 아무런 문제도 없다. □

이제 우리는 free group 이 만족하는 universal property 를 알게 되었다. 사실 우리는 이 순간을 오랫동안 준비해 왔다. 제 1 장에서 universal property 를 강조하면서부터, 그리고 [I] 에서 삼각형 (commutative diagram) 을 소개하면서부터 이 순간을 기다려 왔다.

우리는 "free group 의 **universal property 가 free group 을 characterize** 한다"고 말하려 한다. 다시 말해, 위 명제 10.2.5 의 universal property 를 만족하는 group 은 (up to isomorphism) $\mathcal{F}_S$ 뿐이라는 뜻이다. 그런데, 명제 10.2.5 를 잘 살펴보면, S를 부분집합으로 갖는 group 에 대해서만 무언가 말할 수 있음을 알게 된다. 어째 유치해 보인다.

다시 한번 '사고방식의 **jump**'가 필요하다. 이제부터 우리는 free group 을 단순한 집합 $\mathcal{F}_S$로 이해하지 않고, 집합 $\mathcal{F}_S$와 그의 **동반자** canonical embedding $\imath : S \to \mathcal{F}_S$ 의 pair $(\mathcal{F}_S, \imath)$ 로 — 혹은 '화살표' $(S \xrightarrow{\imath} \mathcal{F}_S)$ 로 — 이해한다. 집합 S를 고정하고, pair $(H, \jmath)$ 들 (혹은 '화살표' $(S \xrightarrow{\jmath} H)$ 들) 의 世界를 생각하자는 뜻이다 (단, H는 group 이고 $\jmath : S \to H$는 함수).

명제 10.2.6. Non-empty set S가 固定되어 있을 때, 만약 어떤 group H와 함수 $\jmath : S \to H$의 pair $(H, \jmath)$가 다음 universal property: [For every group G and for every function $f : S \to G$, there exists a unique group homomorphism $\widetilde{f} : H \to G$ such that $\widetilde{f} \circ \jmath = f$.]를 만족한다면, $H \approx \mathcal{F}_S$이다. (뿐만 아니라, $\psi \circ \jmath = \imath$인 group isomorphism $\psi : H \to \mathcal{F}_S$는 **unique**. 단, $\imath : S \to \mathcal{F}_S$는 canonical embedding.)

증명 : 먼저, H의 universal property로부터 다음 왼쪽 삼각형을 얻고, 또 $\mathcal{F}_S$의 universal property로부터 다음 오른쪽 삼각형을 얻는다.

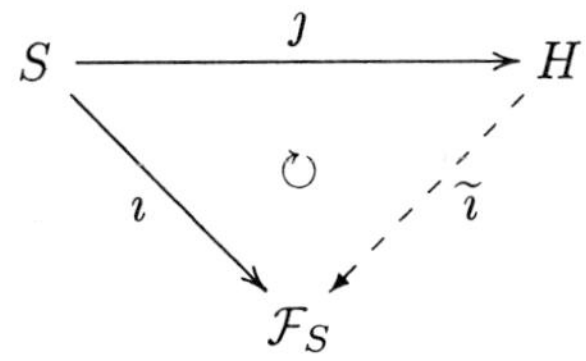

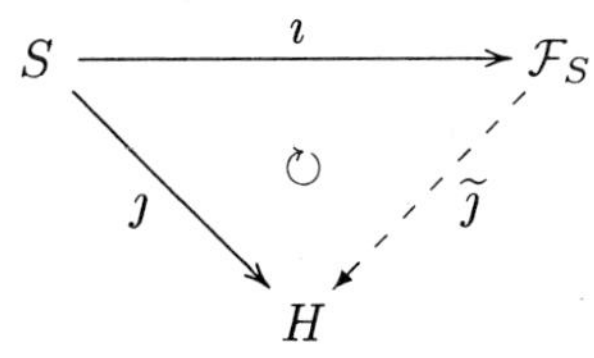

이제 위 두 삼각형들을 합치면 다음 그림 (diagram) 들을 얻는다.

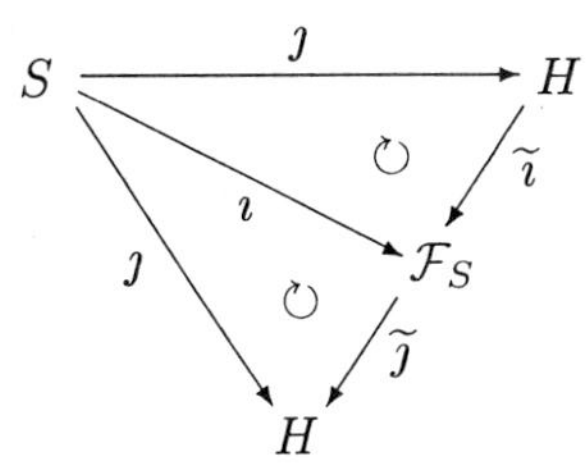

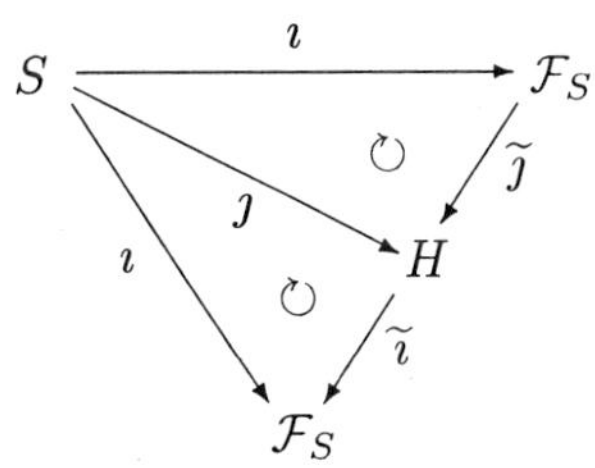

그리고, 이번에는 위 그림의 가운데 부분을 지워 버리면, 다음 그림들을 얻는다 (↻ + ↻ = ↻).

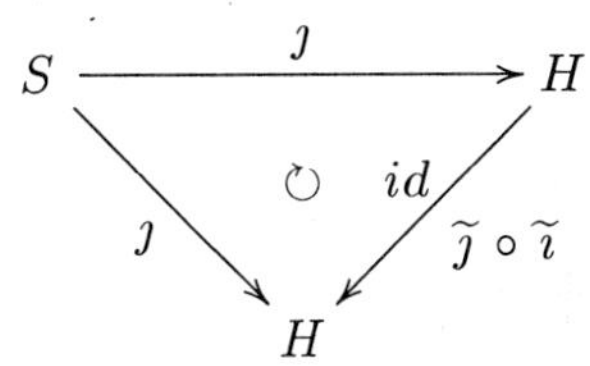

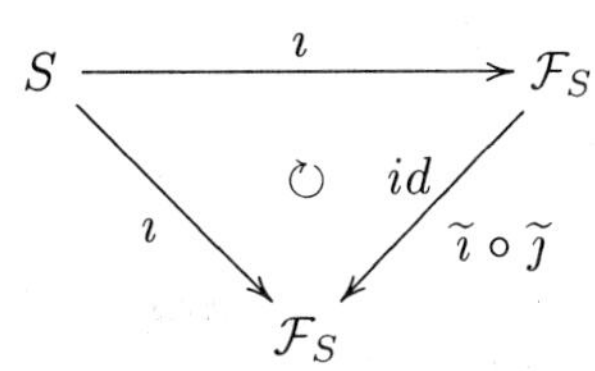

이때 왼쪽 그림에서는 H의 universal property로부터 $\widetilde{\jmath} \circ \widetilde{\imath} = id_H$임을 알 수 있고, 오른쪽 그림에서는 $\mathcal{F}_S$의 universal property로부터 $\widetilde{\imath} \circ \widetilde{\jmath} = id_{\mathcal{F}_S}$임을 알 수 있다. 따라서, $\widetilde{\imath} : H \to \mathcal{F}_S$가 바로 우리가 찾는 isomorphism. ($\widetilde{\imath} \circ \jmath = \imath$인 isomorphism $\widetilde{\imath}$의 uniqueness는 H의 universal property로부터.) □

위 명제 10.2.6 과 그의 증명에는 여러 개의 comment 가 필요하다. 우선 그의 증명에 관해:

참고 10.2.7. (가) 이번이 독자들에게는 '화살표'들의 세계에서의 첫 탐험인 점을 감안하여, 위 증명에서는 종이를 좀 낭비하였다. 다음부터는 다음 그림

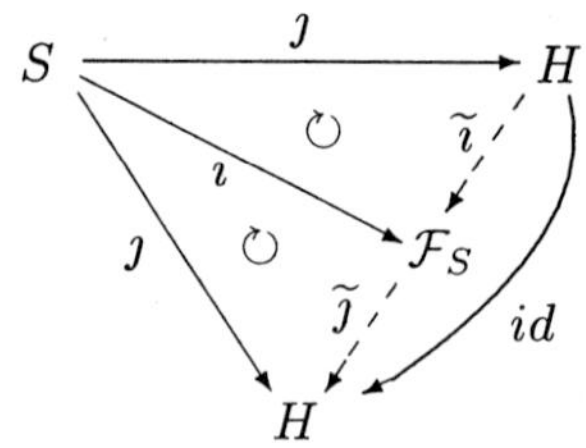

하나면 충분할 것이다. ($\widetilde{\imath} \circ \widetilde{\jmath} = id_{\mathcal{F}_S}$는 대칭성으로부터 얻을 수 있다.)

(나) 위 증명에서는 '당연하다고 얼버무릴' 필요가 전혀 없다. 모든 것이 너무 明白하다. 오히려 너무 깔끔하여 증명의 point 가 무엇인지 알 수 없는 지경이다. '화살표'들을 사용하는 이런 무의미한(?) 言語를 우리는 **abstract nonsense** 라고 부른다.

(다) 위 증명에는 group 이라는 단어도 보이지 않는다. '화살표'들만이 보일 뿐이다. 그러니, group 대신 □□를 생각하더라도 상황은 같을 것이다.[6] 이런 뜻에서 '화살표'들의 세계(언어)를 공부하는 것을 **"Homological Algebra"** 라고 부른다.[7]

(라) 위 증명의 마지막 부분에서 우리는 연습문제 1.6.8 을 사용하였다. 이제 보니, 왜 계속 따라다니는지 이해할 수 없었던 연습문제 1.6.8 은 '화살표'들의 세계에 살고 있었던 것이다.

그리고, 명제 10.2.6 의 의미에 관해:

참고 10.2.8. (가) 무엇보다도, $\jmath : S \to H$ 가 injection 이어야 한다고 요구하지 않고 있음에 유의하라.

(나) 이제 'universal'이라는 단어의 뜻을 조금은 짐작할 수 있게 되었다. 결국 free group $\mathcal{F}_S$ 의 universal property 는 [$\mathcal{F}_S$ 를 全宇宙에서 **唯一無二한 존재로 characterize 해 주는 성질**] 이라고 할 수 있을 것이다.[8]

---

[6] 명제 10.3.4 참조.

[7] 사전에서 'homology'와 'homologous'의 뜻을 찾아보라.

[8] Universal object 의 엄밀한 정의를 위해서는 ['화살표'들 間의 화살표(homomorphism)] 가 필요하다. 훗날로 미룬다.

그러고 보니, **거꾸로 universal property를 이용하여 free group을 정의**할 수도 있을 것이다. 그리고, 이제는 몹시 거추장스럽던 canonical embedding $\imath : S \to \mathcal{F}_S$도 떼어 버리자.

再정의 10.2.9. Non-empty set S가 固定되어 있을 때, 만약 group $\mathcal{F}(S)$와 **함수** $\imath : S \to \mathcal{F}(S)$의 pair $(\mathcal{F}(S), \imath)$가 다음 universal property: [For every group G and for every function $f : S \to G$, there exists a unique group homomorphism $\widetilde{f} : \mathcal{F}(S) \to G$ such that $\widetilde{f} \circ \imath = f$.]를 만족하면, $\mathcal{F}(S)$를 — 정확히는 pair $(\mathcal{F}(S), \imath)$를 — [**free group** generated by S]라고 부른다.[9]

위 再정의에서 우리는 분위기를 쇄신하기 위하여 $\mathcal{F}_S$ 대신 $\mathcal{F}(S)$의 표기법을 사용하였다. Free group을 이렇게 정의하면, 그의 existence와 uniqueness가 문제가 된다.

Free Group의 Existence: Reduced word들을 생각하고, ……, '눈을 감으면 정말 당연하다'.[10]

Free Group의 Uniqueness: 명제 10.2.6의 증명을 그대로 반복하면 된다. (명제 10.2.6 의 증명에는 $\imath$가 canonical embedding이라는 사실이 이용되지 않았다.)

주의 10.2.10. (가) 再정의 10.2.9의 目的은 '눈을 감으면 당연하다'는 말을 existence proof에서만 한번 사용하자는 것이다. 한번만 '눈을 감아 주면' 그 이후에는 '화살표'들의 abstract non-sense가 모든 것을 떠맡게 된다.
(나) 정녕 '눈을 감기' 싫다면, [8, p. 67]의 '당연하지 않은' 증명 (S. Lang이 J. Tits에게 배웠다는 증명)을 읽어 보기 바란다. 이 증명을 10분만 쳐다보고 있자면, 독자들도 저절로 (!) 著者의 의견:

"당연한 것은 당연할 뿐이다."

에 同意하지 않을 수 없을 것이다.[11] [12]

이제 '화살표'들의 abstract non-sense를 시작해 보자. 지금부터는 free라는 단어가 나오면 삼각형부터 — 그리고, 삼각형만을 — 생각한다.

---

[9] 정의 10.1.1(나)항의 free group의 정의는 그대로.
[10] 무엇보다도 '이어 쓰기 후 reduce하기'를 어떻게 문자化할지가 골칫거리.
[11] Lang-Tits의 증명은 몇 년 더 성숙한 후 바닷가 휴양지에서…….
[12] 머리말 참조.

관찰 10.2.11. $(\mathcal{F}(S), \imath)$ 가 [free group generated by S] 이면, $\imath : S \to \mathcal{F}(S)$ 는 injection. (따라서, S 를 $\mathcal{F}(S)$ 의 subset 으로 **identify** 할 수 있다.)

증명 : $x \neq y \in S$ 일 때, $\imath(x) \neq \imath(y)$ 임을 보이면 된다. 再정의 10.2.9 의 G 자리에 $\mathbb{Z}_2$ 를 놓고, $f(x) = \overline{0}$, $f(y) = \overline{1}$ 인 함수 $f : S \to \mathbb{Z}_2$ 를 아무거나 하나 택한다. 그런데, 다음 삼각형

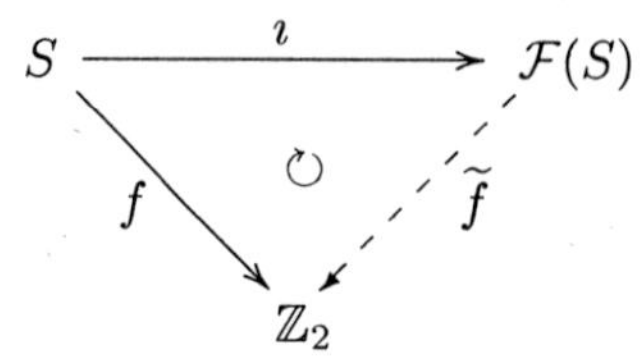

에서, 만약 $\imath(x) = \imath(y)$ 였다면,

$$\overline{0} = f(x) = \widetilde{f}\left(\imath(x)\right) = \widetilde{f}\left(\imath(y)\right) = f(y) = \overline{1}$$

가 되어 모순. (이 **증명의 본질**은 order 2 이상인 group 의 존재.) □

S 를 $\mathcal{F}(S)$ 의 subset 으로 identify 하고나면, 굳이 $(\mathcal{F}(S), \imath)$ 의 표기법을 고집할 필요가 없다.

관찰 10.2.12. $\mathcal{F}(S)$ 가 [free group generated by S] 이면, $\mathcal{F}(S) = \langle S \rangle$.

증명 : $\mu : S \to \langle S \rangle$ 와 $\eta : \langle S \rangle \to \mathcal{F}(S)$ 를 각각 canonical embedding 이라고 표기하자. 이제 η 가 surjection 임을 보이면 된다. 그런데,

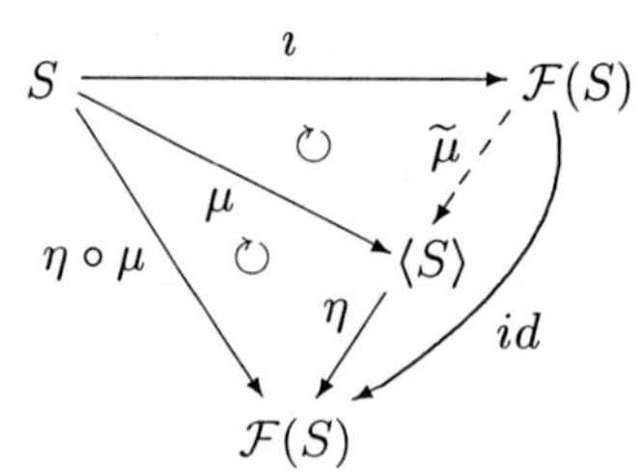

에서 $\eta \circ \widetilde{\mu} = id$ 이므로, η 는 surjective. □

위 관찰 10.2.12 의 증명 'trick'은 기억해 둘 만하다. Free group 의 성질을 더 공부하기 전에, 다음 節에서는, 우선 free R-module 과 free R-algebra 의 existence 를 다룬다.[13]

[13] Direct product 의 universal property(연습문제 9.1.5)와 direct sum 의 universal property (명제 9.2.7)도 이들을 각각 characterize 해 주는 성질임을 보이라는 연습문제를 추가하고 싶은 마음이 굴뚝같지만……. 제9장에서는 단순한 '달리기 훈련'이었으니……. 훗날로 미룬다.

10.3. Free Object 의 존재

이제 독자들도 free-□□ 를 정의할 수 있을 것이다.

정의 10.3.1. (가) Non-empty set S 를 固定할 때, 만약 □□ $\mathcal{F}(S)$ 와 함수 $\imath : S \to \mathcal{F}(S)$ 의 pair $(\mathcal{F}(S), \imath)$ 가 다음 universal property: [For every □□ X and for every function $f : S \to X$, there exists a unique □□-homomorphism $\widetilde{f} : \mathcal{F}(S) \to X$ such that $\widetilde{f} \circ \imath = f$.] 를 만족하면, $\mathcal{F}(S)$ 를 — 정확히는 pair $(\mathcal{F}(S), \imath)$ 를 — [**free-□□** generated by S] 라고 부른다. 우리는 항상 다음 삼각형을 생각한다.

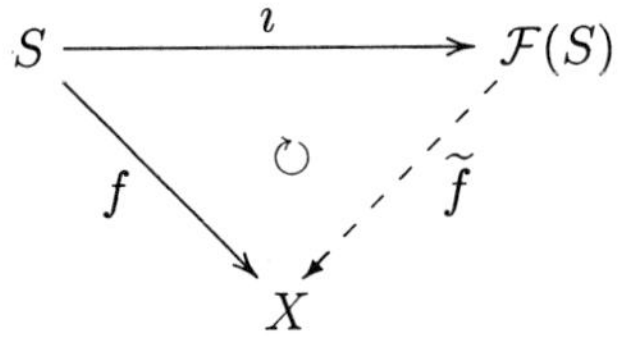

(나) Y 가 □□ 일 때, [$Y \approx \mathcal{F}_S$ for some non-empty set S] 이면, Y 를 **free-□□** 라고 부른다.
(다) □□ 마다 혼동의 소지가 있으므로, free group 은 $\mathcal{F}_{\rm gp}(S)$ 로, free abelian group 은 $\mathcal{F}_{\rm ab}(S)$ 로, free R-module 은 $\mathcal{F}_R(S)$ 로 표기하여 구별한다.[14]

물론 $\mathcal{F}(S)$ 가 free-□□ 라는 말은 $\mathcal{F}(S)$ 는 S 가 생성하는 □□ 라는 '조건' 이외에는 어떠한 'additional relation'도 갖지 않는다는 뜻이다. 다시 강조하면,

$$[\,\textbf{free}\,] = [\,\textbf{free from 'relations'}]$$

라는 뜻이다. 물론 다음 관찰들을 먼저 state 했어야 한다.

관찰 10.3.2. $(\mathcal{F}(S), \imath)$ 가 [free-□□ generated by S] 이면, $\imath : S \to \mathcal{F}(S)$ 는 injection. (따라서, S 를 $\mathcal{F}(S)$ 의 subset 으로 identify 할 수 있다.)

증명 : 관찰 10.2.11 의 증명을 다시 살펴보면, order 2 이상인 □□ 가 존재하면 된다. 우리가 다루는 모든 대수적 구조 □□ 는 물론 이를 만족한다. □

관찰 10.3.3. $\mathcal{F}(S)$ 가 [free-□□ generated by S] 이면, $\mathcal{F}(S) = \langle S \rangle$.

증명 : 관찰 10.2.12 의 증명을 반복하면 된다. □

[14] Free R-algebra 는 정의 10.3.12 에서 다시 논의(정의)한다.

명제 10.3.4. 만약 [free-□□ generated by S]가 존재한다면, (up to isomorphism) unique.

증명 : 명제 10.2.6의 증명을 반복. □

문제는 free-□□의 existence이다. 다음 보기들은 — 'reduce하기'가 필요 없으므로 — '눈을 감지 않아도' 된다.

보기 10.3.5. (가) [Free semigroup generated by S]는 alphabet S로 만들어진 word들 전체의 집합이다. 이 경우에는 reduced word의 개념도 필요하지 않으며, empty word도 생각하지 않는다. 그리고, spelling이 다른 word는 모두 다른 원소라고 선언한다. 이항연산은 '이어 쓰기'.
(나) [Free monoid generated by S]는 (가)항에서 construct한 [Free semigroup generated by S]에 empty word 1만 보태면 된다. [Free monoid generated by S]의 원소를 [**non-commutative monomial** with indeterminates S] 라고 부르면 그럴듯할 것이다.

연습문제 10.3.6. 연습문제 2.2.6을 다시 풀어라.

다음 차례는 '우리의 고향' R-module이다.[15] (사실 독자들은 앞 연습문제를 위해 §2.2를 복습하면서, 이미 free R-module이 무엇이어야 하는지 짐작하고 있을 것이다.)

만약 [free R-module generated by S] $\mathcal{F}_R(S)$가 존재한다면, 관찰 10.3.3에 의해 $\mathcal{F}_R(S) = \langle S \rangle$이어야 하므로, $\mathcal{F}_R(S)$는 [R-linear combination of S] 전체의 집합이어야 할 것이다. 그리고, $\mathcal{F}_R(S)$는 아무런 'relation'도 갖지 않아야 하므로, [R-linear combination of S]는 모두 달라야 한다. 이는, $a_s, b_s \in R$일 때 (물론 유한 개의 a_s와 b_s만이 non-zero),

$$\sum_{s\in S} a_s \cdot s = \sum_{s\in S} b_s \cdot s \quad \text{if and only if} \quad a_s = b_s \ \text{for all} \ s \in S$$

라는 뜻이다. 즉, S는 R-linearly independent subset이어야 하고, 따라서 S는 $\mathcal{F}_R(S)$의 R-**basis**가 될 것이다.

당연히, '우리의 고향'에서는 '눈을 감지 않아도' 모든 것이 명백하다.

[15]물론 $1 \in R$ (약속 1.4.1). 하지만 R이 commutative일 필요는 없다.

명제 10.3.7. (Existence of free R-modules) $\mathcal{F}_R(S) \approx \bigoplus_{s\in S} R$.[16]

증명 : Hint는 이미 앞 단락에 주어져 있다. 즉, direct sum $\bigoplus_{s\in S} R$의 R-basis를 찾으면 된다. 또, 예를 들어, $R^n = \bigoplus_{i=1}^n R$을 생각하면, $\bigoplus_{s\in S} R$의 R-basis도 짐작할 수 있다. 다시 말해, $\bigoplus_{s\in S} R$은 **standard basis**를 갖는다. 즉, $s \in S$일 때, $\mathbf{e}_s \in \bigoplus_{s\in S} R$을

$$\mathbf{e}_s(u) = \delta_{su}, \qquad (u \in S)$$

로 정의하면(쉽게 말해, $\mathbf{e}_s$는 s-번째 좌표만 1이고, 나머지 좌표는 모두 0인 표준 단위 벡터),[17] $\{\mathbf{e}_s \mid s \in S\}$가 $\bigoplus_{s\in S} R$의 R-basis인 것은 거의 자명하다(연습문제 9.2.14). 이제 함수 $\imath : S \to \bigoplus_{s\in S} R$을

$$\imath(s) = \mathbf{e}_s, \qquad (s \in S)$$

로 정의하고($\imath$는 당연히 injective), S를 $\imath(S)$와 identify한다. 한편, R-basis를 갖는 R-module이 free R-module의 universal property를 만족하는 것은 다름아닌 **Linear Extension Theorem**([I, §4.5] 혹은 정리 1.7.9).[18] □

위 명제(와 그 증명)를 조금 달리 표현하면:

따름명제 10.3.8. 다음 조건은 동치이다.

(1) $\mathcal{F}$는 free R-module.

(2) $\mathcal{F}$는 R-basis를 갖는다.

증명 : 먼저 [$\mathcal{F} \approx \mathcal{F}_R(S)$ for some (non-empty) set S]이면, 위 명제 10.3.7에 의해 $\mathcal{F} \approx \bigoplus_{s\in S} R$이므로, $\mathcal{F}$는 R-basis를 갖는다. 역으로, R-basis를 갖는 R-module이 free인 이유는 다시 Linear Extension Theorem. □

다음 따름명제의 증명은 종이를 아끼자.

따름명제 10.3.9. 모든 (non-zero) F-vector space는 free F-module.

그러니, free R-module이야말로 '우리의 고향'이었던 셈이다. 그리고, 이제 "vector space의 本質은 Linear Extension Theorem"이라고 말할 수도 있고, "벡터공간의 본질은 basis의 존재"라고 말할 수도 있다.[19]

[16] 표기법 9.2.12 참조.

[17] 만약 약속 1.4.1이 없었다면 …….

[18] Linear Extension Theorem의 증명에서 F를 R로 바꾸기만 하면 된다.

[19] 본질 = 全우주에서 단 하나뿐인 것으로 characterize해 주는 성질.

정의 10.3.10. 특별히 free $\mathbb{Z}$-module 은 **free abelian group** 이라고 부른다.

명제 10.3.7 에 의하면 free abelian group 은 isomorphic to $\bigoplus_{s\in S}\mathbb{Z}$ for some non-empty set S.

주의 10.3.11. Free abelian group 은 [free group 중에서 abelian 인 것] 이라는 뜻이 아니고, [abelian group ($\mathbb{Z}$-module) 으로서 free 인 것] 을 의미한다. 혼동하지 말 것(보기 10.1.6 참조). 한번 더 강조하면, 예를 들어, $\mathbb{Z}\oplus\mathbb{Z}$ 는 free abelian group 이지만, free group 은 아니다.

Free abelian group 의 공부 — 즉, $\mathbb{Z}$-위의 선형대수 — 는 § 11.3 에서 따로 다룬다. (무엇보다도 free $\mathbb{Z}$-module 도 dimension 같은 것을 갖는지 궁금하다.)

이제 마지막으로 R-algebra 의 차례이다.[20] 많은 독자들이 이미 polynomial algebra 의 universal property (evaluation homomorphism, 연습문제 1.7.11 과 연습문제 4.6.3) 를 생각하고 있을 것이다.

문제는 non-commutative polynomial 과 (보통의 commutative) polynomial 을 구분해야 한다는 점이다. 또, 우리는 항상 1 이 있는 polynomial algebra 를 생각해 왔다. 혼동을 최소화하기 위하여, 정의부터 분명히 하자.

정의 10.3.12. (가) S 가 non-empty set 일 때, 만약 [R-algebra with 1] $\mathcal{F}(S)$ 와 함수 $\imath : S \to \mathcal{F}(S)$ 의 pair $(\mathcal{F}(S), \imath)$ 가 다음 universal property : [For every R-algebra $\mathcal{A}$ with 1, and for every function $f : S \to \mathcal{A}$, there exists a unique R-algebra homomorphism $\widetilde{f} : \mathcal{F}(S) \to \mathcal{A}$ such that $\widetilde{f} \circ \imath = f$ and $\widetilde{f}(1) = 1$.] 를 만족하면, $(\mathcal{F}(S), \imath)$를 [**free R-algebra** with 1 generated by S]라고 부른다.

(나) S 가 non-empty set 일 때, 만약 [commutative R-algebra with 1] $\mathcal{F}(S)$ 와 함수 $\imath : S \to \mathcal{F}(S)$ 의 pair $(\mathcal{F}(S), \imath)$ 가 다음 universal property : [For every commutative R-algebra $\mathcal{A}$ with 1, and for every function $f : S \to \mathcal{A}$, there exists a unique R-algebra homomorphism $\widetilde{f} : \mathcal{F}(S) \to \mathcal{A}$ such that $\widetilde{f} \circ \imath = f$ and $\widetilde{f}(1) = 1$.] 를 만족하면, $(\mathcal{F}(S), \imath)$ 를 [**free commutative R-algebra** with 1 generated by S] 라고 부른다.

[20] 따라서, R 은 commutative ring with 1. 약속 1.4.11 참조.

주의 사항 몇 가지.

주의 10.3.13. (가) 물론, 1을 갖지 않는 free R-algebra나 1을 갖지 않는 free commutative R-algebra도 정의할 수는 있다. 다만 우리에게 익숙한 [R-algebra with 1]들을 집중적으로 다루자는 뜻이다.
(나) 이번에도 [free commutative R-algebra with 1]은 [free R-algebra with 1 중에서 commutative인 것]이라는 뜻이 아니고, [commutative R-algebra with 1로서 free인 것]을 의미한다. 혼동하지 말 것.
(다) 정의 10.3.12에 $\widetilde{f}(1) = 1$이라는 조건이 없으면 곤란하다.

S가 generate하는 R-algebra는 S의 원소들을 (마음껏) 곱하고 더하고 상수곱한 원소들 전체의 집합이다. 그리고 그런 원소들을 모두 다르다고 정의해야 한다……. 다음 명제는 조금만 '눈을 감아 주면' 정말 당연하다.

명제 10.3.14. (가) [Free commutative R-algebra with 1 generated by S]는 [polynomial algebra (with 1) over R with indeterminates S]이다.
(나) [Free R-algebra with 1 generated by S]는 [non-commutative polynomial algebra (with 1) over R with indeterminates S]이다.

증명 : Evaluation homomorphism의 존재가 문제인데……. 뭐, 임의의 다항식은 유한 개의 indeterminate만을 가지므로, …… 종이를 아끼고, '눈을 감자!' 마지막으로 한번만 더.[21] □

결국 우리는 두번 — free group과 free algebra의 existence에서 — '눈을 감아 준' 셈이다.[22] 이제 누가, 예를 들어, polynomial algebra가 무엇이냐고 물으면 free commutative algebra라고 답하고, 또 free commutative algebra가 무엇이냐고 물으면 polynomial algebra라고 답하면 된다.[23] ㅎㅎ.

이제 다시는 '눈을 감는' 일은 없을 것이다.[24]

---

[21] 훗날 tensor algebra와 symmetric algebra를 배울 때까지만…….
[22] 보기 10.3.5는 없어도 그만이다.
[23] 그리고 빨리 자리를 피하는 것이 상책이다.
[24] 이 책에서는…….

10.4. Free Object의 성질

이제 free object들의 존재와 유일성을 알게 되었으므로, 그 성질을 공부해 보자. (이 節에서 우리는 □□는 group, R-module, R-algebra (with 1), 또는 commutative R-algebra (with 1) 라고 가정한다.)

다음 명제는 free object의 가장 중요한 성질이다.

명제 10.4.1. 모든 □□는 어떤 free-□□의 **homomorphic image**이다. (즉, X가 □□이면, free-□□ $\mathcal{F}$와 **□□-epimorphism** $\varphi : \mathcal{F} \to X$가 존재한다.)

증명 : $X = \langle S \rangle$ 라고 하자 (**예를 들어**, $S = X$).[25] 그러면, 다음 삼각형 (단, $\jmath : S \to X$는 canonical embedding)

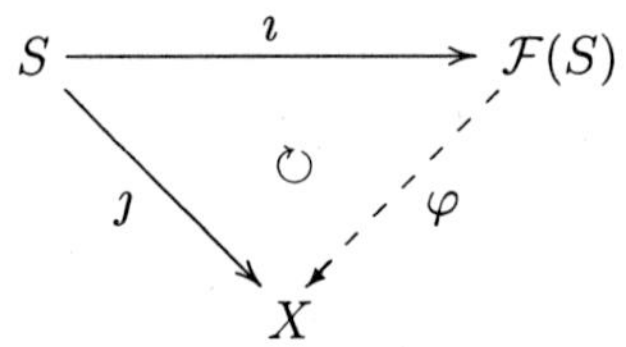

에서 □□-homomorphism $\varphi : \mathcal{F}(S) \to X$의 surjectivity는 자명 (관찰 3.2.4 (나) 항 참조).[26] □

위 명제의 의미는 $\varphi : \mathcal{F} \to X$가 □□-epimorphism일 때, $X \approx \mathcal{F}/\ker\varphi$라는 것이다. 다시 말해, 모든 □□ X는 free-□□ $\mathcal{F}$에 '$a = 0$ for all $a \in \ker\varphi$' 라는 'additional relation'을 주면 얻을 수 있다는 뜻이다. 조금 과장해서 말하자면,

"우리의 모든 '이야기'는 free object에서 시작된다"

고 할 수 있을 것이다.[27] 이 논의는 다음 節에서 계속한다.

이제 연습문제 3.1.17도 文字化할 수 있다.

연습문제 10.4.2. $\mathcal{A}$가 R-algebra (with 1)이고 $S \subseteq \mathcal{A}$일 때, [R-subalgebra (with 1) of $\mathcal{A}$ generated by S]를 free R-algebra (with 1) $\mathcal{F}(S)$의 homomorphic image로 묘사하라.

[25] $S = X$일 때, $\mathcal{F}(X)$의 X는 □□의 구조를 모두 잊어버린 단순한 집합으로 생각한다.

[26] X가 (commutative) R-algebra(with 1)이면 $\varphi(1) = 1$이므로, $1 \in S$라고 가정하거나 또는 아예 $\langle S \rangle$를 [R-subalgebra with 1 generated by S]로 생각하면 된다(연습문제 3.1.18 참조).

[27] 그러니, §4.6의 제목 'Polynomial Algebra의 Quotient Algebra'는 사실 '모든 Algebra'와 같은 뜻이다.

다음 질문은 사실 free object를 정의할 때부터 독자들의 마음 속에 자리잡고 있었을 것이다.

질문 10.4.3. Non-empty set S와 T의 cardinality가 같으면 — 즉, bijection $f : S \to T$가 존재하면 — free-□□ $\mathcal{F}(S)$와 $\mathcal{F}(T)$는 서로 isomorphic 한가?[28]

이 질문의 답은 물론 "같은 것에서 같은 방법으로 만들어진 것은 같다"는 '우리의 철학'이다. 그러나 이 답을 더 구체적으로 말하라고 다시 물었을 때, '눈을 감으면' 당연하다고 할 수는 없다. 다시는 '눈을 감지' 않기로 하였으므로.

다시 화살표들 (abstract non-sense) 이 — 그리고 화살표들만이 — 필요하다. 지금 독자들도 머리 속에 다음 그림

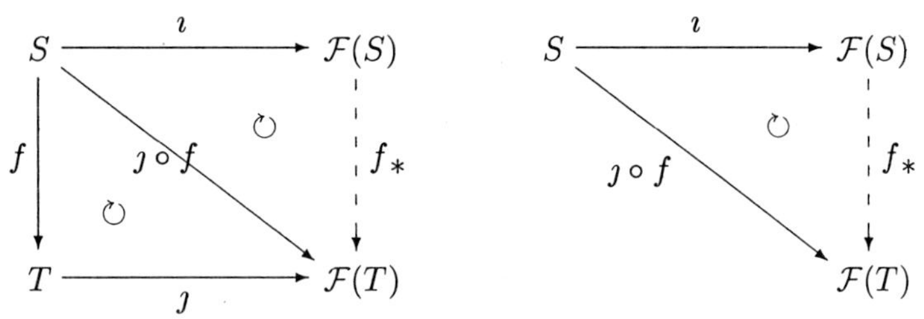

이 생각날 만큼 '성숙'했으리라 믿는다.

다음 두 명제 (명제 10.4.4와 명제 10.4.5) 는 흔히 (free-□□의) **functorial property**라고 불리운다.[29]

명제 10.4.4. S와 T가 non-empty set일 때, $(\mathcal{F}(S), \imath)$를 [free-□□ generated by S]라고 표기하고, $(\mathcal{F}(T), \jmath)$를 [free-□□ generated by T]라고 표기하자. 만약 $f : S \to T$가 함수이면, $\jmath \circ f = f_* \circ \imath$를 만족하는 unique □□-homomorphism $f_* : \mathcal{F}(S) \to \mathcal{F}(T)$가 존재한다.[30]

증명 : 위 왼쪽 commutative diagram (사각형) 에서 삼각형을 하나 지워 버리고, free-□□ $(\mathcal{F}(S), \imath)$의 universal property를 생각. 지금까지의 표기법으로는 $f_* = \widetilde{\jmath \circ f}$. (앞으로는, 대각선의 화살표도 생략하고, 왼쪽 그림 하나만 그리기로 한다.) □

[28] 사실은 이 질문의 역이 더 궁금하다. 따름명제 11.1.6 및 따름명제 11.1.8 참조.

[29] Functorial은 functor의 형용사形이다. Functor의 뜻은 설명하지 않기로 한다. 훗날 "Category Theory"를 배우게 되면 ⋯⋯.

[30] 그러고 보니, '달리기 훈련'이었던 명제 9.1.10과 명제 9.2.10도 각각 direct product와 direct sum의 functorial property였던 셈이다.

명제 10.4.5. S, T, U가 non-empty set일 때, free-□□들을 각각 $(\mathcal{F}(S), \imath)$, $(\mathcal{F}(T), \jmath)$, $(\mathcal{F}(U), k)$로 표기하자.

(가) $(id_S)_* = id_{\mathcal{F}(S)}$.

(나) 만약 $f : S \to T$와 $g : T \to U$가 함수이면, $(g \circ f)_* = g_* \circ f_*$.

증명 : 그림만 몇 개 그리면 된다. (가) 항을 위해서는 다음 그림

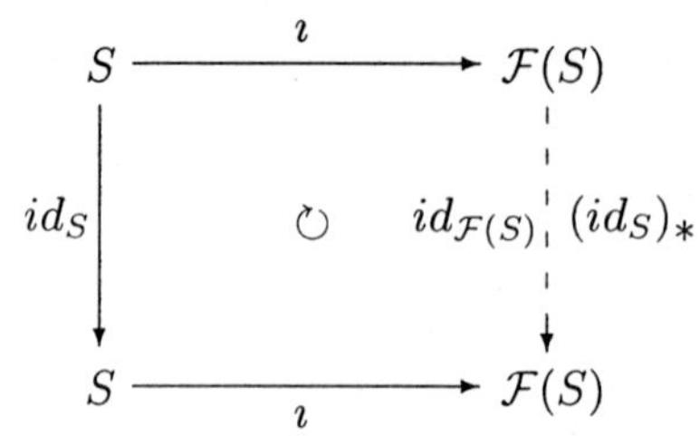

하나면 충분하다. 그리고 (나) 항을 위해서는 우선 다음 왼쪽 그림

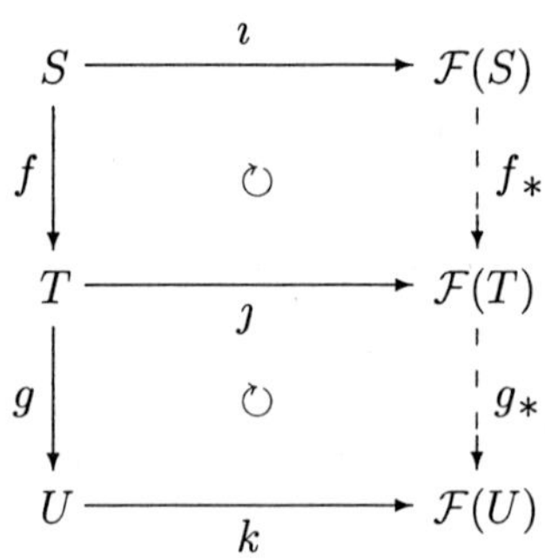

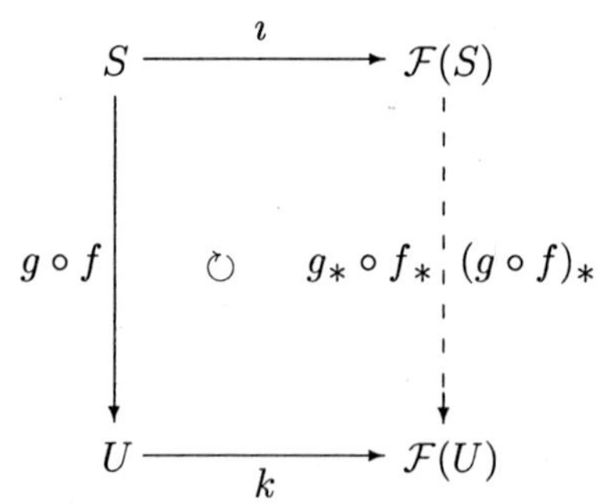

을 생각한 후, 가운데 부분을 지워 버리고 오른쪽 그림을 생각.[31] □

위 functorial property를 보면서, [I, § 14.6]에서 linear map의 dual map을 공부할 때 "수학에서 오른쪽 어깨 위의 $*$는 항상 무언가 방향이 바뀜을 의미한다"고 했던 일을 기억하는 독자들은 칭찬 받을 만하다. 지금은 방향이 바뀌지 않으므로 오른쪽 무릎 아래의 $*$를 사용한 것이다.

이제 질문 10.4.3에 답할 준비가 되었다.

따름명제 10.4.6. Non-empty set S와 T의 원소 수가 같으면 — 즉, bijection $f : S \to T$가 존재하면 — $\jmath \circ f = f_* \circ \imath$를 만족하는 unique □□-isomorphism $f_* : \mathcal{F}(S) \to \mathcal{F}(T)$가 존재한다.

[31] Direct product와 direct sum의 functorial property(명제 9.1.10과 명제 9.2.10)의 경우도 다루고 싶지만······, 지금은 참자.

증명 : 이번에는 그림도 필요하지 않다. Bijection $f : S \to T$의 역함수를 $g : T \to S$로 놓으면,

$$g \circ f = id_S, \qquad f \circ g = id_T$$

이므로, 명제 10.4.5에 의해,

$$g_* \circ f_* = (g \circ f)_* = (id_S)_* = id_{\mathcal{F}(S)}, \quad f_* \circ g_* = (f \circ g)_* = (id_T)_* = id_{\mathcal{F}(T)}$$

가 된다. 증명 끝(연습문제 1.6.8 참조). □

어쩌다 보니, 화살표들의 세계에 제법 깊숙이 들어온 것 같다. 화살표들 세계에서의 관광은 이 정도로 끝내자.

다음 질문을 위해서 독자들은 먼저 §4.5의 'additional relation'을 복습하기 바란다.[32]

질문 10.4.7. $S \neq \emptyset$일 때, [free group generated by S]를 $\mathcal{F}$로 간략히 표기하면, $\mathcal{F}/[\mathcal{F},\mathcal{F}]$는 무엇인가?

이 질문을 다시 표현하면 다음과 같다. 즉, $\mathcal{F}$의 commutator subgroup $[\mathcal{F},\mathcal{F}]$는 commutator들의 집합 $\{ghg^{-1}h^{-1} \mid g,h \in \mathcal{F}\}$가 generate하는 $\mathcal{F}$의 (normal) subgroup이므로, $\mathcal{F}$에 ['$ghg^{-1}h^{-1} = e$' for all $g,h \in \mathcal{F}$]라는 — 혹은, ['$gh = hg$' for all $g,h \in \mathcal{F}$]라는 — 'additional relation'을 주면 어떻게 되느냐는 것이다.

위 질문에 스스로 "Free group $\mathcal{F}$에는 원래 아무런 'relation'도 없으므로 $\mathcal{F}/[\mathcal{F},\mathcal{F}]$에는 오로지 모든 원소들이 commute한다는 'additional relation'만이 주어져 있는 셈이다. 다시 말해, $\mathcal{F}/[\mathcal{F},\mathcal{F}]$에는 abelian group이라는 '조건'만이 있다는 뜻이다. 따라서, $\mathcal{F}/[\mathcal{F},\mathcal{F}]$는 abelian group으로서 free이므로, $\mathcal{F}/[\mathcal{F},\mathcal{F}]$는 [free abelian group generated by S]이다"라고 생각한 독자들에게 **박수**를 보낸다. 그리고 이것이 바로 우리가 훈련 받아 온 **'사고방식'**이기도 하다.

이제 이 '사고방식'을 화살표를 사용하여 증명해 보자. 즉, $\mathcal{F}/[\mathcal{F},\mathcal{F}]$와 [free abelian group generated by S] 사이의 group isomorphism을 실제로 construct 해 보자는 뜻이다.

[32] 질문 10.4.7과 보기 10.5.3이 이 책에 포함되지 않았다면, 이 책의 두께가 상당히 줄어들었을 것이다. 머리말 참조.

명제 10.4.8. $S \neq \emptyset$ 이면, $\dfrac{\mathcal{F}_{\mathrm{gp}}(S)}{[\mathcal{F}_{\mathrm{gp}}(S),\, \mathcal{F}_{\mathrm{gp}}(S)]} \approx \mathcal{F}_{\mathrm{ab}}(S)$.[33]

증명 : $(\mathcal{F}, \imath)$를 [free group generated by S]로 표기하고, $(\mathcal{F}_{\mathrm{ab}}, \jmath)$를 [free abelian group generated by S]로 표기하자. 또 $\mathcal{F}/[\mathcal{F},\mathcal{F}] = \overline{\mathcal{F}}$로 간략히 표기하기로 하자. 우선 다음 왼쪽 그림 ($\pi : \mathcal{F} \to \overline{\mathcal{F}}$는 canonical projection)

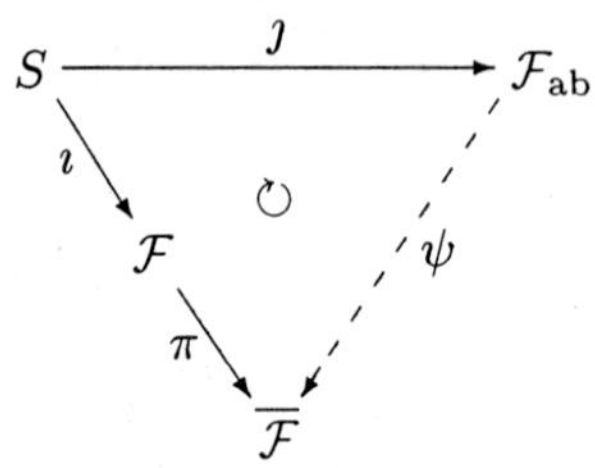

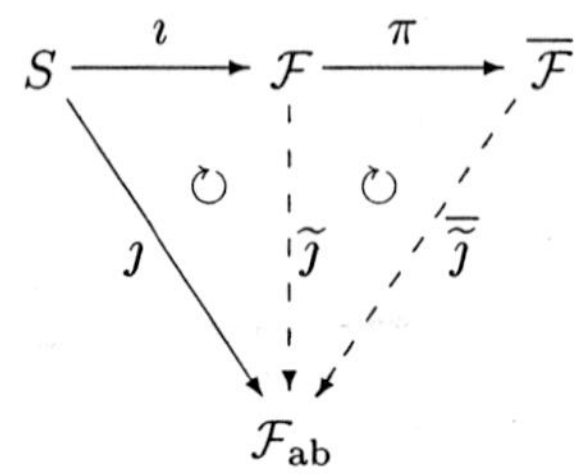

으로부터, $\overline{\mathcal{F}}$는 abelian group 이므로, group homomorphism $\psi = \widetilde{\pi \circ \imath}$가 존재한다. 또 오른쪽 그림으로부터 group homomorphism $\tilde{\jmath}$가 존재한다. 한편, $[\mathcal{F},\mathcal{F}] \leq \ker\tilde{\jmath}$ 인 것은 자명하므로 (왜 그런가?), 명제 4.2.2 (가) 항에 의해, $\overline{\tilde{\jmath}} \circ \pi = \tilde{\jmath}$ 인 group homomorphism $\overline{\tilde{\jmath}}$ 도 존재한다. 이제 다음 왼쪽 그림

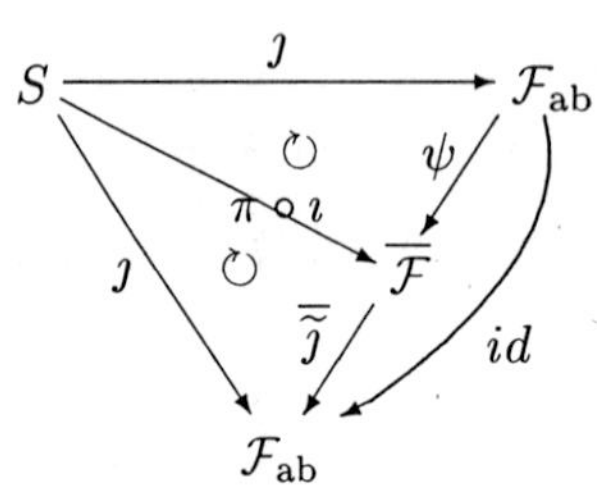

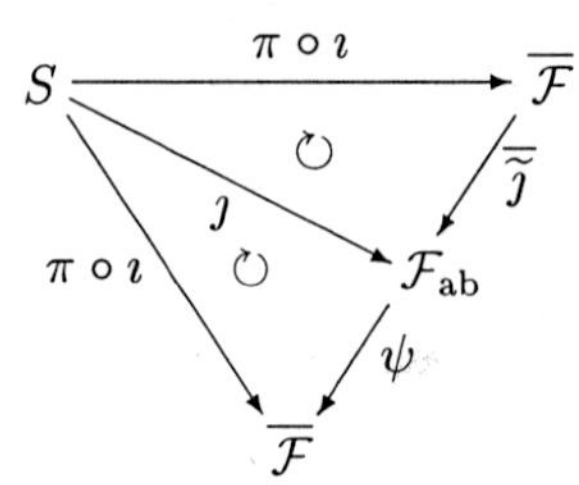

에서 $\overline{\tilde{\jmath}} \circ \psi = id_{\mathcal{F}_{\mathrm{ab}}}$ 임을 알 수 있다. 그리고 오른쪽 그림에서는

$$\pi \circ \imath = (\psi \circ \overline{\tilde{\jmath}}\,) \circ (\pi \circ \imath)$$

임을 알 수 있다. 이는, S를 $\mathcal{F}$의 generating subset 으로 identify 할 때,

$$\bar{s} = (\psi \circ \overline{\tilde{\jmath}}\,)(\bar{s}), \qquad (s \in S)$$

라는 뜻이다. 그런데, $\overline{\mathcal{F}} = \langle \bar{s} \mid s \in S \rangle$ 이므로 (왜 그런가?), $\psi \circ \overline{\tilde{\jmath}}$는 $\overline{\mathcal{F}}$의 generating subset 의 원소를 모두 고정한다. 그러므로, 관찰 10.2.2 (또는 관찰 3.2.4) 에 의해, $\psi \circ \overline{\tilde{\jmath}} = id_{\overline{\mathcal{F}}}$ 가 된다. 증명 끝. □

독자들은 위 증명의 '예쁜' 그림들을 눈여겨 보아 두기 바란다.

[33] 정의 10.3.1 (다) 항의 표기법 참조.

어쨌든 "$\overline{\mathcal{F}}$에는 오직 abelian group이라는 '조건'만이 있으므로, $\overline{\mathcal{F}}$는 free abelian group"이라는 우리의 '사고방식'이나, 이를 abstract non-sense를 사용하여 구체적으로 증명하는 technique이나 모두 아름답기 그지없다……!

연습문제 10.4.9. $S \neq \emptyset$일 때, 이번에는 [free R-algebra (with 1) generated by S]를 $\mathcal{F}$로 표기하고, $\mathcal{F}/(ab - ba \mid a, b \in \mathcal{F})$를 describe하라.

그러나 우리의 '사고방식'이나 abstract non-sense가 항상 힘을 발휘하는 것은 아니다.

질문 10.4.10. (가) $S \neq \emptyset$일 때, free group $\mathcal{F}(S)$의 non-trivial subgroup도 모두 free group인가?[34]
(나) Free group with two generators $\mathcal{F}(x, y)$의 subgroup $\langle x^n y x^{-n} \mid 1 \leq n \in \mathbb{Z} \rangle$는 finitely generated subgroup인가?

위 두 질문은 매우 어려운 질문들이다.[35] (사실 이 질문들은 넓은 의미의 word problem이라고 할 수 있다.[36]) 어쨌든, 위 질문의 답은 (가) 항은 "예", (나) 항은 "아니오"라고 '알려져 있다'.

그러고 보니, 언젠가 (§4.5에서) *"finitely generated group의 subgroup도 finitely generated group이 아닐까?"*라고 물었던 '좋은 감각'이 기억난다. 위 (나) 항이 바로 그 '좋은 감각'의 counter-example인 셈이다.

Free group 자체에 관한 논의는 이 책에서는 더 이상 의미가 없다. 우리의 다음 관심사로 넘어가기로 하자.

---

[34] 'Non-trivial'의 의미는 trivial.

[35] Hungerford [10]에 의하면 (가)항은 "decidedly nontrivial fact." (나)항은 [10]에서 찾을 수 없는 듯하다. (나)항의 statement는 [7, 4th edition]에 — "you will have no difficulty convincing yourself"라는 comment와 함께 — 수록되어 있다.

[36] 주의 10.5.2 참조.

10.5. Generators and Relations

이 節에서 다룰 generators and relations 의 공부는 이미 질문 10.4.7 에서 시작되었다. 이 節의 내용은 앞 節에 포함시킬 수도 있었으나 [I, 보기 11.9.22] 에서부터의 우리의 오랜 숙제인 점을 감안하여 독립된 節로 다루기로 한다. 이제 [I, 보기 11.9.22] 를 함께 복습해 보자.

복습 10.5.1. Symmetric group S_3 에서, $\sigma = (1,2)$, $\tau = (1,2,3)$ 으로 놓으면,

$$\sigma^2 = 1, \qquad \tau^3 = 1, \qquad \tau\sigma = \sigma\tau^2$$

이 성립한다. 이 세번째 등식은

$$\sigma\tau = \tau^2\sigma, \qquad \sigma^{-1}\tau\sigma = \sigma\tau\sigma = \tau^2, \qquad (\sigma\tau)^2 = \sigma\tau\sigma\tau = 1$$

로도 표현되며, σ 와 τ 로 만들어진 word 에서 σ 를 τ 의 왼쪽으로 옮기는 규칙이라고 말할 수 있다. 따라서, S_3 의 원소는 모두 $\sigma^i\tau^j$ 의 꼴로 쓸 수 있으므로,

$$S_3 = \{\sigma^i\tau^j \mid i = 0, 1,\ j = 0, 1, 2\} = \langle\sigma, \tau\rangle$$

로 나타낼 수 있다. 이때, $|S_3| = 6$ 이므로, 이 여섯 원소는 모두 달라야만 한다. 그리고 위 세 개의 등식이 S_3 의 "연산표를 完全히 묘사"해 준다. 예를 들어,

$$(\sigma\tau)\cdot(\sigma\tau^2) = \sigma\cdot(\tau\sigma)\cdot\tau^2 = \sigma\cdot(\sigma\tau^2)\cdot\tau^2 = \sigma^2\tau^4 = \tau$$

가 된다. 그런데, "연산표를 완전히 묘사"해 준다는 말의 참뜻은 무엇일까?

Idea 는 이미 질문 10.4.7 과 명제 10.4.8 에 주어져 있다. 즉, free group with two generators $\mathcal{F}(x,y)$ 에 '$x^2 = 1,\ y^3 = 1,\ (xy)^2 = 1$'이라는 'relation'을 주면 어떻게 되느냐는 것이다(물론 $x \neq y$). (Free group 에는 원래 아무런 '조건'도 없으므로, **'additional relation'이라고 하지 않고 그냥 'relation'이라고 표현하였다.)** 다시 말해

$$S_3 \approx \mathcal{F}(x,y)/\big(x^2,\ y^3,\ (xy)^2\big)$$

인지가 우리의 질문이다. 만약 이 질문의 답이 "예"라면, 우리는 "free group 에는 원래 아무런 'relation'도 없으므로, S_3 는 그의 generating subset $\{\sigma, \tau\}$ 와 'relation'들 '$\sigma^2 = 1,\ \tau^3 = 1,\ \tau\sigma = \sigma\tau^2$'에 의해 완전히 결정된다"고 말할 수 있을 것이다.

그럼 $\overline{\mathcal{F}} = \mathcal{F}(x,y)/\big(x^2, y^3, (xy)^2\big)$ 로 놓고, $\overline{\mathcal{F}}$ 가 symmetric group S_3 와 isomorphic 함을 설명해 보자. 우선, $\overline{y}\,\overline{x} = \overline{x}\,\overline{y}^2$ ($\overline{x}$ 를 $\overline{y}$ 의 왼쪽으로 옮기는 규칙) 과 $\overline{x}^2 = \overline{y}^3 = \overline{e}$ 에 의해

$$\overline{\mathcal{F}} = \{\overline{e}, \overline{x}, \overline{y}, \overline{y}^2, \overline{x}\,\overline{y}, \overline{x}\,\overline{y}^2\}$$

인 것은 이제 익숙하다.[37] 그러나 이때 주의할 점은 $|\overline{\mathcal{F}}| = 6$ 이라는 사실은 아직 모른다는 것이다! 우리가 알 수 있는 것은 기껏해야 $|\overline{\mathcal{F}}| \leq 6$ 이라는 것뿐이다. 다시 말해, 문제의 point 는, 극단적인 예를 들어, $\overline{x} \neq \overline{e}$ 임을 — 즉, $x \notin \big(x^2, y^3, (xy)^2\big)$ 임을 — 어떻게 증명할 것이냐는 것이다. 여섯 개의 원소 $x^2, y^3, (xy)^2, x^{-2}, y^{-3}, (xy)^{-2}$ 에 몇 천 번 몇 만 번의 조작(곱하기, $g \in \mathcal{F}(x,y)$ 를 선택해 왼쪽에 g 곱하고 오른쪽에 g^{-1} 곱하기)을 加하여도 절대로 x 를 만들 수 없음을 어떻게 증명할 수 있을까? 종이와 연필을 꺼내 보지만 무얼 써 볼 엄두도 나지 않는다…….

주의 10.5.2. $S \neq \emptyset$ 이고, $\emptyset \neq \mathcal{R} \subseteq \mathcal{F}(S)$ 라고 하자.[38] [39] $g, h \in \mathcal{F}(S)$ 일 때,

$$\overline{g} \neq \overline{h} \in \mathcal{F}(S)/(\mathcal{R})$$

인지 여부를 판단하는 문제를 우리는 좁은 의미의 **Word Problem** 이라고 부른다. (그리고 (reduced) word 와 관련된 모든 문제는 넓은 의미의 Word Problem 이라고 부른다.) **Word Problem 을 만나면 도망치는 것이 上策**이다. Word Problem 을 피해 가는 우회로를 찾아야 한다는 뜻이다.

독자들은 아까부터 왜 빨리 삼각형을 그리지 않느냐고 항의하고 있었을 것이다. 물론 지금의 Word Problem 을 피해 가는 우회로는 abstract non-sense 이다. 이때 독자들이 반드시 기억해야 할 것은 위의 논의에서 $|\overline{\mathcal{F}}| = 6$ 임을 보이기 위해서는 **먼저 symmetric group S_3 의 존재를 알아야** 한다는 점이다. (삼각형 (universal property) 이나 abstract non-sense 는 existence 에 관해서는 아무런 힘도 쓰지 못한다.)

이제 삼각형을 그려 보자.

---

[37] 美的 감각을 위해 $\overline{1} = \overline{e}$ 로 표기하였다.
[38] Ring R 과 구분하기 위하여 다른 font $\mathcal{R}$ 을 사용하였다.
[39] □□ 가 (commutative) R-algebra(with 1) 인 경우에도…….

보기 10.5.3. $S = \{x, y\}$ 일 때 (단, $x \neq y$), [free group generated by S] 를 $\mathcal{F}(x, y) = \mathcal{F}(S) = \mathcal{F}$ 로 표기하고,

$$\mathcal{R} = \{x^2, y^3, (xy)^2\} \subset \mathcal{F}, \qquad \overline{\mathcal{F}} = \mathcal{F}/(\mathcal{R})$$

로 간략히 표기하자. 지금 우리는 $|\overline{\mathcal{F}}| \leq 6$ 인 것은 알고 있다. 이제 $\overline{\mathcal{F}} \approx S_3$ 임을 보이기 위해, 함수 $\eta : S \to S_3$ 를

$$\eta(x) = \sigma = (1, 2), \qquad \eta(y) = \tau = (1, 2, 3)$$

으로 정의하고 (단, $\pi : \mathcal{F} \to \overline{\mathcal{F}}$ 는 canonical projection), 다음 그림

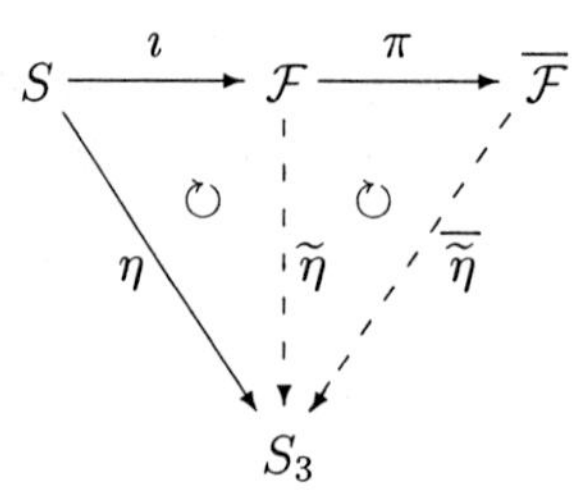

을 생각한다. 이 그림의 왼쪽 부분 ($\mathcal{F}$ 의 universal property) 에서 group homomorphism $\widetilde{\eta}$ 의 존재를 알 수 있다. 또, $(\mathcal{R}) \leq \ker \widetilde{\eta}$ 임은 당연하므로, 이 그림의 오른쪽 부분에서는 (명제 4.2.2 에 의해) homomorphism $\overline{\widetilde{\eta}}$ 의 존재를 얻는다. 이제 $S_3 = \langle \sigma, \tau \rangle$ 이고 $\{\sigma, \tau\} \subset \operatorname{im} \overline{\widetilde{\eta}}$ 이므로, $\overline{\widetilde{\eta}}$ 는 **surjection** 임을 알 수 있다. 즉, $|\overline{\mathcal{F}}| \geq 6$. 결국 $|\overline{\mathcal{F}}| = 6$ 이고, 따라서, $\overline{\widetilde{\eta}}$ 는 group isomorphism.

위 증명을 다시 음미해 보면, 위 증명은 symmetric group S_3 의 존재를 미리 알고 있어야만 가능함을 알 수 있다. 한편 counting method (Pigeon Hole Principle) 가 Word Problem 을 피해 가는데 결정적인 역할을 하는 것도 알 수 있다.[40]

이미 여러 번 등장한 $\mathcal{F}(S)/(\mathcal{R})$ 은 물론 당당한 이름을 갖고 있다.

정의 10.5.4. $S \neq \emptyset$ 일 때, $\mathcal{F}(S)$ 를 [free-□□ generated by S] 라고 하자. 이때, $\emptyset \neq \mathcal{R} \subseteq \mathcal{F}(S)$ 이면, quotient □□ $\mathcal{F}(S)/(\mathcal{R})$ 을 생각하고,

(가) "□□ $\mathcal{F}(S)/(\mathcal{R})$ is **defined by** (the set of) **generators** S, **and** (the set of) **relations** $\mathcal{R}$" 이라고 말한다.

[40] 우리는 이미 명제 7.2.18 에서 비슷한 경험을 했었다.

(나) 특별히, □□가 group 인 경우에는

$$\mathcal{F}(S)/(\mathcal{R}) = \langle S \mid \mathcal{R} \rangle$$

로 표기하고, 이를 ($\mathcal{F}(S)/(\mathcal{R})$ 의) **group presentation** 이라고 부른다.[41]

이제 새 표기법을 사용하면, 보기 10.5.3 의 결과는

$$S_3 \approx \left\langle x, y \mid x^2,\, y^3,\, (xy)^2 \right\rangle$$

로 쓸 수 있을 것이다.[42] 그리고, 다음 표기법

$$S_3 \approx \left\langle x, y \mid x^2 = y^3 = 1,\ yx = xy^2 \right\rangle$$

이 의미도 분명하고, 훨씬 더 자연스러워 보인다.

연습문제 10.5.5. 다음을 증명하라.

(가) $1 \le n \in \mathbb{Z}$ 이면, $\mathbb{Z}_n \approx \langle x \mid x^n \rangle$.

(나) $\mathbb{Z}_6 \approx \left\langle x, y \mid x^2 = y^3 = 1,\ yx = xy \right\rangle$.

(다) $Q_8 \approx \left\langle x, y \mid x^4 = 1,\ x^2 = y^2,\ yx = x^3 y \right\rangle$.[43]

물론, 명제 10.4.1 에 의하면, 임의의 group G 는 어떤 free group 의 homomorphic image 이므로, **G 는 항상 group presentation 을 갖는다**. 즉, $\mathcal{F}(S)$ 가 free group 이고 $\varphi : \mathcal{F}(S) \to G$ 가 epimorphism 이면, $G \approx \langle S \mid \ker \varphi \rangle$ 가 된다. 한편, 위 연습문제 (가) 항과 (나) 항은 주어진 group 이 두 개 이상의 group presentation 을 가질 수 있음을 보여 주고 있다. So far so good!

그러나……. 독자들도 지금쯤 은근히 다음과 같은 질문을 걱정하고 있었을 것이다.

질문 10.5.6. $G = \left\langle x, y, z \mid x^2 = y^5 = z^7 = 1,\ yx = x^2 y,\ z^2 x y^4 = x y z^4 \right\rangle$ 이라고 놓으면, G 는 finite group 인가? 만약 그렇다면 (그럴 리 없어 보이지만) G 의 order 는?

독자들이 위 질문을 위하여 종이와 연필을 낭비하는 일은 없을 것으로 믿는다.[44] ㅎㅎ. 이 책에서는 다음 두 보기 정도만 더 다룰 예정 (?) 이다.

---

[41] 예를 들어, *algebra presentation* 이라는 용어는 별로 들어 본 기억이 없다.

[42] 예를 들어, $S = \{x, y, z, \dots\}$ 라고 하면, 항상 $x, y, z, \dots$ 는 서로 다르다고 가정한다.

[43] Q_8 은 quaternion group(연습문제 2.1.10).

[44] 주의 2.2.13 에서 "group presentation 은 무언가 맘에 들지 않는다"고 했던 일도 기억난다.

질문 10.5.7. 다음 두 group의 구조는?

(가) $\langle x, y \mid x^2,\, y^n,\, (xy)^2 \rangle$.

(나) $\langle x_1, x_2, x_3 \mid x_1^2,\, x_2^2,\, x_3^2,\, (x_1x_3)^2,\, (x_1x_2)^3,\, (x_2x_3)^3 \rangle$.[45]

아직 [I, 보기 11.9.22 (다)]의 숙제가 남아 있다.

복습 10.5.8. $\mathbf{O}(2)$의 두 orthogonal matrix

$$R = R_{2\pi/3} = \begin{pmatrix} \cos(2\pi/3) & -\sin(2\pi/3) \\ \sin(2\pi/3) & \cos(2\pi/3) \end{pmatrix}, \qquad S = \begin{pmatrix} -1 & 0 \\ 0 & 1 \end{pmatrix}$$

을 생각하고 (R은 rotation, S는 reflection), $\mathbf{O}(2)$의 subgroup D_3를

$$D_3 = \langle R, S \rangle \le \mathbf{O}(2)$$

로 정의하자. 우리는 이미 $\mathbf{O}(2)$의 연산 규칙

$$S^2 = I, \qquad R^3 = I, \qquad RS = SR^2$$

을 잘 알고 있다. 특히, 위 세번째 식은 "뒤집고 돌리고 다시 뒤집으면 거꾸로 돌린 것과 같다"는 plane rigid motion의 大원칙이다. 그러면,

$$D_3 = \{S^iR^j \mid i = 0, 1,\ j = 0, 1, 2\}$$

이고, 특별히, $|D_3| = 6$인 것은 익숙하다. (이 여섯 행렬이 실제 모두 다르다는 것은 노동으로 확인할 수밖에 없다.) 이제 우리는 당연히 $D_3 \approx S_3$일 것으로 예상한다. 그리고

$$\varphi(\sigma) = S, \qquad \varphi(\tau) = R$$

로 정의된 함수 $\varphi : S_3 \to D_3$가 생각날 것이다. (마치 선형사상의 Linear Extension Theorem처럼, $\varphi(\sigma)$와 $\varphi(\tau)$만 주어지면, φ가 결정된다. 즉,

$$\varphi(1) = I, \quad \varphi(\tau^2) = R^2, \quad \varphi(\sigma\tau) = SR, \quad \varphi(\sigma\tau^2) = SR^2$$

은 自動이다.) 그런데, φ는 정말 group homomorphism일까? 36-가지 (25-가지) 경우를 모두 확인해 본다……? 연산표가 완전히 겹쳐 보이므로……?

이 장면에서 삼각형이 생각나지 않는다면 오히려 이상하다.

---

[45] (가)항은 이 節에서 곧 다룰 예정이고, (나)항은 방학숙제……. (나)항의 답을 예상하지 못하면 좀 둔한 편이다.

보기 10.5.9. $S_3 = \langle x, y \mid x^2, y^3, (xy)^2 \rangle$ 으로 이해하고, 보기 10.5.3 에서와 같은 표기법을 사용하자 (즉, $\overline{\mathcal{F}} = S_3$). 함수 $\nu : S \to D_3$ 를 $\nu(x) = S$, $\nu(y) = R$ 로 정의하고, 다음 익숙한 commutative diagram

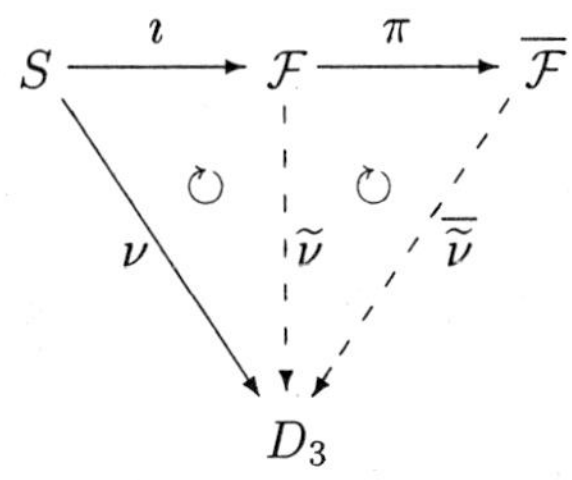

을 생각하면, 앞 복습 10.5.8 의 φ 가 homomorphism (isomorphism) 인 것은 자명하다. 즉, $\varphi = \overline{\widetilde{\nu}}$.

연습문제 10.5.10. $\mathbf{PSL}_2(2) \approx S_3$ 임을 보여라.[46]

독자들은 D_3 의 이름이 dihedral group 이었음을 기억하고 있을 것이다. 지금이 dihedral group 들을 정식으로 소개할 기회이다.

정의 10.5.11. $3 \le n \in \mathbb{Z}$ 일 때, $\mathbf{O}(2)$ 의 두 orthogonal matrix

$$R = R_{2\pi/n} = \begin{pmatrix} \cos(2\pi/n) & -\sin(2\pi/n) \\ \sin(2\pi/n) & \cos(2\pi/n) \end{pmatrix}, \qquad S = \begin{pmatrix} -1 & 0 \\ 0 & 1 \end{pmatrix}$$

을 생각하고, [**dihedral group** of order $2n$] D_n 을

$$D_n = \langle R, S \rangle \le \mathbf{O}(2)$$

로 정의한다. (즉, D_n 은 $\mathbb{R}^2$-평면의 원점을 중심으로 $2\pi/n$ 만큼 회전하고 S 로 뒤집는 2-dimensional rigid motion 들이 생성하는 group.)

위 정의만으로는 아직 $|D_n| = 2n$ 인지 알 수 없다. 독자들은 이미 다음 연습문제를 풀기 시작했을 것이다.

연습문제 10.5.12. $3 \le n \in \mathbb{Z}$ 일 때, 다음을 보여라.
(가) $D_n = \{S^i R^j \mid 0 \le i \le 1,\ 0 \le j \le n-1\}$ 이고, $|D_n| = 2n$.[47]
(나) $D_n \approx \langle x, y \mid x^2 = y^n = 1,\ yx = xy^{n-1} \rangle$.

[46] 관찰 7.3.4 참조. 정리 4.4.15(가)항도 참조.
[47] Hint : 예를 들어, $0 \le j, k \le n-1$ 일 때, $\det(SR^j) \ne \det(R^k)$ 이므로, $SR^j \ne R^k$.

연습문제 10.5.13. (가) $\sigma = (2,5)(3,4)$, $\tau = (1,2,3,4,5) \in S_5$ 라고 할 때, $G_5 = \langle \sigma, \tau \rangle \leq S_5$ 로 정의하면, $G_5 \approx D_5$ 임을 보여라.
(나) $\sigma = (2,6)(3,5)$, $\tau = (1,2,\ldots,6) \in S_6$ 일 때, $G_6 = \langle \sigma, \tau \rangle \leq S_6$ 로 정의하면, $G_6 \approx D_6$ 임을 보여라.
(다) 위 (가),(나)항을 각각 정오각형과 정육각형의 꼭지점들의 permutation 으로 이해하고, 이를 정-n-각형의 경우로 일반화하라.

우리는 dihedral group 을 우리가 가장 잘 알고 있는 matrix group 으로 정의하였다. 즉, D_n 을 linear representation 을 이용하여 정의한 셈이다. 한편, 우리는 symmetric group 도 좀 알고 있고, 연습문제 10.5.13 은 D_n 의 permutation representation 을 이용하여 D_n 을 S_n 의 subgroup 으로 이해하고 있다.[48]

연습문제 10.5.14. Dihedral group D_4 는 quaternion group Q_8 과 isomorphic 한가?[49]

다음 주의는 노파심에서…….

주의 10.5.15. 어떤 참고도서에서는, 아마도 편의상, dihedral group D_n 을 (서로 다른) formal symbol $2n$-개의 집합 $\{x^i y^j \mid 0 \leq i \leq 1,\ 0 \leq j \leq n-1\}$ 로 놓고, 이항연산을 — $0 \leq i \leq 1,\ 0 \leq j, \ell \leq n-1$ 일 때 —

$$(x^i y^j) \cdot y^\ell = x^i y^{j+\ell (\operatorname{mod} n)}, \qquad (x^i y^j) \cdot (x y^\ell) = x^{i+1 (\operatorname{mod} 2)} y^{(n-1)j+\ell (\operatorname{mod} n)}$$

으로 정의한 후,[50] **결합법칙부터 확인**하기 시작한다(독자들의 믿음을 강요하기도 하고……). 혹 그런 책을 만나더라도, 지은이의 고충을 이해하고, 이젠 웃으며 믿어 주면 된다.

우리는 이 節에서 주로 group presentation 을 다루었지만, 정의 10.5.4 에는 [R-algebra (with 1) defined by generators and relations] 의 개념도 포함되어 있었다. 그냥 지나치기 섭섭해서 연습문제를 하나만 추가한다.

연습문제 10.5.16. 정의 10.5.4 에서 □□ 가 [R-algebra with 1] 이라고 할 때, [group algebra $R[S_3]$ is defined by the set of generators $\{x, y\}$, and the set of relations $\{x^2-1,\ y^3-1,\ yx-xy^2\}$] 임을 보여라.[51]

---

[48] Group representation 은 §2.2 참조.
[49] 뒤 명제 13.4.4 에 의하면 order 8 인 non-commutative group 은 (up to isomorphism) D_4 와 Q_8 뿐.
[50] $j+\ell (\operatorname{mod} n)$ 등의 의미는 자명.
[51] Group algebra 는 §2.2 참조.

제11장 PID-위의 선형대수

이 章에서는 오랫동안 미루어 온 integral domain (특히 PID) 위에서의 선형대수를 공부한다. 즉, D가 integral domain 일 때, free D-module 들의 구조를 공부하자는 뜻이다.

관심의 대상은 물론 finitely generated free D-module 들이다. 그래서, 이 章은 앞 제10장과 다음 제12장의 '연결 고리'(따름명제 11.2.10)의 역할을 한다. 제12장의 주제는 [finitely generated module over a PID]의 decomposition 이기 때문이다.

11.1. Free Module 의 Rank

이제 integral domain D를 고정하고, §5.6 에서처럼, D의 field of quotients 를 $Q = Q_D$로 간략히 표기하기로 한다.

또, [I]에서 Q^n으로 표기하던 전통에 따라, $1 \leq n \in \mathbb{Z}$일 때,

$$D^n = D \oplus D \oplus \cdots \oplus D = D \times D \times \cdots \times D \subseteq Q^n$$

으로 표기하기로 하자. 그리고 우리는 free abelian group D^n이 standard basis $\mathcal{E} = \{\mathbf{e}_1, \ldots, \mathbf{e}_n\}$을 갖는 것을 잘 알고 있다. (한편, $\mathcal{E}$는 Q-vector space Q^n의 Q-basis 이기도 하다.) 물론 D^n의 D-basis 가 유일할 이유는 없다.

연습문제 11.1.1. $\{(1,2)^{\mathbf{t}}, (3,5)^{\mathbf{t}}\}$는 $\mathbb{Z}^2$의 $\mathbb{Z}$-basis 임을 보여라.[1]

우리의 첫 관심사는 물론 free D-module 들도 [벡터공간의 dimension 비슷한 것]을 갖는지 여부이다. 그리고 이 질문의 본질은 이미 질문 3.4.11 에 포함되어 있었다. 위 연습문제를 풀면서 독자들도 눈치 챘겠지만, idea 는 간단하다. D-위의 일차 연립방정식을 우선 field Q-위에서 풀자는 것이다.

[1] 이 章의 제목이 선형대수이니 다시 column vector 를 사용한다.

보기 11.1.2. 만약 free abelian group $\mathbb{Z}^3$ 가 두 개의 원소로 generate 될 수 없음을 보일 수 있다면, $\mathbb{Z}^2$ 와 $\mathbb{Z}^3$ 는 서로 isomorphic 하지 않음을 보일 수 있을 것이다. 이제, $\mathbb{Z}^3$ 가 두 개의 원소 $\mathbf{x}, \mathbf{y} \in \mathbb{Z}^3$ 로 generate 된다고 가정하면, 특별히, $\mathbb{Z}^3$ 의 standard basis $\{\mathbf{e}_1, \mathbf{e}_2, \mathbf{e}_3\}$ 의 원소들도 $\{\mathbf{x}, \mathbf{y}\}$ 의 $\mathbb{Z}$-linear combination 으로 나타낼 수 있을 것이다. 이는 $\{\mathbf{x}, \mathbf{y}\} \subset \mathbb{Z}^3 \subset \mathbb{Q}^3$ 가 3-dimensional $\mathbb{Q}$-vector space $\mathbb{Q}^3$ 를 generate 한다는 뜻이므로 모순. 결론은 $\mathbb{Z}^3 \not\approx \mathbb{Z}^2$.

위 보기로부터 다음 관찰을 예상할 수 있었을 것이다.

관찰 11.1.3. $I \neq \emptyset$, $\mathcal{F}_D = \bigoplus_{i \in I} D$, $\mathcal{F}_Q = \bigoplus_{i \in I} Q$ 로 표기하고, $\mathcal{F}_D \subseteq \mathcal{F}_Q$ 로 identify 하자.[2] 그러면, $S \subseteq \mathcal{F}_D$ 일 때,

(가) $\sum_{x \in S} Dx = \mathcal{F}_D$ 이면, $\sum_{x \in S} Qx = \mathcal{F}_Q$.[3]

(나) S is a D-linearly independent subset of $\mathcal{F}_D$ if and only if S is a Q-linearly independent subset of $\mathcal{F}_Q$.

증명 : 만약 $\sum_{x \in S} Dx = \mathcal{F}_D$ 이면, $\mathcal{E} = \{\mathbf{e}_i \mid i \in I\}$ 를 $\mathcal{F}_D$ 의 standard basis 로 표기할 때, $\mathcal{E} \subset \sum_{x \in S} Dx \subseteq \sum_{x \in S} Qx$ 가 된다. 그런데 $\mathcal{E}$ 는 $\mathcal{F}_Q$ 의 Q-basis 이기도 하므로, $\sum_{x \in S} Qx = \mathcal{F}_Q$. (나) 항은 독자들에게 맡긴다. □

증명을 하고도, '본능적'으로 **무언가 不安**하게 느껴지는 이유는 다음 두 보기 때문이다. 우리는 늘 다음 두 경우를 염두에 두고 조심하여야 한다.

보기 11.1.4. (가) 예를 들어, $\{(2,0)^{\mathbf{t}}, (0,6)^{\mathbf{t}}\}$ 는 $\mathbb{Q}^2$ 의 $\mathbb{Q}$-basis (이고 $\mathbb{R}^2$ 의 $\mathbb{R}$-basis) 이지만 $\mathbb{Z}^2$ 의 $\mathbb{Z}$-basis 는 아니다.

(나) 예를 들어, $\{(1,0)^{\mathbf{t}}, (\sqrt{2},0)^{\mathbf{t}}\}$ 는 $\mathbb{R}^2$ 의 $\mathbb{Z}$-linearly independent (이고 $\mathbb{Q}$-linearly independent) subset 이지만 $\mathbb{R}$-linearly independent subset 은 아니다.

어쨌든…….

명제 11.1.5. (가) $I \neq \emptyset$ 일 때, free D-module $\bigoplus_{i \in I} D$ 의 D-basis 는 Q-vector space $\bigoplus_{i \in I} Q$ 의 Q-basis 이기도 하다.

(나) M 이 free D-module 이면, $M \approx \bigoplus_{i \in I} D$ for some $I \neq \emptyset$. 이때 $\mathfrak{B}$ 가 M 의 D-basis 이면, $|\mathfrak{B}| = |I|$.

---

[2] 예를 들어, $\mathbb{Z}^n \subset \mathbb{Q}^n$ 으로 생각하자는 뜻.

[3] 단순히 $\langle S \rangle$ 로 표기하면, $\sum_{x \in S} Dx$ 를 의미하는지 혹은 $\sum_{x \in S} Qx$ 를 의미하는지 불분명.

증명 : (가) 항은 관찰 11.1.3 의 결과. 한편 $\varphi : M \to \bigoplus_{i\in I} D$ 를 isomorphism 이라고 하면, $\varphi(\mathfrak{B})$ 는 당연히 $\bigoplus_{i\in I} D$ 의 D-basis 이고, 따라서 (가) 항에 의해 $\varphi(\mathfrak{B})$ 는 $\bigoplus_{i\in I} Q$ 의 Q-basis 가 된다. 즉, $|\mathfrak{B}| = \dim_Q \left(\bigoplus_{i\in I} Q\right) = |I|$.[4] □

따름명제 11.1.6. $S, T \neq \emptyset$ 일 때, 다음 조건은 동치이다.

(1) $|S| = |T|$.

(2) $\bigoplus_{s\in S} D \approx \bigoplus_{t\in T} D$.

증명 : 우선 $|S| = |T|$ 일 때, $\bigoplus_{s\in S} D \approx \mathcal{F}_D(S) \approx \mathcal{F}_D(T) \approx \bigoplus_{t\in T} D$ 임은 이미 따름명제 10.4.6 에서 증명하였다. 한편, 역으로, $\bigoplus_{s\in S} D \approx \bigoplus_{t\in T} D$ 일 때, $\bigoplus_{s\in S} D$ 의 standard basis 의 isomorphic image 도 $\bigoplus_{t\in T} D$ 의 D-basis 가 되므로, 명제 11.1.5 에 의해 $|S| = |T|$. □

이제 free D-module 의 'dimension'이 **well-defined** 되는 것을 알 수 있다. 왜냐 하면, 만약 $\mathfrak{B}, \mathfrak{C}$ 가 free D-module M 의 D-basis 일 때, $M \approx \bigoplus_{i\in I} D$ 로 놓으면, $|\mathfrak{B}| = |I| = |\mathfrak{C}|$ 이기 때문.

정의 11.1.7. $\mathfrak{B}$ 가 free D-module M 의 D-basis 이면, $|\mathfrak{B}|$ 를 M 의 **rank** (혹은 dimension) 라고 부르고, $\text{rank}_D(M) = |\mathfrak{B}|$ 로 표기한다.[5] [6]

§10.4 에서 남겨 둔 숙제가 하나 있다.

따름명제 11.1.8. $S, T \neq \emptyset$ 일 때, 다음 조건은 동치이다.

(1) $|S| = |T|$.

(2) $\mathcal{F}_{\text{gp}}(S) \approx \mathcal{F}_{\text{gp}}(T)$.

증명 : 이번에도 한쪽 방향은 따름명제 10.4.6 의 결과이다. 한편, 명제 10.4.8 에 의해 free group 의 'abelianization'은 free abelian group (free $\mathbb{Z}$-module) 이므로,[7] 따름명제 11.1.6 에 의해 $\cdots\cdots$. □

연습문제 11.1.9. (보기 11.1.2 를 흉내 내어) M 이 finitely generated free D-module 이면, $\text{rank}_D(M) < \infty$ 임을 보여라.

---

[4] 기억을 되살려 보면, 우리는 [I, 정리 3.5.1] 에서 무한 차원 벡터공간의 dimension 의 well-definedness 증명을 생략했었다. Transfinite induction 이라는 단어가 기억난다.

[5] Free D-module 의 rank 와 행렬의 rank 를 혼동할 여지는 없다.

[6] [4], [5] 등에 의하면, R 이 commutative ring (with 1) 이기만 하면, free R-module 의 rank 가 well-defined 된다.

[7] Free group $\mathcal{F}$ 의 'abelianization'은 물론 $\mathcal{F}/[\mathcal{F}, \mathcal{F}]$.

이제 free D-module 의 'dimension'을 알게 되었으니, 본격적으로 D-위의 선형대수를 시작하자. 첫번째 질문은:

질문 11.1.10. (가) Free D-module M 의 D-submodule N 도 free D-module 일까? 만약 그렇다면, $\mathrm{rank}_D(N) \leq \mathrm{rank}_D(M)$ 이 성립할까?
(나) Free D-module 間 D-linear map 의 Dimension Theorem 도 성립할까?

우리는 다음 節에서, D 가 PID 일 때, 위 질문의 답이 "예" 임을 배우게 된다. 그러나, 물론 **벡터공간과는 根本的인 차이**가 있다!

보기 11.1.11. (가) 보기 11.1.4 의 $\{(2,0)^{\mathbf{t}}, (0,6)^{\mathbf{t}}\} \subset \mathbb{Z}^2$ 를 다시 생각하고,

$$A = \mathbb{Z}\begin{pmatrix}2\\0\end{pmatrix} + \mathbb{Z}\begin{pmatrix}0\\6\end{pmatrix} < \mathbb{Z}^2$$

으로 놓자. 그러면, $\{(2,0)^{\mathbf{t}}, (0,6)^{\mathbf{t}}\}$ 는 $\mathbb{Z}^2$ 의 $\mathbb{Z}$-linearly independent subset 이므로, $\{(2,0)^{\mathbf{t}}, (0,6)^{\mathbf{t}}\}$ 는 abelian group A 의 $\mathbb{Z}$-basis 가 된다. 즉, A 는 free abelian group 이고 $\mathrm{rank}_{\mathbb{Z}}(A) = 2$ 가 된다. 물론

$$A = \mathbb{Z}\begin{pmatrix}2\\0\end{pmatrix} + \mathbb{Z}\begin{pmatrix}0\\6\end{pmatrix} = \mathbb{Z}\begin{pmatrix}2\\0\end{pmatrix} \oplus \mathbb{Z}\begin{pmatrix}0\\6\end{pmatrix} < \mathbb{Z} \oplus \mathbb{Z}$$

로 쓸 수 있다.
(나) 이는 M 이 free D-module 일 때, $N \leq_D M$ 이고 $\mathrm{rank}_D(N) = \mathrm{rank}_D(M)$ 이더라도, $N \neq M$ 일 수 있다는 뜻이다. (우리의 '고향' 벡터공간에서는 이런 일이 있을 수 없다.)

위 보기와 다음 연습문제는 free D-module 의 경우에는 Basis Extension Theorem 이 성립하지 않음을 보여 준다.

연습문제 11.1.12. $(2,0)^{\mathbf{t}}$ 를 포함하는 $\mathbb{Z}^2$ 의 $\mathbb{Z}$-basis 는 없음을 보여라.

다음 연습문제는 잠시 후에 중요한 역할이 기다리고 있다.

연습문제 11.1.13. 위 보기 11.1.11 (가) 항에서,

$$\frac{\mathbb{Z}^2}{A} = \frac{\mathbb{Z}\oplus\mathbb{Z}}{2\mathbb{Z}\oplus 6\mathbb{Z}} \approx \frac{\mathbb{Z}}{2\mathbb{Z}} \oplus \frac{\mathbb{Z}}{6\mathbb{Z}}$$

이고, 따라서 $[\mathbb{Z}^2 : A] = 12$ 임을 보여라.[8]

[8] Internal direct sum 과 external direct sum 의 표기법부터 이해하고.

11.2. Finitely Generated Module over a PID

벡터공간의 Dimension Theorem 부터 복습한다. 다음은 Dimension Theorem 의 또 다른 증명이다.[9]

연습문제 11.2.1. V, W 는 F-vector space, $L : V \to W$ 는 **surjective** F-linear map 이라고 하자. 이제 $\{w_i \mid i \in I\}$ 가 W 의 F-basis 일 때, $L(v_i) = w_i$ 인 $v_i \in V$ 를 찾고(단, $i \in I$), $U = \sum_{i \in I} F v_i$ 로 놓자. 다음을 보여라.

(가) $\{v_i \mid i \in I\}$ 은 U 의 F-basis 이고, $U \approx W$.

(나) $V = U \oplus \ker L$.

위 연습문제를 그대로 흉내 낸 다음 명제는 [D-module 의 Dimension Theorem] 이라고 부를 수 있을 것이다. 그리고, 이 節의 모든 결과는 본질적으로 다음 명제의 따름명제가 된다.

명제 11.2.2. M 은 D-module, N 은 **free** D-module, $\varphi : M \to N$ 은 surjective D-linear map 이라고 하면,

$$M = \ker \varphi \oplus \mathcal{F}, \qquad \mathcal{F} \approx N$$

인 M 의 free D-submodule $\mathcal{F}$ 가 존재한다.

증명 : 위 연습문제에서 F 를 D 로 바꾸기만 하면 된다. □

이제부터는 D 는 **항상 PID** 라고 가정하자. 이 가정은 다음 연습문제([학부 대수학의 半] 의 avatar) 에 필요하다.

연습문제 11.2.3. D 는 PID, $0 \neq M$ 은 free D-module 일 때, 다음을 보여라.

(가) M 은 torsion-free.[10]

(나) $0 \neq x \in M$ 이면, $D \approx Dx$ as D-modules.

(다) $0 \neq I \trianglelefteq D$ 이면, $I \approx D$ as D-modules. 따라서, I 는 free D-module of rank 1.

---

[9] 작년에는 Basis Extension Theorem 을 사용하는 것이 자연스러웠다. 한편, 보기 11.1.11 과 연습문제 11.1.12 에 의하면, free D-module 의 경우에는 Basis Extension Theorem 은 성립하지 않는다.

[10] Free module 은 모든 것으로부터 자유로우므로, torsion 으로부터도 물론 자유로울 것이다. 증명에는 D-basis 를 이용하는 것이 산뜻하다.

다음 명제는 이미 예고되어 있었고, 우리가 예상했던 바이다.

명제 11.2.4. D가 PID이면, free D-module M의 non-zero D-submodule N도 free D-module이고, $\mathrm{rank}(N) \le \mathrm{rank}(M)$.

증명 : 언제나 그래 왔듯이, M이 finitely generated일 때에만 증명한다. 즉, M이 finite D-basis $\{x_1, \ldots, x_r\}$을 갖는다고 하고,[11] 물론 — '본능적으로' — $r = \mathrm{rank}_D(M)$에 관한 귀납법을 사용한다. 독자들은 이미 앞 연습문제 11.2.3이 $r = 1$인 경우임을 알아보았을 것이다. 이제, $r \ge 2$라고 하고, canonical projection $p_i : M \to Dx_i$ 들을 생각한다.[12] 물론, $1 \le i \le r$일 때,

$$p_i(a_1x_1 + \cdots + a_rx_r) = a_ix_i, \qquad (a_i \in D)$$

로 정의되어 있다. 그런데, $0 \ne N$이므로, $p_iN \ne 0$인 i가 존재할 것이다. 이제 편의상 $p_1N \ne 0$이라고 표기하고, $p_1|_N : N \to Dx_1$을 생각하자. 그러면,

$$N_1 = \ker\left(p_1|_N\right) \le Dx_2 \oplus \cdots \oplus Dx_r$$

이므로, 귀납법의 가정에 의해, N_1은 free D-module이고, $\mathrm{rank}_D(N_1) \le r-1$임을 알 수 있다. 한편, 다시 연습문제 11.2.3에 의해, $\mathrm{im}\left(p_1|_N\right)$은 free D-module of rank 1. 이제, 명제 11.2.2를 적용하면,

$$N = N_1 \oplus \mathcal{F}, \qquad \mathcal{F} \approx D$$

인 $\mathcal{F} \le N$이 존재한다. 증명 끝. □

다시 강조하거니와 위 증명이 조금 까다로워진 이유는 free D-module의 경우에는 Basis Extension Theorem이 없기 때문이다.

따름명제 11.2.5. D가 PID이면, finitely generated D-module의 submodule도 finitely generated.

증명 : 명제 10.4.1(및 그 증명)을 이용한다. 즉, S가 M의 finite generating set이라고 하면, epimorphism $\varphi : \mathcal{F}_D(S) \to M$이 존재한다. 만약 $N \le_D M$이면, $\varphi^{-1}N \le_D \mathcal{F}_D(S)$이므로, 명제 11.2.4에 의해 $\varphi^{-1}N$은 finitely generated. 그런데, finitely generated module의 homomorphic image도 당연히 finitely generated이므로, $N = \varphi\varphi^{-1}N$도 finitely generated. □

[11] 연습문제 11.1.9에 의하면, free D-module이 finitely generated라는 말은 finite rank를 갖는다는 말과 동치이다.

[12] 이 부분이 약간 technical하다. 이 명제는 다른 방법으로도 증명할 수 있다.

다음 두 연습문제도 명제 11.2.4의 direct consequence.

연습문제 11.2.6. (Dimension Theorem) D는 PID, M, N은 finite rank의 free D-module, $\varphi : M \to N$은 D-linear map이면,

$$\operatorname{rank}_D(M) = \operatorname{rank}_D(\ker\varphi) + \operatorname{rank}_D(\operatorname{im}\varphi)$$

가 성립함을 보여라(물론 $\operatorname{rank}_D(0) = 0$으로 정의).[13]

연습문제 11.2.7. (가) D가 PID일 때, $\mathcal{F}_D = \bigoplus_{i \in I} D$, $\mathcal{F}_Q = \bigoplus_{i \in I} Q$로 표기하고(물론 $I \neq \emptyset$), $\mathcal{F}_D \subseteq \mathcal{F}_Q$로 identify하자. 그러면, $S \subseteq \mathcal{F}_D$일 때,

$$\operatorname{rank}_D\left(\sum_{x \in S} Dx\right) = \dim_Q\left(\sum_{x \in S} Qx\right)$$

임을 보여라.

(나) (Rank Theorem) D가 PID일 때, D-위의 Rank Theorem (D-위의 행렬의 column rank와 row rank는 같다)을 증명하라.

그런데, 기억을 되살려 보면, 벡터공간의 Basis Extension Theorem의 증명에는 maximal linearly independent subset이라는 "기발한 idea"가 필요했었다.[14] 물론 maximal D-linearly independent subset이 D-basis가 되지는 않지만, 다음 증명에서는 중요한 역할을 한다.

명제 11.2.8. D가 PID이면, finitely generated torsion-free D-module은 free.

증명 : (i) S를 torsion-free D-module M의 finite generating set이라고 하고, $T = \{x_1, \ldots, x_s\}$를 [maximal D-linearly independent subset of S]라고 하자. 다시 말해, T는 D-linearly independent이고, S에는 T보다 더 큰 D-linearly independent subset은 없다는 뜻이다. 물론, $\langle T \rangle = \oplus_{y \in T} Dy$는 [free D-module with D-basis T]이다. 이제 $x \in S$이면, $m_x x \in \langle T \rangle$인 $0 \neq m_x \in D$가 존재하는 것을 보이는 것이 point이자 trick: [만약 $x \in T$이면, $1 \cdot x \in \langle T \rangle$. 만약 $x \in S - T$이면, $\{x, x_1, \ldots, x_s\}$는 일차종속이므로 (T의 maximality),

$$m_x x + a_1 x_1 + \cdots + a_s x_s = 0$$

인 적어도 하나는 non-zero인 $m_x, a_1, \ldots, a_s \in D$가 존재. 이때 $m_x \neq 0$인 것은 당연하고, $m_x x \in \langle T \rangle$].

---

[13] 연습문제 11.3.2도 꼭 참조.

[14] [I]에서 언급했었듯이 이 "기발한 idea"는 Zorn's Lemma의 'story'이다. 예를 들어, 명제 14.1.6의 증명 참조.

(ii) 결론은, S는 finite set이므로, $[mx \in \langle T \rangle$ for all $x \in S]$인 $0 \neq m \in D$가 존재한다는 것. 이제, D-linear map $\varphi : M \to \langle T \rangle$를

$$\varphi(z) = mz, \qquad (z \in M)$$

으로 정의하면, M은 **torsion-free**이므로, φ는 injective. 한편, $\mathrm{im}\,\varphi \leq_D \langle T \rangle$이고 $\langle T \rangle$는 free이므로, $\mathrm{im}\,\varphi$는 free(명제 11.2.4). 그리고, $M \approx \mathrm{im}\,\varphi$이므로, M도 free. □

Free module은 말할 것도 없이 torsion-free이다. 그리고, 위 명제에 따르면, finitely generated D-module은 torsion-free이기만 하면, free module이 된다. 그렇지만, finitely generated가 아니면······.[15]

Free D-module에 관한 모든 것을 알게 된 듯하지만, 아직 문제가 남아 있다.

질문 11.2.9. 예를 들어,[16] $\{(-4,2)^{\mathbf{t}},\ (6,4)^{\mathbf{t}},\ (10,10)^{\mathbf{t}}\}$가 생성하는 $\mathbb{Z}^2$의 $\mathbb{Z}$-submodule의 $\mathbb{Z}$-basis를 찾는 효과적인 방법은? (Maximal $\mathbb{Z}$-linearly independent subset을 택해도 아무 소용이 없다. Field-위에서는 왜 이런 고민이 없었을까?)

다음 따름명제는 제 10 장과 제 12 장의 **'연결 고리'**가 된다. 즉, PID-위의 finitely generated module은 그의 torsion part(정의 1.4.5)와 free part로 분해된다.

따름명제 11.2.10. D가 PID이고, M이 finitely generated D-module이면,

$$M = M_{\mathrm{tor}} \oplus \mathcal{F}$$

인 M의 free D-submodule $\mathcal{F}$가 존재한다(물론, $\mathrm{rank}_D(\mathcal{F}) < \infty$).[17] 이때, $\mathrm{rank}_D(\mathcal{F})$는 유일하게 결정된다. 우리는 $\mathcal{F}$를 [**free part** of M]이라고 부르고,[18] $\mathrm{rank}_D(\mathcal{F})$는 [**free rank** of M]이라고 부른다.

---

[15] Finitely generated가 아니고, torsion-free이면서 free가 아닌 보기는 $\mathbb{Z}$-module $\prod_{i=1}^{\infty} \mathbb{Z}$가 떠오르지만······, ······, 없던 일로 하자. 傳說쯤으로 생각해 두자.

[16] 얼마든지 더 복잡한 보기를 들 수도 있지만······.

[17] $\mathcal{F}$가 유일할 이유는 없다. $\mathcal{F}$는 up to isomorphism 유일할 뿐이다.

[18] $\mathcal{F}$를 torsion-free part라고 불러도 오해는 없다.

증명 : Quotient module M/M_{tor} 은 당연히 finitely generated 이고, torsion-free 이다 (관찰 4.5.1). 따라서, 앞 명제에 의해, M/M_{tor} 은 finitely generated free D-module 이 된다. 이제, 명제 11.2.2 를 적용하기 위해, canonical projection $\pi : M \to M/M_{\text{tor}}$ 을 생각한다. 물론 $\ker \pi = M_{\text{tor}}$ 이므로,

$$M = \ker \pi \oplus \mathcal{F} = M_{\text{tor}} \oplus \mathcal{F}, \qquad \mathcal{F} \approx M/M_{\text{tor}}$$

인 M 의 free D-submodule $\mathcal{F}$ 가 존재. 이때, $\text{rank}_D(\mathcal{F})$ 가 유일하게 결정되는 것은 거의 당연 (아래 연습문제 참조). □

다음 연습문제에 의하면 어떤 finitely generated D-module 을 torsion part 와 (torsion-) free part 로 decompose 하는 방법은 사실상 유일하다.

연습문제 11.2.11. D 는 PID, M 은 finitely generated D-module 이고,

$$T \oplus \mathcal{F} = M = T' \oplus \mathcal{F}'$$

인 M 의 torsion submodule T, T' 과 free submodule $\mathcal{F}, \mathcal{F}'$ 이 존재한다고 할 때, 다음을 보여라.

(가) $M_{\text{tor}} = (T \oplus \mathcal{F})_{\text{tor}} = T$. 따라서, $T = T'$.

(나) $M/T \approx \mathcal{F}$. 따라서, $\mathcal{F} \approx \mathcal{F}'$.[19]

어쨌든, D 가 PID 일 때, finitely generated D-module M 은

$$M \approx M_{\text{tor}} \oplus D \oplus \cdots \oplus D$$

의 꼴로 분해되는 것을 알 수 있다. 다음 章(과 다음 節의 일부)의 목표는 finitely generated **torsion** D-module M_{tor} 을 cyclic D-module 들의 direct sum 으로 분해하는 것이다. 그런데, D 는 자기 자신 cyclic D-module 이므로, 결국 M 은 **cyclic D-submodule 들의 direct sum 으로 분해**된다.

[19] Second Isomorphism Theorem 을 이용하는 것이 세련된 사고방식이다.

11.3. Linear Algebra over $\mathbb{Z}$

이제 [I]의 F를 PID D로, 따라서 F^n은 D^n으로 바꾸고, F-vector space는 **free** D-module로 바꾸어, [I]을 다시 읽는다. Elementary operation 은 잠시 뒤로 미루고, …….

보기 11.3.1. (가) Free module은 torsion-free.[20]
(나) [I, 보조정리 3.5.2]는 명제 11.2.4의 결과.
(다) Linear Extension Theorem은 free module의 universal property.
(라) Rank Theorem은 연습문제 11.2.7의 결과.
(마) Basis Extension Theorem은 성립하지 않는다.[21]

한편 우리는 앞 節에서 Dimension Theorem이 여전히 유효함을 공부하였다. 그러나:

연습문제 11.3.2. 연습문제 11.2.6에서, $\text{rank}_D(M) = \text{rank}_D(N)$일 때,
(가) φ가 injection이면, φ는 surjection인가?
(나) φ가 surjection이면, φ는 injection인가?

보기 11.3.3. (가) [I, § 5.2–§ 5.3]의 [**선형대수학의 기본정리**]는 여전히 성립한다. 증명도 그대로.
(나) $A, B \in \mathcal{M}_{n,n}(D)$일 때, $[AB = I$이면 $BA = I]$가 성립하는 것은 — 위 연습문제 11.3.2를 조심스럽게 이용할 수도 있겠지만 — Q_D-위에서 생각하면, 아무 것도 증명할 필요도 없다.
(다) [I, § 5.4]의 **change of bases**에 관한 내용도 모두 여전히 유효하다.

"총정리"는, 紙面을 절약하기 위하여, 독자들에게 맡긴다.

연습문제 11.3.4. [I, 총정리 5.4.17]에서 $A \in \mathbf{GL}_n(D)$와 여전히 동치인 조건은 모두 몇 개인가?[22]

결국, PID-위의 선형대수는, 본질적으로, [finite rank를 갖는 free module이 같은 rank를 갖는 proper submodule을 가질 수 있다]는 것만 제외하면, field-위의 선형대수와 별로 다를 것이 없다.

[20] [I, 관찰 2.1.7] 및 연습문제 11.2.3 참조.
[21] D-위에서의 Lagrange Interpolation도 애당초 말도 안 된다. 왜 그런가?
[22] 답: 총 24-개 중 16-개. 명제 2.3.17 참조.

아차, PID-위에서는 행 간소 사다리꼴도 말하기 힘들다(왜 그런가?). 그리고, diagonalization 도 뭐가 뭔지 알기 힘들다. 왜냐하면, D^n 의 D-linearly independent 인 eigen-vector 들이 D^n 의 D-basis 가 아닐 수 있기 때문이다. 이는 [I, 참고 5.6.1]의 "轉換點" 이전으로 돌아가야 한다는 뜻이 된다. 즉, elementary row operation 과 elementary column operation 을 모두 허용해야 한다는 뜻이다.

이제 D-elementary operation 을 공부해 보자. 물론 D-elementary operation 은, $A \in \mathcal{M}_{m,n}(D)$ 일 때, 다음 세 type 의 'operation'

(E1) A 의 두 행/열의 자리를 뒤바꾼다.

(E2) A 의 어떤 행/열에 r 을 곱한다(단, $r \in D^\times$).

(E3) A 의 어떤 행/열에 다른 행/열의 s-배를 더한다(단, $s \in D$).

을 의미한다(왜 $r \in D^\times$ 여야 하는가?).[23] 물론 우리는 D-elementary operation 을 행렬 $A \in \mathcal{M}_{m,n}(D)$ 의 왼 쪽/오른 쪽에 다음 D-elementary matrix 들

$$I_{[i]\leftrightarrow[j]}, \quad I_{r\times[i]}, \quad I_{[k]+s\times[\ell]}, \qquad (r \in D^\times, \ s \in D, \ k \neq \ell)$$

을 곱하는 것으로 이해한다([I, §1.3]의 표기법 및 [I, 관찰 1.3.3] 참조).

다음 정리는 [linear algebra over D]의 **main theorem** 이라고 할 만하다.[24]

정리 11.3.5. D 가 **Euclidean** domain 일 때,[25] $A \in \mathcal{M}_{m,n}(D)$ 이면,

$$UAV = \begin{pmatrix} d_1 & & & & \\ & d_2 & & \mathbf{0} & \\ & & \ddots & & \\ & \mathbf{0} & & d_r & \\ & & & & \ddots \end{pmatrix}$$

이고, $d_1 | d_2 | \cdots | d_r$ 인 $d_1, \ldots, d_r \in D$ 와, [D-elementary matrix 들의 곱]인 $U \in \mathbf{GL}_m(D)$, $V \in \mathbf{GL}_n(D)$ 가 존재한다(단, $r = \min(m,n)$).[26]

---

[23] $r \in D^\times$ 여야 함을 강조하기 위하여 종이를 좀 낭비하였다.

[24] [I, 연습문제 1.3.12]와 비교.

[25] Jacobson [5, §3.7]에 의하면, 이 명제는 D 가 PID 일 때에도 — 증명을 약간(!) modify 하면 — 성립한다. 이때에도 U, V 는 D-elementary matrix 들의 곱일까……? 하기야 우리는 Euclidean domain 이 아닌 PID 를 심각하게 고려할 절박한 이유는 없다(§5.2 의 마지막 단락 참조).

[26] [$d_s = 0$ for some s] 일 수도 있다. $d_1 | d_2 | \cdots | d_r$ 의 뜻은 $d_i | d_{i+1}$ for all $i = 1, \ldots, r-1$.

증명 : (일반적인 증명은 — 말로는 쉽지만 — 文字化하기는 괴롭다. 예를 들어 증명하는 것으로 **충분**하다.) 예를 들어, $D = \mathbb{Z}$ 이고,

$$A = \begin{pmatrix} -24 & 20 & 8 \\ 14 & 40 & 8 \\ 0 & -8 & 16 \end{pmatrix}$$

라고 놓고, $\mathbb{Z}$-elementary operation 을 수행한다. 먼저, size (지금은 절대값) 가 가장 작은 non-zero entry 8 을 (1, 1)-position 에 오도록 한다 ([1 열]↔[3 열]). 다음 $20 = 8 \cdot 2 + 4$ 이므로 (**Euclidean** domain), [2 열] 에서 [1 열] 의 2-배를 빼 주면, (1, 2)-position 이 4 가 된다. 그런데, $|4| < |8|$ 이므로, 4 를 (1, 1)-position 에 오도록 한다.

$$A \longrightarrow \begin{pmatrix} 8 & 20 & -24 \\ 8 & 40 & 14 \\ 16 & -8 & 0 \end{pmatrix} \longrightarrow \begin{pmatrix} 8 & 4 & -24 \\ 8 & 24 & 14 \\ 16 & -40 & 0 \end{pmatrix} \longrightarrow \begin{pmatrix} 4 & 8 & -24 \\ 24 & 8 & 14 \\ -40 & 16 & 0 \end{pmatrix}$$

이제 [1 행] 의 성분은 모두 4 의 배수이므로, (1, 1)-position 의 오른 쪽을 모두 0 으로 만들 수 있다. (일반적인 경우에도 유한 번의 작업으로 가능하다. 왜 그런가?) 마찬가지 방법으로, (유한 번의) elementary row operation 을 수행하여, (1, 1)-position 의 아래 쪽도 모두 0 으로 만들 수 있다.

$$\longrightarrow \begin{pmatrix} 4 & 0 & 0 \\ 24 & -40 & 158 \\ -40 & 96 & -240 \end{pmatrix} \longrightarrow \begin{pmatrix} 4 & 0 & 0 \\ 0 & -40 & 158 \\ 0 & 96 & -240 \end{pmatrix}$$

지금, 모든 성분이 4 의 배수라면 좋겠지만, 158 은 4 의 배수가 아니다. 그래서, [1 행] 에 [2 행] 을 더해 주고, 지금까지의 작업을 반복한다.

$$\longrightarrow \begin{pmatrix} 4 & -40 & 158 \\ 0 & -40 & 158 \\ 0 & 96 & -240 \end{pmatrix} \longrightarrow \begin{pmatrix} 4 & 0 & 2 \\ 0 & -40 & 158 \\ 0 & 96 & -240 \end{pmatrix} \longrightarrow \begin{pmatrix} 2 & 0 & 4 \\ 158 & -40 & 0 \\ -240 & 96 & 0 \end{pmatrix}$$

다시 (1, 1)-position 이 2 로 바뀌었고, 모든 성분이 2 의 배수임에 유의하라.

$$\longrightarrow \begin{pmatrix} 2 & 0 & 0 \\ 158 & -40 & -316 \\ -240 & 96 & 480 \end{pmatrix} \longrightarrow \begin{pmatrix} 2 & 0 & 0 \\ 0 & -40 & -316 \\ 0 & 96 & 480 \end{pmatrix} \longrightarrow \begin{pmatrix} 2 & 0 & 0 \\ 0 & 40 & 316 \\ 0 & 96 & 480 \end{pmatrix}$$

이제 아래 쪽 (2×2)-block 을 계속 (약간의 요령을 보태어) 변형하면,

$$\longrightarrow \begin{pmatrix} 40 & -4 \\ 96 & -288 \end{pmatrix} \longrightarrow \begin{pmatrix} 4 & 40 \\ 288 & 96 \end{pmatrix} \longrightarrow \begin{pmatrix} 4 & 0 \\ 288 & -2784 \end{pmatrix} \longrightarrow \begin{pmatrix} 4 & 0 \\ 0 & -2784 \end{pmatrix}$$

가 된다. 결론은 $d_1 = 2$, $d_2 = 4$, $d_3 = 2784$. □

연습문제 11.3.6. 정리 11.3.5 에서, 다음을 보여라.

(가) d_1 은 [A 의 mn-개 entry 전부]의 최대공약수.

(나) $m = n$ 일 때, $\det(A) \sim d_1 \cdots d_n$.

정리 11.3.5 에서 $d_1, \ldots, d_r$ 은 [A 의 **elementary divisors**] 라고 불리운다. 그리고, 위 연습문제 11.3.6 을 일반화하면, [A 의 elementary divisors] 는 (up to unit) 유일하게 결정됨을 보일 수 있다.[27]

이제 정리 11.3.5 의 결과들을 살펴보자.

따름정리 11.3.7. D 가 Euclidean domain 이고, $A \in \mathbf{GL}_n(D)$ 이면, A 는 (유한 개) D-elementary matrix 들의 곱.

증명 : 정리 11.3.5 에서 $m = n$ 이라고 하면, $UAV = \operatorname{diag}(d_1, \ldots, d_n)$ 인 D-elementary matrix 들의 곱 $U, V \in \mathbf{GL}_n(D)$ 와 $d_1, \ldots, d_n \in D$ 가 존재. 그런데, A 는 $\mathcal{M}_{n,n}(D)$ 의 invertible element 이므로, [$d_i \in D^{\times}$ for all i] 이어야 한다. 따라서, $U'AV' = I$ 인 D-elementary matrix 들의 곱 $U', V' \in \mathbf{GL}_n(D)$ 가 존재. 즉, $A = U'^{-1}V'^{-1}$ 는 D-elementary matrix 들의 곱. □

이번에는 정리 11.3.5 를 [선형대수학의 기본정리] 와 change of bases 의 관점에서 생각해 보자. 즉, N, M 은 free D-module of finite rank, $\varphi : N \to M$ 은 D-linear map 이라고 하자. 또, $\mathfrak{B} = \{x_1, \ldots, x_n\}$, $\mathfrak{C} = \{y_1, \ldots, y_m\}$ 을 각각 N, M 의 D-basis 라고 하고, $A = [\varphi]^{\mathfrak{B}}_{\mathfrak{C}} \in \mathcal{M}_{m,n}(D)$ 로 표기하자. 이제, U, V, d_i 가 정리 11.3.5 와 같다고 하고, [I] 에서처럼 U, V 를 **transition matrix** 로 인식한다([I, 관찰 5.5.6]). 다시 말해, $V = [I]^{\mathfrak{B}'}_{\mathfrak{B}}$ 인 N 의 D-basis $\mathfrak{B}' = \{z_1, \ldots, z_n\}$ 과, $U = [I]^{\mathfrak{C}}_{\mathfrak{C}'}$ 인 M 의 D-basis $\mathfrak{C}' = \{w_1, \ldots, w_m\}$ 이 존재할 것이다. 물론, 이때

$$UAV = [I]^{\mathfrak{C}}_{\mathfrak{C}'} \cdot [\varphi]^{\mathfrak{B}}_{\mathfrak{C}} \cdot [I]^{\mathfrak{B}'}_{\mathfrak{B}} = [\varphi]^{\mathfrak{B}'}_{\mathfrak{C}'}$$

이 성립한다. 이는 D-linear map $\varphi : N \to M$ 을

$$\varphi(z_j) = \begin{cases} d_j w_j & (\text{if } 1 \le j \le r = \min(m, n)) \\ 0 & (\text{if } m < n \text{ and } m < j \le n) \end{cases}$$

으로 describe 할 수 있다는 뜻이다. 즉, N, M 의 D-basis 를 적당히 바꾸어 주면, $\varphi : N \to M$ 을 이렇게 '예쁜' 형태로 나타낼 수 있다는 뜻이다.

[27] Jacobson [5, Theorem 3.9] 참조.

이제 다음 (강력한) 결과들은 오히려 자명하다.

따름정리 11.3.8. D는 Euclidean domain, M은 free D-module of finite rank, $N \leq_D M$일 때, $n = \text{rank}(N) \leq \text{rank}(M) = m$으로 놓으면, 다음 조건

(1) $\{w_1, \ldots, w_m\}$은 M의 D-basis.

(2) $\{d_1 w_1, \ldots, d_n w_n\}$은 N의 D-basis.

(3) $d_1 | d_2 | \cdots | d_n$.

을 만족하는 $w_1, \ldots, w_m \in M$과 $d_1, \ldots, d_n \in D$가 존재한다. 이때,

$$\frac{M}{N} \approx \frac{D}{(d_1)} \oplus \cdots \oplus \frac{D}{(d_n)} \oplus \underbrace{D \oplus \cdots \oplus D}_{(m-n)\text{-개}}$$

이 성립한다.

증명 : 앞 쪽의 논의를 canonical embedding $\imath : N \to M$에 적용한다. 그리고, 앞 쪽의 표기법을 그대로 사용하면,

$$z_j = \imath(z_j) = d_j w_j, \qquad (j = 1, \ldots, n)$$

이 된다. 한편 $M = \oplus_i Dw_i$, $N = \oplus_j Dd_jw_j$이고, $Dd_jw_j \leq Dw_j$이므로, 함수 $\psi : \dfrac{M}{N} \to \dfrac{D}{(d_1)} \oplus \cdots \oplus \dfrac{D}{(d_n)} \oplus D \oplus \cdots \oplus D$를

$$\psi(\overline{a_1 w_1 + \cdots + a_m w_m}) = (\overline{a_1}, \ldots, \overline{a_n}, a_{n+1}, \ldots, a_m)$$

으로 정의하면, ψ가 D-module isomorphism인 것은 거의 자명.[28] □

따름정리 11.3.9. (Cyclic Decomposition Theorem ; Existence) 만약 D가 Euclidean domain이고, X는 finitely generated D-module이면, 다음 조건

(1) $d_1 | d_2 | \cdots | d_n$.

(2) $X \approx \dfrac{D}{(d_1)} \oplus \cdots \oplus \dfrac{D}{(d_n)} \oplus D \oplus \cdots \oplus D$.

을 만족하는 $d_1, \ldots, d_n \in D$가 존재한다 (단, $n \geq 0$).

증명 : Finitely generated D-module은 언제나 free D-module of finite rank의 quotient와 isomorphic (명제 10.4.1 및 그 증명). □

---

[28] 연습문제 11.1.13에서 이미 경험.

어? Cyclic Decomposition Theorem? 다음 章의 제목이 "분해 정리"인데……. 위 따름정리 11.3.9는 [cyclic decomposition의 가능성(existence)]의 멋진 첫 증명이다.[29] 다만, 이 증명은 finitely generated D-module의 内部를 직접 보여 주는 것 같지는 않다. 그리고, 이 증명은 은근히 [cyclic decomposition의 uniqueness (d_i의 유일성)]가 골칫거리임을 말하고 있기도 하다.[30]

보기 11.3.10. $M = \mathbb{Z}^2$의 rank 2 subgroup $N = \mathbb{Z}(8,10)^{\mathbf{t}} \oplus \mathbb{Z}(18,24)^{\mathbf{t}}$를 생각하자. 이제, $\mathfrak{B} = \{(8,10)^{\mathbf{t}}, (18,24)^{\mathbf{t}}\}$를 N의 $\mathbb{Z}$-basis, $\mathcal{E}$는 $\mathbb{Z}^2$의 standard basis로 표기하자. 또,

$$A = \begin{pmatrix} 8 & 18 \\ 10 & 24 \end{pmatrix} = [\imath]_{\mathcal{E}}^{\mathfrak{B}}$$

로 놓고(단, $\imath : N \to \mathbb{Z}^2$는 canonical embedding), 정리 11.3.5의 증명 과정에서, elementary row/column operation들을 추적하면,

$$[I]_{\mathfrak{C}'}^{\mathcal{E}} \cdot [\imath]_{\mathcal{E}}^{\mathfrak{B}} \cdot [I]_{\mathfrak{B}}^{\mathfrak{B}'} = \begin{pmatrix} 1 & 0 \\ 2 & -1 \end{pmatrix} \begin{pmatrix} 8 & 18 \\ 10 & 24 \end{pmatrix} \begin{pmatrix} -2 & 9 \\ 1 & -4 \end{pmatrix} = \begin{pmatrix} 2 & 0 \\ 0 & 6 \end{pmatrix} = [\imath]_{\mathfrak{C}'}^{\mathfrak{B}'}$$

이 되는 것을 확인할 수 있다. 또,

$$[I]_{\mathcal{E}}^{\mathfrak{C}'} = \left([I]_{\mathfrak{C}'}^{\mathcal{E}}\right)^{-1} = \begin{pmatrix} 1 & 0 \\ 2 & -1 \end{pmatrix}^{-1} = \begin{pmatrix} 1 & 0 \\ 2 & -1 \end{pmatrix}$$

이므로, $\mathbb{Z}^2$의 새로운 $\mathbb{Z}$-basis는 $\mathfrak{C}' = \{(1,2)^{\mathbf{t}}, (0,-1)^{\mathbf{t}}\}$이고, 따라서, N의 새로운 $\mathbb{Z}$-basis는 $\mathfrak{B}' = \{(2,4)^{\mathbf{t}}, (0,-6)^{\mathbf{t}}\}$. 한편,

$$\frac{\mathbb{Z}^2}{N} \approx \frac{\mathbb{Z}}{2\mathbb{Z}} \oplus \frac{\mathbb{Z}}{6\mathbb{Z}}, \qquad [\mathbb{Z}^2 : N] = 12 = |\det(A)|$$

인 것도 알 수 있다.

연습문제 11.3.11. $\{X_1, \ldots, X_n\} \subset \mathbb{Z}^n$, $N = \sum_{i=1}^n \mathbb{Z}X_i$ 일 때, 다음 조건

(1) $\operatorname{rank}_{\mathbb{Z}} N = n$.

(2) $\det(X_1, \ldots, X_n) \neq 0$.

(3) $[\mathbb{Z}^n : N] < \infty$.

은 동치임을 보여라. 또, 이때, $[\mathbb{Z}^n : N] = |\det(X_1, \ldots, X_n)|$ 임을 보여라.[31]

[29] 비록 Euclidean domain인 경우만 다루었지만.

[30] 정리 11.3.5에서의 d_i의 uniqueness(연습문제 11.3.6의 다음 단락 참조)는 cyclic decomposition의 uniqueness를 imply하지 못한다.

[31] 독자들은 $|\det(X_1, \ldots, X_n)|$은 $\{X_1, \ldots, X_n\}$이 만드는 parallelogram의 volume임을 기억할 것이다. [I, 참고 6.4.9] 참조.

연습문제 11.3.12. $M = \mathbb{Z}\begin{pmatrix}1\\-1\end{pmatrix} \oplus \mathbb{Z}\begin{pmatrix}2\\3\end{pmatrix} < \mathbb{Z}\begin{pmatrix}3\\2\end{pmatrix} \oplus \mathbb{Z}\begin{pmatrix}9\\1\end{pmatrix} = N$ 이라고 할 때, $[M:N]$을 구하라.

$\mathbb{Z}^n$ 의 rank n subgroup 은 $\mathbb{Z}^n$ 의 **lattice** 라고 불리운다.[32] Lattice 는 다양한 수학 분야에서 중요한 역할을 한다. 아직 질문 11.2.9 가 남아 있다.

보기 11.3.13. 예를 들어, $\{(-4,2)^{\mathbf{t}},\ (6,4)^{\mathbf{t}},\ (10,10)^{\mathbf{t}}\}$ 가 generate 하는 $\mathbb{Z}^2$ 의 subgroup N 의 $\mathbb{Z}$-basis 를 찾는 효과적인 방법을 생각해 보자. 이번에도 정리 11.3.5 의 증명 과정을 추적하면,

$$UAV = \begin{pmatrix}0&1\\1&2\end{pmatrix}\begin{pmatrix}-4&6&10\\2&4&10\end{pmatrix}\begin{pmatrix}1&-1&5\\0&-2&15\\0&1&-7\end{pmatrix} = \begin{pmatrix}2&0&0\\0&2&0\end{pmatrix}$$

이 된다. 이 식을 해석하는 방법은 여러 가지 있겠지만,[33] 다음 방법이 가장 명쾌해 보인다. 꾀를 내어, $L_A : \mathbb{Z}^3 \to \mathbb{Z}^2$ 를 생각한다. 목표는 $\operatorname{im} L_A = N$ 의 $\mathbb{Z}$-basis 를 구하는 것이다. 이제 $\mathcal{E}, \mathcal{F}$ 를 각각 $\mathbb{Z}^2, \mathbb{Z}^3$ 의 표준기저라고 하고, U, V 를 다음

$$U = \begin{pmatrix}0&1\\1&2\end{pmatrix} = [I]^{\mathcal{E}}_{\mathfrak{C}}, \qquad V = \begin{pmatrix}1&-1&5\\0&-2&15\\0&1&-7\end{pmatrix} = [I]^{\mathfrak{B}}_{\mathcal{F}}$$

과 같이 추이행렬로 인식한다(단, $\mathfrak{C}, \mathfrak{B}$ 는 각각 $\mathbb{Z}^2, \mathbb{Z}^3$ 의 $\mathbb{Z}$-basis). 그러면,

$$UAV = [I]^{\mathcal{E}}_{\mathfrak{C}} \cdot [L_A]^{\mathcal{F}}_{\mathcal{E}} \cdot [I]^{\mathfrak{B}}_{\mathcal{F}} = [L_A]^{\mathfrak{B}}_{\mathfrak{C}} = \begin{pmatrix}2&0&0\\0&2&0\end{pmatrix}$$

이 된다. 그런데,

$$U^{-1} = \begin{pmatrix}-2&1\\1&0\end{pmatrix} = [I]^{\mathfrak{C}}_{\mathcal{E}}$$

이므로, $\mathfrak{C} = \{(-2,1)^{\mathbf{t}},\ (1,0)^{\mathbf{t}}\}$ 이고, 따라서, $\operatorname{im} L_A$ 는 $\{2(-2,1)^{\mathbf{t}},\ 2(1,0)^{\mathbf{t}}\}$ 로 generate 된다. 여기까지가 정리 11.3.5 의 결과이고,

$$N = \mathbb{Z}\begin{pmatrix}-4\\2\end{pmatrix} \oplus \mathbb{Z}\begin{pmatrix}2\\0\end{pmatrix} = \mathbb{Z}\begin{pmatrix}2\\0\end{pmatrix} \oplus \mathbb{Z}\begin{pmatrix}0\\2\end{pmatrix}$$

임은 눈치로 알 수 있다.

---

[32] 더 일반적으로, 예를 들어, $\mathbb{Z}(1,0)^{\mathbf{t}} \oplus \mathbb{Z}(0, \sqrt{2})^{\mathbf{t}}$ 도 $\mathbb{R}^2$ 의 lattice 라고 부른다. 그러나, $\mathbb{Z}(1,0)^{\mathbf{t}} \oplus \mathbb{Z}(\sqrt{2},0)^{\mathbf{t}}$ 까지 lattice 라고 부르고 싶은 마음은 없다.

[33] 지금은 AV 만 계산해도 답을 구할 수 있다. 확인해 보라.

제 12 장 분해 정리

이 章에서는 [I]에서부터 미루고 또 미루어 온 Decomposition Theorem을 공부한다. 분해 정리의 대상은 finitely generated module over a PID이다. 그리고, '연결 고리' 따름명제 11.2.10에 의하면, torsion module들만 생각하면 충분하다.

Finitely generated module over a PID의 분해 정리를 증명하면, 특수한 경우인 finite abelian group과 $T \in \mathfrak{LM}$이 주어진 finite dimensional vector space에 관한 결과도 함께 얻어진다.

12.1. Primary Decomposition

우리가 Primary Decomposition이라는 말을 듣는 것은 이번이 처음이 아니다. 독자들은 우선 [I, §8.3]을 복습하기 바란다.

이 節에서는 D는 항상 **PID**이고, M은 항상 (non-zero) **finitely generated torsion** D-module이라고 가정한다.

관찰 12.1.1. M이 finitely generated torsion D-module이면, $\mathrm{ann}_D(M) \neq 0$.

증명 : $M = \langle x_1, \ldots, x_r \rangle$이고, $a_i x_i = 0$ for $0 \neq a_i \in D$이면 (단, $i = 1, \ldots, r$), $0 \neq a_1 \cdots a_r \in \mathrm{ann}_D(M)$. □

한편 D는 PID이므로, annihilator ideal $\mathrm{ann}_D(M)$은 D의 principal ideal이 된다. 우리가 늘 생각해야 하는 typical example들은 다음과 같다.

보기 12.1.2. (가) Finite abelian group A는 물론 finitely generated $\mathbb{Z}$-module이다. 또, $|A| = n$이라고 놓으면, $[nx = 0$ for all $x \in A]$이므로, A는 torsion abelian group이다. 이제 annihilator ideal을 $\mathrm{ann}_{\mathbb{Z}}(A) = (m)$으로 놓으면, 당연히 $m \mid n$.

(나) $T \in \mathfrak{L}\mathfrak{M}$ 일 때, $F[t]$-module V 는 우선 finite dimensional F-vector space 이기도 하므로, V 는 finitely generated $F[t]$-module 이다. 그리고,

$$m_T(t) \cdot v = m_T(T)(v) = 0, \qquad (v \in V)$$

이므로 ($m_T(t)$ 는 T 의 minimal polynomial), V 는 torsion $F[t]$-module 이 된다. 그리고 이제 annihilator ideal 이 $\mathrm{ann}_{F[t]}(V) = \mathbf{(}m_T(t)\mathbf{)}$ 인 것은 익숙하고, $\phi_T(t) \in \mathrm{ann}_{F[t]}(V)$ 이므로 (Cayley-Hamilton Theorem), $m_T(t) \,|\, \phi_T(t)$.

연습문제 12.1.3. $M = \langle x_1, \ldots, x_r \rangle$ 이 finitely generated torsion D-module 이고, $1 \le i \le r$ 일 때, $\mathrm{ann}_D(x_i) = \mathbf{(}m_i\mathbf{)}$ 로 표기하자. $m = \mathrm{lcm}(m_1, \ldots, m_r)$ 로 놓으면, $\mathrm{ann}_D(M) = \mathbf{(}m\mathbf{)}$ 임을 보여라.

이제, 편의상 (notational convenience), [a complete set of representatives of irreducible elements in D modulo units] $\mathcal{P}$ 를 하나 고정하자. 쉬운 말로 하면, $\mathcal{P}$ 는 D 의 irreducible element 전체 집합에서 unit 차이가 나는 원소들 중 하나만 뽑아 보낸 '대표자 회의'이다. 예를 들어:

보기 12.1.4. (가) $D = \mathbb{Z}$ 이면, $\mathcal{P}$ 를 positive prime number 전체 집합으로 고정한다.

(나) $D = F[t]$ 이면, $\mathcal{P}$ 를 **monic** irreducible polynomial 전체 집합으로 고정.

새로운 표기법이 필요하다.

표기법 12.1.5. M 이 finitely generated torsion D-module 이고, $p \in \mathcal{P}$ 일 때,

$$M(p) = \{x \in M \mid p^i x = 0 \text{ for some } 1 \le i \in \mathbb{Z}\} = \bigcup_{i=1}^{\infty} \mathrm{Ann}_M(p^i)$$

로 표기하고, $M(p)$ 를 M 의 p-**torsion submodule** 이라고 부른다. 물론 $M(p)$ 는 M 의 D-submodule.

물론 $M(p)$ 가 모두 non-zero 일 이유는 없다. 특별히, $D = \mathbb{Z}$ 이면:

연습문제 12.1.6. A 가 finite abelian group of order n 이고, $\mathrm{ann}_{\mathbb{Z}}(A) = \mathbf{(}m\mathbf{)}$ 이라고 하자. $p \in \mathcal{P}$ 일 때, Cauchy's Theorem (정리 13.3.1) 을 미리 살짝 참고하여, 다음을 보여라.

(가) $A(p)$ 는 finite p-group (정의 3.5.6 참조).

(나) $A(p) \neq 0$ 일 필요충분조건은 $p \,|\, n$ (또는 $p \,|\, m$).

그러나, 일반적인 D-module의 경우는 분위기가 좀 다르다. 이 경우에는 Cauchy's Theorem이 없기 때문이다.[1]

관찰 12.1.7. M이 finitely generated torsion D-module일 때, $\operatorname{ann}_D(M) = (m)$이라고 놓자. 만약 $p \in \mathcal{P}$이고, $p \,|\, m$이면, $M(p) \neq 0$.

증명 : $p\,|\,m$이므로, $m = pq$로 놓자(단, $q \in D$). 그러면, $qy \neq 0$인 $y \in M$이 존재할 것이다. 왜냐하면, 만약 $[qy = 0$ for all $y \in M]$이라고 가정하면, $q \in \operatorname{ann}_D(M)$이고, 따라서 $m\,|\,q$이기 때문이다. 이제 $p(qy) = my = 0$이므로, $0 \neq qy \in M(p)$.[2] □

위 관찰 12.1.7의 converse는 지금은 증명할 수 없고, Primary Decomposition Theorem의 결과로만 얻어진다. 어쨌든, 이제 Primary Decomposition Theorem (제1분해정리)을 state할 준비가 되었다.

정리 12.1.8. (Primary Decomposition Theorem) D는 PID, M은 non-zero finitely generated torsion D-module이라고 하자. 이때

$$\operatorname{ann}_D(M) = (m)$$

으로 놓고,[3] m의 소인수분해를

$$m = p_1^{f_1} p_2^{f_2} \cdots p_k^{f_k}$$

라고 하면(단, $p_i \in \mathcal{P}$, $f_i \geq 1$),[4]

(가) $M = \operatorname{Ann}_M\left(p_1^{f_1}\right) \oplus \operatorname{Ann}_M\left(p_2^{f_2}\right) \oplus \cdots \oplus \operatorname{Ann}_M\left(p_k^{f_k}\right)$.

(나) $\operatorname{ann}_D\left(\operatorname{Ann}_M\left(p_i^{f_i}\right)\right) = \left(p_i^{f_i}\right)$ for all $i = 1, \ldots, k$.

증명 : [I, §8.3]의 "거창한 이름에 비해 의외로 간단한 증명"을 반복하면 된다. 즉, 다음 보조정리를 보이면 충분하다(k에 관한 귀납법). □

보조정리 12.1.9. 위 정리에서 $a, b \in D$, $(a, b) = 1$, $ab = m$이면,

(가) $M = \operatorname{Ann}_M(a) \oplus \operatorname{Ann}_M(b)$.

(나) $\operatorname{ann}_D\left(\operatorname{Ann}_M(a)\right) = (a)$이고, $\operatorname{ann}_D\left(\operatorname{Ann}_M(b)\right) = (b)$.

---

[1] 우리가 [I, 명제 8.1.5](즉, 명제 6.4.8) 때문에 고생한 것도 같은 이유.

[2] [I, 명제 16.4.1]의 증명과 비교해 보라.

[3] D가 finitely generated가 아니더라도, $\operatorname{ann}_D(M) = (m)$인 $0 \neq m \in D$만 존재하면 된다.

[4] "소인수분해"라고 말하면, 항상, $[p_i \neq p_j$ if $i \neq j]$라고 가정한다.

증명 : [I, §8.3]의 증명을 한 줄 한 줄 modify 하면 된다.
(가) $ar + bs = 1$ 인 $r, s \in D$ 가 존재한다는 것만 알면, 나머지 증명은 '기계'들의 몫이다. 먼저

$$M = \mathrm{Ann}_M(a) + \mathrm{Ann}_M(b)$$

인 것을 보이기 위해, $x \in M$ 이라고 하면, $x = arx + bsx$ 가 될 것이다. 이때 $arx \in \mathrm{Ann}_M(b)$, $bsx \in \mathrm{Ann}_M(a)$ 인 것은 자명하다. 이제

$$\mathrm{Ann}_M(a) \bigcap \mathrm{Ann}_M(b) = 0$$

임을 보이기 위해, $y \in \mathrm{Ann}_M(a) \bigcap \mathrm{Ann}_M(b)$ 라고 하면, $ay = by = 0$ 이고 $y = ray + sby$ 이므로 $y = 0$.
(나) $\mathrm{ann}_D\left(\mathrm{Ann}_M(a)\right) = (m_a)$, $\mathrm{ann}_D\left(\mathrm{Ann}_M(b)\right) = (m_b)$ 로 표기하자. 그러면, $a \in (m_a)$ 인 것은 tautology. 따라서, $m_a | a$ 이고, 같은 이유로 $m_b | b$. 그러므로, $(m_a, m_b) = 1$ 임을 알 수 있다. 이제 $m = \mathrm{lcm}(m_a, m_b)$ 인 것만 설명하면 된다. 왜냐하면, 만약 $m = \mathrm{lcm}(m_a, m_b)$ 라면,

$$ab = m = \mathrm{lcm}(m_a, m_b) = m_a m_b$$

이기 때문이다. 우선 m 이 m_a 와 m_b 의 공배수인 것은 당연하다. 이제 m' 도 m_a 와 m_b 의 공배수이면, m' kills $\mathrm{Ann}_M(a)$ and $\mathrm{Ann}_M(b)$. 따라서, m' kills $M = \mathrm{Ann}_M(a) \oplus \mathrm{Ann}_M(b)$. 즉, $m \mid m'$. □

따름정리 12.1.10. 정리 12.1.8 에서,

(가) $p \in \mathcal{P}$, $p \nmid m$ 이면, $M(p) = 0$. (즉, $M(p) \neq 0$ 일 필요충분조건은 $p \mid m$.)
(나) $M = \bigoplus_{p \in \mathcal{P}} M(p)$. (즉, $\mathrm{Ann}_M\left(p_i^{f_i}\right) = M(p_i)$ for all $i = 1, \ldots, k$.)
(다) $f_i \leq e_i$ 이면, $\mathrm{Ann}_M\left(p_i^{f_i}\right) = \mathrm{Ann}_M\left(p_i^{e_i}\right) = M(p_i)$.

증명 : (가) $0 \neq x \in M(p)$ 라고 가정해 보자. 그러면,

$$x = x_1 + \cdots + x_k, \qquad (\text{단, } x_i \in \mathrm{Ann}_M\left(p_i^{f_i}\right) \text{ for all } i = 1, \ldots, k)$$

꼴로 유일하게 쓸 수 있을 것이다. 한편, $[p^f x = 0$ for some $f \geq 1]$ 이므로,

$$0 = p^f x = p^f x_1 + \cdots + p^f x_k,$$

즉 $[p^f x_i = 0$ for all $i = 1, \ldots, k]$ 가 된다. 그런데, 원래 $[p_i^{f_i} x_i = 0$ for all $i = 1, \ldots, k]$ 이기도 하고, $\left(p^f, p_i^{f_i}\right) = 1$ 이므로, $x_i = 0$ for all $i = 1, \ldots, k$ (왜 그런가?). 모순.

(나) $j = 1, \ldots, k$ 일 때, $M(p_j) \leq \mathrm{Ann}_M\left(p_j^{f_j}\right)$ 임을 보이면 된다. 앞 (가) 항의 증명을 $p = p_j$ 로 생각하고 반복하면, $0 \neq x \in M(p_j)$ 일 때, $[x_i = 0$ for all $i \neq j]$ 를 얻는다. 즉, $x = x_j \in \mathrm{Ann}_M\left(p_j^{f_j}\right)$.
(다) $\mathrm{Ann}_M\left(p_i^{f_i}\right) \leq \mathrm{Ann}_M\left(p_i^{e_i}\right) \leq M(p_i)$ 이므로, (나) 항의 결과.[5] □

이제 우리의 관심사들을 확인해 보자.

보기 12.1.11. A 가 (non-zero) finite abelian group 일 때, $\mathrm{ann}_{\mathbb{Z}}(A) = (m)$ 이라고 하고,

$$|A| = p_1^{e_1} p_2^{e_2} \cdots p_k^{e_k}, \qquad m = p_1^{f_1} p_2^{f_2} \cdots p_k^{f_k}, \qquad (\text{단, } p_i \in \mathcal{P},\ 1 \leq f_i \leq e_i)$$

로 표기하자. 이 경우 Primary Decomposition Theorem 이 말하는 것은

$$A = P_1 \oplus \cdots \oplus P_k, \qquad \mathrm{ann}_{\mathbb{Z}}(P_i) = (p_i^{f_i}), \qquad |P_i| = p_i^{e_i}$$

인 A 의 subgroup $P_1, \ldots, P_k$ 가 존재한다는 것이다 ($|P_i| = p_i^{e_i}$ 인 이유는?). 이제 각 P_i 를 cyclic group 들의 direct sum 으로 나타내는 것이 우리의 다음 목표 (Cyclic Decomposition Theorem) 이다.

보기 12.1.12. $T \in \mathfrak{LM}$ 일 때, $\phi_T(t)$ 와 $m_T(t)$ 의 소인수분해를 각각

$$\phi_T(t) = p_1(t)^{e_1} p_2(t)^{e_2} \cdots p_k(t)^{e_k}, \qquad m_T(t) = p_1(t)^{f_1} p_2(t)^{f_2} \cdots p_k(t)^{f_k}$$

로 놓고 (단, $p_i(t) \in \mathcal{P},\ 1 \leq f_i \leq e_i$), $W_i = \mathrm{Ann}_V\left(p_i(t)^{f_i}\right)$ 로 표기하면,

$$V = W_1 \oplus W_2 \oplus \cdots \oplus W_k$$

이고, $T_i = T|_{W_i}$ 로 간단히 표기하면,

$$\mathrm{ann}_{F[t]}(W_i) = (p_i(t)^{f_i}), \qquad \text{즉, } m_{T_i}(t) = p_i(t)^{f_i}$$

가 된다. 뿐만 아니라, T 의 **행렬 표현**을 생각하면,

$$\phi_{T_i}(t) = p_i(t)^{e_i}, \qquad \dim W_i = e_i \cdot \deg(p_i)$$

인 것도 알 수 있다.[6] 이제 각 W_i 를 cyclic $F[t]$-submodule 들의 direct sum 으로 한번 더 분해하는 것이 다음 節의 목표이다.

[5] 그러고 보니, 이 argument 에 연습문제 9.3.7 이 꼭 필요한 것은 아니다.
[6] 즉, T 의 characteristic polynomial $\phi_T(t)$ 는 finite abelian group 의 order 와 비슷한 역할을 한다.

12.2. Cyclic Decomposition Theorem

이 節에서도 D는 계속 PID이고, M은 (non-zero) finitely generated torsion D-module이다. 그리고, 앞 節의 Primary Decomposition Theorem에 의해, 이제 $\text{ann}_D(M) = (p^f)$인 경우만 생각하면 된다(단, $p \in \mathcal{P}$, $f \geq 1$). 우선 M의 cyclic D-submodule(보기 3.4.2와 연습문제 4.2.11)을 복습해 보자.

복습 12.2.1. M의 cyclic D-submodule은 $[\,Dx$ for some $x \in M\,]$이고, 이때 $\text{ann}_D(x) = (a)$로 놓으면, $Dx \approx D/\,\text{ann}_D(x) \approx D/(a)$.

다음도 거의 자명하지만, 분명히 해 두자.

연습문제 12.2.2. $\text{ann}_D(M) = (p^f)$일 때(단, $p \in \mathcal{P}$, $f \geq 1$), 다음을 보여라.

(가) $0 \neq x \in M$이면, $\text{ann}_D(x) = (p^r)$인 자연수 r이 존재한다. 물론 $r \leq f$.

(나) $M = Dx_1 + \cdots + Dx_h$이고, $\text{ann}_D(x_i) = (p^{r_i})$이면, $f = \max(r_1, \ldots, r_h)$.

다음은 첫번째 형태의 Cyclic Decomposition Theorem이다. Cyclic decomposition의 가능성(existence) 증명은 그나마 간단하다.[7] 문제는 uniqueness part이고, uniqueness part의 증명은 이 節의 끝으로 미룬다.

정리 12.2.3. (Cyclic Decomposition Theorem) D는 PID, M은 finitely generated torsion D-module이고, $\text{ann}_D(M) = (p^f)$이면(단, $p \in \mathcal{P}$, $f \geq 1$), 다음 조건

(1) $M = Dx_1 \oplus \cdots \oplus Dx_h$.

(2) $1 \leq j \leq h$일 때, $\text{ann}_D(x_j) = (p^{r_j})$이고, $f = r_1 \geq r_2 \geq \cdots \geq r_h \geq 1$.

을 만족하는 $x_1, \ldots, x_h \in M$과 자연수 $r_1, \ldots, r_h \in \mathbb{Z}$가 존재한다. 이때, 위 두 조건을 만족하는 자연수 h와 $r_1, \ldots, r_h$는 — $x_1, \ldots, x_h$의 선택과 무관하고 — 유일하게 결정된다.

증명 (Existence) : M의 **generating set의 최소 원소 수에 관한 귀납법**을 사용한다. 만약, M이 한 개의 원소로 생성된다면, 더 증명할 것이 없으므로, M 자신은 cyclic이 아니라고 가정하자. 이제, $\{x_1, y_2, y_3 \ldots, y_k\} \subset M$을 M의 최소 개수의 generating set이라고 하고, 이 중에서 $\text{ann}_D(x_1) = (p^f)$인 x_1을 찾는다.[8] 이제 quotient D-module $\overline{M} = M/Dx_1$을 생각한다. 그러면:

---

[7] 사실 이미 따름정리 11.3.9에서 한번 증명하였다.

[8] 연습문제 12.2.2(나)항에 의해, 이런 x_1이 존재.

(i) 가정에 의해, $\overline{M} \neq 0$. 또, 물론 $\overline{M}$ 도 torsion D-module. 한편 $\overline{M}$ 는 M 보다 하나 적은 개수의 원소들 $\{\overline{y_2}, \ldots, \overline{y_k}\}$ 로 생성되므로, induction hypothesis 에 의해,

$$\overline{M} = D\xi_2 \oplus \cdots \oplus D\xi_h$$

인 자연수 h 와 $\xi_2, \ldots, \xi_h \in \overline{M}$ 가 존재할 것이다.[9] 이때, **요령**은 아래 보조정리 12.2.4 에 의해,

$$\overline{x_j} = \xi_j, \qquad \mathrm{ann}_D(x_j) = \mathrm{ann}_D(\xi_j), \qquad (j = 2, \ldots, h)$$

인 $x_2, \ldots, x_h \in M$ 을 찾는 것이다 (이때 $\mathrm{ann}_D(x_1) = (p^f)$ 라는 조건을 사용). 이제, $M = Dx_1 \oplus \cdots \oplus Dx_h$ 인 것만 확인하면 된다.

(ii) 먼저 $M = Dx_1 + \cdots + Dx_h$ 임을 보이기 위해, $x \in M$ 이라고 하면,

$$\overline{x} = a_2\overline{x_2} + \cdots + a_h\overline{x_h}$$

인 $a_2, \ldots, a_h \in D$ 가 존재할 것이다. 그러므로,

$$x - (a_2x_2 + \cdots + a_hx_h) = a_1x_1 \in Dx_1$$

인 $a_1 \in D$ 가 존재. 즉, $x \in Dx_1 + \cdots + Dx_h$.

(iii) 마지막으로 $M = Dx_1 \oplus \cdots \oplus Dx_h$ 인 것을 보이려면, $c_1, \ldots, c_h \in D$ 이고,

$$c_1x_1 + c_2x_2 + \cdots + c_hx_h = 0$$

일 때, $[\, c_jx_j = 0$ for all $i = 1, \ldots, h]$ 임을 보여야 한다.[10] 그런데,

$$c_2\overline{x_2} + \cdots + c_h\overline{x_h} = 0$$

이므로, $[\, c_j\overline{x_j} = 0$ for all $j = 2, \ldots, h]$ 이어야 한다. 그리고 위 (i) 에서, $\mathrm{ann}_D(x_j) = \mathrm{ann}_D(\xi_j)$ 라고 했으므로, $[\, c_jx_j = 0$ for all $j = 2, \ldots, h]$ 가 된다. 따라서, $c_1x_1 = 0$. □

다음 보조정리의 증명도 거의 외길이다. 조금 technical 하다는 느낌도 들긴 하지만. 독자들은 아래 증명을 보지 말고, 혼자 힘으로 증명해 보기 바란다.

보조정리 12.2.4. 정리 12.2.3 의 existence proof 에서, $\xi \in \overline{M}$ 이면, $\overline{y} = \xi$ 이고, $\mathrm{ann}_D(y) = \mathrm{ann}_D(\xi)$ 인 $y \in M$ 이 존재한다.

---

[9] 잘 생각해 보면, 결국은 $h = k$ 이겠지만, 지금 증명과는 무관하다.

[10] 물론, $[\, c_i = 0$ for all $i = 1, \ldots, h]$ 일 필요는 없다. Torsion element 들은 애당초 일차독립일 수 없다.

증명 : 물론 $\xi \neq 0$ 이라고 가정할 수 있다. 이제 $\mathrm{ann}_D(\xi) = \boldsymbol{(}p^r\boldsymbol{)}$ 로 놓고(단, $1 \leq r$), $\xi = \overline{z}$ 인 $z \in M$ 을 (아무거나) 하나 택한 다음 , $\mathrm{ann}_D(z) = \boldsymbol{(}p^s\boldsymbol{)}$ 로 놓자. 그러면, $p^s\overline{z} = \overline{0}$ 이므로, $p^r \,|\, p^s$. 즉, $r \leq s$ ($s \leq f$ 인 것은 자명). 한편, $\overline{p^r z} = p^r\overline{z} = \overline{0}$ 이므로, $p^r z \in Dx_1$ 이 된다. 즉, $p^r z = ax_1$ 인 $a \in D$ 가 존재할 것이다. 그런데, 원래 $\mathrm{ann}_D(x_1) = \boldsymbol{(}p^f\boldsymbol{)}$ 이므로,

$$0 = p^s z = p^{s-r}p^r z = p^{s-r}ax_1, \qquad \text{즉,}\ p^f \,|\, p^{s-r}a, \qquad p^{f-s+r} \,|\, a$$

이므로, $a = p^{f-s+r}b$ 인 $b \in D$ 가 존재한다. 그러므로,

$$p^r z = ax_1 = p^{f-s+r}bx_1, \qquad \text{즉,}\ p^r(z - p^{f-s}bx_1) = 0.$$

이제 $y = z - p^{f-s}bx_1$ 으로 놓으면, 당연히 $\overline{y} = \overline{z} = \xi$ 이고, $\mathrm{ann}_D(y) = \boldsymbol{(}p^r\boldsymbol{)}$. 왜냐하면, 만약 [$cy = 0$ for some $c \in D$] 이면, $cz = cp^{f-s}bx_1 \in Dx_1$ 이고, 따라서 $c\overline{z} = \overline{0}$ 이므로, $p^r \,|\, c$ 이기 때문이다. □

주의 12.2.5. 얼핏 보기에 정리 12.2.3 의 existence proof 는 — M 의 **minimal** generating set 으로부터 시작했기 때문에 — contructive 하지 않은 것으로 생각될 수 있다.[11] 그렇지만, 이 증명을 약간만 modify 하면, **constructive** 한 증명으로 바꿀 수 있다. 이 내용은 다음 節에서 다룬다.

이제 앞 節의 Primary Decomposition Theorem 의 결과를 종합하면 :

정리 12.2.6. (Cyclic Decomposition Theorem) D 는 PID, M 은 finitely generated non-zero torsion D-module 이고,

$$\mathrm{ann}_D(M) = \boldsymbol{(}m\boldsymbol{)}, \qquad m = p_1^{f_1}p_2^{f_2}\cdots p_k^{f_k}$$

로 놓으면(단, $p_i \in \mathcal{P}$, $f_i \geq 1$), 다음 조건

(1) $M = \bigoplus_{1 \leq i \leq k}\left(\bigoplus_{1 \leq j \leq h_i} Dx_{ij}\right)$.
(2) $\mathrm{ann}_D(x_{ij}) = \boldsymbol{(}p_i^{r_{ij}}\boldsymbol{)}$ for all $1 \leq i \leq k,\ 1 \leq j \leq h_i$.
(3) $f_i = r_{i1} \geq r_{i2} \geq \cdots \geq r_{ih_i} \geq 1$ for all $1 \leq i \leq k$.

을 만족하는 $\{h_i \in \mathbb{Z} \mid h_i \geq 1,\ 1 \leq i \leq k\}$, $\{x_{ij} \in M \mid 1 \leq i \leq k,\ 1 \leq j \leq h_i\}$, 그리고 $\{r_{ij} \in \mathbb{Z} \mid 1 \leq i \leq k,\ 1 \leq j \leq h_i\}$ 가 존재한다. 이때 $\{h_i\}$ 와 $\{r_{ij}\}$ 는 — $\{x_{ij}\}$ 의 선택과 무관하고 — 유일하게 결정된다.

증명 : $M(p_i) = \bigoplus_{1 \leq j \leq h_i} Dx_{ij}$ 이므로 ⋯⋯. □

[11] Minimal generating set 은 cyclic decomposition 을 완성하기 전에는 찾을 수 없다.

조금 달리 state할 수도 있다. 증명은 上同.

정리 12.2.7. (Cyclic Decomposition Theorem) D는 PID, M은 finitely generated non-zero torsion D-module일 때,

$$\mathrm{ann}_D(M) = (m), \qquad m = p_1^{f_1} p_2^{f_2} \cdots p_k^{f_k}$$

으로 놓으면(단, $p_i \in \mathcal{P}$, $f_i \geq 1$), 다음 조건

(1) $M \approx \bigoplus_{1 \leq i \leq k} \left(\bigoplus_{1 \leq j \leq h_i} D/(p_i^{r_{ij}}) \right)$.

(2) $f_i = r_{i1} \geq r_{i2} \geq \cdots \geq r_{ih_i} \geq 1$ for all $1 \leq i \leq k$.

을 만족하는 $\{h_i \in \mathbb{Z} \mid h_i \geq 1,\ 1 \leq i \leq k\}$와 $\{r_{ij} \in \mathbb{Z} \mid 1 \leq i \leq k,\ 1 \leq j \leq h_i\}$가 존재한다. 이때 $\{h_i\}$와 $\{r_{ij}\}$는 유일하게 결정된다.

앞 정리의 data $\{m, h_i, r_{ij}\}$를 우리는 M의 **invariants**라고 부른다. 물론, finitely generated torsion D-module은 그의 invariants에 의해 완전히(유일하게) 결정된다. 그리고, isomorphic한 D-module은 같은 invariants를 갖는다(왜 그런가?).

한편, 정리 12.2.3의 existence proof는 M이 finite abelian group인 경우에는 M의 원소 수에 관한 귀납법을 사용하는 것이 자연스럽고, M이 finite F-dimensional $F[t]$-module인 경우에는 $\dim_F M$에 관한 귀납법을 사용하는 것이 자연스러울 것이다. 그렇지만, 그렇게 하더라도 그 증명이 별로 간단해질 것 같지는 않다.

그러나, 정리 12.2.3의 uniqueness 부분은 사정이 많이 다르다. 우선 노파심에서:

주의 12.2.8. 정리 12.2.3의 uniqueness에는, 만약 $f = r_1 \geq r_2 \geq \cdots \geq r_h \geq 1$과 $f = s_1 \geq s_2 \geq \cdots \geq s_\ell \geq 1$이 서로 다른 data라면,

$$D/(p^{r_1}) \oplus \cdots \oplus D/(p^{r_h}) \not\approx D/(p^{s_1}) \oplus \cdots \oplus D/(p^{s_\ell})$$

이라는 의미도 포함되어 있다.

보기 12.2.9. 가장 간단한 질문부터 생각해 보자. 예를 들어, $p \in \mathcal{P}$일 때, torsion D-module들 $D/(p)$와 $D/(p) \oplus D/(p)$가 D-**module**로서 isomorphic하지 않음을 설명해 보자.

(가) $D = \mathbb{Z}$ 라면, $\mathbb{Z}_p$ 와 $\mathbb{Z}_p \oplus \mathbb{Z}_p$ 는 원소 수가 다르므로 당연히 isomorphic 할 수 없다.
(나) $D = F[t]$ 이고, 만약 $F[t]/(p)$ 와 $F[t]/(p) \oplus F[t]/(p)$ 가 $F[t]$-module 로서 isomorphic 하다면, $F[t]$-module 은 우선 F-vector space 이므로, $F[t]/(p)$ 와 $F[t]/(p) \oplus F[t]/(p)$ 는 F-vector space 로도 isomorphic 할 것이다. 그러나, $\dim_F\left(F[t]/(p)\right) = \deg(p)$ 이고, $\dim_F\left(F[t]/(p) \oplus F[t]/(p)\right) = 2\deg(p)$ 이므로, 이는 불가능.
(다) 하지만, 일반적인 경우에는?

그러므로, $D = \mathbb{Z}$ 이거나 $D = F[t]$ 인 경우만 다룬다면, uniqueness 의 증명이 좀 간단해 질 것 같기도 하다. 그렇지만:

보기 12.2.10. $D = \mathbb{Z}$ 이고 $p \in \mathcal{P}$ 일 때, 예를 들어,

$$\mathbb{Z}_p \oplus \mathbb{Z}_p \oplus \mathbb{Z}_{p^3} \oplus \mathbb{Z}_{p^3} \not\approx \mathbb{Z}_p \oplus \mathbb{Z}_{p^2} \oplus \mathbb{Z}_{p^2} \oplus \mathbb{Z}_{p^3}$$

임을 설명하는 것은, 어차피, 일반적인 경우보다 특별히 쉬워 보이지 않는다. (둘 다 원소 수는 p^8-개이고, 4-개의 원소로 생성되고, order p^3 인 원소를 갖고 있고$\cdots\cdots$.)

이제 그만 답을 말하자. **"아는 건 벡터공간뿐."**

관찰 12.2.11. M 은 D-module 이고, $pM = 0$ 이라고 가정하자 (단, $p \in \mathcal{P}$). $\overline{D} = D/(p)$ 로 표기할 때 ($\overline{D}$ 는 물론 field), M-위의 $\overline{D}$-상수곱을

$$\overline{a}x = ax, \qquad (a \in D,\ x \in M)$$

으로 자연스럽게 정의하면, M 은 $\overline{D}$-vector space 가 된다.

증명 : Well-definedness 가 관건이다. 거의 자명. □

연습문제 12.2.12. M, M' 은 D-module 이고, $pM = 0$, $pM' = 0$ 일 때 (단, $p \in \mathcal{P}$), 다음을 보여라 ($\overline{D} = D/(p)$ 로 표기).

(가) $N \leq_D M$ if and only if $N \leq_{\overline{D}} M$.
(나) $S \subseteq M$ 이면, [D-submodule of M generated by S] = [$\overline{D}$-subspace of M generated by S].
(다) $\varphi : M \to M'$ is D-linear if and only if φ is $\overline{D}$-linear.

이제 보기 12.2.9의 질문은 쉽게 해결할 수 있다.

보기 12.2.9 계속. $D/(p)$ 와 $D/(p) \oplus D/(p)$ 가 D-module 로서 isomorphic 하다고 가정해 보자. 그런데, $\overline{D} = D/(p)$ 로 표기하고, 이들을 $\overline{D}$-vector space 로 생각하면 (관찰 12.2.11), 이들은 $\overline{D}$-vector space 로도 isomorphic 할 것이다 (연습문제 12.2.12 (다) 항). 그러나, 각각의 $\overline{D}$-dimension 은 1과 2. 모순. 따라서, $D/(p)$ 와 $D/(p) \oplus D/(p)$ 는 D-module 로서 isomorphic 할 수 없다.

보기 12.2.10은 준비가 더 필요하다. 그리고, 이 장면에서 Cyclic Decomposition Theorem 의 두번째 형태를 소개하는 것이 좋은 전략이다. 왜냐하면, 이 두번째 형태의 정리는 첫번째 형태 (정리 12.2.3) 보다 더 general 한 결과이면서도 그 증명 (uniqueness 증명)은 똑같기 때문이다.

정리 12.2.13. (Cyclic Decomposition Theorem) D 는 PID, M 은 finitely generated non-zero torsion D-module 이고, $\mathrm{ann}_D(M) = (m)$ 이면, 다음 조건

(1) $M \approx D/(d_1) \oplus \cdots \oplus D/(d_r)$.

(2) $d_1 \,|\, d_2 \,|\, \cdots \,|\, d_r = m$.

을 만족하는 non-zero elements $d_1, \ldots, d_r \in D - D^\times$ 가 존재하고, 이때 자연수 r 과 $d_1, \ldots, d_r$ 은 (up to unit) 유일하게 결정된다.[12]

증명 (Existence) : 다음 보기로 충분할 것이다. 예를 들어, 정리 12.2.7 에서, $m = p_1 p_2^3 p_3^4$ 이고,

$$M \approx D/(p_1) \oplus D/(p_2^2) \oplus D/(p_2^2) \oplus D/(p_2^3) \oplus D/(p_3) \oplus D/(p_3^4)$$

이면, 이를 다음과 같이 나열하고,

$$\begin{array}{ccc} & & p_1 \\ p_2^2 & p_2^2 & p_2^3 \\ & p_3 & p_3^4 \\ \hline p_2^2 & p_2^2 p_3 & p_1 p_2^3 p_3^4 \end{array}$$

각 column 의 원소들을 곱하면, $d_1 = p_2^2$, $d_2 = p_2^2 p_3$, $d_3 = m = p_1 p_2^3 p_3^4$ 을 얻는다. 그리고, **Chinese Remainder Theorem** (명제 5.8.2) 에 의해,

$$\begin{aligned} M &\approx D/(p_2^2) \oplus \big(D/(p_2^2) \oplus D/(p_3)\big) \oplus \big(D/(p_1) \oplus D/(p_2^3) \oplus D/(p_3^4)\big) \\ &\approx D/(p_2^2) \oplus D/(p_2^2 p_3) \oplus D/(p_1 p_2^3 p_3^4) \end{aligned}$$

이 된다. □

[12] 이때, $d_1, \ldots, d_r$ 을 흔히 (전통적으로) M 의 elementary divisors 라고 부른다. §11.3 참조.

마지막 준비 몇 개.

연습문제 12.2.14. N 은 D-module, $N_i \leq_D N$ 이고, $p \in \mathcal{P}$ 라고 하자. 만약

$$N = N_1 \oplus \cdots \oplus N_r$$

이면,

$$\mathrm{Ann}_N(p) = \mathrm{Ann}_{N_1}(p) \oplus \cdots \oplus \mathrm{Ann}_{N_r}(p)$$

임을 보여라. 그리고, $\overline{D} = D/(p)$ 로 표기할 때, $\mathrm{Ann}_{N_i}(p)$ 는 $\overline{D}$-vector space $\mathrm{Ann}_N(p)$ 의 subspace 임을 설명하라 (관찰 12.2.11 및 연습문제 12.2.12 참조).

연습문제 12.2.15. $p \in \mathcal{P}$, $0 \neq d \in D$ 일 때, cyclic D-module $N = D/(d)$ 를 생각하고, 다음을 보여라.

(가) 만약 $p \mid d$ 이면, $d = pb$ 로 놓을 때 (단, $b \in D$), $\mathrm{Ann}_N(p) = bD/(pb)$. 그리고, $\mathrm{Ann}_N(p)$ 는 물론 $\overline{D}$-vector space 로 볼 수 있다 ($\overline{D} = D/(p)$ 로 표기).
(나) (가) 항에서, 함수 $\varphi : D \to bD/(pb)$ 를

$$\varphi(a) = \overline{ba}, \qquad (a \in D)$$

로 정의하면, φ 는 D-module epimorphism 이고, $\ker \varphi = (p)$. 즉, D-module 로서 $bD/(pb) \approx D/(p)$. 그러므로, $\overline{D}$-vector space 로도 $bD/(pb) \approx D/(p)$. 따라서, $p \mid d$ 이면, $\dim_{\overline{D}}\big(\mathrm{Ann}_N(p)\big) = 1$.
(다) 만약 $p \nmid d$ 이면, $\mathrm{Ann}_N(p) = 0$.

연습문제 12.2.16. $p \in \mathcal{P}$, $0 \neq b \in D$ 일 때, D-module $D/(pb)$ 의 submodule $pD/(pb)$ 를 생각하자. 위 연습문제 12.2.15 (나) 항을 흉내 내어, D-module 로서 $pD/(pb) \approx D/(b)$ 임을 보여라.[13]

드디어, Cyclic Decomposition Theorem 의 uniqueness part 를 증명할 수 있게 되었다.

정리 12.2.13 의 증명 (Uniqueness) : m 의 irreducible divisor 의 개수에 관한 귀납법을 사용한다 (예를 들어, $D = \mathbb{Z}$ 일 때, $2^3 \cdot 3^4$ 의 irreducible divisor 의 개수는 7-개). 우선, $p \mid d_1$ 인 $p \in \mathcal{P}$ 를 하나 고정하고,

$$M \approx D/(c_1) \oplus \cdots \oplus D/(c_s), \qquad c_1 \mid c_2 \mid \cdots \mid c_s = m$$

인 non-zero elements $c_1, \ldots, c_s \in D - D^\times$ 도 존재한다고 가정해 보자.

[13] $b \in D^\times$ 일 수도 있다. 그런 경우에는 $D/(b) = 0$.

[Step 1] 먼저 $\mathrm{Ann}_M(p)$ 를 생각한다. 그러면, 연습문제 12.2.14 에 의해,

$$\begin{aligned}\mathrm{Ann}_M(p) &\approx \mathrm{Ann}_{D/(d_1)}(p) \oplus \cdots \oplus \mathrm{Ann}_{D/(d_r)}(p) \\ &\approx \mathrm{Ann}_{D/(c_1)}(p) \oplus \cdots \oplus \mathrm{Ann}_{D/(c_s)}(p)\end{aligned}$$

가 된다. 한편, $p\,|\,d_1$ 이므로, [$p\,|\,d_i$ for all $i = 1, \ldots, r$] 인 것은 당연하고, 위 연습문제 12.2.15 에 의해 ($\overline{D} = D/(p)$ 로 표기),

$$r = \dim_{\overline{D}}\big(\mathrm{Ann}_M(p)\big) = [\text{number of } c_i \text{ such that } p\,|\,c_i]$$

이므로, $r \le s$ 이어야 한다. 따라서, 대칭성에 의해 $r = s$ 이고, [$p\,|\,c_i$ for all $i = 1, \ldots, r$].

[Step 2] 만약 m 의 irreducible divisor 의 개수가 한 개였다면, [$p \sim d_i \sim c_i$ for all $i = 1, \ldots, r$] 이므로 OK.[14]

[Step 3] 다음에는 M 의 D-submodule pM 을 생각한다. $d_i = p\,b_i$, $c_i = p\,b_i'$ 으로 놓으면 (단, $b_i, b_i' \in D$), 연습문제 12.2.16 에 의해,

$$pM \approx pD/(p\,b_1) \oplus \cdots \oplus pD/(p\,b_r) \approx D/(b_1) \oplus \cdots \oplus D/(b_r)$$

이 된다. 마찬가지로,

$$pM \approx D/(b_1') \oplus \cdots \oplus D/(b_r')$$

이다. 그런데, $b_r = b_r'$ 의 irreducible divisor 의 개수는 $m = d_r = c_r$ 의 그것보다 한 개 적으므로, 귀납법의 가정에 의해, [$b_i \sim b_i'$ for all $i = 1, \ldots, r$], 즉 [$d_i \sim c_i$ for all $i = 1, \ldots, r$]. □

독자들도 著者가 [I] 에서 Cyclic Decomposition Theorem 의 증명을 생략한 데 대해 共感할 수 있을 것이다. 결국 Cyclic Decomposition Theorem 의 증명에는 quotient module 을 비롯한 module 에 관한 다양한 언어와 maturity 가 필요했기 때문이다.

Cyclic Decomposition Theorem 은 — '연결 고리' 따름명제 11.2.10 과 함께 — [**Fundamental Theorem** for finitely generated modules over a PID] 라고 불리우기도 한다. 물론, $D = \mathbb{Z}$ 인 경우에는 [Fundamental Theorem for finitely generated abelian groups] 라고 불리운다.

[14] '$\sim$'의 의미는 정의 5.1.4 참조.

한편, 다음 오류가 있는 증명을 스스로 생각하고 — 아마도 아직도 미련을 버리지 못하는 — 독자가 있다면 오히려 칭찬 받아 마땅하다.

연습문제 12.2.17. 정리 12.2.13의 uniqueness 부분의 다음 엉터리 증명에서 오류(gap?)를 지적하라. [**엉터리 증명:** 위 증명의 표기법을 그대로 사용할 때,

$$\frac{D/(d_1) \oplus \cdots \oplus D/(d_{r-1}) \oplus D/(d_r)}{0 \quad \oplus \cdots \oplus \quad 0 \quad \oplus D/(d_r)} \approx D/(d_1) \oplus \cdots \oplus D/(d_{r-1})$$

이고(확인해 보라), 마찬가지로

$$\frac{D/(c_1) \oplus \cdots \oplus D/(c_{s-1}) \oplus D/(c_s)}{0 \quad \oplus \cdots \oplus \quad 0 \quad \oplus D/(c_s)} \approx D/(c_1) \oplus \cdots \oplus D/(c_{s-1})$$

이 된다. 그리고, $d_r = m = c_s$ 이므로,

$$D/(d_1) \oplus \cdots \oplus D/(d_{r-1}) \approx D/(c_1) \oplus \cdots \oplus D/(c_{s-1})$$

이다. 이제 $N_1 = D/(d_1) \oplus \cdots \oplus D/(d_{r-1})$, $N_2 = D/(c_1) \oplus \cdots \oplus D/(c_{s-1})$ 으로 놓으면, $d_1 \,|\, d_2 \,|\, \cdots \,|\, d_{r-1}$ 이므로, $\operatorname{ann}_D(N_1) = (d_{r-1})$ 이어야 한다. 같은 이유로 $\operatorname{ann}_D(N_2) = (c_{s-1})$ 이므로, $(d_{r-1}) = (c_{s-1})$ 이어야 한다. 이제 r에 관한 귀납법으로 증명 끝. ⊠ □]

이 엉터리 증명의 오류를 한눈에 알아보는 독자들에게도 박수를 보낸다.

12.3. Cyclic Decomposition Theorem의 적용

사실 [I]에서는 Cyclic Decomposition Theorem이 조금 무겁게 생각되어 많은 보기들을 다루지 못하였다. 이 節에서는 Cyclic Decomposition Theorem을 이용한 다양한 결과들을 살펴본다.

이 節에서도 D는 PID이고, M은 finitely generated (non-zero) torsion D-module이다.

보기 12.3.1. (가) Order가 2^4인 non-isomorphic abelian group A는 모두 몇 개일까? A의 모든 원소의 order는 2의 power이므로, [$\text{ann}_{\mathbb{Z}}(A) = \mathbf{(}2^f\mathbf{)}$ for some $f \in \mathbb{Z}$ with $1 \leq f \leq 4$]일 것이다. 이제, 정리 12.2.3(혹은 정리 12.2.13)에 의하면,

$$A \approx \mathbb{Z}_{2^{r_1}} \oplus \cdots \oplus \mathbb{Z}_{2^{r_h}}, \qquad r_1 \geq r_2 \geq \cdots \geq r_h \geq 1, \qquad r_1 + \cdots + r_h = 4$$

이어야 한다. 따라서, A는 다음 다섯 abelian group

$$\mathbb{Z}_{2^4}, \quad \mathbb{Z}_{2^3} \oplus \mathbb{Z}_2, \quad \mathbb{Z}_{2^2} \oplus \mathbb{Z}_{2^2}, \quad \mathbb{Z}_{2^2} \oplus \mathbb{Z}_2 \oplus \mathbb{Z}_2, \quad \mathbb{Z}_2 \oplus \mathbb{Z}_2 \oplus \mathbb{Z}_2 \oplus \mathbb{Z}_2$$

중 하나여야 하고, Cyclic Decomposition Theorem의 uniqueness part에 의해, 이들은 모두 non-isomorphic. 따라서, 답은 다섯 개.

(나) 이번엔 order가 $72 = 2^3 3^2$인 non-isomorphic abelian group A는 모두 몇 개인지 알아보자. Primary Decomposition Theorem에 의해,

$$A = A(2) \oplus A(3)$$

이고, $A(2)$를 cyclic group으로 decompose하는 방법은 (가)항과 같은 방법으로 모두 세 가지. 또, $A(3)$를 cyclic group으로 decompose하는 방법은 모두 두 가지. 즉, A는 다음 여섯 개의 abelian group

$$\begin{array}{ccc} \mathbb{Z}_{2^3} \oplus \mathbb{Z}_{3^2}, & \mathbb{Z}_{2^2} \oplus \mathbb{Z}_2 \oplus \mathbb{Z}_{3^2}, & \mathbb{Z}_2 \oplus \mathbb{Z}_2 \oplus \mathbb{Z}_2 \oplus \mathbb{Z}_{3^2}, \\ \mathbb{Z}_{2^3} \oplus \mathbb{Z}_3 \oplus \mathbb{Z}_3, & \mathbb{Z}_{2^2} \oplus \mathbb{Z}_2 \oplus \mathbb{Z}_3 \oplus \mathbb{Z}_3, & \mathbb{Z}_2 \oplus \mathbb{Z}_2 \oplus \mathbb{Z}_2 \oplus \mathbb{Z}_3 \oplus \mathbb{Z}_3 \end{array}$$

중 하나이고, 물론 이들은 모두 non-isomorphic. 답은 여섯 개. 한편, 정리 12.2.13과 그 증명을 생각하면, 위 여섯 abelian group을 (위 list의 순서대로)

$$\begin{array}{ccc} \mathbb{Z}_{72}, & \mathbb{Z}_2 \oplus \mathbb{Z}_{36}, & \mathbb{Z}_2 \oplus \mathbb{Z}_2 \oplus \mathbb{Z}_{18}, \\ \mathbb{Z}_3 \oplus \mathbb{Z}_{24}, & \mathbb{Z}_6 \oplus \mathbb{Z}_{12}, & \mathbb{Z}_2 \oplus \mathbb{Z}_6 \oplus \mathbb{Z}_6 \end{array}$$

으로 나타낼 수도 있다.

다음에 소개하는 partition function 은 매우 중요하고 만만치 않은 함수이다.

정의 12.3.2. $1 \le n \in \mathbb{Z}$ 일 때, $\pi(n)$ 을 [자연수들을 (중복을 허용해) 더해서 n 을 만드는 방법의 수] 로 정의하자. 우리는 π 를 **partition function** 이라고 부른다. 예를 들어 설명하는 것이 더 분명하다.

$$4 = 3 + 1 = 2 + 2 = 2 + 1 + 1 = 1 + 1 + 1 + 1$$

이므로, $\pi(4) = 5$. 또, $\pi(3) = 3$, $\pi(2) = 2$ 등등.

연습문제 12.3.3. $1 \le n \in \mathbb{Z}$ 의 소인수분해가

$$n = p_1^{e_1} p_2^{e_2} \cdots p_k^{e_k}$$

로 주어졌을 때 (단, $p_i \in \mathcal{P}$), order n 인 non-isomorphic abelian group 의 개수는 $\pi(e_1)\,\pi(e_2) \cdots \pi(e_k)$ 임을 보여라.

보기 12.3.1 과 연습문제 12.3.3 은 [Fundamental Theorem for finite abelian groups] 가 finite abelian group 의 **complete classification** 을 제공함을 말해주고 있다. 사실

[Fundamental Theorem for ⋯⋯] = [⋯⋯ 에 관한 모든 것]

이라는 의미이다. 물론, cyclic group 의 characterization — finite abelian group 으로서의 cyclic group 의 characterization — 도 얻을 수 있다.

따름정리 12.3.4. A 는 finite abelian group 이고, $\mathrm{ann}_{\mathbb{Z}}(A) = (m)$ 이라고 하자 (단, $m > 0$). 그러면, A 가 cyclic group 일 필요충분조건은 $|A| = m$.[15]

증명 : $A \approx \mathbb{Z}_n$ 이면, $\mathrm{ann}_{\mathbb{Z}}(A) = (n)$ 인 것은 자명. 역으로, $|A| = m$ 이면, 정리 12.2.13 에 의해 $A \approx \mathbb{Z}_m$ (정리 12.2.13 의 표기법으로 $r = 1$, $A \approx \mathbb{Z}_{d_r}$). □

이제 보조정리 7.2.21 의 motivation 도 분명해졌다.

보조정리 7.2.21 의 再증명 : A 가 finite abelian group 일 때,

$$A \approx \mathbb{Z}_{d_1} \oplus \cdots \oplus \mathbb{Z}_{d_r}, \qquad d_1 \,|\, d_2 \,|\, \cdots \,|\, d_r = m$$

이라고 하면, $|m|$ 이 바로 A 의 원소들의 maximal order. 이제 $x \in A$ 이면, $mx = 0$ 이므로, x 의 order 가 m 의 약수인 것은 자명. □

[15] 즉, finite abelian group A 가 cyclic group 일 필요충분조건은 [$mx = 0$ for all $x \in A$] 인 최소의 자연수 m 과 $|A|$ 가 같은 것이다.

한편 정리 7.2.1은 — 보조정리 7.2.21 없이도 — 따름정리 12.3.4를 이용해 증명할 수 있다.[16]

정리 7.2.1의 보통의 증명: G를 field F의 finite multiplicative subgroup이라고 하고, $\operatorname{ann}_{\mathbb{Z}}(G) = (m)$이라고 놓자 (단, $m > 0$). 그러면, $|G| \in (m)$이므로, $m \leq |G|$. 한편, $[x^m = 1 \text{ for all } x \in G]$이고 ($G$는 multiplicative group이므로, multiplicative notation을 사용), 다항식 $t^m - 1 \in F[t]$는 많아야 m-개의 root을 가지므로, $|G| \leq m$. 따라서, $|G| = m$이고, 따름정리 12.3.4에 의해, G는 cyclic. □

Finite abelian group에 관한 Cyclic Decomposition Theorem의 application은 얼마든지 많겠지만, 하나만 추가하기로 한다.

연습문제 12.3.5. A, B, C가 abelian group일 때,

$$\operatorname{Hom}_{\mathbb{Z}}(A, B) = \{\varphi : A \to B \mid \varphi \text{는 group homomorphism}\}$$

이라고 표기하자.

(가) $\operatorname{Hom}_{\mathbb{Z}}(A, B)$에 자연스러운 abelian group의 구조를 정의하라.
(나) $\operatorname{Hom}_{\mathbb{Z}}(A \oplus B, C) \approx \operatorname{Hom}_{\mathbb{Z}}(A, C) \oplus \operatorname{Hom}_{\mathbb{Z}}(B, C)$임을 보여라.

연습문제 12.3.6. A가 finite abelian group일 때, $\widehat{A} = \operatorname{Hom}_{\mathbb{Z}}(A, \mathbb{C}^{\times})$로 표기하면,[17] $\widehat{A} \approx A$임을 보여라.[18]

이제 '고향'으로 돌아가, $T \in \mathfrak{L}\mathfrak{M}$이 주어진 finite dimensional F-vector space V의 경우를 생각하자. 독자들이, V를 $F[t]$-module로 생각하면서, [I, 제8장]을 지금 다시 읽어 보면 — 어찌된 영문인지 — 작년보다 '몸이 많이 가벼워진' 것을 느낄 수 있을 것이다.[19]

[I, 제8장]을 막힘 없이 읽어 가던 독자들은 [I, 따름정리 8.6.2]를 만나 고개를 갸우뚱거리게 될 것이다. [I, 따름정리 8.6.2]의 증명은 무언가 분명치 않은 기분도 들고, 약간 얼버무린 느낌도 있었지만, 이제는 모든 것이 명백하다.

[16] 사실 보조정리 7.2.21을 이용한 증명이나 별 차이 없지만…….
[17] $\widehat{A}$의 이름은 A의 character group.
[18] 著者는 Cyclic Decomposition Theorem의 도움 없이 이 명제를 증명하는 방법을 알지 못한다.
[19] 내년에는 '몸이 더 가벼워질' 것이고, 후년에는 일주일(!)이면 [I]을 다 읽을 수 있을 것이다.

사실은 이미 연습문제 3.2.19에 답이 주어져 있었다. 복습해 보자.[20] 만약 $A \in \mathfrak{M}_{n,n}(F)$ 이면, $V = F^n$ 은 물론 $A = L_A = T \in \mathfrak{LM}$ 이 주어진 $F[t]$-module 이다. 그런데, 두 개의 행렬 $A, B \in \mathfrak{M}_{n,n}(F)$ 가 주어져 있으면, F^n 에도 두 가지의 $F[t]$-module structure 를 생각할 수 있을 것이다. 따라서, 혼동을 줄이기 위하여, F^n_A, F^n_B 의 표기법을 사용하기로 한다. 더 분명히 하자면,

$$f(t)X = f(A)X, \qquad f(t)Y = f(B)Y, \qquad (f(t) \in F[t],\ X \in F^n_A,\ Y \in F^n_B)$$

으로 정의하기로 한다.

관찰 12.3.7. $A, B \in \mathfrak{M}_{n,n}(F)$ 일 때, F-linear map $\varphi : F^n_A \to F^n_B$ 이 $F[t]$-module homomorphism 일 필요충분조건은 $\varphi \circ L_A = L_B \circ \varphi$.

증명 : $\varphi : F^n_A \to F^n_B$ 이 $F[t]$-module homomorphism 이면, 우선

$$\varphi\big(L_A(X)\big) = \varphi(tX) = t\,\varphi(X) = L_B\big(\varphi(X)\big), \qquad (X \in F^n)$$

이어야 하므로, $\varphi \circ L_A = L_B \circ \varphi$. Converse 는 독자들에게 맡긴다. □

이제 [I, 따름정리 8.6.2] 를 다시 (산뜻하게) 증명한다.

따름정리 12.3.8. $A, B \in \mathfrak{M}_{n,n}(F)$ 일 때, 다음 조건은 동치.

(1) $F^n_A \approx F^n_B$ as $F[t]$-modules.
(2) F^n_A and F^n_B have the same invariants $\{m, h_i, r_{ij}\}$.[21]
(3) A is similar to B. 즉, $A \sim B$.

증명 : 조건 (1) 과 조건 (2) 가 동치인 것은 다름아닌 Cyclic Decomposition Theorem (정리 12.2.7). 먼저, 조건 (1) 을 가정하고, $\varphi : F^n_A \to F^n_B$ 을 $F[t]$-module isomorphism 이라고 하자. 그러면, 앞 관찰에 의해, $\varphi \circ L_A = L_B \circ \varphi$ 일 것이다. 언제나처럼, $\mathcal{E}$ 를 F^n 의 표준기저로 표기하고, $U = [\varphi]^{\mathcal{E}}_{\mathcal{E}}$ 로 놓으면,

$$[\varphi]^{\mathcal{E}}_{\mathcal{E}} \cdot [L_A]^{\mathcal{E}}_{\mathcal{E}} = [L_B]^{\mathcal{E}}_{\mathcal{E}} \cdot [\varphi]^{\mathcal{E}}_{\mathcal{E}}, \qquad \text{즉, } UA = BU$$

가 된다. 물론 U 는 가역이고, 따라서 $A \sim B$. 역으로, $UA = BU$ 인 가역 행렬 $U \in \mathbf{GL}_n(F)$ 가 존재한다면, $L_U \circ L_A = L_B \circ L_U$ 이므로, $L_U : F^n_A \to F^n_B$ 은 $F[t]$-module isomorphism. □

물론 따름정리 12.3.4 에 대응하는 결과도 얻을 수 있다.

---

[20] 혼자 힘으로 연습문제 3.2.18 과 연습문제 3.2.19 를 해결한 독자들은 실망이 크겠지만 …… .
[21] Invariants $\{m, h_i, r_{ij}\}$ 는 정리 12.2.7 의 다음 단락 참조.

연습문제 12.3.9. $T \in \mathfrak{LM}$일 때, $F[t]$-module V가 cyclic $F[t]$-module일 필요충분조건은 $m_T(t) = \phi_T(t)$ 임을 보여라.

이제 '고향'으로 돌아가 $T \in \mathfrak{LM}$이 주어진 $F[t]$-module을 실제로 cyclic submodule들로 분해해 보자. 이 보기들을 [I]에서는 다루지 못한 이유는 물론 정리 12.2.3의 existence proof가 없었기 때문이다. 먼저, 주의 12.2.5부터 마무리하자.

주의 12.2.5 계속. 정리 12.2.3의 existence proof에서, $x_1 \in M$을 — M의 minimal generating set의 원소일 필요 없이 — [$\mathrm{ann}_D(x_1) = (p^f)$ 인 **임의의** 원소]라고 하면,

(가) M이 finite abelian group인 경우에는 M의 원소 수에 관한 귀납법을 사용하고, M이 유한 차원 $F[t]$-module인 경우에는 $\dim_F M$에 관한 귀납법을 사용하면 된다.

(나) 만약 D가 그냥 PID이면 (관찰 12.2.11 참조),

$$\dim_{\overline{D}}\big(\mathrm{Ann}_{\overline{M}}(p)\big) < \dim_{\overline{D}}\big(\mathrm{Ann}_M(p)\big)$$

임을 보일 수 있으므로, $\dim_{\overline{D}}\big(\mathrm{Ann}_M(p)\big)$에 관한 귀납법을 사용할 수 있다.

연습문제 12.3.10. 앞 (나)항을 확인하라.

우선 간단한 보기부터.

보기 12.3.11. $N = W = \mathbb{R}^4$ 이고 (물론 $D = \mathbb{R}[t]$),

$$T = L_B = B = \begin{pmatrix} 3 & 5 & 1 & 1 \\ 0 & 4 & 1 & 0 \\ 0 & -9 & -2 & 0 \\ -4 & -16 & -4 & -1 \end{pmatrix}$$

이라고 하면, $m_B(t) = (t-1)^2$ 임을 알 수 있다. 그러면, $\mathbb{R}^4$의 표준기저를 $\{\mathbf{f}_1, \mathbf{f}_2, \mathbf{f}_3, \mathbf{f}_4\}$로 표기하고, 정리 12.2.3의 existence proof를 따라가 보자.

(가) $x_1 = \mathbf{f}_1$으로 잡으면,

$$t\mathbf{f}_1 = B\mathbf{f}_1 = (3,0,0,-4)^{\mathbf{t}}, \qquad t^2\mathbf{f}_1 = B^2\mathbf{f}_1 = (5,0,0,-8)^{\mathbf{t}}$$

이므로, 물론 $(t-1)\mathbf{f}_1 \neq 0$ 이고,

$$(t-1)^2\mathbf{f}_1 = (5,0,0,-8)^{\mathbf{t}} - 2(3,0,0,-4)^{\mathbf{t}} + (1,0,0,0)^{\mathbf{t}} = 0$$

이 된다. 따라서, $\mathrm{ann}_D(\mathbf{f}_1) = \big((t-1)^2\big)$.

(나) $\overline{W} = W/D\mathbf{f}_1$ 을 생각하면, $\dim_{\mathbb{R}} \overline{W} = 2$ 이다. 다음 $x_2 = \mathbf{f}_3$ 로 택하면,

$$t\,\overline{\mathbf{f}_3} = \overline{t\mathbf{f}_3} = \overline{(1,1,-2,-4)^{\mathbf{t}}}, \qquad t^2\,\overline{\mathbf{f}_3} = \overline{t^2\mathbf{f}_3} = \overline{(2,2,-5,-8)^{\mathbf{t}}}$$

이므로,

$$\mathrm{ann}_D(\overline{\mathbf{f}_3}) = \big((t-1)^2\big) = \mathrm{ann}_D(\mathbf{f}_3)$$

임을 알 수 있다. 특별히, $\overline{W}$ 는 자기 자신 cyclic D-module 이다.

(다) 따라서,

$$F^4 = D\mathbf{f}_1 \oplus D\mathbf{f}_3 = \langle \mathbf{f}_1, B\mathbf{f}_1\rangle \oplus \langle \mathbf{f}_3, B\mathbf{f}_3\rangle$$

가 된다. 이제 $\mathfrak{C} = \{\mathbf{f}_1, B\mathbf{f}_1, \mathbf{f}_3, B\mathbf{f}_3\}$ 로 놓으면,

$$B \sim [L_B]_{\mathfrak{C}}^{\mathfrak{C}} = \left(\begin{array}{cc|cc} 0 & -1 & & \\ 1 & 2 & & \\ \hline & & 0 & -1 \\ & & 1 & 2 \end{array}\right)$$

가 된다. 또, A 의 **Jordan canonical form** (over $\mathbb{C}$) 는

$$\left(\begin{array}{cc|cc} 1 & & & \\ 1 & 1 & & \\ \hline & & 1 & \\ & & 1 & 1 \end{array}\right)$$

이 된다. 행렬의 size 가 너무 작아 별로 재미가 없다![22]

보기 12.3.12. 이번에는 $M = V = \mathbb{R}^7$ 이고 (물론 $D = \mathbb{R}[t]$),

$$A = \begin{pmatrix} 3 & 5 & -2 & 5 & 6 & 1 & 1 \\ 0 & 3 & 0 & 0 & 1 & 0 & 0 \\ 0 & -4 & 1 & 0 & -2 & 0 & 0 \\ 0 & 4 & -1 & 4 & 6 & 1 & 0 \\ 0 & -2 & 1 & 0 & -1 & 0 & 0 \\ 0 & -4 & 1 & -9 & -12 & -2 & 0 \\ -4 & -24 & 6 & -16 & -27 & -4 & -1 \end{pmatrix}$$

이라고 하면, $m_A(t) = (t-1)^3$ 임을 알 수 있다.[23] 이제, $\mathbb{R}^7$ 의 표준기저를 $\{\mathbf{e}_1, \ldots, \mathbf{e}_7\}$ 으로 표기하자.

(가) 우선 몇 가지의 실험을 해보면,

$$\mathrm{ann}_D(\mathbf{e}_1) = \mathrm{ann}_D(\mathbf{e}_6) = \big((t-1)^2\big), \qquad \mathrm{ann}_D(\mathbf{e}_3) = \big((t-1)^3\big)$$

인 것을 확인할 수 있을 것이다. 따라서, $x_1 = \mathbf{e}_3$ 로 잡으면 된다.

[22] 보조정리 12.2.4 의 도움도 필요하지 않다.
[23] 믿을 수 밖에 ······.

(나) $\overline{V} = V/D\mathbf{e}_3$ 를 생각하면, $\dim_{\mathbb{R}} \overline{V} = 4$. 다시 몇 가지 실험을 해보면,

$$\mathrm{ann}_D(\overline{\mathbf{e}_1}) = \big((t-1)^2\big) = \mathrm{ann}_D(\mathbf{e}_1), \qquad \mathrm{ann}_D(\overline{\mathbf{e}_6}) = \big((t-1)^2\big) = \mathrm{ann}_D(\mathbf{e}_6)$$

이고, (눈치로도) $\{\overline{\mathbf{e}_1}, t\overline{\mathbf{e}_1}, \overline{\mathbf{e}_6}, t\overline{\mathbf{e}_6}\}$ 가 $\overline{V}$ 의 $\mathbb{R}$-basis 임을 알 수 있다. 그러므로, $x_2 = \mathbf{e}_1$, $x_3 = \mathbf{e}_6$ 로 택하면,

$$F^7 = D\mathbf{e}_3 \oplus D\mathbf{e}_1 \oplus D\mathbf{e}_6 = \langle \mathbf{e}_3, A\mathbf{e}_3, A^2\mathbf{e}_3 \rangle \oplus \langle \mathbf{e}_1, A\mathbf{e}_1 \rangle \oplus \langle \mathbf{e}_6, A\mathbf{e}_6 \rangle$$

가 된다. 따라서, $\mathfrak{B} = \{\mathbf{e}_3, A\mathbf{e}_3, A^2\mathbf{e}_3, \mathbf{e}_1, A\mathbf{e}_1, \mathbf{e}_6, A\mathbf{e}_6\}$ 로 놓으면,

$$A \sim [L_A]_{\mathfrak{B}}^{\mathfrak{B}} = \left(\begin{array}{ccc|cc|cc} 0 & 0 & 1 & & & & \\ 1 & 0 & -3 & & & & \\ 0 & 1 & 3 & & & & \\ \hline & & & 0 & -1 & & \\ & & & 1 & 2 & & \\ \hline & & & & & 0 & -1 \\ & & & & & 1 & 2 \end{array}\right)$$

가 된다. 또, A 의 **Jordan canonical form** (over $\mathbb{C}$) 는

$$\left(\begin{array}{ccc|cc|cc} 1 & & & & & & \\ 1 & 1 & & & & & \\ & 1 & 1 & & & & \\ \hline & & & 1 & & & \\ & & & 1 & 1 & & \\ \hline & & & & & 1 & \\ & & & & & 1 & 1 \end{array}\right)$$

이 된다.

(다) 만약, 엄청 운이 나빠(?),

$$\xi_2 = \overline{z}, \qquad z = \mathbf{e}_1 + 5\mathbf{e}_3 + A\mathbf{e}_3$$

로 선택했다면(보조정리 12.2.4와 그 증명의 표기법 참조),[24]

$$\mathrm{ann}_D(\xi_2) = \big((t-1)^2\big), \qquad \mathrm{ann}_D(z) = \big((t-1)^3\big)$$

이므로, **보조정리 12.2.4** 의 도움이 필요하다. 즉,

$$(t-1)^2 z = (t-1)^2 (t+5)\mathbf{e}_3$$

이므로, 보조정리 12.2.4의 증명에서, $a = t+5 = b$ 가 되고,

$$y = z - (t+5)\mathbf{e}_3 = \mathbf{e}_1$$

으로 선택하면 된다.

[24] $z = (-1, 0, 6, -1, 1, 1, 6)^{\mathbf{t}}$ 라고 독자들을 괴롭힐 수도 있겠다.

(라) 사실, 위 (나) 항에서, 귀납법을 **충실히** 따르려면, $\overline{V} = V/D\mathbf{e}_3$ 자체를 분해해야 할 것이다. 이를 위해, 우리는 [linear map $\overline{L_A} : \overline{V} \to \overline{V}$ induced by L_A]를 생각하도록 훈련 받아 왔다($\overline{L_A}$가 well-defined 되는 이유는?). 물론,

$$\overline{L_A}(\overline{X}) = \overline{AX}, \qquad (X \in V)$$

로 정의되어 있다. 이제, 예를 들어, $\mathfrak{D} = \{\overline{\mathbf{e}_1}, \overline{\mathbf{e}_4}, \overline{\mathbf{e}_6}, \overline{\mathbf{e}_7}\}$를 $\overline{V}$의 $\mathbb{R}$-basis로 잡으면,

$$B = [\overline{L_A}]_{\mathfrak{D}}^{\mathfrak{D}} = \begin{pmatrix} 3 & 5 & 1 & 1 \\ 0 & 4 & 1 & 0 \\ 0 & -9 & -2 & 0 \\ -4 & -16 & -4 & -1 \end{pmatrix}$$

가 된다. 이제, $\varphi : W \to \overline{V}$를

$$\varphi(\mathbf{f}_1) = \overline{\mathbf{e}_1}, \quad \varphi(\mathbf{f}_2) = \overline{\mathbf{e}_4}, \quad \varphi(\mathbf{f}_3) = \overline{\mathbf{e}_6}, \quad \varphi(\mathbf{f}_4) = \overline{\mathbf{e}_7}$$

로 정의하면(보기 12.3.11의 표기법 참조), φ가 — $\mathbb{R}$-vector space isomorphism일 뿐만 아니라 — $\mathbb{R}[t]$-**module isomorphism**인 것은 우리의 사고방식이다. 그러므로, $\overline{V}$를 분해하는 것과 W를 분해하는 것은 같다. (앞 보기 12.3.11에서 우리는 이미 W를 분해하였다.)

독자들도 느끼고 있겠지만, 더 큰 size의 행렬을 보기로 들 필요는 없어 보인다. Computer programing이 목적이라면 몰라도…….

다음 연습문제를 해결할 수 있으면, 분해 정리를 완전히 이해했다고 자부해도 좋다.

방학숙제 12.3.13. E/F가 field extension이고, $A, B \in \mathfrak{M}_{n,n}(F)$라고 하자. 만약 [$B = U_1^{-1}AU_1$ for some $U_1 \in \mathbf{GL}_n(E)$]이면, [$B = U^{-1}AU$ for some $U \in \mathbf{GL}_n(F)$]임을 보여라.[25]

[25] 이 명제를 달리 표현하면, [$A \sim B$ over E]이면, [$A \sim B$ over F].

제 13 장 Group Action

이 章에서는 group action 을 공부한다. Group action 은 무엇보다도 어떤 (유한) 집합의 원소수를 세는데 강력한 힘을 발휘한다. 그리고, 다양한 group action 을 공부하다 보면 자연히 Cauchy's Theorem 과 Sylow's Theorem 을 만나게 된다. 특히 Sylow's Theorem 은 finite group 의 구조를 이해하는 열쇠가 된다.

우리가 제16장에서 공부할 Galois Theory 도 group action 의 일종이다. 즉, 주어진 field extension 을 그에 act 하는 group(Galois group)을 통해 이해하려는 것이다.[1] 이와 같이 어떤 수학적 구조를 공부할 때, 그에 act 하는 group 을 생각하는 것은 수학의 매우 중요한 idea 이다.

13.1. Group Action on a Set

우리는 이미 알게 모르게 적지 않은 group action 을 경험해 왔다. '고향'에서의 typical group action 은 [natural action of $\mathbf{GL}_n(F)$ on F^n] 이다.

정의 13.1.1. G 는 group 이고, $\emptyset \neq X$ 는 집합이라고 하자. 또 $\sigma : G \times X \to X$ 는 함수이고, $g \in G$, $x \in X$ 일 때, $\sigma(g, x) = gx = g \cdot x$ 로 표기하자. 만약 함수 σ 가 다음 조건

(1) $1_G \cdot x = x$ for all $x \in X$.

(2) $g(hx) = (gh)x$ for all $g, h \in G$, $x \in X$.

을 만족하면, 함수 σ 를 [**group action** of G on X], 또는 [G-action on X] 라고 부르고, "G **acts** on X"라고 말한다.[2] 이때 X 는 흔히 G-**set** 이라고 부른다.[3]

[1] 그래서, 예를 들어, "symmetric group S_5 는 solvable group 이 아니므로(정리 13.5.9), 5-차방정식의 '근의 공식'은 없다"고 말하게 된다.

[2] 이 group action 은 left action 이다. 독자들은 right action 도 정의할 수 있을 것이다.

[3] Group action $\sigma : G \times X \to X$ 를 G-상수곱이라고 부르지는 않는다. 주의 13.1.4 참조.

연습문제 13.1.2. 다음을 확인하라.

(가) G 는 group 이고, $\emptyset \neq X$ 는 집합일 때,

$$gx = x, \qquad (g \in G,\ x \in X)$$

로 정의하면, X 는 G-set. 이 G-action 은 **trivial action** 이라고 부른다.

(나) V 가 F-vector space 이면, $\mathbf{GL}(V)$ acts naturally on V.

(다) Orthogonal group $\mathbf{O}(n)$ acts naturally on $\mathbb{R}^n$.

연습문제 13.1.3. G 는 group 이고, V 는 F-vector space, $\varphi : G \to \mathbf{GL}(V)$ 는 group representation 일 때, natural G-action on V 를 정의하라.

조심할 것이 하나 있다.

주의 13.1.4. 예를 들어, V 를 F-vector space 라고 할 때, 연습문제 1.1.20 의 [natural action of $\mathfrak{L}(V,V)$ on V] 는 — $\mathfrak{L}(V,V)$ 를 additive group 으로 생각할 때 — group action 이 아니다 (확인해 보라).[4] 그래서, 이런 경우에는 — group action 과 구분하기 위하여 — [**linear action** of $\mathfrak{L}(V,V)$ on V] 라고 부른다. (R-module M 의 상수곱이 $(R,+)$-action 이 아닌 것도 마찬가지. 이때도 "R **acts linearly** on M" 이라고 말한다.)

물론 G-set 도 하나의 algebraic structure 로 생각할 수 있다. 그러므로, '이름만 다르고 사실상 같은' G-set 의 개념이 등장해야 한다. 다음 연습문제는 어떤 algebraic structure 를 만나더라도 isomorphism (과 homomorphism) 을 독자들 스스로 정의할 수 있도록 하는 '달리기 훈련'이다.

연습문제 13.1.5. (가) X, Y 가 G-set 일 때, 아래 그림을 참조하여 (3 층으로 올라가) G-set isomorphism $f : X \to Y$ 를 정의하라.

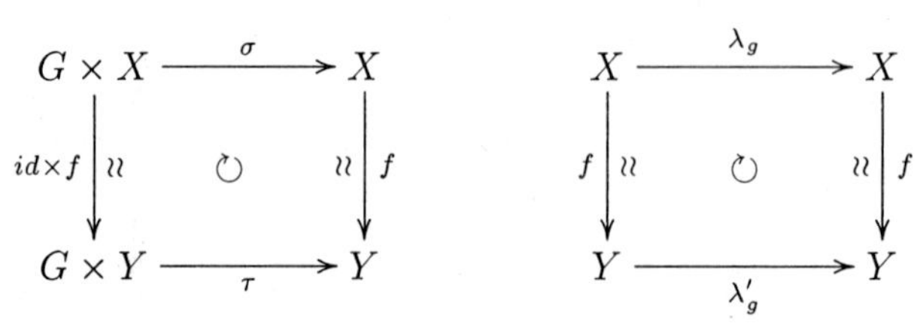

(나) X, Y 가 G-set 일 때, G-set homomorphism $g : X \to Y$ 를 정의하라.[5]

---

[4] 결국 group action 이 주어져 있으면, 대개 G 의 이항연산은 곱셈이다.

[5] 항상 isomorphism 을 먼저 생각한 다음 homomorphism 을 정의한다.

다음 연습문제는 앞으로 여러 번 다시 등장할 것이다.

연습문제 13.1.6. G가 group 일 때, 다음을 확인하라.

(가) G-action on G를

$$g \cdot x = gx, \qquad (g \in G,\ x \in G)$$

로 정의하고,[6] 이때 "G acts on G itself by left multiplication"이라고 말한다.

(나) $H \leq G$ 일 때, G-action on the coset space G/H를

$$g \cdot xH = gxH, \qquad (g \in G,\ x \in G)$$

로 정의하고, 이때 "G acts on G/H by left multiplication"이라고 말한다.

(다) G-action on G를

$$g \cdot x = gxg^{-1}, \qquad (g \in G,\ x \in G)$$

로 정의하고,[7] 이때 "G acts on G itself by conjugation"이라고 말한다.

(라) 또, $\mathcal{S}$를 G의 subgroup 전체 집합이라고 할 때, G-action on $\mathcal{S}$를

$$g \cdot H = gHg^{-1}, \qquad (g \in G,\ H \leq G)$$

로 정의하고, 이때 "G acts on its subgroups by conjugation"이라고 말한다.

다음은 거의 자명하다.

연습문제 13.1.7. 다음을 확인하라.

(가) $H \leq S_n$이면, H acts naturally on $\{1, 2, \ldots, n\}$.

(나) 마찬가지로, $\emptyset \neq X$가 집합일 때, S_X를 [symmetric group on X]라고 하자([I, 再정의 11.8.6] 참조). 이때, $H \leq S_X$이면, H acts naturally on X.

연습문제 3.2.11의 restriction of scalars도 생각난다.

연습문제 13.1.8. X가 G-set이고, $\varphi : H \to G$가 group homomorphism 이면, X를 H-set으로도 볼 수 있음을 설명하라.[8]

---

[6] 이때 우변의 (gx)는 G의 곱셈(이항연산).

[7] $g \cdot x = g^{-1}xg$로 정의하면 안 된다. 왜 그런가?

[8] 특별히 φ가 canonical embedding인 경우에는 restriction of group action이라고 부르면 그럴듯할 것이다.

더 이상의 group action의 보기들을 소개할 필요는 없다. 왜냐하면, 모든 group action은 연습문제 13.1.7과 연습문제 13.1.8을 합쳐 놓은 group action과 '본질적'으로 같기 때문이다.

이를 설명하기 위해, 먼저 임의의 group action $\sigma : G \times X \to X$가 주어졌다고 하자. 그러면, $g \in G$의 action은 X의 원소들을 **permute**한다. 즉, 함수 $\lambda_g : X \to X$를

$$\lambda_g(x) = \sigma(g,x) = gx, \qquad (x \in X)$$

로 정의하면, λ_g는 bijection(즉 $\lambda_g \in S_X$)이라는 뜻이다. (우선 $x, y \in X$일 때, 만약 $\lambda_g(x) = \lambda_g(y)$이면, 즉 $gx = gy$이면,

$$x = 1x = (g^{-1}g)x = g^{-1}(gx) = g^{-1}(gy) = (g^{-1}g)y = 1y = y$$

이므로, λ_g는 injection. 또 $z \in X$이면, $z = g(g^{-1}z) = \lambda_g(g^{-1}z)$이므로, λ_g는 surjection.) 따라서, 함수 $\lambda : G \to S_X$를 얻는다. 물론 λ는

$$\lambda(g) = \lambda_g, \qquad (g \in G)$$

로 정의한다. 이제 $\lambda : G \to S_X$는 group homomorphism이다. 즉, λ는 참고 2.2.12에서 배운 G의 **permutation representation**이라는 뜻이다. 왜냐하면, $g, h \in G$, $x \in X$일 때,

$$\lambda(gh)(x) = \lambda_{gh}(x) = (gh)x = g(hx) = (\lambda_g \circ \lambda_h)(x) = \big(\lambda(g) \circ \lambda(h)\big)(x)$$

이기 때문이다. 더 이상 참을 수가 없다. 이런 argument는 처음이 아니다!

연습문제 13.1.9. (가) Cayley's Theorem([I, 정리 11.8.8])은 위 논의에서 [G acts on G itself by left multiplication]인 특수한 경우임을 설명하라.
(나) 위 논의에서 $\lambda : G \to S_X$는 항상 monomorphism인가?

다음, 역으로, permutation representation $\mu : G \to S_X$가 주어졌다고 하자. 이제 함수 $\tau : G \times X \to X$를

$$\tau(g,x) = g \cdot x = \mu(g)(x), \qquad (g \in G,\ x \in X)$$

로 정의하면, X는 G-set이 된다(확인해 보라). 결론은:

명제 13.1.10. [group action] = [permutation representation].

위 명제의 증명의 마지막 부분은 독자들에게 맡긴다. 다시 말해:

연습문제 13.1.11. 위 명제를 증명하기 위한 — 관찰 1.4.8과 연습문제 2.2.17 에서와 같은 — '말장난'을 state 하고 증명하라.

어쨌든, 모든 G-set X는 연습문제 13.1.7과 연습문제 13.1.8을 합쳐 놓은 것으로 볼 수 있다. 왜냐하면, X는 물론 언제나 S_X-set 이고 (연습문제 13.1.7), S_X-action을 위에서 정의한 group homomorphism $\lambda : G \to S_X$를 통해 G로 'restrict'하면 (연습문제 13.1.8), 원래의 G-set X를 복원할 수 있기 때문이다.

다음 연습문제도 뒤 중요한 장면에서 다시 등장하게 될 것이다.

연습문제 13.1.12. X가 G-set 일 때, 다음을 보여라.

(가) G acts on the power set $\mathcal{P}(X)$ of X.[9]

(나) $1 \le n \le |X|$이면, G acts on $\{S \in \mathcal{P}(X) \mid |S| = n\}$.

앞에서 몇 번 언급했지만, group action은 유한 집합의 원소 수를 세는데 큰 힘을 발휘한다. 우리가 갖고 있는 counting의 유일한 tool이 group action이라고 해도 결코 과장이 아닐 정도이다. 먼저 새로운 용어들이 필요하다.

정의 13.1.13. X가 G-set 이고, $x \in X$일 때,

(가) $Gx = \{gx \in X \mid g \in G\}$로 표기하고, Gx를 x의 G-**orbit**이라고 부른다.

(나) $G_x = \{g \in G \mid gx = x\}$로 표기하고, G_x를 x의 **isotropy subgroup** (또는 **stabilizer**) 이라고 부른다. ($G_x \le G$인 것은 자명.) 그리고, $g \in G_x$일 때, "g **stabilizes** x"라고 말한다.

Orbit을 다른 방법으로 정의할 수도 있다.

연습문제 13.1.14. X가 G-set 이고, $x, y \in X$일 때, [$x \sim y$ if and only if there exists $g \in G$ such that $gx = y$]로 정의하고, 다음을 보여라.

(가) $\sim$은 X-위의 equivalence relation.

(나) 이때, x의 equivalence class가 바로 x의 orbit.

(다) 따라서, X는 disjoint (distinct) orbit 전체의 union.

[9] $\mathcal{P}(X) = \{S \mid S \subseteq X\}$. $g \in G$일 때, $g \cdot \emptyset = \emptyset$.

우리의 관심사는 각 orbit 의 원소 수이다. 물론, $g, h \in G$, $x \in X$ 일 때, $g \neq h$ 라고 해서 반드시 $gx \neq hx$ 일 필요는 없다. 그리고, $gx = hx$ 일 필요충분조건이 $h^{-1}g \in G_x$ (즉, $\overline{g} = \overline{h} \in G/G_x$) 인 것도 쉽게 알 수 있다. 그러니, coset space G/G_x 를 생각하는 것은 **필연적**이다.[10]

관찰 13.1.15. X 는 G-set 이고, $|X|, |G| < \infty$ 라고 하자. $x \in X$ 일 때, 함수 $f : Gx \to G/G_x$ 를

$$f(gx) = \overline{g} = gG_x, \qquad (g \in G)$$

로 정의하면,

(가) f 는 (well-defined) bijection.

(나) 따라서, $|Gx| = \dfrac{|G|}{|G_x|} = [G : G_x]$.

증명 : 항상 well-definedness 부터 확인하여야 한다. 독자들에게 맡긴다. □

관찰 13.1.16. X 는 G-set 이고, $|X|, |G| < \infty$ 일 때, $\{Gx_1, \ldots, Gx_r\}$ 을 서로 다른 G-orbit 들 전체의 집합이라고 하면,

$$|X| = \sum_{i=1}^{r} [G : G_{x_i}]$$

이다.

증명 : ……. □

앞으로 우리는 수많은 group action 과 그를 이용한 counting 의 보기들을 다루게 될 것이다. 새 단어를 하나만 더 추가한다.

정의 13.1.17. X 는 G-set 일 때, 만약 G-orbit 이 오직 하나뿐이면 (즉, 임의의 $x, y \in X$ 에 대해, $gx = y$ 인 $g \in G$ 존재), "G **acts transitively** on X"라고 말하고, 이때 G-action 은 **transitive action** 이라고 부른다.

[10] $G_x \trianglelefteq G$ 이어야 할 이유는 없다. 따라서, G/G_x 는 그냥 coset space.

13.2. Group Action과 Counting

이제 다양한 group action의 보기들을 통하여 finite group의 구조를 공부해 보자. 이 節에서 G는 항상 **finite** group을 의미한다.

보기 13.2.1. $H \le G$ 이면, G acts on the coset space G/H by left multiplication (연습문제 13.1.6 (나) 항). 그리고, 이는 당연히 transitive action 이다. 또, $g \in G$ 일 때, $[g \cdot H = H$ if and only if $g \in H]$ 이므로, $H \in G/H$ 의 isotropy subgroup은 H 이다. 이 경우에 관찰 13.1.15가 말하는 것은 $|G/H| = [G : H]$ — 즉, Lagrange's Theorem — 이다.

보기 13.2.2. 이번에는 연습문제 13.1.6 (다) 항을 생각한다. 즉, G acts on itself by conjugation. 우리는 $x \in G$ 일 때, x의 G-orbit을

$$cl_G(x) = \{gxg^{-1} \in G \mid g \in G\}$$

로 표기하고, $cl_G(x)$를 x의 **conjugacy class**라고 부른다 ([I, 보기 12.1.9] 참조). 또, x의 isotropy subgroup은

$$Z_G(x) = \{g \in G \mid gxg^{-1} = x\} = \{g \in G \mid gx = xg\}$$

로 표기하고, $Z_G(x)$를 x의 **centralizer**라고 부른다. 이때 관찰 13.1.15는

$$\big|cl_G(x)\big| = [G : Z_G(x)]$$

임을 말하고 있다. 한편, $\big|cl_G(x)\big| = 1$ 일 필요충분조건은 $x \in Z(G)$ 이므로, $\{cl_G(x_1), \ldots, cl_G(x_r)\}$을 원소를 **둘 이상** 갖는 G의 서로 다른 conjugacy class들 전체 집합이라고 하면 (단, $r \ge 0$), 관찰 13.1.16에 의해

$$|G| = \big|Z(G)\big| + \sum_{i=1}^{r} [G : Z_G(x_i)]$$

가 된다. 이 식은 흔히 **class equation**이라고 불리운다.

벌써 그럴듯한 결과를 얻을 수 있다.

관찰 13.2.3. $p \in \mathbb{Z}$는 prime이고, $|G| = p^n$ 이면 (단, $n \ge 1$), $\big|Z(G)\big| \ne 1$.

증명 : $x \in G$ 이면, $[G : Z_G(x)]$는 p의 power 나누기 p의 power 이므로, $[G : Z_G(x)]$는 1이거나 p의 배수. 따라서, 위 class equation의 모든 항이 p의 배수이다. 물론 $\big|Z(G)\big| \ge 1$ 이므로, $\big|Z(G)\big| \ge p$. □

위 관찰은 "(non-trivial) finite p-group 은 non-trivial center 를 갖는다"는 뜻이다.[11] 다음 관찰은 오래 전부터 예고되어 왔다.

명제 13.2.4. $p \in \mathbb{Z}$는 prime이고, $|G| = p^2$이면, G는 abelian.[12]

증명 : 만약 G가 non-abelian 이라면, 앞 관찰에 의해 $|Z(G)| = p$ 이어야 한다. 그러나, 이때 $G/Z(G) \approx \mathbb{Z}_p$ 이므로, 다음 관찰에 의해 모순. □

위 명제에 도움을 주는 다음 결과도 기억해 둘 만하다.

관찰 13.2.5. H가 group일 때, $H/Z(H)$가 cyclic이면, H는 abelian.

증명 : Elementary. $H/Z(H) = \langle \overline{g} \rangle$ 로 놓고 (단, $g \in H$), $x, y \in H$ 라고 하면, $\overline{x} = \overline{g}^m$, $\overline{y} = \overline{g}^n$ 인 $m, n \in \mathbb{Z}$가 존재할 것이다. 따라서, $x = g^m z$, $y = g^n w$ 인 $z, w \in Z(H)$가 존재한다. 이제

$$xy = g^m z \cdot g^n w = g^{m+n} zw = g^n w \cdot g^m z = yx$$

이므로, 증명 끝. □

연습문제 13.2.6. $p \in \mathbb{Z}$는 prime 이고, G가 non-abelian group of order p^3 이면, $|Z(G)| = p$ 임을 보여라.

다음 명제는 몇몇 참고 도서에서 Sylow's Theorem (정리 13.3.2) 의 一部로 다루어지기도 한다. 이는 아마도 Sylow's Theorem 을 composition series 보다 먼저 다루기 때문이 아닌가 생각된다. 그러나 이미 finite group 의 composition series 의 존재를 알고 있는 우리에게 다음 명제는 명제 3.5.7 (Cauchy's Theorem for finite p-group) 과 관찰 13.2.3 의 결과일 뿐이다.

명제 13.2.7. p가 prime이고, G는 finite p-group이면,

$$\{1\} = H_0 \lhd H_1 \lhd \cdots \lhd H_{a-1} \lhd H_a = G$$

이고, $|H_i| = p^i$인 — 즉, $[H_i/H_{i-1} \approx \mathbb{Z}_p$ for all $i = 1, \ldots, a]$인 — G의 subgroup $H_1, \ldots, H_a$가 존재한다.[13]

[11] Finite p-group 은 정의 3.5.6 참조.
[12] 따라서, Cyclic Decomposition Theorem 에 의해, $G \approx \mathbb{Z}_p$ or $G \approx \mathbb{Z}_p \oplus \mathbb{Z}_p$.
[13] 이 결과는 § 13.5 에서 finite p-group 은 solvable group 이라고 해석될 예정이다.

증명 : 위 series를 G의 composition series (따름정리 4.4.11)로 생각한다. 그러면 **simple** group H_i/H_{i-1}의 원소 수도 p의 power이다. 그러나 아래 연습문제에 따르면, $H_i/H_{i-1} \approx \mathbb{Z}_p$일 수밖에 없다. 증명 끝. □

앞서 말한대로, 다음 연습문제는 명제 3.5.7과 관찰 13.2.3의 결과이다.

연습문제 13.2.8. p가 prime이고, $m \geq 2$, $|G| = p^m$일 때, 다음을 보여라.

(가) G가 abelian이면, G는 simple group이 아니다.

(나) G가 non-abelian이어도, G는 simple group이 아니다.

위 명제 13.2.7은 제16장의 중요한 장면에 여러 번 등장할 것이다. 또 다른 상황을 생각해 보자.

보기 13.2.9. 이번에는 연습문제 13.1.6 (라)항을 생각한다. 즉, G acts on its subgroups by conjugation. 우리는 $H, K \leq G$일 때, H와 K가 같은 G-orbit에 속하면, "H is **conjugate** to K"라고 말한다 ([I, 연습문제 12.1.13] 참조). 그리고, H의 isotropy subgroup은

$$N_G(H) = \{g \in G \mid gHg^{-1} = H\}$$

로 표기하고, $N_G(H)$를 H의 **normalizer**라고 부른다.

Normalizer는 다음 節에서 Sylow's Theorem을 증명할 때, 중요한 역할을 하게 된다.

연습문제 13.2.10. $H, K \leq G$일 때, 다음을 보여라.

(가) $H \trianglelefteq N_G(H)$.

(나) $H \trianglelefteq K$이면, $K \leq N_G(H)$. (즉, $N_G(H)$는 H를 normal subgroup으로 갖는 가장 큰 G의 subgroup.)

다음 관찰은 $H \trianglelefteq G$이거나 $K \trianglelefteq G$이면, 다름아닌 Second Isomorphism Theorem (정리 4.2.7)의 결과이다. 그리고, 물론, $HK = \{hk \mid h \in H,\ k \in K\}$는 일반적으로 G의 subgroup이 아니다.

관찰 13.2.11. $H, K \leq G$이면, $|HK| = \dfrac{|H| \cdot |K|}{|H \cap K|}$.

증명 : H acts on the set HK by left multiplication. 이때, isotropy subgroup 이 trivial group 인 것은 당연. 따라서, 각 H-orbit 은 $|H|$-개의 원소를 갖는다. 그리고, H-orbit 의 개수는 [**right coset** of K modulo $H \cap K$]의 개수와 같다.[14] 왜냐하면, $h \in H$, $k \in K$ 일 때, hk를 포함하는 H-orbit 은 k를 포함하는 H-orbit 과 같고, k를 포함하는 H-orbit 에 right coset $(H \cap K)k$를 대응시키면 일대일 대응관계가 되기 때문이다(확인해 보라). 즉, H-orbit 의 개수는 $|K|/|H \cap K|$. □

아차, §7.3 에서 남겨 둔 숙제가 있다.

연습문제 13.2.12. (관찰 7.3.8 의 再해석) $0 \le r \le n$ 일 때, $(\mathbb{F}_q)^n$ 의 r-dimensional subspace 들 전체 집합을 $\mathfrak{G}(n,r)$ 로 표기하자. 이때 $\mathbf{GL}_n(q)$ acts naturally on $\mathfrak{G}(n,r)$. 다음을 확인하라.

(가) $\mathbf{GL}_n(q)$ acts **transitively** on $\mathfrak{G}(n,r)$.

(나) 예를 들어, $W = \langle \mathbf{e}_1, \dots, \mathbf{e}_r \rangle \in \mathfrak{G}(n,r)$ 로 놓으면, $A \in \mathbf{GL}_n(q)$ 가 W 의 isotropy subgroup 에 속할 필요충분조건은

$$A = \begin{pmatrix} B & C \\ \mathbf{0} & D \end{pmatrix}, \qquad (\text{단, } B \in \mathbf{GL}_r(q),\ D \in \mathbf{GL}_{n-r}(q),\ C \in \mathfrak{M}_{r,n-r}(F))$$

이다. 따라서, isotropy subgroup 의 order 는 $q^{r(n-r)} \cdot \big|\mathbf{GL}_r(q)\big| \cdot \big|\mathbf{GL}_{n-r}(q)\big|$. (단, $\big|\mathbf{GL}_0(q)\big| = 1$ 로 정의.)

(다) 이제 관찰 7.3.8 의 결과를 재확인하라.[15]

다음은 질문 7.3.10.

연습문제 13.2.13. $0 \le r \le n$ 일 때, $\mathfrak{M}_{n,n}(\mathbb{F}_q)$ 의 rank r 인 matrix 들 전체 집합을 $\mathfrak{M}(n,r)$ 로 표기하고, $G = \mathbf{GL}_n(q)$ 로 표기하자. 다음을 보여라.

(가) G acts naturally on $\mathfrak{M}(n,r)$.

(나) G-orbit 의 개수는 $\mathfrak{M}_{n,n}(\mathbb{F}_q)$ 의 rank 가 r 인 row-reduced echelon form 의 개수와 같다. (처음으로(!) **행 간소 사다리꼴의 uniqueness** 를 이용하는 場面이다.)

---

[14] Right coset 의 정의는 [I, 정의 12.2.1] 참조.

[15] 어째 관찰 7.3.8 때보다 더 어려워졌다. '달리기 훈련'으로 생각하자.

(다) Rank가 r인 row-reduced echelon form의 개수는 $(\mathbb{F}_q)^n$의 r-dimensional subspace들의 개수와 같다. (Rank r인 행 간소 사다리꼴에 그의 row space를 대응시키는 함수는 bijection.[16])
(라) Elementary row operation과 더불어 elementary column operation까지 생각하면, $A \in \mathfrak{M}(n,r)$일 때,

$$UAV = \begin{pmatrix} I_r & \mathbf{0} \\ \mathbf{0} & \mathbf{0} \end{pmatrix} = J_r$$

인 $U, V \in G$가 존재한다.
(마) 만약 $A \in \mathfrak{M}(n,r)$, $U \in G$이면, $|G_{UA}| = |G_A| = |G_{AU}|$이고, 따라서, $|G_A| = |G_{J_r}|$. (특별히, 모든 isotropy subgroup의 order는 같다.)
(바) $U \in G_{J_r}$일 필요충분조건은

$$U = \begin{pmatrix} I_r & C \\ \mathbf{0} & D \end{pmatrix}, \qquad (\text{단, } D \in \mathbf{GL}_{n-r}(q),\ C \in \mathfrak{M}_{r,n-r}(F))$$

이다. 그러므로, isotropy subgroup G_{J_r}의 order는 $q^{r(n-r)} \cdot |\mathbf{GL}_{n-r}(q)|$.
(사) 결론: $|\mathfrak{M}(n,r)| = \begin{bmatrix} n \\ r \end{bmatrix}_q \cdot \dfrac{|\mathbf{GL}_n(q)|}{q^{r(n-r)} \cdot |\mathbf{GL}_{n-r}(q)|} = \begin{bmatrix} n \\ r \end{bmatrix}_q^2 \cdot |\mathbf{GL}_r(q)|$.

(아) 副産物: $\displaystyle\sum_{r=0}^{n} \begin{bmatrix} n \\ r \end{bmatrix}_q^2 \cdot |\mathbf{GL}_r(q)| = q^{n^2} = |\mathfrak{M}_{n,n}(\mathbb{F}_q)|$.[17]

혹 다음 '엉터리 계산'에 미련을 갖는 독자가 (한두 명) 있을지 몰라 분명히 해 둔다.

연습문제 13.2.14. $|\mathfrak{M}(n,r)|$에 관한 다음 엉터리 계산의 오류를 지적하라. [**엉터리 계산:** 먼저 r-개의 column에 일차독립인 벡터들을 늘어놓는 방법의 수는, 관찰 7.3.1의 증명을 참조하면, $(q^n-1)(q^n-q)\cdots(q^n-q^{r-1})$. 이 r-개의 column의 일차결합의 개수는 q^r-개. 다음 $(n-r)$-개의 나머지 column에 이 r-개 column의 일차결합을 늘어놓는 방법은 $q^{r(n-r)}$-가지. 고로, $|\mathfrak{M}(n,r)| = \binom{n}{r} q^{r(n-r)}(q^n-1)(q^n-q)\cdots(q^n-q^{r-1})$. ⊠ □]

[16] 연습문제 7.3.9 참조······.
[17] 이 등식을 직접 증명하는 것은 — 불가능하지는 않지만 — (전혀) 간단치 않다.

물론 group action 의 보기들은 얼마든지 더 많이 있다. 특히 orthogonal group $\mathbf{O}(n)$ 이 — 또는 $\mathbb{R}^n$ 의 rigid motion 전체 group 이 — $\mathbb{R}^n$ 의 subset 들에 naturally act 할 때, $S \subseteq \mathbb{R}^n$ 의 stabilizer 의 원소를 흔히 S 의 **symmetry** 라고 부른다. Symmetry 의 공부 (주로 $\mathbb{R}^2$ 와 $\mathbb{R}^3$ 에서의) 는 사실 group 의 개념이 수학에 등장하게 된 직접적인 계기가 되었다.[18]

예를 들어:

연습문제 13.2.15. $\mathbf{O}(n)$ 은 $\mathbb{R}^n$ 의 subset 들에 naturally act 한다.

(가) $n = 2$ 이고, S 가 네 점 $(\pm 1, \pm 1)$ 을 꼭지점으로 갖는 정사각형일 때, S 의 stabilizer 를 구하라.
(나) **(방학숙제)** $n = 3$ 이고, S 가 $(\pm 1, \pm 1, \pm 1)$ 을 꼭지점으로 갖는 정육면체일 때, S 의 isotropy subgroup 을 구하라.[19]

M. Artin [4] 이 한 chapter 를 symmetry 에 할애하였으니, 꼭 읽어 보기 바란다.[20] [13] 도 추천한다.

---

[18] 또 하나의 계기는 Galois group.
[19] 정십이면체나 정이십면체쯤 되면 상당히 재미(!) 있다…….
[20] 우리의 독자들은 사실 rigid motion 에 매우 익숙하다. 이 책에서 symmetry 를 다루지 못한 이유는 오로지 著者의 그림 실력 때문이다…….

13.3. Sylow's Theorem

앞서 말했듯이 Sylow's Theorem 은 (non-commutative) finite group 의 구조를 이해하는 열쇠가 된다. 이 節에서 G는 항상 finite group 을 의미하고, $p \in \mathbb{Z}$는 prime number 이다.

우선 Cauchy's Theorem 은 Sylow's Theorem 의 一部로 이해할 수 있다.

정리 13.3.1. (Cauchy's Theorem) Prime number p가 $|G|$의 약수이면, G는 order p인 원소를 갖는다.

증명 : 아래 Sylow's Theorem 에 의해, G는 Sylow p-subgroup 을 갖는다. 물론 Sylow p-subgroup 은 finite p-group 이므로, G에는 order 가 p인 원소가 존재한다(명제 3.5.7). □

이제 Sylow's Theorem 을 state 하자.

정리 13.3.2. (Sylow's Theorem) p가 prime 일 때, $|G| = p^a m$으로 놓자(단, $a \geq 0$이고, $(p, m) = 1$). 이때,

(가) Order p^a인 subgroup $P \leq G$가 존재한다. 우리는 P를 G의 **Sylow p-subgroup** 이라고 부른다.

(나) G의 모든 Sylow p-subgroup 은 서로 conjugate. 즉, P, Q가 G의 Sylow p-subgroup 이면, $P = gQg^{-1}$인 $g \in G$ 존재.

(다) G의 Sylow p-subgroup 의 개수를 n_p로 표기하면, $n_p \equiv 1 \pmod{p}$.

(라) $n_p \mid m$.

Sylow's Theorem 을 증명하려면, 먼저 준비가 좀 필요하다.

우선 연습문제 13.1.12 의 상황을 다시 생각해 보자. 즉, X가 G-set 일 때, G acts on the set of all subsets of X. 특별히 [G acts on itself by left multiplication] 인 경우에도, G는 G의 subset 들에 act 하고 있다. 이때 $g \in G$가 $S \subseteq G$를 stabilize(즉, $g \in G_S$) 한다는 말은 — [$gs = s$ for all $s \in S$] 라는 뜻이 아니고 — [action of g permutes the elements of S] 의 의미인 점에 주의하여야 한다.

관찰 13.3.3. [G acts on its subsets by left multiplication] 일 때, $S \subseteq G$이면, S의 isotropy subgroup 의 order 는 — 즉, $|G_S|$는 — $|S|$의 약수.

증명 : [G_S-action on S by left multiplication]을 생각한다. 그러면, S가 disjoint G_S-orbit 들의 union 인 것은 당연. 한편, 모든 G_S-orbit 들은 [$G_S \cdot s$ for some $s \in S$]의 형태이므로 — 즉, [**right coset** of G_S in G]이므로 — 각각 $|G_S|$-개의 원소를 갖는다.[21] 따라서, $|S|$는 $|G_S|$의 배수. □

다음에는 class equation (보기 13.2.2) 의 일반화.

보기 13.3.4. X가 G-set 일 때, 보기 13.2.2 의 center $Z(G)$에 해당하는 것은

$$X^G = \{x \in X \mid gx = x \text{ for all } \ g \in G\}$$

이다. 이때, $\{Gx_1, \ldots, Gx_r\}$을 원소를 둘 이상 갖는 G-orbit 전체 집합이라고 놓으면, 관찰 13.1.16 에 의해

$$|X| = |X^G| + \sum_{i=1}^{r} [G : G_{x_i}]$$

가 된다.

위 보기는 특별히 G의 order 가 p의 power 일 때 — 즉, G가 finite p-group 일 때 — 다음 중요한 결과를 낳는다.

연습문제 13.3.5. $|G| = p^b$ 이고 (단, $b \geq 0$), X가 G-set 이면,

$$|X| \equiv |X^G| \pmod p$$

임을 보여라.

마지막으로 elementary result 하나:

관찰 13.3.6. $0 < n = p^a m$ 일 때 (단, $a \geq 0$, $(p, m) = 1$), binomial coefficient

$$\binom{n}{p^a} = \frac{n\ (n-1)\ \cdots\ (n-k)\ \cdots\ (n-p^a+1)}{p^a\ (p^a-1)\ \cdots\ (p^a-k)\ \cdots \qquad 1}$$

과 p는 서로 소.

증명 : $0 < k \leq p^a - 1$ 일 때, $k = p^b \ell$로 놓으면 (단, $b \geq 0$, $\ell \geq 1$, $(p, \ell) = 1$), $b < a$ 이고, $p^a - k = p^a - p^b \ell$과 $n - k = p^a m - p^b \ell$을 나누는 p의 최대 power 는 모두 p^b. □

[21] Right coset 의 정의는 [I, 정의 12.2.1] 참조.

Sylow's Theorem의 증명 : (가) $\mathcal{X} = \{S \subseteq G \mid |S| = p^a\}$ 으로 표기하면, G acts on $\mathcal{X}$ by left multiplication (연습문제 13.1.12 (나) 항). (우리가 찾는 Sylow p-subgroup은 $\mathcal{X}$의 원소이겠지만, 증명은 조금 돌아가야 한다.) 위 관찰 13.3.6에 의하면, p와 $|\mathcal{X}|$는 서로 소. 이제, $\mathcal{X}$는 G-orbit들의 disjoint union이므로, $p \nmid |G \cdot S|$인 G-orbit $G \cdot S$가 존재할 것이다 (단, $S \in \mathcal{X}$). 그런데, 관찰 13.3.3에 의하면, $|G_S| \,\big|\, |S|$ 이므로, $|G_S|$는 p의 power일 것이다. 한편, $|G| = |G_S| \cdot |G \cdot S|$ 이므로, $|G_S| = p^a$, 즉 isotropy subgroup G_S가 바로 우리가 찾는 Sylow p-subgroup.[22]

(나) P, Q를 G의 Sylow p-subgroup이라고 하자. 이때 group P는 coset space $\mathcal{Y} = G/Q$에 left multiplication으로 act 한다. 그런데, $|\mathcal{Y}| = m$은 p와 서로 소이므로, 앞 연습문제 13.3.5에 의해, $|\mathcal{Y}^P|$도 p와 서로 소이고, 특별히, $|\mathcal{Y}^P| \neq 0$ 임을 알 수 있다. 이는 [$h \cdot gQ = gQ$ for all $h \in P$]인 $g \in G$가 존재한다는 뜻이다. 따라서, $g^{-1}hg \in Q$ for all $h \in P$, 즉 $g^{-1}Pg \leq Q$가 된다. 그런데, $|g^{-1}Pg| = |P| = |Q|$ 이므로, $g^{-1}Pg = Q$.

(다) $\mathcal{S}$를 G의 Sylow p-subgroup 전체 집합으로 표기하고, $P \in \mathcal{S}$를 하나 고정하자. 그리고, [P-action on $\mathcal{S}$ by conjugation]을 생각한다. 다시 연습문제 13.3.5를 생각하면, $\mathcal{S}^P = \{P\}$인 것만 — 즉, $|\mathcal{S}^P| = 1$인 것만 — 보이면 된다. 이를 보이기 위해, $Q \in \mathcal{S}^P$라고 하자. 이는 [$hQh^{-1} = Q$ for all $h \in P$]라는 의미이고, 따라서 $P \leq N_G(Q)$가 된다. 그러므로, P, Q는 둘 모두 $N_G(Q)$의 Sylow p-subgroup (왜 그런가?). 이제 (나) 항을 적용하면, $P = gQg^{-1}$인 $g \in N_G(Q)$가 존재할 것이다. 그런데, $Q \trianglelefteq N_G(Q)$ 이므로 (연습문제 13.2.10), $P = gQg^{-1} = Q$.

(라) 계속 $\mathcal{S}$를 G의 Sylow p-subgroup 전체 집합으로 표기할 때, (나) 항을 다르게 표현하면, G acts **transitively** on $\mathcal{S}$. 즉, 이때 G-orbit은 $\mathcal{S}$ 하나뿐이므로, 임의의 $P \in \mathcal{S}$에 대해, $|G| = |\mathcal{S}| \cdot |G_P|$이다. 따라서, $|\mathcal{S}|$는 $|G| = p^a m$의 약수이고, 앞 (다) 항에 의하면, $|\mathcal{S}|$는 m의 약수. □

Sylow's Theorem의 증명이 별로 어려운 것이 없음을 강조하기 위하여 그 증명을 한 쪽에 모아 놓은 著者의 노력을 기억해 두기 바란다.[23]

---

[22] Sylow p-subgroup의 존재 증명은 서너 가지 (이상의) 방법이 알려져 있다([5], [7] 등 참조). 우리의 멋진 증명은 M. Artin [4]을 참조하였다.

[23] 그래도 어렵게 느껴진다면, 처음 읽을 때에는, 그냥 여러 가지 group action들의 결과라고 기억해 두면 된다…….

13.4. Sylow's Theorem 의 적용

이 節에서는 Sylow's Theorem 의 결과들을 살펴본다. 이 節에서도 G 는 항상 finite group 을 의미하고, $p \in \mathbb{Z}$ 는 prime number 이다.

지금부터 작은 order 의 non-commutative group 들을 분류해 보자.[24] 이미 알고 있는 결과들을 정리해 보면:

명제 13.4.1. (가) $|G| = p$ 이면, $G \approx \mathbb{Z}_p$.
(나) $|G| = p^2$ 이면, $G \approx \mathbb{Z}_{p^2}$ 이거나 $G \approx \mathbb{Z}_p \oplus \mathbb{Z}_p$.

증명 : (가) Lagrange's Theorem 의 결과. [I, 명제 12.2.17] 참조.
(나) 명제 13.2.4 와 Fundamental Theorem of finite abelian groups. □

그러므로, 우리의 첫번째 목표는 $|G| = 6$ 인 경우이다. 사실 이 증명을 위해 우리는 오랫동안 준비해 왔다. 이 증명에는 Cauchy's Theorem 과 더불어 §10.5 의 group presentation 의 개념이 필요하다.

명제 13.4.2. G 가 non-commutative group 이고, $|G| = 6$ 이면, $G \approx S_3$.

증명 : Cauchy's Theorem 에 의해 $|g| = 2$, $|h| = 3$ 인 $g, h \in G$ 가 존재할 것이다. 그러면, $g \notin \langle h \rangle$ 이고, index two subgroup 은 언제나 normal subgroup 이므로 ([I, 관찰 12.3.10]), $\langle h \rangle \lhd G$ 가 된다. 따라서, $g^{-1}hg \in \langle h \rangle$ 이고, $g^{-1}hg = h$ 또는 $g^{-1}hg = h^2$ 이어야 한다 (만약 $g^{-1}hg = 1$ 이라면, $h = 1$ 이므로 모순). 이는 g 와 h 의 순서를 바꾸는 익숙한 규칙이다. 즉,

$$G = \{g^i h^j \mid 0 \le i \le 1,\ 0 \le j \le 2\} = \langle g, h \rangle$$

로 쓸 수 있을 것이다. 그런데, 만약 $g^{-1}hg = h$ 이면 — 즉, $hg = gh$ 이면 — G 는 commutative group 이 되므로 (왜 그런가?) 모순. 따라서, $g^{-1}hg = h^2$. 이제 $G \approx S_3$ 인 것은 우리의 '사고방식'이다. (왜냐하면,

$$g^2 = 1,\ h^3 = 1,\ g^{-1}hg = h^2$$

의 세 규칙이 G 의 연산표를 완전히 결정하므로……. 이를 엄밀히 설명하려면, group presentation 을 생각하여 $S_3 = \langle x, y \mid x^2, y^3, (xy)^2 \rangle$ 으로 이해하고, **보기 10.5.9 에서와 같은 삼각형** (D_3 대신 G 를 생각) 을 그려야 한다.) □

[24] Finite abelian group 의 분류는 이미 제11장에서 완성했으므로, non-commutative group 들만 다루면 된다.

위 명제를 조금만 modify 하면 더 일반적인 결과를 얻을 수 있다.

명제 13.4.3. G가 non-commutative 이고, $|G| = 2p$ 이면 (단, p는 **odd** prime), $G \approx D_p$.[25]

증명 : Cauchy's Theorem 에 의해 $|g| = 2$, $|h| = p$ 인 $g, h \in G$가 존재하고, $g \notin \langle h \rangle$, $\langle h \rangle \lhd G$는 익숙. 따라서, $[g^{-1}hg = h^a$ for some $1 \le a \le p-1]$ 이어야 한다. 그리고,

$$G = \{g^i h^j \mid 0 \le i \le 1,\ 0 \le j \le p-1\} = \langle g, h \rangle$$

인 것도 익숙하다. 이 장면에서 약간의 '**trick**'이 필요하다.[26] 즉,

$$h = g^{-1}(g^{-1}hg)g = g^{-1}h^a g = (g^{-1}hg)^a = h^{a^2}$$

이므로, $a^2 \equiv 1 \pmod p$ 이어야 한다. 이는 $[a = 1$ or $p-1]$ 이라는 뜻. 따라서, $g^{-1}hg = h^{p-1}$ 이고 (왜 그런가?), $G \approx D_p$ 인 것은 우리의 '사고방식'. □

다음 순서는 원소 8-개인 non-commutative group.

명제 13.4.4. G가 non-commutative 이고, $|G| = 8$ 이면, $G \approx D_4$ or $G \approx Q_8$.

증명 : G가 non-commutative 이므로, G에는 order 8 인 원소는 없다. 그리고, 만약 G의 모든 non-identity element 의 order 가 2 라면, G는 commutative 이어야 하므로 ([I, 연습문제 11.2.5]), G에는 order 4 인 원소 x가 존재할 것이다. 이번에도, $\langle x \rangle \lhd G$ 이고, $y \notin \langle x \rangle$를 하나 찾으면, $G = \langle x, y \rangle$가 된다. 또, $|yxy^{-1}| = |x|$ 이어야 하므로, $yxy^{-1} = x^3$ 일 수밖에 없다 ($yxy^{-1} = x$ 이면, G는 commutative 이고, $|x^2| = 2$). 한편, $|G/\langle x \rangle| = 2$ 이므로, $y^2 \in \langle x \rangle$. 그런데, $y^2 = x$ 이거나 $y^2 = x^3$ 이면, $|y| = 8$ 이 되어 모순. 이제 $y^2 = 1$ 이면 $G \approx D_4$ 이고,[27] $y^2 = x^2$ 이면 $G \approx Q_8$.[28] [29] □

지금이 p-group 을 소개할 적당한 기회이다.

정의 13.4.5. $p \in \mathbb{Z}$는 prime 일 때, group H의 모든 원소의 order 가 p의 power 이면, H를 p-**group** 이라고 부른다 (정의 3.5.6 참조).

---

[25] Dihedral group 은 정의 10.5.11 및 연습문제 10.5.12 참조.

[26] 예를 들어, $g^{-1}hg = h^a$ 의 양변을 p-제곱하는 건 도움이 안 된다.

[27] $y^2 = 1$ 이면, $yxy^{-1} = y^{-1}xy$.

[28] Quaternion group Q_8 의 presentation 은 연습문제 10.5.5(다)항 참조.

[29] 연습문제 13.2.6 과 G의 center 를 생각하는 증명은 성공하기 쉽지 않다.

연습문제 13.4.6. (가) Infinite p-group 도 존재하는가?
(나) Finite group G 가 p-group 일 필요충분조건은 $|G|$ 가 p 의 power 인 것임을 보여라.[30]

한편, order 가 p^3 인 non-commutative group 도 둘뿐이지만, 우리는, 예를 들어, order 27 인 non-commutative group 의 존재조차 모르는 상태이므로, 이 논의는 훗날로 미룬다.

마찬가지로, $|G| = 12$ 이거나, $|G| = 16$ 인 경우에도 우리가 지금 알고 있는 non-commutative group 은 dihedral group D_6, D_8 과 alternating group A_4 뿐이므로 ……. 종이를 아끼자.

Sylow's Theorem 의 **白眉**는 $|G| = 15$ 인 경우에 맛볼 수 있다. 먼저 준비가 필요하다.

관찰 13.4.7. G 가 unique Sylow p-subgroup P 를 가지면, $P \trianglelefteq G$.

증명 : $g \in G$ 이면, gPg^{-1} 도 당연히 G 의 Sylow p-subgroup 이다. 그런데 G 의 Sylow p-subgroup 은 하나뿐이므로, $gPg^{-1} = P$. □

다음 관찰의 증명 trick 은 기억해 두어야 한다.

관찰 13.4.8. $H, K \trianglelefteq G$ 이고, $H \cap K = \{1\}$ 이면, $HK \approx H \times K$.[31]

증명 : 당연한 함수 $\varphi : H \times K \to HK$ 를

$$\varphi(h,k) = hk, \qquad (h \in H,\ k \in K)$$

로 정의한다. 이 증명의 point (**trick**) 는, $h \in H$, $k \in K$ 일 때, **commutator** $hkh^{-1}k^{-1}$ 를 생각한다는 것.[32] 우선 $H \trianglelefteq G$ 이므로, $kh^{-1}k^{-1} \in H$ 이고, 따라서 $hkh^{-1}k^{-1} \in H$. 마찬가지로, $hkh^{-1}k^{-1} \in K$. 그런데, $H \cap K = \{1\}$ 이라고 했으므로, $hkh^{-1}k^{-1} = 1$, 즉 $hk = kh$ 가 된다. (다시 말해, H 와 K 는 서로 commute.) 이제 φ 가 isomorphism 인 것을 쉽게 확인할 수 있다. □

명제 13.4.9. $|G| = 15$ 이면, G 는 cyclic.

---

[30] 따라서, G 의 Sylow p-subgroup 은 G 의 maximal p-subgroup.
[31] 물론 $HK = \{hk \in G \mid h \in H,\ k \in K\}$. $HK \leq G$ 인 것은 연습문제 4.2.6(나)항 참조.
[32] 연습문제 9.1.12 참조.

증명 : (드디어 Sylow subgroup을 생각한다.) Sylow's Theorem에서와 같이, G의 Sylow p-subgroup의 개수를 n_p로 표기하자. 그러면,

$$n_3 \mid 5, \qquad n_3 \equiv 1 \pmod 3$$

이므로, $n_3 = 1$이고, 같은 방법으로 $n_5 = 1$. 이제 Sylow 3-subgroup을 P로, Sylow 5-subgroup은 Q로 표기하면, 위 관찰 13.4.7에 의해, $P, Q \trianglelefteq G$. 또, $P \cap Q = \{1\}$인 것은 당연하다(왜 그런가?). 그러므로, 관찰 13.4.8에 의해,

$$PQ \approx P \times Q \approx \mathbb{Z}_3 \times \mathbb{Z}_5 \approx \mathbb{Z}_{15}$$

이고, 특별히, $|PQ| = 15$이므로, $PQ = G$. □

다음 연습문제는 독자들도 쉽게 해결할 수 있다.

연습문제 13.4.10. $p < q$가 prime이고, $p \nmid q-1$이라고 할 때, $|G| = pq$이면, G는 cyclic group임을 보여라.

관찰 13.4.7에서부터 연습문제 13.4.10까지의 'story'를 잘 기억해 두기 바란다. 이젠 G의 order 순으로 finite group을 분류하는 작업은 중단하자.[33]

연습문제 13.4.11. $|G| = 21$이면, G의 Sylow 7-subgroup은 G의 normal subgroup임을 보이고, G는 simple group이 아님을 설명하라.

다음 보기들도 재미있다.

보기 13.4.12. $|G| = 12$인 경우를 생각해 보자. 이 경우에는 Sylow 2-subgroup과 Sylow 3-subgroup 둘 중 적어도 하나는 G의 normal subgroup임을 보일 수 있고, 따라서, G는 simple group이 아님을 알 수 있다. 이를 보이기 위해, Sylow 3-subgroup이 normal subgroup이 아니라고 가정해 보자. 그러면,

$$1 < n_3 \mid 4, \qquad n_3 \equiv 1 \pmod 3$$

이므로, $n_3 = 4$. 이제 $P_1, \ldots, P_4$를 서로 다른 Sylow 3-subgroup이라고 표기하자. 이때, [$P_i \cap P_j = \{1\}$ for all $1 \le i \ne j \le 4$]인 것은 당연하다(왜 그런가?). 이는 G에는 order 3인 원소가 적어도 8-개 있다는 뜻이다. 그러므로, G는 order가 짝수인 원소를 많아야 3-개를 가질 수 있다. 따라서 Sylow 2-subgroup은 하나뿐(G의 Sylow 2-subgroup의 order는 4).

[33] 평생 계속해 보았자…….

연습문제 13.4.13. $|G| = 56$ 이거나, $|G| = 54$ 이면, G 는 simple group 이 아님을 보여라.

다음 결과도 어렵지 않다.

보기 13.4.14. $p < q < r$ 이 prime 이고, $|G| = pqr$ 이라고 하자. 그리고, G 는 simple group 이라고 가정해 보자. 그러면, G 의 Sylow r-subgroup 은 pq-개가 있을 것이다(왜냐하면, n_r 은 pq 의 약수이고, n_r 을 r 로 나눈 나머지가 1 이므로, n_r 은 p 또는 q 일 수 없다). 마찬가지로, Sylow q-subgroup 은 적어도 r-개 있고, Sylow p-subgroup 은 적어도 q-개 있을 것이다. 그러나,

$$1 + pq(r-1) + r(q-1) + q(p-1) = pqr + (q-1)(r-1) > pqr$$

이므로 모순. 따라서, G 는 simple group 이 아니다.

연습문제 13.4.15. $p < q$ 가 prime 이고, b 는 자연수, $|G| = pq^b$ 일 때, G 의 Sylow q-subgroup 은 G 의 normal subgroup 임을 보여라.

연습문제 13.4.16. $p < q$ 가 prime 이고, $|G| = p^2q$ 이면, G 는 simple group 이 아님을 보여라.

하나만 더. 다음 보기에는 간단치 않은 'trick'이 필요하다.

보기 13.4.17. 이번에는 $|G| = 36 = 2^2 3^2$ 이고, G 는 simple group 이라고 가정해 보자. 그러면, G 의 Sylow 3-subgroup 이 4-개 있는 것은 익숙. 이제 P, Q 를 서로 다른 Sylow 3-subgroup 이라고 하고, $P \cap Q$ 와 $N_G(P \cap Q)$ 를 생각한다. 만약 $|P \cap Q| = 1$ 이었다면, 관찰 13.2.11 에 의해 $|PQ| = 81 > 36$ 이므로,[34] $|P \cap Q| = 3$ 이어야 한다. 그런데, P 는 abelian group 이므로, $P \cap Q \lhd P$ 인 것은 당연. 따라서, $P \le N_G(P \cap Q)$ 이고(왜 그런가?), 같은 이유로 $Q \le N_G(P \cap Q)$. 이는 $|N_G(P \cap Q)|$ 는 9 **보다 큰** 9 의 배수이면서, 36 의 약수라는 뜻이다. 즉, $|N_G(P \cap Q)| = 18$ or 36. 이제 $|N_G(P \cap Q)| = 18$ 이면 $N_G(P \cap Q) \lhd G$ 이고, $|N_G(P \cap Q)| = 36$ 이면 $P \cap Q \lhd G$ 이므로 두 경우 모두 불가능. 따라서, G 는 simple group 이 아니다.

[34] 한번 더 강조하거니와 PQ 는 일반적으로 G 의 subgroup 이 아니다.

연습문제 13.4.18. $|G| = 24$ 이거나, $|G| = 48$ 이면, G 는 simple group 이 아님을 보여라.

다음 연습문제를 위한 준비가 끝났다.

연습문제 13.4.19. G 가 non-abelian 이고, $|G| < 60$ 이면, G 는 simple group 이 아님을 보여라.

따라서, 정리 4.4.14 에 의하면, alternating group A_5 가 최소 order 의 non-abelian simple group 이다.[35]

연습문제 13.4.20. Simple group A_5 의 Sylow 5-subgroup 은 모두 몇 개인가?

다음 연습문제도 빼놓을 수 없다.

연습문제 13.4.21. p 는 prime 이고 $q = p^n$ 일 때, general linear group $\mathbf{GL}_n(q)$ 와 special linear group $\mathbf{SL}_n(q)$ 의 Sylow p-subgroup 을 찾아라.[36] 이 Sylow p-subgroup 은 abelian group 인가?

예를 들어, $\mathbf{GL}_3(3)$ 의 Sylow 3-subgroup 의 order 는 27 이고, 이는 우리가 만나는 첫 non-abelian group of **odd** order.[37]

---

[35] 그리고, order 60 인 simple group 은 (up to isomorphism) A_5 뿐이다. 이 증명은……, 골치 아프므로(이 책의 수준을 넘으므로) 생략한다.

[36] § 7.3 의 표기법 참조. 답은 이미 [I, § 11.9] 에서 배웠다. Unipotent matrix 가 기억난다.

[37] 물론 가장 작은 odd order non-abelian group 의 order 는 21 이지만…….

13.5. Solvable Group

이 節에서는 solvable group 을 간단히 소개한다. 'Abelian group'이라는 이름에서 짐작할 수 있듯이, N. H. Abel 은 group 의 개념을 처음 생각한 수학자 중 하나였다. 그리고, Abel 의 목적은 polynomial equation 을 푸는 것이었다. Solvable group 의 'solvable'이라는 단어도 'polynomial equation 을 풀 수 있다'는 뜻이다(§ 16.6 참조).

정의 13.5.1. G 가 group 일 때, 다음 조건

(1) $\{1\} = G_k \trianglelefteq G_{k-1} \trianglelefteq \cdots \trianglelefteq G_1 \trianglelefteq G_0 = G$.

(2) $0 \le i \le k-1$ 이면, G_i/G_{i+1} 은 abelian group.

을 만족하는 $G_1, \ldots, G_k \le G$ 가 존재하면,[38] G 를 **solvable group** (혹은 soluble group) 이라고 부른다.

Solvable group 의 첫 보기는 물론 abelian group 들이다. 그리고, 다음 명제들을 이용하면 많은 solvable group 의 보기를 찾을 수 있다.

명제 13.5.2. G 가 solvable group 이면, G 의 subgroup 도 solvable 이고, G 의 homomorphic image 도 solvable.[39]

증명 : G_i 가 정의 13.5.1 에서와 같을 때, $H \le G$ 이면,

$$\{1\} \trianglelefteq H \cap G_{k-1} \trianglelefteq \cdots \trianglelefteq H \cap G_1 \trianglelefteq H$$

인 것은 거의 자명. 또, $0 \le i \le k-1$ 이면, 명제 4.2.2 에 의해, canonical embedding $\imath : H \cap G_i \to G_i$ naturally induces a well-defined **monomorphism** $\bar{\imath} : (H \cap G_i)/(H \cap G_{i+1}) \to G_i/G_{i+1}$. 이제 G_i/G_{i+1} 이 abelian 이라고 했으므로, $(H \cap G_i)/(H \cap G_{i+1})$ 도 abelian. 따라서, H 는 solvable. 다음, $N \trianglelefteq G$ 이면, 당연히 canonical projection $\pi : G \to G/N$ 과 정리 4.4.4 를 생각하여

$$\{\bar{1}\} \trianglelefteq \pi G_{k-1} \trianglelefteq \cdots \trianglelefteq \pi G_1 \trianglelefteq G/N$$

을 얻을 것이다. 이때, 다시 명제 4.2.2에 의해, well-defined **epimorphism** $\bar{\pi} : G_i/G_{i+1} \to \pi G_i/\pi G_{i+1}$ 이 존재 (단, $0 \le i \le k-1$). 한편 abelian group 의 homomorphic image 는 당연히 abelian 이므로, $\pi G_i/\pi G_{i+1}$ 도 abelian. 따라서, G/N 도 abelian. □

[38] [$G_i \trianglelefteq G$ for all $1 \le i \le k$] 일 필요는 없다.

[39] 이 명제의 'solvable'을 'cyclic' 혹은 'abelian'으로 바꾸어도 성립. 관찰 16.4.5 와도 비교.

다음은 앞 명제의 converse 라고 생각할 수 있다.

명제 13.5.3. G가 group 이고, $N \trianglelefteq G$일 때, 이때, 만약 N과 G/N이 모두 solvable 이면, G도 solvable.

증명 : 먼저 G/N 이 solvable 이므로

$$\{\bar{1}\} = K_h \trianglelefteq K_{h-1} \trianglelefteq \cdots \trianglelefteq K_1 \trianglelefteq K_0 = G/N$$

이고, K_j/K_{j+1} 이 모두 abelian 인 $K_1, \ldots, K_h \le G/N$ 이 존재할 것이다. 이제 canonical projection $\pi : G \to G/N$ 의 inverse image 를 취하면,

$$N = \pi^{-1}K_h \trianglelefteq \pi^{-1}K_{h-1} \trianglelefteq \cdots \trianglelefteq \pi^{-1}K_1 \trianglelefteq \pi^{-1}K_0 = G$$

를 얻는다(연습문제 4.4.2). 이때, $\pi\pi^{-1}K_j = K_j$ 이므로, 모든 j 에 대하여 $\pi^{-1}K_j/\pi^{-1}K_{j+1} \approx K_j/K_{j+1}$. 한편 N 도 solvable 이므로,

$$\{1\} = N_k \trianglelefteq N_{k-1} \trianglelefteq \cdots \trianglelefteq N_1 \trianglelefteq N \trianglelefteq \pi^{-1}K_{h-1} \trianglelefteq \cdots \trianglelefteq \pi^{-1}K_1 \trianglelefteq G$$

이고, N_i/N_{i+1} 이 모두 abelian 인 $N_1, \ldots, N_k \le N$ 이 존재한다. 증명 끝. □

연습문제 13.5.4. G_1, G_2 가 solvable group 이면, $G_1 \times G_2$ 도 solvable group 임을 보여라.

물론 Sylow's Theorem 을 이용할 수도 있다.

연습문제 13.5.5. p, q, r 이 서로 다른 prime 일 때, 앞 節의 결과들을 이용하여, 다음을 보여라.

(가) $|G| = p^a$ 이면 (단, a 는 자연수), G 는 solvable.

(나) $|G| = pq$ 이면, G 는 solvable.

(다) $|G| = p^2q$ 이면, G 는 solvable.[40]

(라) $|G| = pqr$ 이면, G 는 solvable.

연습문제 13.5.6. $|G| < 60$ 이면, G 는 solvable group 임을 보여라.

---

[40] 더 일반적으로, $|G| = p^aq^b$ 이면(단, a, b 는 자연수), G 는 solvable 임이 알려져 있다. 이름하여 Burnside's p^aq^b Theorem. 이를 증명하려면, 소위 "Group Character Theory"가 필요하다. (Character Theory 없이 Burnside's Theorem 을 증명하려면, 종이가 엄청 많이 필요하다.)

다음은 거의 자명하다.

연습문제 13.5.7. 다음을 보여라

(가) Finite abelian simple group 은 $\mathbb{Z}_p$ 뿐 (단, p 는 prime).[41]

(나) Finite solvable simple group 도 $\mathbb{Z}_p$ 뿐 (단, p 는 prime).

(다) Finite non-abelian simple group 은 solvable group 이 아니다.

사실 독자들은 아까부터 composition series 를 생각하고 있었을 것이다. 우리는 §16.7 에서 solvable group 정의의 다음 **'refinement'**를 필요로 한다.

명제 13.5.8. G 가 finite solvable group 이면, 다음 조건

(1) $\{1\} = G_k \lhd G_{k-1} \lhd \cdots \lhd G_1 \lhd G_0 = G$.

(2) $0 \leq i \leq k-1$ 이면, G_i/G_{i+1} 은 cyclic group of **prime** order.

을 만족하는 $G_1, \ldots, G_k \leq G$ 가 존재한다.

증명 : G 의 composition series 를 조건 (1) 과 같이 표기하자 (따름정리 4.4.11 참조). 즉, $0 \leq i \leq k-1$ 이면, G_i/G_{i+1} 은 simple group. 한편, G 는 solvable group 이므로, G_i/G_{i+1} 도 solvable (명제 13.5.2). 그런데, finite solvable simple group 은 prime order 이므로, 증명 끝. □

이 節의 목적은 다음 정리를 증명하는 것이다. 그리고, 다음 정리 (혹은 정리 4.4.14) 와 연습문제 13.5.6 에 의하면, solvable group 이 아닌 최소 order 의 group 은 alternating group A_5 인 것을 알 수 있다.

정리 13.5.9. $n \geq 5$ 이면, symmetric group S_n 은 solvable group 이 아니다.

이 정리는 뒤 §16.6 에서 5-차 이상의 방정식은 근의 공식을 가질 수 없다는 뜻으로 해석될 예정이다. 먼저 준비가 필요하다.

관찰 13.5.10. $n \geq 5$ 일 때, $K \trianglelefteq H \leq S_n$ 이고, H/K 는 **abelian** group 이라고 하자. 만약 H 가 S_n 의 3-cycle 들을 모두 갖고 있다면, K 도 S_n 의 3-cycle 들을 모두 갖고 있다.

[41] Trivial group 은 simple group 이라고 부르지 않는 것에 유의하라.

증명 : $i, j, k \in \{1, \ldots, n\}$ 이고, i, j, k 는 서로 다르다고 하자. 그런데, $n \geq 5$ 이므로, i, j, k 와 다른 $r \neq s \in \{1, \ldots, n\}$ 이 존재할 것이다. 그러면,

$$(jri) \circ (iks) \circ (jri)^{-1} \circ (iks)^{-1} = (ijk)$$

이고, H/K 는 abelian group 이라고 했으므로, $[H, H] \leq K$ 이어야 한다(관찰 4.5.15). 따라서, $(ijk) \in K$. □

관찰 13.5.11. $n \geq 3$ 이면, A_n is generated by the set of all 3-cycles.

증명 : A_n 의 원소들은 $(ij) \circ (k\ell)$ 꼴과 $(ij) \circ (ik)$ 꼴의 원소들로 generate 된다. 그런데,

$$(ij) \circ (k\ell) = (ikj) \circ (ik\ell), \qquad (ij) \circ (ik) = (ikj)$$

이므로, 증명 끝. □

이제 정리 13.5.9 를 증명할 수 있다.

정리 13.5.9 의 증명 : 위 두 관찰에 의하면, 만약 $N \triangleleft S_n \leq S_n$ 이고 S_n/N 이 abelian 이면, $N = A_n$ 일 수밖에 없다. 또, 만약 $K \trianglelefteq A_n \leq S_n$ 이고 A_n/K 가 abelian 이면, $K = A_n$ 일 수밖에 없다. 증명 끝.[42] □

Symmetric group 에 관한 사실을 몇 개 추가한다. 연습문제 13.5.12 와 관찰 13.5.16 의 결과들은 명제 16.6.9 의 증명에 필요하다.

연습문제 13.5.12. $\sigma \in S_n$ 은 disjoint cycle 들의 곱으로 (유일하게) 나타낼 수 있다. 만약 $\sigma = \tau_1 \cdots \tau_s$ 가 disjoint cycle 들의 곱이고, τ_i 는 n_i-cycle 이면, $|\sigma| = \mathrm{lcm}\,(n_1, \ldots, n_s)$ 임을 보여라.

연습문제 13.5.13. p 가 prime 이면, S_p 의 order p 인 원소는 p-cycle 뿐임을 보여라.

연습문제 13.5.14. $S_n = \langle (1,2), (2,3), \ldots, (n-1, n) \rangle$ 임을 보여라 $(n \geq 2)$.

---

[42] 사실, 정리 4.4.14 와 Jordan-Hölder's Theorem (따름정리 4.4.11 의 註 참조)을 사용하면, 정리 13.5.9 는 자명.

관찰 13.5.15. $n \geq 3$ 이면, $S_n = \big\langle (1,2), (1,2,\ldots,n) \big\rangle$.

증명 : $1 \leq k \leq n-2$ 이면,

$$(1,2,\ldots,n)^k \circ (1,2) \circ (1,2,\ldots,n)^{-k} = (k+1,\, k+2)$$

이다. 확인해 보라. □

관찰 13.5.16. p 가 odd prime 일 때, $\sigma \in S_p$ 가 2-cycle 이고, $\tau \in S_p$ 는 p-cycle 이면, $S_p = \langle \sigma, \tau \rangle$.

증명 : $\sigma = (1,2)$ 라고 가정할 수 있다(after renumbering). 한편 p 는 prime 이므로, $1 \leq k \leq p-1$ 일 때, $|\tau^k| = p$ 이고 τ^k 는 모두 p-cycle 이다(연습문제 13.5.13). 따라서, $\tau^k = (1, 2, i_3, \ldots, i_n)$ for some k and $i_3, \ldots, i_p$. 이제 앞 관찰을 적용한다(after renumbering). □

지금이 다음 방학숙제를 제시할 적당한 기회이다.[43]

방학숙제 13.5.17. $n \geq 1$ 일 때,

$$\mathcal{R} = \big\{ x_1^2, \ldots, x_n^2, (x_1 x_2)^3, \ldots, (x_{n-1} x_n)^3 \big\} \bigcup \big\{ (x_i x_j)^2 \mid i - j \neq \pm 1 \big\}$$

이라고 표기하면,

$$S_{n+1} \approx \langle x_1, \ldots, x_n \mid \mathcal{R} \rangle$$

임을 보여라.

[43] 질문 10.5.7 참조.

제 14 장 Zorn's Lemma

이미 여러 번 언급했었지만, Zorn's Lemma는 논리학(집합론)의 axiom이다. 우리는 [I]에서 벡터공간을 배우자마자 Zorn's Lemma를 만났었다. 그러나, Zorn's Lemma를 이용한 벡터공간의 기저의 존재 증명은 계속 미루어 왔다. 이제 더 이상 뒤로 미룰 수는 없다.

사실 이 책(과 [I])의 main result 들을 위해 Zorn's Lemma가 꼭 필요한 것은 아니다. 다만 Zorn's Lemma를 인정하면, 우리의 모든 '이야기'가 더욱 산뜻해진다.[1] 이는, 따라서, 세련된 '사고방식'을 위해서는 Zorn's Lemma를 우리의 '사고방식'의 일부로 받아들이는 것이 도움이 된다는 의미이기도 하다.

특히, Zorn's Lemma를 이용하면, 주어진 field F의 algebraic closure $\overline{F}$를 얻게 된다. 앞으로는, 이 $\overline{F}$가 바로 우리가 '노는 운동장'이 될 것이다. (§14.2부터는 다시 field extension의 공부가 시작된다.)

14.1. Zorn's Lemma

어쩌다가 partial order를 이제야 설명하게 되었는지 모르겠다.

정의 14.1.1. $\mathfrak{X}$가 non-empty set일 때, $\mathfrak{X}$의 relation $\leq$가 — $x, y, z \in \mathfrak{X}$에 대해 — 다음 조건

(1) $x \leq x$.

(2) $x \leq y$이고 $y \leq x$이면, $x = y$.

(3) $x \leq y$이고 $y \leq z$이면, $x \leq z$.

을 만족하면, $\leq$를 $\mathfrak{X}$의 **partial order**라고 부르고, $\mathfrak{X}$는 **partially ordered set**이라고 부른다.[2]

대부분의 독자들에게는 다음 정의들도 이미 익숙할 것이다.

---

[1] 종이와 잉크를 많이 절약할 수 있다는 뜻.

[2] Partially ordered set의 첫 글자들을 따서, $\mathfrak{X}$를 poset이라고 부르는 것이 한때(?) 유행했다.

정의 14.1.2. $\mathfrak{X}$가 partially ordered set 이고, $\emptyset \neq \mathfrak{C} \subseteq \mathfrak{X}$일 때,

(가) $u \in \mathfrak{X}$이고, $[x \leq u$ for all $x \in \mathfrak{C}]$이면, u를 $\mathfrak{C}$의 **upper bound** 라고 부른다.

(나) [임의의 $x, y \in \mathfrak{C}$에 대해, $x \leq y$이거나 $y \leq x$]이면, $\mathfrak{C}$를 **chain** 이라고 부른다.

정의 14.1.3. $\mathfrak{X}$가 partially ordered set 일 때, $m \in \mathfrak{X}$가 다음 조건

$$n \in \mathfrak{X},\ m \leq n \text{ 이면, } m = n$$

을 만족하면, m을 $\mathfrak{X}$의 **maximal element** 라고 부른다.

Lower bound 나 **minimal element** 를 따로 설명할 필요는 없을 것이다. 그리고, 이제 Zorn's Lemma 와 Well-Ordering Principle 을 state 할 수 있다.

공리 14.1.4. (Zorn's Lemma) $\mathfrak{X}$가 **non-empty** partially ordered set 일 때, 만약 $\mathfrak{X}$의 임의의 (non-empty) chain $\mathfrak{C}$가 upper bound (in $\mathfrak{X}$)를 가지면, $\mathfrak{X}$는 maximal element 를 갖는다.[3]

공리 14.1.5. (Well-Ordering Principle) $\emptyset \neq \mathfrak{X}$가 set 이면, $\mathfrak{X}$를 well-ordered set 으로 만드는 $\mathfrak{X}$의 partial order 가 존재.[4]

이미 여러 번 언급하였듯이 Zorn's Lemma 와 Well-Ordering Principle 은 모두 Axiom of Choice (공리 9.1.2) 와 동치이다. (이 책에서 이 동치 관계를 증명할 생각은 없다. 예를 들어, [1] 참조.) 그리고, 이들은 각각 어떤 것이 **존재한다고만 말하고** 있지, 이를 **어떻게 construct 할지는 말하지 않는다**.

이 셋은 논리학의 axiom 이므로 이들을 받아들일지 여부는 개인적인 **趣向의 문제 (matter of taste)** 일 뿐이다.[5] 다만, 예를 들어, non-empty set 들의 infinite product 가 empty 인지 non-empty 인지 모른다면, 우리가 할 수 있는 일이 많이 줄어들 것은 확실하다. 또, Zorn's Lemma 가 우리의 논의와 표기법을 '산뜻'하게 만들어 주는 것도 분명하다. 그러나, 이 책(과 [I])의 main result 들을 위해 Zorn's Lemma 가 꼭 필요한 것은 아니다.

---

[3] 이때, 물론, $\mathfrak{X}$의 maximal element 가 유일할 이유는 없다.

[4] Partially ordered set $\mathfrak{X}$가 well-ordered 라는 말은, 물론, $\mathfrak{X}$의 임의의 non-empty subset 이 least element 를 갖는다는 뜻.

[5] 옳고 그르고의 문제가 아니다.

이제 Zorn's Lemma 를 적용해 보자.[6] 다음 명제는 §5.5 에서 소개했었다. Zorn's Lemma 의 적용은 '기계'들의 몫이지만, 처음이므로 조심스럽게 다룬다.

명제 14.1.6. R 이 commutative [ring with 1] 이고, $a \in R - R^{\times}$ 이면, $a \in \mathfrak{m}$ 인 R 의 maximal ideal $\mathfrak{m}$ 이 존재한다.

증명 : (i) '본능적'으로,

$$\mathfrak{X} = \{I \lhd R \mid a \in I,\ 1 \notin I\}$$

로 놓으면 ($1 \notin I$ 와 $I \neq R$ 은 동치), $\mathfrak{X}$ 는 set inclusion (집합의 포함관계) 에 관해 partially ordered set 이 된다.

(ii) 지금 $\mathfrak{X} \neq \emptyset$ 임을 확인하는 것을 절대로 잊으면 안 된다.[7] 물론, $(a) \in \mathfrak{X}$ (왜 $1 \notin (a)$ 인가?).

(iii) 다음, $\mathfrak{C}$ 를 $\mathfrak{X}$ 의 임의의 chain 이라고 하자. 이때, $J = \bigcup_{I \in \mathfrak{C}} I$ 를 생각하는 것이 (오래 전부터 예고하여 온) 'story'이다.[8] 이제 J 가 $\mathfrak{C}$ 의 upper bound 임을 보이기 위해서는 $J \in \mathfrak{X}$ 인 것만 확인하면 된다. 먼저 J 가 R 의 ideal 인 것을 보이기 위해,[9] 예를 들어, $b, c \in J$ 라고 하면, [$b \in I_1$, $c \in I_2$ for some $I_1, I_2 \in \mathfrak{C}$] 가 된다. 그런데, $\mathfrak{C}$ 는 **chain 이므로**, $I_1 \subseteq I_2$ 또는 $I_2 \subseteq I_1$ 이어야 한다. 그러므로, 예를 들어, $I_1 \subseteq I_2$ 라고 하면, $b, c \in I_2$ 이고, 따라서 $b + c \in I_2 \subseteq J$. ($I$ 가 ideal 이 되는 나머지 조건들도 확인해 보라.) 또, 만약 $1 \in J$ 라면, [$1 \in I_3$ for some $I_3 \in \mathfrak{C}$] 이어야 하므로, 모순. 즉, $J \in \mathfrak{X}$.

(iv) 따라서, $\mathfrak{C}$ 는 upper bound 를 갖고, Zorn's Lemma 에 의해, $\mathfrak{X}$ 는 maximal element $\mathfrak{m} \in \mathfrak{X}$ 를 갖는다. $\mathfrak{m}$ 이 R 의 maximal ideal 임은 자명. □

'달리기 훈련' 시간.

연습문제 14.1.7. R 이 [ring with 1] 일 때, Zorn's Lemma 를 이용하여, 다음을 보여라.

(가) R 의 maximal left ideal 존재.

(나) I 가 R 의 (two-sided) ideal 이고, 만약 $I \neq R$ 이면, I 를 포함하는 R 의 maximal (two-sided) ideal 존재.

---

[6] Well-Ordering Principle 은 이 책에서는 별로 이용할 기회가 없다. 정의 2.2.4(혹은 참고 9.2.15) 에서, monomial 을 indeterminate 들의 곱으로 구체적으로 나타낼 때, indeterminate 들을 쓰는 순서를 말할 수 있는 정도이다.

[7] $\mathfrak{X} = \emptyset$ 일 때 Zorn's Lemma 를 적용하면, 온갖 거짓말이 다 가능하다.

[8] Noetherian ring(명제 5.5.4) 의 동치조건 증명 참조.

[9] 다시 강조하거니와, 일반적으로, ideal 들의 union 이 다시 ideal 이 되는 것은 물론 아니다.

(다) $0 \neq b \in R$ 이면, b 를 포함하지 않는 R 의 proper (two-sided) ideal 중에서 maximal 인 것 존재. (이 ideal 은 항상 R 의 maximal ideal 인가?)

위 증명에서와 같이, Zorn's Lemma 를 적용할 때에는, 항상 다음 순서

(i) '본능적'으로 적당한 partially ordered set $\mathfrak{X}$ 를 정의 (대개 partial order 는 set inclusion 과 관련).
(ii) $\mathfrak{X} \neq \emptyset$ 임을 확인.
(iii) $\mathfrak{X}$ 의 chain $\mathfrak{C}$ 가 upper bound 를 갖는지 확인 (대개 $\bigcup_{S \in \mathfrak{C}} S$ 와 관련).
(iv) 마무리.

로 '기계적'으로 진행하면 된다. 그리고, 몇 번만 Zorn's Lemma 를 적용해 보면, 이 모든 단계들을 "by Zorn's Lemma" 라는 한 구절로 표현하게 된다.

[I] 에서부터의 숙제도 있다.[10]

명제 14.1.8. Non-zero F-vector space V 는 maximal F-linearly independent subset $\mathfrak{B}$ 를 갖는다. 이때 $\mathfrak{B}$ 가 바로 V 의 F-basis.

증명 : 이번에는

$$\mathfrak{X} = \{S \subseteq V \mid S \text{ 는 } F\text{-linearly independent}\}$$

로 놓고,[11] 다시 set inclusion 을 생각한다. $V \neq 0$ 이므로, $0 \neq v_0 \in V$ 이면, $\{v_0\} \in \mathfrak{X}$. 즉, $\mathfrak{X} \neq \emptyset$. 이제 $\mathfrak{C}$ 를 $\mathfrak{X}$ 의 chain 이라고 하고, $\bigcup_{S \in \mathfrak{C}} S$ 가 일차 독립인 것만 보이면 된다. 이를 위해, S_0 를 $\bigcup_{S \in \mathfrak{C}} S$ 의 임의의 finite subset 이라고 하면, $\mathfrak{C}$ 는 **chain 이므로**, $[S_0 \subseteq S$ for some $S \in \mathfrak{C}]$ 이고 (왜 그런가?), 일차독립인 집합의 부분집합은 일차독립이므로 S_0 는 일차독립. 따라서, Zorn's Lemma 에 의해, $\mathfrak{X}$ 는 maximal element $\mathfrak{B} \in \mathfrak{X}$ 를 갖는다. 마지막으로, $\mathfrak{B}$ 가 V 의 기저인 것은 routine. ($\mathfrak{B}$ 는 이미 일차독립이므로, $\langle \mathfrak{B} \rangle = V$ 인 것만 보이면 된다. $v \in V$ 일 때, 만약 $v \in \mathfrak{B}$ 이면, OK. 만약 $v \notin \mathfrak{B}$ 이면, $\mathfrak{B}$ 의 maximality 에 의해, $\mathfrak{B} \cup \{v\}$ 는 일차종속. 즉,

$$av + a_1v_1 + \cdots + a_nv_n = 0$$

인 $v_i \in \mathfrak{B}$ 와 적어도 하나는 non-zero 인 $a, a_i \in F$ 가 존재. 이제 $a \neq 0$ 이고 (왜 그런가?), ······. 종이가 아깝다.) □

[10] 지금 [I, 정리 3.5.7] 의 증명을 다시 읽어 보기 바란다.
[11] 뭘 좀 안다고 $S \subseteq V$ 대신 $S \subsetneq V$ 를 사용하면, 오히려 괴롭다.

연습문제 14.1.9. (Basis Extension Theorem) V 가 non-zero F-vector space 이고, S 는 V 의 linearly independent subset 이면, S 를 포함하는 V 의 기저가 존재함을 — Zorn's Lemma 를 이용하여 — 보여라.[12]

이제, 독자들도 Zorn's Lemma 의 적용은 '기계'들의 묶임을 인정하고 있을 것이다. 따라서, Axiom of Choice 와 Zorn's Lemma 의 idea 를 이해하는 것이 — 즉, 어떻게 받아들이는가가 — 중요하다.

Axiom of Choice 의 경우부터 생각해 보자. 주어진 유한 개의 집합에서 각각 하나씩의 원소를 choose 하는 것은 언제나 가능한 일이다. 그리고, 가끔은, 한 번에 무한 개의 집합에서 각각 하나씩의 원소를 choose 하는 요령을 부릴 수도 있다. 그렇지만, 임의로 주어진 집합들에서 각각 하나씩의 원소를 choose 하려면 이런 작업을 '영원히' 계속해야 할 것이다. Axiom of Choice 는 이 작업이 가능하다고 保障해 준다. 어떻게 그런 일이 가능하냐고 다툴 일은 아니다. 이는 각자의 취향의 문제일 뿐이기 때문이다.

Zorn's Lemma 의 경우는 maximal ideal 의 존재 (명제 14.1.6) 를 예로 들어 보자.[13] 즉, $a \in R - R^{\times}$ 를 포함하는 R 의 ideal (a) 로부터 시작하여, 만약 (a) 가 R 의 maximal ideal 이면 끝. 만약 (a) 가 R 의 maximal ideal 이 아니면, $(a) \subsetneq I_1 \subsetneq R$ 인 $I_1 \lhd R$ 이 존재할 것이다. 다시 I_1 이 R 의 maximal ideal 이면 끝. 만약 I_1 이 R 의 maximal ideal 이 아니면, $I_1 \subsetneq I_2 \subsetneq R$ 인 $I_2 \lhd R$ 이 존재⋯⋯. 이번에도, Zorn's Lemma 는 이런 작업을 '영원히' 계속하지 않더라도 R 의 maximal ideal 이 존재한다고 保障해 준다.

결국, ⋯⋯, Axiom of Choice 와 Zorn's Lemma 를 *"어떤 작업을 '영원히' 계속할 수 있다면 '끝장'을 볼 수 있다"*는 뜻으로 이해한다고 해도 뭐 문제될 건 없을 것이다. 한 술 더 뜨면, *"한 걸음 앞으로 갈 수 있다면 이 세상 끝까지도 갈 수 있다"*⋯⋯.[14]

---

[12] 이 節의 벡터공간은, 물론, 무한 차원이어도 좋다.

[13] 벡터공간의 기저의 존재에 관해서는 [I, 질문 3.4.2] 앞뒤의 논의 참조.

[14] 그렇다고 이 주장들에 목숨을 걸 필요도 없다⋯⋯.

14.2. Algebraic Closure

이제 제 6 장의 field extension 의 공부를 다시 시작한다. 먼저 이 節에서는 algebraically closed field (정의 2.3.5) 에 관해 공부해 보자.

연습문제 14.2.1. F 가 field 일 때, 다음 조건

(1) F 는 algebraically closed.

(2) $F[t]$ 의 모든 (non-constant) polynomial 은 $F[t]$ 의 일차식들의 곱.

(3) $F[t]$ 의 irreducible polynomial 은 일차식뿐.

은 동치임을 보여라.

위 연습문제에 '$F[t]$ 의 (non-constant) polynomial 의 모든 root 은 F 의 원소'라는 조건을 추가하는 것은 당연해 보이고 — 독자들도 지금까지 별생각 없이 그렇게 말해 왔겠지만 — 약간 조심해야 한다. Kronecker's Theorem 이 필요하기 때문이다.

관찰 14.2.2. F 가 field 일 때, 다음 조건은 동치.

(1) F 는 algebraically closed.

(2) E/F 이고, $\alpha \in E$, $0 \neq f(t) \in F[t]$, $f(\alpha) = 0$ 이면, $\alpha \in F$.

(3) E/F 가 algebraic extension 이면, $E = F$.

(4) E/F 가 finite extension 이면, $E = F$.

증명 : [(1)⇒(2)] 인수 정리 (보기 1.7.15) 에 의해, $(t - \alpha)$ divides $f(t)$ in $E[t]$. 그러나, 앞 연습문제에 의하면, $f(t)$ 는 이미 $F[t]$ 에서 일차식들로 인수분해되고, 이는 그대로 $f(t)$ 의 $E[t]$ 에서의 소인수분해가 된다. $E[t]$ 에서의 인수분해의 유일성에 의해, $t - \alpha \in F[t]$. 즉, $\alpha \in F$.
[(2)⇒(3)⇒(4)] 자명. 독자들에게 맡긴다.
[(4)⇒(1)] $f(t)$ 가 $F[t]$ 의 (non-constant) polynomial 이면, Kronecker's Theorem 에 의해, $f(t)$ 의 root α 를 포함하는 F 의 finite extension $E = F(\alpha)$ 가 존재한다. 조건 (4) 에 의해, $\alpha \in F$ 이고, 따라서, $f(t)$ 는 F 에서 root 을 갖는다. □

위 관찰에 의하면, 'algebraically closed'라는 말은 결국 'algebraic extension 에 관해 막혀 (닫혀) 있다'는 뜻임을 알 수 있다.

이제 $\mathbb{C}$ 가 algebraically closed 임을 안다고 가정하고, 연습문제 6.2.15 에서 소개했던 $\overline{\mathbb{Q}_\mathbb{C}}$ 도 algebraically closed 임을 보이자. 이를 위해서는 다음 중요한 명제 (명제 6.2.8 의 일반화) 를 먼저 소개해야 한다. 이 명제의 증명에는 꼭 기억해 두어야 할 '유명한 trick'도 등장한다.

명제 14.2.3. Algebraic extension 의 algebraic extension 은 algebraic extension.

증명 : K/E, E/F 가 각각 algebraic extension 이라고 하고, K/F 도 algebraic extension 임을 보이기 위해, $\alpha \in K$ 라고 하자. 그러면, K/E 는 algebraic extension 이므로, α 는 algebraic over E. 다음

$$\operatorname{irr}(\alpha, E) = t^n + a_{n-1}t^{n-1} + \cdots + a_1 t + a_0, \qquad (\text{단},\ a_i \in E)$$

로 놓고, $E_0 = F(a_0, a_1, \ldots, a_{n-1})$ 을 생각하는 것이 **'유명한 trick'**. 이제 α 는 algebraic over E_0 이므로, $E_0(\alpha)/E_0$ 는 finite extension. 한편, E_0/F 도 finite extension (예를 들어, 명제 6.2.23). 따라서, finite extension 의 finite extension 은 finite extension 이므로 (명제 6.2.8), $E_0(\alpha)/F$ 도 finite extension. 즉, α 는 algebraic over F (명제 6.2.7). □

위 명제의 역도 성립한다.

연습문제 14.2.4. K/E, E/F 가 각각 algebraic extension 이기 위한 필요충분조건은 K/F 가 algebraic extension 인 것임을 보여라.

어쨌든:

따름명제 14.2.5. $\mathbb{Q}$ 의 algebraic extension $\overline{\mathbb{Q}_\mathbb{C}}$ 를

$$\overline{\mathbb{Q}_\mathbb{C}} = \{\alpha \in \mathbb{C} \mid \alpha \text{ is algebraic over } \mathbb{Q}\}$$

로 정의하면,[15] $\overline{\mathbb{Q}_\mathbb{C}}$ 는 algebraically closed field.

증명 : $f(t) \in \overline{\mathbb{Q}_\mathbb{C}}[t]$ 가 non-constant polynomial 이면 — $\mathbb{C}$ 가 algebraically closed 임을 안다고 가정하고 있으므로 — $f(\alpha) = 0$ 인 $\alpha \in \mathbb{C}$ 존재. 그러면, $\overline{\mathbb{Q}_\mathbb{C}}(\alpha)/\overline{\mathbb{Q}_\mathbb{C}}$ 는 물론 algebraic extension 이고, 앞 명제에 의해 $\overline{\mathbb{Q}_\mathbb{C}}(\alpha)/\mathbb{Q}$ 는 algebraic extension. 따라서, α 는 algebraic over $\mathbb{Q}$. 이는 $\alpha \in \overline{\mathbb{Q}_\mathbb{C}}$ 라는 뜻. □

[15] $\overline{\mathbb{Q}_\mathbb{C}}$ 의 이름은 [algebraic closure of $\mathbb{Q}$ in $\mathbb{C}$]. $\overline{\mathbb{Q}_\mathbb{C}}$ 가 $\mathbb{C}$ 의 subfield 인 이유는 명제 6.2.14.

다음은 algebraic closure를 정의할 차례이다.

정의 14.2.6. Field F의 **algebraic** extension이면서 algebraically closed인 field를 F의 **algebraic closure**라고 부르고, $\overline{F}$로 표기한다.[16]

그러므로, 예를 들어, $\mathbb{Q}$의 algebraic closure는 — $\mathbb{C}$가 아니고 — $\overline{\mathbb{Q}_{\mathbb{C}}}$이다.[17] 즉, $\overline{\mathbb{Q}} = \overline{\mathbb{Q}_{\mathbb{C}}}$. Finite field의 경우도 조금 특수하다.

연습문제 14.2.7. 다음 tower (chain)

$$\mathbb{F}_q < \mathbb{F}_{q^2} < \mathbb{F}_{q^6} < \mathbb{F}_{q^{4!}} < \mathbb{F}_{q^{5!}} < \cdots$$

를 생각하고, $\overline{\mathbb{F}_q} = \bigcup_{k=1}^{\infty} \mathbb{F}_{q^{k!}}$ 임을 보여라 (명제 7.2.9 참조.).[18]

물론 $\overline{F}$의 표기법을 사용하기 위해서는, F의 algebraic closure의 existence와 uniqueness (up to isomorphism)를 먼저 설명해야 할 것이다. F의 algebraic closure가 본질적으로 하나뿐임은 다음 節에서 다루기로 하고, 지금은 그의 existence를 우선 생각한다.

앞 따름명제 14.2.5와 연습문제 14.2.7은 물론 매우 특수한 case이다. 일반적인 경우에는 — 예를 들어, field of rational polynomials $\mathbb{Q}(t)$의 경우에는 — algebraically closed field $\mathbb{C}$의 역할을 하는 field의 존재를 우리는 **전혀** 알지 못하며,[19] 연습문제 14.2.7에서와 같은 기술도 사용할 수 없다.

그렇지만, ⋯⋯. 이제 F를 field라고 할 때, $\overline{F}$는 우선 $F[t]$의 다항식의 root들을 모두 포함해야 한다. 만약 F 자신 algebraically closed이면 물론 끝. 만약 그렇지 않다면, $F[t]$에는 이차 이상의 기약다항식 $p_1(t)$가 존재할 것이다 (왜 그런가?). 그러면, Kronecker's Theorem에 의해, $p_1(t)$의 root α_1을 포함하는 F의 extension field $F_1 = F(\alpha_1)$이 존재한다. 이제 F_1이 algebraically closed이면 (그럴 리 없겠지만) 끝. 만약 그렇지 않다면, $F_1[t]$에는 이차 이상의 기약다항식 $p_2(t)$가 존재하고⋯⋯, $F_2 = F_1(\alpha_2)$⋯⋯. 뭐 좀 요령을 피울 수도 있겠지만, 무리할 필요는 없다. 우리에게는 Zorn's Lemma라는 막강한 후원자가 있기 때문이다⋯⋯.

---

[16] 명제 6.2.14의 [algebraic closure of F in E] $\overline{F_E}$와 혼동하지 말 것.
[17] $\overline{\mathbb{R}} = \mathbb{C}$.
[18] 따라서, $\overline{\mathbb{F}_q}$의 costruction에는 Zorn's Lemma가 필요하지 않다.
[19] 정말이지 복소수체 $\mathbb{C}$는 매우 독특하고도 대단한 존재이다.

그렇지만, 문제가 그리 간단치만은 않다. 돌이켜 보면, 앞 節의 명제 14.1.6 에서는 주어진 ring R의 內部에서 모든 일이 이루어졌었고, 명제 14.1.8 에서도 주어진 벡터공간 V의 내부에서 모든 일이 이루어졌었다. 그러나, 지금은 한 걸음 앞으로 나갈 때마다 '無에서 有를 창조하는' Kronecker's Theorem을 사용하여 계속 집합을 넓혀 나가야 한다. '無에서 有를 창조할' 때에는 — 즉, 주어진 집합 밖으로 나갈 때에는 — 조심할 것이 있다.

주의 14.2.8. (가) 우선 다음 엉터리 증명을 감상하자. 무엇이 잘못되었을까? [**엉터리 증명 :** F가 field일 때, 훈련 받은대로,

$$\mathfrak{X} = \{E \mid E/F \text{ 는 algebraic extension}\}$$

로 놓는다. 물론 $\mathfrak{X}$의 partial order는, $E_1, E_2 \in \mathfrak{X}$일 때,

$$E_1 \le E_2 \quad \text{if and only if} \quad E_2 \text{ is an extension field of } E_1$$

으로 정의한다. 한편, $F \in \mathfrak{X}$이므로, $\mathfrak{X} \neq \emptyset$. 다음 $\mathfrak{C}$를 $\mathfrak{X}$의 chain이라고 하면, $K = \bigcup_{E\in\mathfrak{C}} E$가 $\mathfrak{C}$의 upper bound임은 이젠 routine. (지금은 K의 덧셈과 곱셈부터 정의해야 한다. 만약 $\alpha, \beta \in K$이면, $[\alpha, \beta \in E_1$ for some $E_1 \in \mathfrak{C}]$이므로(왜 그런가?), $\alpha + \beta$, $\alpha\beta$를 E_1에서 생각하면 된다. 이때, 이렇게 정의한 K의 덧셈과 곱셈이 well-defined되어 있는지도 확인해야 한다. 즉, 만약 $[\alpha, \beta \in E_2$ for some $E_2 \in \mathfrak{C}]$이기도 하다면, $E_1 \subseteq E_2$이거나 $E_2 \subseteq E_1$이어야 하므로, ······. 이제 K/F가 algebraic extension임은 정말 routine.) 그러므로, Zorn's Lemma에 의해, $\mathfrak{X}$는 maximal element $\mathfrak{M}$을 갖는다. 이제 $\mathfrak{M}$이 F의 algebraic closure임을 보이려면, $\mathfrak{M}$은 더 큰 algebraic extension을 가질 수 없음을 보이면 된다(관찰 14.2.2). 그런데, 만약 $L/\mathfrak{M}$이 algebraic extension이라면, L/F도 algebraic extension(명제 14.2.3). 그러므로, $\mathfrak{M}$의 maximality에 의해, $L = \mathfrak{M}$. '기계'도 할 수 있는 증명이다! ⊠ □]

(나) 위 (가)항에서, $\mathfrak{X}$ 대신

$$\mathfrak{Y} = \{E \mid E/F \text{ 는 field extension}\}$$

을 생각하면, *"field F 의 maximal extension 이 존재한다"*는 '황당한' 결론도 얻을 수 있다(확인해 보라). 그러나, K가 임의의 field이면, 항상 $K \subsetneqq K(t)$이므로, 무언가 심각하게 잘못되었음을 알 수 있다.

(다) 문제의 발단은 위 $\mathfrak{X}, \mathfrak{Y}$ 가 **집합이 아니기 때문**이다.[20] $\mathfrak{X}, \mathfrak{Y}$ 가 집합이 아닌 이유는 이들이 너무 많은 원소들을 갖고 있기 때문이다. ($F \neq E \in \mathfrak{X}$ 일 때, E 와 F-isomorphic 한 $E' \in \mathfrak{X}$ 만 생각해도 너무 많다.) 집합이 아니면 무슨 문제가 있는가? 위 (나)항에서와 같은 **paradox** 가 문제이다.
(라) 어쨌든, Zorn's Lemma 는 집합론의 axiom 이다. 집합이 아닌 어떤 대상에 Zorn's Lemma 를 적용할 수는 없다.

실제로 F 의 algebraic closure $\overline{F}$ 의 엄밀한 존재 증명은 제법 까다롭다. 이 책에서는 — 처음이자 마지막으로 — 증명의 일부를 생략하기로 한다.[21] [22]

먼저 약간의 준비가 필요하다. Field E 는 단순히 집합만은 아니다. Field 는 덧셈과 곱셈이라는 연산을 갖고 있는 algebraic structure 이기 때문이다. 따라서, E 는 $(E, +_E, 곱_E)$ 의 triple 로 이해되어야 할 것이다.[23] 한편, E 의 덧셈 $+_E$ 는 $E \times E$ 에서 E 로 가는 함수이므로, 결국 E 의 덧셈은 $(E \times E) \times E = E^3$ 의 subset 으로 이해할 수 있다. 마찬가지로, E 의 곱셈 ($곱_E$) 도 E^3 의 subset 으로 이해하면 된다. 결국 field structure $(E, +_E, 곱_E)$ 는 $E \times E^3 \times E^3 = E^7$ 의 subset 으로 이해할 수 있다. 그리고, 만약 $E \subseteq \mathcal{S}$ 라면, $(E, +_E, 곱_E) \subseteq \mathcal{S}^7$ 이라고 생각할 수 있을 것이다.

명제 14.2.9. Field F 의 algebraic closure $\overline{F}$ 존재.

증명 : (i) 물론 Zorn's Lemma 의 결과이다. Point 는, 우선, **충분히 큰 집합** $\mathcal{S}$ 를 하나 선택하는 것이다. 즉, 만약 E 가 F 의 algebraic extension 이라면, 항상 $|E| < |\mathcal{S}|$ 가 성립하는 큰 집합 $\mathcal{S}$ 를 찾는다는 뜻이다.[24] 그리고, 물론 $|F| < |\mathcal{S}|$ 이므로, F 를 $\mathcal{S}$ 의 subset 으로 identify 할 수 있을 것이다. 이제

$$\mathfrak{X} = \{(E, +_E, 곱_E) \subseteq \mathcal{S}^7 \mid E \subseteq \mathcal{S},\ E/F \text{는 algebraic field extension}\}$$

으로 놓는다. 그러면, $\mathfrak{X}$ 는 집합 $\mathcal{S}^7$ 의 부분집합이므로 **집합**이 된다.

[20] 우리는 §2.4 에서 '이야기'를 시작할 때, '집합이 무엇인지'는 묻지 않기로 약속(합의)했었지만, 지금은 좀 언급할 수밖에 없다.

[21] 머리말 참조.

[22] 이 증명과 명제 14.3.2 의 증명을 "can be proved using Zorn's Lemma"라는 한마디로 처리한 M. Artin [4, p. 528] 이 부러울 따름이다. Lang [8, p. 231] 은 — 역시 Lang 답게 — 'Artin style'의 증명을 택하고 있다. 이 증명은 독자들에게도 권할 만하다·······.

[23] 이 표기법은 집합 E 에는 여러 가지의 field structure 를 줄 수 있다는 뜻을 내포하고 있다.

[24] 이런 집합 $\mathcal{S}$ 의 존재 증명은 생략한다. Jacobson [9, p. 462], Hungerford [10, p. 259] 에 의하면, $|F| = \infty$ 인 경우에는 $|\mathcal{S}| = |\mathcal{P}(F)|$ 이면 충분하고, $|F| < \infty$ 인 경우에는 $|\mathcal{S}| = |\mathcal{P}(\mathbb{Q})|$ 이면 충분하다(단, $\mathcal{P}(F)$ 는 F 의 power set).

(ii) 따라서, ⋯⋯, Zorn's Lemma 에 의해 ⋯⋯ (!), $\mathfrak{X}$ 는 maximal element $\mathfrak{M} = (\mathfrak{M}, +_{\mathfrak{M}}, 곱_{\mathfrak{M}})$ 을 갖는다. 이제 $\mathfrak{M}$ 이 algebraically closed 임을 보이면 된다. 이를 위해, $L/\mathfrak{M}$ 이 algebraic extension 이라고 가정해 보자. 그러면, L/F 도 algebraic extension 이고 (명제 14.2.3), 따라서 $|L| < |S|$ 이어야 한다. 아마도 L 은 원래 S 바깥에 살고 있었겠지만, $|L| < |S|$ 이므로, $L/\mathfrak{M}$ 의 algebraic extension 의 구조를 그대로 S 의 내부로 옮길 수 있을 것이다. 즉, $\mathfrak{M} \leq L \subseteq S$ 로 identify 할 수 있다는 뜻이다. 이제 $\mathfrak{M}$ 의 maximality 에 의해, $L = \mathfrak{M}$. 증명 끝. □

의외로 고생을 좀 했지만, 어쨌든, 이제 algebraic closure 의 존재를 알게 되었다. 앞으로는, base field F 가 주어지면, 항상 F 의 algebraic closure $\overline{F}$ 를 하나 고정하고, 모든 것을 $\overline{F}$ 의 내부에서 생각하면 된다.[25]

이는 이제는 Kronecker's Theorem 의 도움이 별로 필요 없다는 뜻이기도 하다. 이미 모든 것이 $\overline{F}$ 에 '창조'되어 있기 때문이다 ($\overline{F}$ 는 Kronecker's Theorem 을 '영원히' 계속 적용해서 얻은 결과물). 예를 들어, $f(t) \in F[t]$ 가 (non-constant) polynomial 이면, $f(t)$ 의 splitting field 도 $\overline{F}$ 의 내부에 유일하게 존재한다 (왜 그런가?).[26]

---

[25] $\overline{F}$ 의 밖으로 나가면, transcendental element 를 만나게 된다.

[26] $f(t)$ 의 splitting field 의 정의는 따름정리 6.4.9 참조.

14.3. Isomorphism Extension Theorem

이 節에서는 — Zorn's Lemma를 이용하여 — 명제 6.5.14를 일반화 한다. 또, 함수를 확장할 때 사용하는 Zorn's Lemma의 기술도 배운다.

Algebraic extension K/F가 주어졌다고 하자. 이때 $\overline{K}$를 K의 algebraic closure라고 하면, 당연히 $\overline{K}$는 F의 algebraic closure이기도 하므로(왜 그런가?), 모든 일을 $\overline{K}$에서 하면 될 것이다. 그러나, 우리는 앞 節에서, base field F의 algebraic closure $\overline{F}$를 먼저 하나 고정한다고 했으므로, $\overline{K}$를 생각하는 건 아무래도 좀 어색하다. $\overline{F}$는 물론 F의 'maximal' algebraic extension이지만, 아마도 K는 $\overline{F}$와는 무관한 곳에 살고 있을 것이다. 그래도 K를 $\overline{F}$의 내부로 옮길 수 있지 않을까? 즉, 우리는 다음 상황

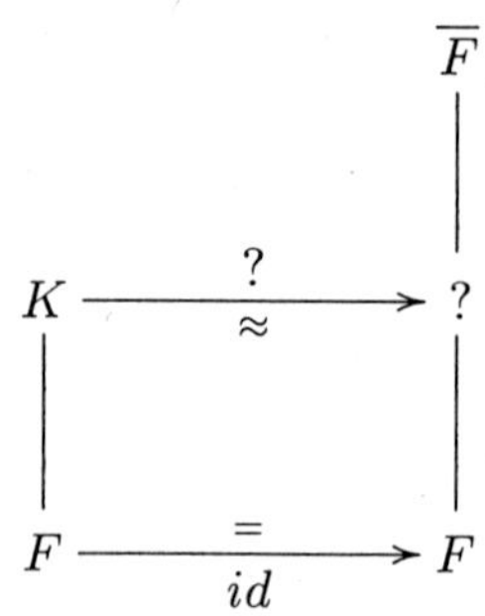

을 생각하고 있는 중이다. 우리는 비슷한 그림을 본 적이 있다.

명제 14.3.1. K/F가 algebraic extension일 때, F의 algebraic closure $\overline{F}$를 하나 고정하면, F-embedding $\tau : K \to \overline{F}$가 존재한다.[27]

증명 : 아래 Isomorphism Extension Theorem에서, $E = F$, $\sigma = id$인 특수한 경우. □

독자들은 다음 명제와 명제 6.5.14를 비교해 보기 바란다.

명제 14.3.2. (Isomorphism Extension Theorem) $\sigma : E \to F$가 field isomorphism이고, K/E가 algebraic extension일 때, F의 algebraic closure $\overline{F}$를 하나 고정하면, $\widetilde{\sigma}|_E = \sigma$인 field embedding $\widetilde{\sigma} : K \to \overline{F}$가 존재한다.[28]

[27] F-embedding의 정의는 정의 6.5.1 참조.
[28] 즉, $\widetilde{\sigma}$는 σ의 extension.

증명 : (i) 다음 그림

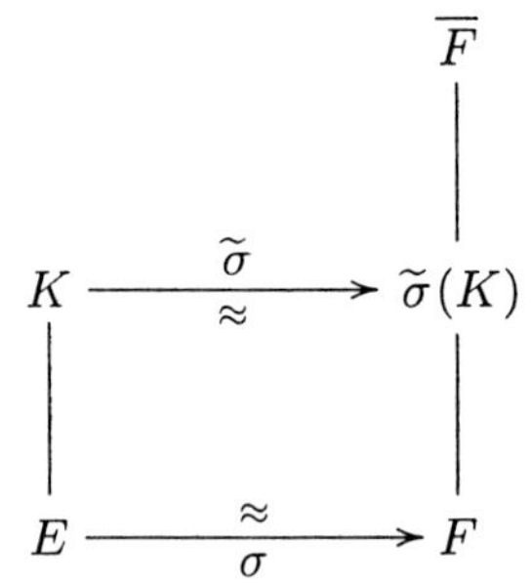

을 생각한다. (지금은 K/E 가 — finite extension 이 아니고 — algebraic extension 이므로, [연습장] 으로는 해결되지 않는다. Zorn's Lemma 가 필요하다.) 이제 **'본능적'** 으로,

$$\mathfrak{X} = \{(L,\tau) \mid E \leq L \leq K,\ \ \tau : L \to \overline{F} \text{는 field embedding},\ \ \tau|_E = \sigma\}$$

로 놓는다. 그리고, $\mathfrak{X}$ 의 partial order 를, $(L_1,\tau_1), (L_2,\tau_2) \in \mathfrak{X}$ 일 때,

$$(L_1,\tau_1) \leq (L_2,\tau_2) \quad \text{if and only if} \quad L_1 \leq L_2 \ \text{ and } \ \tau_2|_{L_1} = \tau_1$$

으로 정의한다. ($\mathfrak{X}$ 가 실제로 partially ordered set 이 되는지 확인해 보라.)

(ii) 다음, $\mathfrak{C}$ 를 $\mathfrak{X}$ 의 chain 이라고 하고, $\mathfrak{C}$ 의 upper bound $(\widetilde{L}, \widetilde{\tau})$ 를 찾아 보자. 우리는 이미 경험적으로, $\widetilde{L} = \bigcup_{(L,\tau)\in\mathfrak{C}} L$ 로 선택해야 함을 알고 있다. 단, 지금은 $\widetilde{L}$ 의 동반자 field embedding $\widetilde{\tau} : \widetilde{L} \to \overline{F}$ 를 정의해 주어야 한다. 그런데, $(\widetilde{L}, \widetilde{\tau})$ 가 $\mathfrak{C}$ 의 upper bound 이기 위해서는, $[\widetilde{\tau}|_L = \tau$ for all $(L,\tau) \in \mathfrak{C}]$ 이어야 한다. 그러므로, $\gamma \in \widetilde{L}$ 이면, $[\gamma \in L$ for some $(L,\tau) \in \mathfrak{C}]$ 일 것이고, 이때 $\widetilde{\tau}(\gamma) = \tau(\gamma)$ 로 정의하면 된다. (이렇게 정의한 $\widetilde{\tau}$ 가 well-defined 되어 있음도 확인해야 한다. 즉, 만약 $[\gamma \in L'$ for some $(L',\tau') \in \mathfrak{C}]$ 이기도 하다면, $(L,\tau) \leq (L',\tau')$ 이거나 $(L',\tau') \leq (L,\tau)$ 이므로, $\tau(\gamma) = \tau'(\gamma)$.) 이제 $(\widetilde{L}, \widetilde{\tau}) \in \mathfrak{X}$ 인 것은 routine. 물론, $\mathfrak{X}$ 는 maximal element $(\mathfrak{M}, \mu)$ 를 갖는다.

(iii) 마지막으로, $\mathfrak{M} = K$ 임을 보이기 위해, $\alpha \in K - \mathfrak{M}$ 이 존재한다고 가정해 보자. 그러면, $\widetilde{\mu}|_{\mathfrak{M}} = \mu$ 인 $(\mathfrak{M}(\alpha), \widetilde{\mu}) \in \mathfrak{X}$ 가 존재한다는 것이 바로 **명제 6.5.14** 이다. (즉, $p(t) = \mathrm{irr}(\alpha, \mathfrak{M})$ 으로 놓으면, $p^{\mu}(t) \in \mu(\mathfrak{M})[t]$ 의 root $\beta \in \overline{F}$ 가 존재하고 ($\overline{F}$ 는 algebraically closed 이므로),[29] 명제 6.5.14 에 의해 $\widetilde{\mu}(\alpha) = \beta$ 인 μ 의 extension $\widetilde{\mu} : \mathfrak{M}(\alpha) \to \mu(\mathfrak{M})(\beta)$ 가 유일하게 존재.) 이는 물론 $(\mathfrak{M}, \mu)$ 의 maximality 에 모순이다. 따라서, $\mathfrak{M} = K$. □

[29] $p^{\mu}(t)$ 의 의미는 표기법 6.5.13 참조.

위 명제와 그 증명에 관한 참고사항과 주의사항:

참고 14.3.3. (가) 위 증명은 — 독자들에게는 첫 경험이므로 — 종이를 좀 낭비하였다. 그러나, 사실, 위 증명에서 사용한 [Zorn's Lemma를 이용한 함수 확장 기술]도 매우 '기계적'이다.
(나) §14.1 끝 부분의 표현을 빌리자면, Zorn's Lemma를 이용해 *"이 세상 끝까지 가기"* 위해 *"한 걸음 앞으로 가는"* 과정이 바로 명제 6.5.14이다. 앞으로 이런 증명을 다시 만나게 되면,[30] "명제 6.5.14와 Zorn's Lemma에 의해"라는 한마디로 충분할 것이다!

주의 14.3.4. 명제 6.5.14의 $\widetilde{\sigma}$는 유일하게 존재하지만, 앞 명제 14.3.2의 $\widetilde{\sigma}$는 일반적으로 유일하지 않다. 왜냐하면, 증명 과정에서, $p^{\mu}(t) \in \mu(\mathfrak{M})[t]$의 root $\beta \in \overline{F}$를 선택하는 방법이 유일하지 않기 때문이다. 사실, 특히 K/E가 finite extension일 때, [σ를 K로 확장하는 방법의 수]는 다음 章의 주제 중 하나이다.

다음은 이미 예고된 Isomorphism Extension Theorem의 적용.

따름명제 14.3.5. K와 L이 모두 F의 algebraic closure이면, F-isomorphism $\tau : K \to L$이 존재.

증명 : 명제 14.3.2에서, $E = F$, $\sigma = id$인 경우. 이제 $\overline{F}$ 대신 L을 생각하면, F-embedding $\tau = \widetilde{id} : K \to L$이 존재한다. 그런데, K는 algebraically closed이고, 같은 것은 같으므로(우리의 철학), $\tau(K)$도 당연히 algebraically closed이다. 한편, $L/\tau(K)$도 algebraic extension이므로(연습문제 14.2.4), $\tau(K) = L$. □

위 따름명제는 물론 F의 algebraic closure의 uniqueness (up to F-isomorphism)를 의미한다. 이제는, base field F가 주어지면, F의 algebraic closure $\overline{F}$를 하나 고정하고 모든 일을 시작한다. 특히 명제 14.3.1에 의해, F의 모든 algebraic extension (혹은 algebraic extension의 algebraic extension)은 **원래부터** $\overline{F}$에 살고 있었다고 가정하면 된다.

[30] 대수학에서 이런 증명을 또 연습하려면, injective module을 배울 때까지 기다려야 한다.

제 15 장 Field Extension II

우리 '이야기'의 마지막 主題는 "Galois Theory"이다. 이 章에서는 Galois's Theorem을 위한 준비 작업을 한다. 이는 물론 제6장에서 시작한 field extension의 공부를 계속한다는 뜻이다.

또, § 15.3 에서는, 잠시 우리의 '이야기'에서 (약간) 벗어나, algebraic integer의 개념을 간단히 소개한다.

15.1. Separable Extension

이 節에서는 § 6.6 의 separable polynomial의 공부를 계속한다. 먼저 새로운 용어들을 소개한다.

정의 15.1.1. E/F 가 algebraic extension 이라고 하자.

(가) $\alpha \in E$ 일 때, $\operatorname{irr}(\alpha, F)$ 가 separable polynomial 이면 — 즉, $\operatorname{irr}(\alpha, F)$ 가 multiple root 을 갖지 않으면 — α 를 [**separable element** over F] 라고 부른다. 이때, "α 는 separable over F" 라고 말한다.

(나) E 의 모든 원소가 [separable over F] 이면, E/F 를 **separable extension** 이라고 부른다.[1]

(다) Separable 의 반대말은 **inseparable**.[2]

독자들은 위 정의가 algebraic extension 의 정의와의 一貫性을 유지하고 있음을 한눈에 알아볼 수 있을 것이다.

정의 15.1.2. Field F 의 모든 algebraic extension 이 separable extension 이면, F 를 **perfect field** 라고 부른다.

[1] 그러므로, F 자신은 F 의 separable extension.

[2] 예를 들어, E/F 가 separable extension 이 아니면, E/F 는 inseparable extension.

보기 15.1.3. char$(F) = 0$ 이거나 (따름명제 6.6.6), F가 finite field 이면 (명제 7.2.4), F는 perfect field.

위 보기는 우리의 관심 대상 field의 대부분이 perfect field임을 말하고 있다.[3] 그러므로, 이 節의 목표는 — inseparable extension을 공부하는 것이 아니라 — separable extension의 성질을 더 깊이 공부하는 것이다. 다음은 '넌센스 퀴즈' 수준이지만, 그래도 생략하면 좀 아쉽다.

연습문제 15.1.4. (가) Algebraically closed field는 항상 perfect field인가?[4] (나) Perfect field의 algebraic extension은 항상 perfect field인가?

Separable extension의 공부는 — algebraic extension에서의 경험에 의한 — 다음 질문으로부터 시작된다.

질문 15.1.5. (가) Separable element들의 합과 곱은 separable element인가? (나) Separable extension의 separable extension은 separable extension인가?

독자들은 algebraic element와 algebraic extension에서의 경험으로, 무언가 **extension degree와 비슷한 것**이 — 즉, 어떤 **'finiteness'**가 — 필요함을 '본능적'으로 알아보았을 것이다. 사실 우리는 이를 위해 멀리 제 1 장에서부터 준비해 왔다. 즉, 연습문제 1.7.6, 명제 6.5.5와 algebraic conjugate의 개념, 그리고 Isomorphism Extension Theorem (명제 6.5.14, 명제 14.3.2)과 그의 특수한 경우인 F-isomorphism ψ^{α}_{β} (명제 6.5.4) 등이 모두 이를 위한 준비였다.

이제, 그리고 언제나, base field F의 algebraic closure $\overline{F}$를 하나 고정한다. 우선 가장 간단한 경우부터 생각해 보자. 즉, $F(\alpha) = E \leq \overline{F}$가 F의 algebraic (finite) extension이라고 하고,

$$p(t) = \mathrm{irr}(\alpha, F), \qquad k = \left|\{\beta \in \overline{F} \mid p(\beta) = 0\}\right| \leq \deg\big(p(t)\big) = n$$

으로 놓자. 물론, $p(t)$의 모든 root은 $\overline{F}$의 원소이므로, k는 [$p(t)$의 서로 다른 root의 개수]를 의미한다. 한편, α가 [separable over F]라는 조건은 $k = n$과 동치이므로, 우리는 k와 n과의 차이 (또는 비율) 로부터 α의 **'separability를 측정'**할 수 있을 것이다.

---

[3] 실제로 독자들이 읽을 — 앞으로 읽을 — 대수학 책에서 "임의의 field에 대해서도 성립하지만, 이 책에서는 perfect field인 경우만 다룬다"는 표현을 자주 만나게 될 것이다. Inseparable extension은 골치 아프다는 뜻이다.

[4] 따라서, infinite field of positive characteristic도 perfect field일 수 있다.

연습문제 15.1.6. 위 단락에서 k는 n의 약수임을 증명하라.[5]

이제 k의 의미를 — 훈련 받은대로 — **함수의 언어**로 해석해 보자. 만약 $p(\beta) = 0$이라면 (물론 $\beta \in \overline{F}$) — 즉, β와 α가 algebraic conjugate 라면 — α를 β로 보내는 F-isomorphism $\psi_\beta^\alpha : F(\alpha) \to F(\beta)$가 유일하게 존재할 것이다 (명제 6.5.4). 또, 역으로, $\tau : F(\alpha) \to \overline{F}$가 F-embedding 이라면, $\tau(\alpha)$는 $p(t)$의 root 이어야만 한다 (명제 6.5.5). 따라서,

$$k = \left|\{\beta \in \overline{F} \mid p(\beta) = 0\}\right| = \left|\{\tau : F(\alpha) \to \overline{F} \mid \tau \text{는 } F\text{-embedding}\}\right|$$

임을 알 수 있다. 이제 이를 일반화하면:

정의 15.1.7. E/F가 algebraic extension 일 때 (항상 $E \leq \overline{F}$),

$$[E : F]_{\mathsf{s}} = \left|\{\tau : E \to \overline{F} \mid \tau \text{는 } F\text{-embedding}\}\right|$$

으로 정의하고, $[E : F]_{\mathsf{s}}$를 E/F의 **separable degree** 라고 부른다. 우리는 물론 다음 그림

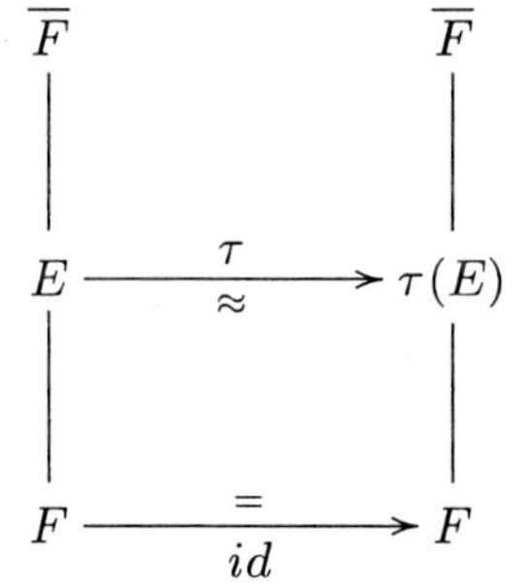

을 생각한다. 즉, $[E : F]_{\mathsf{s}}$는 id_F를 E로 extend 하는 방법의 수를 의미한다.

위 separable degree 의 정의가 의미를 가지려면, 물론 E/F가 finite extension 이면 $[E : F]_{\mathsf{s}} < \infty$ 임을 설명해야 할 것이다. 그리고, 그 보다 먼저 separable degree 의 정의가 F의 algebraic closure 의 선택과는 무관하다는 사실부터 설명해야 한다.

명제 15.1.8. E/F가 algebraic extension 일 때, separable degree $[E : F]_{\mathsf{s}}$는 F의 algebraic closure 의 선택과는 무관하다.

[5] 그러므로, α의 'separability 를 측정'하는 것은 n/k라고 하는 것이 더 그럴듯하다. n/k의 명칭은 inseparable degree.

증명 : (물론 이 명제는 "같은 것은 같다"는 '우리의 철학'의 결과이다. 그렇지만, 구체적으로 설명하는 방법도 알아야 한다.) K 도 F 의 algebraic closure 라고 하자. 목표는 bijection

$$f : \{\tau : E \to \overline{F} \mid \tau \text{는 } F\text{-embedding}\} \longrightarrow \{\mu : E \to K \mid \mu \text{는 } F\text{-embedding}\}$$

을 construct 하는 것이다. 이제 다음 그림

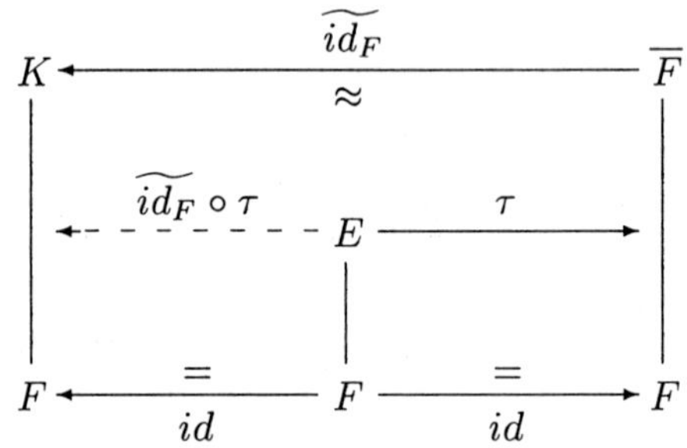

을 생각한다. 즉, 우선 Isomorphism Extension Theorem (명제 14.3.2 와 그 증명) 을 이용하여, $id_F : F \to F$ 를 F-isomorphism $\widetilde{id_F} : \overline{F} \to K$ 로 확장하고,

$$f(\tau) = \widetilde{id_F}\big|_{\tau E} \circ \tau, \qquad (\tau : E \to \overline{F},\ \tau \text{는 } F\text{-embedding})$$

으로 정의하면, f 가 bijection 인 것은 거의 자명. □

연습문제 15.1.9. E/F 는 algebraic extension, $\sigma : F \to \overline{F}$ 는 embedding 이고, $\overline{F}/\sigma F$ 가 algebraic extension 일 때,[6] 위 증명과 다음 그림

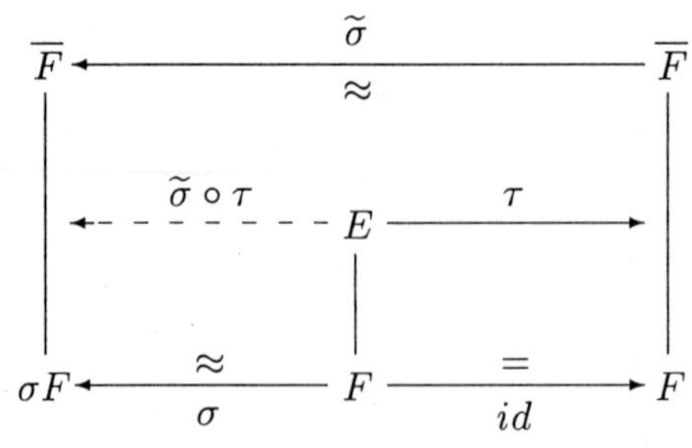

을 참고하여, one-to-one correspondence

$$\{\tau : E \to \overline{F} \mid \tau \text{는 } F\text{-embedding}\} \longleftrightarrow \{\mu : E \to \overline{F} \mid \mu \text{는 embedding},\ \mu|_F = \sigma\}$$

를 construct 하라.

---

[6] 따라서 $\overline{F}$ 는 σF 의 algebraic closure 이기도 하다.

위 연습문제로부터 separable degree의 再정의가 가능하다.[7]

再정의 15.1.10. E/F가 algebraic extension이고, $\sigma : F \to \overline{F}$가 고정된 field embedding일 때 (단, $\overline{F}/\sigma F$는 algebraic extension), E/F의 **separable degree**를

$$[E : F]_{\mathrm{s}} = \left|\{\tau : E \to \overline{F} \mid \tau\text{는 embedding},\ \tau|_F = \sigma\}\right|$$

로 정의한다. 즉, $[E : F]_{\mathrm{s}}$는 embedding $\sigma : F \to \overline{F}$를 E로 extend하는 방법의 수이다. Point는 $[E : F]_{\mathrm{s}}$가 embedding $\sigma : F \to \overline{F}$의 선택과는 무관하다는 것.

다음 명제가 바로 우리가 원했던 separability의 'finiteness'이다.

명제 15.1.11. K/E, E/F가 algebraic extension이면,

(가) $[K : F]_{\mathrm{s}} = [K : E]_{\mathrm{s}} \cdot [E : F]_{\mathrm{s}}$.[8] [9]

(나) 특별히 E/F가 finite extension이면, $[E : F]_{\mathrm{s}} < \infty$이고, $[E : F]_{\mathrm{s}}$는 $[E : F]$의 약수.

증명 : (가) $\{\tau_i : E \to \overline{F} \mid i \in I\}$를 F-embedding들의 전체 집합이라고 하자 (즉, $|I| = [E : F]_{\mathrm{s}}$). 이때 각각의 τ_i를 K로 extend하는 방법의 수는 $[K : E]_{\mathrm{s}}$-개.[10] 한편, K에서 $\overline{F}$로 가는 임의의 F-embedding은 [extension of τ_i for some $i \in I$]이므로 $\cdots\cdots$.

(나) 만약 $E = F(\alpha)$라면, $[F(\alpha) : F]_{\mathrm{s}}$는 $\mathrm{irr}(\alpha, F)$의 서로 다른 root의 개수와 같다.[11] 그런데, $\mathrm{irr}(\alpha, F)$의 모든 root의 multiplicity는 같으므로 (명제 6.5.18), $[F(\alpha) : F]_{\mathrm{s}}$는 $\deg\big(\mathrm{irr}(\alpha, F)\big) = [E : F]$의 약수가 된다. 일반적인 경우에는, F의 모든 finite extension은 $E = F(\alpha_1, \ldots, \alpha_r)$의 꼴이므로 (명제 6.2.23), 다음 tower

$$F \le F(\alpha_1) \le F(\alpha_1, \alpha_2) \le \cdots \le F(\alpha_1, \ldots, \alpha_r) = E$$

를 생각한다. 이 tower의 각 단계의 separable degree는 extension degree의 약수이고, "extension degree is multiplicative in towers"이고 (명제 6.2.8), 앞 (가) 항에 의해 "separable degree is multiplicative in towers"이므로, $[E : F]_{\mathrm{s}}$는 $[E : F]$의 약수. □

---

[7] 처음부터 separable degree를 이렇게 정의했다면, 종이를 좀 절약할 수 있었겠지만$\cdots\cdots$.

[8] 이 곱셈은 cardinal number들의 곱셈으로 이해한다. 주의 6.2.9 참조.

[9] 독자들은 이번에도 [I, 연습문제 12.2.14]와 명제 6.2.23과의 유사성을 기억하기 바란다.

[10] $\overline{F}$는 E의 algebraic closure이기도 하다.

[11] 연습문제 15.1.6 앞뒤의 논의 참조.

연습문제 15.1.12. $\alpha \in \overline{F}$일 때, α가 [separable over F]일 필요충분조건은 $[F(\alpha):F]_{\mathsf{s}} = [F(\alpha):F]$임을 보여라.

우리는 당연히 separable degree가 finite separable extension을 characterize 해 줄 것으로 기대한다.

명제 15.1.13. E/F가 finite extension일 때, 다음 조건은 동치.

(1) E/F는 separable extension.
(2) $[E:F]_{\mathsf{s}} = [E:F]$.

증명 : [(1)⇒(2)]: 이번에도 $E = F(\alpha_1, \ldots, \alpha_r)$로 놓고, 다음 tower

$$F \leq F(\alpha_1) \leq F(\alpha_1, \alpha_2) \leq \cdots \leq F(\alpha_1, \ldots, \alpha_r) = E$$

를 생각한다. 그러면, α_1은 물론 [separable over F]이므로, $[F(\alpha_1):F]_{\mathsf{s}} = [F(\alpha_1):F]$. 또, $\mathrm{irr}\big(\alpha_2, F(\alpha_1)\big)$은 $\mathrm{irr}(\alpha_2, F)$의 약수이고, $\mathrm{irr}(\alpha_2, F)$는 중근을 갖지 않으므로, $\mathrm{irr}\big(\alpha_2, F(\alpha_1)\big)$도 separable polynomial. 따라서, α_2는 [separable over $F(\alpha_1)$]이고, $[F(\alpha_1, \alpha_2):F(\alpha_1)]_{\mathsf{s}} = [F(\alpha_1, \alpha_2):F(\alpha_1)]$. 이렇게 계속하면, 위 tower의 각 단계의 separable degree와 extension degree가 같음을 알 수 있다. 이제, 'tower theorem'들(명제 6.2.8과 명제 15.1.11)에 의해, $[E:F]_{\mathsf{s}} = [E:F]$.

[(2)⇒(1)]: $\alpha \in E$이면, α는 [separable over F]임을 보이기 위해, tower $F \leq F(\alpha) \leq E$를 생각한다. 그런데,

$$[E:F(\alpha)]_{\mathsf{s}} \cdot [F(\alpha):F]_{\mathsf{s}} = [E:F]_{\mathsf{s}} = [E:F] = [E:F(\alpha)] \cdot [F(\alpha):F]$$

이고,

$$[E:F(\alpha)]_{\mathsf{s}} \leq [E:F(\alpha)], \qquad [F(\alpha):F]_{\mathsf{s}} \leq [F(\alpha):F]$$

이므로, $[F(\alpha):F]_{\mathsf{s}} = [F(\alpha):F]$일 수밖에 없다. 따라서, α는 separable over F. □

다음은 위 명제의 direct consequence들이다. 증명은 자명하므로, 생략한다.

따름명제 15.1.14. $\alpha_1, \ldots, \alpha_r \in \overline{F}$일 때, 다음 조건은 동치.

(1) $\alpha_1, \ldots, \alpha_r$은 separable over F.
(2) $F(\alpha_1, \ldots, \alpha_r)/F$는 separable extension.

따름명제 15.1.15. $K/E,\ E/F$ 가 **finite** extension 일 때, 다음 조건은 동치.

(1) K/F 는 separable extension.

(2) $K/E,\ E/F$ 는 separable extension.

다음은 명제 14.2.3 의 counter-part.

따름명제 15.1.16. $K/E,\ E/F$ 가 algebraic extension 일 때, 다음은 동치.

(1) K/F 는 separable extension.

(2) $K/E,\ E/F$ 는 separable extension.

증명 : [(1)⇒(2)]: 독자들의 몫.
[(2)⇒(1)]: $\alpha \in K$ 이면, α 는 [separable over F] 임을 보여야 한다. 지금 '본능적'으로 명제 14.2.3 에서 배운 **'유명한 trick'** 이 생각나야 한다. 즉,

$$\operatorname{irr}(\alpha, E) = t^n + a_{n-1}t^{n-1} + \cdots + a_1 t + a_0, \qquad (\text{단},\ a_i \in E)$$

로 놓고, $E_0 = F(a_0, a_1, \ldots, a_{n-1})$ 을 생각하는 것이 '유명한 trick'. 이때 E_0/F 도 finite separable extension 인 것은 당연하다(명제 6.2.23 과 연습문제 15.1.14). 그런데, α 는 [separable over E] 이므로, $\operatorname{irr}(\alpha, E) = \operatorname{irr}(\alpha, E_0)$ 는 separable polynomial. 그러므로, $E_0(\alpha)/E_0$ 는 finite separable extension. 따라서, 따름명제 15.1.15 에 의해, $E_0(\alpha)/F$ 도 finite separable extension. □

위 따름명제 15.1.15 와 따름명제 15.1.16 은 물론 질문 15.1.5 (나) 항의 답이다. 이제 질문 15.1.5 (가) 항에 답할 차례이다.

따름명제 15.1.17. E/F 가 algebraic extension 이면,

$$S_{E/F} = \{\alpha \in E \mid \alpha \text{ 는 separable over } F\}$$

는 E 의 subfield.[12]

증명 : $\alpha, \beta \in S_{E/F}$ 일 때, $\alpha \pm \beta,\ \alpha\beta,\ \alpha/\beta$ 등도 [separable over F] 임을 보이면 된다. 이제, 당연히, tower $F \le F(\alpha) \le F(\alpha, \beta)$ 를 생각한다. 그러면, $\operatorname{irr}\big(\beta, F(\alpha)\big)$ 는 $\operatorname{irr}(\beta, F)$ 의 약수이고, $\operatorname{irr}(\beta, F)$ 는 중근을 갖지 않으므로, $\operatorname{irr}\big(\beta, F(\alpha)\big)$ 도 separable polynomial. 즉, β 는 [separable over $F(\alpha)$]. 따라서, $F(\alpha, \beta)/F(\alpha)$ 는 separable extension 이고, $F(\alpha, \beta)/F$ 도 separable extension. 증명 끝. □

[12] $S_{E/F}$ 를 [separable closure of F in E] 라고 부르면 그럴듯할 것이다.

연습문제 15.1.18. E_1/F, E_2/F 가 separable extension 일 때 (단, $E_i \le \overline{F}$), 다음을 보여라.

(가) $(E_1E_2)/E_1$ 도 separable extension.[13]

(나) $(E_1E_2)/F$ 도 separable extension.

이제 분위기를 좀 바꾸어 보자. 다음 명제는 finite separable extension 의 중요한 특징을 하나 더 보여 준다. 이 명제는 우리의 오래된 숙제인 질문 6.2.24 를 해결해 줌과 동시에 앞으로 결정적인 장면에서 여러 차례 사용될 예정이다.[14]

명제 15.1.19. (Primitive Element Theorem) E/F 가 **finite separable** extension 이면, $E = F(\alpha)$ 인 $\alpha \in E$ 존재. (이때 — 정의 7.2.7 에서와 마찬가지로 — α 를 E 의 **primitive element** 라고 부른다.[15])

증명 : 만약 F 가 finite field 이면, $E^\times = \langle \alpha \rangle$ 인 α 가 존재하므로 (정리 7.2.1), 증명 끝. 따라서, F 는 infinite field 라고 가정하자. 우리는 $\beta, \gamma \in \overline{F}$ 일 때, $F(\beta,\gamma) = F(\alpha)$ 인 α 의 존재만 보이면 충분하다 (귀납법). 이제, $\{\beta_1, \ldots, \beta_r\}$ 과 $\{\gamma_1, \ldots, \gamma_s\}$ 를 각각 $f(t) = \mathrm{irr}(\beta, F)$ 와 $g(t) = \mathrm{irr}(\gamma, F)$ 의 root 전체의 집합이라고 하자 (단, $\beta = \beta_1$, $\gamma = \gamma_1$). 그런데, F 는 infinite field 이므로,

$$c \neq \frac{\beta - \beta_i}{\gamma_j - \gamma}, \qquad \text{즉, } \beta + c\gamma \neq \beta_i + c\gamma_j, \qquad (1 \le i \le r,\ 2 \le j \le s)$$

인 $c \in F$ 가 존재할 것이다. 이제, $\alpha = \beta + c\gamma$ 로 놓고, 다항식

$$h(t) = f(\alpha - ct) \in F(\alpha)[t]$$

를 생각한다. 그러면, $h(\gamma) = f(\beta) = 0$ 이고, $[\alpha - c\gamma_j \neq \beta_i \text{ for all } i \ge 1,\ j \ge 2]$ 이므로, $h(\gamma_j) \neq 0$ for all $j \ge 2$. 이제 $\mathrm{irr}\,(\gamma, F(\alpha))$ 가 $h(t)$ 와 $g(t)$ 의 공약수인 것을 알 수 있다. 그런데, $h(t)$ 와 $g(t)$ 의 common root 은 γ 뿐이고, $g(t)$ 는 중근을 갖지 않으므로, $h(t)$ 와 $g(t)$ 의 최대공약수는 $(t - \gamma)$ 이다. 따라서,

$$\mathrm{irr}\,(\gamma, F(\alpha)) = t - \gamma \in F(\alpha)[t]$$

가 된다. 이는 $\gamma \in F(\alpha)$ 라는 — 즉, $F(\beta,\gamma) = F(\alpha)$ 라는 — 뜻이다.[16] [17] □

[13] Compositum E_1E_2 는 표기법 6.2.10 참조. 연습문제 16.1.17 도 참조.

[14] 관찰 16.1.7 참조.

[15] $F(\alpha)$ 꼴의 extension 을 가끔 F 의 simple extension 이라고 부르기도 하지만, 이 이름은 별로 마음에 들지 않는다. 한편, cyclic extension (정의 16.4.1) 이라는 용어도 다른 뜻으로 쓰인다.

[16] 보기 6.2.17 과 보기 6.2.21 에서는 $c = 1$ 로 택했다는 의미.

[17] 이 증명은 motivation 이 부족하여, 좀 어렵게 (tricky 하게) 느껴진다. Normal closure 와 Galois Theory 를 사용하면 motivation 이 더 분명해지겠지만……

15.2. Normal Extension

우선 이 節에서 필요로 하는 명제부터 하나 소개한다. 다음 결과는 이미 명제 6.5.3 에서 예고했었다.

명제 15.2.1. E/F가 **algebraic** extension이고, $\sigma : E \to E$가 F-embedding이면, $\sigma(E) = E$. (즉, σ는 F-automorphism.)

증명 : (E/F가 finite extension 인 경우는 다름아닌 선형대수의 Dimension Theorem 이다. 왜 그런가?) $\sigma : E \to E$가 surjection 인 것만 보이면 된다. 이를 위해, $\alpha \in E$일 때 (물론, $E \leq \overline{F}$),

$$\mathrm{irr}(\alpha, F) = (t-\alpha)\,(t-\beta_1)\,\cdots\,(t-\beta_r)(t-\gamma_1)\,\cdots\,(t-\gamma_s), \qquad (\text{단, } r, s \geq 0)$$

이라고 하자 (단, $\beta_i \in E$, $\gamma_j \in \overline{F} - E$). 그러면, σ는 $\{\alpha, \beta_1, \ldots, \beta_r\}$을 **permute** 하므로 (명제 6.5.5 와 비둘기 집의 원리),[18] $\alpha \in \mathrm{im}\,\sigma$. □

이제 제6장에서 공부한 splitting field를 복습해 보자. 특히 splitting field 의 uniqueness (up to isomorphism) 증명 (따름명제 6.5.17) 이 어째 산뜻하지 못하다는 느낌이 좀 들어, 이를 다시 증명해 보기로 한다.[19]

Splitting field 의 uniqueness 再증명: (i) $f(t) \in F[t]$, $\deg(f) \geq 1$일 때, K, L이 모두 $f(t)$의 splitting field 라고 하자 (단, $L \leq \overline{F}$이고, K는 아마도 $\overline{F}$와는 무관한 곳에 살고 있다고 가정). 다음 그림

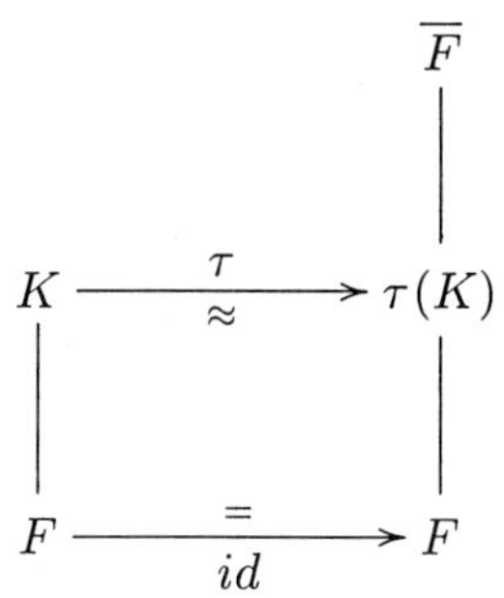

에서 F-embedding $\tau : K \to \overline{F}$가 존재함을 알 수 있다 (명제 14.3.2). 이제 $\tau(K) = L$임을 보이면 된다.

[18] $\mathrm{irr}(\alpha, F)$가 중근을 가져도 별문제 없다.

[19] 따름명제 6.5.17 에서는 Isomorphism Extension Theorem (명제 6.5.14)을 여러 번 반복 사용했었지만, 이제 우리는 더욱 강력한 Isomorphism Extension Theorem (명제 14.3.2)을 적용할 수 있다.

(ii) 구체적으로,

$$f(t) = c(t - \alpha_1) \cdots (t - \alpha_n), \qquad L = F(\alpha_1, \ldots, \alpha_n)$$

으로 표기하고 (단, $c \in F$), 또, K 에서는

$$f(t) = c(t - \beta_1) \cdots (t - \beta_n), \qquad K = F(\beta_1, \ldots, \beta_n)$$

이라고 놓자. 그러면, τ 는 $\{\beta_1, \ldots, \beta_n\}$ 에서 $\{\alpha_1, \ldots, \alpha_n\}$ 으로 가는 bijection 을 induce 하므로 (명제 6.5.5 와 비둘기 집의 원리),[20] $\tau(K) = L$. □

독자들은 위 증명과 명제 15.2.1 의 증명이 비슷함을 알 수 있을 것이다. 그리고, 위 증명을 잘 들여다보면, 임의의 F-embedding $\tau : K \to \overline{F}$ 에 대해 $\tau(K) = L$ 이 성립함을 알 수 있다. 이때, $K = L$ 이어도, 물론, 같은 결과가 성립한다. 우리는 splitting field 의 이러한 성질이 splitting field 의 의미를 **함수의 언어**로 해석한 것이라고 기대할 수 있을 것이다.

우선 splitting field 를 더 일반화한 후 계속하자.

정의 15.2.2. $S \subseteq \{f(t) \in F[t] \mid \deg(f) \geq 1\}$ 일 때, S 의 모든 다항식의 모든 root (in $\overline{F}$) 들의 집합을 S_0 로 표기하자. 이때, $F(S_0)$ 를 S 의 **splitting field** 라고 부른다.[21] 즉, $F(S_0)$ 는 S 의 모든 다항식의 모든 root 을 포함하는 F 의 가장 작은 extension field 이다. ($S = \emptyset$ 인 경우에는 $F(S_0) = F$ 로 이해한다.)

보기 15.2.3. (가) 위 splitting field 의 새로운 정의는 물론 $|S| = 1$ 인 경우에는 따름정리 6.4.9 의 정의와 일치한다.
(나) 위 정의에서, S 가 finite set 이면 — $f(t)$ 를 S 의 다항식들의 곱이라고 할 때 — S 의 splitting field 와 $f(t)$ 의 splitting field 는 같다.
(다) 위 정의에서, $S = \{f(t) \in F[t] \mid \deg(f) \geq 1\}$ 이면, S 의 splitting field 는 $\overline{F}$ 이다. 왜냐하면, $\alpha \in \overline{F}$ 이면, $\mathrm{irr}(\alpha, F) \in S$ 이고, $\alpha \in S_0$ 이기 때문.

위 정의에서 처음부터 우리는 고정된 $\overline{F}$ 에서만 모든 것을 생각했으므로, splitting field 의 uniqueness 를 따로 설명할 필요는 없다. (F 의 다른 algebraic closure 도 생각한다면, 앞의 [Splitting field 의 uniqueness 再증명] 을 흉내 내면 된다.)

---

[20] 이번에도 $f(t)$ 가 중근을 가져도 OK.
[21] $F(S_0)$ 의 표기법은 표기법 6.2.10 참조.

이제 splitting field의 의미를 함수의 언어로 해석해 보자.

명제 15.2.4. E/F가 algebraic extension일 때 (물론 $E \le \overline{F}$), 다음 조건

(1) E가 S의 splitting field인 $S \subseteq \{f(t) \in F[t] \mid \deg(f) \ge 1\}$ 존재.

(2) $\tau : E \to \overline{F}$가 F-embedding이면, $\tau(E) = E$. (즉, $\tau \in \mathrm{Aut}(E/F)$.[22])

(3) $\alpha \in E$이면, $\mathrm{irr}(\alpha, F)$의 모든 root (in $\overline{F}$)은 E의 원소.

은 동치이다. 이때, 우리는 E/F를 **normal extension**이라고 부른다.

증명 : [(1)⇒(2)]: E는 S의 splitting field이고, $\tau : E \to \overline{F}$는 F-embedding이라고 하자. 이제 명제 15.2.1에 의하면, $\tau(E) \le E$인 것만 보이면 된다. 그리고, 이를 위해서는 $\alpha \in E$이고 $[f(\alpha) = 0$ for some $f(t) \in S]$이면, $f(\tau\alpha) = 0$인 것만 설명하면 된다. 왜냐하면, 이는 — 정의 15.2.2의 표기법을 사용할 때 — $[\alpha \in S_0$이면, $\tau\alpha \in S_0]$라는 뜻이기 때문이다. $[f(\alpha) = 0$이면, $f(\tau\alpha) = 0]$인 건 너무 당연.
[(2)⇒(3)]: $p(t) = \mathrm{irr}(\alpha, F)$로 놓고, $p(\beta) = 0$이라고 하자 (물론 $\beta \in \overline{F}$). 그러면, F-isomorphism $\psi_\beta^\alpha : F(\alpha) \to F(\beta)$가 존재한다 (명제 6.5.4). 물론, $\psi_\beta^\alpha(\alpha) = \beta$. 이제 ψ_β^α를 E로 확장하여 (Isomorphism Extension Theorem), F-embedding $\tau : E \to \overline{F}$를 얻으면, 조건 (2)에 의해 $\tau(E) = E$이므로, $\beta \in E$.
[(3)⇒(1)]: $S = \{\mathrm{irr}(\alpha, F) \in F[t] \mid \alpha \in E\}$로 놓으면, E가 S의 splitting field인 것은 거의 자명. 확인해 보라. □

가장 간단한 보기부터.

관찰 15.2.5. E/F가 degree 2 extension이면, E/F는 normal extension.

증명 : $\alpha \in E - F$라고 하면, $F(\alpha) = E$이므로,

$$p(t) = \mathrm{irr}(\alpha, F) = t^2 + bt + c, \qquad (\text{단, } b, c \in F)$$

로 놓을 수 있다.[23] 이제 '근과 계수와의 관계'에 의해,

$$t^2 + bt + c = (t - \alpha)(t + \alpha + b)$$

이므로 (확인해 보라), α와 $(-\alpha - b)$가 같건 다르건 상관없이 $F(\alpha)$는 $p(t)$의 splitting field. □

[22] $\mathrm{Aut}(E/F)$의 의미는 정의 6.5.1 참조.

[23] 당연히, 이차 방정식의 근의 공식이 먼저 떠오르지만……, $\mathrm{char}(F) = 2$인 경우에는 이차 방정식의 근의 공식이 없으므로(!), 조심해야 한다.

그런데……, 위 관찰을 읽으며 [**index 2 subgroup 은 항상 normal subgroup**] 이라는 명제([I, 관찰 12.3.10]) 가 생각난 독자들은 아마 많지 않았을 것이다. 수학에서 같은 단어를 두 가지 상황에서 동시에 사용한다면, 이는 틀림없이 깊은 뜻이 있다는 것이 우리의 '경험 법칙'이다. 이 'normal'이라는 단어는 사실 Galois Theory 의 中心 theme 의 하나이다.

그렇지만, normal subgroup 의 normal subgroup 은 normal subgroup 이 아닐 수도 있는데…….

보기 15.2.6. Normal extension 의 normal extension 은 normal extension 이 아닐 수도 있다. 예를 들어, 다음 tower

$$\mathbb{Q} \le \mathbb{Q}(\sqrt{2}) \le \mathbb{Q}(\sqrt[4]{2})$$

에서, $\mathbb{Q}(\sqrt[4]{2})/\mathbb{Q}(\sqrt{2})$ 와 $\mathbb{Q}(\sqrt{2})/\mathbb{Q}$ 는 모두 degree 2 normal extension 이다. 그렇지만, $\mathbb{Q}(\sqrt[4]{2})/\mathbb{Q}$ 는 normal extension 이 될 수 없다. 왜냐하면, $\mathbb{Q}(\sqrt[4]{2})$ 는 $t^4 - 2 = \mathrm{irr}(\sqrt[4]{2}, \mathbb{Q})$ 의 imaginary root $(\pm\sqrt[4]{2}\,\mathbf{i})$ 를 포함하고 있지 않기 때문이다(명제 15.2.4 의 조건(3) 참조).

연습문제 15.2.7. K/E, E/F 이고, K/F 가 normal extension 이면, E/F 도 항상 normal extension 인가?

따라서, 건질 수 있는 건 다음 관찰뿐이다.[24]

관찰 15.2.8. K/E, E/F 이고, 만약 K/F 가 normal extension 이면, K/E 도 normal extension.

증명 : '본능적'으로, 명제 15.2.4 의 조건(2) 를 이용한다. 물론, $\overline{E} = \overline{F}$ 로 이해하고, $\tau : K \to \overline{F}$ 를 E-embedding 이라고 하자. 그러면, τ 는 F-embedding 이기도 하므로, $\tau(K) = K$. □

이 관찰에 대응하는 normal subgroup 에 관한 명제는 [$N \le H \le G$ 이고, $N \trianglelefteq G$ 이면, $N \trianglelefteq H$] 이다. 한편, 앞의 연습문제 15.2.7 에 대응하는 질문은 [$N \le H \le G$ 이고, $N \trianglelefteq G$ 이면, $H \trianglelefteq G$ 인가?] 가 된다.[25]

다음은 독자들의 '본능'에 맡긴다.

[24] 이번에는 *'normal element'* 라는 개념이 없으므로, *'normal element 의 합과 곱'* 은 말할 수조차 없다.
[25] 참고 16.1.5(다)항 참조.

연습문제 15.2.9. E_1/F, E_2/F 가 normal extension 일 때 (물론 $E_1, E_2 \le \overline{F}$), 다음을 보여라.

(가) E_1E_2 도 normal over F.[26]

(나) $\tau : \overline{F} \to \overline{F}$ 가 embedding 이면, $\tau(E_1E_2) = \tau(E_1) \cdot \tau(E_2)$.

(다) $E_1 \bigcap E_2$ 도 normal over F.

다음 보기를 스스로 생각해 본 독자들도 적지 않을 것이다.

보기 15.2.10. (가) 앞에서 살펴보았듯이, $\mathbb{Q}(\sqrt[4]{2})/\mathbb{Q}$ 는 normal extension 이 아니다. 그렇지만, $\mathbb{Q}(\sqrt[4]{2})$ 에 $\sqrt[4]{2}$ 의 algebraic conjugate 들을 — 즉, $(t^4 - 2)$ 의 root 들을 — 첨가해 주면, normal extension 을 얻을 수 있을 것이다. 즉, $\mathbb{Q}(\sqrt[4]{2}, \sqrt[4]{2}\,\mathbf{i})$ 는 다항식 $t^4 - 2 \in \mathbb{Q}[t]$ 의 splitting field 이므로, $\mathbb{Q}(\sqrt[4]{2}, \sqrt[4]{2}\,\mathbf{i})/\mathbb{Q}$ 는 normal extension 이다.

(나) 또, $K = \mathbb{Q}(\sqrt[4]{2}, \sqrt[4]{2}\,\mathbf{i})$ 는 $E = \mathbb{Q}(\sqrt[4]{2})$ 를 포함하는 $\mathbb{Q}$ 의 normal extension 중에서 가장 작은 field 이다. 다시 말해, $E \le K' \le \overline{\mathbb{Q}}$ 이고, $K'/\mathbb{Q}$ 가 normal extension 이면, $K \le K'$ 이어야 한다는 뜻이다. 이유는 명제 15.2.4 의 조건 (3) 을 생각하면 자명. 이때, K 를 E/F 의 normal closure 라고 부르면 그럴듯할 것이다.

(다) 이제 위 논의를 함수의 언어로 표현해 보자. 우선 $[E:\mathbb{Q}] = [E:\mathbb{Q}]_s = 4$ 이므로, E 에서 $\overline{\mathbb{Q}}$ 로 가는 $\mathbb{Q}$-embedding 은 모두 4-개가 있을 것이다. 구체적으로, $\alpha = \sqrt[4]{2}$ 로 간단히 표기할 때 (ψ_β^α 는 명제 6.5.4 참조),

$$id_E, \quad \psi_{-\alpha}^{\alpha} : E \to \mathbb{Q}(-\alpha), \quad \psi_{\alpha\mathbf{i}}^{\alpha} : E \to \mathbb{Q}(\alpha\mathbf{i}), \quad \psi_{-\alpha\mathbf{i}}^{\alpha} : E \to \mathbb{Q}(-\alpha\mathbf{i}),$$

가 바로 그들이다. 이때

$$\mathbb{Q}(\alpha,\, \alpha\mathbf{i}) = K = id_E(E) \cdot \psi_{-\alpha}^{\alpha}(E) \cdot \psi_{\alpha\mathbf{i}}^{\alpha}(E) \cdot \psi_{-\alpha\mathbf{i}}^{\alpha}(E)$$

인 것도 쉽게 확인할 수 있다 (우변의 가운데 점들은 compositum 을 의미).

다음 연습문제는 다음 章을 위한 예습.

연습문제 15.2.11. $K = \mathbb{Q}(\sqrt[4]{2}, \sqrt[4]{2}\,\mathbf{i}) = \mathbb{Q}(\sqrt[4]{2}, \mathbf{i})$ 로 표기할 때,

(가) $[K:\mathbb{Q}] = [K:\mathbb{Q}]_s = \left|\mathrm{Aut}(K/\mathbb{Q})\right| = 8$ 임을 보여라.

(나) $\mathrm{Aut}(K/\mathbb{Q})$ 의 원소들을 모두 묘사하라.

---

[26] 연습문제 15.1.18 과 비교. Compositum E_1E_2 는 표기법 6.2.10 참조.

이제 일반적인 경우를 다루자.

명제 15.2.12. E/F 가 (finite) extension 일 때 (물론 $E \leq \overline{F}$),

(가) 집합 $\{K \mid E \leq K \leq \overline{F},\ K/F$ 는 normal extension$\}$ 은 the least element K_0 를 갖는다.[27] 실제로, $\{\sigma_1, \ldots, \sigma_m\}$ 이 E 에서 $\overline{F}$ 로 가는 (서로 다른) F-embedding 전체의 집합이라고 하면, $K_0 = \sigma_1(E) \cdot \sigma_2(E) \cdots \sigma_m(E)$.[28] 우리는 K_0 를 E/F 의 **normal closure** 라고 부른다.[29]

(다) 특별히, 만약 E/F 가 separable extension 이라면, K_0/F 도 separable extension.

증명 : (가) K_0 를 $\sigma_1(E), \ldots, \sigma_m(E)$ 들의 compositum 이라고 놓자. 이때, $\sigma_1 = id|_E$ 라고 가정할 수 있으므로, $E \leq K_0$ 임은 당연. 이제 K_0/F 가 normal extension 임을 보이기 위해, $\tau : K_0 \to \overline{F}$ 를 F-embedding 이라고 하면, 예를 들어 연습문제 15.2.9 (나) 항에 의해,

$$\tau(K_0) = \tau(\sigma_1 E) \cdot \tau(\sigma_2 E) \cdots \tau(\sigma_m E)$$

가 된다. 한편, $\tau|_{\sigma_i(E)} \circ \sigma_i = \tau \circ \sigma_i$ 로 간단히 표기하면,

$$\{\tau \circ \sigma_1, \ldots, \tau \circ \sigma_m\} = \{\sigma_1, \ldots, \sigma_m\}$$

이므로, $\tau(K_0) = K_0$ 이다. 따라서 K_0/F 는 normal extension. 그리고, 만약 $E \leq K \leq \overline{F}$ 이고 K/F 가 normal extension 이라면, K 는 $\sigma_1(E), \ldots, \sigma_m(E)$ 를 모두 포함해야만 한다 (결국, $K_0 \leq K$). 왜냐하면, $\widetilde{\sigma_i} : K \to \overline{F}$ 를 σ_i 의 확장이라고 하면 (Isomorphism Extension Theorem), $\widetilde{\sigma_i}(K) = K$ 이므로 (K/F 는 normal extension), $\sigma_i(E) = \widetilde{\sigma_i}(E) \leq \widetilde{\sigma_i}(K) = K$ 이기 때문이다.
(나) 만약 E/F 가 separable extension 이면, 같은 것은 같으므로, $\sigma_i(E)/F$ 도 separable extension. 또, 연습문제 15.1.18 에 의하면, separable extension 의 compositum K_0 도 separable extension. □

다음 章에서는 (finite separable) extension E/F 가 주어지면, 항상 E/F 의 normal closure K_0 를 생각하게 될 것이다.

---

[27] 주어진 partial order 는 물론 set inclusion.
[28] Infinite compositum 을 정의하면, E/F 가 finite extension 이 아니어도 ……
[29] 혹은 normal closure of E over F.

15.3. Algebraic Integer

이 節에서는 잠시 우리의 '이야기'에서 벗어나, algebraic integer를 소개한다. 이 책에서는 algebraic integer를 깊이 다루지는 못할 것이다. 이 節에서는, 단지, 왜 $\mathbb{Z}[\mathbf{i}]$의 원소들을 Gaussian **integer**라고 부르게 되었는지를 설명하는 것으로 만족할 것이다.

정의 15.3.1. (가) D가 어떤 field E의 [subring with 1]이고,[30] $\alpha \in E$일 때, α를 root으로 갖는 **monic** polynomial $f(t) \in D[t]$가 존재하면 α는 [**integral** over D]라고 말한다.
(나) 특히, E가 number field이고,[31] $D = \mathbb{Z}$인 경우에는, $\alpha \in E$가 [integral over $\mathbb{Z}$]이면, α를 **algebraic integer**라고 부른다.

간단한 보기 몇 개.

보기 15.3.2. $\mathbb{Z}$의 원소는 물론 algebraic integer이다. 그런데, $\mathbb{Q}$의 원소 중 algebraic integer는 또 없을까?

보기 15.3.3. $m + n\,\mathbf{i} \in \mathbb{Z}[\mathbf{i}]$는 algebraic integer이다(단, $m, n \in \mathbb{Z}$). 왜냐하면, $(m + n\,\mathbf{i})$는 $\mathbb{Z}[t]$의 monic polynomial $(t^2 - 2mt + m^2 + n^2)$의 root이기 때문. 이것이 바로 $\mathbb{Z}[\mathbf{i}]$의 원소를 Gaussian **integer**라고 부르는 이유이다. 이번에도, $\mathbb{Q}(\mathbf{i})$의 원소 중 algebraic integer는 Gaussian integer들뿐일까?

위 보기(와 질문)들을 읽으며, $\mathrm{irr}(\alpha, \mathbb{Q})$가 생각나지 않으면 오히려 이상하다.

관찰 15.3.4. D가 어떤 field E의 [subring with 1]일 때, D의 field of quotients Q_D를 생각하고, Q_D를 E의 subfield로 identify하자. 만약 $\alpha \in E$가 [integral over D]이면, α를 root으로 갖는 $D[t]$의 **최소** degree의 monic polynomial은 바로 $\mathrm{irr}(\alpha, Q_D)$이다.

증명 : $f(t)$를 α를 root으로 갖는 $D[t]$의 최소 차수의 monic polynomial이라고 하자. 그러면, **Gauss Lemma**(혹은, 연습문제 5.6.10)에 의해 $f(t)$는 [irreducible over Q_D]일 수밖에 없다(확인해 보라). 이제 $\mathrm{irr}(\alpha, Q_D)$는 유일하므로, ……. □

---

[30] D는, 따라서, integral domain.
[31] $[E : \mathbb{Q}] < \infty$라는 뜻. 정의 6.2.3(라)항 참조.

보기 15.3.2 계속. 만약 $\alpha \in \mathbb{Q}$ 가 algebraic integer 라면, $\deg\big(\operatorname{irr}(\alpha, \mathbb{Q})\big) = 1$ 이므로, α 를 root 으로 갖는 $\mathbb{Z}[t]$ 의 최소 차수의 monic polynomial 은 [$(t-n)$ for some $n \in \mathbb{Z}$] 꼴이어야 한다. 즉, $\mathbb{Q}$ 의 algebraic integer 는 $\mathbb{Z}$ 의 원소뿐.

이제, 'integer'라는 용어에 약간의 혼동이 생겼다.

주의 15.3.5. Number field 의 원소를 우리는 (algebraic) number 라고 부른다 (정의 6.1.11 (다) 항). 마찬가지로, algebraic integer 는 흔히 **integer** 라고 부른다. 그래서, 이제 원래의 'integer'들에게는 새로운 이름이 필요하게 되었다. 우리는 $\mathbb{Z}$ 의 원소를 — 이제부터 — **rational integer** 라고 부를 것이다. 즉, rational integer 는 [rational number 中의 integer] 라는 뜻이다.

다음 정의는 독자들도 모두 예상하고 있을 것이다.

정의 15.3.6. D 가 어떤 field E 의 [subring with 1] 일 때,

$$\mathfrak{O}_{E/D} = \{\alpha \in E \mid \alpha \text{ is integral over } D\}$$

로 표기하고, $\mathfrak{O}_{E/D}$ 를 [**integral closure** of E over D] 라고 부른다.[32]

따라서, $\mathfrak{O}_{\mathbb{Q}/\mathbb{Z}} = \mathbb{Z}$ 가 된다. 그리고:

보기 15.3.7. $d \in \mathbb{Z}$ 가 square-free 이면,[33]

$$\mathfrak{O}_{\mathbb{Q}(\sqrt{d})/\mathbb{Z}} = \begin{cases} \{m + n\sqrt{d} \mid m, n \in \mathbb{Z}\}, & \text{if } d \equiv 2,\, 3 \pmod 4 \\ \left\{m + n\dfrac{1+\sqrt{d}}{2} \;\middle|\; m, n \in \mathbb{Z}\right\}, & \text{if } d \equiv 1 \pmod 4 \end{cases}$$

이다. 왜냐하면, $a + b\sqrt{d} \in \mathbb{Q}(\sqrt{d})$ 가 algebraic integer 이면 (단, $a, b \in \mathbb{Q}$ 이고, $b \neq 0$), $(a+b\sqrt{d})$ 는 [monic irreducible polynomial of degree 2 in $\mathbb{Z}[t]$] 의 root 이어야 한다 (왜 그런가?). 그런데, $(a + b\sqrt{d})$ 는 $(t^2 - 2at + a^2 - db^2)$ 의 root 이므로,[34] $(a+b\sqrt{d})$ 가 algebraic integer 일 필요충분조건은 [$2a \in \mathbb{Z}$ 이고, $a^2 - db^2 \in \mathbb{Z}$] 인 것이 된다. ……. 증명의 나머지 부분은 독자들에게 맡긴다.[35]

연습문제 15.3.8. 위 보기 15.3.7 의 증명을 완성하라.

---

[32] $\mathfrak{O}$ 는 German Fraktur 의 'Oh'.

[33] $d \in \mathbb{Z}$ 가 서로 다른 prime 들의 곱이면, d 는 square-free 라고 말한다. 즉, 'square (제곱수) 로부터 자유롭다'는 뜻.

[34] 근과 계수와의 관계!

[35] 이 부분을 活字化하는 것은 좀 난처하다.

실제로 number field E가 주어졌을 때, $\mathfrak{O}_{E/\mathbb{Z}}$를 구체적으로 계산하는 것은 그리 간단하지 않다.[36]

명제 6.2.14와 따름명제 15.1.17에서의 경험에 의해, 우리는 당연히 $\mathfrak{O}_{E/D}$가 E의 subring일 것으로 예상할 수 있다. 다시 말해, $\alpha, \beta \in E$가 [integral over D]이면, $(\alpha \pm \beta)$와 $\alpha\beta$도 [integral over D]라는 뜻이다. 그러나, 우리는 이 증명이 constructible 할 수 없음도 잘 알고 있다. 무언가 finite extension의 degree와 비슷한 'finiteness'가 필요하다. 열쇠는 다음 명제이다.

명제 15.3.9. D가 field E의 subring일 때, $\alpha \in E$에 관한 다음 조건

(1) α는 integral over D.

(2) $\alpha M \leq M$인 non-zero finitely generated D-submodule $M \leq E$가 존재.[37]

은 동치이다.

증명 : 먼저, $\alpha \in E$가 [integral over D]이면, $g(\alpha) = 0$인 monic polynomial $g(t) \in D[t]$가 존재할 것이다. 그러면,

$$D[\alpha] = \{f(\alpha) \in E \mid f(t) \in D[t],\ \deg(f) \leq \deg(g)\}$$

인 것은 익숙하다($g(t)$는 **monic 이므로**, $D[t]$에서의 **Division Algorithm**이 가능). 따라서, $\deg(g) = n$으로 놓으면, $D[\alpha]$는 [D-module generated by $\{1, \alpha, \alpha^2, \ldots, \alpha^{n-1}\}$]이 된다. 즉, $D[\alpha]$는 non-zero finitely generated D-module이 된다($\alpha D[\alpha] \leq D[\alpha]$는 당연). 역으로, 조건 (2)를 가정하고, M을 [D-module generated by $\{\beta_1, \ldots, \beta_m\}$]이라고 하면, $\alpha M \leq M$이므로,

$$\alpha \beta_i = \sum_j c_{ij} \beta_j, \qquad (\text{단, } c_{ij} \in D)$$

로 쓸 수 있을 것이다. 이는, $C = (c_{ij}) \in \mathfrak{M}_{m,m}(D)$, $B = (\beta_1, \ldots, \beta_m)^{\mathbf{t}}$로 표기하면,

$$(\alpha I - C)B = 0$$

이라는 뜻이다. 이제 [field E-위에서의 선형대수]를 생각하면, $B \neq 0$이므로,

$$\phi_C(\alpha) = \det(\alpha I - C) = 0$$

인 것을 알 수 있다. 그러므로, α는 [(monic non-zero) characteristic polynomial of C]의 root이다(α는 C의 eigen-value). □

[36] 관심 있는 독자들에게는 — Galois Theory를 공부한 後 — Marcus [11]을 권한다.

[37] E는 물론 D-module. 조건 (2)의 M은 $D[\alpha]$-module이 된다.

명제 15.3.10. D가 field E의 subring이면, $\mathfrak{O}_{E/D}$는 E의 subring.

증명 : $\alpha, \beta \in \mathfrak{O}_{E/D}$이면, $D[\alpha]$와 $D[\beta]$는 모두 E의 non-zero finitely generated D-submodule이다. 이제 $D[\alpha, \beta]$를 생각하면,[38] $D[\alpha, \beta]$는 E의 (non-zero) finitely generated D-submodule이 된다(왜 finitely generated 인가?). 그리고,

$$(\alpha \pm \beta) \cdot D[\alpha, \beta] \leq D[\alpha, \beta], \qquad \alpha\beta \cdot D[\alpha, \beta] \leq D[\alpha, \beta]$$

인 것은 당연. 따라서, 앞 명제에 의해, $(\alpha \pm \beta)$와 $\alpha\beta$도 [integral over D]. □

특별히, $\mathfrak{O}_{\mathbb{C}/\mathbb{Z}}$를 우리는 the **ring of algebraic integers**라고 부른다. 만약 훗날 "정수론"을 더 깊이 공부하게 된다면, 다음 그림을 매일 그리게 될 것이다.

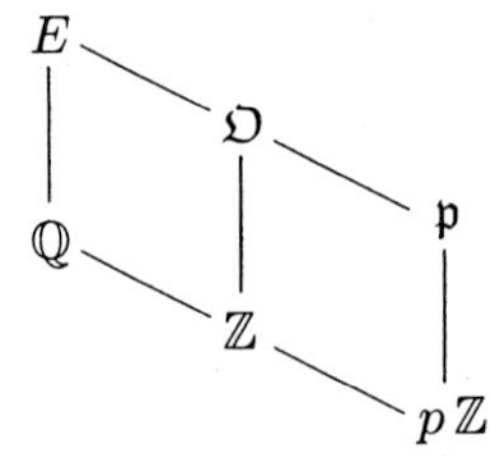

단, E는 number field, $p \in \mathbb{Z}$는 prime number이고, $\mathfrak{p}$는 p를 포함하는 $\mathfrak{O} = \mathfrak{O}_{E/\mathbb{Z}}$의 prime ideal.

다음 연습문제는 독자들의 궁금증을 해소하기 위하여 첨가하였다.

방학숙제 15.3.11. **Integral ring extension**을 정의하고, integral ring extension의 integral ring extension은 integral ring extension임을 보여라.

다음은 독자들의 교양을 위하여.

정리 15.3.12. **(Dirichlet's Unit Theorem)** E가 number field이면, unit group $(\mathfrak{O}_{E/\mathbb{Z}})^{\times}$는 finitely generated abelian group이다. 이때 $(\mathfrak{O}_{E/\mathbb{Z}})^{\times}$의 free rank는 $(r+s-1)$이고,[39] torsion part는 $\{\alpha \in E \mid \alpha^k = 1$ 인 자연수 k 존재$\}$.[40]

이 정도로 마무리하자.

---

[38] $D[\alpha, \beta]$는, 물론, [subring of E generated by $D \cup \{\alpha, \beta\}$].
[39] r은 K의 real embedding(in $\mathbb{C}$)의 개수이고, $r + 2s = [K : \mathbb{Q}]$.
[40] L. Dirichlet(1805–1859).

제 16 장 Galois Theory

앞서 언급했듯이, field extension K/F 에는 automorphism group $\mathrm{Aut}(K/F)$ 가 naturally act 하고 있다. 우리는 특히 K/F 가 finite Galois extension(separable extension 이면서 동시에 normal extension)인 경우에 관심을 갖는다. Automorphism group 의 action 은 數學史에 group 의 개념이 등장한 계기가 되기도 하였다.

E. Galois(1811–1832)의 Galois Theory 는 실로 광범위한 분야에 적용되고 있다. 특히 N. H. Abel(1802–1829)은 Galois Theory 를 이용하여, 5-차 방정식의 '근의 공식' 은 존재하지 않음을 증명할 수 있었다.[1]

16.1. Galois's Theorem

먼저 §15.2 의 normal extension 의 개념을 함수의 언어로 번역해 보자.

연습문제 16.1.1. Finite extension K/F 가 normal extension 이기 위한 필요충분조건은 $[K:F]_s = \left|\mathrm{Aut}(K/F)\right|$ 임을 보여라.

이제 Galois Theory 를 시작하자.

정의 16.1.2. Field extension K/F 가 separable extension 이고 normal extension 이면, K/F 를 **Galois extension** 이라고 부른다. 이때,

$$\mathrm{Gal}(K/F) = \mathrm{Aut}(K/F)$$

로 표기하고, 이를 K/F 의 **Galois group** 이라고 부른다.

우리가 특별히 Galois extension 에 관심을 갖는 이유는 첫째 inseparable extension 은 골치 아프고, 둘째 normal extension 이 아니면 $\mathrm{Aut}(K/F)$ 가 그다지 재미있어 보이지 않기 때문이다. 예를 들어, $\left|\mathrm{Aut}(\mathbb{Q}(\sqrt[3]{2})/\mathbb{Q})\right| = 1$.

[1] 엄밀히 말하면, Galois 와 Abel 둘만의 업적은 아니겠지만…….

관찰 16.1.3. K/F가 finite extension일 때, K/F가 Galois extension이기 위한 필요충분조건은 $[K:F] = \left|\mathrm{Gal}(K/F)\right|$.

증명 : 한쪽 방향은 자명 (연습문제 16.1.1). 만약 $[K:F] = \left|\mathrm{Gal}(K/F)\right|$ 이면, $\mathrm{Gal}(K/F)$의 원소는 물론 F-embedding이므로,

$$[K:F]_s \le [K:F] = \left|\mathrm{Gal}(K/F)\right| \le [K:F]_s$$

이다. 따라서······. □

Galois의 **天才的인 idea**는, 물론 K/F가 Galois extension일 때, K/F의 intermediate field들과 Galois group $\mathrm{Gal}(K/F)$의 subgroup들 간의 (one-to-one) correspondence였다.

K/F가 finite Galois extension일 때, K/E, E/F가 field extension이면 — 즉, $F \le E \le K$이면 — '사이에 낀' E를 K/F의 **intermediate field**라고 부른다. 만약 E가 K/F의 intermediate field이면, K/E도 Galois extension이다 (따름명제 15.1.15와 관찰 15.2.8). 이때, $\mathrm{Gal}(K/E) \le \mathrm{Gal}(K/F)$인 것은 당연. 우리는 $\mathrm{Gal}(K/E)$를 [E에 대응하는 $\mathrm{Gal}(K/F)$의 subgroup]이라고 부른다. 또, 역으로, $H \le \mathrm{Gal}(K/F)$일 때,

$$K^H = \{\alpha \in K \mid \sigma(\alpha) = \alpha \text{ for all } \sigma \in H\}$$

로 표기하고,[2] K^H를 H의 **fixed field** (혹은 H에 대응하는 K의 subfield)라고 부른다. 물론 $F \le K^H \le K$ (확인해 보라).

정리 16.1.4. (Galois's Theorem) K/F가 **finite** Galois extension이면,

(가) 다음 **'order-reversing'** correspondence

$$\begin{aligned} \{E \mid F \le E \le K\} &\longleftrightarrow \{H \mid H \le \mathrm{Gal}(K/F)\} \\ E &\longmapsto \mathrm{Gal}(K/E) \\ K^H &\longleftarrow H \end{aligned}$$

는 bijection. (흔히 이 bijection을 **Galois correspondence**라고 부른다.)

(나) $F \le E \le K$일 때, E/F가 Galois extension이기 위한 필요충분조건은 $\mathrm{Gal}(K/E) \trianglelefteq \mathrm{Gal}(K/F)$인 것이다. 이때, $\mathrm{Gal}(E/F) \approx \dfrac{\mathrm{Gal}(K/F)}{\mathrm{Gal}(K/E)}$.[3]

[2] 보기 13.3.4의 표기법과도 잘 어울린다.

[3] '번분수 정리'.

증명은 잠시 뒤로 미루고, 우선 comment 몇 개.

참고 16.1.5. (가) Galois's Theorem 의 (가) 항에서, 'order-reversing'이란, 물론, $E_1 \le E_2$ 이면, $\mathrm{Gal}(K/E_1) \ge \mathrm{Gal}(K/E_2)$ 라는 뜻. (혹은 $H_1 \le H_2$ 이면, $K^{H_1} \ge K^{H_2}$.) 증명은 자명.
(나) 그러므로, [Galois group $\mathrm{Gal}(K/F)$ 의 subgroup lattice] 와 [Galois extension K/F 의 intermediate field lattice 를 아래위로 뒤집어 놓은 것] 은 완전히 같은 모양이 된다.[4]
(다) K/F 가 Galois extension 이고 $F \le E \le K$ 일 때, E/F 가 Galois extension 이라는 말과 E/F 가 normal extension 이라는 말은 동치이다 (왜 그런가?). 이때 Galois's Theorem 의 (나) 항은

$$[E \text{ is } \mathbf{normal\ over}\ F] \iff [\mathrm{Gal}(K/E) \text{ is } \mathbf{normal\ in}\ \mathrm{Gal}(K/F)]$$

임을 말하고 있다.
(라) Galois's Theorem 의 (나) 항의 상황에서는 항상 다음 tower

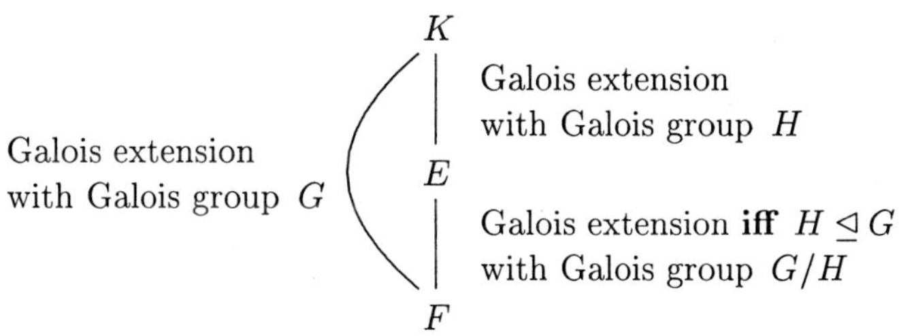

를 생각한다.
(마) 지금까지는 별 어려움이 없었기에, infinite (algebraic) extension 도 함께 다루어 왔다. 그러나, 이제부터는 finite Galois extension (Galois extension of finite degree) 만을 생각한다. Infinite Galois extension 을 다루려면, Galois group 에 **Krull topology** 를 정의해야 하는 등 간단치 않다.[5]

Galois's Theorem 의 증명의 non-trivial part 는 [함수 $E \mapsto \mathrm{Gal}(K/E)$ 의 surjectivity] 부분이다. 이제 Galois's Theorem 을 몇 단계로 나누어 증명해 보자. (언제나, F 의 algebraic closure $\overline{F}$ 를 고정하고, 모든 것은 $\overline{F}$ 의 내부에서만 생각한다.)

[4] Subgroup lattice 의 의미는 보기 4.4.5 참조.
[5] Artin's Theorem (보조정리 16.1.8) 의 註 참조.

관찰 16.1.6. K/F가 finite Galois extension일 때,

(가) $F \le E \le K$이면, $K^{\mathrm{Gal}(K/E)} = E$.
(나) 특별히, $K^{\mathrm{Gal}(K/F)} = F$. (즉, $\mathrm{Gal}(K/F)$ 전체에 의해 고정되는 원소는 F의 원소뿐.)

증명 : $E \le K^{\mathrm{Gal}(K/E)}$ 임은 '말장난'에 불과하다. 이제 $L = K^{\mathrm{Gal}(K/E)}$로 간략히 표기하면, K/L도 Galois extension이고, $\mathrm{Gal}(K/L) \le \mathrm{Gal}(K/E)$. 역으로, [$\sigma \in \mathrm{Gal}(K/E)$이고 $\alpha \in L$이면, $\sigma(\alpha) = \alpha$]인 것도 '말장난'. 즉, $\mathrm{Gal}(K/E) \le \mathrm{Gal}(K/L)$이고, $\mathrm{Gal}(K/E) = \mathrm{Gal}(K/L)$.[6] 그런데,

$$[K:E] = \left|\mathrm{Gal}(K/E)\right| = \left|\mathrm{Gal}(K/L)\right| = [K:L]$$

이므로, $L = E$. (한마디로 '거의 자명'.) □

위 관찰은 [함수 $E \mapsto \mathrm{Gal}(K/E)$의 injectivity]도 설명해 준다.

관찰 16.1.7. E/F가 separable extension일 때, 만약 [$[F(\alpha):F] \le n$ for all $\alpha \in E$]인 자연수 n이 존재한다면, (E/F는 finite extension이고) $[E:F] \le n$.

증명 : $[F(\alpha):F]$가 maximum인 $\alpha \in E$를 선택한다. 이제 $F(\alpha) = E$임을 보이기 위하여, $\beta \in E - F(\alpha)$가 존재한다고 가정해 보자. 그러면 **Primitive Element Theorem**(명제 15.1.19)에 의해, $F(\alpha, \beta) = F(\gamma)$인 γ가 존재한다. 그러나, $F(\alpha) \subsetneq F(\gamma)$이므로, 이는 $[F(\alpha):F]$의 maximality에 모순. □

다음 소개하는 Artin's Theorem은 사실상 Galois's Theorem의 핵심이다.[7] Artin's Theorem은 매우 일반적인 경우를 다루고 있으며, 그 증명은 소위 말하는 'Artin style'.[8]

보조정리 16.1.8. (Artin's Theorem) K가 field이고, $H \le \mathrm{Aut}(K)$라고 하자.[9] 만약 $|H| < \infty$이면, K/K^H는 Galois extension이고, $\mathrm{Gal}(K/K^H) = H$.[10]

[6] $\mathrm{Gal}(K/E) = G$로 표기하면, $\mathrm{Gal}(K/K^G) = G$라는 뜻이다. 이는 뒤 Artin's Theorem의 특수한 경우이다.

[7] 이 Artin은 E. Artin [14]. Michael Artin [4]은 Emil Artin의 아들.

[8] 'Artin style' proof는 처음이 아니다. [I, 보조정리 7.2.7]의 증명 참조.

[9] $\mathrm{Aut}(K) = \{\sigma : K \to K \mid \sigma$는 field automorphism$\}$.

[10] $|H| = \infty$인 경우에는 Artin's Theorem은 성립하지 않는다. 그래서, infinite Galois theory에서는 정리 16.1.4의 함수 $E \mapsto \mathrm{Gal}(K/E)$는 일반적으로 surjection이 아니다.

증명 : 임의의 $\alpha \in K$ 에 대해, $\{\sigma_1, \ldots, \sigma_r\}$ 을 [**maximal** subset of H such that $\sigma_1(\alpha), \ldots, \sigma_r(\alpha)$ are distinct] 로 잡자 (H 는 finite set 이므로 가능). 이때 $\sigma_1 = id_K$ 라고 해도 무방할 것이다 (왜 그런가?). 이제

$$f(t) = (t - \sigma_1\alpha)(t - \sigma_2\alpha) \cdots (t - \sigma_r\alpha)$$

로 놓으면, 물론 $f(\alpha) = 0$ 이고, $f(t)$ 는 separable polynomial. 한편, $\tau \in H$ 이면, 집합 $\{\sigma_1, \ldots, \sigma_r\}$ 의 maximality 에 의해, $[\tau\sigma_i\alpha \in \{\sigma_1\alpha, \ldots, \sigma_r\alpha\}$ for all $i = 1, \ldots, r]$ 이므로,

$$\{\tau\sigma_1\alpha, \ldots, \tau\sigma_r\alpha\} = \{\sigma_1\alpha, \ldots, \sigma_r\alpha\}$$

가 된다. 따라서, 임의의 $\tau \in H$ 에 대해, $f^\tau(t) = f(t)$ 이고,[11] 이는 $f(t)$ 의 계수들이 K^H 의 원소라는 뜻이다. 즉, $f(t) \in K^H[t]$. **지금까지** 우리는 K 의 모든 원소는 degree 가 $|H|$ 이하인 $K^H[t]$ 의 separable polynomial 의 root 임을 보였다. 따라서, K/K^H 는 separable extension 이고, 앞 관찰 16.1.7 에 따르면, $[K : K^H] \le |H|$. 뿐만 아니라, 위에서 $\text{irr}(\alpha, K^H)$ 는 $f(t)$ 의 약수이므로, $\text{irr}(\alpha, K^H)$ 의 모든 root ($\sigma_i\alpha$ 들) 은 K 의 원소이다. 즉, K/K^H 는 normal extension 이고 (명제 15.2.4 의 조건 (3)), 따라서 K/K^H 는 Galois extension. 그런데, $H \le \text{Gal}(K/K^H)$ 임은 자명하고,

$$|H| \le \big|\text{Gal}(K/K^H)\big| = [K : K^H] \le |H|$$

이므로, $\text{Gal}(K/K^H) = H$. 증명 끝. □

이제 Galois's Theorem (정리 16.1.4) 의 (가) 항을 증명할 수 있다.

Galois's Theorem (가) 항의 증명 : (종이가 아까운 심정.) $F \le E \le K$ 이면, 관찰 16.1.6 에 의해, $K^{\text{Gal}(K/E)} = E$. 그리고, $H \le \text{Gal}(K/E)$ 이면, Artin's Theorem 에 의해, $\text{Gal}(K/K^H) = H$. □

이제 Galois's Theorem 의 (나) 항을 준비하자.

관찰 16.1.9. K/F 는 Galois extension 이고, $\sigma \in \text{Gal}(K/F)$ 라고 하자. 만약 $F \le E \le K$ 이면, K/E, $K/\sigma E$ 는 당연히 Galois extension 이고,

$$\text{Gal}(K/\sigma E) = \sigma \cdot \text{Gal}(K/E) \cdot \sigma^{-1}$$

이다. (즉, $\text{Gal}(K/\sigma E)$ 와 $\text{Gal}(K/E)$ 는 $\text{Gal}(K/F)$ 의 conjugate subgroup.[12])

---

[11] $f^\tau(t)$ 의 표기법은 표기법 6.5.13 참조.

[12] Conjugate subgroup 은 보기 13.2.9 참조.

증명 : (물론 $\sigma E = E$ 일 필요는 없다.) $K/\sigma E$ 는 — "같은 것은 같으므로" — Galois extension. 또, 같은 이유로 $\mathrm{Gal}(K/\sigma E) \approx \mathrm{Gal}(K/E)$. 구체적으로, group homomorphism $\varphi : \mathrm{Gal}(K/E) \to \mathrm{Gal}(K/\sigma E)$ 를

$$\varphi(\tau) = \sigma \circ \tau \circ \sigma^{-1}, \qquad (\tau \in \mathrm{Gal}(K/E))$$

로 정의하면, $(\sigma \circ \tau \circ \sigma^{-1})|_{\sigma E} = id_{\sigma E}$ 인 것과 φ 가 group isomorphism 인 것은 익숙하다 (φ^{-1} 을 묘사해 보라). 독자들은 이런 장면에서 다음 사각형들

$$\begin{array}{ccc} K & \xrightarrow{\ \tau\ } & K \\ \sigma \downarrow \wr & \circlearrowright & \wr \downarrow \sigma \\ K & \xrightarrow[\sigma\circ\tau\circ\sigma^{-1}]{} & K \end{array} \qquad\qquad \begin{array}{ccc} E & \xrightarrow{\ \tau|_E = id_E\ } & E \\ \sigma \downarrow \wr & \circlearrowright & \wr \downarrow \sigma \\ \sigma E & \xrightarrow[\sigma\circ\tau\circ\sigma^{-1}]{} & \sigma E \end{array}$$

을 생각하도록 훈련 받아 왔다! □

이제 Galois's Theorem 의 증명을 마무리하자.

Galois's Theorem (나) 항의 증명: (i) 먼저 E/F 가 normal extension 이라고 가정하고 (물론 $F \le E \le K$), restriction map $\rho : \mathrm{Gal}(K/F) \to \mathrm{Gal}(E/F)$ 를 생각한다 (즉, $\rho(\sigma) = \sigma|_E$). 그러면, $\mathrm{Gal}(K/E) = \ker\rho \trianglelefteq \mathrm{Gal}(K/F)$ 인 것은 당연. 뿐만 아니라, ρ 는 epimorphism 이다. 왜냐하면, $\tau \in \mathrm{Gal}(E/F)$ 이면, τ 를 $\widetilde{\tau} : K \to \overline{F}$ 로 extend 할 수 있고, K/F 는 normal extension 이므로, $\widetilde{\tau} \in \mathrm{Gal}(K/F)$ 이기 때문이다 (즉, $\rho(\widetilde{\tau}) = \tau$). 따라서, First Isomorphism Theorem 에 의해, $\mathrm{Gal}(E/F) \approx \mathrm{Gal}(K/F)/\,\mathrm{Gal}(K/E)$.

(ii) 역으로, E/F 가 normal extension 이 아니라고 가정하자. 그러면 $\sigma E \neq E$ 인 F-embedding $\sigma : E \to \overline{F}$ 가 존재할 것이다. 이제 σ 를 K 로 확장하면, $\sigma \in \mathrm{Gal}(K/F)$ 인 것은 이제 익숙하다.[13] 그런데, Galois's Theorem 의 (가) 항에 의해, $\mathrm{Gal}(K/E) \neq \mathrm{Gal}(K/\sigma E)$ 이고,

$$\mathrm{Gal}(K/E) \neq \mathrm{Gal}(K/\sigma E) = \sigma \cdot \mathrm{Gal}(K/E) \cdot \sigma^{-1}$$

이므로 (관찰 16.1.9), $\mathrm{Gal}(K/E)$ 는 $\mathrm{Gal}(K/F)$ 의 normal subgroup 이 될 수 없다. 증명 끝. □

[13] 매번 tilde 를 첨가하는 건 제법 귀찮다. 이제부터는 σ 의 extension 도 그냥 σ 로 표기하기로 한다. 아무런 혼동도 없을 것이다.

다음 연습문제는 Galois's Theorem (가) 항의 복습.

연습문제 16.1.10. K/F 가 finite Galois extension 이고, $F \leq E_1, E_2 \leq K$ 일 때, $H_1 = \mathrm{Gal}(K/E_1)$, $H_2 = \mathrm{Gal}(K/E_2)$ 로 표기하면,

(가) $\mathrm{Gal}(K/E_1E_2) = H_1 \cap H_2$ 임을 — 즉, $K^{H_1 \cap H_2} = E_1E_2$ 임을 — 보여라.
(나) $\mathrm{Gal}(K/E_1 \cap E_2) = \langle H_1 \cup H_2 \rangle$ 임을 — 즉, $K^{\langle H_1 \cup H_2 \rangle} = E_1 \cap E_2$ 임을 — 보여라.[14]
(다) 앞 (가) 항과 (나) 항을 참고 16.1.5 (나) 항의 입장에서 설명하라.

우리의 Galois's Theorem 은 흔히 Galois's **Main** Theorem 이라고도 불리운다. 그리고, 다음 명제도 대개 Galois's Theorem 의 一部로 취급된다.

명제 16.1.11. K/F, L/F 가 모두 finite Galois extension 이면 (단, $K, L \leq \overline{F}$), KL/F 도 finite Galois extension 이고, $\mathrm{Gal}(KL/L) \approx \mathrm{Gal}(K/K \cap L)$.

증명 : (i) KL/F 도 Galois extension 임은 연습문제 15.1.18 과 연습문제 15.2.9 의 결과이다. 이제 당연히 restriction map $\rho : \mathrm{Gal}(KL/L) \to \mathrm{Gal}(K/K \cap L)$ 을

$$\rho(\sigma) = \sigma|_K, \qquad (\sigma \in \mathrm{Gal}(KL/L))$$

로 정의하자. 이때 $\sigma \in \ker \rho$ 이면, $\rho(\sigma) = \sigma|_K = id_K$ 이고, 원래 $\sigma|_L = id_L$ 이므로, $\sigma = id_{KL}$. 즉, ρ 는 group monomorphism. 우리는 지금 다음 tower 를 생각하고 있는 중이다.

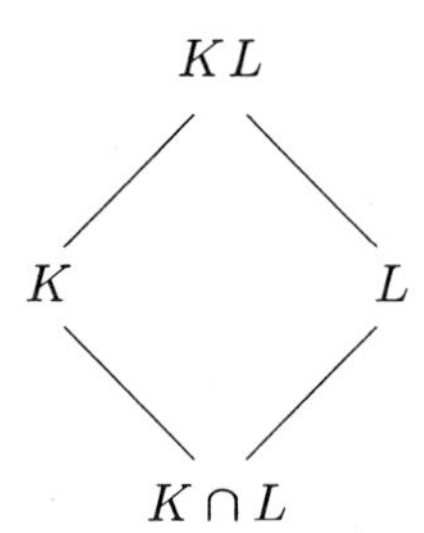

(ii) 이제 ρ 가 surjection 임을 보이기 위해서는 임의의 $\tau \in \mathrm{Gal}(K/K \cap L)$ 을 $\mathrm{Gal}(KL/L)$ 의 원소로 extend 할 수 있음을 보이면 된다. 아래 연습문제의 두 방법이 자연스럽게 먼저 생각나지만, 어째 잘 안 된다. '꾀'가 필요하다. 이때 'trick'은 $\mathrm{im}\,\rho = H$ 로 표기하고,[15] 그에 대응하는 fixed field K^H 를 생각하는 것이다.

[14] $\langle H_1 \cup H_2 \rangle$ 는 subgroup of $\mathrm{Gal}(K/F)$ generated by $H_1 \cup H_2$. 한편 E_1E_2 는 subfield of K generated by $E_1 \cup E_2$.
[15] 관찰 10.2.12 의 증명이 생각난다.

(iii) 이제 $K^H = K \cap L$ 인 것을 보일 수 있으면,

$$\mathrm{Gal}(K/K \cap L) = \mathrm{Gal}(K/K^H) = H$$

이므로 (Artin's Theorem), 증명 끝. 우선 $K \cap L \le K^H$ 임은 자명. 그리고, 만약 $\alpha \in K^H$ 이면, $[\sigma|_K(\alpha) = \alpha$ for all $\sigma \in \mathrm{Gal}(KL/L)]$ 이므로, Galois's Theorem 에 의해 $\alpha \in (KL)^{\mathrm{Gal}(KL/L)} = L$. 따라서, $K^H = K \cap L$. □

다음 연습문제는 위 증명에서 이미 예고되었다. 특히 다음 (나) 항의 'gap 이 있는 증명'과 연습문제 16.1.14 를 함께 생각하면, Galois's Theorem 의 **강력한 힘**을 느낄 수 있다.

연습문제 16.1.12. 위 증명에서 임의의 $\tau \in \mathrm{Gal}(K/K \cap L)$ 을 $\mathrm{Gal}(KL/L)$ 의 원소로 extend 할 수 있음을 설명하는 다음 두 잘못된 증명의 오류를 지적하라.

(가) 잘못된 증명: [Compositum KL 의 모든 원소들은

$$\frac{\alpha_1\beta_1 + \cdots + \alpha_r\beta_r}{\alpha_1'\beta_1' + \cdots + \alpha_s'\beta_s'}, \qquad (\text{단, } \alpha_i, \alpha_j' \in K,\ \beta_i, \beta_j \in L)$$

의 형태이다. 이제 $\widetilde{\tau} : KL \to KL$ 를

$$\widetilde{\tau}\left(\frac{\alpha_1\beta_1 + \cdots + \alpha_r\beta_r}{\alpha_1'\beta_1' + \cdots + \alpha_s'\beta_s'}\right) = \frac{\tau(\alpha_1)\beta_1 + \cdots + \tau(\alpha_r)\beta_r}{\tau(\alpha_1')\beta_1' + \cdots + \tau(\alpha_s')\beta_s'}$$

로 정의하면, $\widetilde{\tau}|_K = \tau$, $\widetilde{\tau} \in \mathrm{Gal}(KL/L)$ 인 것을 확인하는 것은 '기계'들의 몫이다. ⊠ □]

(나) Gap 이 있는 증명: [Primitive Element Theorem (명제 15.1.19) 에 의하면, $L = (K \cap L)(\gamma)$ 인 γ 가 존재한다. 따라서, $KL = K(\gamma)$. 물론, 만약 $\gamma \in K$ 이면, $L \le KL = K$ 이므로 논외. 이제 $\gamma \notin K$ 라고 하면, Isomorphism Extension Theorem (명제 6.5.14) 에 의해 — γ 는 γ 의 algebraic conjugate 이므로 — $\widetilde{\tau}(\gamma) = \gamma$ 인 τ 의 extension $\widetilde{\tau} : KL \to KL$ 이 존재할 것이다. 이제, $\widetilde{\tau} \in \mathrm{Gal}(KL/L)$ 인 것은 자명. ⊠ □]

이제 다음 따름명제는 자명하다.

따름명제 16.1.13. K/F, L/F 가 finite Galois extension 이면 (단, $K, L \le \overline{F}$),

(가) $[KL : L]$ 은 $[K : F]$ 의 약수.

(나) $[KL : L] = [K : F]$ 일 필요충분조건은 $K \cap L = F$.

증명 : $\mathrm{Gal}(KL/L) \approx \mathrm{Gal}(K/K \cap L) \le \mathrm{Gal}(K/F)$. □

다음은 독자들에게 맡긴다.

연습문제 16.1.14. K/F, L/F 가 finite Galois extension 일 때 (단, $K, L \leq \overline{F}$), $L = (K \cap L)(\gamma)$ 로 놓으면 (단, $\gamma \in L$), $\mathrm{irr}(\gamma, K) = \mathrm{irr}(\gamma, K \cap L)$ 임을 보여라.

연습문제 16.1.15. 명제 16.1.11 과 따름명제 16.1.13 의 결과는 K/F, L/F 가 finite separable extension 인 경우에도 성립하는가?

다음 연습문제는 다음 節에서 중요한 역할을 하게 된다.

연습문제 16.1.16. K/F, L/F 가 finite Galois extension 일 때 (단, $K, L \leq \overline{F}$), 함수 $\rho : \mathrm{Gal}(KL/F) \to \mathrm{Gal}(K/F) \times \mathrm{Gal}(L/F)$ 를

$$\rho(\sigma) = (\sigma|_K, \sigma|_L), \qquad (\sigma \in \mathrm{Gal}(KL/F))$$

로 정의하자. 다음을 보여라.

(가) ρ 는 group monomorphism.

(나) **만약** $K \cap L = F$ **이면**, $\mathrm{Gal}(KL/L) \approx \mathrm{Gal}(K/F)$ 이므로 (명제 16.1.11), $\mathrm{Gal}(K/F) \times \{id_L\} \leq \mathrm{im}\,\rho$. 마찬가지로 (대칭성), $\{id_K\} \times \mathrm{Gal}(L/F) \leq \mathrm{im}\,\rho$. 따라서, $K \cap L = F$ 인 경우에는 ρ 는 isomorphism.

다음은 명제 16.1.11 과 따름명제 16.1.13 의 **일반화**.

연습문제 16.1.17. K/F, L/F 이고, K 와 L 이 어떤 큰 field 의 subfield 이면 compositum KL 이 정의된다. 다음을 보여라.

(가) K/F 가 finite extension 이면, KL/L 도 finite extension.

(나) K/F 가 algebraic extension 이면, KL/L 도 algebraic extension.

(다) K/F 가 separable extension 이면, KL/L 도 separable extension.

(라) K/F 가 normal extension 이면, KL/L 도 normal extension.

(마) K/F 가 finite Galois extension 이면, KL/L 도 finite Galois extension 이고, $\mathrm{Gal}(KL/L) \approx \mathrm{Gal}(K/K \cap L)$. 이때 $[KL : L]$ 은 $[K : F]$ 의 약수이고, $[KL : L] = [K : F]$ 일 필요충분조건은 $K \cap L = F$.

우리는 다음 節부터 Galois group 의 많은 example 과 Galois's Theorem 의 다양한 application 을 공부하게 될 것이다.

16.2. Polynomial 의 Galois Group

이 節에서는 **perfect field 만을 생각**한다. 즉, 우리의 base field F 는 항상 perfect field 라고 가정한다. 이는 separability 는 걱정하지 않겠다는 뜻이다.[16]

Galois 가 Galois correspondence (Galois's Theorem (가) 항) 를 생각한 목적은 **polynomial equation** 을 푸는 것이었다. 더 정확히 말하면, "polynomial equation 을 풀 수 있다 (혹은, 없다)" 라는 말의 의미를 분석해 보자는 것이었다.[17] 그런데, $f(t) \in F[t]$ 의 root 을 모두 찾는다는 말과 $f(t)$ 의 splitting field K 를 구한다는 말은 동치이다. 이제 Galois group $\mathrm{Gal}(K/F)$ 를 공부하는 것은 필연적이다. (게다가, L/F 가 finite Galois extension 이면, L 은 반드시 어떤 $f(t) \in F[t]$ 의 splitting field 여야 한다. 왜 그런가?)

표기법 16.2.1. (가) $f(t) \in F[t]$ 이고 (단, $\deg(f) \geq 1$), K 를 $f(t)$ 의 splitting field 라고 할 때, $G_f = \mathrm{Gal}(K/F)$ 로 표기하고, G_f 를 $f(t)$ **의 Galois group** 이라고 부른다.

(나) 그런데, 만약 $F \leq E \leq K$ 이면, $f(t) \in E[t]$ 로도 생각할 수 있다. 그리고, $\mathrm{Gal}(K/F)$ 와 $\mathrm{Gal}(K/E)$ 는 물론 같지 않다. 그래서, 분명히 할 필요가 있는 경우에는, $G_{f,F} = \mathrm{Gal}(K/F)$ 와 $G_{f,E} = \mathrm{Gal}(K/E)$ 로 구분한다.

첫번째 보기는 물론 2-차 방정식이다.

보기 16.2.2. $f(t) = t^2 + at + b \in F[t]$ 라고 하자. 만약 $f(t)$ 가 [reducible over F] 이면, 물론 $|G_f| = 1$ 이므로, 논외. 따라서, $f(t)$ 는 [irreducible over F] 라고 하고, $\alpha, \beta \in \overline{F}$ 를 $f(t)$ 의 서로 다른 두 근이라고 하자.

(가) $\mathrm{char}(F) \neq 2$ 일 때, 2-차 방정식의 '근의 공식'을 생각하여,

$$\delta^2 = \Delta = a^2 - 4b = (\alpha - \beta)^2$$

으로 표기하면,[18] $f(t)$ 의 splitting field 는 $K = F(\alpha) = F(\delta)$ 가 된다. 이때 $|G_f| = [K : F] = 2$ 이고, $G_f = \{id, \psi_{-\delta}^{\delta}\}$. 또, $\psi_{\beta}^{\alpha} = \psi_{-\delta}^{\delta}$ 인 것도 당연.

(나) $\mathrm{char}(F) = 2$ 일 때, 2-차 방정식의 '근의 공식'은 없지만, '근과 계수와의 관계'에 의해, $\beta = -\alpha - b$ 이므로, 여전히 $K = F(\alpha)$ 이고, $G_f = \{id, \psi_{\beta}^{\alpha}\}$.

---

[16] § 16.6 부터는 아예 characteristic zero case 만 다룬다.

[17] Galois 의 목적은 § 16.6 에서 이루어진다.

[18] $\delta = \sqrt{\Delta}$ 는 up to sign 결정된다. 즉, $\delta = \alpha - \beta$ 이거나, $\delta = \beta - \alpha$.

다음 보기는 (지금 우리가 풀 수 있는 유일한) 3차 기약다항식.

보기 16.2.3. (가) $f(t) = t^3 - 2 \in \mathbb{Q}[t]$ 라고 하자. 이때, $\alpha = \sqrt[3]{2}$ 로 표기하고,

$$\zeta = \exp(2\pi\mathbf{i}/3), \qquad \zeta^2 + \zeta + 1 = 0$$

으로 놓으면, $f(t)$ 의 세 root 은 $\{\alpha, \alpha\zeta, \alpha\zeta^2\}$ 이다. 그리고, $f(t)$ 의 splitting field 는 $K = \mathbb{Q}(\alpha, \zeta)$. 이제 다음 tower

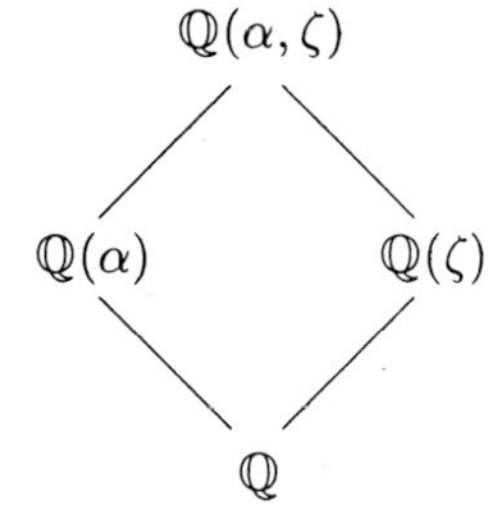

를 생각한다. 그러면, 물론 $[\mathbb{Q}(\alpha) : \mathbb{Q}] = 3$ 이고, $\zeta \notin \mathbb{Q}(\alpha)$ 이므로 ($\mathbb{Q}(\alpha) < \mathbb{R}$), $\operatorname{irr}\big(\zeta, \mathbb{Q}(\alpha)\big) = t^2 + t + 1$. 따라서, $|G_f| = [K : \mathbb{Q}] = 6$.

(나) 뒤 명제 16.2.6 에 의하면, $|G_f| = 6$ 으로부터 $G_f \approx S_3$ 임을 알 수 있지만, 처음이므로 G_f 의 원소들을 하나씩 찾아보자. 우선, $id_{\mathbb{Q}(\alpha)}$ 를 K 로 확장하는 방법은 두 가지 (왜냐하면, $[\mathbb{Q}(\zeta) : \mathbb{Q}]_s = 2$). 즉, ζ 를 ζ 자신으로 보내거나 ζ^2 으로 보내거나 둘 중 하나 (ζ 의 algebraic conjugate 는 자기 자신과 ζ^2 뿐). 따라서, 다음 table 의 id_K 와 σ 를 얻는다.[19]

$\mu \in G_f$	id_K	σ	τ	τ_2	τ_3	τ_4
$\mu(\zeta)$	ζ	ζ^2	ζ	ζ^2	ζ	ζ^2
$\mu(\alpha)$	α	α	$\alpha\zeta$	$\alpha\zeta$	$\alpha\zeta^2$	$\alpha\zeta^2$
$\mu(\alpha\zeta)$	$\alpha\zeta$	$\alpha\zeta^2$	$\alpha\zeta^2$	α	α	$\alpha\zeta$
$\mu(\alpha\zeta^2)$	$\alpha\zeta^2$	$\alpha\zeta$	α	$\alpha\zeta^2$	$\alpha\zeta$	α

한편, $f(t) \in \mathbb{Q}[t]$ 는 irreducible polynomial 이므로, 우리는 이미 $\mathbb{Q}$-embedding $\psi^{\alpha}_{\alpha\zeta} : \mathbb{Q}(\alpha) \to \mathbb{Q}(\alpha\zeta)$ 와 $\psi^{\alpha}_{\alpha\zeta^2} : \mathbb{Q}(\alpha) \to \mathbb{Q}(\alpha\zeta^2)$ 의 존재를 알고 있다 (명제 6.5.4). 이때 $\psi^{\alpha}_{\alpha\zeta}$ 를 K 로 확장하는 방법은 이번에도 — ζ 를 ζ 자신으로 보내거나 ζ^2 으로 보내거나 — 두 가지 방법뿐이므로, 위 표의 τ, τ_2 를 얻는다. 마찬가지로, $\psi^{\alpha}_{\alpha\zeta^2}$ 을 K 로 확장하면, 위 표의 τ_3, τ_4 를 얻는다. 이제,

$$\sigma^2 = id = \tau^3, \qquad \sigma \circ \tau \circ \sigma = \tau^2, \qquad (\tau_2 = \sigma \circ \tau^2,\ \tau_3 = \tau^2,\ \tau_4 = \sigma \circ \tau)$$

임을 확인할 수 있다. 즉, $G_f \approx S_3$.

[19] 그러고 보니, σ 는 complex conjugation(의 restriction)으로 생각할 수 있다.

(다) $G_f = S_3$ 로 identify 하고 ($id_K = 1$ 로 표기), [S_3 의 subgroup lattice] 와 [$K/\mathbb{Q}$ 의 intermediate field lattice 를 아래위로 뒤집어 놓은 것] 을 그리면, 다음과 같다.

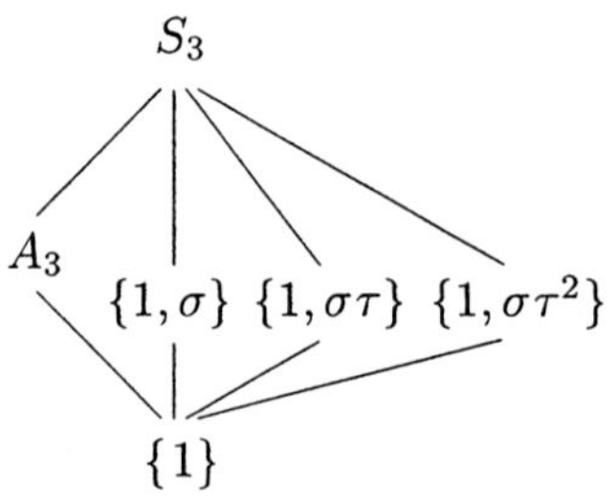

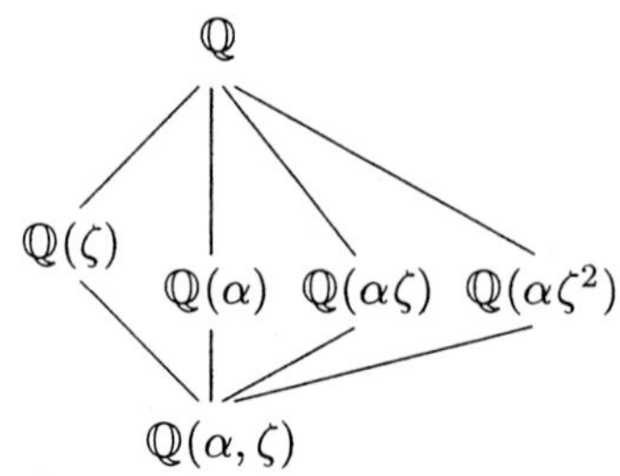

예를 들어, $A_3 = \{1,\tau,\tau^2\} = \langle\tau\rangle$ 의 fixed field K^{A_3} 를 생각하면, (나) 항의 table 에 의해, 우선 $\mathbb{Q}(\zeta) \le K^{A_3}$. 한편, 다음 tower

$$\mathbb{Q} < \mathbb{Q}(\zeta) \le K^{A_3} < K^{\{1\}} = K$$

에서 $[\mathbb{Q}(\zeta) : \mathbb{Q}] = 2$ 이므로, $[K : \mathbb{Q}(\zeta)] = 3$. 그런데, Galois correspondence (Galois's Theorem) 에 따르면, $K^{A_3} \neq K^{\{1\}} = K$ 이므로, $K^{A_3} = \mathbb{Q}(\zeta)$. 비슷한 방법으로, $K^{\langle\sigma\rangle} = \mathbb{Q}(\alpha)$ 등도 쉽게 확인할 수 있다. (사실, Galois correspondence 에 의하면 $K/\mathbb{Q}$ 의 intermediate field 는 6-개뿐이고, intermediate field 의 후보도 6-개이므로, 모든 것이 자명.)

(라) 그런데, 만약 base field 를 $E = \mathbb{Q}(\zeta) = \mathbb{Q}(\sqrt{-3})$ 으로 바꾸면 어떻게 될까? 물론, $[K : E] = 3$ 이고, 따라서 $G_{f,E} \approx A_3$.

다음은 4-차 방정식.

보기 16.2.4. (가) $f(t) = t^4 - 2 \in \mathbb{Q}[t]$ 라고 하자. 이때, $\alpha = \sqrt[4]{2}$ 로 표기하면, $f(t)$ 의 네 root 은 $\{\pm\alpha, \pm\alpha\mathbf{i}\}$ 이고, $f(t)$ 의 splitting field 는 $K = \mathbb{Q}(\alpha, \mathbf{i})$. 이제 다음 tower 를 생각하면,

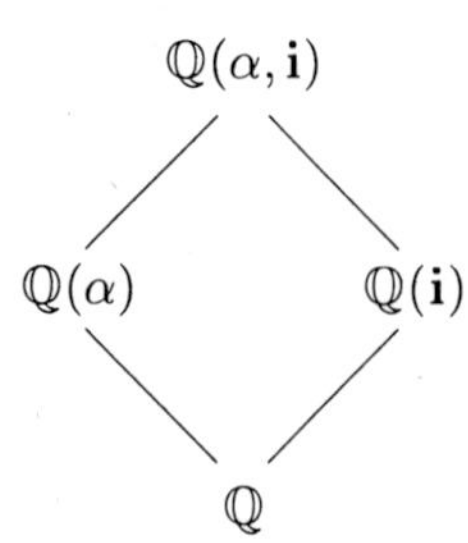

물론 $[\mathbb{Q}(\alpha) : \mathbb{Q}] = 4$ 이고, $\mathbf{i} \notin \mathbb{Q}(\alpha) \le \mathbb{R}$ 이므로, $|G_f| = [K : \mathbb{Q}] = 8$.

(나) G_f 의 $\mathbb{Q}$-automorphism 들을 조사해 보자. 이번에도, 예를 들어, $\mathbb{Q}$-embedding $\psi^{\alpha}_{\alpha\mathbf{i}} : \mathbb{Q}(\alpha) \to \mathbb{Q}(\alpha\mathbf{i})$ 를 K 로 확장하는 방법은 $\mathbf{i}$ 를 $\mathbf{i}$ 자신으로 보내거나 $(-\mathbf{i})$ 으로 보내는 두 가지 방법뿐이므로, 다음 표의 τ, τ_2 를 얻는다. ($\mu \in G_f$ 는 $\mu(\mathbf{i})$ 와 $\mu(\alpha)$ 에 의해 완전히 결정되므로, 그 이외의 정보는 아래 표에서 제거하였다.)

$\mu \in G_f$	id_K	σ	τ	τ_2	τ_3	τ_4	τ_5	τ_6
$\mu(\alpha)$	α	α	$\alpha\mathbf{i}$	$\alpha\mathbf{i}$	$-\alpha$	$-\alpha$	$-\alpha\mathbf{i}$	$-\alpha\mathbf{i}$
$\mu(\mathbf{i})$	$\mathbf{i}$	$-\mathbf{i}$	$\mathbf{i}$	$-\mathbf{i}$	$\mathbf{i}$	$-\mathbf{i}$	$\mathbf{i}$	$-\mathbf{i}$

독자들은 $\sigma, \tau_3, \ldots, \tau_6$ 도 확인할 수 있을 것이다.[20]

연습문제 16.2.5. 위 보기 16.2.4 에서,

(가) $\sigma^2 = id_K = \tau^4$, $\sigma\tau\sigma = \tau^{-1}$ 임을 보여라. 따라서, $G_f \approx D_4$.[21]

(나) [G_f 의 subgroup lattice] 를 그리고, $H \leq G_f$ 일 때, K^H 를 묘사하라. 또, [$K/\mathbb{Q}$ 의 intermediate field lattice 를 아래위로 뒤집어 놓은 것] 을 그리고, [G_f 의 subgroup lattice] 와 비교해 보라.

위 두 보기의 (나) 항을 읽으며, G_f 는 symmetric group 의 subgroup 임을 눈치 채지 못하면 오히려 이상하다.

명제 16.2.6. $f(t) \in F[t]$ 가 중근을 갖지 않을 때, $\deg(f) = n \geq 1$ 로 놓으면,

(가) G_f 는 S_n 의 subgroup 과 isomorphic.

(나) 만약 $f(t) \in F[t]$ 가 irreducible 이면, $|G_f|$ 는 n 의 배수.

증명 : $\{\alpha_1, \ldots, \alpha_n\}$ 을 $f(t)$ 의 서로 다른 root 이라고 하자. 이때, G_f naturally acts on $\{\alpha_1, \ldots, \alpha_n\}$ by **permutation**. 따라서, G_f 의 permutation representation $\varphi : G_f \to S_n$ 을 얻는다 (명제 13.1.10). 그리고, 만약 $\sigma \in \ker\varphi$ 이면, [$\sigma(\alpha_i) = \alpha_i$ for all $i = 1, \ldots, n$] 이고, $K = F(\alpha_1, \ldots, \alpha_n)$ 이므로, $\sigma = id_K$. 즉, φ 는 monomorphism. 한편, 만약 $f(t) \in F[t]$ 가 irreducible 이면, 다음 tower

$$F \leq F(\alpha_1) \leq K$$

에서 $[F(\alpha_1) : F] = n$ 이므로, $|G_f| = [K : F]$ 는 n 의 배수. □

[20] 지금도 σ 는 complex conjugation.

[21] Dihedral group D_4 는 연습문제 10.5.12 참조.

그런데, ⋯⋯. §6.4–6.5 에서 그토록 강조했던 [기약다항식의 root 들은 모두 同等하다] 는 우리의 철학은⋯⋯. 왜 G_f 는 **full** symmetric group 이 아닐 수도 있는가?

보기 16.2.7. (가) 먼저, 보기 16.2.3 (라) 항부터 생각해 보자. 지금은 base field 를 $E = \mathbb{Q}(\zeta)$ 라고 하였으므로, $K = E(\alpha)$ 이다. 또 $G_{f,E} = \mathrm{Gal}(K/E)$ 의 원소들은 모두 ζ 를 고정한다. 따라서, 예를 들어, E-embedding $\psi^{\alpha}_{\alpha\zeta} : K \to K$ 는 애초부터 $G_{f,E}$ 의 원소이다. 다시 말해, 만약 $\tau \in G_{f,E}$ 가 α 를 $\alpha\zeta$ 로 보낸다면, τ 는 — ζ 를 고정하므로 — $\alpha\zeta$ 는 $\alpha\zeta^2$ 으로 보낼 수밖에 없고, $\alpha\zeta^2$ 은 α 로 보낼 수밖에 없을 것이다.
(나) 보기 16.2.4 의 경우에도, 예를 들어, $\tau \in G_f$ 이고, $\tau(\alpha) = \alpha\mathbf{i}$ 라고 하면, $\tau(-\alpha) = -\alpha\mathbf{i}$ 일 수밖에 없을 것이다. 즉, $\tau(\alpha)$ 가 $\tau(-\alpha)$ 를 결정한다는 뜻.
(다) 결국⋯⋯, 기약다항식의 root 들은 모두 대수적으로 同等하긴 하지만, **'완전 독립'은 아니다!**[22]

다음 명제는 [기약다항식의 root 들은 모두 同等하다] 는 우리의 철학의 뜻을 더욱 분명히 해준다.

명제 16.2.8. $f(t) \in F[t]$ 가 중근을 갖지 않는다고 할 때, $f(t)$ 의 root 들을 $\alpha_1, \ldots, \alpha_n$ 으로 표기하면 (단, $\deg(f) = n \geq 1$), 다음 조건은 동치.

(1) $f(t)$ 는 irreducible over F.

(2) G_f acts **transitively** on $\{\alpha_1, \ldots, \alpha_n\}$.[23] (즉, $1 \leq i, j \leq n$ 이면, $\sigma(\alpha_i) = \alpha_j$ 인 $\sigma \in G_f$ 존재.)

증명 : [(1) ⇒ (2)]: F-embedding $\psi^{\alpha_i}_{\alpha_j} : F(\alpha_i) \to F(\alpha_j)$ 를 K 로 확장.
[(2) ⇒ (1)]: 만약 $f(t)$ 가 irreducible 이 아니라면, $f(t) = g(t)h(t)$ 인 non-constant polynomial $g(t), h(t) \in F[t]$ 가 존재할 것이다. 이때, $g(\alpha) = h(\beta) = 0$ 이라고 하면, $\sigma \in G_f$ 는 α 를 β 로 보낼 수 없다 (명제 6.5.5). 모순. □

정의 16.2.9. 만약 symmetric group S_n 의 subgroup H 가 집합 $\{1, \ldots, n\}$ 에 transitively act 하면, H 를 S_n 의 **transitive subgroup** 이라고 부른다. 따라서, $f(t) \in F[t]$ 가 irreducible 이면, G_f 는 S_n 의 transitive subgroup 과 isomorphic.

[22] '완전 독립'이라는 표현 대신 'algebraically independent'라는 용어를 사용하고 싶기도 하지만⋯⋯. 정의 16.3.1 다음 단락의 註 참조.
[23] Transitive action 은 정의 13.1.17 참조.

연습문제 16.2.10. (가) S_3 의 transitive subgroup 은 S_3 와 A_3 뿐임을 보여라. (나) S_4 의 transitive subgroup 을 모두 찾아라.[24]

다음에는 reducible polynomial 을 생각해 보자.

연습문제 16.2.11. $f(t) = (t^2 - 2)(t^2 - 3) \in \mathbb{Q}[t]$ 라고 할 때, G_f 를 묘사하라.

물론 독자들도 명제 16.1.11 을 생각하고 있을 것이다.

보기 16.2.12. $g(t), h(t) \in F[t]$ 이고, $f(t) = g(t)h(t)$ 라고 하자. 이때 $g(t)$ 와 $h(t)$ 의 splitting field 를 각각 K_g 와 K_h 로 표기하면, $f(t)$ 의 splitting field 는 $K = K_g \cdot K_h$ 가 된다. 따라서, 연습문제 16.1.16 에 의해 G_f 는 $G_g \times G_h$ 의 subgroup 과 isomorphic 하다. 특별히, $K_g \bigcap K_h = F$ 이면, $G_f \approx G_g \times G_h$.

다음 보기 (질문 6.2.25 의 답) 는 언제 읽어도 **항상 感動的**이다. 즉, 질문 6.2.25 에는 Galois Theory 가 필요했던 것이다!

보기 16.2.13. (질문 6.2.25 의 답) $\mathbb{Q}(\zeta_5)$ 는 물론 5-th cyclotomic polynomial $\Phi_5(t) = t^4+t^3+t^2+t+1$ 의 splitting field (over $\mathbb{Q}$) 이고, Eisenstein criterion (보기 5.7.4) 에 의해 $\Phi_5(t)$ 는 irreducible (over $\mathbb{Q}$) 이므로, $[\mathbb{Q}(\zeta_5) : \mathbb{Q}] = 4$ 임을 알 수 있다. 그리고

$$\mathrm{Gal}(\mathbb{Q}(\zeta_5)/\mathbb{Q}) \approx (\mathbb{Z}_5)^\times \approx \mathbb{Z}_4$$

인 것도 쉽게 확인할 수 있다 (확인해 보고 명제 16.5.9 참조). 그런데, cyclic group $\mathbb{Z}_4$ 의 non-trivial proper subgroup 은 하나뿐이다 (확인해 보라). 따라서, **Galois correspondence 에 의해** $\mathbb{Q}(\zeta_5)/\mathbb{Q}$ 의 non-trivial proper intermediate field 도 $\mathbb{Q}(\sqrt{5})$ 하나뿐이다! ($\sqrt{5} \in \mathbb{Q}(\zeta_5)$ 인 것은 이미 중학교에서 배웠다. $\alpha = \zeta_5 + \zeta_5^{-1}$ 로 놓고 $\cdots\cdots$.) 따라서 $\sqrt{d} \in \mathbb{Q}(\zeta_5)$ 일 필요충분조건은 $d = 5k^2$ for some $k \in \mathbb{Z}$. Wow! (질문 6.2.25 (나) 항은 § 16.5 를 공부한 후 독자들에게 맡긴다.)

보기 16.2.14. 이번에는 $f(t) = (t^2 - 2)(t^3 - 2) \in \mathbb{Q}[t]$ 의 Galois group 을 계산해 보자. 이때 $f(t)$ 의 splitting field 는 $\mathbb{Q}(\sqrt{2}, \sqrt[3]{2}, \zeta)$ 이다 (단, $\zeta^3 = 1$, $\zeta \neq 1$). 그런데, $t^3 - 2 \in \mathbb{Q}[t]$ 의 Galois group 이 S_3 인 것은 이미 알고 있고, 보기 16.2.3 (다) 항의 lattice 에는 $\mathbb{Q}(\sqrt{2})$ 가 보이지 않는다. 즉, $\mathbb{Q}(\sqrt{2})$ 는 $\mathbb{Q}(\sqrt[3]{2}, \zeta)$ 의 subfield 가 아니다. 따라서, $\mathbb{Q}(\sqrt[3]{2}, \zeta) \cap \mathbb{Q}(\sqrt{2}) = \mathbb{Q}$ 이고, $G_f \approx \mathbb{Z}_2 \times S_3$.

[24] 지금 연습문제 16.7.9 는 절대로 보지 말 것.

보기 16.2.15. $f(t) = (t^3 - 2)(t^3 - 3) \in \mathbb{Q}[t]$ 의 Galois group 을 계산해 보자. 이때 $f(t)$ 의 splitting field 는 $K = \mathbb{Q}(\sqrt[3]{2}, \sqrt[3]{3}, \zeta)$ 이다 (단, $\zeta^3 = 1$, $\zeta \neq 1$). 먼저 $L = \mathbb{Q}(\sqrt[3]{2}, \zeta) \cap \mathbb{Q}(\sqrt[3]{3}, \zeta)$ 를 조사해야 하므로, 다음 tower

$$\mathbb{Q} < \mathbb{Q}(\zeta) \leq L \leq \mathbb{Q}(\sqrt[3]{2}, \zeta) \leq K$$

를 생각한다. 만약 $[L : \mathbb{Q}(\zeta)] = 3$ 이었다면, $\mathbb{Q}(\sqrt[3]{2}, \zeta) = \mathbb{Q}(\sqrt[3]{3}, \zeta)$ 일 수밖에 없지만, 이는 모순. (보기 16.2.3 (다) 항에 의하면, $\mathbb{Q}(\sqrt[3]{3})$ 은 $\mathbb{Q}(\sqrt[3]{2}, \zeta)$ 의 subfield 가 아니다.) 따라서, $L = \mathbb{Q}(\zeta)$ 이고, $[\mathbb{Q}(\sqrt[3]{2}, \zeta) : L] = 3$ 이 된다. 이제 명제 16.1.11 에 의해 $[K : \mathbb{Q}(\sqrt[3]{3}, \zeta)] = 3$ 이므로, $|G_f| = [K : \mathbb{Q}] = 18$ 임을 알 수 있다.

연습문제 16.2.16. 위 보기 16.2.15 에서, $G_f < S_3 \times S_3$ 를 묘사하라.

이제 독자들의 차례이다.

연습문제 16.2.17. 다음 각각의 경우에 $|G_{f,\mathbb{Q}}|$ 를 구하고, (가능하면) $G_{f,\mathbb{Q}}$ 를 계산하라. (단, $1 < p_1, \ldots, p_k$ 는 서로 다른 prime.)

(가) $f(t) = (t^2 - 2)(t^2 - 3)(t^2 - 5)(t^2 - 7)$.

(나) $f(t) = (t^2 - p_1)(t^2 - p_2) \cdots (t^2 - p_k)$.

(다) $f(t) = t^5 - 2$.

(라) $f(t) = (t^2 + 3)(t^3 - 2)$.

(마) $f(t) = (t^2 - 2)(t^2 - 3)(t^3 - 2)$.

(바) $f(t) = (t^2 - 5)(t^5 - 1)$.[25]

(사) $f(t) = (t^2 - 2)(t^5 - 1)$.

연습문제 16.2.18. $\zeta = \exp(2\pi\,\mathbf{i}/5)$ 일 때, $[\mathbb{Q}(\zeta, \sqrt[4]{5}) : \mathbb{Q}(\sqrt{5})]$ 를 구하라.

그러고 보니, reducible polynomial 의 Galois group 도 그리 만만치 않다. 결국 주어진 다항식의 Galois group 을 결정하는 방법은 '*ad hoc* method'뿐이다.

지금까지 우리는 주어진 다항식의 Galois group 을 구하는 문제를 다루어 왔다. 한편, 역으로, "finite group G 와 field F 가 주어졌을 때, $G_{f,F} \approx G$ 인 다항식 $f(t) \in F[t]$ 가 항상 존재하는가?" 라는 질문은 **Inverse Galois Problem** 이라고 불리우며, 아직 미해결 문제로 남아 있다.

---

[25] $\zeta^5 = 1$, $\zeta \neq 1$ 일 때, $(\zeta + \zeta^{-1})$ 을 생각하면 …….

16.3. Symmetric Polynomial과 Discriminant

우리는 앞 節에서 $x^n - a = 0$ 꼴의 방정식만을 다루었다. 그 이유는 물론 (지금) 우리가 풀 수 있는 polynomial equation은 그들뿐이었기 때문이다. (사실은, 뒤 § 16.6의 결과(정의?)에 의하면, 우리가 풀 수 있는 방정식은 '본질적'으로 $x^n - a = 0$ 꼴뿐이다.)

이제 더 일반적인 polynomial equation들을 생각해 보자. 그리고, 우리의 경험(훈련)은 아예 가장 일반적인 경우를 다루는 것이 문제의 核心을 더 잘 보여 준다고 가르쳐 준다. 가장 일반적인 경우란······?

예를 들어, 2-차 방정식 $x^2 + ax + b = 0$의 '근의 공식'

$$x = \frac{-a \pm \sqrt{a^2 - 4b}}{2}$$

에서 a, b가 마치 polynomial의 indeterminate처럼 취급되고 있음을 알 수 있다. 그리고, a, b를 마치 polynomial의 indeterminate처럼 생각하고, x를 a, b의 '식'으로 나타내는 것이 바로 '근의 공식'의 의미이다.

정의 16.3.1. F가 field일 때, field of rational polynomials $F(s_1, \ldots, s_n)$을 생각한다(즉, $s_1, \ldots, s_n$은 (서로 다른) indeterminates, $n \geq 1$). 이때

$$g(t) = t^n - s_1 t^{n-1} + s_2 t^{n-2} - \cdots + (-1)^n s_n \in F(s_1, \ldots, s_n)[t]$$

를 [**general polynomial** of degree n]이라고 부른다. 또, $E = F(s_1, \ldots, s_n)$으로 간단히 표기할 때,

$$g(t) = (t - x_1)(t - x_2) \cdots (t - x_n), \qquad (\text{단, } x_1, \ldots, x_n \in \overline{E})$$

라고 놓으면, 우리는 물론 '근과 계수와의 관계'

$$s_1 = \sum_i x_i, \quad s_2 = \sum_{i<j} x_i x_j, \quad s_3 = \sum_{i<j<k} x_i x_j x_k, \quad \cdots, \quad s_n = x_1 x_2 \cdots x_n$$

를 잘 알고 있다. $s_1, \ldots, s_n$의 이름은 **elementary symmetric polynomial**.

이 節의 첫번째 목표는 general polynomial $g(t)$의 Galois group을 구하는 것이다. 즉, $G_{g,E} = \mathrm{Gal}\big(E(x_1, \ldots, x_n)/E\big)$를 구하는 것이다.[26]

---

[26] $F(x_1, \ldots, x_n)/F$는 transcendental extension이다. 지금 base field는 $E = F(s_1, \ldots, s_n)$.

그런데, 다음 논의에서는 — '이야기'의 순서를 바꾸어 — $x_1, \ldots, x_n$ 을 (서로 다른) indeterminates 라고 하고, field of rational polynomials $F(x_1, \ldots, x_n)$ 에서 시작하는 것이 더 明快하다. 즉,

$$\begin{aligned} g(t) &= (t - x_1)(t - x_2) \cdots (t - x_n) \\ &= t^n - s_1 t^{n-1} + s_2 t^{n-2} - \cdots + (-1)^n s_n \end{aligned}$$

으로 놓으면, 무엇보다도 $g(t)$ 는 **separable** polynomial 이 된다. 이제

$$E = F(s_1, \ldots, s_n) \leq F(x_1, \ldots, x_n) = K$$

로 간략히 표기하면, $g(t) \in E[t]$ 이고, K 는 $g(t)$ 의 splitting field 가 된다. 물론 K/E 는 Galois extension. (사실, Jacobson [5] 에 따르면, 이때 $s_1, \ldots, s_n$ 도 indeterminates 로 생각할 수 있으므로,[27] $g(t)$ 를 여전히 general polynomial 이라고 부를 수 있다.)

Symmetric group S_n 의 원소는 $\{x_1, \ldots, x_n\}$ 의 원소들을 permute 한다. 또, $\sigma \in S_n$ 은 $F[x_1, \ldots, x_n]$ 의 F-algebra automorphism 을 naturally induce 한다.[28] 따라서, S_n 의 원소는 K 의 automorphism 을 induce 한다 (명제 2.5.7). 다시 말해, $\sigma \in S_n$, $f(x_1, \ldots, x_n), h(x_1, \ldots, x_n) \in F[x_1, \ldots, x_n]$ 일 때,

$$\sigma \cdot \frac{f(x_1, \ldots, x_n)}{h(x_1, \ldots, x_n)} = \frac{f(x_{\sigma(1)}, \ldots, x_{\sigma(n)})}{h(x_{\sigma(1)}, \ldots, x_{\sigma(n)})}$$

으로 정의하자는 뜻이다. 이때, 만약 $\sigma \neq \tau \in S_n$ 이면, σ 와 τ 는 K 의 다른 automorphism 을 induce 한다. 따라서, $S_n \leq \mathrm{Aut}(K)$ 로 identify 할 수 있을 것이다. 한편,

$$g^\sigma(t) = (t - x_{\sigma(1)})(t - x_{\sigma(2)}) \cdots (t - x_{\sigma(n)}) = g(t), \qquad (\sigma \in S_n)$$

이므로, 모든 $\sigma \in S_n$ 은 $g(t)$ 의 계수들 $s_1, \ldots, s_n$ 을 고정할 것이다. 그러므로, $\sigma \in S_n$ induces an E-automorphism on K. 즉, $S_n \leq \mathrm{Gal}(K/E) = G_g$. 그런데, 우리는 이미 G_g 가 S_n 의 subgroup 과 isomorphic 한 것을 알고 있으므로 (명제 16.2.6), $|G_g| \leq n!$. 결론은 $G_g = S_n$.[29]

[27] $s_1, \ldots, s_n$ 은 'algebraically independent over F'. 증명은 별로 緊要해 보이지 않아 생략한다. Jacobson [5, § 2.13] 참조.

[28] Evaluation homomorphism $\mathcal{E}_{(x_{\sigma(1)}, \ldots, x_{\sigma(n)})} : F[x_1, \ldots, x_n] \to F[x_1, \ldots, x_n]$ 이 바로 F-algebra automorphism.

[29] 사실 $g(t)$ 의 root 들은 '완전 독립'이므로, $G_g \approx S_n$ 인 것을 충분히 예측할 수 있다. 보기 16.2.7 참조.

지금까지의 논의를 정리하면:

명제 16.3.2. F가 field일 때, $x_1, \ldots, x_n$을 indeterminates라고 하고,

$$\begin{aligned} g(t) &= (t - x_1)(t - x_2) \cdots (t - x_n) \\ &= t^n - s_1 t^{n-1} + s_2 t^{n-2} - \cdots + (-1)^n s_n \in F(s_1, \ldots, s_n)[t] \end{aligned}$$

로 놓으면, $G_g = \mathrm{Gal}\left(F(x_1, \ldots, x_n)/F(s_1, \ldots, s_n)\right) \approx S_n$.

따라서, 특별히, general polynomial $g(t)$는 irreducible over E (명제 16.2.8). 위 명제에는 意外의 副産物이 있다.[30]

따름명제 16.3.3. 위 명제에서 $G_g = S_n$으로 identify하면,

$$F(x_1, \ldots, x_n)^{S_n} = F(s_1, \ldots, s_n)$$

이다.

증명 : 앞 쪽의 표기법을 계속 사용하면, $K^{G_g} = K^{\mathrm{Gal}(K/E)} = E$. □

뿐만 아니라, 충분히 예상할 수 있듯이,

$$F[x_1, \ldots, x_n]^{S_n} = F[s_1, \ldots, s_n]$$

도 성립한다.[31] [32] $F[x_1, \ldots, x_n]^{S_n}$의 원소는 [**symmetric polynomial**이라고 부르면 자연스러울 것이다. 그러면, symmetric polynomial은 [elementary symmetric polynomial $s_1, \ldots, s_n$의 다항식]으로 (즉, $s_1, \ldots, s_n$들의 합과 곱 그리고 F-상수곱으로) 표현된다.

아, 정말 많이 보았던 문제들…….

연습문제 16.3.4. $n = 3$일 때, 다음 symmetric polynomial을 [elementary symmetric polynomial s_1, s_2, s_3의 다항식]으로 표현하라.[33]

(가) $x_1^2 + x_2^2 + x_3^2$.

(나) $x_1^3 + x_2^3 + x_3^3$.

(다) $x_1^4 + x_2^4 + x_3^4$.

(라) $(x_2 - x_1)^2 \cdot (x_3 - x_1)^2 \cdot (x_3 - x_2)^2$.

---

[30] 따름명제 16.3.3은 소위 "Invariant Theory"의 첫번째 example이다.

[31] 보기 13.3.4의 표기법을 사용하였다.

[32] 사실은 $\mathbb{Z}[x_1, \ldots, x_n]^{S_n} = \mathbb{Z}[s_1, \ldots, s_n]$도 성립한다. 증명은 Jacobson [5, § 2.13] 참조.

[33] 아직 다음 쪽은 정말 절대로 보지 말 것.

계속 $G_g = S_n$ 으로 identify 하고, $E = F(s_1, \ldots, s_n) \leq F(x_1, \ldots, x_n) = K$ 로 간략히 표기하자. 우리의 다음 목표는 K^{A_n} 을 describe 하는 것이다 (단, $n \geq 2$). 우선 Galois's (Artin's) Theorem 에 의하면, $\mathrm{Gal}(K/K^{A_n}) = A_n$ 이고, 따라서, $[K^{A_n} : E] = 2$ 가 된다. 이제, K^{A_n} 을 더 구체적으로 묘사해 보자.

더 이상의 motivation 도 필요 없다. 다항식의 **판별식** (discriminant) 은 정말 classic 中의 classic. 이제야 우리 'story'에 등장하는 게 오히려 어색하다.

정의 16.3.5. $\alpha_1, \ldots, \alpha_n$ 이 $f(t) \in F[t]$ 의 root 일 때 (단, $\deg(f) = n \geq 2$),

$$\delta = \delta_f = \prod_{1 \leq i < j \leq n} (\alpha_j - \alpha_i), \qquad \Delta = \Delta_f = \delta^2$$

으로 정의하고, Δ 를 (가끔은 δ 도) $f(t)$ 의 **discriminant** 라고 부른다.[34] (δ 는 — root 들의 순서가 바뀔 수 있으므로 — **up to sign** 정의되는 점에 유의.)

앞 쪽의 연습문제 16.3.4 (라) 항을 계산하는 방법은 많이 있겠지만…….

보기 16.3.6. 예를 들어, general polynomial $g(t) = t^3 - s_1t^2 + s_2t - s_3$ 의 discriminant 를 계산해 보자. 독자들은 δ 가 다름아닌 **Vandermonde determinant** ([I, 연습문제 6.5.10]) 임을 알아보았을 것이다. 그리고, 약간의 요령을 부리면, $z_k = \alpha_1^k + \alpha_2^k + \alpha_3^k$ 로 놓을 때 ($k = 1, 2, \ldots$),

$$\Delta = \delta^2 = \begin{vmatrix} 1 & 1 & 1 \\ \alpha_1 & \alpha_2 & \alpha_3 \\ \alpha_1^2 & \alpha_2^2 & \alpha_3^2 \end{vmatrix} \cdot \begin{vmatrix} 1 & \alpha_1 & \alpha_1^2 \\ 1 & \alpha_2 & \alpha_2^2 \\ 1 & \alpha_3 & \alpha_3^2 \end{vmatrix} = \begin{vmatrix} 3 & z_1 & z_2 \\ z_1 & z_2 & z_3 \\ z_2 & z_3 & z_4 \end{vmatrix}$$

가 된다 (왜 그런가?). 이때,

$$\alpha_i^3 = s_1\alpha_i^2 - s_2\alpha_i + s_3, \qquad \alpha_i^4 = s_1\alpha_i^3 - s_2\alpha_i^2 + s_3\alpha_i, \qquad (i = 1, 2, 3)$$

이므로, 다음 **Newton's identity** 들

$$z_3 = s_1z_2 - s_2z_1 + 3s_3, \qquad z_4 = s_1z_3 - s_2z_2 + s_3z_1$$

을 얻는다 (물론, $z_1 = s_1$, $z_2 = s_1^2 - 2s_2$). 독자들은

$$\Delta_g = -4s_2^3 - 27s_3^2 - 4s_1^3s_3 + s_1^2s_2^2 + 18s_1s_2s_3$$

임을 확인해 보기 바란다.[35]

[34] 당연히 $f(t)$ 가 중근을 가질 필요충분조건은 $\delta = 0$.

[35] n-차 general polynomial 인 경우도 마찬가지…….

사실, 누구나 예상할 수 있듯이, symmetric polynomial 과 elementary symmetric polynomial, 다항식의 discriminant 등은 정말 오랜 역사를 갖고 있는 subject 중 하나이다.

4-차식의 discriminant 는 다음 (연습문제 16.7.6) 으로 미루고······.

연습문제 16.3.7. 명제 16.3.2 에서, $G_g = S_n$ 으로 identify 할 때, δ 를 general polynomial $g(t)$ 의 discriminant 라고 하자. 만약 $\sigma \in S_n$ 이 transposition (즉, 2-cycle) 이면 $(n \geq 2)$, $\sigma(\delta) = -\delta$ 임을 보여라.

다음 명제의 (가) 항에는 사실 Galois Theory 가 필요하지 않다. 위 보기 16.3.6 을 잘 들여다 보면, $\Delta_g \in F[s_1, \ldots, s_n]$ 임을 알 수 있기 때문이다 (확인해 보라).[36] 어쨌든······.

명제 16.3.8. 명제 16.3.2 에서, $G_g = S_n$ 으로 identify 할 때 $(n \geq 2)$,

(가) $\Delta_g \in F(s_1, \ldots, s_n)$.

(나) $\mathrm{char}(F) \neq 2$ 이면, $F(x_1, \ldots, x_n)^{A_n} = F(s_1, \ldots, s_n)(\delta_g)$.

증명 : (가) Symmetric group 은 transposition 들에 의해 generate 되므로, 앞 연습문제에 의해, $\tau \in S_n$ 이면, $\tau(\Delta) = \tau\delta^2 = (\pm\delta)^2 = \Delta$ 가 된다. 따라서, 따름명제 16.3.3 에 의해, $\Delta \in F(x_1, \ldots, x_n)^{S_n} = F(s_1, \ldots, s_n)$.

(나) $E = F(s_1, \ldots, s_n) \leq F(x_1, \ldots, x_n) = K$ 로 간략히 표기하자. Alternating group 은 even permutation 들로 이루어져 있으므로, 다시 앞 연습문제에 의해, $\delta \in K^{A_n}$. 즉, $E(\delta) \leq K^{A_n}$. 한편, $\mathrm{char}(F) \neq 2$ 이므로, $\delta \notin K^{S_n} = E$. 그런데, $\mathrm{Gal}\left(K/K^{A_n}\right) = A_n$ 이고,

$$[K^{A_n} : E] = \frac{[K : E]}{[K : K^{A_n}]} = \frac{|S_n|}{|A_n|} = 2$$

이므로, $K^{A_n} = E(\delta)$ 가 된다. □

만약 $\mathrm{char}(F) = 2$ 라면, 위 명제는 true 가 아니다. 왜냐하면, 이때는 항상 $\delta_g \in F(s_1, \ldots, s_n)$ 이기 때문이다. Characteristic two case 는 골치 아프므로, 포기하기로 한다.[37] 어차피 § 16.6 부터는 characteristic zero case 만을 다룰 예정이다······.

---

[36] 사실은 $\Delta_g \in \mathbb{Z}[s_1, \ldots, s_n]$

[37] 정 아쉬우면, Jacobson [5, p. 260, 연습문제 3 번] 참조.

이제 다시 — general polynomial 이 아닌 — 보통의 (special ?) polynomial 을 생각하자.

따름명제 16.3.9. char$(F) \neq 2$일 때, $f(t) \in F[t]$는 separable polynomial이라고 하자 (단, $\deg(f) = n \geq 2$). 이때, K를 $f(t)$의 splitting field로 표기하고, $G_f \leq S_n$으로 identify하면 (명제 16.2.6),

(가) $K^{G_f \cap A_n} = F(\delta_f)$.

(나) $G_f \leq A_n$이기 위한 필요충분조건은 $\delta_f \in F$.

증명 : Galois's Theorem 에 의해, $\mathrm{Gal}\left(K/F(\delta_f)\right) = G_f \cap A_n$ 인 것만 보이면 된다 (왜 그런가?). 이번에도 연습문제 16.3.7 에 의해, $G_f \cap A_n \leq \mathrm{Gal}\left(K/F(\delta_f)\right)$ 인 것은 당연. 한편, $\sigma \in G_f$ 가 δ_f 를 고정하면, 다시 연습문제 16.3.7 에 의해 $\sigma \in A_n$ 이어야 한다. 즉, $\mathrm{Gal}\left(K/F(\delta_f)\right) \leq G_f \cap A_n$. 이제 (나) 항은 자명 (확인해 보라). □

위 따름명제를 이용하면, 3-차 다항식의 Galois group 을 (완전히) 결정할 수 있다.

연습문제 16.3.10. char$(F) \neq 2$ 일 때, $f(t) \in F[t]$를 [irreducible separable polynomial of degree 3] 라고 하자. 이때 다음을 보여라.

(가) $G_f \approx A_3$ if and only if $\delta_f \in F$.

(나) $G_f \approx S_3$ if and only if $\delta_f \notin F$.

3-차다항식의 경우에, $\delta_f \in F$ 이면, 왜 G_f 가 full symmetric group 이 될 수 없는지는 3-차 방정식의 '근의 공식'을 알게 되면 더욱 분명해진다.[38]

연습문제 16.3.11. Base field F 가 다음과 같을 때,

$$f(t) = t^3 + t + 1 \in F[t]$$

의 Galois group 을 구하라.

(가) $F = \mathbb{Q}$. (나) $F = \mathbb{Q}(\sqrt{-31})$. (다) $F = \mathbb{F}_3$. (라) $F = \mathbb{F}_7$.

---

[38] 참고 16.7.4 참조.

위 연습문제처럼, 예를 들어, 3-차 다항식을 다룰 때에는 t^2-항은 없다고 생각해도 된다.[39] 왜냐하면:

연습문제 16.3.12. $f(t) \in F[t]$ 이고, char(F) 와 deg(f) 가 서로 소일 때,

$$f(t) = t^n + a_{n-1}t^{n-1} + \cdots + a_1 t + a_0, \qquad (\text{단, } a_i \in F)$$

로 놓고, $f\Big(t - \dfrac{a_{n-1}}{n}\Big) = h(t) \in F[t]$ 로 정의하면,

$$h(t) = t^n + b_{n-2}t^{n-2} + \cdots + b_1 t + b_0, \qquad (\text{단, } b_i \in F)$$

꼴로 쓸 수 있음을 보여라. 따라서, $f(t)$ 의 root 을 구하는 것과 $h(t)$ 의 root 을 구하는 것은 동치이고, $f(t)$ 의 splitting field 와 $h(t)$ 의 splitting field 는 같음을 보여라. 또, $\Delta_f = \Delta_h$ 임을 보여라.

이제 슬슬 4-차 다항식을 준비하자.

질문 16.3.13. $n = 4$ 일 때, 명제 16.3.2 에서, $G_g = S_4$ 로 identify 하자 (단, $g(t)$ 는 general polynomial). S_4 에는 '유명한' normal subgroup

$$V_4 = \{id,\ (1,2)(3,4),\ (1,3)(2,4),\ (1,4)(2,3)\}$$

이 있다. 이때, $F(x_1, x_2, x_3, x_4)^{V_4}$ 는 무엇일까?

독자들은 위 질문의 V_4 의 존재 때문에 4-차 방정식을 풀 수 있다고 여러 차례 예고했었음을 기억할 것이다.

---

[39] 따라서 $\Delta_f = -4s_2^3 - 27s_3^2$ 이라고 기억하면 된다.

16.4. Galois Theory 의 적용

이 節에서는 여러 가지 Galois Theory 의 application 을 공부한다. 워낙 무게 있는 topic 들이라 subsection 으로 나눈다. 그리고, 이 節의 모든 field extension 은 **finite extension 이라고 가정**한다.

(A) Abelian Extension 과 Solvable Extension

첫번째 topic 은 abelian extension 과 cyclic extension, 그리고 solvable extension 이다.

정의 16.4.1. K/F 가 Galois extension 일 때,

(가) $\mathrm{Gal}(K/F)$ 가 cyclic 이면, K/F 를 **cyclic extension** 이라고 부른다.
(나) $\mathrm{Gal}(K/F)$ 가 abelian 이면, K/F 를 **abelian extension** 이라고 부른다.
(다) $\mathrm{Gal}(K/F)$ 가 solvable group 이면, K/F 를 **solvable extension** 이라고 부른다. (Solvable extension 의 정의는 책마다 조금씩 다르니 주의할 것.)

물론 cyclic extension 은 abelian extension 이고, abelian extension 은 당연히 solvable extension 이다. 이제 Galois's Theorem 을 적용해 보자.

관찰 16.4.2. K/F가 cyclic extension이고, $F \le E \le K$이면, K/E와 E/F도 cyclic extension.

증명 : $\mathrm{Gal}(K/F)$ 는 cyclic group 이고, cyclic group 의 subgroup 은 cyclic group 이므로 (학부 대수학의 반), $\mathrm{Gal}(K/E)$ 도 cyclic group 이다. 뿐만 아니라, $\mathrm{Gal}(K/E) \trianglelefteq \mathrm{Gal}(K/F)$ 인 것은 당연하므로, E/F 도 Galois extension 이다. 이제 $\mathrm{Gal}(E/F) \approx \mathrm{Gal}(K/F)/\mathrm{Gal}(K/E)$ 이고, cyclic group 의 quotient 도 cyclic group 이므로, $\mathrm{Gal}(E/F)$ 도 cyclic group. □

우리는 위 관찰을 "cyclic extension 의 subextension 도 cyclic" 이라고 표현한다.

연습문제 16.4.3. K/F 가 abelian extension 이고, $F \le E \le K$ 이면, K/E 와 E/F 도 abelian extension 임을 보여라.

연습문제 16.4.4. K/F 가 solvable extension 이고, $F \le E \le K$ 이면, K/E 와 E/F 도 solvable extension 인가?

한편, normal extension의 normal extension은 normal extension이 아닐 수 있으므로 (보기 15.2.6), 예를 들어, cyclic extension의 cyclic extension이 다시 cyclic extension인지 묻는 것은 non-sense. 그렇지만…….

관찰 16.4.5. $F \le E \le K$일 때, K/F가 Galois extension이고, K/E와 E/F는 solvable extension이면, K/F도 solvable extension.

증명 : 특별히 E/F는 Galois extension이므로, $\mathrm{Gal}(K/E) \trianglelefteq \mathrm{Gal}(K/F)$. 또, $\mathrm{Gal}(E/F) \approx \mathrm{Gal}(K/F)/\mathrm{Gal}(K/E)$이고, $\mathrm{Gal}(E/F)$와 $\mathrm{Gal}(K/E)$가 solvable group이므로, 명제 13.5.3에 의해, $\mathrm{Gal}(K/F)$도 solvable group. □

연습문제 16.4.6. $F \le E \le K$일 때, K/F가 solvable extension이고, E/F는 Galois extension이면, E/F도 solvable extension임을 보여라.

우리 'story'의 가장 중요한 cyclic extension과 abelian extension의 보기들은 명제 16.4.18, 명제 16.5.5, 그리고 명제 16.6.5 등에서 만나게 된다. 한편, $f(t) \in F[t]$일 때, G_f가 solvable이면, "방정식 $f(x) = 0$을 풀 수 있다"고 해석할 예정이다.

(B) Norm과 Trace

우리가 처음 norm을 만난 것은 중학교에서 '분모의 유리화'를 배울 때였다. 그리고 이미 이 책에서도 여러 번 norm이 등장했었다 (예를 들어, 정의 5.2.9). 우리가 처음 trace를 만나 것은 아마, $\alpha \in \mathbb{C}$일 때, $\alpha + \overline{\alpha} \in \mathbb{R}$임을 배울 때였을 것이다.[40]

정의 16.4.7. E/F가 **separable** extension일 때, $\sigma_1, \ldots, \sigma_n : E \to \overline{F}$를 서로 다른 F-embedding 전체 집합이라고 하자. 이때 **norm map** $\mathrm{N}_F^E : E \to F$와 **trace map** $\mathrm{tr}_F^E : E \to F$를

$$\mathrm{N}_F^E(\alpha) = \prod_{i=1}^{n} \sigma_i(\alpha), \qquad \mathrm{tr}_F^E(\alpha) = \sum_{i=1}^{n} \sigma_i(\alpha), \qquad (\alpha \in E)$$

로 정의한다.[41]

물론 다음 관찰을 **먼저** 증명했어야 한다.

[40] 지금 공부할 trace와 matrix의 trace와의 연관성은 연습문제 16.4.12 참조.
[41] K/F가 inseparable extension인 경우는, 예를 들어, [8, p. 320] 참조.

관찰 16.4.8. 위 정의에서 $\alpha \in E$ 이면, 실제로 $\mathrm{N}_F^E(\alpha)$, $\mathrm{tr}_F^E(\alpha) \in F$.

증명 : E/F 의 normal closure $K_0 = (\sigma_1 E)\cdots(\sigma_n E)$ 를 생각 (명제 15.2.12). 이때 $\mathrm{Gal}(K_0/F) = G$ 로 간략히 표기하면, 예를 들어 norm map 의 경우, 임의의 $\tau \in G$ 에 대해,

$$\tau(\mathrm{N}_F^E(\alpha)) = \tau\Big(\prod_{i=1}^n \sigma_i(\alpha)\Big) = \prod_{i=1}^n \tau\sigma_i(\alpha) = \mathrm{N}_F^E(\alpha)$$

가 된다 (왜 그런가?). 따라서, $\mathrm{N}_F^E(\alpha) \in K_0^G = F$. □

특별히 E/F 가 **Galois** extension 이면, $G = \mathrm{Gal}(E/F)$ 로 간략히 표기할 때,

$$\mathrm{N}_F^E(\alpha) = \prod_{\sigma\in G} \sigma(\alpha), \qquad \mathrm{tr}_F^E(\alpha) = \sum_{\sigma\in G} \sigma(\alpha), \qquad (\alpha \in E)$$

가 된다.

충분히 예상할 수 있듯이, 물론 $\mathrm{N}_F^E(\alpha)$, $\mathrm{tr}_F^E(\alpha)$ 의 값을 실제로 계산하는 것은, 일반적으로, 그리 간단치 않다. 쉬운 보기만 몇 개 생각해 보자.

보기 16.4.9. $d \in \mathbb{Z}$ 가 square-free 일 때,[42] $E = \mathbb{Q}(\sqrt{d})$ 를 생각하자. 이때, $\mathrm{Gal}(E/\mathbb{Q}) = \{id, \sigma\}$ 로 표기하면, $\sigma(a+b\sqrt{d}) = a - b\sqrt{d}$ 이므로 (단, $a, b \in \mathbb{Q}$),

$$\mathrm{N}_{\mathbb{Q}}^E(a + b\sqrt{d}) = (a + b\sqrt{d})(a - b\sqrt{d}) = a^2 - db^2,$$
$$\mathrm{tr}_{\mathbb{Q}}^E(a + b\sqrt{d}) = (a + b\sqrt{d}) + (a - b\sqrt{d}) = 2a$$

가 된다. 따라서, 정의 5.2.9 는 지금 배운 norm map 의 특수한 경우이다.

연습문제 16.4.10. $E = F(\alpha)$ 일 때 (물론 α 는 separable over F),

$$\mathrm{irr}(\alpha, F) = t^n + a_{n-1}t^{n-1} + \cdots + a_1 t + a_0$$

로 놓으면,

$$\mathrm{N}_F^{F(\alpha)}(\alpha) = (-1)^n a_0, \qquad \mathrm{tr}_F^{F(\alpha)}(\alpha) = -a_{n-1}$$

임을 보여라.

[42] $d \in \mathbb{Z}$ 가 square-free 라는 말은 어떤 소수의 제곱도 d 의 약수가 아니라는 뜻.

다음 결과는 정말 오랫동안 기다려 온 것이다.

연습문제 16.4.11. $E = \mathbb{Q}(\sqrt[3]{2})$ 일 때 (단, $\gamma = \sqrt[3]{2}$),

$$\mathrm{N}_{\mathbb{Q}}^{E}(a + b\gamma + c\gamma^2) = a^3 + 2b^3 + 4c^3 - 6abc, \qquad (a, b, c \in \mathbb{Q})$$

임을 보여라. (보기 6.1.7 이 생각난다!)

연습문제 16.4.12. (가) 다시 $d \in \mathbb{Z}$ 가 square-free 일 때, $E = \mathbb{Q}(\sqrt{d})$ 를 생각하자. 이때, $\alpha \in E$ acts linearly on E by left multiplication. 쉬운 말로 하면, $\alpha \in E$ 일 때, F-linear map $\lambda_\alpha : E \to E$ 를

$$\lambda_\alpha(\beta) = \alpha\beta, \qquad (\beta \in E)$$

로 정의하자는 뜻이다. 그러면,

$$\mathrm{N}_{\mathbb{Q}}^{E}(\alpha) = \det(\lambda_\alpha), \qquad \mathrm{tr}_{\mathbb{Q}}^{E}(\alpha) = \mathrm{tr}(\lambda_\alpha), \qquad (\alpha \in E)$$

임을 보여라.[43]
(나) $E = \mathbb{Q}(\sqrt[3]{2})$ 일 때에도 (가) 항과 같은 결과를 얻는가?

연습문제 16.4.13. E/F 가 separable extension 일 때, 다음을 보여라.

(가) $\mathrm{N}_F^E : E^\times \to F^\times$ 는 multiplicative group homomorphism.

(나) $\mathrm{tr}_F^E : E \to F$ 는 F-linear map (functional).

연습문제 16.4.14. E/F 가 separable extension 이고, $\mathrm{char}(F)$ 와 $[E : F]$ 가 서로 소일 때, 다음을 보여라.

(가) $\mathrm{tr}_F^E : E \to F$ 는 surjection. 즉, tr_F^E 는 non-zero F-linear functional.[44]

(나) $B : E \times E \to F$ 를

$$B(\alpha, \beta) = \mathrm{tr}_F^E(\alpha\beta), \qquad (\alpha, \beta \in E)$$

로 정의하면, B 는 F-vector space E 의 non-degenerate symmetric bilinear form.[45]

(다) $\{\alpha_1, \ldots, \alpha_n\}$ 이 E 의 F-basis 이면, $[B(\alpha_i, \beta_j) = \delta_{ij}$ for all $i, j]$ 인 E 의 F-basis $\{\beta_1, \ldots, \beta_n\}$ 존재.

---
[43] 설마 linear map 의 determinant 와 trace 를 잊지는 않았을 것이다.
[44] 이 명제는 사실은 F 의 characteristic 에 상관없이 항상 성립한다. Lang [8, p. 321] 참조.
[45] [I, 제14장] 참조.

연습문제 16.4.15. K/F 가 separable extension 이고, $F \le E \le K$ 이면,

$$\mathrm{N}_F^K = \mathrm{N}_F^E \circ \mathrm{N}_E^K, \qquad \mathrm{tr}_F^K = \mathrm{tr}_F^E \circ \mathrm{tr}_E^K$$

가 성립함을 증명하라.

(C) Frobenius Automorphism

이 subsection 에서는 finite field 의 Galois group 을 공부한다. 언제나처럼 p 는 prime, n 은 자연수이고, $q = p^n$ 으로 표기한다.

Finite field $\mathbb{F}_q$ 는 모두 perfect field (명제 7.2.4) 이고, m 이 자연수일 때, $\mathbb{F}_{q^m}$ 은 다항식 $t^{q^m} - t \in \mathbb{F}_q[t]$ 의 splitting field 이므로 (정의 7.1.3), $\mathbb{F}_{q^m} / \mathbb{F}_q$ 는 normal extension 이다. 즉, $\mathbb{F}_{q^m} / \mathbb{F}_q$ 는 언제나 Galois extension.

Frobenius automorphism 은 처음이 아니다.

정의 16.4.16. **Frobenius automorphism** $\mathrm{Frob}_{q^m/q} : \mathbb{F}_{q^m} \to \mathbb{F}_{q^m}$ 을

$$\mathrm{Frob}_{q^m/q}(\alpha) = \alpha^q, \qquad (\alpha \in \mathbb{F}_{q^m})$$

으로 정의한다. (연습문제 5.7.12 의 $\mathrm{Frob} : \mathbb{F}_q \to \mathbb{F}_q$ 는 $\mathrm{Frob}_{q/p}$.)

연습문제 16.4.17. $\mathrm{Frob}_{q^m/q} : \mathbb{F}_{q^m} \to \mathbb{F}_{q^m}$ 은 $\mathbb{F}_q$-automorphism 임을 보여라. 즉, $\mathrm{Frob}_{q^m/q} \in \mathrm{Gal}\left(\mathbb{F}_{q^m} / \mathbb{F}_q\right)$.

Finite field 의 Galois group 은 의외로 (?) 간단하다.

명제 16.4.18. $\mathrm{Gal}\left(\mathbb{F}_{q^m} / \mathbb{F}_q\right)$ 는 cyclic group of order m generated by $\mathrm{Frob}_{q^m/q}$. (따라서, $\mathbb{F}_{q^m} / \mathbb{F}_q$ 는 cyclic extension.)

증명 : $\left|\mathrm{Gal}\left(\mathbb{F}_{q^m} / \mathbb{F}_q\right)\right| = [\mathbb{F}_{q^m} : \mathbb{F}_q] = m$ 이므로, $\mathrm{Frob}_{q^m/q}$ 의 order 가 m 인 것만 보이면 된다. 그런데,

$$(\mathrm{Frob}_{q^m/q})^k(\alpha) = \alpha^{q^k}, \qquad (\alpha \in \mathbb{F}_{q^m},\ k = 1, 2, \dots)$$

이므로, $(\mathrm{Frob}_{q^m/q})^m = id$ 임은 당연. 그리고, $k < m$ 이면, $t^{q^k} - t \in \mathbb{F}_q[t]$ 는 (많아야) q^k-개의 root 만을 가지므로, $(\mathrm{Frob}_{q^m/q})^k \neq id$. □

연습문제 16.4.19. $0 < d\,|\,m$ 이면, $\mathrm{Gal}\left(\mathbb{F}_{q^m} / \mathbb{F}_q\right)$ 는 order d 인 unique subgroup H 를 갖는다 (명제 3.5.5).

(가) $(\mathbb{F}_{q^m/q})^H$ 를 묘사하라.

(나) $\left(\mathrm{Frob}_{q^m/q}\right)^d \in \mathrm{Gal}\left(\mathbb{F}_{q^m} / \mathbb{F}_{q^d}\right) \le \mathrm{Gal}\left(\mathbb{F}_{q^m} / \mathbb{F}_q\right)$ 임을 보여라.

연습문제 16.4.20. $\alpha \in \mathbb{F}_{q^m}$ 이면, $\mathrm{irr}(\alpha, \mathbb{F}_q) = \mathrm{irr}(\alpha^q, \mathbb{F}_q)$ 임을 보여라.[46]

다음 결과들은 언젠가 중요한 장면에서 사용될 것이다. 언젠가…….

명제 16.4.21. Norm map $\mathrm{N}_{\mathbb{F}_q}^{\mathbb{F}_{q^m}} : \mathbb{F}_{q^m} \to \mathbb{F}_q$ 는 surjection.

증명 : Multiplicative group homomorphism $\mathrm{N} = \mathrm{N}_{\mathbb{F}_q}^{\mathbb{F}_{q^m}} : (\mathbb{F}_{q^m})^\times \to (\mathbb{F}_q)^\times$ 가 surjection 인 것만 보이면 된다.[47] 그런데,

$$\mathrm{N}(\alpha) = \alpha \cdot \alpha^q \cdot \alpha^{q^2} \cdots \alpha^{q^{m-1}} = \alpha^{\frac{q^m-1}{q-1}}, \qquad (\alpha \in (\mathbb{F}_{q^m})^\times)$$

이므로 (명제 16.4.18),

$$|\ker \mathrm{N}| = \left|\left\{\alpha \in (\mathbb{F}_{q^m})^\times \mid \alpha^{\frac{q^m-1}{q-1}} = 1\right\}\right| = \gcd\left(q^m - 1, \frac{q^m-1}{q-1}\right) = \frac{q^m-1}{q-1}$$

이 된다 (명제 3.5.8). 따라서, $|\mathrm{im}\,\mathrm{N}| = q - 1$ 이고 (First Isomorphism Theorem), N 은 surjection. □

보기 16.4.22. Order 2 인 automorphism 은 흔히 **involution** 이라고 부른다. 이 보기에서는 finite field 의 involution $\psi \in \mathrm{Aut}(\mathbb{F}_{p^r})$ 을 characterize 한다.

(가) $\psi \in \mathrm{Aut}(\mathbb{F}_{p^r}) = \mathrm{Gal}\left(\mathbb{F}_{p^r} / \mathbb{F}_p\right)$. (모든 field embedding 은 prime subfield 를 고정하므로.)

(나) $\mathrm{Gal}\left(\mathbb{F}_{p^r} / \mathbb{F}_p\right)$ 가 order 2 인 (유일한) 원소를 가질 필요충분조건은 $2\,|\,r$. 따라서, $r = 2n$ 으로 놓을 때, $\psi = \left(\mathrm{Frob}_{p^r/p}\right)^n$ 이어야 한다 (단, $\alpha \in \mathbb{F}_{p^r}$ 이면, $\mathrm{Frob}_{p^r/p}(\alpha) = \alpha^p$). 이때

$$(\mathbb{F}_{p^r})^{\langle\psi\rangle} = \{\alpha \in \mathbb{F}_{p^r} \mid \alpha^{p^n} = \alpha\} = \mathbb{F}_{p^n}$$

이 된다. 그러므로, $q = p^n$, $q^2 = p^r$ 로 표기하면, $\psi \in \mathrm{Gal}\left(\mathbb{F}_{q^2} / \mathbb{F}_q\right)$.

(다) 결론: finite field 의 involution 은 — 어떤 q 에 대하여 — $\mathrm{Gal}\left(\mathbb{F}_{q^2} / \mathbb{F}_q\right)$ 의 non-identity automorphism $\psi = \mathrm{Frob}_{q^2/q}$ 뿐. 물론, $\psi(\alpha) = \alpha^q$ for $\alpha \in \mathbb{F}_{q^2}$.

[46] 연습문제 7.2.5 (라) 항 참조.

[47] 연습문제 16.4.13 참조.

연습문제 16.4.23. Finite field 의 involution 은 — complex conjugation 을 흉내 내어 — 흔히 $-: \mathbb{F}_{q^2} \to \mathbb{F}_{q^2}$ 으로 표기한다. 즉, $\alpha \in \mathbb{F}_{q^2}$ 이면, $\overline{\alpha} = \alpha^q$ 으로 표기한다는 뜻이다. 또, $A = (\alpha_{ij}) \in \mathfrak{M}_{m,m}(\mathbb{F}_{q^2})$ 일 때, $\overline{A} = \left(\overline{\alpha_{ij}}\right)$ 로 표기한다. 이때,

$$\mathbf{U}_m(q^2) = \{A \in \mathfrak{M}_{m,m}(\mathbb{F}_{q^2}) \mid A^{\mathbf{t}} \cdot \overline{A} = I\}$$

로 정의하면, $\mathbf{U}_m(q^2)$ 은 group 이 됨을 보여라. $\mathbf{U}_m(q^2)$ 의 이름은, 당연히, **finite unitary group**.

(D) Fundamental Theorem of Algebra

드디어 (!), $\mathbb{C}$ 가 algebraically closed field 임을 증명할 차례가 되었다.[48] 우리의 'algebraic proof'는 다음 정말 초보적인 관찰로부터 시작된다.[49]

관찰 16.4.24. $\alpha \in \mathbb{C}$ 이면, $\sqrt{\alpha} \in \mathbb{C}$. 따라서, $\mathbb{C}$ 는 degree 2 extension 을 가질 수 없다.

증명 : 文字化하기에는 좀 그렇지만……,

$$\alpha = a + b\mathbf{i} = (x + y\mathbf{i})^2, \qquad (a, b, x, y \in \mathbb{R})$$

로 놓으면, $b \neq 0$ 일 때,

$$x^2 = \frac{a + \sqrt{a^2 + b^2}}{2}, \qquad y^2 = \frac{-a + \sqrt{a^2 + b^2}}{2}$$

이고, $x^2, y^2 \geq 0$. 이제 $b = 2xy$ 로부터 x, y 의 부호를 결정할 수 있다. □

연속 함수 정도야 뭐 'algebraic'이라고 해도…….

관찰 16.4.25. $\mathbb{R}[t]$ 의 홀수 차수 기약다항식은 일차식뿐.

증명 : 중간값 정리. □

이때 주의할 점은 — 지금은 $\mathbb{C}$ 가 algebraically closed 임을 모르므로 — $\mathbb{R}[t]$ 의 irreducible polynomial 은 일차식과 이차식뿐인 것을 아직 모른다는 것이다 ([I, 보기 8.1.3] 참조). 그러니, 결국 **문제의 核心**은 왜 $\mathbb{R}[t]$ 에는, 예를 들어, **4-차나 6-차 기약다항식이 없느냐**는 것이다. 독자들은 이 질문을 염두에 두고 아래 증명을 吟味하기 바란다.

[48] 독자들은 이미 Liouville Theorem 을 이용하는 'analytic proof'를 알고 있을 것이다. Artin [4, p. 527] 에는 'analytic proof'와 'algebraic proof'의 중간쯤 되는 재미있는 증명이 실려 있다.

[49] 좀 과장하면, *"$\mathbb{C}$-위의 2-차 방정식을 풀 수 있기 때문에 $\mathbb{C}$ 는 algebraically closed……."*

정리 16.4.26. (Fundamental Theorem of Algebra) $\mathbb{C}$는 algebraically closed field.

증명 : (i) $E/\mathbb{C}$가 finite extension일 때, $E = \mathbb{C}$임을 보이면 된다. 그리고, 이를 위해서는, K를 $E/\mathbb{R}$의 normal closure라고 할 때, $K = \mathbb{C}$임을 보이면 충분할 것이다. 지금은 characteristic zero이므로, 모든 것은 separable이고, 따라서 $K/\mathbb{R}$은 Galois extension. ($[\mathbb{C} : \mathbb{R}] = 2$이므로, $[K : \mathbb{R}] < \infty$.)

(ii) 이제 $G = \mathrm{Gal}(K/\mathbb{R})$의 **Sylow 2-subgroup** P와 그의 fixed field K^P를 생각한다. 그러면, 다음 tower

$$\mathbb{R} \leq K^P \leq K$$

에서, $\mathrm{Gal}(K/K^P) = P$이므로 (Artin's Theorem), $[K^P : \mathbb{R}] = |G|/|P|$는 홀수임을 알 수 있다. 따라서, $\alpha \in K^P$이면, $[\mathbb{R}(\alpha) : \mathbb{R}] = \deg\big(\mathrm{irr}(\alpha, \mathbb{R})\big)$도 홀수이므로, $\mathrm{irr}(\alpha, \mathbb{R})$은 일차식이다 (관찰 16.4.25). 이는 $\alpha \in \mathbb{R}$, 즉 $K^P = \mathbb{R}$이라는 뜻이다. 그런데, $K^G = \mathbb{R} = K^P$이므로, Galois's Theorem에 의해, $G = P$가 된다. 즉, $G = \mathrm{Gal}(K/\mathbb{R})$은 (finite) 2-group이고, $[K : \mathbb{R}]$은 2의 power.

(iii) $[K : \mathbb{R}] = [K : \mathbb{C}] \cdot [\mathbb{C} : \mathbb{R}]$이므로, $[K : \mathbb{C}]$도 2의 power. 따라서, $H = \mathrm{Gal}(K/\mathbb{C})$도 2-group이다.

(iv) 이제 $|H| = [K : \mathbb{C}] \geq 2$라고 가정해 보자. 그러면, finite 2-group H는 $[H : N] = 2$인 **normal subgroup** $N \lhd H$를 갖는다 (명제 13.2.7). 그리고, 다음 tower

$$\mathbb{C} \leq K^N \leq K$$

를 생각하면, $[K^N : \mathbb{C}] = |H|/|N| = 2$가 된다. 그러나, $\mathbb{C}$는 degree 2 extension을 가질 수 없으므로 (관찰 16.4.24), 모순. 따라서, $K = \mathbb{C}$. 증명 끝. □

S. Lang [8]에 의하면: "위 증명의 basic idea는 'already in' Gauss. Sylow 2-subgroup의 이용은 Emil Artin's idea."

16.5. Cyclotomic Field

이 節에서는 다항식 $t^n - 1 \in F[t]$를 공부한다. (다음 節에서는, $a \in F$ 일 때, $t^n - a \in F[t]$를 공부.) 물론 F는 고정된 base field.

정의 16.5.1. n이 자연수일 때,

$$\mu_n(\overline{F}) = \{\alpha \in \overline{F} \mid \alpha^n = 1\}$$

로 정의한다. $\mu_n(\overline{F})$의 원소는 **n-th root of unity** 라고 불리운다. 한편, $\mu_n(\overline{F})$는 multiplicative group $\overline{F}^\times$ 의 finite subgroup 이므로, $\mu_n(\overline{F})$는 cyclic group 임을 알 수 있다(정리 7.2.1). 이때 finite cyclic group $\mu_n(\overline{F})$의 generator의 이름은 **primitive n-th root of unity** (over F).

우리는 이미 [I, 연습문제 11.1.11]에서 $\mu_n(\overline{\mathbb{Q}})$를 만났었다.

연습문제 16.5.2. $\mu_n(\overline{\mathbb{Q}})$의 primitive n-th root of unity는 모두 몇 개인가?

연습문제 16.5.3. $\text{char}(F) = p > 0$이고, q는 p의 power, $n = qm$ 일 때(단, $(p, m) = 1$),

(가) $\mu_p(\overline{F})$와 $\mu_q(\overline{F})$를 describe하라.
(나) $\mu_n(\overline{F}) = \mu_m(\overline{F})$ 임을 보여라.

위 연습문제는 $\text{char}(F) = p > 0$인 경우에 $\mu_n(\overline{F})$를 다룰 때에는 $\text{char}(F)$가 n과 서로 소라고 가정할 수 있음을 설명하고 있다.

연습문제 16.5.4. $\text{char}(F) = p > 0$인 경우에는 $(p, n) = 1$이라고 가정하고, primitive n-th root of unity (over F)를 $\zeta_n = \zeta$로 표기할 때, 다음을 보여라.

(가) $F(\zeta)$는 다름아닌 $t^n - 1 \in F[t]$의 splitting field.
(나) $t^n - 1 \in F[t]$는 separable polynomial 이고, $F(\zeta)/F$는 Galois extension. 이때, $\mu_n(\overline{F}) = \{1, \zeta, \zeta^2, \ldots, \zeta^{n-1}\}$.
(다) $\sigma \in \text{Aut}\,(F(\zeta))$이면, $\sigma(\mu_n(\overline{F})) = \mu_n(\overline{F})$. 따라서, $\sigma(\zeta)$도 primitive n-th root of unity. 즉, $\sigma(\zeta) = \zeta^k$ for some k such that $(n, k) = 1$.

우리의 첫 목표는 $\text{Gal}\,(F(\zeta_n)/F)$를 계산하는 것이다.

명제 16.5.5. $\mathrm{char}(F) = p > 0$ 인 경우에는 $(p, n) = 1$ 이라고 가정할 때, ζ_n 이 primitive n-th root of unity (over F) 이면, $\mathrm{Gal}\left(F(\zeta_n)/F\right)$ 는 $(\mathbb{Z}_n)^\times$ 의 subgroup 과 isomorphic. (따라서, $F(\zeta_n)/F$ 는 abelian extension.)

증명 : ($\zeta_n = \zeta$ 로 표기.) $\sigma \in \mathrm{Gal}\left(F(\zeta)/F\right)$ 는 $\sigma(\zeta)$ 에 의해 완전히 결정된다. 또, 연습문제 16.5.4 에 의해, $\sigma(\zeta) = \zeta^k$ for some k such that $(n, k) = 1$. 따라서, 함수 $\psi : \mathrm{Gal}\left(F(\zeta)/F\right) \to (\mathbb{Z}_n)^\times$ 가 정의된다. 다시 말해, $\psi(\sigma) \in (\mathbb{Z}_n)^\times$ 를

$$\sigma(\zeta) = \zeta^{\psi(\sigma)}, \qquad \left(\sigma \in \mathrm{Gal}\left(F(\zeta)/F\right)\right)$$

가 되도록 정의하자는 뜻이다 ($k = \overline{k} \in (\mathbb{Z}_n)^\times$ 로 표기법을 혼동!). 그러면,

$$\zeta^{\psi(\sigma)\cdot\psi(\tau)} = \sigma(\zeta)^{\psi(\tau)} = \sigma(\zeta^{\psi(\tau)}) = \sigma\tau(\zeta) = \zeta^{\psi(\sigma\tau)}, \qquad \left(\sigma, \tau \in \mathrm{Gal}\left(F(\zeta)/F\right)\right)$$

이므로, ψ 는 group homomorphism 이다. 또, 만약 $\sigma \in \ker\psi$ 이면, $\psi(\sigma) = 1$ 이라는 뜻이므로, $\sigma = id$. 따라서, ψ 는 monomorphism. □

아마 적지 않은 독자들이 위 증명을 읽으며, "ψ 는 *isomorphism*" 이라고 착각했을 수 있다.

보기 16.5.6. $F = \mathbb{F}_7$ 일 때, $2 \in \mathbb{F}_7$ 이 primitive 3-rd root of unity 임을 쉽게 확인할 수 있을 것이다. 따라서, 이 경우에는 $\mathbb{F}_7(\zeta_3) = \mathbb{F}_7$.

지금 문제의 핵심은 — ζ_n 이 n-th root of unity 일 때 — $\mathrm{irr}(\zeta_n, F)$ 를 모른다는 점이다. 이제, ······, $F = \mathbb{Q}$ 인 경우에 焦點을 맞추기로 하자. $\mathbb{Q}(\zeta_n)$ 과 그의 subfield 들은 수학에서 **가장 많이, 그리고 가장 깊이**, 연구되어 온 object 중 하나이다.

정의 16.5.7. $\zeta_n \in \overline{\mathbb{Q}}$ 가 primitive n-th root of unity 일 때,

(가) $\Phi_n(t) = \mathrm{irr}\left(\zeta_n, \mathbb{Q}\right)$ 로 표기하고, $\Phi_n(t)$ 를 n-th **cyclotomic polynomial** 이라고 부른다.[50]

(나) $\mathbb{Q}(\zeta_n)$ 은 보통 **cyclotomic field** 라고 부른다.

(다) $[E \leq \mathbb{Q}(\zeta_n)$ for some $n]$ 이면, E 를 **cyclotomic extension** (of $\mathbb{Q}$) 이라고 부른다.

연습문제 16.5.8. $\Phi_n(t) \in \mathbb{Z}[t]$ 임을 증명하라.

[50] 우리는 이미 보기 5.7.4 에서 $\Phi_p(t)$ 를 만났었다.

우리는 이미, p가 prime이면, $[\mathbb{Q}(\zeta_p):\mathbb{Q}] = p-1 = \phi(p)$ 임을 알고 있다(보기 5.7.4). 그리고, 예상대로, $[\mathbb{Q}(\zeta_n):\mathbb{Q}] = \phi(n)$ 이 성립한다. 그러나, 그 증명은 예상외로 간단하지 않다. (다음 명제는 우리의 오래된 숙제인 질문 3.2.15(다) 항의 답이기도 하다.)

명제 16.5.9. $[\mathbb{Q}(\zeta_n):\mathbb{Q}] = \phi(n)$.[51] 따라서, $\mathrm{Gal}\left(\mathbb{Q}(\zeta)/\mathbb{Q}\right) \approx (\mathbb{Z}_n)^\times$.

증명 : (i) $\phi(n)$-개의 primitive n-th root of unity가 모두 $\Phi_n(t)$의 root임을 보이면 된다. 그리고 이를 위해서는, ζ가 primitive n-th root of unity이고 $\Phi_n(\zeta) = 0$ 이면, n과 서로 소인 임의의 prime p에 대해, $\Phi_n(\zeta^p) = 0$ 임을 보이면 된다(ζ^p도 물론 primitive n-th root of unity). 왜냐하면, $(k,n) = 1$ 이면, k는 $(p,n) = 1$ 인 prime p들의 곱이고, ζ^k는 이 prime들에 의한 ζ의 successive power이기 때문이다.

(ii) 이제 $\Phi_n(\zeta^p) \neq 0$ 이라고 가정하자. 그러면,

$$t^n - 1 = \Phi_n(t)\cdot f(t), \qquad (\text{단, } f(t) \in \mathbb{Q}[t])$$

로 쓸 때, $f(\zeta^p) = 0$ 이 된다. 따라서, $g(t) = f(t^p)$ 으로 놓으면, $g(\zeta) = 0$. 그런데, $\Phi_n(t) = \mathrm{irr}\left(\mathbb{Q}(\zeta)\right)$ 이므로,

$$g(t) = f(t^p) = \Phi_n(t)\cdot h(t), \qquad (\text{단, } h(t) \in \mathbb{Q}[t])$$

로 쓸 수 있을 것이다. 한편, Gauss Lemma에 의해, $f(t), g(t), h(t)$는 모두 $\mathbb{Z}[t]$의 monic 다항식임은 익숙하다. 이제 이 다항식들의 계수들을 $\mathbb{Z}_p$-위에서 읽어 보자(§5.7 참조). 우선, Freshman's Dream에 의해, $\overline{f}(t^p) = \overline{f}(t)^p$ 이고,

$$\overline{f}(t)^p = \overline{f}(t^p) = \overline{\Phi_n}(t)\cdot\overline{h}(t), \qquad t^n - \overline{1} = \overline{\Phi_n}(t)\cdot\overline{f}(t)$$

가 된다. 따라서, $\overline{f}(t)$와 $\overline{\Phi_n}(t)$는 common root을 갖고, $(t^n - \overline{1})$는 중근을 갖는다. 그러나, $(t^n - \overline{1})$를 미분해 보면, $\overline{n} \neq \overline{0} \in \mathbb{Z}_p$ 이므로, 이는 모순. □

따름명제 16.5.10. (가) $n \geq 2$ 일 때, $\Phi_n(t) = \displaystyle\prod_{1\leq k<n,\ (n,k)=1} (t-\zeta^k)$.

(나) $t^n - 1 = \displaystyle\prod_{1\leq d\leq n,\ d|n} \Phi_d(t)$

증명 : (가) 항은 자명. (나) 항은 cyclic group $\langle\zeta_n\rangle$ 안에서만 생각하면 된다. 독자들에게 맡긴다. (연습문제 3.5.18 참조.) □

[51] ϕ는 물론 Euler's phi function. 따름명제 4.3.6 참조.

위 (나) 항은 $\Phi_n(t)$ 를 실제 계산할 때, 그런대로, 도움이 된다.

연습문제 16.5.11. 다음을 구하라.

(가) $\Phi_9(t)$. (나) $\Phi_{27}(t)$. (다) $\Phi_{18}(t)$.

著者는 다음 결과를 명제 16.5.9 와 따름명제 16.1.13 의 도움 없이 증명하는 방법을 알지 못한다.

연습문제 16.5.12. $\zeta_n \in \overline{\mathbb{Q}}$ 를 primitive n-th root of unity 라고 하고, m, n 이 서로 소인 자연수일 때, 다음을 보여라.

(가) $\mathbb{Q}(\zeta_m) \cdot \mathbb{Q}(\zeta_n) = \mathbb{Q}(\zeta_{mn})$.
(나) $\mathbb{Q}(\zeta_m) \cap \mathbb{Q}(\zeta_n) = \mathbb{Q}$.

Cyclotomic extension 의 공부는 정-n-각형의 (자와 compass 만을 이용하는) 작도 문제와도 관련이 있다. Regular n-gon 의 작도는 결국 $\cos(2\pi/n)$ 의 작도와 동치이기 때문이다 (왜 그런가?). 그런데, $\zeta_n = \exp(2\pi\mathbf{i}/n)$ 로 놓으면,

$$2\cos\frac{2\pi}{n} = \exp\frac{2\pi\mathbf{i}}{n} + \exp\frac{-2\pi\mathbf{i}}{n} = \zeta_n + \frac{1}{\zeta_n}$$

이므로, cyclotomic extension $\mathbb{Q}(\zeta_n + \zeta_n^{-1})$ 를 살펴볼 필요가 있다.

연습문제 16.5.13. $n \geq 3$ 이면, $\phi(n)$ 은 짝수임을 보여라.

관찰 16.5.14. $n \geq 3$ 일 때, $\zeta \in \overline{\mathbb{Q}}$ 를 primitive n-th root of unity 라고 하면, $[\mathbb{Q}(\zeta) : \mathbb{Q}(\zeta + \zeta^{-1})] = 2$ 이고, 따라서 $[\mathbb{Q}(\zeta + \zeta^{-1}) : \mathbb{Q}] = \dfrac{\phi(n)}{2}$.

증명 : $\omega = \zeta + \zeta^{-1}$ 로 놓으면, $\omega\zeta = \zeta^2 + 1$ 이므로, $[\mathbb{Q}(\zeta) : \mathbb{Q}(\omega)] \leq 2$. 한편, $\zeta^{-1} = \overline{\zeta}$ 이므로, $\mathbb{Q}(\omega)$ 는 real field 이지만 (즉, $\mathbb{Q}(\omega) \leq \mathbb{R}$), $\mathbb{Q}(\zeta)$ 는 real field 가 아니다. 따라서, $[\mathbb{Q}(\zeta) : \mathbb{Q}(\omega)] = 2$. □

연습문제 16.5.15. $n \geq 3$ 일 때, $\zeta \in \overline{\mathbb{Q}}$ 를 primitive n-th root of unity 라고 하고, 다음을 보여라.

(가) $\tau(\zeta) = \zeta^{-1}$ 인 $\tau \in \mathrm{Gal}\left(\mathbb{Q}(\zeta)/\mathbb{Q}\right)$ 존재.
(나) $H = \{id, \tau\} \leq \mathrm{Gal}\left(\mathbb{Q}(\zeta)/\mathbb{Q}\right)$ 로 놓으면, $\mathbb{Q}(\zeta)^H = \mathbb{Q}(\zeta + \zeta^{-1})$.
(다) $\mathbb{Q}(\zeta+\zeta^{-1})/\mathbb{Q}$ 는 Galois extension 이고, $\mathrm{Gal}\left(\mathbb{Q}(\zeta+\zeta^{-1})/\mathbb{Q}\right) \approx (\mathbb{Z}_n)^\times/H$.

그런데, 다시 $\zeta_n = \exp(2\pi\mathbf{i}/n)$로 놓으면, $\cos(2\pi/n) = \frac{1}{2}(\zeta_n + \zeta_n^{-1})$를 작도할 수 있으려면, $[\mathbb{Q}(\zeta_n + \zeta_n^{-1}) : \mathbb{Q}] = \frac{1}{2}\phi(n)$은 2의 power여야 한다(정리 6.3.6). 다시 말해, 정-n-각형을 작도할 수 있다면(물론 $n \geq 3$), $\phi(n)$이 2의 power여야 한다는 뜻이다.

연습문제 16.5.16. 만약 $(2^a + 1)$이 prime이면(단, $0 \leq a \in \mathbb{Z}$), $a = 2^k$인 $0 \leq k \in \mathbb{Z}$가 존재함을 보여라. $(2^{2^k} + 1)$꼴의 prime은 **Fermat prime**이라고 불리운다.[52]

연습문제 16.5.17. n이 자연수일 때, $\phi(n) = 2^b$인 $b \geq 0$이 존재할 필요충분조건은 $n = 2^c p_1 \cdots p_\ell$인 $c \geq 0$과 서로 다른 Fermat prime $p_1, \ldots, p_\ell$이 존재하는 것임을 보여라(단, $\ell \geq 0$).

지금까지의 논의를 정리해 보자. 위에서 우리는, 만약 정-n-각형을 작도할 수 있다면, $\phi(n)$은 2의 power이고, 따라서 $n = 2^c p_1 \cdots p_\ell$로 소인수분해되어야 함을 보였다(단, $c \geq 0$, $\ell \geq 0$이고, $p_1, \ldots, p_\ell$은 서로 다른 Fermat prime).

이제, **역으로**, n이 위와 같이 소인수분해되면 — 즉, $[\mathbb{Q}(\zeta_n + \zeta_n^{-1}) : \mathbb{Q}]$가 2의 power이면(단, $\zeta_n = \exp(2\pi\mathbf{i}/n)$) — 정-$n$-각형을 작도할 수 있음을 보이자.[53] $K = \mathbb{Q}(\zeta + \zeta^{-1})$, $G = \text{Gal}(K/\mathbb{Q})$로 간략히 표기하고, 명제 13.2.7을 생각하면,

$$\{1\} = H_0 \lhd H_1 \lhd \cdots \lhd H_{a-1} \lhd H_a = G$$

이고, $|H_i| = 2^i$인 G의 subgroup H_i들이 존재할 것이다(단, $|G| = 2^a$). 따라서, 이에 대응하는 fixed field들의 tower

$$\mathbb{Q} = K^{H_a} < K^{H_{a-1}} < \cdots < K^{H_1} < K^{H_0} = K$$

를 얻게 된다. 이때, Galois's Theorem에 의하면,

$$\text{Gal}\left(K^{H_i}/K^{H_{i+1}}\right) = \frac{\text{Gal}\left(K/K^{H_{i+1}}\right)}{\text{Gal}\left(K/K^{H_i}\right)} \approx \frac{H_{i+1}}{H_i} \approx \mathbb{Z}_2, \quad (i = 0, 1, \ldots, a-1)$$

이므로, 위 fixed field들의 tower는 연속된 degree 2 extension들로 이루어져 있다. 이는 $\cos(2\pi/n)$를 비롯한 K의 원소들이 작도 가능하다는 뜻이다.

[52] 3, 5, 17, 257, 65537은 Fermat prime이다. 그러나, $(2^{2^5} + 1)$은 합성수이다. Fermat prime이 무한히 많은지 여부는 open problem이다. Fermat prime에 관한 최신 정보를 internet에서 검색해 보라.

[53] §6.3에서는 작도가 불가능한 경우만 다루었으므로, 이런 상황은 만날 수 없었다.

종합하면:

명제 16.5.18. $n \geq 3$일 때, 정-n-각형이 작도 가능할 — 즉, $\cos(2\pi/n)$이 constructible number일 — 필요충분조건은 $n = 2^c p_1 \cdots p_\ell$ 꼴로 소인수분해되는 것이다(단, $c \geq 0$, $\ell \geq 0$이고, $p_1, \ldots, p_\ell$은 서로 다른 Fermat prime).

위 명제의 '적잖이 감동적인' 증명을 꼼꼼히 확인한 사려 깊은 독자들은 우리의 오래된 숙제인 질문 6.3.7이 (거의) 해결되었음을 눈치 챘을 것이다.

정리 16.5.19. $\alpha \in \mathbb{R}$일 때, K를 $\mathbb{Q}(\alpha)/\mathbb{Q}$의 normal closure라고 하자. 그러면, α가 constructible number일 필요충분조건은 $[K : \mathbb{Q}]$가 2의 power인 것임을 보여라.

연습문제 16.5.20. 위 정리를 증명하라.

방학숙제 16.5.21. (질문 6.3.7) $\alpha \in \mathbb{R}$이고 $[\mathbb{Q}(\alpha) : \mathbb{Q}]$가 2의 power이지만, α는 constructible number가 아닌 구체적인 example을 찾아라.

방학 숙제를 하나 더 추가한다.

연습문제 16.5.22. p가 odd prime일 때, $\zeta \in \overline{\mathbb{Q}}$를 primitive p-th root of unity라고 하면, $[L : \mathbb{Q}] = 2$인 $\mathbb{Q}(\zeta)/\mathbb{Q}$의 **유일한** intermediate field L이 존재함을 보여라.

예를 들어, $p = 5$이면, 위 연습문제에서 $L = \mathbb{Q}(\zeta + \zeta^{-1}) = \mathbb{Q}(\sqrt{5})$가 된다.

방학숙제 16.5.23. 앞 연습문제에서, $L = \mathbb{Q}(\sqrt{\pm p})$임을 보여라.

이 방학숙제에 의하면, $d \in \mathbb{Z}$이면 $\mathbb{Q}(\sqrt{d})/\mathbb{Q}$는 cyclotomic extension임을 알 수 있다(왜 그런가?). 아마도 대부분의 독자들은 다음 (유명한) 정리의 증명을 읽을 기회가 없을 것이므로, 독자들의 교양을 위해, 결과만 소개한다.

정리 16.5.24. (Kronecker) $\mathbb{Q}$의 모든 finite abelian extension은 cyclotomic extension (over $\mathbb{Q}$)이다.

16.6. 5-차 방정식의 Insolvabilitiy

이제부터는 **characteristic zero** case 만을 다룬다. 물론 모든 field extension 은 여전히 finite extension 이라고 가정한다.

2-차 방정식의 '근의 공식'에 익숙한 우리에게는 '근의 공식'의 의미에 관한 어떤 共感帶가 있다. 자연수 n 을 고정할 때, "n-차 방정식의 '근의 공식'이 존재한다"는 말은, 물론, "모든 n-차 방정식의 root 을 모두 구할 수 있는 '공식'이 존재한다"는 뜻이고, 이는 "n-차 general polynomial (정의 16.3.1) 의 root 을 모두 묘사할 수 있다"는 의미일 것이다. 이때 "root 을 모두 묘사한다"는 말은 n-차 general polynomial 의 root 을 그의 계수들 (indeterminates 로 취급) 의 유한 번의 사칙연산과 n_i-제곱근으로 describe 한다는 뜻으로 해석 (합의 ?) 한다 (단, n_i 는 자연수).

한편, "n-차 방정식의 '근의 공식'이 존재한다"는 말과 "어떤 특정한 n-차 방정식을 풀 수 있다"는 말을 혼동할 수는 없다. 이 節의 제목이 말하고 있듯이, 우리는 "5-차 방정식의 '근의 공식'은 존재하지 않는다"고 말할 예정이지만, 그렇다고 방정식 $x^5 - 2 = 0$ 을 "풀 수 없다"는 뜻은 아니다.

정의 16.6.1. (가) E/F 가 (finite) field extension 일 때, 다음 **radical tower**

$$F \le F(\alpha_1) \le F(\alpha_1, \alpha_2) \le \cdots \le F(\alpha_1, \ldots, \alpha_k) = E$$

와 $\alpha_1^{n_1} \in F$ 이고 $[\alpha_i^{n_i} \in F(\alpha_1, \ldots, \alpha_{i-1})$ for $i = 2, \ldots, k]$ 인 자연수 n_i 가 존재하면,[54] E/F 를 **radical extension** 이라고 — 필요한 경우에는 $\{n_i\}$-radical extension 이라고 — 부른다.[55]

(나) $f(t) \in F[t]$ 가 non-constant 일 때, K 를 $f(t)$ 의 splitting field 라고 하자. 만약 $F \le K \le L$ 이면서, L/F 가 radical extension 인 L 이 존재하면, 우리는 $f(t)$ 는 **solvable by radicals** 라고 말한다.

다시 정리하면, "n-차 방정식의 '근의 공식'이 존재한다"는 말은 이제 n-차 general polynomial 이 solvable by radicals 라는 뜻이고, "어떤 특정한 다항식 $f(t) \in F[t]$ 를 풀 수 있다"는 말은 $f(t)$ 가 solvable by radicals 라는 의미이다.

---

[54] 이때, 물론, α_i, n_i 등이 유일하게 결정되는 것은 아니다.

[55] Radical tower 나 radical extension 이라는 용어는 그다지 마음에 들지 않지만……. Jacobson [5] 은 root tower 라는 용어를 사용하였다.

한 가지 유의할 점은 우리가 방정식 $f(x) = 0$을 풀 때나 '근의 공식'을 만들 때, 다항식 $f(t) \in F[t]$의 splitting field K의 내부에서만 일할 필요는 없다는 것이다. 실제로 다음 節에서 3-차 방정식을 풀 때에도 우리는 3-rd root of unity ζ_3를 더한 $K(\zeta_3)$를 필요로 한다. 그래서 위 정의에서도 $F \leq K \leq L$인 radical extension L/F를 생각하는 것이다.

이 節(과 다음 節)의 목적은 — 정말 오래 전부터 예고했던 — 다음 정리를 증명하는 것이다.

정리 16.6.2. $f(t) \in F[t]$일 때(단, $\deg(f) \geq 1$), $f(t)$가 solvable by radicals일 필요충분조건은 $f(t)$의 Galois group G_f가 solvable group인 것이다.

먼저 준비가 필요하다. 다음 명제는 정리 16.6.2의 핵심이자 Galois와 Abel이 追究했던 바로 그것이다. 아마도 commutative group을 abelian group이라고 부르게 된 이유도 다음 명제 때문이 아닐까 추측한다.

명제 16.6.3. K/F가 Galois extension일 때, 다음 조건은 동치.

(1) K/F는 solvable extension.

(2) 모든 $i = 1, \ldots, k$에 대해 F_i/F_{i-1}이 abelian extension인 tower

$$F = F_0 \leq F_1 \leq \cdots \leq F_k = K$$

가 존재. ($\mathrm{Gal}(F_i/F_{i-1})$이 prime order라고 해도 마찬가지.[56])

증명 : [(1)⇒(2)]: 먼저 $\mathrm{Gal}(K/F)$가 solvable group이라고 하자. 그러면,

$$\{id\} = H_0 \trianglelefteq H_1 \trianglelefteq \cdots \trianglelefteq H_k = G = \mathrm{Gal}(K/F)$$

이고, 모든 $i = 1, \ldots, k$에 대해 H_i/H_{i-1}이 abelian group인 $H_1, \ldots, H_k$가 존재한다(정의 13.5.1). 이제 대응하는 fixed field들의 tower

$$F = K^{H_k} \leq K^{H_{k-1}} \leq \cdots \leq K^{H_1} \leq K^{H_0} = K$$

를 생각하면, $H_{i-1} \trianglelefteq H_i$이므로, $K^{H_{i-1}}/K^{H_i}$는 Galois extension이고,

$$\mathrm{Gal}\left(K^{H_{i-1}}/K^{H_i}\right) \approx \frac{\mathrm{Gal}\left(K/K^{H_i}\right)}{\mathrm{Gal}\left(K/K^{H_{i-1}}\right)} = \frac{H_i}{H_{i-1}}, \qquad (i = 1, \ldots, k)$$

이 된다. 따라서, $K^{H_{i-1}}/K^{H_i}$는 abelian extension.

---

[56] Solvable group 정의의 'refinement'(명제 13.5.8) 참조.

[(2) ⇒ (1)]: 역으로, 조건 (2)를 가정하고,

$$\{id\} = \mathrm{Gal}(K/F_k) \le \mathrm{Gal}(K/F_{k-1}) \le \cdots \le \mathrm{Gal}(K/F_1) \le \mathrm{Gal}(K/F_0)$$

를 생각하면, F_i/F_{i-1} 은 Galois extension 이므로, $\mathrm{Gal}(K/F_i) \trianglelefteq \mathrm{Gal}(K/F_{i-1})$ 이다. 또,

$$\frac{\mathrm{Gal}(K/F_{i-1})}{\mathrm{Gal}(K/F_i)} \approx \mathrm{Gal}(F_i/F_{i-1}), \qquad (i = 1, \ldots, k)$$

이므로, $\mathrm{Gal}(K/F)$ 는 solvable group. □

위 증명(의 일부)은 명제 16.5.18의 증명에서 이미 경험했었다. 사실 정리 16.6.2의 증명은 명제 16.5.18의 증명과 유사한 점이 많다. 예를 들어:

연습문제 16.6.4. $\alpha \in \mathbb{R}$ 이 constructible number 이기 위한 필요충분조건은 $\alpha \in E < \mathbb{R}$ 인 $\{2\}$-radical extension $E/\mathbb{Q}$ 가 존재하는 것임을 보여라.

다음 명제는 명제 16.5.5와 비슷하지만, 독자들은 그 차이점을 분명히 하기 바란다.

명제 16.6.5. $\mu_n(\overline{F}) \subset F$ 일 때,[57] $f(t) = t^n - a \in F[t]$ 로 놓으면 (단, $a \in F$),

(가) $\alpha^n = a$ 이면 (단, $\alpha \in \overline{F}$), $F(\alpha)$ 는 $f(t)$ 의 splitting field.

(나) $f(t)$ 의 Galois group $G_f = \mathrm{Gal}\big(F(\alpha)/F\big)$ 는 cyclic group.

증명 : (예를 들어, $\sqrt[6]{2} \in F$ 이면, $t^3 - 2 \in F[t]$ 는 irreducible polynomial 이 아님에 유의하라.) $f(t)$ 는 n-개의 서로 다른 root $\{\alpha, \alpha\zeta, \ldots, \alpha\zeta^{n-1}\}$ 을 갖는다 (단, ζ 는 primitive n-th root of unity). 그런데, $\zeta \in F$ 이므로, $F(\alpha)$ 가 $f(t)$ 의 splitting field 이다. 그리고 만약 $\sigma \in G_f$ 이면, $[\sigma(\alpha) = \omega_\sigma \alpha$ for some $\omega \in \mu_n(\overline{F})]$ 여야 하고, 이때 σ 는 ω_σ 에 의해 완전히 결정된다. 이제 함수 $\varphi : G_f \to \mu_n(\overline{F})$ 를

$$\varphi(\sigma) = \omega_\sigma, \qquad (\sigma \in G_f)$$

로 정의하면,

$$\omega_{\sigma\tau}\alpha = \sigma\tau(\alpha) = \sigma(\omega_\tau \alpha) = \omega_\tau \sigma(\alpha) = \omega_\tau \omega_\sigma \alpha$$

이므로, φ 는 group homomorphism 임을 알 수 있다 ($\alpha = 0$ 인 경우는 논외). 또 φ 가 injection 임은 자명. 따라서, G_f 는 cyclic group $\mu_n(\overline{F})$ 의 subgroup 과 isomorphic. □

[57] $\mu_n(\overline{F})$ 는 정의 16.5.1 참조.

다음은 독자들에게 맡긴다.

연습문제 16.6.6. $f(t) = t^n - a \in F[t]$ 로 놓으면 (단, $a \in F$), $f(t)$ 의 Galois group G_f 는 solvable group 임을 보여라.

다음 관찰을 공부한 후, **정리 16.5.19 를 다시 증명**해 보기 바란다.

관찰 16.6.7. K 가 $\{n_i\}$-radical extension E/F 의 normal closure 이면, K/F 도 $\{n_i\}$-radical extension.

증명 : 물론 $E = F(\alpha_1, \ldots, \alpha_k)$ 이고, $\alpha_1^{n_1} \in F$, $[\alpha_i^{n_i} \in F(\alpha_1, \ldots, \alpha_{i-1})$ for $i = 2, \ldots, k]$ 인 α_i 와 자연수 n_i 가 존재할 것이다. 이제 $\{\sigma_1, \ldots, \sigma_m\}$ 을 E 에서 $\overline{F}$ 로 가는 F-embedding 전체의 집합이라고 놓으면 (단, $\sigma_1 = id$), 명제 15.2.12 에 의해 $K = (\sigma_1 E) \cdots (\sigma_m E)$ 이므로,

$$K = F(\sigma_1\alpha_1, \ldots, \sigma_m\alpha_1,\ \sigma_1\alpha_2, \ldots, \sigma_m\alpha_2,\ \ldots\ ,\ \sigma_1\alpha_k, \ldots, \sigma_m\alpha_k)$$

가 된다. 이때 다음 tower

$$\begin{aligned} F &\le F(\sigma_1\alpha_1) \le F(\sigma_1\alpha_1, \sigma_2\alpha_1) \le \cdots \le F(\sigma_1\alpha_1, \ldots, \sigma_m\alpha_1) \\ &\le F(\sigma_1\alpha_1, \ldots, \sigma_m\alpha_1, \sigma_1\alpha_2) \le \cdots \le F(\sigma_1\alpha_1, \ldots, \sigma_m\alpha_1, \sigma_1\alpha_2, \ldots, \sigma_m\alpha_2) \\ &\le F(\sigma_1\alpha_1, \ldots, \sigma_m\alpha_1, \sigma_1\alpha_2, \ldots, \sigma_m\alpha_2, \sigma_1\alpha_3) \le \cdots \le K \end{aligned}$$

로부터 K/F 도 $\{n_i\}$-radical extension 임을 알 수 있다. 왜냐하면, 예를 들어,

$$(\sigma_2\alpha_3)^{n_3} = \sigma_2\big(\alpha_3^{n_3}\big) \in \sigma_2\big(F(\alpha_1, \alpha_2)\big) = F(\sigma_2\alpha_1, \sigma_2\alpha_2)$$

이기 때문. □

이제 정리 16.6.2 의 'only if' part 를 증명할 수 있다. 정리 16.6.2 의 'if' part 는 다음 節에서 증명한다.

정리 16.6.2 의 'only if' part 증명 : (i) $f(t) \in F[t]$ 의 splitting field 를 K 라고 하고, L/F 는 radical extension 이라고 하자 (단, $K \le L$). 앞 관찰 16.6.7 에 의해 우리는 L/F 도 Galois extension 이라고 가정할 수 있을 것이다. 따라서, $L = F(\alpha_1, \ldots, \alpha_k)$ 이고, $\alpha_1^{n_1} \in F$, $[\alpha_i^{n_i} \in F(\alpha_1, \ldots, \alpha_{i-1})$ for $i = 2, \ldots, k]$ 인 α_i 와 자연수 n_i 가 존재한다.

(ii) 다음, $n = \text{lcm}(n_1, \ldots, n_k)$, ζ 는 primitive n-th root of unity 라고 하고, $L(\zeta)/F$ 를 생각한다. 그러면, $L(\zeta)$ 는 모든 primitive n_i-th root of unity 를 포함한다 (단, $i = 1, \ldots, k$). 한편, 만약 L 을 $h(t) \in F[t]$ 의 splitting field 라고 하면, $L(\zeta)$ 는 $h(t)(t^n - 1) \in F[t]$ 의 splitting field 이므로, $L(\zeta)/F$ 도 Galois extension 이다.

(iii) 이때, 명제 16.6.5 를 이용하기 위해, $F(\zeta)$ 로부터 시작하는 다음 **radical** tower

$$F \leq F(\zeta) \leq F(\zeta, \alpha_1) \leq F(\zeta, \alpha_1, \alpha_2) \leq \cdots \leq F(\zeta, \alpha_1, \ldots, \alpha_k) = L(\zeta)$$

를 생각하는 것이 **'요령'** 이다. 이제, 위 radical tower 의 각 step 이 abelian extension 임을 보이자. 우선 $F(\zeta)/F$ 는 명제 16.5.5 에 의해 abelian extension. 또, $i = 1, \ldots, k$ 일 때 ($\alpha_0 = \zeta$ 로 이해), $F(\zeta, \alpha_1, \ldots, \alpha_i)/F(\zeta, \alpha_1, \ldots, \alpha_{i-1})$ 은 명제 16.6.5 에 의해 cyclic extension. 그러므로, 명제 16.6.3 에 의해 $L(\zeta)/F$ 는 solvable extension 이 된다.

(iv) 마지막으로, K/F 도 원래 Galois extension 이므로, 연습문제 16.4.6 에 의해 K/F 는 solvable extension. 증명 끝. □

정리 16.6.2 는 우리의 목표였다. 돌이켜 생각해 보니……, 우리는 참 먼길을 왔다. Algebraic structure 의 정의를 배우고, '학부 대수학의 半'을 공부하던 때가 엊그제 같은데……!

이제 다음 따름정리는 오히려 종이가 아까운 심정이다. 우리의 'story'가 눈에 선하다.

따름정리 16.6.8. 5-차 이상의 general polynomial 은 solvable by radical 일 수 없다. (즉, 5-차 이상 general polynomial 의 '근의 공식'은 존재하지 않는다.)

증명 : n-차 general polynomial 의 Galois group 은 S_n 이지만 (명제 16.3.2), $n \geq 5$ 이면, S_n 은 solvable group 이 아니다 (정리 13.5.9). □

그래도 약간의 미련이 남는다. 독자들은 — 당연히 — *"어쩌면 $\mathbb{Q}[t]$ 의 5-차 다항식의 Galois group 이 S_5 인 경우는 없을 수도……"* 라고 미련을 가질 수 있지만, 물론 Galois group 이 S_5 인 $\mathbb{Q}[t]$ 의 quintic 이 존재한다.

명제 16.6.9. p가 prime일 때, degree p인 irreducible polynomial $f(t) \in \mathbb{Q}[t]$의 허근이 두 개뿐이면, $G_f \approx S_p$.

증명 : 우선 p는 $|G_f|$의 약수이다(명제 16.2.6). 따라서, G_f는 order p인 원소를 갖는다(Cauchy's Theorem). 이제 G_f를 S_p의 subgroup으로 identify하면, $f(t)$는 허근이 두 개뿐이므로, complex conjugation은 S_p의 transposition에 해당된다(complex conjugation(의 restriction)은 항상 G_f의 원소). 한편, S_p의 order p인 원소는 p-cycle뿐이고(연습문제 13.5.12), S_p의 subgroup 중 transposition과 p-cycle을 포함하는 것은 S_p 자신뿐이다(관찰 13.5.16). □

다음 연습문제를 위해서는 다항식의 graph가 필요하다.

연습문제 16.6.10. $t^5 - 9t + 3 \in \mathbb{Q}[t]$의 Galois group은 S_5임을 보여라.[58]

이 節은 이 정도로 마무리하자.

[58]예를 들어, Galois group S_6를 갖는 $\mathbb{Q}[t]$의 6-차 다항식은…….

16.7. 3-차 방정식과 4-차 방정식

이 節에서도 계속 **characteristic zero** case 만을 다룬다. 물론 모든 field extension 은 여전히 finite extension.

(A) Lagrange Resolvent

정리 16.6.2 의 'if' part 를 증명하려면, 16.6.5 의 converse 가 필요한 것은 당연하다. 다음 명제는 명제 16.6.5 의 partial converse 에 해당된다. 그리고, 다음 명제의 증명에 등장하는 Lagrange resolvent 는 3-차 방정식의 '근의 공식'을 구하는 決定的인 실마리를 제공해 준다.

명제 16.7.1. p 가 prime 일 때, $\mu_p(\overline{F}) \subset F$ 라고 하자. 만약 K/F 가 cyclic extension 이고, $\mathrm{Gal}(K/F) \approx \mathbb{Z}_p$ 이면, $K = F(\alpha)$, $\alpha^p \in F$ 인 α 가 존재한다.[59]

증명 : Extension degree 가 prime 인 Galois extension K/F 는 매우 특수하다. 우선, $\beta \in K - F$ 이기만 하면, $K = F(\beta)$ 이고, $\mathrm{Gal}(K/F) = \langle \eta \rangle$ 인 η 가 존재한다(η 의 order 는 p). 이제, $\omega \in \mu_p(\overline{F})$ 일 때, **Lagrange resolvent** $\mathcal{L}_\omega$ 를

$$\mathcal{L}_\omega = \mathcal{L}_\omega(\eta, \beta) = \beta + \eta(\beta)\,\omega + \eta^2(\beta)\,\omega^2 + \cdots + \eta^{p-1}(\beta)\,\omega^{p-1} \in K$$

로 정의하자.[60] 그러면, $\eta^p = id$, $\omega^{p-1} = \omega^{-1}$ 이므로,

$$\eta(\mathcal{L}_\omega) = \eta(\beta) + \eta^2(\beta)\,\omega + \eta^3(\beta)\,\omega^2 + \cdots + \eta^p(\beta)\,\omega^{p-1} = \mathcal{L}_\omega \omega^{-1}$$

이 된다. 따라서, $\eta(\mathcal{L}_\omega)^p = (\mathcal{L}_\omega \omega^{-1})^p = (\mathcal{L}_\omega)^p$ 이고, 이는 $(\mathcal{L}_\omega)^p \in F$ 라는 뜻이다($K^{\langle \eta \rangle} = F$ 이므로). 다음, $\left|\mu_p(\overline{F})\right| = p$ 이므로, $\mathcal{L}_\omega$ 의 정의를 p-개의 미지수 $\beta, \eta(\beta), \ldots, \eta^{p-1}(\beta)$ 와 p-개의 식으로 이루어진 K-위의 일차 연립방정식으로 이해할 수 있다. 이 일차 연립방정식의 coefficient matrix 는 Vandermonde matrix 이므로(이때 Vandermonde determinant 는 F 의 원소), 특별히 (미지수) β 를 $\mathcal{L}_\omega$ 들의 F-linear combination 으로 나타낼 수 있을 것이다. 따라서, $K = F(\beta) = F\big(\{\mathcal{L}_\omega \mid \omega \in \mu_p(\overline{F}\}\big)$ 이고, $\mathcal{L}_\zeta \notin F$ 인 $\zeta \in \mu_p(\overline{F})$ 가 존재할 것이다. 즉, $K = F(\mathcal{L}_\zeta)$. 한편 $(\mathcal{L}_\zeta)^p \in F$ 임은 이미 알고 있다. 증명 끝.[61] □

---

[59] 이 명제는 $\mathrm{char}(F) = p$ 인 경우에는 성립하지 않는다.

[60] 어떤 경우에는 $\mathcal{L}_\omega = 0$ 일 수도 있다. 다음 subsection 참조.

[61] 소위 Hilbert's Satz 90을 이용하면, 더 산뜻하게 명제 16.7.1 을 증명할 수 있지만, 이책에서는 뒤 subsection 들을 위해 의도적으로 Lagrange resolvent 를 이용하는 'classical proof'를 채택하였다.

이제 정리 16.6.2의 'if' part를 증명할 수 있다.

정리 16.6.2의 'if' part 증명 : (i) $f(t) \in F[t]$ 일 때, G_f 가 solvable group이라고 하자. 또 $|G_f| = [K : F] = n$ 으로 놓고(단, K 는 $f(t)$ 의 splitting field), primitive n-th root of unity를 ζ 로 표기하자. 이제 다음 그림

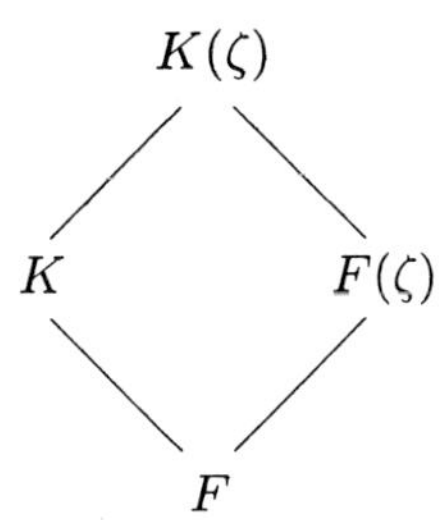

의 상황을 생각한다. 그러면, 'Galois's Theorem의 일부'인 명제 16.1.11에 의해, $H = \mathrm{Gal}\big(K(\zeta)/F(\zeta)\big)$ 는 $G_f = \mathrm{Gal}(K/F)$ 의 subgroup과 isomorphic하므로, H 도 solvable group이다(명제 13.5.2).

(ii) 이제, 명제 16.7.1을 적용하기 위해서는 solvable group의 정의의 'refinement'(명제 13.5.8)가 필요하다. 즉, 다음 조건

(1) $\{id\} = H_0 \lhd H_1 \lhd \cdots \lhd H_k = H = \mathrm{Gal}\big(K(\zeta)/F(\zeta)\big)$.

(2) $i = 1, \ldots, k$ 이면, $\big|H_i/H_{i-1}\big| = p_i$ for some **prime** p_i.[62]

을 만족하는 $H_i \le H$ 와 prime p_i 가 존재한다. 이때 $|H| = p_1 \cdots p_k$ 는 n 의 약수이므로, 모든 p_i-th root of unity는 $F(\zeta)$ 의 원소인 것도 알 수 있다.

(iii) 다음, fixed field들의 tower

$$F(\zeta) < K(\zeta)^{H_{k-1}} < \cdots < K(\zeta)^{H_1} < K(\zeta)^{H_0} = K(\zeta)$$

를 생각하는 것은 익숙하다. 그리고, $i = 1, \ldots, k$ 이면, $H_{i-1} \lhd H_i$ 이므로,

$$\mathrm{Gal}\big(K(\zeta)^{H_{i-1}}/K(\zeta)^{H_i}\big) \approx \frac{\mathrm{Gal}\big(K(\zeta)/K(\zeta)^{H_i}\big)}{\mathrm{Gal}\big(K(\zeta)/K(\zeta)^{H_{i-1}}\big)} = \frac{H_i}{H_{i-1}} \approx \mathbb{Z}_{p_i}$$

인 것 또한 익숙하다. 따라서, 명제 16.7.1에 의해, $K(\zeta)/F(\zeta)$ 는 radical extension이고, $K(\zeta)/F$ 도 radical extension. 증명 끝. □

이로써 모든 증명이 끝났다. 그리고 위 증명과 Lagrange resolvent를 이용하면 — G_f 의 composition series를 알 때 — 실제로 $f(t)$ 의 root을 구할 수 있을 것이다. 이제 3-차 방정식과 4-차 방정식의 '근의 공식'을 구해 보자.

[62] 따라서, 조건(1)의 series는 H 의 composition series.

(B) Cubic Equation

3-차 방정식과 4-차 방정식의 '근의 공식'이 최신 유행하는 subject 는 아니다. 오히려 그 반대일 것이다.[63] 그렇지만, 정리 16.6.2 의 'if' part 를 증명하고도 3-차 방정식과 4-차 방정식의 '근의 공식'을 생략하는 것은 아깝다는 기분이 든다. 뿐만 아니라, Lagrange resolvent 를 이용해 3-차 방정식과 4-차 방정식의 '근의 공식'을 구하는 'story'는 정말 아름답게 느껴지기까지 한다.

3-차 방정식부터 시작하자. 물론 우리의 관심사는 general cubic

$$g(t) = t^3 - s_1t^2 + s_2t - s_3 = (t - x_1)(t - x_2)(t - x_3) \in E[t]$$

이지만(단, $E = F(s_1, s_2, s_3)$), 연습문제 16.3.12 에서처럼 $g\Big(t + \dfrac{s_1}{3}\Big) = h(t)$ 로 정의하면,

$$h(t) = t^3 + at + b = (t - y_1)(t - y_2)(t - y_3)$$

꼴로 쓸 수 있다. 이때 $g(t)$ 의 root 을 구하는 것과 $h(t)$ 의 root 을 구하는 것은 동치이고, $g(t)$ 의 splitting field 와 $h(t)$ 의 splitting field 는 같다. 또,

$$\Delta = \Delta_g = \Delta_h = -4a^3 - 27b^2$$

인 것도 기억할 것이다. 그리고, '근과 계수와의 관계'는

$$y_1 + y_2 + y_3 = 0, \qquad y_1y_2 + y_2y_3 + y_3y_1 = a, \qquad y_1y_2y_3 = -b$$

가 된다. ($g(t)$ 보다 $h(t)$ 를 선호하는 이유는 계산이 간단하기 때문이다.)

이제 $G_h = S_3$ 로 identify 할 때(명제 16.3.2), S_3 의 composition series $\{id\} \lhd A_3 \lhd S_3$ 에 대응하는 fixed field 의 tower 는

$$E < E(\sqrt{\Delta}\,) < E(y_1, y_2, y_3) = K$$

이다(명제 16.3.8). 그리고 $[K : E(\sqrt{\Delta}\,)] = 3$ 이므로, 명제 16.7.1 을 적용할 수 있다. 즉, Lagrange resolvent 를 생각하자는 뜻이다. 이를 위해서는 3-rd root of unity 가 필요하므로,

$$\zeta = \frac{-1 + \sqrt{-3}}{2}, \qquad \zeta^2 = \overline{\zeta}, \qquad \zeta^2 + \zeta + 1 = 0$$

으로 표기하자. 이때 **'요령'**은 $\zeta \in F$ 라고 가정해도 아무 것도 달라지지 않는다는 것이다.

[63] 사실 대부분의 요즘 대수학 textbook 에서 이 내용이 사라졌다. Jacobson [5] 는 예외.

한편 $\mathrm{Gal}\big(K/E(\sqrt{\Delta})\big) = A_3 = \big\langle(1,2,3)\big\rangle$ 이므로, $\eta = (1,2,3)$ 으로 놓으면 (즉, $\eta(y_1) = y_2$, $\eta(y_2) = y_3$, $\eta(y_3) = y_1$), Lagrange resolvent 는

$$\begin{aligned}\mathcal{L}_\zeta &= \mathcal{L}_\zeta(\eta, y_1) = y_1 + \zeta y_2 + \zeta^2 y_3\\ \mathcal{L}_{\zeta^2} &= \mathcal{L}_{\zeta^2}(\eta, y_1) = y_1 + \zeta^2 y_2 + \zeta y_3\\ \mathcal{L}_1 &= \mathcal{L}_1(\eta, y_1) = y_1 + y_2 + y_3 = 0\end{aligned}$$

이 된다. 우리는 이미 $(\mathcal{L}_\zeta)^3, (\mathcal{L}_{\zeta^2})^3 \in E(\sqrt{\Delta})$ 임을 알고 있다. 구체적으로,

$$(\mathcal{L}_\zeta)^3 = \frac{-27b + 3\sqrt{-3\Delta}}{2}, \qquad (\mathcal{L}_{\zeta^2})^3 = \frac{-27b - 3\sqrt{-3\Delta}}{2}$$

이다. 이를 확인하려면, (약간 지루한) 계산이 필요하다.

예를 들어, $(\mathcal{L}_\zeta)^3$ 을 계산해 보자. (독자들은 지금 책을 덮고 혼자 힘으로 계산해 보기 바란다. 이 책에서는 — 종이를 절약하기 위하여 — '재주'를 좀 피웠지만, 독자들도 — 종이와 시간을 좀 낭비하면 — 별 어려움 없이 해결할 수 있을 것이다.) 우선,

$$A = y_1^2 y_2 + y_2^2 y_3 + y_3^2 y_1, \qquad B = y_1 y_2^2 + y_2 y_3^2 + y_3 y_1^2$$

으로 간략히 표기하면,

$$(\mathcal{L}_\zeta)^3 = y_1^3 + y_2^3 + y_3^3 + 3(\zeta A + \zeta^2 B) + 6 y_1 y_2 y_3$$

이고, 또 이것저것 계산해 보면,

$$\begin{aligned}0 &= (y_1 + y_2 + y_3)^3 = y_1^3 + y_2^3 + y_3^3 + 3(A+B) + 6y_1y_2y_3\\ 0 &= (y_1 + y_2 + y_3)(y_1y_2 + y_2y_3 + y_3y_1) = A + B + 3y_1y_2y_3\\ \delta &= (y_1 - y_2)(y_2 - y_3)(y_1 - y_3) = A - B\end{aligned}$$

임을 알 수 있다. 이제 $y_1y_2y_3 = -b$ 이므로,

$$\begin{aligned}(\mathcal{L}_\zeta)^3 &= 3\big((\zeta-1)A + (\zeta^2-1)B\big) = 3\left(\frac{-3+\sqrt{-3}}{2}A + \frac{-3-\sqrt{-3}}{2}B\right)\\ &= 3\left(\frac{-3}{2}(A+B) + \frac{\sqrt{-3}}{2}(A-B)\right) = 3\left(\frac{-3}{2}3b + \frac{\sqrt{-3}}{2}\delta\right)\\ &= \frac{-27b + 3\sqrt{-3}\,\delta}{2}\end{aligned}$$

가 된다. $(\mathcal{L}_{\zeta^2})^3$ 은 독자들에게 맡긴다.

한편,

$$\begin{aligned}\mathcal{L}_\zeta \cdot \mathcal{L}_{\zeta^2} &= y_1^2 + y_2^2 + y_3^2 - (y_1y_2 + y_2y_3 + y_3y_1) \\ &= (y_1 + y_2 + y_3)^2 - 3(y_1y_2 + y_2y_3 + y_3y_1) = -3a\end{aligned}$$

이고, "$\mathcal{L}_\zeta \cdot \mathcal{L}_{\zeta^2} = -3a$ 라는 조건에 맞추어" 세제곱근을 구하면,

$$\mathcal{L}_\zeta = \sqrt[3]{\frac{-27b + 3\sqrt{-3\Delta}}{2}}, \qquad \mathcal{L}_{\zeta^2} = \sqrt[3]{\frac{-27b - 3\sqrt{-3\Delta}}{2}}$$

로 쓸 수 있다. 또 Lagrange resolvent 의 정의를 y_1, y_2, y_3 를 미지수로 갖는 연립방정식으로 이해하면,

$$y_1 = \frac{1}{3}(\mathcal{L}_\zeta + \mathcal{L}_{\zeta^2}), \qquad y_2 = \frac{1}{3}(\zeta^2\mathcal{L}_\zeta + \zeta\mathcal{L}_{\zeta^2}), \qquad y_3 = \frac{1}{3}(\zeta\mathcal{L}_\zeta + \zeta^2\mathcal{L}_{\zeta^2})$$

가 된다. 이 '근의 공식'은 흔히 **Cardan's formula** 라고 불리운다.[64]

그런데, 위 Cardan's formula 에는 약간 아리송한 부분이 있다······. 바로 "$\mathcal{L}_\zeta \cdot \mathcal{L}_{\zeta^2} = -3a$ 라는 조건에 맞추어" 세제곱근을 구한다는 부분이다. 세제곱근을 택하는 방법은 세 가지가 있기 때문이다. (하긴, $\sqrt{-3\Delta}$ 를 택하는 방법도 두 가지가 있지만, 이는 $\mathcal{L}_\zeta$ 와 $\mathcal{L}_{\zeta^2}$ 의 (따라서 y_2 와 y_3 의) 역할을 바꿀 뿐이다.) 은근히 불안하므로, 종이를 좀 낭비하자. 만약 $\beta_1\beta_2 = -3a$ 이고 $(\beta_1^3, \beta_2^3) = ((\mathcal{L}_\zeta)^3, (\mathcal{L}_{\zeta^2})^3)$ 인 (β_1, β_2) 를 세제곱근들로 택했다면, 다른 선택으로는 $(\zeta\beta_1, \zeta^2\beta_2)$ 와 $(\zeta^2\beta_1, \zeta\beta_2)$ 가 가능하다. 그러나, 예를 들어, $(\zeta\beta_1, \zeta^2\beta_2)$ 를 선택하더라도, (y_1, y_2, y_3) 의 역할이 (y_3, y_1, y_2) 로 바뀔 뿐이다.

다음 연습문제도 세제곱근과 제곱근의 선택을 이해하는 데 도움이 될 것이다.

연습문제 16.7.2. Cardan's formula 를 이용하여, 다음 방정식의 해집합 (in $\overline{\mathbb{Q}}$) 을 구하라.

(가) $x^3 - 8 = 0.$ (나) $x^3 - 2 = 0.$ (다) $x^3 + x^2 + x + 1 = 0.$

(라) $x^3 + x + 1 = 0.$ (마) $x^3 - x + 1 = 0.$ (바) $x^3 - 3x^2 + 3 = 0.$

연습문제 16.7.3. Cardan's formula 는 characteristic 이 2 나 3 만 아니면, 항상 유효함을 증명하라.

---

[64] G. Cardan(or Cardano, 1501–1576).

참고 16.7.4. $f(t) \in F[t]$ 가 irreducible cubic 이고, $\delta_f \in F$ 라고 하자. 이때, Cardan's formula 는 Galois group G_f 가 왜 full symmetric group 이 될 수 없는지를 'root level'에서 분명히 설명해 준다.[65]

(i) $f(t)$ 의 서로 다른 세 근을 계속 y_1, y_2, y_3 로 표기하고, Cardan's formula 의 표기법을 사용하자. 또, $G_f \le S_3$ 로 identify 하고, 예를 들어 $\tau = (1,2) \in G_f$ 라고 가정할 때 (즉, $\tau(y_1) = y_2$, $\tau(y_2) = y_1$), 모순을 찾아보자.

(ii) 만약 $\tau\zeta = \zeta$ 이면 (즉, $\tau(\sqrt{-3}\,) = \sqrt{-3}\,$),

$$\tau(\mathcal{L}_\zeta) = \tau\big(y_1 + \zeta y_2 + \zeta^2 y_3\big) = y_2 + \zeta y_1 + \zeta^2 y_3 = \zeta \mathcal{L}_{\zeta^2}$$

이므로, $\tau(\mathcal{L}_\zeta)^3 = (\mathcal{L}_{\zeta^2})^3$ 일 것이다. 그러나 이는

$$\tau\left(\frac{-27b + 3\sqrt{-3}\,\delta}{2}\right) = \tau(\mathcal{L}_\zeta)^3 = (\mathcal{L}_{\zeta^2})^3 = \frac{-27b - 3\sqrt{-3}\,\delta}{2},$$

즉 $\tau(\sqrt{-3}\,) = -\sqrt{-3}$ 이라는 뜻이므로, 모순. $\tau(\zeta) = \zeta^2$ 인 경우도 마찬가지.

(C) Quartic Equation

이제 4-차 방정식을 다루자. 이번에는 (원래의) general quartic

$$g(t) = t^4 - s_1 t^3 + s_2 t^2 - s_3 t + s_4 = (t - x_1)(t - x_2)(t - x_3)(t - x_4) \in E[t]$$

를 생각한다.[66] 이때 $E = F(s_1, s_2, s_3, s_4)$. 우리는 다음 '근과 계수와의 관계'

$$s_1 = \sum_i x_i, \qquad s_2 = \sum_{i<j} x_i x_j, \qquad s_3 = \sum_{i<j<k} x_i x_j x_k, \qquad s_4 = x_1 x_2 x_3 x_4$$

를 잘 알고 있다. General quartic $g(t)$ 의 '근의 공식'을 구하기 위해, $G_g = S_4$ 로 identify 하고, 오래 전부터 강조해 온 S_4 의 composition series

$$\{id\} \lhd Z_2 \lhd V_4 \lhd A_4 \lhd S_4$$

를 생각한다. 물론 $V_4 = \{id,\ (1,2)(3,4),\ (1,3)(2,4),\ (1,4)(2,3)\}$ 은 S_4 의 '유명한' normal subgroup 이고, $Z_2 = \{id,\ (1,2)(3,4)\}$ 로 간략히 표기하였다. S_4 의 composition series 는 각 step 의 index 가 prime 이므로, radical tower 를 구할 준비가 된 셈이다 (명제 16.7.1).

[65] 연습문제 16.3.10 참조.

[66] 이번에는 3-차 항을 제거하더라도 별 도움이 안 된다.

$K = F(x_1, x_2, x_3, x_4)$를 $g(t)$의 splitting field라고 표기하고, 이제 다음 fixed field들의 tower

$$E < K^{A_4} < K^{V_4} < K^{Z_2} < K$$

를 생각한다. 이제 이를 radical tower로 묘사할 수 있다면, 덤으로 '근의 공식'이 얻어질 것이다. 우선

$$K^{A_4} = E(\delta_g)$$

인 것은 이미 알고 있다(명제 16.3.8). 다음은 질문 16.3.13에 답할 차례이다.

명제 16.7.5. $K^{V_4} = E(x_1x_2 + x_3x_4,\ x_1x_3 + x_2x_4,\ x_1x_4 + x_2x_3)$.

증명 : 우변의 field를 L이라고 놓으면, $L \le K^{V_4}$인 것은 자명하다. 이때 $x_1x_2 + x_3x_4 \notin K^{A_4}$ (즉, $L \neq K^{A_4}$) 임은 분명하고 $[K^{V_4} : K^{A_4}] = 3$이므로, $E(\delta_g) \le L$인 것만 보이면 된다.[67] $E(\delta_g) \le L$은 아래 연습문제 16.7.6 (가) 항의 결과이다. □

이제 $x_1x_2 + x_3x_4$, $x_1x_3 + x_2x_4$, $x_1x_4 + x_2x_3$를 구하기 위해,

$$y_1 = x_1x_2 + x_3x_4, \qquad y_2 = x_1x_3 + x_2x_4, \qquad y_3 = x_1x_3 + x_2x_4$$

로 놓고, $g(t)$의 **resolvent cubic**을

$$r(t) = (t - y_1)(t - y_2)(t - y_3)$$

로 정의하자.[68]

연습문제 16.7.6. 다음을 확인하라.

(가) $\delta_r = \delta_g$.

(나) $r(t) = t^3 - s_2t^2 + (s_1s_3 - 4s_4)t - (s_1^2s_4 + s_3^2 - 4s_2s_4)$.

우리는 이미 Cardan's formula를 알고 있으므로, Lagrange resolvent를 생각할 필요도 없다. 즉, 우리는 y_1, y_2, y_3 자체를 구할 수 있다는 뜻이다. 다음은 K^{Z_2}의 차례이다.

---

[67] $\mathrm{Gal}(K/L) = V_4$인 것을 보여도 된다.

[68] 가끔 $K^{V_4} = E\big((x_1 + x_2)(x_3 + x_4),\ (x_1 + x_3)(x_2 + x_4),\ (x_1 + x_4)(x_2 + x_3)\big)$로 생각하기도 한다. 그러면 resolvent cubic도 약간 달라지지만, 결과는 大同小異.

연습문제 16.7.7. $K^{Z_2} = E(x_1x_2,\ x_3x_4) = E(x_1+x_2,\ x_3+x_4)$ 임을 보여라.

이제, 예를 들어, (x_1+x_2) 와 x_1x_2 를 구하면, x_1 과 x_2 를 구할 수 있다. x_3 와 x_4 도 마찬가지.

즉, 이차 방정식

$$0 = z^2 - y_1 t + s_4 = (z - x_1x_2)(z - x_3x_4)$$

을 풀면, x_1x_2 와 x_3x_4 를 구할 수 있을 것이다. 또, 이차 방정식

$$0 = u^2 - s_1 u + (y_2 + y_3) = \big(u - (x_1+x_2)\big)\big(u - (x_3+x_4)\big)$$

을 풀면 (x_1+x_2) 와 (x_3+x_4) 를 구할 수 있다. 마지막으로, 이차 방정식

$$0 = x^2 - (x_1+x_2)x + x_1x_2 = (x - x_1)(x - x_2)$$
$$0 = x^2 - (x_3+x_4)x + x_3x_4 = (x - x_3)(x - x_4)$$

으로부터 x_1, x_2, x_3, x_4 를 구한다. 이로써 **'근의 공식'이 완성**되었다.[69]

문제는 이때 위 마지막 이차 방정식과 다음 이차 방정식

$$x^2 - (x_1+x_2)x + x_3x_4 = 0, \qquad x^2 - (x_3+x_4)x + x_1x_2 = 0$$

을 구분할 방법이 없다는 것이다. 결국 4-개의 이차 방정식을 푼 후, 얻어진 해가 $g(t)$ 의 root 인지 확인해 볼 수밖에 없다.[70] 또, resolvent cubic $r(t)$ 의 세 root 중 어느 것을 y_1 이라고 부를지도 조금 마음에 걸린다······. 이를 위해 다음 연습문제에 시간을 투자할 필요가 있다.

연습문제 16.7.8. (가) $f(t) = t^4 - 1 \in \mathbb{Q}[t]$ 일 때, $f(t)$ 의 resolvent cubic 은 $r(t) = t^3 + 4t$ 가 된다. $y_1 = 0$ 이라고 놓을 때와 $y_1 = 2\mathbf{i}$ 라고 놓을 때, '근의 공식'을 각각 적용해 보라.[71]

(나) $f(t) = t^4 - 10t^3 + 35t^2 - 50t + 24 \in \mathbb{Q}[t]$ 이고, $y_1 = 11$ 일 때, '근의 공식'을 적용해 보라.

[69] 이 '근의 공식'도 characteristic 이 2나 3만 아니면 유효하다.

[70] 그렇다고 해서 general quartic 이 solvable by radicals 인 데 무슨 문제가 있는 건 아니다. 확인해 보라.

[71] $\sqrt{2\mathbf{i}} = \pm(1+\mathbf{i})$, $\sqrt{-2\mathbf{i}} = \pm(1-\mathbf{i})$.

(다) $f(t) = t^4 + t^3 + t^2 + t + 1 \in \mathbb{Q}[t]$ 일 때, $f(t)$ 의 resolvent cubic 을 계산하면, $r(t) = (t-2)(t^2+t-1)$ 이 된다. $y_1 = 2$ 일 때와 $y_1^2 + y_1 - 1 = 0$ 일 때, '근의 공식'을 각각 적용해 보라.
(라) $f(t) = t^4 + 2t^3 + t - 1 \in \mathbb{Q}[t]$ 일 때, $f(t)$ 의 root 을 구하라.

한편 명제 16.7.5 를 이용하면, 임의의 quartic 의 Galois group 을 결정할 수 있다. 독자들에게 맡긴다.

연습문제 16.7.9. S_4 의 transitive subgroup 은 S_4, A_4, V_4, D_4, C_4 (와 그들의 conjugate 들) 뿐임을 보여라. 단,

$$D_4 = V_4 \bigcup \{(1,2), (3,4), (1,3,2,4), (1,4,2,3)\}$$

는 dihedral group 이고,

$$C_4 = \{id, (1,2,3,4), (1,3)(2,4), (1,4,3,2)\} \approx \mathbb{Z}_4$$

로 표기하였다.[72]

연습문제 16.7.10. $f(t) \in F[t]$ 는 irreducible (separable) quartic 이고, $f(t)$ 의 resolvent cubic 을 $r(t)$ 라고 하자. 계속 $r(t)$ 의 root 을 y_1, y_2, y_3 로 표기하고, $\mathrm{Gal}(K/F) = G_f \leq S_4$ 로 identify 할 때 (단, K 는 $f(t)$ 의 splitting field), 다음을 보여라.

(가) $K^{G_f \cap V_4} = F(y_1, y_2, y_3)$.[73]
(나) $\mathrm{Gal}\left(F(y_1, y_2, y_3)/F\right) = G_r \approx G_f/(G_f \cap V_4)$.
(다) 따라서, G_f 와 G_r 사이에는 다음 관계

G_r	S_3	A_3	$\{id\}$	$\mathbb{Z}_2$
G_f	S_4	A_4	V_4	C_4, D_4

가 성립한다.
(라) $G_r \approx \mathbb{Z}_2$ 일 때, $G_f \approx D_4$ 이기 위한 필요충분조건은 [$f(t)$ 가 irreducible over $F(\delta_f)$] 인 것이다.

이 정도로 끝내자⋯⋯.

[72] D_4 는 S_4 의 Sylow 2-subgroup. D_4 와 C_4 는 S_4 의 normal subgroup 이 아니다.
[73] 요령껏 $\mathrm{Gal}\left(K/F(y_1, y_2, y_3)\right) = G_f \cap V_4$ 인 것을 설명한다. 따름명제 16.3.9 참조.

(D) Epilogue

거창한 epilogue를 쓸 생각은 없다. 사실 그럴 분위기도 아니다. 객관적으로 말하면, 이제 우리는 겨우 19世紀 初의 대수학을 — 그것도 一部만을 — 이해했을 뿐이다.[74]

독자들은 이 책의 續篇 수십(수백) 권이 이미 출판되어 있음을 알고 있을 것이다. 우리 '이야기'에 끝은 없다. 또 다른 시작이 기다리고 있을 뿐이다.

방학숙제를 하나 추가한다. 이 책에서 우리는 의도적으로 "수리 논리학"에 관련된 질문을 피해 왔다. 그런데, 약간 妙한 질문이 하나 있다. 예를 들어, "*만약 5-차 방정식의 '근의 공식'이 존재하지 않음을 증명하는데 Zorn's Lemma를 사용했다면, Zorn's Lemma 없이는 어쩌면 5-차 방정식의 '근의 공식'이 존재하지 않음을 증명할 수 없을지도 모른다*"는 — 엉뚱해 보이지만 사실 자못 심각한 — 지적이 있을 수 있다.[75]

방학숙제 16.7.11. Zorn's Lemma를 인정하지 않는다고 하고 — 즉, algebraic closure의 존재와 명제 14.3.2를 모른다고 하고 — 이 책(과 [I])의 내용을 (모두) modify 하라.

다시 말하면, 이 책을 한번(?) 더 읽으라는 뜻이다…….

---

[74] 그나마 20세기의 언어(의 일부)를 공부한 것이 위안거리이다.

[75] 우리가 Zorn's Lemma를 도입한 이유 중 하나는 '종이 절약'이었음을 기억하라. 물론 결과를 풍성하게 한다는 더 중요한 이유도 있었지만.

참고 문헌

[1] C. C. Pinter, *Set Theory*, Addison-Wesley, 1971.

("집합론" 책 아무 것이나 괜찮다. Pinter의 책은 무엇보다도 얇은 점이 마음에 든다.)

[2] N. H. MaCoy, *The Theory of Numbers*, Macmillan, 1965.

("Elementary Number Theory" 책 아무 것이나 괜찮다.)

[3] H. Edwards, *Fermat's Last Theorem ; A Genetic Introduction to Algebraic Number Theory*, GTM 50, Springer, 1977.

(우리 책의 등장인물들 (표지의 인물들) 이 Fermat's Last Theorem을 둘러싸고 벌이는 흥미진진한 수학의 역사. 가벼운 마음으로 읽기에는 (전혀) 만만치 않다.)

대수학 교재 (학부 수준)

[4] M. Artin, *Algebra*, Prentice-Hall, 1991.

(大家의 향취가 물씬 풍기는 귀중한 책이다. 그리고 著者가 가장 많이 참고한 책이기도 하다. 첫 章을 행렬로 시작하는 것이나, homomorphism보다 isomorphism을 먼저 소개하는 것이나, 항상 motivation과 concrete example들을 重視하는 것 등 우리의 책과 비슷한 점이 많다. 다만, 학부 교재로는 수준도 높고 분량도 많아 보인다. 머리말 참조.)

[5] N. Jacobson, *Basic Algebra I*, 2nd edition, Freeman, 1985.

(Jacobson의 以前 著書들보다 훨씬 읽기 쉽다. 특히 Ch. 5–8의 내용은 다른 교재에서는 찾기 힘든 귀한 것들이다. 또, 우리 책의 § 11.3과 § 16.7에서도 많이 참고하였다. 여러 대학에서 학부 교재로 사용하고 있다. 머리말 참조.)

[6] S. Lang, *Undergraduate Algebra*, 3 rd edition, Springer, 2004.

(아래 [8]의 축소판. 두 학기用 교재로는 좀 부족해 보인다. 아예 처음부터 [8]을 읽을 것을 권한다.)

[7] J. B. Fraleigh, *A First Course in Abstract Algebra*, 7 th edition, Addison-Wesley, 2003.

(오랜 동안 교재로 사용되었다. 이런 저런 이유로 차라리 second edition (1976) 이나 third edition (1982) 정도를 추천한다. First edition (1967) 부터 seventh edition 까지의 내용 변화가 흥미롭다. 머리말 참조.)

대수학 교재 (대학원 수준)

[8] S. Lang, *Algebra*, 3 rd edition, (Reprinted with corrections), Addison-Wesley, 1993.

(First edition은 1965年에 출판되었다. Third edition (906쪽)은 first edition (526쪽)보다 많은 내용을 담고 있다. 감히 말하자면, 'Lang Algebra'는 오랫동안 대수학의 'bible'로 여겨져 왔다. 이를 읽으려면 事前 훈련이 — 즉, 'mathematical maturity'가 — 필요하다. 그래서, 오히려, 일찍부터 이를 읽으려고 시도하는 것이 좋다. 머리말 참조.)

[9] N. Jacobson, *Basic Algebra II*, Freeman, 1980.

(많은 귀중한 내용을 담고 있다. 몇 가지만 예로 들면, 著者가 Clifford algebra 나 valuation theory, 혹은 Morita context 등을 참조할 때 항상 찾는 책이다.)

[10] T. W. Hungerford, *Algebra*, GTM 73, Springer, 1974.

('小辭典'을 제 1 쪽부터 읽는 사람은 없다. 그래도 가끔은 참고할 때가 있다.)

Further Readings (학부 수준)

[11] D. A. Marcus, *Number Fields*, Universitext, Springer, 1977.

("Algebraic Number Theory"의 훌륭한 入門書. 수많은 실제 example 들을 먼저 제시하여, 왜 'theory'가 필요한지 그리고 그 'theory'가 얼마나 아름다운지 잘 보여주고 있다.)

[12] M. L. Curtis, *Matrix Groups*, 2nd edition, Universitext, Springer, 1984.
(적지 않은 typo (?)를 포함하고 있긴 하지만······, 그래도 매우 흥미로운 motivation을 제공하고 있다.)

[13] M. A. Armstrong, *Groups and Symmetry*, UTM, Springer, 1988.
(가벼운 마음으로 즐길 수 있다. 우리 책 § 13.2의 끝 부분 참조.)

Classics

[14] E. Artin, *Galois Theory*, 2nd edition, Univ. of Notre Dame Press, 1944.

[15] E. Artin, *Geometric Algebra*, Interscience, 1957.

[16] H. Weyl, *The Classical Groups*, Princeton Univ. Press, 1946.
(그냥 교양으로 이런 古典들이 있다는 것만 알아 두면 된다. 우리의 책과 [I]에서 한두번씩 언급된 책들이다.)

찾아보기

학부 대수학 강의 II

대수학

초판 1쇄 발행 2008년 3월 5일
초판 11쇄 발행 2025년 2월 28일

지은이 이인석

펴낸곳 서울대학교출판문화원
주소 08826 서울 관악구 관악로 1
도서주문 02-889-4424, 02-880-7995
홈페이지 www.snupress.com
페이스북 @snupress1947
인스타그램 @snupress
이메일 snubook@snu.ac.kr
출판등록 제15-3호

ISBN 978-89-521-3679-4 93410